高等学校"十四五"医学规划新形态教材

"十二五"普通高等教育本科国家级规划教材

（供临床·基础·预防·口腔·药学·检验·护理·影像等专业用）

神经科学基础

Shenjing Kexue Jichu

（第 4 版）

主　　编　李云庆

编　　者（以姓氏笔画为序）

丁文龙（上海交通大学）	丁玉强（复旦大学）
王　慧（中南大学）	王亚云（空军军医大学）
刘亚莉（空军军医大学）	齐建国（四川大学）
闫军浩（北京大学）	李　辉（空军军医大学）
李云庆（空军军医大学）	李金莲（空军军医大学）
沃　雁（上海交通大学）	张　玲（同济大学）
张玉秋（复旦大学）	张晓明（浙江大学）
张淑鑫（四川大学）	陈　涛（空军军医大学）
陈　晶（空军军医大学）	武胜昔（空军军医大学）
范春玲（中南大学）	罗　涛（中山大学）
季丽莉（中国医科大学）	周长满（北京大学）
赵经纬（浙江大学）	施　静（华中科技大学）
凌树才（浙江大学）	高　艳（首都医科大学）
黄俊庭（中山大学）	裴　磊（华中科技大学）
裴建明（空军军医大学）	穆瑞民（北京协和医学院）

编写秘书　李婷婷　张　勇

中国教育出版传媒集团

高等教育出版社·北京

内容提要

本教材是在"十二五"普通高等教育本科国家级规划教材《神经科学基础（第3版）》的基础上修订而成。全书共分22章，在内容编排上基本保持了第3版教材的特点，即以中枢神经系统的形态学内容为主线，并将其与神经电生理、神经递质与受体、突触传递、跨膜信号转导等重要内容紧密联系，还注重了与医学实践的联系。本教材的特色是将系统地介绍神经科学知识与体现学科新进展结合、形态与功能结合及基础知识与临床应用结合，使学生能够比较全面地掌握知识并学以致用，引导和启发学生的科学思维并提高创新意识与解决问题的能力。

本书可供高等医药院校临床、基础、预防、口腔、药学、检验、护理、影像等专业以及高等院校生命科学领域的学生使用，亦可供有关专业的研究生及神经科学研究人员参考。

图书在版编目（CIP）数据

神经科学基础 / 李云庆主编 . -- 4 版 . -- 北京：高等教育出版社，2025.8. -- ISBN 978-7-04-065074-7

Ⅰ．Q189

中国国家版本馆 CIP 数据核字第 2025PQ3127 号

策划编辑　瞿德竑　　责任编辑　瞿德竑　　封面设计　张　志　　责任印制　刁　毅

出版发行	高等教育出版社	网　　址	http://www.hep.edu.cn
社　　址	北京市西城区德外大街4号		http://www.hep.com.cn
邮政编码	100120	网上订购	http://www.hepmall.com.cn
印　　刷	河北鑫彩博图印刷有限公司		http://www.hepmall.com
开　　本	889mm×1194mm　1/16		http://www.hepmall.cn
印　　张	23.25	版　　次	2006 年 7 月第 1 版
字　　数	680 千字		2025 年 8 月第 4 版
购书热线	010-58581118	印　　次	2025 年 8 月第 1 次印刷
咨询电话	400-810-0598	定　　价	59.00元

本书如有缺页、倒页、脱页等质量问题，请到所购图书销售部门联系调换
版权所有　侵权必究
物 料 号　65074-00

数字课程（基础版）

神经科学基础

（第4版）

主编　李云庆

abooks.hep.com.cn/65074

使用方法：

1. 电脑或移动设备访问课程网站。
2. 注册并登录后，进入"个人中心"。
3. 刮开图书封底防伪码涂层，通过扫描二维码或手动输入20位密码，完成防伪码绑定。
4. 绑定成功后，即可开始本数字课程的学习。

如有使用问题，请点击页面下方的"疑问"按钮。

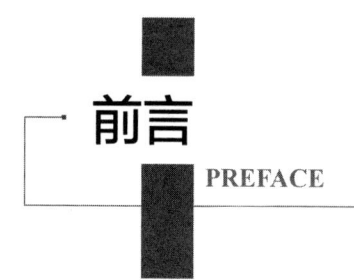
前言

　　神经系统是机体控制作用最重要、结构和功能最复杂且未解谜团最多的系统,所以神经科学研究和发展始终处于生命科学的前沿地位。神经解剖学是神经科学的基础,它的核心任务是研究和阐明神经系统的结构,为揭示其功能、预防和治疗相关疾病、开发人工智能等提供理论基础。从历史进程来看,神经解剖学的发展经历过三次革命:第一次是19世纪中期发明的传统神经染色方法(如高尔基染色法、卡哈染色法、尼氏染色法、维格特染色法等),为阐明神经系统的细胞构筑和神经纤维联系等基本结构做出了开创性贡献;第二次是20世纪中期诞生的现代神经解剖学研究技术(如化学发光法、电子显微镜技术、神经束路追踪技术、免疫组织化学技术、原位杂交组织化学技术等),为揭示神经纤维的精细联系、神经活性物质及其受体、神经组织的超微结构等奠定了坚实基础;第三次是21世纪20年代初期开创的精准神经活动调控技术(如转基因活病毒追踪法、光遗传学技术、化学遗传学技术等),为在体调控和研究各种类型神经元及其纤维联系、阐明神经系统工作原理提供了有力工具,使我们迎来了神经科学,尤其是神经解剖学发展的春天。

　　时光荏苒,岁月如梭。《神经科学基础》第3版教材自2017年出版以来,已经过去8年了。在这段时间里,伴随着上述第三次神经解剖学革命诞生的大量新技术方法的发展和引入,在神经科学研究者们的共同努力下,神经系统结构和功能的研究取得了飞速发展,使之成为生命科学领域发展最快的学科之一。现代教育对培养高素质人才提出了更高的要求,迫切需要把这些技术进步和理论进展体现在医学本科生的教学内容中。因此,为了适应发展形势和满足要求,加深医学本科生对神经系统结构和功能的了解,在高等教育出版社的组织下,在第3版的基础上,我们通过共同努力,顺利完成了第4版的编写工作。

　　在第4版教材的编写过程中,重点对第3版教材进行了以下更新订正、拾遗补缺、去繁就简、推陈出新等方面的修订工作:①添加或补充了介绍新知识点的内容,如脑的老化、小胶质细胞与血-脑屏障的关系、从鳃弓发生演化的骨骼肌及其神经支配、基底核的构成、神经传导通路的功能检测、受体调节的机制、神经传递中的信号转导机制、激活和抑制神经元的两种通道蛋白及其应用等;②增加了新研究方法的介绍,如基因重组活病毒追踪技术、化学遗传学技术、CRISPR/Cas9基因编辑技术等;③补齐了各章节对应的教学课件(含教学重点提示和课后练习题)、大部分章节的视频辅助课件和有关章节的电子辅助教材;④更换了部分插图,更新了参考文献。这些修订不仅保持了本教材从神经科学不同分支的角度出发综合介绍神经系统结构和功能的"初心",又实现了在新版教材中介绍现代神经科学新技术方法、新理论和新进展的"初衷"。

　　参加第4版教材的编写人员中,包括一些曾参与第3版编写的老编者和来自国内著名医学院校的中青年新编者,他们都长期从事神经解剖学教学工作。这些中青年新编者的加入,为更新理念和知识、培养新编者队伍提供了保障。此外,高等教育出版社和编写秘书等单位和人员也给予了精诚合作、全力支持和无私帮助,在此一并致谢。

由于我们的水平有限和学科深奥、发展迅速等原因,本教材中难免存在不足之处,故殷切期望各位读者不吝赐教,提出宝贵的批评和建议,以使其逐步完善。

李云庆
空军军医大学基础部人体解剖与组织胚胎学教研室
梁銶琚脑研究中心
2025年3月于西安

目录 CONTENTS

第一章　神经系统的基本组成 ········· 1
　第一节　中枢神经系统 ··············· 1
　第二节　周围神经系统 ·············· 13

第二章　中枢神经的发生、发育 ······ 16
　第一节　中枢神经在个体发生过程中的早期
　　　　　发生及演化 ················· 16
　第二节　脊髓的演化 ················ 19
　第三节　脑的演化 ·················· 19
　第四节　中枢神经系统的常见畸形 ···· 25
　第五节　神经元的凋亡 ·············· 27
　第六节　脑的老化与阿尔茨海默病 ···· 30

第三章　神经元的基本结构和功能 ···· 33
　第一节　神经元的形态和结构 ········ 33
　第二节　神经元的超微结构 ·········· 36
　第三节　轴浆流和轴突运输 ·········· 40
　第四节　神经纤维 ·················· 41
　第五节　突触 ······················ 44
　第六节　感受器和效应器 ············ 50
　第七节　神经回路和人脑连接组 ······ 54

第四章　神经元的变性与再生 ········ 56
　第一节　周围神经损伤后的变性与再生 ·· 56
　第二节　中枢神经损伤后的变性与再生 ·· 65

第五章　神经胶质细胞 ·············· 77
　第一节　神经胶质细胞的分类 ········ 77
　第二节　神经胶质细胞的形态结构特点 ·· 77
　第三节　神经胶质细胞的电生理学特性 ·· 84

　第四节　神经胶质细胞的功能 ········ 85

**第六章　神经形态学研究方法的建立、发展
　　　　　和变迁** ···················· 90
　第一节　传统的神经解剖学研究技术 ·· 90
　第二节　神经纤维联系的研究方法 ···· 92
　第三节　化学神经解剖学方法和应用 ·· 95
　第四节　神经科学各个领域研究手段的综合
　　　　　运用 ····················· 101

第七章　脊髓 ····················· 104
　第一节　反射及反射弧 ············· 104
　第二节　后根和脊神经节 ··········· 106
　第三节　脊髓灰质的结构及细胞构筑学 · 110
　第四节　脊髓白质 ················· 119

第八章　脑干 ····················· 124
　第一节　脑干各部的表面形态 ······· 124
　第二节　脑干各部的结构特点 ······· 124
　第三节　脑干各部的结构 ··········· 127

第九章　脑干网状结构和中缝核簇 ··· 138
　第一节　脑干网状结构 ············· 138
　第二节　中缝核簇 ················· 144

第十章　间脑 ····················· 148
　第一节　(背侧)丘脑 ··············· 149
　第二节　底丘脑 ··················· 155
　第三节　上丘脑 ··················· 156
　第四节　后丘脑 ··················· 157

第五节　下丘脑…………………… 158

第十一章　小脑………………………… 166
第一节　小脑的外形及分部…………… 166
第二节　小脑的内部结构……………… 168
第三节　小脑的纤维联系……………… 173
第四节　小脑的功能…………………… 175

第十二章　基底核……………………… 177
第一节　基底核的组成………………… 177
第二节　基底核的纤维联系…………… 179
第三节　基底核的功能………………… 183
第四节　与基底核有关的疾病………… 184
第五节　关于基底前脑结构的一些概念…… 187

第十三章　大脑半球…………………… 190
第一节　大脑半球的形态……………… 190
第二节　大脑皮质……………………… 193
第三节　大脑半球内部结构…………… 201
第四节　边缘系统……………………… 207

第十四章　内脏神经系统……………… 210
第一节　内脏神经研究的历史演变…… 210
第二节　内脏传入神经………………… 211
第三节　内脏传出神经………………… 215

第十五章　脑脊膜、脑血管、脑脊液循环及脑屏障…………………………… 221
第一节　脑和脊髓的被膜……………… 221
第二节　中枢神经的血管……………… 226
第三节　脑脊液及其循环……………… 232
第四节　脑屏障………………………… 232

第十六章　神经传导通路……………… 236
第一节　感觉传导通路………………… 236
第二节　运动传导通路………………… 247

第十七章　神经电生理学……………… 255
第一节　神经电生理学基本知识……… 255
第二节　神经电生理学常用的研究方法…… 271

第十八章　神经内分泌学……………… 276
第一节　神经内分泌学概述…………… 276
第二节　下丘脑与神经内分泌………… 278
第三节　下丘脑-垂体功能单位和神经内分泌…………………………… 282
第四节　松果体和神经内分泌………… 286
第五节　应激和神经内分泌…………… 289

第十九章　神经-免疫-内分泌网络…… 294
第一节　神经-免疫调节……………… 295
第二节　神经-内分泌调节…………… 305
第三节　免疫-内分泌调节…………… 307
第四节　神经-免疫-内分泌网络的临床意义……………………………… 309

第二十章　神经药理学基础…………… 316
第一节　神经递质……………………… 316
第二节　神经递质受体………………… 325

第二十一章　神经传递中的信号转导机制… 330
第一节　受体…………………………… 330
第二节　G蛋白………………………… 336
第三节　第二信使……………………… 340
第四节　蛋白激酶和蛋白磷酸酶……… 344
第五节　细胞核内的信号转导………… 347

第二十二章　常用的分子生物学基本方法… 350
第一节　核酸分子杂交技术…………… 350
第二节　蛋白质免疫印迹分析技术…… 351
第三节　免疫组织化学技术…………… 351
第四节　聚合酶链反应技术…………… 352
第五节　基因芯片技术………………… 353
第六节　基因重组技术………………… 354
第七节　转基因动物技术……………… 354
第八节　RNA干扰技术………………… 357
第九节　反义核酸技术………………… 358
第十节　化学遗传技术………………… 359
第十一节　光遗传技术………………… 359

主要参考书目……………………………… 361

第一章 神经系统的基本组成

神经系统是机体最复杂的和主导的系统。内外环境的各种刺激由感受器感受后，经传入神经传至中枢神经系统，在此整合后再经由传出神经将整合的信息传导至全身各种器官，调节各器官的活动，保证机体各器官、系统间的统一与协调以及机体内环境与客观世界的平衡，保证生命活动的正常进行。

神经系统分为中枢神经系统和周围神经系统。中枢神经系统包括位于颅腔内的脑和位于脊柱椎管内的脊髓。周围神经系统是联络于中枢神经与周围器官之间的神经系统，其中与脑相连的部分称为脑神经或颅神经，共12对；与脊髓相连的部分称为脊神经，共31对。按其支配的周围器官的性质不同，周围神经又可分为躯体神经和内脏神经。躯体神经分布于体表、骨、关节和骨骼肌，内脏神经则支配内脏及心血管的平滑肌、心肌和腺体。

第一节 中枢神经系统

中枢神经系统（central nervous system）由脑和脊髓组成。脑和脊髓的外面包被3层连续的被膜，由外向内依次为硬膜、蛛网膜和软膜。

一、脊髓

脊髓（spinal cord）位于椎管内，上端在枕骨大孔处续于脑的延髓。在胚胎早期，脊髓与椎管等长，到胚胎第4个月，人体脊柱的生长速度快于脊髓，新生儿脊髓下端平齐第3腰椎，成年人则平齐第1腰椎下缘。但也有变异，有人可高达第12胸椎下部，也有人可低至第3腰椎上缘，故临床上进行腰椎穿刺时，应选择在第3腰椎以下部位进行穿刺。

脊髓的前、后面正中线上有前正中裂（anterior median fissure）和后正中沟（posterior median sulcus），将脊髓分为对称的两半（图1-1）。此外，还有两对外侧沟，即前外侧沟（anterolateral sulcus）和后外侧沟（posterolateral sulcus），脊神经前根（anterior root）和后根（posterior root）或背根（dorsal root）的根丝分别经这些沟出入脊髓。每一脊髓节段的根丝向外方

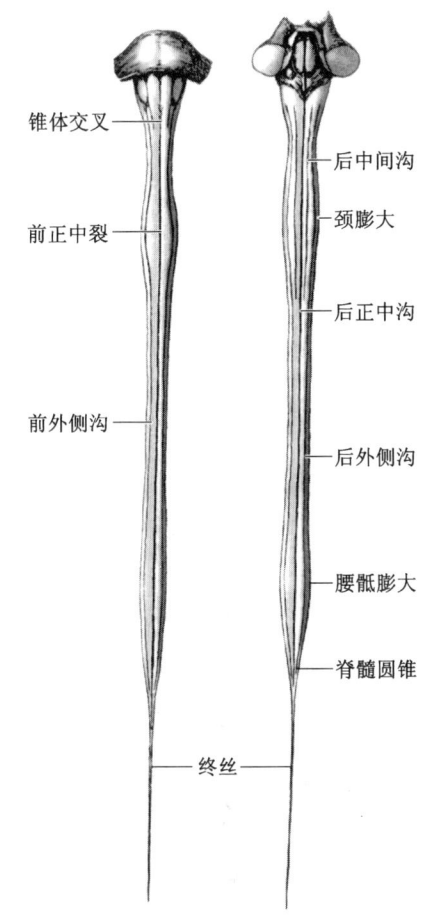

图1-1 脊髓的全貌

集合成束,形成脊神经的前根和后根。前根和后根在椎间孔处合成脊神经(图1-2、图1-3),脊神经共31对。每一对脊神经前、后根的根丝附着于脊髓的范围为脊髓的一个节段。因此,脊髓可分为31节,即颈髓8节,胸髓12节,腰髓5节,骶髓5节,尾髓1节。脊髓全长粗细不等,颈段和腰骶段形成两个膨大部,即颈膨大(cervical enlargement)和腰骶膨大(lumbosacral enlargement)。这两个膨大的形成是由于此处的脊髓节段是支配上、下肢的神经起源处,神经元数量多、灰质特别发达。由腰骶膨大向下,脊髓逐渐变细,形成脊髓圆锥(conus medullaris)。

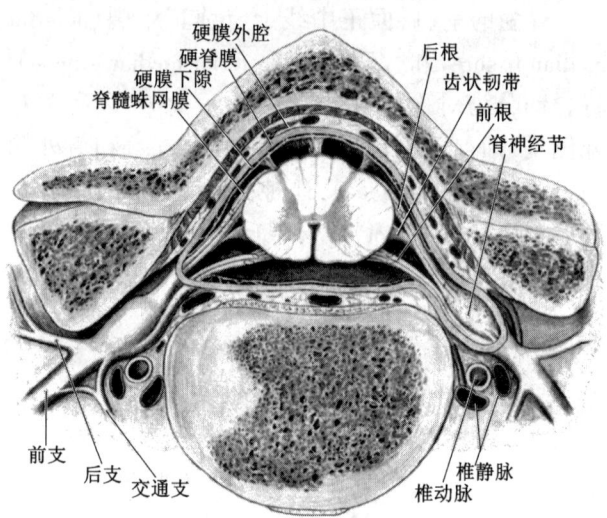

图1-2 脊髓的位置与周围结构的关系

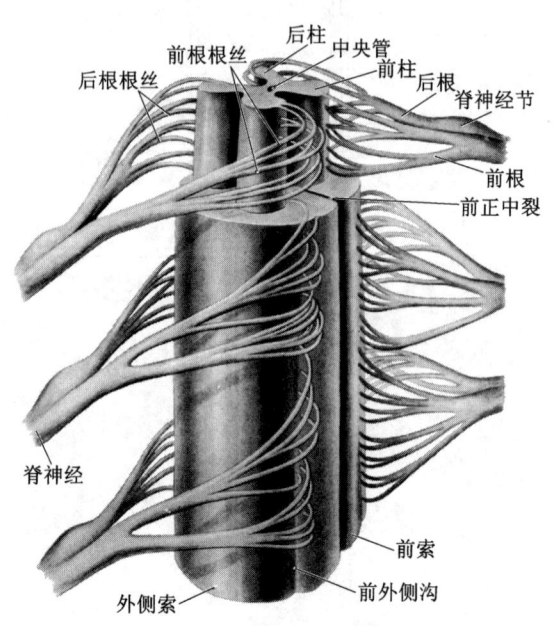

图1-3 根丝及脊神经根

在脊髓的横断面上可见有灰质(gray substance 或 gray matter)、白质(white substance 或 white matter)和中央管(central canal)。中央管位于脊髓的中心部,其周围为"飞蝶形"或"H"形的灰质柱。在横断面上,此柱向前方突出的部分为前柱(anterior column),在平面上观察时称为前角(anterior horn);向后突出的部分为后柱或后角(posterior horn)。在脊髓的$T_1 \sim L_3$节段,在前、后柱之间的灰质柱向侧方凸出形成侧柱(lateral column),在平面上观察时称侧角(lateral horn)。在中央管前、后方,两侧灰质互相移行形成灰质连合(gray commissure)。在灰质内,功能相同的神经元聚集在一起,其中后角神经元与躯体感觉有关,前角为躯体运动神经元,侧角则是内脏神经的低级中枢。$T_1 \sim L_3$节段的侧角为交感神经的低级中枢,$S_2 \sim S_4$节段的侧角为骶副交感核,是副交感神经的低级中枢。白质位于灰质的周围,主要由上、下行的神经纤维束构成。脊髓的白质被脊髓表面的纵沟分成3个索:前正中裂与前外侧沟之间为前索(anterior funiculus),前外侧沟与后外侧沟之间为外侧索(lateral funiculus),后外侧沟与后正中沟之间为后索(posterior funiculus)。脊髓上胸段(L_4以上)和颈段的后索又被后中间沟(posterointermediate sulcus)分隔为内侧的薄束(fasciculus gracilis)和外侧的楔束(fasciculus cuneatus)。在中央管前方,左、右前索间的白质部分称为白质前连合(anterior white commissure)。

二、脑

脑(brain)位于颅腔内,由末脑(延髓)、后脑(脑桥和小脑)、中脑、间脑和端脑5个部分构成。其中后脑和延髓合称菱脑(rhombencephalon),端脑和间脑合称前脑(forebrain)。一般又将延髓、脑桥和中脑合称为脑干(brainstem 或 brain stem)。菱脑和端脑的内部中央管扩大,形成脑室(ventricle)(图1-4~图1-6)。

(一)脑干

脑干(brain stem)尾端在枕骨大孔处与脊髓相连,头端与间脑相连,是大脑、小脑与脊髓之间纤维联系的干道。脑干内还有许多重要的生命中枢,如心血管运动中枢、呼吸中枢等。与脑干相连的有

第一节 中枢神经系统

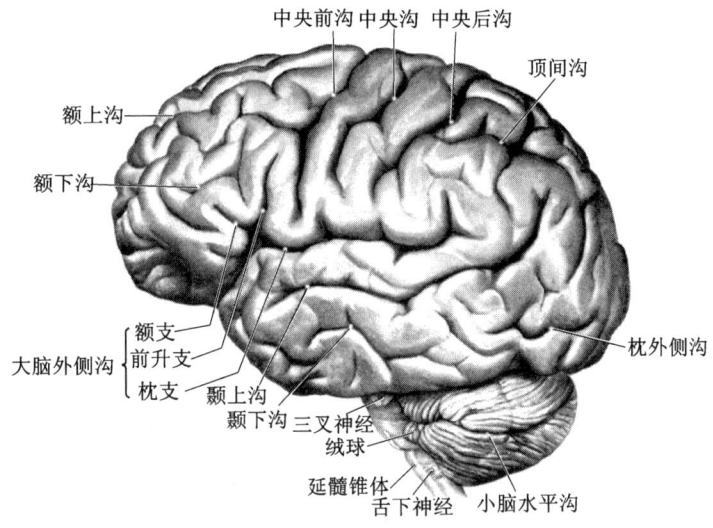

图1-4 全脑的外侧面观

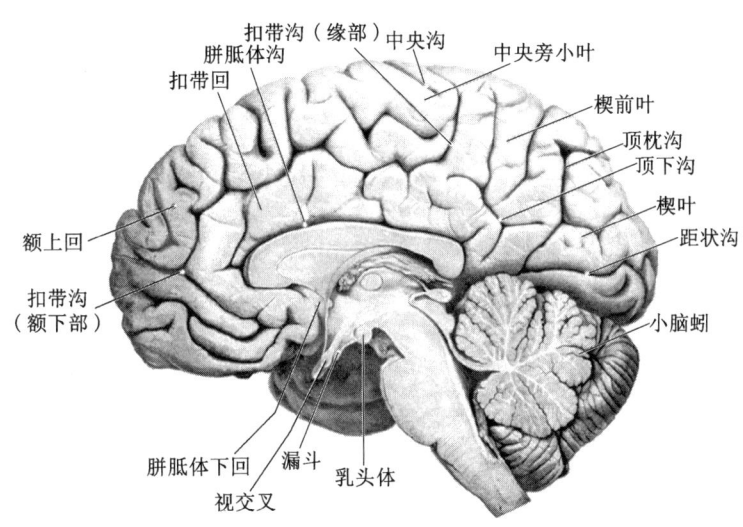

图1-5 全脑的内侧面观

Ⅲ~Ⅻ 10对脑神经（图1-7、图1-8）。

1. 延髓（medulla oblongata） 为脑与脊髓之间的过渡部分，上粗下细，呈倒圆锥形，俯卧在颅底的斜坡上。其腹侧面吻侧以横行的延髓脑桥沟（bulbopontine sulcus）与脑桥分界；背侧面的上半部参加第四脑室底（菱形窝）的构成，以髓纹与脑桥分界。

脊髓表面的纵行沟、裂均向上延伸到延髓。在延髓的腹侧面正中线上有前正中裂，两侧有上宽下窄的、位于前正中裂和前外侧沟之间的锥体（pyramid），锥体向表面凸出，由锥体束构成。在延髓和脊髓交界处的上方，锥体束的纤维大部分交叉，形成锥体交叉（decussation of pyramid）。在前外侧沟上部的外侧形成卵圆形隆起，称为橄榄（olive），其深面藏有下橄榄核。在前外侧沟中有舌下神经（Ⅻ）根丝出脑干，橄榄的背侧由上向下有舌咽神经（Ⅸ）、迷走神经（Ⅹ）和副神经（Ⅺ）的根丝出入脑干。延髓的背面、下半部形状和脊髓相似，其中部在后正中沟上端为闩（obex）所封闭。闩以上的延髓背面形成第四脑室底（菱形窝）的下半部。延髓下半部的后索部分分为内侧的薄束和外侧的楔束，两者被后中间沟分隔。此两束的上端投射至薄束核（gracile nucleus）和楔束核（cuneate nucleus）。此两核的表面隆起，分别称为薄束结节（gracile tubercle）和楔束结节（cuneate tubercle）。在楔束结节的外上方有隆起的小脑下脚（inferior cerebellar peduncle），或称为绳状体，由脊髓

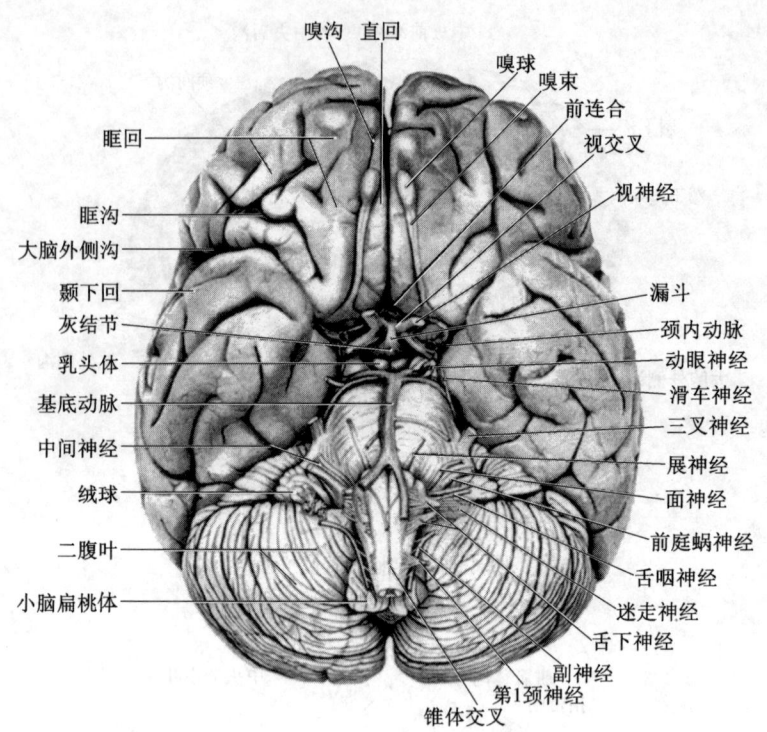

图 1-6 全脑的底面观

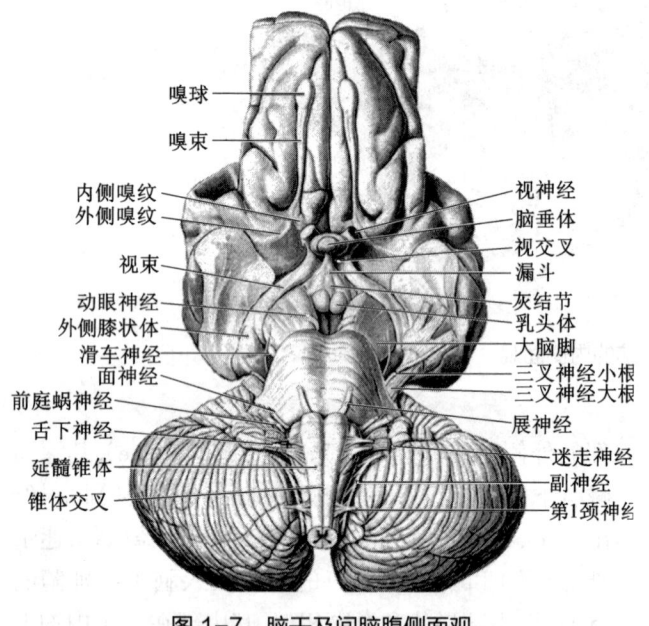

图 1-7 脑干及间脑腹侧面观

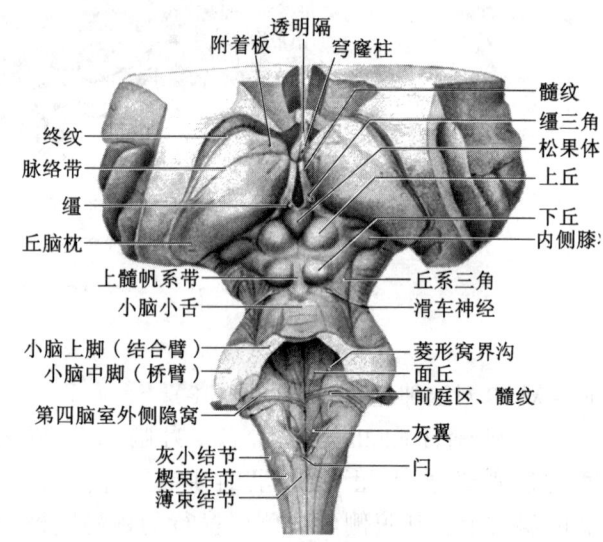

图 1-8 脑干及间脑背侧面观

和脑干行向小脑的纤维构成。

2. 脑桥（pons） 较延髓膨大。腹侧面为宽阔膨隆的基底部（basilar part of pons），其下缘与延髓分界的延髓脑桥沟中自内向外有展神经（Ⅵ）、面神经（Ⅶ）和前庭蜗神经（Ⅷ）3 对脑神经出入脑干；上缘与中脑的大脑脚相续。基底部向外逐渐变窄，移行为小脑中脚（middle cerebellar peduncle，或称为桥臂）行向背侧进入小脑。三叉神经（Ⅴ）根在基底部与小脑中脚移行处出入脑干。脑桥的背面形成菱形窝的上半部，与延髓上半部的背面共同构成第四脑室底。

3. 菱形窝（rhomboid fossa） 为第四脑室底，由延髓上半部的背面和脑桥的背面共同构成，两者以横行的髓纹（striae medullares）为界。纵行的正中沟（median sulcus）将窝分成左右对称的两半。正中沟的外侧有纵行的界沟(sulcus limitans),将每一侧的菱形窝分为内侧区和外侧区。外侧区为三角形的前庭区(vestibular area),深面藏有前庭神经核簇。前庭区的外侧角部有一小隆起为听结节(acoustic tubercle),内藏蜗神经背核。靠近界沟上端部可见一蓝黑色的小区域,称为蓝斑(locus ceruleus),深面有蓝斑核。内侧区又称为内侧隆起(medial eminence)。在髓纹下方,中线两侧有舌下神经三角(hypoglossal triangle),内藏舌下神经核;外侧为迷走神经三角(vagal triangle),也称灰翼(ala cinerea),深面藏有迷走神经背核。在迷走神经三角和菱形窝边缘之间有一窄带区,称为最后区(area postrema)。此外,在髓纹的上方,正中沟两侧生有圆形隆起,为面神经丘(facial colliculus),其深面存在由面神经膝围绕的展神经核。

4. 第四脑室(fourth ventricle) 是由位于延髓、脑桥与小脑之间的中央管扩大而形成的空腔,向上通中脑导水管,向下与脊髓中央管相续,有脑脊液在其中循环。第四脑室在正中矢状断面上呈顶尖向上后的帐篷形,底由菱形窝铺成,顶朝向小脑。顶的上部由两侧的小脑上脚(superior cerebellar peduncle, 或称为结合臂)及其间的上髓帆(superior medullary velum,又称前髓帆)组成,下部由下髓帆(inferior medullary velum,又称后髓帆)和第四脑室脉络组织构成。第四脑室借3个孔与蛛网膜下隙相通,即在菱形窝下角尖部的上方有一个正中孔(median aperture),此孔的下界是闩;在菱形窝外侧尖端的外侧隐窝处形成左右对称的外侧孔(lateral aperture)。

5. 中脑(midbrain) 腹侧面上界是视束,下界为脑桥上缘。腹侧面的两侧各形成一个粗大的柱状隆起,称为大脑脚(cerebral peduncle),由大脑皮质发出的下行纤维束构成。两侧大脑脚之间的凹陷为脚间窝(interpeduncular fossa)。动眼神经(Ⅲ)根在窝的尾端出脑。窝底有许多血管穿行,称为后穿质(posterior perforated substance)。

中脑的背侧部形成顶盖(tectum),形成两对圆形隆起,即一对上丘(superior colliculus)和一对下丘(inferior colliculus),它们合称为四叠体。下丘与内侧膝状体之间的隆起为下丘臂(brachium of inferior colliculus),上丘与外侧膝状体之间的隆起为上丘臂(brachium of superior colliculus)。顶盖的下方,两侧各有一条向外下方斜行的纤维柱,为前述的小脑上脚(结合臂),进入小脑。两侧结合臂之间的较薄白质板,即上髓帆,参与构成第四脑室顶,上髓帆处有滑车神经(Ⅳ)根出脑干。

中脑部分的中央管较粗,称为中脑导水管(mesencephalic aqueduct),上续第三脑室,下接第四脑室。环绕于管周围的灰质,称为导水管周围灰质(periaqueductal gray matter)。

6. 脑干的内部结构 脑干和脊髓同属于中枢神经的低级部分。它们向上与以大脑皮质为中心的高级中枢联系,向下按节段发出周围神经(31对脊神经和后10对脑神经)与全身外周器官联系。因此,脑干内部的灰质结构在功能和形态上也保持着与周围神经支配范围相适应的节段性。白质主要包括:①联络于高级中枢和低级中枢之间的传递各种不同信息的长神经纤维束,这些纤维束集中地存在于脑干和脊髓靠近表面的部分;②联络于低级中枢各节段之间或一些核团之间的神经纤维束,这些纤维束与灰质混合存在于脑干和脊髓的内部。

由于脑神经的支配范围比较分散,在脑干内与之联系的灰质结构的存在模式和脊髓有所不同,不形成连续的灰质柱,而是形成由上向下按顺序排列的10对脑神经核(Ⅲ~Ⅻ脑神经核)。另外,Ⅰ、Ⅱ两对脑神经直接与端脑和间脑联系,与脑干无关。此外,还有一些与脑神经无直接关系而与一些上、下行的神经传导通路有密切关系的散在灰质块(神经核),包括红核(red nucleus)、黑质(substantia nigra)、脑桥核(pontine nucleus)和下橄榄核(inferior olivary nucleus)等。

脑干在上述的脑神经核和非脑神经核以及纤维束以外的区域内,散布着大量形态、大小不等的神经细胞簇和神经纤维,统称为脑干网状结构(reticular formation of brain stem)。脑干网状结构是进化上比较古老的结构,在形态上,网状结构具有形成多突触联系的特征;在神经纤维联系上,它与中枢神经系统各部位均有直接或间接的联系;在功能上,它不但参与躯体运动、躯体感觉及内脏活动,而且在睡眠、觉醒中也具有重要的调节作用。

脑干的延髓上半部以上部分的结构是连续的。在横断面上观察时,腹侧部分是以锥体束为主体的白质,为底部(中脑为大脑脚,脑桥为基底部,延髓则为锥体);底部的背侧与第四脑室底或中脑导水管中点水平线之间的部分称为被盖(tegmentum),是脑神经核和其他一些核团以及网状结构等的存在部位；导水管中点水平线与中脑背侧之间的部分称为顶盖，也就是四叠体。

（二）小脑

小脑（cerebellum）位于颅后窝内，上面被硬脑膜的小脑幕覆盖。小脑的前面与脑干背面共同围成第四脑室，两侧借3对小脑脚与脑干相连。小脑下脚（绳状体）由来自脊髓和下橄榄核向小脑投射的纤维组成，小脑中脚（桥臂）主要由脑桥核发出的纤维组成，小脑上脚（结合臂）主要由小脑的传出纤维及来自大脑皮质等处的传入纤维构成。小脑通过这些传导途径接受脊髓、前庭和大脑皮质等部位传来的各种信息，经小脑整合后，再由反馈环路协调运动功能。

小脑是与运动调节有密切关系的（大脑）皮质下中枢，它的发展与动物的运动方式及复杂化程度密切相关。小脑可分为左、右小脑半球（cerebellar hemisphere）及中间的蚓部（vermis）（图1-9，图1-10）。位于小脑表面的灰质称为小脑皮质（cerebellar cortex），白质位于其深部，称为髓质，埋藏在髓质内的灰质团块称为小脑核（cerebellar nuclei，也称为中央核 central nuclei）（图1-11）。小脑皮质表面生有较密且深的平行的横沟，将小脑分为多个横行的薄片，即小脑叶片（cerebellar folia），每一个叶片均由皮质和髓质构成，若干叶片再组成一个小叶（lobule），这些小叶的形成和发生与功能有一定的关系，不同部分具有不同的调节功能，如进化上较古老的部分与维持身体平衡和调节肌张力密切相关，而进化上较新的部分则与大脑皮质所控制的随意运动的协调有密切关系。

（三）间脑

间脑（diencephalon）居中脑和端脑之间，由胚胎早期的前脑尾侧部发育而来，结构和功能都十分复杂。由于在发生过程中端脑高度发育和扩展，间脑的两侧和背面都被大脑半球所掩盖，仅腹侧部的视交叉、视束、灰结节、漏斗、垂体和乳头体等暴露于大脑半球额部的底面。间脑包括以下几部分。

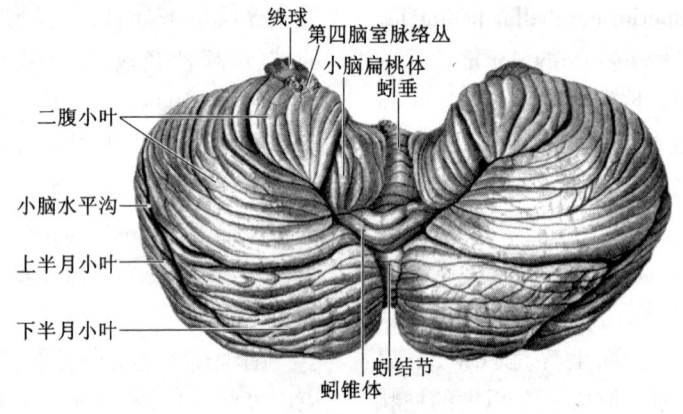

图1-9 小脑的后面观

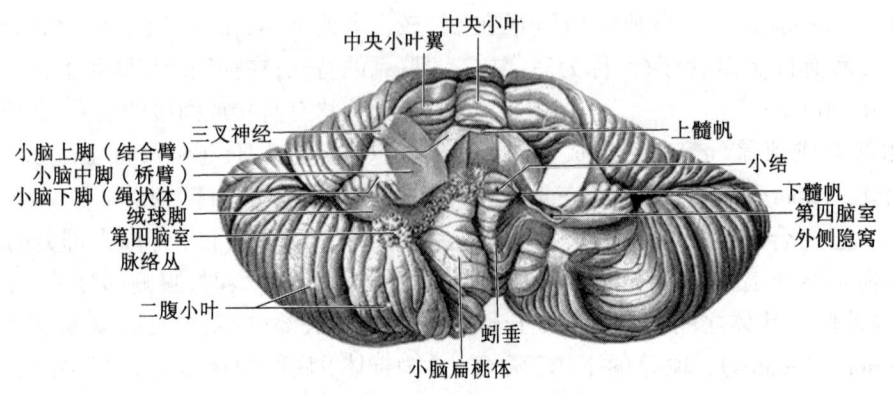

图1-10 小脑的前面观

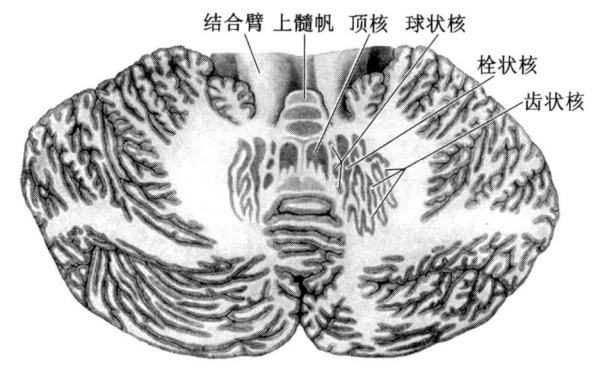

图 1-11　小脑的切面观

1. 背侧丘脑（dorsal thalamus）　即一般所说的丘脑（thalamus），位于间脑的背侧部，下丘脑的后上方，与下丘脑之间以第三脑室侧壁上的下丘脑沟（hypothalamic sulcus）为界。（背侧）丘脑由两个对称的、前后径长的椭圆形大灰质块构成。两侧（背侧）丘脑之间隔以称为第三脑室的狭窄腔隙，（背侧）丘脑的内侧面构成第三脑室侧壁的上半部。（背侧）丘脑的前端突出部为丘脑前结节（anterior thalamic tubercle），后端膨大称为丘脑枕（pulvinar）。背面暴露于侧脑室中，其外侧缘以终纹与尾状核为界，尾状核伏在（背侧）丘脑背面的外侧部。其内侧缘和（背侧）丘脑内侧面的过渡部分形成丘脑带，是第三脑室脉络组织的附着处。在背面的中部有前后斜行的浅沟称为脉络沟，是侧脑室脉络丛的附着处，此沟将（背侧）丘脑的背面分为内、外两部，内侧部较宽，构成侧脑室中央部的底（图 1-12）。

（背侧）丘脑是皮质下感觉传入信息的最后中继站，也是大脑皮质与小脑、纹状体、黑质之间相互联系的枢纽。

2. 后丘脑（metathalamus）　位于（背侧）丘脑后外下方，包括内侧膝状体（medial geniculate body）和外侧膝状体（lateral geniculate body），它们分别是听觉和视觉传导通路的最后中继站。

3. 上丘脑（epithalamus）　位于（背侧）丘脑的背内侧，胼胝体压部的下方，由松果体（pineal body）、后连合（posterior commissure）、缰三角（habenular trigone）和丘脑髓纹（thalamic medullary stria）组成。松果体为内分泌腺，能产生褪黑素。缰三角内的缰核是边缘系统与中脑间的中继站。

4. 底丘脑（subthalamus）　又称为腹侧丘脑，是（背侧）丘脑向中脑的过渡区域，其背侧邻接（背侧）丘脑，腹内侧邻接下丘脑，腹外侧邻接内囊，向尾侧延续于中脑（被盖）。底丘脑主要由底丘脑底核（subthalamic nucleus，Luys 体）构成，是锥体外系的重要结构。

5. 下丘脑（hypothalamus）　又称为丘脑下部，位于（背侧）丘脑的前下方，两者以下丘脑沟为界。下丘脑的前界为终板和视交叉，其尾侧与中脑（被盖）

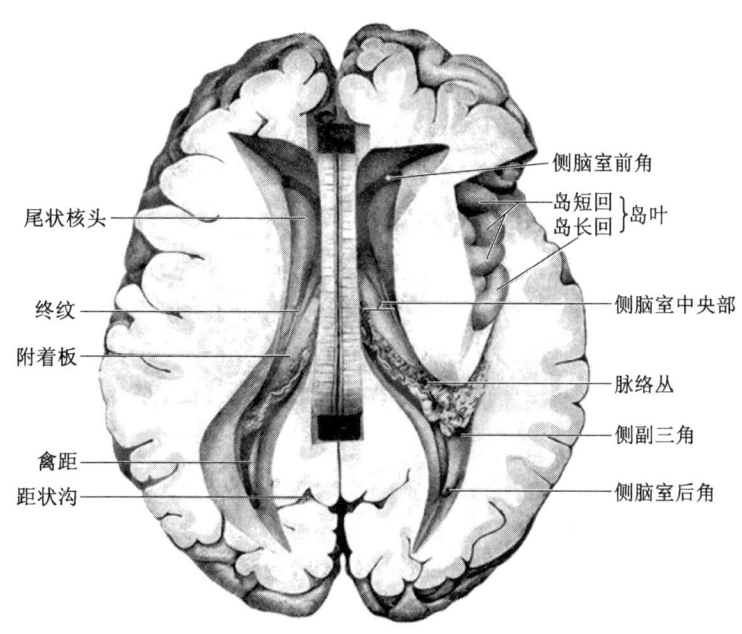

图 1-12　（背侧）丘脑的背侧观

相续。下丘脑大部分被埋藏于深部，只有内侧面和底面游离，内侧面形成第三脑室侧壁的下部；底面露于脑底，在脑表面由前向后可以看到视交叉（optic chiasma）、漏斗（infundibulum）、灰结节（tuber cinereum）和乳头体（mamillary body）等结构（图1-13）。

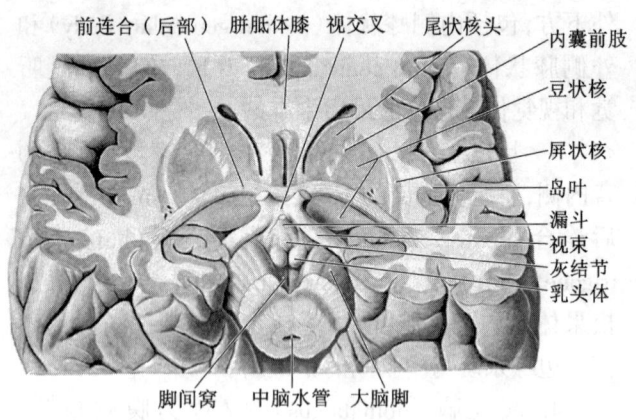

图1-13　下丘脑的表面观

下丘脑具有广泛而复杂的纤维联系，它接受来自边缘系统皮质和（背侧）丘脑的传入纤维，还接受来自脊髓和脑干与内脏信息有关的上行纤维。它发出纤维不仅至脑干和脊髓的内脏运动核，还调控垂体的功能。下丘脑中有些神经元不仅接受神经冲动，还能对温度、渗透压、激素等血液理化变化做出反应。另外，还有一些神经元，既具有一般神经元的特性又具有内分泌细胞的功能，能合成和释放激素。下丘脑的这些特点，使它成为调节内脏活动和内分泌功能的高层次的（大脑）皮质下中枢，从而在维持机体的内环境稳定和控制情绪行为方面起着极为重要的作用（参看本书第十八章）。

位于两侧丘脑之间和下丘脑内的矢状位的扁平腔隙称为第三脑室（third ventricle），其前方经室间孔（interventricular foramen）通向两侧侧脑室，后方续于中脑导水管。第三脑室顶被第三脑室脉络组织封闭，底由上述的视交叉、漏斗、灰结节和乳头体构成。

（四）大脑

大脑（cerebrum）又称端脑（telencephalon），由两侧大脑半球（cerebral hemisphere）借胼胝体连接而形成，是脑的最高级部位。其表面的大脑皮质（cerebral cortex，或称为大脑皮层）是机体各种生命活动的最高中枢。大脑皮质深面的白质称为大脑髓质（cerebral medullary substance）。在半球底部中央的白质中存在较大的灰质核团称为基底核，半球内部的空腔为侧脑室。

1. 大脑半球的表面形态　左、右大脑半球之间由大脑纵裂（cerebral longitudinal fissure）分隔，纵裂的底为胼胝体的背面。大脑与小脑之间的间隙称为大脑横裂（cerebral transverse fissure）。高等动物及人类大脑半球表面出现许多隆起的大脑回（cerebral gyri）和凹陷的大脑沟（cerebral sulci），沟回起伏扩大了大脑皮质的面积。每侧半球由3条较大的大脑沟分为5个大脑叶：外侧沟（lateral sulcus），起于半球下面，在半球上外侧面上行向后上方；中央沟（central sulcus），起于半球上缘中点稍后方，斜行向前下方，下端接近外侧沟，上端延伸至半球内侧面；顶枕沟（parietooccipital sulcus），位于半球内侧面枕部，由前下方斜行向后上方，上端越过半球上缘延续到半球上外侧面。大脑半球外侧沟上方和中央沟以前的部分为额叶（frontal lobe）；外侧沟以下的部分为颞叶（temporal lobe）；枕叶（occipital lobe）位于半球后部，其前界在半球内侧面为顶枕沟，在上外侧面的界限是顶枕沟至枕前切迹（在枕极前方5 cm处）的连线；顶叶（parietal lobe）为外侧沟上方、中央沟后方、枕叶以前的部分。另外，有一部分大脑皮质被埋于外侧沟的底部，呈三角形岛状，称为岛叶（insula），其表面被额叶、顶叶和颞叶所覆盖，此覆盖面称为岛盖（operculum）。

(1) 大脑半球背外侧面的主要沟回　中央沟的前方有与其平行的中央前沟（precentral sulcus），中央沟与中央前沟之间形成中央前回（precentral gyrus）。自中央前沟向前方的额叶外侧面上有上、下两条平行的额上沟（superior frontal sulcus）和额下沟（inferior frontal sulcus），是额上回（superior frontal gyrus）、额中回（middle frontal gyrus）和额下回（inferior frontal gyrus）的分界线。在中央沟的后方有与之平行的中央后沟（postcentral sulcus），此沟与中央沟之间为中央后回（postcentral gyrus）。在中央后沟的后方有一条与半球上缘平行的顶间沟（interparietal sulcus）。顶间沟的上方为顶上小叶（superior parietal lobule），下方为顶下小叶（inferior parietal lobule）。顶下小叶包括围绕外侧沟后端的缘上回（supramarginal gyrus）和围绕颞上沟末端的角回（angular gyrus）。在外侧沟下方的颞叶外侧面上有与之平行的颞上沟（superior temporal sulcus）和颞下沟（inferior temporal sulcus），此两沟分别界定颞上回（superior temporal gyrus）、颞中回（middle temporal gyrus）和颞下回（inferior temporal gyrus）。颞上回的上缘一部分在胚胎发育过程中翻入外侧沟内，此部被几条短的横沟分成几条横回，称为颞横回（transverse temporal gyri）（图1-4、图1-14）。

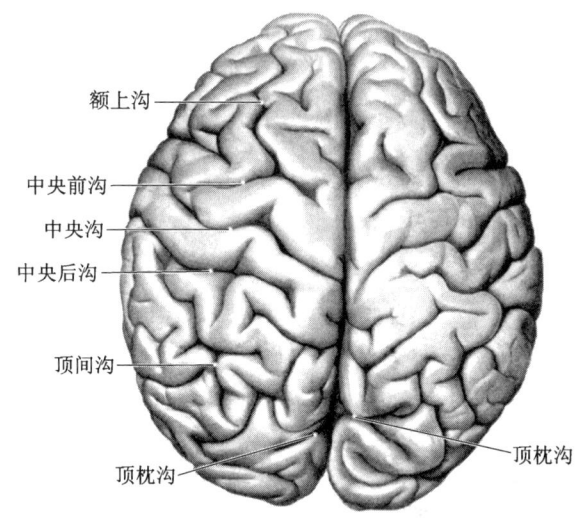

图1-14　大脑的上面观

（2）大脑半球内侧面的主要沟回　中央旁小叶（paracentral lobule）是大脑半球背外侧面的中央前、后回向内侧面的延续。内侧面中部可见在前后方向上略呈弓形的连接两侧大脑半球的胼胝体的断面。在胼胝体后端后方的大脑半球枕叶内侧面上有距状沟（calcarine sulcus），它在接近水平方向后行，途中与上述的顶枕沟相遇。距状沟与顶枕沟之间的部分为楔叶（cuneus），距状沟下方的部分为舌回（lingual gyrus）。另外，大脑半球内侧面上、胼胝体背缘处有胼胝体沟（callosal sulcus），此沟绕过胼胝体的后端向前下方移行于脑底面的海马沟（hippocampal sulcus）。在胼胝体沟上方并与之平行的是扣带沟（cingulate sulcus），扣带沟与胼胝体沟之间的脑回为扣带回（cingulate gyrus）（图1-5）。

（3）大脑半球底面的主要沟回　大脑半球底面可见额叶、颞叶和枕叶。额叶底面在前方有纵行的嗅束（olfactory tract），其前端膨大为嗅球（olfactory bulb），与嗅神经相连；嗅束向后扩大为嗅三角（olfactory trigone）。嗅三角与视束之间为前穿质。额叶底面还有不规则的眶沟（orbital sulcus）和眶回（orbital gyrus）。颞叶底面，海马沟的外方有与之平行的侧副沟（collateral sulcus），两者之间的脑回称为海马旁回（parahippocampal gyrus），其前端弯曲称为（海马回）钩（uncus）。海马沟上方有齿状回（dentate gyrus），其一部分露于脑表面。由齿状回向内方的脑表面翻入侧脑室内构成侧脑室下角底部，形成隆凸的海马（hippocampus）。侧副沟的外方即为由半球外侧面翻入的颞下沟（图1-6）。

大脑半球与嗅觉有关的部分统称为嗅脑（rhinencephalon），包括嗅球、嗅束、嗅前核、嗅结节、嗅纹、部分杏仁核和部分前梨状皮质。

此外，根据进化和功能的区分，人们将半球内侧面胼胝体周围和侧脑室下角底壁周围的弧形部分称为边缘叶（limbic lobe），包括隔区（septal area，胼胝体下区和终纹旁回）、扣带回、海马旁回、海马和齿状回等。将边缘叶和有关的皮质下结构[杏仁体、下丘脑、上丘脑、（背侧）丘脑前核和中脑被盖等]合称为边缘系统（limbic system）。这一系统在种系发生上出现较早，纤维联系也十分复杂。边缘系统和嗅觉与内脏活动有密切关系，并参与个体生成和种族繁衍功能（如觅食、防御、攻击、情绪反应和生殖行为等），海马还与学习记忆有关。由于边缘系统通过下丘脑影响一系列内脏神经活动，故有人称之为内脏脑。

2. 基底核（basal nuclei）　又称基底神经节（basal ganglia），是位于大脑半球白质的中央、靠近脑底处的较大的神经核簇，以往研究认为基底核包括尾状核、豆状核，并将豆状核外方的屏状核也包括在基底核中。但近年来，对基底核的认识不断深入，从功能上划分基底核簇早已超越这些核团的范围。除尾状核体暴露在侧脑室中央部底面外，基底核的其余部分都埋在白质内。只有通过不同切面标本的综合观察方能理解基底核簇的位置和形态的立体状态（详见本书第十二章基底核）。

尾状核（caudate nucleus）呈C形，前端膨大为尾状核头（head of caudate nucleus），中间的尾状核体（body of caudate nucleus）露于侧脑室底，与（背侧）丘脑背外侧部融合；尾状核尾（tail of caudate nucleus）沿（背侧）丘脑后面弯向前下方，末端与杏仁体连接。

豆状核（lentiform nucleus）位于岛叶的深部，内尖外圆，在水平切面和额状切面上均呈顶尖向内的楔形，被两条白质板分为三部，外侧部最大，称为壳（putamen）；内侧部又由两个部分合成，合称为苍白球(globus pallidus)。尾状核头部与豆状核之间形成很多索条状的灰质结构,外观呈斑纹状,故将两者合称为纹状体(corpus striatum)。苍白球属于发生上古老的系统,称为旧纹状体;尾状核和壳在爬行类开始出现,称为新纹状体。哺乳类以下的低等动物,纹状体是躯体和内脏活动的高级中枢。在高等动物,由于大脑皮质的高度发达,纹状体已退居从属地位,是皮质下重要的运动整合中枢之一,是锥体外系的重要组成部分。

屏状核(claustrum)是位于壳与岛叶之间的一薄层灰质,它的内方与壳之间的白质层称为外囊(external capsule),外方与岛叶皮质之间的白质层称为最外囊(extreme capsule)。此核与大脑皮质之间具有往返纤维联系,但联系状况及其功能意义尚未完全阐明(图1-15～图1-19)。

尽管目前对将杏仁复合体(amygdaloid complex)又称为杏仁核簇(amygdaloid nuclei)是否归为基底核存在分歧,但为了内容的系统性,仍在此予以叙述。

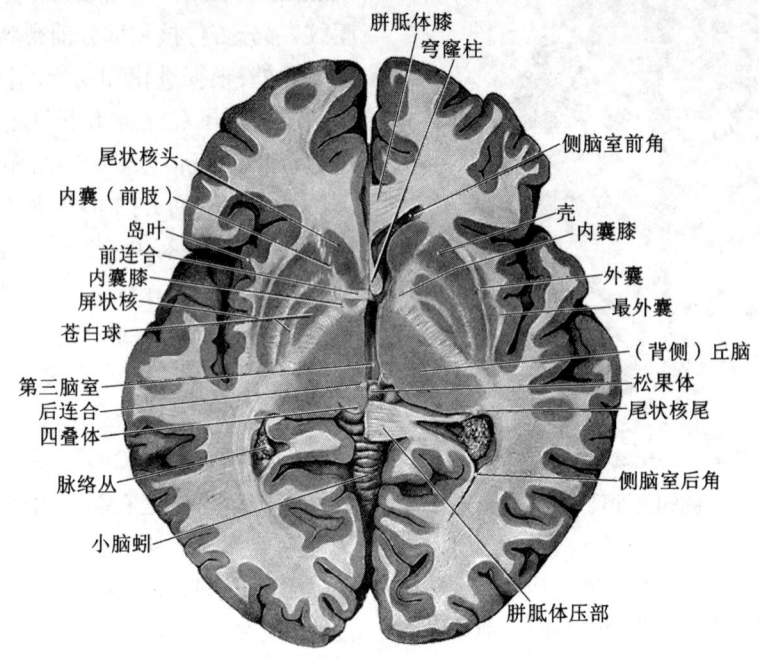

图1-15 脑的水平切面
观察(背侧)丘脑和基底核簇的位置关系

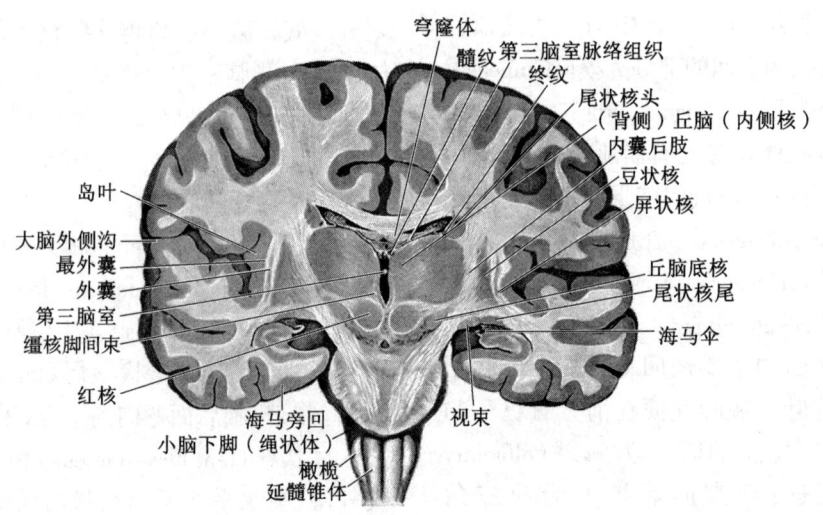

图1-16 脑的冠状切面(一)
通过锥体束所做的切面

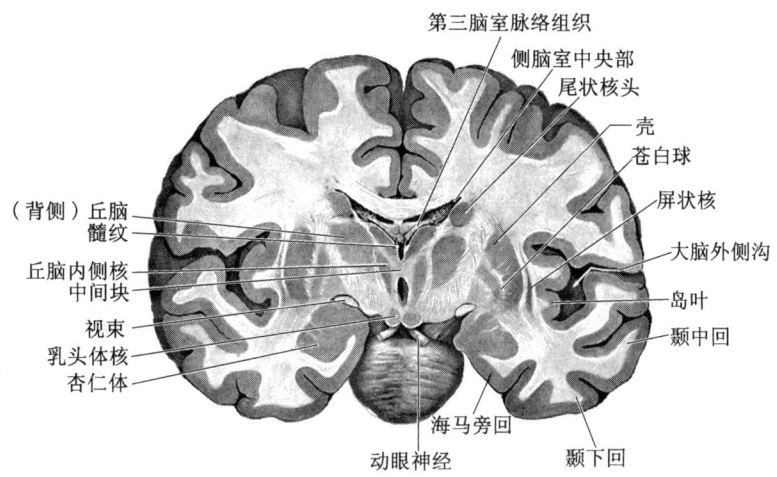

图 1-17 脑的冠状切面（二）
通过乳头体所做的切面

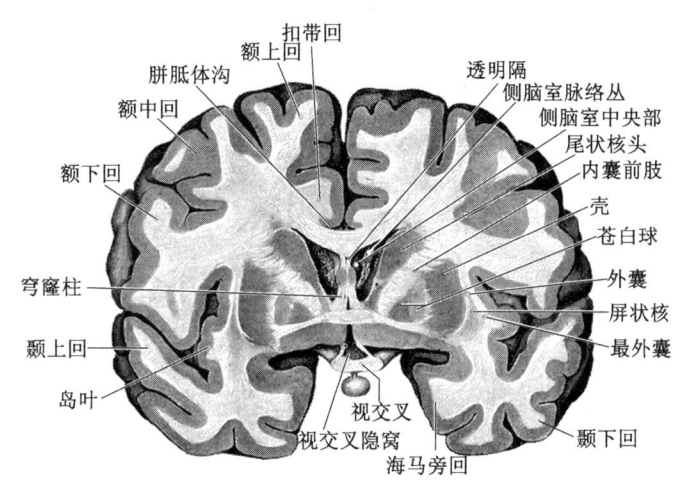

图 1-18 脑的冠状切面（三）
通过视交叉所做的切面

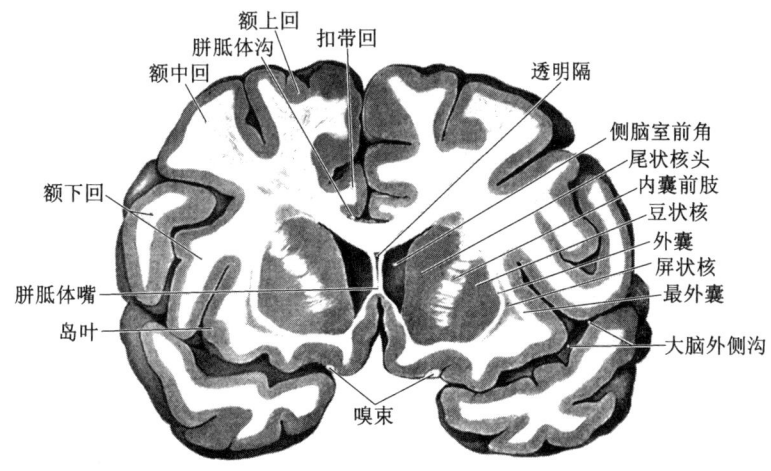

图 1-19 脑的冠状切面（四）
通过侧脑室前角所做的切面

该核簇由一组核团构成,位于侧脑室下角前端的深面,与尾状核尾相连,属边缘系统的核团,与行为、内分泌和内脏活动有关(图1-17)。

3. **大脑半球的白质**(white matter) 又称为大脑髓质,由大量有髓神经纤维纵横交错组成,肉眼上呈白色。这些纤维联系于皮质各部之间及皮质与皮质下结构之间,根据其行径和所联络的部位,构成白质的纤维可分为三类:联络纤维、连合纤维和投射纤维。

联络纤维(association fiber)为联络于同侧半球内各部分皮质之间的纤维,其中短纤维联络于相邻脑回之间,长纤维联络于本侧半球各脑叶之间。

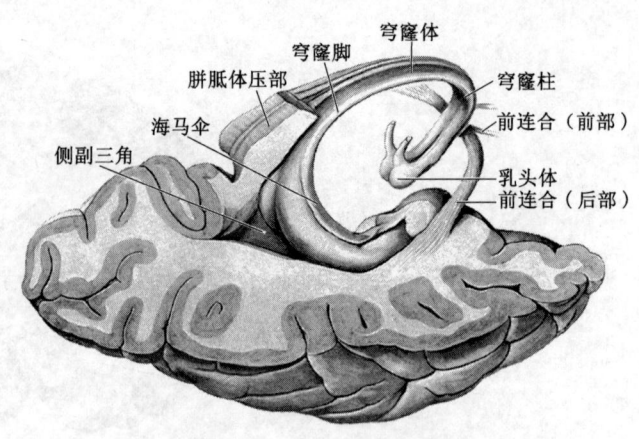

图1-21 前连合和穹窿

连合纤维(commissural fiber)是联络于左、右大脑皮质之间的纤维,其纤维最致密处形成胼胝体、前连合和穹窿连合三种具有一定形态的白质结构。胼胝体(corpus callosum)为强大的白质纤维板,纤维向前、后和两侧放射,联系两侧半球的额叶、顶叶、枕叶和颞叶。前连合(anterior commissure)在正中矢状面上位于穹窿的前方,呈X形,连接左、右嗅球和颞叶。穹窿连合(commissure of fornix)是穹窿中的一部分纤维,连接双侧海马。穹窿(fornix)是由海马至下丘脑乳头体的弓形纤维束(图1-20、图1-21)。

投射纤维(projection fiber)是联系大脑皮质和皮质下结构(包括基底核、间脑、脑干、小脑和脊髓)之间的上、下行纤维束,这些纤维束在大脑半球内绝大部分通过内囊。

内囊(internal capsule)是由很多纤维束集中通过狭窄区域而形成的致密白质纤维板,位于尾状核、(背侧)丘脑与豆状核之间。在水平切面上,内囊全貌呈向外开放的"<"形,可分为前肢、膝和后肢三部。内囊前肢(anterior limb of internal capsule)位于豆状核和尾状核之间,有额桥束和丘脑前辐射通过;内囊后肢(posterior limb of internal capsule)位于豆状核和(背侧)丘脑之间,有皮质脊髓束、皮质红核束、丘脑上辐射、视辐射和听辐射通过;内囊膝(genu of internal capsule)位于前、后肢会合处,有皮质脑干束通过。由于内囊中有许多上、下行纤维束通过,故内囊损伤常导致严重的神经功能障碍,出现"三偏综合征",即对侧半身躯体感觉丧失、对侧肢体偏瘫和对侧视野偏盲。

4. **侧脑室**(lateral ventricle) 为大脑半球内的空腔,两侧侧脑室通过室间孔(interventricular foramen)和第三脑室交通。侧脑室可分为前角、后角、下角和中央部。中央部(central part)位于大脑半球顶叶内部,其顶为胼胝体,底为(背侧)丘脑背面和尾状核体;前角(anterior horn)伸入额叶内,外邻尾状核头;后角(posterior horn)是伸入枕叶内的较小部分;由后角向前外下方延伸突入颞叶内的部分为下角(inferior horn),海马、齿状回都暴露于下角的底部(图1-22、图1-23)。

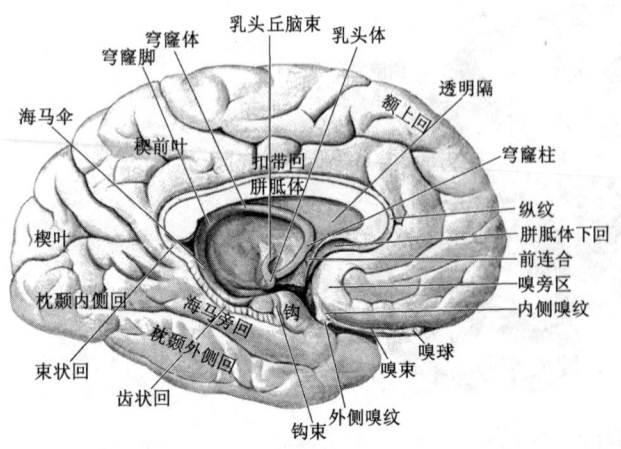

图1-20 穹窿及其周围结构

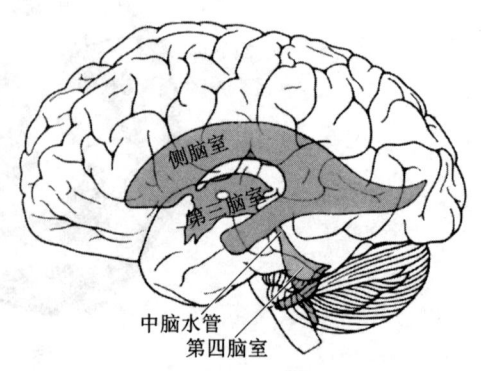

图1-22 脑室系统(投影图)

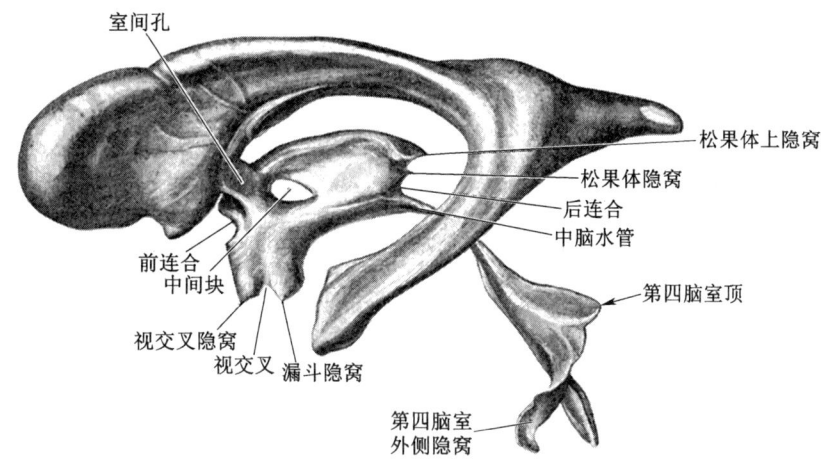

图 1-23 脑室系统的形状（铸型）

第二节 周围神经系统

周围神经系统（peripheral nervous system）是联络于中枢神经（脑、脊髓）与外周器官的神经末梢之间的外周神经。该系统包括躯体神经和内脏神经两大部分。

一、躯体神经

躯体神经（somatic nerves）为支配躯干和四肢躯体性结构的周围神经，一部分和脊髓联系，称为脊神经；另一部分和脑直接联系，称为脑神经。

（一）脊神经

脊神经（spinal nerves）共 31 对，与脊髓的节段一致，每一对脊神经都和相应的脊髓节段联系。总共有颈神经 8 对，胸神经 12 对，腰神经 5 对，骶神经 5 对，尾神经 1 对。每对脊神经都以前、后两列根丝的形式分别通过脊髓的前外侧沟和后外侧沟进出脊髓。一个节段范围的根丝分别集合形成脊神经的前根（anterior root）和后根（posterior root，或背根 dorsal root）在椎管内向外行，到椎间孔处前、后根合并形成脊神经干（trunk of spinal nerve），在合并处，后根上具有膨大的脊神经节（spinal ganglia，或背根节 dorsal root ganglia）。前根由传出性（运动）神经纤维组成，后根由传入性（感觉）神经纤维组成，合并形成脊神经干后，则两者相混合成为混合性纤维。前根纤维为脊髓前角运动神经元的轴突，在 $T_1 \sim L_3$ 和 $S_{2\sim4}$ 节段还有脊髓侧角和相当于侧角处的内脏传出神经元的轴突参加脊髓前根的构成。构成后根的神经纤维为脊神经节神经元的中枢支（轴突）；构成脊神经节的神经元胞体大小不等，为假单极神经元，其周围支分别分布于相应的躯体和内脏性器官，与相应感受器联系。内脏神经将单列一章（本书第十四章）叙述，在此主要描述脊神经的躯体成分。

脊神经的第 1 颈神经在寰椎与枕骨之间出椎管；第 2~7 颈神经各经序数相同的颈椎上方的椎间孔出椎管；第 8 颈神经通过第 7 颈椎下方的椎间孔出椎管；12 对胸神经和 5 对腰神经都由同序数椎骨下方的椎间孔穿出；第 1~4 骶神经通过同序数的骶前孔和骶后孔穿出，第 5 骶神经和尾神经共同经骶管裂孔出椎管。

在发育过程中，脊髓的发育迟于脊柱的发育，到成年时期脊髓的下端仅达第 1 腰椎的下缘水平。但各脊神经出椎间孔的位置已固定，因而各脊神经的前、后根由上向下逐渐延长。其中，颈神经根最短，大体上接近水平方向外行出椎管；胸神经根则逐渐延长，在椎管内逐渐向外下方倾斜；腰、骶、尾神经根则更逐渐延长，在椎管内近于垂直方向下降，它们都在穿出相应的椎间孔之前，围在脊髓尾端的终丝（filum terminale）周围，在椎管内下行一段较长距离，共同形成马尾（cauda equina）（图 1-24）。

脊神经中由躯体感觉神经纤维和躯体运动神经纤维混合组成者称为混合神经，分别由躯体感觉神经纤维或躯体运动神经纤维组成者称为感觉神经或运动神经。支配皮肤的血管、汗腺和竖毛肌的内脏

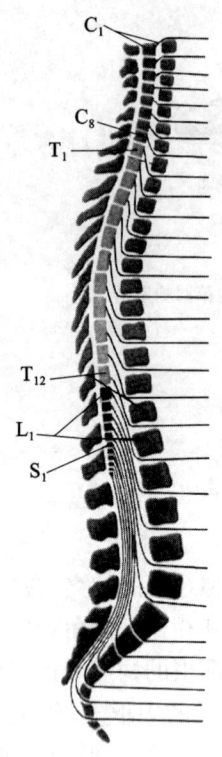

图 1-24 脊神经根与椎骨的节段对应关系示意图

交感神经纤维（传出）混合于躯体神经中向皮肤分布。另外，来自内脏、心血管的内脏传入神经元胞体，也按节段与躯体神经元的胞体共存于同一脊神经节中，两者的中枢支共同经同一脊神经后根入脊髓，进入脊髓后则"分道扬镳"（参看本书第七章图 7-3）。

每一对脊神经干出椎间孔后，首先分出一支小的脊膜支，返回椎管内，分布于硬脊膜、骨膜、韧带、血管及椎间软骨盘。然后每一脊神经干又各分为粗大的前支和细小的后支。

1. 后支（posterior branch） 由脊神经干分出后经两个相邻椎骨横突之间后行。其肌支按顺序分布至项、背及腰、骶部深层的肌肉；皮支分布至枕、项、背和臀部的皮肤，其分布范围也有明显的节段性。

2. 前支（anterior branch） 分布于躯干前外侧部及上、下肢。除 12 对胸神经前支保持着明显的节段性外，其余的前支均交织成丛，再由丛发出分支分布至相应区域的结构。脊神经前支形成的丛有颈丛、臂丛、腰丛和骶丛。

（1）颈丛（cervical plexus） 由第 1~4 颈神经前支和第 5 颈神经前支的一部分组成。颈丛位于胸锁乳突肌上部的深面，其分支主要分布至头、颈和胸上部的皮肤，颈部深肌、肩胛提肌、舌骨下肌群等。颈丛发出最长的神经为膈神经，支配膈肌，并分布于胸膜、心包和膈下面的部分腹膜。

（2）臂丛（brachial plexus） 由第 5~8 颈神经前支和第 1 胸神经前支的大部分构成，在锁骨下动脉的后上方穿过斜角肌间隙进入腋窝，分支支配肩部、胸前部及上肢的肌肉和皮肤。

胸神经（thoracic nerves）前支共 12 对，由于其走行于肋间隙内，故称肋间神经（intercostal nerves），第 12 对胸神经前支位于第 12 肋下方，称为肋下神经。肌支按节段支配肋间肌和腹肌的前外侧群，皮支也按节段分布于胸、腹壁的皮肤及胸膜、腹膜的壁层。

胸神经前支在胸、腹壁皮肤的分布平面呈明显的节段性，T_2 相当于胸骨角平面，T_4 相当于乳头平面，T_6 相当于胸骨剑突平面，T_8 相当于肋弓平面，T_{10} 相当于脐平面，T_{11-12} 分布于耻骨联合与脐之间。

（3）腰丛（lumbar plexus） 由第 12 胸神经前支一部分、第 1~3 腰神经前支和第 4 腰神经前支一部分组成。腰丛位于腰大肌深面、腰椎横突前方、腰方肌的内侧缘处。肌支支配髂腰肌、腰方肌、腹股沟区的腹壁肌肉、大腿前群和内侧群肌，皮支分布至腹股沟区、大腿前部及内侧部、小腿内侧面和足内侧缘的皮肤。

（4）骶丛（sacral plexus） 由腰骶干（由第 4 腰神经前支的一小部分和第 5 腰神经前支构成）及全部骶神经和尾神经的前支组成。骶丛位于盆腔后壁、骶骨及梨状肌的前面，髂内动脉的后方。骶丛发出人体最大的神经——坐骨神经（sciatic nerve）。由骶丛发出的肌支分布至盆壁、臀部、会阴、股后部、小腿及足部肌肉，皮支分布于臀部、会阴、股后部、小腿后部、外侧部、足底及足背外侧的皮肤。

（二）脑神经

脑神经（cerebral nerve）或称为颅神经（cranial nerve），是与脑直接连接的周围神经，共 12 对，从头侧向尾侧按顺序为：Ⅰ．嗅神经，Ⅱ．视神经，Ⅲ．动眼神经，Ⅳ．滑车神经，Ⅴ．三叉神经，Ⅵ．展神经，Ⅶ．面神经，Ⅷ．前庭蜗神经，Ⅸ．舌咽神经，Ⅹ．迷走神经，Ⅺ．副神经，Ⅻ．舌下神经。

脑神经的分支和分布也保持着一定的节段性。从它们与脑联系的部位来看，Ⅰ、Ⅱ两对脑神经直接和大脑半球或间脑联系；而Ⅲ~Ⅻ对脑神经则和脑干联系，其中Ⅲ、Ⅳ和中脑联系，Ⅴ~Ⅷ 4 对脑神经和脑桥联系，Ⅸ~Ⅻ 4 对脑神经和延髓联系。

由于脑神经支配范围的结构复杂,特别是头面部不仅保护感觉器官(嗅觉、视觉、味觉、听觉、平衡觉等),并且在进化上和个体发生上随着鳃的演化而分化的结构也都受其支配,因而各对脑神经的性质也随之特殊分化。

Ⅰ.嗅神经(olfactory nerve) 为传递嗅刺激信号的特殊内脏感觉性神经,经筛孔入颅,直接连于大脑半球额叶底面的嗅球。

Ⅱ.视神经(optic nerve) 为感受和传递光线刺激的特殊躯体感觉性神经,通过眼眶后端的视神经管入颅,经视束连于外侧膝状体,传导视觉冲动。

Ⅲ.动眼神经(oculomotor nerve) 为运动性神经,支配眼球的上直肌、内直肌、下直肌、下斜肌和上睑提肌。其中含一部分内脏运动纤维(副交感纤维)支配眼球的瞳孔括约肌和睫状肌。

Ⅳ.滑车神经(trochlear nerve) 为运动性脑神经,支配眼球的上斜肌。

Ⅴ.三叉神经(trigeminal nerve) 为混合性神经,其躯体感觉纤维分布至面部皮肤,眼、鼻、口腔及舌前 2/3 部分黏膜、牙龈、牙齿,还分布至咀嚼肌、面肌和舌肌,传导其本体感觉。运动纤维支配咀嚼肌。

Ⅵ.展神经(abducent nerve) 为运动性神经,支配眼球外直肌。

Ⅶ.面神经(facial nerve) 为混合性神经,主要支配面部表情肌。面神经中混有支配硬腭及软腭的腺体和泪腺、下颌下腺、舌下腺分泌的内脏运动纤维,还含有支配舌前 2/3 味觉的特殊内脏感觉纤维。

Ⅷ.前庭蜗神经(vestibulocochlear nerve) 蜗神经和前庭神经都由特殊躯体感觉纤维组成,前庭神经传导平衡觉冲动,蜗神经传导听觉冲动。

Ⅸ.舌咽神经(glossopharyngeal nerve) 为混合性神经,其主要成分为来自舌咽部的内脏传入纤维,并含有支配腮腺分泌的内脏运动纤维。还混有一部分支配味觉和耳后部皮肤的感觉纤维和支配茎突咽肌的躯体性运动纤维。

Ⅹ.迷走神经(vagus nerve) 为混合性神经,也是全身最大的内脏神经(副交感神经),支配颈部及胸、腹腔内脏。

Ⅺ.副神经(accessory nerve) 为运动性神经,主要支配胸锁乳突肌和斜方肌。

Ⅻ.舌下神经(hypoglossal nerve) 为运动性神经,主要支配舌内肌和一部分舌外肌。

二、内脏神经

内脏神经(visceral nerve)分布于全身内脏、心血管,支配平滑肌、心肌的运动和腺体的分泌,以及向中枢传递内脏、心血管所感受的传入冲动。

内脏传出神经(运动神经)又可分为交感神经(sympathetic nerve)和副交感神经(parasympathetic nerve)两个体系,它们相辅相成,互相制约,维持内脏和心血管正常的有节律活动。除全身血管和皮肤的汗腺、竖毛肌只接受交感神经的支配以外,其他内脏(包括心脏)都受交感神经和副交感神经的双重支配。全身内脏和心血管、腺体等所感受的刺激都经内脏传入神经传入中枢,但内脏传入神经结构纤细,分布分散,未形成独立的系统,而是随交感神经和副交感神经传入,且其初级传入神经元的胞体都和躯体神经初级传入神经元的胞体共存于脊神经节或脑神经节中(参看本书第十四章)。

(李云庆)

新形态教材网　数字课程学习

📺 教学PPT　　📄 参考文献

第二章

中枢神经的发生、发育

第一节 中枢神经在个体发生过程中的早期发生及演化

中枢神经包括脊髓和脑两部分。在胚胎发生和发育过程中，脑又分为末脑、后脑、中脑、间脑和端脑五个部分。中枢神经的如此划分体现了它在动物进化和个体发生过程中从低级向高级的发育过程。个体发生是种系发生的重演，神经系统最早开始发育，结束最晚，所形成的结构也最为复杂。

一、形态发生

在形态发生（morphogenesis）过程中，人胚胎发生第 3 周初，三胚层胚盘（trilaminar germ disc）背面正中线上、原条（primitive streak）前方的神经外胚层（neural ectoderm）受脊索（notochord）诱导而增厚形成长条状的神经板（neural plate），它是神经系统从外胚层发生的基础。神经板大致呈卵圆形，头部较宽、尾部较窄。继之，神经板在正中线上凹陷形成一条纵沟，称为神经沟（neural groove）。沟的两侧缘隆凸称为神经褶（neural fold）。从沟的中部（相当于将来形成后脑的部位）开始，两侧神经褶的浅部向正中线上靠拢而融合，其深面形成隧道形的管；此融合部不断地向吻、尾两个方向延伸，随着胚体的发育和头端膨大，此管发育成为存在于胚体背部正中线上的原始器官，称为神经管（neural tube）。此时，神经管的吻、尾两端仍各暂时保留一个小开口，分别称为前、后神经孔（neuropore）。与此同时，神经管外侧的外胚层也有一部分分化成为索条状的神经嵴（neural crest）。神经管和神经嵴为整个神经系统发生的原基（图 2-1）。

神经管是中枢神经的原基。到胚胎第 4 周时，神经管的头端部分明显地膨大成为脑的基础；膨大部后方的神经管余部为脊髓的基础。到 10 体节时期的胚胎，神经管背侧壁发育较腹侧壁快，所以其头端部弯向腹侧，出现第一个弯曲，称为头曲（cephalic flexure）。由头曲向吻侧的脑部继续膨大，它是前脑泡的基础；而相当于头曲的部分将来发育为中脑泡。在头曲和相当于脊髓之间的脑部将来发育成菱脑

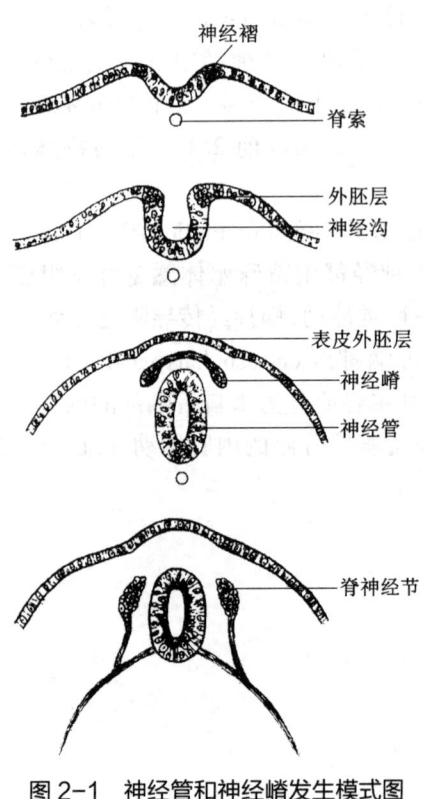

图 2-1 神经管和神经嵴发生模式图

泡,不久在菱脑泡和脊髓的交界处又出现第二个弯向腹侧的弯曲,称为颈曲(cervical flexure);同时在头曲处发生环形的浅沟为中脑和菱脑的分界,即相当于菱脑峡的部分。此时神经管形成三个脑泡,即菱脑泡、中脑泡和前脑泡。

经过如上的变化,早期胚胎的神经管已演化成为中枢神经的雏形。尾侧段发展为脊髓,脊髓与胚胎的体节发生相适应,成为节段性结构。头曲和颈曲之间将来发育成为中脑泡和菱脑泡的部分合称为脑干,脑干和脊髓类似,也为节段性结构。脊髓和脑干是中枢神经的低级部分,通过周围神经与周围器官联系。随着发育,头曲向吻侧的前脑泡继续膨大且不和周围器官直接联系而发育成为中枢神经的高级部分。前脑泡又演化为端脑泡和间脑泡,端脑泡发育为两侧大脑半球。大脑半球的表面在发育过程中出现由简单向复杂发育的大脑皮质。大脑皮质出现后,大脑半球底部的基底核与间脑共同构成皮质下中枢,协助大脑皮质实现对低级部分的调控。

神经嵴是周围神经发生的原基,可分化为脑神经和脊神经的感觉神经节、交感和副交感神经节(包括交感神经椎旁节和椎前节)及外周神经。在发育中有部分神经嵴细胞远距离迁移,并分化为非神经细胞,如肾上腺髓质中的嗜铬细胞、甲状腺滤泡旁细胞、黑色素细胞、颈动脉体Ⅰ型细胞等。中枢神经系统内的胶质细胞也来源于神经管,但其发生要晚于神经细胞。神经管神经上皮细胞先分化为放射状胶质细胞(radial neuroglia cell),然后分化为成星形胶质细胞和成少突胶质细胞,最后成星形胶质细胞再分化为原浆性星形胶质细胞和纤维性星形胶质细胞;成少突胶质细胞分化为少突胶质细胞。小胶质细胞来源于血液中的单核细胞,其形成较晚。

胚胎早期脑的原基称为脑泡(brain vesicle),开始分为菱脑泡(rhombencephalic vesicle)、中脑泡(mesencephalic vesicle)和前脑泡(prosencephalic vesicle)3段(图2-2)。菱脑泡和前脑泡不断膨大,中脑泡相对地发育较慢。菱脑泡在早期发育迅速,其中部发生一个向腹侧凸的新弯曲,称为脑桥曲(pontine flexure)(图2-3),由脑桥曲伸向吻侧的菱脑泡膨大,称为后脑泡(metencephalic vesicle),后脑泡的背侧部膨隆演化为小脑的原基,腹侧部演化为脑桥。菱脑泡由脑桥曲向尾侧的部分演化为末脑泡(myelencephalic vesicle),是延髓的基础。前脑泡特别膨大,其头端部分形成端脑泡(telencephalic vesicle),端脑泡顶部正中线上发生凹陷的沟将端脑泡分为两侧对称且膨大的半球泡(hemisphere vesicle);端脑泡尾侧的前脑泡演化为间脑泡(diencephalic vesicle),有眼泡(optic vesicle)(眼球的原基)由间脑泡的两侧生出。端脑泡和间脑泡之间发生端脑间脑沟,成为两者的界限。

经过上述早期的二弯曲(头曲和颈曲)、三脑泡(菱脑泡、中脑泡、前脑泡)和后来的三弯曲(头曲、脑桥曲、颈曲)、五脑泡(末脑泡、后脑泡、中脑泡、间脑泡和端脑泡)的演化过程,奠定了脑的基本形态、结构。五脑泡的形成过程体现了动物脑在进化过程中由低级向高级的逐渐发展历程,最后出现的是端脑,而端脑表面的大脑皮质是最新出现的脑的最高级部分。大脑皮质又经历了古、旧、新皮质由低级向高级的演化过程。人类的新皮质高度发达,不仅适应着自然界,而且适应着社会生活的发展。脑的由低级向高级的不断发展过程体现了中枢神经在进化过程

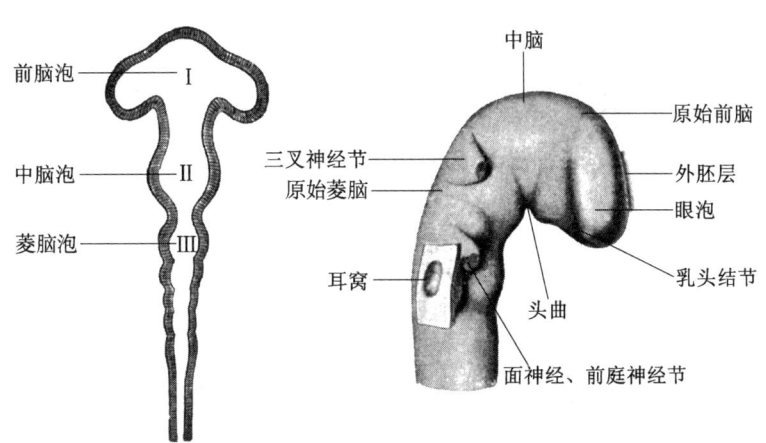

图2-2 三脑泡期的人胚脑

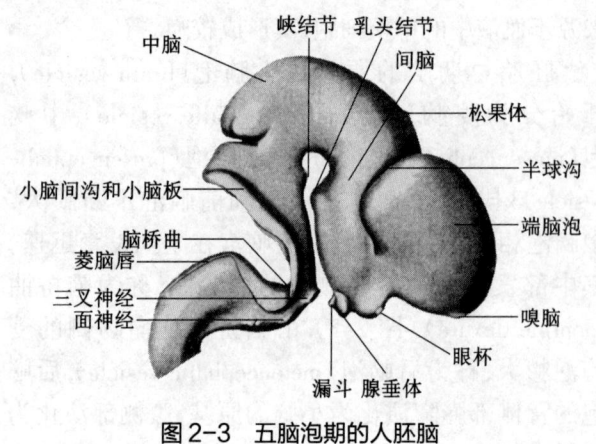

图2-3 五脑泡期的人胚脑

中"头端化"的规律。

二、组织发生

在上述的中枢神经形态发生变化的同时，神经管壁的结构也在不断地发育变化（组织发生，histogenesis）。

神经管形成后，原来构成神经板的单层柱状上皮开始增生，细胞数量增加、细胞核位置有高有低，形成类似假复层柱状上皮的形式，称为神经上皮（neuroepithelium）。神经上皮的内、外两面即神经管壁的内、外面分别覆盖着一层由间充质构成的基膜，分别称为内界膜（inner limiting membrane）和外界膜（outer limiting membrane）。神经上皮细胞一般为楔形，由细胞体发出突起止于内界膜；但上皮细胞与外界膜的接触则随细胞的分裂而有变化。分化开始后，神经上皮细胞不断分裂，此时细胞核在内、外界膜之间往返移动，核在接近外界膜时开始分裂的准备，即进行 DNA 的复制；完成后细胞核向内界膜方向移动，随之此细胞的整体都脱离外界膜，成为附着于内界膜的圆形细胞。在显微镜下观察时，这些细胞多处于不同分裂象，形成室管膜层（ependymal layer）。每个室管膜细胞分裂，形成两个子细胞。一个仍附着于内界膜，但随后细胞变长，胞体又继续向外界膜方向延伸，重复上述的分裂准备及分裂过程；而另一个则和内界膜脱离，向外界膜方向迁移成为游离的成神经细胞（neuroblast）。由于成神经细胞的不断形成及迁移，结果在神经上皮层的外侧部出现了细胞密集排列的套层（mantle layer）。套层的成神经细胞起初为圆球形，很快长出突起，形成神经元，其向外界膜方向伸出的突起为轴突，向内界膜方向伸出的突起为树突。轴突伸向外方，组成边缘层（marginal layer）（图 2-4）。

随着神经管壁神经元的发育，套层进一步分化为中枢神经的灰质；边缘层内不但逐渐有套层神经元的轴突进入并且发展成为在垂直方向上走行的长纤维；至胚胎第 3 个月以后，又有起自大脑皮质的锥体束纤维进入，所以边缘层分化为将来的白质（图 2-5）。

神经管分化后，由于各种细胞增殖、分化和迁移以及管壁各部增厚的速度不尽相同，所以管的内腔（中央管）随之变为左右压扁的裂隙状，在横断面上形成"内菱外方"的形状。中央管的背、腹侧中央部发育较差，管壁甚薄，不含成神经细胞，分别称为顶板（roof plate）（背侧）和底板（floor plate）（腹侧），将来有些横跨正中线的交叉纤维出现于此处。神经

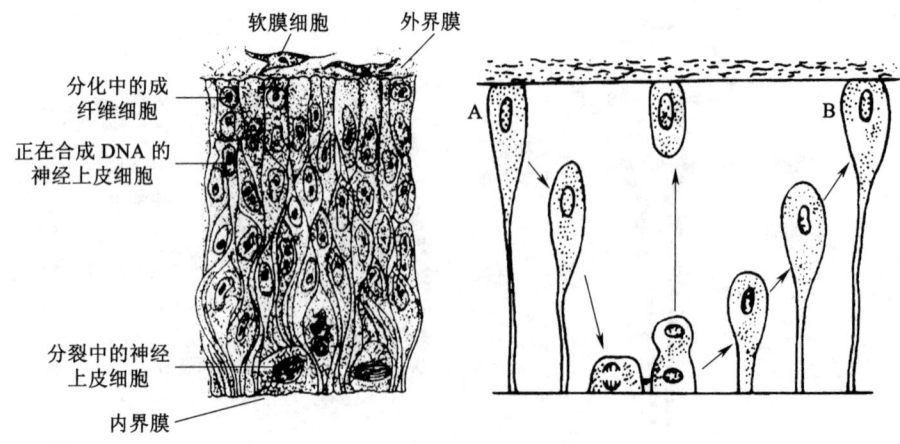

图2-4 神经管壁的早期分化

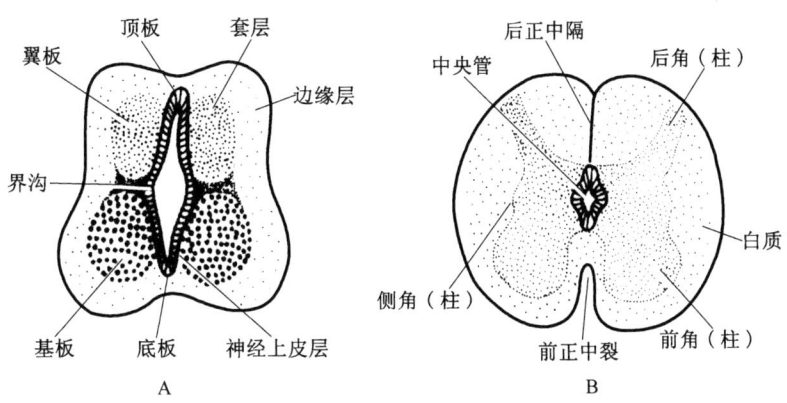

图 2-5 神经管的组织发生与脊髓的发生
A. 人胚胎第 5~6 周脊髓横断面 B. 人胚胎第 8~9 周脊髓横断面

管侧壁的背侧部和腹侧部发育较快,背侧部称为翼板(alar plate),腹侧部称为基板(basal plate)。翼板与基板之间的沟,称为界沟(sulcus limitans)。翼板为与感觉传递有关的神经元积聚处,基板则发生运动神经元。界沟是腹运动区和背感觉区之间的界线(图 2-5)。

第二节 脊髓的演化

神经管尾段在发育成为脊髓的过程中,外形变化较小。在上述的神经管壁分化的基础上,成神经细胞大量繁殖并聚集于翼板和基板的套层内。翼板增大形成脊髓后角,其套层的成神经细胞分化成感觉神经元或中间神经元,这些神经元积聚形成躯体传入柱(somatic afferent column)。来源于神经嵴的感觉神经节细胞的中枢支集中构成后根,进入脊髓后角后一部分胞突终止于后角灰质的多极神经元;另一部分进入边缘带后上行或下行参加脊髓白质的构成,最终止于上位脑中枢或邻近脊髓节段的灰质。基板增大形成脊髓前角,其套层的细胞发育成为脊髓前角运动神经元,构成脊髓前角躯体传出柱(somatic efferent column)。前角运动神经元发出轴突由脊髓前外侧沟穿出,集中形成脊神经前根,分布至骨骼肌。在相当于脊髓的第 1~12 胸节和第 1~3 腰节部分,神经管壁的基板和翼板之间的套层神经元也聚集形成侧柱(侧角),此柱主要含内脏传出神经的交感神经节前神经元,其轴突为节前纤维,随脊神经前根及白交通支进入交感神经椎旁神经节。骶段脊髓也形成类似侧柱的结构,由内脏传出神经的

副交感神经节前神经元组成。由于室管膜层形成的神经上皮细胞不断增生并移入基板与翼板中,从而使中央管不断缩小(图 2-6)。脊髓两侧翼板的边缘层在中线融合,形成后正中隔,隔表面的浅沟为后正中沟;基板生长迅速并向腹侧突出,使底板逐渐凹陷形成前正中裂。大约在胚胎 14 周时,上述结构已可明显地被辨认(图 2-5、图 2-6)。

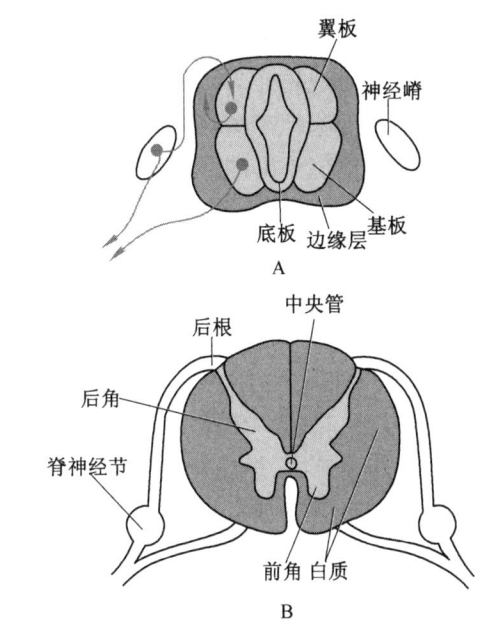

图 2-6 脊髓发育示意图
A. 人胚胎第 6 周脊髓和神经根
B. 人胚胎第 14 周脊髓和神经根

第三节 脑的演化

脑在发生过程中的演化较脊髓复杂得多,不仅

外形变化复杂，内部结构也发生很大的改变。纵观脊髓全长，内部结构都是均等的、连续的，只是按照它与周围器官联系部位的不同而划分为节段，各节段的基本结构一致，分化较小；而脑则高度分化，各个脑部在形态和结构上都有很大的不同，体现着进化上和发育上的差别。脊髓的内腔——中央管细而大体上一致，脑的内腔扩大形成脑室，发生脉络组织，产生脑脊液，以保证中枢神经的物质代谢。

一、末脑

末脑（myelencephalon）是脑干的最尾侧部分，一般称为延髓。末脑的尾侧段无论在发生上还是结构上都与脊髓基本一致，但其吻侧段的结构形态则发生变化。主要的变化是延髓侧壁的背侧部向两侧展开，顶板被拉长、变薄，成为第四脑室顶。此时，延髓侧壁的基板与翼板的位置从原来的腹、背方向转变为内、外方向，两者中间的界沟仍然存在。延髓的吻侧段和脑桥的背面共同构成第四脑室底，其内部的灰质柱进一步分化成为各个独立的散在细胞群，即脑神经核。由于基板和翼板的位置关系改变，脑神经核的排列也相应地转变为按内外方向排列，即翼板所分化的感觉性脑神经核移向外侧，而基板形成的运动性脑神经核位于内侧；内脏传出性和传入性核团的位置在此两类核团之间（图2-7）。

随着支配鳃弓的神经发育，末脑吻侧段内又出现了特殊内脏传出核团。同时，随着特殊感觉器的发育，它们的传入纤维与翼板最外侧的细胞群发生联系，并分化为特殊躯体传入核。如此，末脑吻侧段就形成了7种灰质核团。在界沟内侧，为基板分化形成的3个运动性核团：最内侧者为一般躯体传出核，其神经元轴突支配由中胚层发生的骨骼肌，在延髓吻侧部形成舌下神经核；其外方为一般内脏传出核，其神经元轴突形成支配颈、胸、腹、内脏的副交感节前纤维，在延髓上部分化为迷走神经背运动核和下泌涎核。位于此两核团之间的是特殊内脏传出核，其纤维支配由鳃弓发生的骨骼肌，在延髓分化成疑核和副神经核，支配咽喉肌和软腭肌。在界沟外侧，排列着由翼板分化形成的4个感觉性核团，由内向外依次为：①一般内脏传入核；②特殊内脏传入核，此两核在延髓分化为孤束核，其吻侧段主要接受来自特殊感受器（味蕾）的传入纤维，因此也将孤束核的吻侧端称为味觉核，孤束核的中、下段主要接受来自胸、腹内脏和咽喉黏膜的传入纤维；③一般躯体传入核，在延髓为三叉神经脊束核，接受头面部躯体感觉末梢的传入；④最外侧的是特殊躯体传入核，接受特殊感觉器官（内耳）来的传入纤维。此外，翼板尾部最内侧的细胞还分化出薄束核和楔束核，有些细胞还向腹侧迁移，形成下橄榄核（图2-7，图2-8）。

二、后脑

后脑（metencephalon）由菱脑泡的吻侧部发育而来。后脑在发育过程中又分化为背侧的小脑和腹侧的脑桥。在横断面上观察，后脑由3个部分组成。

（一）脑桥被盖部

原始中轴部分称为脑桥被盖部（tegmentum of pons），它是末脑向上的延续。被盖部的基板与翼板是延髓的延续，同时又演化出新的核团，形成7对脑神经核。基板演化为3群运动性神经元组成的核团，由内向外依次为：①一般躯体传出核，即展神经核，支配眼外直肌；②特殊内脏传出核，包括支配第1、第

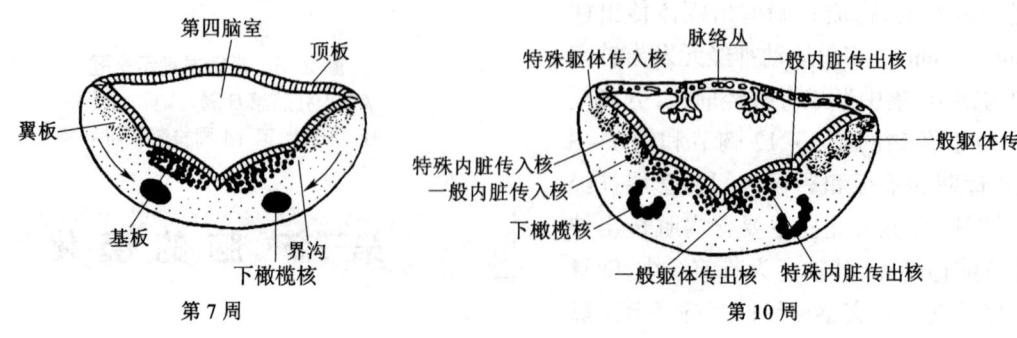

图2-7　末脑发育示意图

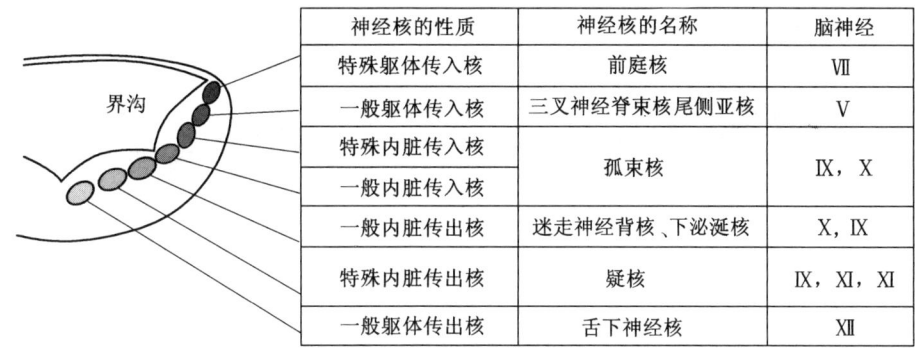

图2-8 末脑脑神经核的演化

2鳃弓肌肉的三叉神经运动核和面神经核;③一般内脏传出核,为上泌涎核,发出的轴突支配下颌下腺、舌下腺、鼻黏膜腺和泪腺。翼板则演化为4群感觉性神经元组成的核团,由内向外依次为:①一般内脏传入核,即迷走神经背核的头端部分;②特殊内脏传入核,即孤束核的吻端部分;③一般躯体传入核,即三叉神经感觉核簇位于脑桥的部分;④特殊躯体传入核,即前庭-耳蜗复合体的一部分(图2-9)。

(二)脑桥基底部

脑桥基底部(basilar part of pons)只在高等哺乳动物出现,发生较晚。随着大、小脑皮质和脊髓的发育,有大量的来自大脑皮质的下行纤维通过此部,从而使此部体积增大并向腹面隆出,形成脑桥基底部。除这些下行神经纤维外,脑桥基底部还存在有起源于末脑翼板的细胞群向脑桥基底部迁移所形成的分散的脑桥核。这些核的神经元轴突都横行交叉至对侧,最后在脑桥基底部两侧形成庞大的纤维束进入小脑,称为小脑中脚(桥臂)。由于这些纤维的存在,脑桥基底部明显膨隆。

(三)菱唇

后脑的翼板背外侧部增厚形成菱唇(rhombic lip),是小脑的原基。在胚胎早期两侧菱唇分离较远,但随着脑桥曲的急剧弯曲,两侧的小脑原基迅速生长并向正中线方向靠拢,最后融合形成横位的小脑板(cerebellar plate)。小脑板的左、右两侧部膨隆是小脑半球的基础,中央部发育缓慢,演化为蚓部。到胚胎第4个月,小脑表面开始出现后外侧裂,此裂将小脑分为吻侧的体部和尾侧的绒球小结叶。绒球小结叶是小脑分化最早的部分,称原小脑(archicerebellum),与前庭系统联系。此后不久在小脑体上又出现原裂,将小脑体分为前、后两叶。原裂以前的小脑属于旧小脑(paleocerebellum),接受来自脊髓的纤维;原裂与后外侧裂之间的部分为新小脑(neocerebellum),在人类发育明显,形成两侧的小脑半球;再进一步,小脑表面出现很多平行的裂和裂间小叶,内部发生小脑核(图2-10)。

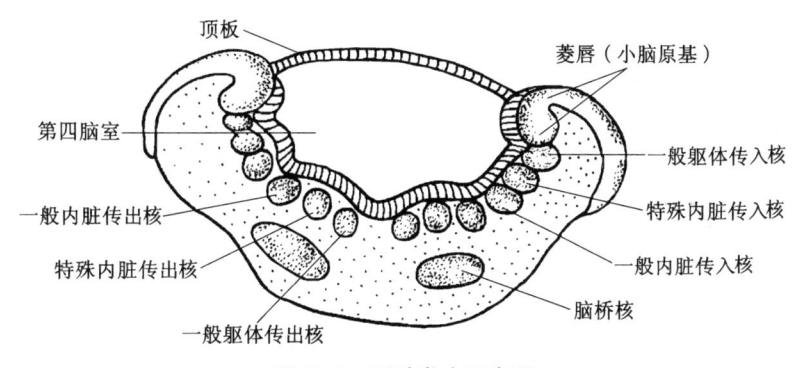

图2-9 后脑发育示意图

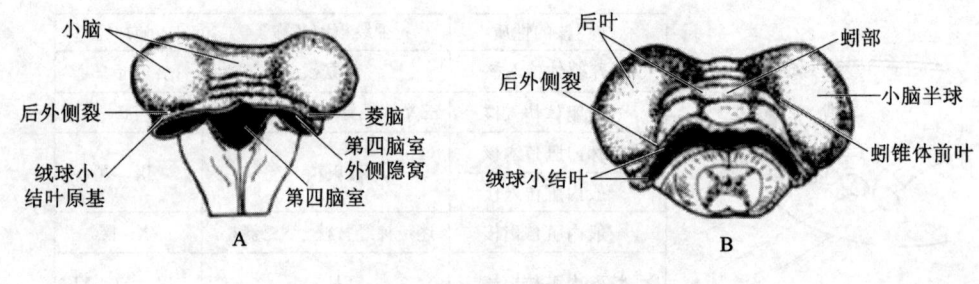
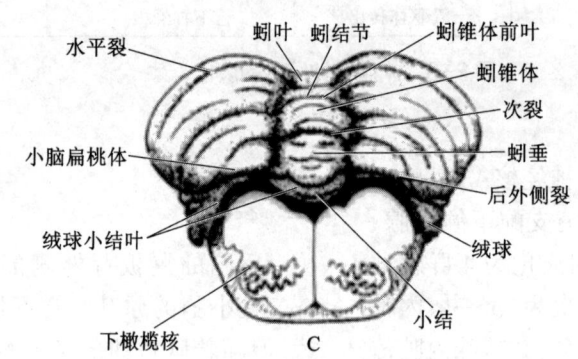

图 2-10 小脑发育示意图

A. 人胚胎 13 周　B. 人胚胎 16 周　C. 人胚胎 20 周

三、中脑

中脑（mesencephalon）起源于原始的中脑泡，在发育过程中变化较小。其基板与翼板的位置仍为腹背方向，界沟位于中央管的两侧。主要的发育性改变是脑泡壁极度增厚，中央管仍相对地较细，保持原形，改称为中脑导水管。中脑导水管周围发生较厚的导水管周围灰质（图 2-11）。中脑在横断面上由 3 个区域组成。

（一）顶盖

顶盖为位于中脑导水管背侧的部分，由翼板增厚形成。顶盖细胞增殖不均匀而形成两侧上丘和下丘，共 4 个隆凸。上丘为分层结构，是视觉的皮质下整合中枢；下丘不分层，是听觉的皮质下反射中枢。与此同时，翼板中有一些细胞向腹侧及颅侧迁移，可能与红核和黑质的形成有关。

（二）被盖

被盖位于中脑导水管的腹侧，由基板演化而成。大约在胚胎第 7 周，基板的中间层细胞在正中线两侧发生动眼神经核和滑车神经核。此两核紧靠导水管周围灰质的腹侧上下排列，发出一般躯体传出纤维支配眼外肌。在上丘水平，基板还形成一小群细胞迁移到动眼神经核的外侧，形成动眼神经副交感

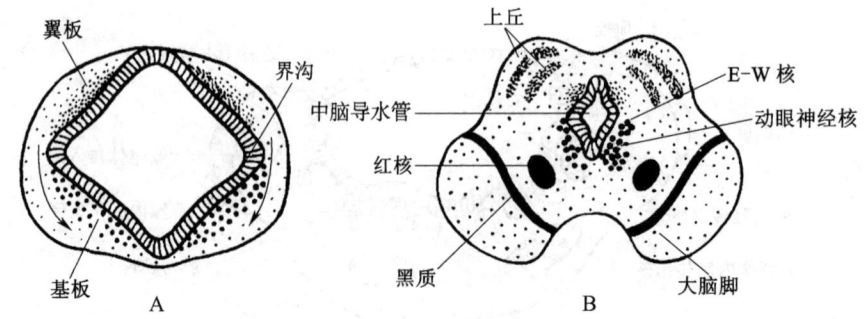

图 2-11 中脑发育示意图

A. 人胚胎第 5 周中脑横断面　B. 人胚胎第 11 周中脑横断面（经上丘）

核（Edinger-Westphal 核，E-W 核），为一般内脏传出性核团，发出的纤维经睫状神经节中继，支配瞳孔括约肌。

（三）大脑脚

大脑脚位于最腹侧，主要由大脑皮质发出的皮质脑桥束、皮质延髓束和皮质脊髓束（锥体束）等下行纤维束构成。这些纤维随着皮质的发育不断增加，并在基板腹侧的边缘层内集中，从而使中脑腹面隆起，形成明显的两条纵行的纤维柱，称为大脑脚（图2-11）。

四、间脑

间脑（diencephalon）由间脑泡的侧壁增厚形成。一般认为间脑只有顶板和翼板，而基板、底板消失。间脑的顶板很薄，其吻侧部参加第三脑室脉络组织的形成，尾侧部则演化为松果体。间脑的翼板形成间脑的侧壁和底部。在胚胎第6周时，在间脑泡的底部内侧壁上发生明显的纵沟，称为下丘脑沟，借此沟将翼板分成背侧的（背侧）丘脑和腹侧的下丘脑（丘脑下部）（图2-12）。不久，在下丘脑沟上方又出现一丘脑上沟，分隔丘脑和丘脑上部。此时，观察间脑侧壁时，可见分化明显的3个部分，即上丘脑、（背侧）丘脑和下丘脑。由于上丘脑的发育明显地慢于（背侧）丘脑，于是上丘脑相对缩小成为与松果体相邻的小区域，包括后连合背方的缰核与缰连合。（背侧）丘脑则不断发育膨大并逐渐突入第三脑室内，导致两侧的一部分灰质在中线上融合，形成丘脑间黏合（interthalamic adhesion）或中间块（massa intermedia）。（背侧）丘脑在发育中不断分化形成明显的丘脑核团——丘脑背侧核群和丘脑腹侧核群。丘脑背侧核群发生丘脑的主体部分，即一般所说的丘脑（背侧丘脑），丘脑腹侧核群发生未定带、底丘脑核、脚内核等，称为底丘脑，位于丘脑与下丘脑之间。内、外侧膝状体是由腹侧核群的尾部延长而形成的，称为后丘脑。由于丘脑诸核团的迅速生长使间脑侧壁明显隆凸，但不久即为发育迅速且向尾侧扩展的大脑半球所遮覆，只留有丘脑枕和内、外侧膝状体仍可从表面看到。

下丘脑沟腹侧部区域的中间层分化为下丘脑的各核团。下丘脑的尾端腹侧，较早出现一对圆形隆

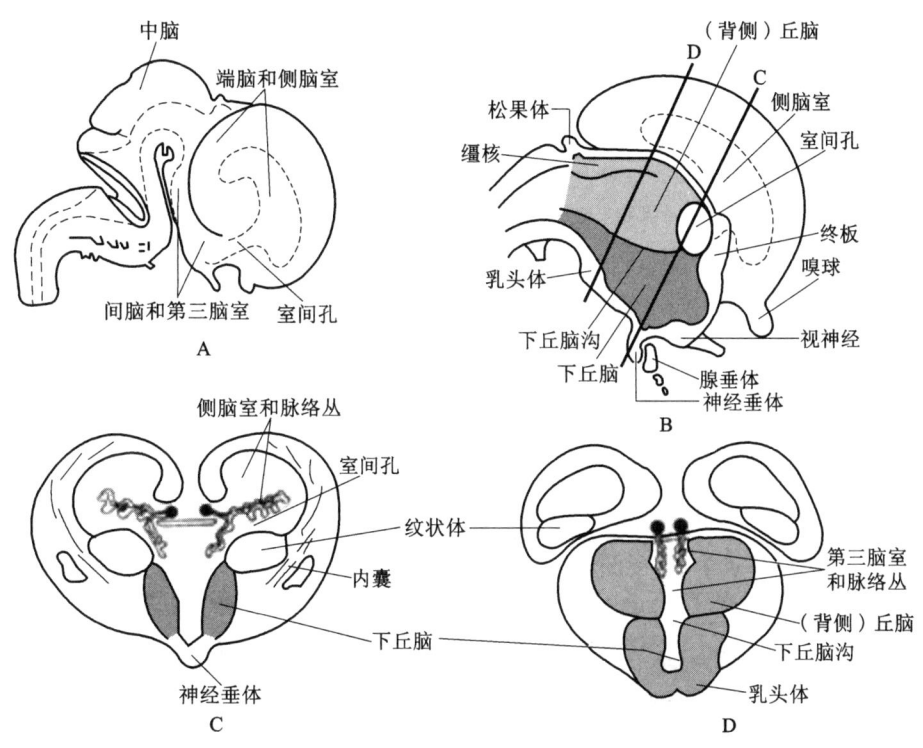

图2-12 间脑发育示意图
A. 人胚胎第6周脑正中矢状切面　B. 人胚胎第10周脑正中矢状切面
C. B中经室间孔的冠状切面　D. B中经乳头体的冠状切面

起,称为乳头体。

脑垂体是由两个不同的原基演化而形成的内分泌器官。一部分为腺垂体,来自口咽膜前方的原始口腔顶部外胚层的一个小憩室,即拉特克囊(Rathke pouch);另一部分为神经垂体,系由间脑底部外胚层向腹侧延伸而形成的漏斗突演化而成。

五、端脑

端脑(telencephalon)为脑的最头端部分。胚胎第5周以后,端脑泡迅速发育、体积增大,形成左、右大脑半球,并很快覆盖间脑与脑干。两侧半球的内腔随之也扩大形成侧脑室。两侧侧脑室和第三脑室之间的交通逐渐缩小,成为室间孔(图2-12、图2-14)。在大脑半球前部腹侧,于胚胎第6周末发生嗅脑。大脑半球底部增厚并突入侧脑室,发生纹状体的原基。

大脑半球并不均等地发育,主要向前、外和后3个方向扩大,结果发展了额叶、颞叶和枕叶。然而,纹状体外面的部分生长缓慢,致使颞叶与顶叶之间的部分相对地凹入深部,称为岛叶(脑岛)。岛叶周围的额、顶、颞叶则生长迅速,并在岛叶表面互相靠拢,形成覆在岛叶表面的岛盖(图2-13)。

当大脑半球发育时,作为半球壁一部分的纹状体原基也增大,同时来自新皮质和丘脑的纤维穿过纹状体,将它分隔成背内侧的尾状核和腹外侧的豆状核。在这两部分之间通过的、从皮质下行和由丘脑向皮质上行的神经纤维不断发展,形成较厚的在水平切面上呈"<"形的纤维板——内囊(图2-14)。以后豆状核又被分为颜色较深的外侧部(称为壳),以及颜色较浅的内侧部(称为苍白球)。当半球下内侧壁和间脑外侧壁融合在一起时,尾状核的体部则直接伏在(背侧)丘脑外侧部的上方。

大脑皮质发生于端脑泡的纹状体原基上部和外侧区。前者发育为大脑半球的新皮质(neocortex)和海马的原皮质(archicortex),后者发育为大脑半球的旧皮质(paleocortex)。大约从胚胎第6周开始,位于纹状体原基上部和外侧区内的套层细胞开始不断分裂、增生并向表面的边缘带迁移,于是在套层与边缘带之间形成一层薄的细胞板——皮质板(cortical plate)。皮质板分化为明显的分层结构。结果,原来脑泡壁的边缘带成为分子层(大脑皮质最表层的Ⅰ层),皮质板分化为Ⅱ～Ⅴ层,第Ⅵ层则由与皮质板接壤的套层的外侧部分分化而成。随着大量的细胞进入皮质板并形成大脑皮质,原始套层所在部位演化为很厚的白质——大脑髓质。髓质由与大

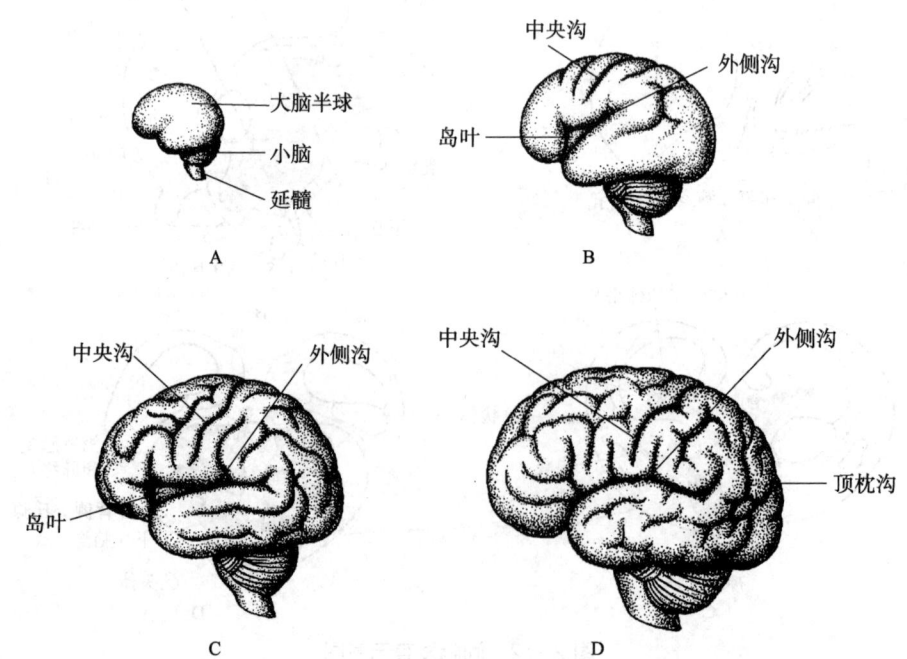

图2-13 大脑半球表面脑沟、脑回的发育
大脑半球、间脑、脑干外侧面观　A. 14周　B. 26周　C. 30周　D. 38周

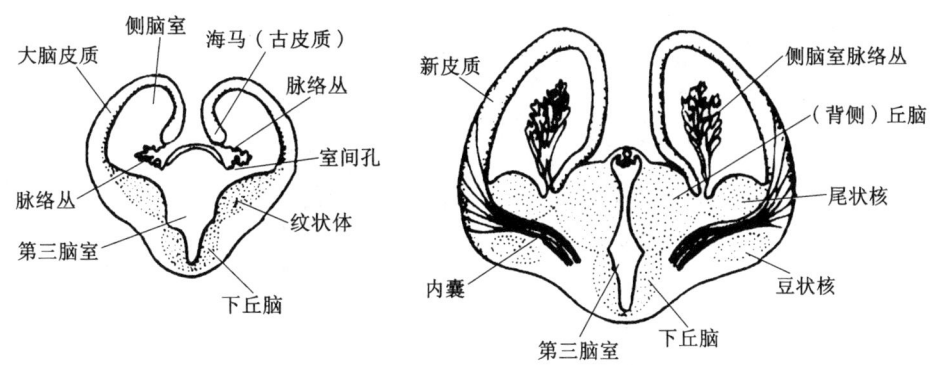

图 2-14 端脑发育示意图

脑皮质联系的上、下行神经纤维和联系于两半球之间、同侧半球各部之间的神经纤维构成。大脑皮质各层神经元的发生、发育和成熟大致遵循着一个由内向外，呈辐射状连续出现的规律，即最早迁移并成熟的神经元位置越深，构成Ⅵ～Ⅴ层，而后来迁移成熟的细胞越靠近皮质，形成Ⅳ～Ⅱ层，第Ⅱ层形成最晚。按照上述发生程序分化的大脑皮质为同型皮质（homotypical cortex），具有典型的 6 层结构，占大脑皮质总面积的 94%；另外的 6% 为异型皮质（heterotypical cortex），其发生过程和构造都与同型皮质不同，有的分层不明显，有的只分为 3 层。异型皮质主要存在于原皮质和旧皮质。

脑回和脑沟的形成是大脑皮质高度发达的结果。在大脑半球迅速发育的同时，白质发育相对较慢，因而大脑半球表面发生了许多皱褶，其隆凸的部分为脑回，凹陷的部分为脑沟。最早出现的脑沟是半球内侧面的海马沟，继之为顶枕沟、距状沟和嗅沟。大脑外侧沟和中央沟大约于胚胎 24 周方出现。以后随着胚胎的进一步发育，脑回逐渐增多，脑沟逐渐加深并出现二级脑沟。至胚胎第 7 个月末，脑回的基本形态已与成人相似（图 2-13）。

第四节　中枢神经系统的常见畸形

一、脑的畸形

1. 无脑畸形（anencephaly）　胚胎发育的第 4 周末前神经孔应该关闭，如果此时前神经孔不能闭合，就会导致前脑原基发育异常，颅顶骨不发育，胎儿脑大部分露在颅外称为无脑畸形。这种畸形是一种常见的严重畸形，几乎占神经管缺陷的 1/2，发生率约为新生儿的 1/1 000，女性发病率是男性的 4 倍左右。无脑畸形常伴有无颅和广泛脊柱裂（图 2-15）。

2. 脑积水（hydrocephalus）　是指颅内脑脊液异常增多。这种畸形多由脑室系统发育不全，脑脊液生成和吸收失去平衡所致，以中脑导水管和室间孔狭窄或闭锁最常见。由于脑脊液循环障碍，造成阻塞部以上的脑室扩张而形成的脑积水，称为脑内脑积水（internal hydrocephalus）。脑脊液不能从蛛网膜下隙进入硬脑膜静脉窦，而造成蛛网膜下隙中蓄积过量的液体所形成的脑积水，称为脑外脑积水（external hydrocephalus）。脑积水的临床特征主要是颅缝变宽，颅骨变薄，颅脑体积增大，伴有头皮静脉扩张，眼球朝下、上部巩膜外露呈落日状、脑神经麻痹，大脑皮质受压而变得极为菲薄（图 2-16）。患儿的智力低弱，甚至出现四肢中枢性的瘫痪，尤其以下肢为重。这种畸形患儿最终常常由于营养不良导致全身衰竭或者合并呼吸道感染等并发症而死亡。

3. 脑膜膨出（meningocele）、脑膜脑膨出（meningoencephalocele）、积水性脑膜脑膨出（meningohydroencephalocele）　所有造成这些畸形的主要原因都是颅骨内的骨化缺陷，最常见的是枕骨鳞部的部分或完全缺如。这样形成的孔常与枕骨大孔汇合在一起。如果缺损较小，只有脑膜从缺损处膨出称为脑膜膨出；如果缺损较大，脑的一部分，甚至脑室也随之膨出，称为脑膜脑膨出和积水性脑膜脑膨出（图 2-17）。

4. 唐氏综合征（先天性痴呆，先天愚型）　是一种染色体缺陷病，在第 21 号染色体上多了一条染色

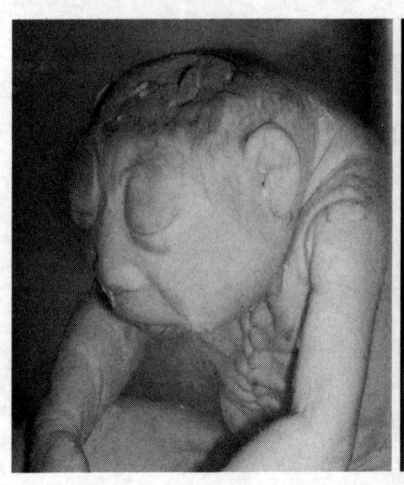
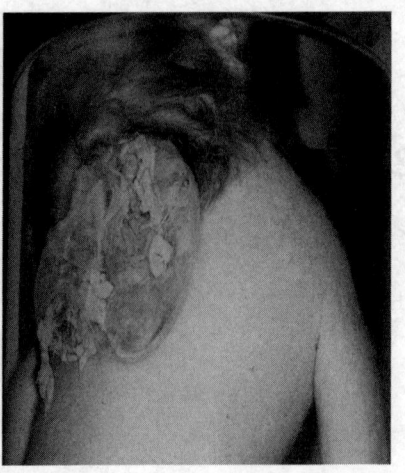

图 2-15 无脑畸形

图 2-16 脑积水示意图

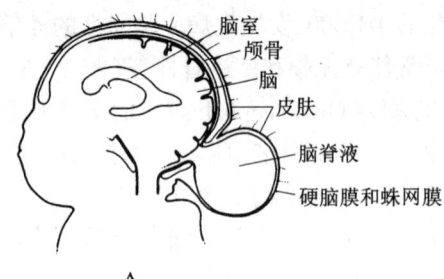
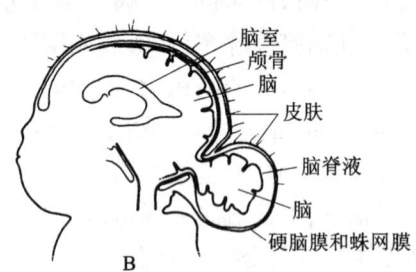
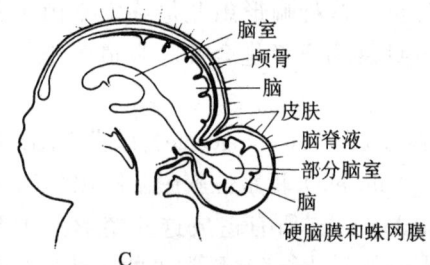

图 2-17 脑膜膨出（A）、脑膜脑膨出（B）、积水性脑膜脑膨出（C）示意图

单体，故又称为 21-三体综合征。患者大脑发育不全，尤其额叶发育较差，可呈现脑沟过浅，皮质较薄，神经细胞较少等异常。其临床特征为：智力低下，头小而圆，面部表情痴呆，睑裂小，两眼距离较远，鼻梁低平，鼻扁而宽，口常张开，舌常伸出口外，并可伴生殖器官、心脏、消化道、骨骼畸形，免疫力低下；并且还有一个非常明显的特征，就是掌纹的改变，即"通贯手"。由于此病是由染色体异常所引起的疾病，故目前在临床上还没有有效的治疗手段。因此，加强遗传咨询，鼓励适龄生育，并通过孕前携带者筛查、产前诊断等措施，减少遗传病患儿出生，是防控该病的有效策略。

二、脊髓与脊柱的畸形

1. 脊柱裂（spina bifida） 是指脊椎的背侧缺损致使椎管敞开。如累及多个椎骨，则在脊柱背侧出现一条大的裂沟。脊柱裂通常涉及椎骨与脊髓的缺损。多见于下胸椎和腰骶椎。如脊柱缺损只累及少数脊椎，其表面仍有皮肤覆盖，缺损处的皮肤表面常有一丛毛发并有色素沉着（图2-18A），此种称为隐性脊柱裂（spina bifida occulta）。隐性脊柱裂通常只是椎骨的发育异常，并不引起神经和肌肉骨骼的异常。

2. 囊性脊柱裂（spina bifida cystica） 如脊柱缺损累及两个以上的椎骨，则脊膜可通过缺损处突出于皮下，形成囊性脊柱裂。如果囊泡较大，内充满脑脊液，但脊髓和脊神经根仍在其正常位置，称为脊膜膨出（meningocele）。如果缺损更大，脊髓和脊神经根或马尾也突入囊内，称为脊髓脊膜膨出（meningomyelocele）。囊性脊柱裂可发生于脊柱的任何部位，但最常发生于腰椎（图2-18）。这种裂属于非常严重的一种类型，它是累及脊髓、脊神经、脊膜，还有椎体的畸形。由于脊髓本身的发育畸形，所以

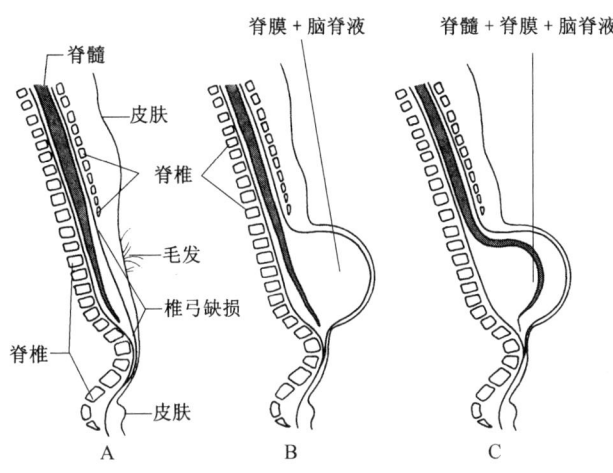

图 2-18 脊髓及脊柱裂示意图
A. 脊柱裂　B. 脊膜膨出　C. 脊髓脊膜膨出

在临床上它的症状非常严重,多表现为完全性瘫痪和大小便失禁等。

3. 脊髓裂(myeloschisis)　这是一种很罕见的严重脊柱裂。由于后神经孔未关闭,因而脊髓中央管敞开,直接暴露于体表,并有严重而广泛的脊柱裂,常发生于腰段。此种婴儿不可能存活。

4. 脊髓纵裂(diastematomyelia)　脊髓的全部或一段从中线纵裂成两半,每半脊髓被一硬脊膜囊包裹,称为脊髓纵裂。常发生于下胸段及腰段,伴有脊柱裂、脊膜膨出等畸形。在脊髓纵裂为二的两部分之间,可有结缔组织、软骨或骨组织。

[附] 室周器官

室周器官(circumventricular organ)是位于第三脑室和第四脑室脑室壁周围一些特定部位的特殊分化结构。它们具有一些与一般脑组织构造不同的特点,可把它们看成是一个功能系统。它们在构造上的共同特点是:①都直接和脑脊液接触,且表面的室管膜上皮中都混有伸长细胞(tanycyte,触液细胞)。此细胞顶端的突起伸入脑脊液中,另一端的突起(相当于周围突)和深面的毛细血管襻接触。因此,此细胞成为脑脊液和血液之间交换物质的桥梁。②这些器官中毛细血管分布丰富,除一般的毛细血管外,还有和伸长细胞接触的特殊的毛细血管襻。③无血-脑屏障,血液中的物质可很快地进入这些器官的细胞间隙内。

第三脑室周围的室周器官有终板血管器(organum vasculosum of lamina terminalis)、穹窿下器(subfornical organ)(在室间孔附近,位于两侧穹窿柱之间的脑室壁结构的隆起)、连合下器(subcommissural organ)(在后连合处),第四脑室周围的室周器官有最后区(延髓闩的吻侧)。与脑垂体后叶相续的漏斗部及松果体也都覆有脑室上皮,所以有人将它们也列入室周器官(图 2-19)。

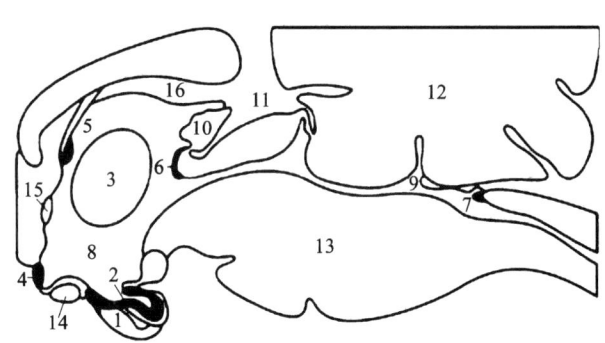

图 2-19　室周器官
1. 腺垂体　2. 神经垂体　3. 中间块　4. 终板血管器
5. 穹窿下器　6. 连合下器　7. 最后区　8. 第三脑室
9. 第四脑室　10. 松果体　11. 中脑顶盖　12. 小脑
13. 脑干　14. 视交叉　15. 前连合　16. 第三脑室顶

第五节　神经元的凋亡

就生物个体而言,不论是低等动物还是高等动物,在其整个的生长发育过程中会不断地发生细胞自然死亡现象,这对保证机体的生存、保持机体对内外环境变化的适应能力、维持其正常的发育均具有重要的意义。此种细胞死亡现象被称为程序性细胞死亡(programmed cell death,PCD),这是生物体内一种普遍存在的现象。此概念最早是由 Lockshin 和 Williams 在 1964 年提出的。在 1972 年,英国阿伯丁大学的病理学家科尔(Kerr)教授根据死亡细胞的形态学变化首先提出了细胞凋亡(apoptosis)这一名词。apoptosis 一词源于古希腊语,是秋天树叶凋落的意思。既往人们认为 PCD 和 apoptosis 在某种意义上具有等同的含义,PCD 是一个细胞功能学方面的概念,意味着某些细胞的死亡是发育中自然出现的生理现象,是个体发育中一个预定的并受到严格程序控制的正常变化;而凋亡则是形态学概念,形容此细胞的一系列形态学改变,如细胞的核固缩、崩解、染色体裂解等。但随着研究的不断深入,人们对程序性细胞死亡的认识也在不断更新,目前认为程序性细胞死亡的具体亚型除了细胞凋亡外,还包括自噬、坏死性凋亡等。

细胞凋亡过程的形态学变化可分为3个时期。第一期,是核的变化,核仁崩解形成若干染色较深的小块,染色质固缩并凝结成块,聚集于核膜周边形成新月状或环状的小体(图2-20B、C、D,图2-21);细胞质开始浓缩,细胞体积缩小,但各种细胞器如线粒体、内质网等均正常。第二期,核膜内陷并包被固缩、裂解的染色质团块,形成数个染色质小球(图2-20E、F);细胞膜不断通过"生芽"、脱落,分散为数个大小不等的、由膜紧紧包裹的凋亡小体(apoptotic body)。每个小体中均含有部分细胞质、残存细胞器和一定量的核碎片(图2-20G)。第三期,死亡细胞的大部或全部形成凋亡小体,并被其周围的具有吞噬功能的巨噬细胞或上皮细胞所吞噬。但在凋亡发生的全过程中,细胞膜一直保持完整,细胞内容物不逸出到细胞间隙中。此点是区别于坏死的主要形态学特征。不同器官及同一组织中的不同细胞发生凋亡的过程并不同步。

凋亡作为一种生理性细胞死亡现象普遍存在于生物界,是保证个体发育生长和维持个体正常生理过程必不可少的程序。在高等动物包括人的胚胎发生、发育过程中,管状器官的形成,鳃器官的演化,指、趾间蹼细胞的丢失、女性中肾管、男性中肾旁管及多余的卵细胞、卵泡细胞的退化和消失等变化过程中都出现细胞凋亡。在胚胎发育过程中,通过凋亡清除对机体无用的细胞,清除多余的、发育不正常及对机体有害的细胞,对保证个体的正常发育具有重要的作用。在成年机体中,通过凋亡可以消除衰老的细胞并代以新生的细胞维持组织器官中细胞数量的稳定;清除体内受损伤的或有癌前病变的细胞以防止癌变;当机体受到病毒感染时,通过诱导感染细胞的凋亡以清除入侵的病毒,这些凋亡对维持机体生理平衡具有重大的影响。用微小的付出换来健康的个体,是有利于进化选择的。当组织细胞凋亡发生异常时,将导致各种疾病的发生。

在神经系统发生和发育过程中,各种脊椎动物的中枢神经系统和周围神经系统的各个部位同样有细胞凋亡的发生。最初生成的神经细胞的数量远比存留的数目多,例如,人类胚胎时期从简单的神经板发育到神经管,进而发育成为由脑与脊髓组成的中枢神经系统;神经嵴的神经元不断迁移分化,进而演变成周围神经系统等的发育过程中都存在神经细胞的过度增殖和大量神经细胞凋亡的现象,其死亡数占最初神经元数的15%~85%。因此可以认为,整个神经系统的发育是在神经细胞的增殖与死亡的动态平衡中进行的。凋亡使发育过程中错位的、迷路或匹配不良的、无法与靶细胞联系且不能从中获得必需营养因子的神经细胞死亡,从而保持符合生长发育规律的神经元数量,使相关神经元之间的联系精确适配。同时,还建立了引导轴突投射的小管、小孔和间隙等,最终使神经系统的发育在结构和功能上互相适应、自我完善。因此,没有自然凋亡便没有个体发生和种系发生,也就没有物种的进化。

早在1896年科学家就已经在鱼类神经元的发育过程中观察到细胞凋亡的现象,细胞凋亡的概念自科尔(Kerr)提出后,有关细胞凋亡的研究已经涉及肿瘤生物学、发育生物学、神经生物学、免疫生

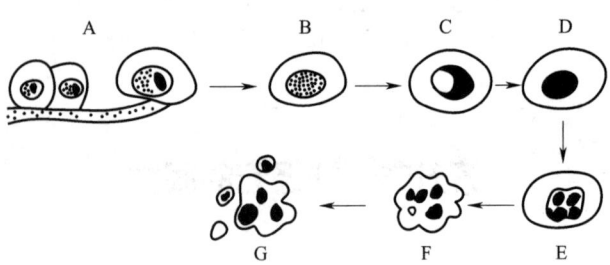

图2-20 细胞凋亡过程模式图

A. 细胞变形　B. 核仁裂解　C. 染色质固缩形成新月状
D. 核固缩　E. 核裂解　F. 细胞膜内陷,表面形成染色质小球
G. 细胞裂解形成凋亡小体

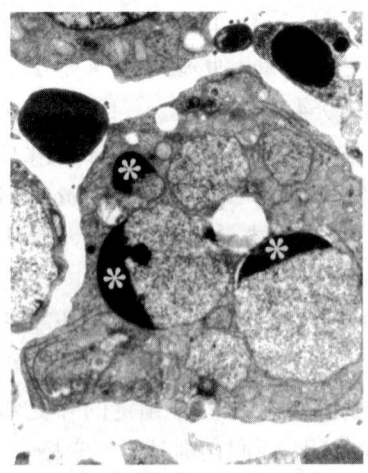

图2-21 凋亡细胞的超微结构

＊表示染色质固缩成块并聚集于核膜边缘处,呈新月状

物学等方面,并取得了很多突破性的成果。先后有三位科学家,即美国伯克莱加州大学分子科学研究所的悉尼·布雷内(Sydney Brenner)、英国剑桥桑格(Sanger)研究中心的约翰·苏尔斯顿(John E. Sulston)和美国麻省理工学院的罗伯特·霍维茨(H. Robert Horvitz),他们用秀丽隐杆线虫(*Caenorhabditis elegans*, *C. elegans*)作为动物模型做了开创性的工作。由于他们发现了器官发育和程序性细胞死亡过程中的基因调控而共同获得了2002年诺贝尔生理学或医学奖。

凋亡的发生机制极为复杂,迄今尚未完全阐明。近年来的研究表明,神经细胞的存活及其突起的发生主要受靶细胞或靶组织分泌的一些神经营养因子的调控,例如神经生长因子(nerve growth factor, NGF)、成纤维细胞生长因子(fibroblast growth factor, FGF)、表皮生长因子(epidermal growth factor, EGF)、类胰岛素生长因子(insulin-like growth factor, IGF)等,这些神经营养因子由神经末梢摄取,逆向运输至胞体,维持神经元生存。如果在发育过程中神经细胞不能从靶细胞或靶组织获得神经营养因子,就会导致生理性死亡,即凋亡。

研究还表明,凋亡受遗传因素的调控。现已发现调控凋亡过程的基因有两大类,即促凋亡基因和抗凋亡基因,*bcl-2*家族基因和*ced*家族基因即是在其中起重要作用的主要基因,它们都包含两个功能相反的类别,两者进行一定的配合方能启动凋亡。其中*bcl-2*家族基因包括*bcl-2*、*bcl-x*、*bax*、*bak*等,*bcl-2*是抑制细胞凋亡的基因,*bax*作为*bcl-2*的异源二聚体,其作用则是抑制*bcl-2*,促进细胞凋亡。有研究认为,决定细胞命运的关键因素不仅取决于促凋亡基因*bax*和抑凋亡基因*bcl-2*自身表达的高低,还与*bax*/*bcl-2*两者间的比率有关。当比率增大时,细胞趋于凋亡。

根据凋亡信号的来源可以将细胞凋亡信号转导通路分成两条:死亡受体通路和线粒体通路,这两条通路最后都汇集于下游的效应Caspase,即凋亡蛋白酶Casaspe的激活。

1. 死亡受体通路 死亡受体(death receptor, DR)是一类跨膜蛋白,属肿瘤坏死因子受体(tumor necrosis factor receptor, TNFR)超家族成员,其胞内段带有特殊的死亡结构域(death domain, DD),具有蛋白质水解功能。当死亡受体与特定的死亡配体结合后,其可接收胞外的死亡信号,激活细胞内的凋亡机制,诱导细胞凋亡。已知的死亡受体有五种,TNFR1(又称为p55)、Fas(Apo1)、DR3(又称为Apo3)、DR4和DR5。前三种受体相应的配体分别为TNF、FasL(CD95L)、Apo-3L(DR3L),后两种均为Apo-2L(TRAIL)。在Fas/FasL通路中,Fas与配体FasL结合后,通过胞内的死亡结构域,招募胞质中的Fas相关死亡结构域蛋白(Fas-associated death domain protein, FADD),并激活无活性的pro-caspase 8,使其变为有活性的Caspase 8,激活的Caspase 8可激活下游执行者Caspase裂解多种蛋白质而最终导致细胞凋亡。

2. 线粒体通路 线粒体是神经元凋亡的调控中心。当氧化物钙离子过载、活化的Caspase和神经酰胺等各种细胞凋亡刺激均可降低线粒体内膜电位,使Bcl-2家族成员裂解,导致细胞色素的释放,后者在dATP的存在下可与凋亡相关因子Apaf-1结合,使其形成多聚体,并促使Caspase 9与其形成凋亡小体,Caspase 9的活化可进一步激活下游执行者Caspase,如Caspase 3,从而诱导细胞凋亡。因此,线粒体的功能状态及细胞色素释放与细胞的凋亡密切相关。

现已发现哺乳类动物Caspase家族成员有13种,不同的Caspase在功能上有很大差异,有些可导致细胞凋亡,有些则可诱发炎症反应。其中,导致细胞凋亡的Caspase又可分为启动者和执行者两类,前者包括Caspase 2、Caspase 8、Caspase 9、Caspase 10;后者包括Caspase 3、Caspase 6、Caspase 7。启动者Caspase居于级联反应的上游,当促凋亡信号引发其活化时,通过其酶切作用激活下游的执行者Caspase,继而导致大量的死亡底物(death substrates)酶解灭活凋亡抑制物、细胞的结构蛋白和功能蛋白,从而导致细胞解体。而诱发炎症反应的Caspase包括Caspase 1、Caspase 4、Caspase 5、Caspase 12。

目前,除了以上的发现外,亦有研究报道神经元凋亡相关基因还包括p38、Notch基因、IRE基因(inositol requiring enzyme 1)、p75神经营养因子受体、磺酰脲受体1、分裂增强因子-6(Hes-6)、FoxO1等。

总之,细胞凋亡可以被多种生理性、病理性刺激诱发,是细胞对所处环境中某些特定信息的一种应答反应,涉及信号传递系统的调节,包括细胞质中Ca^{2+}浓度上升、cAMP积聚、蛋白激酶C的激活、酪氨酸蛋白激酶的活化和神经酰胺的产生等。机体通过如此复杂的多种信号途径的综合作用，可处理一些无用或有害的细胞，以调整器官和组织的细胞数量并维持个体处于一种正常的生理状态。

第六节　脑的老化与阿尔茨海默病

一、脑的老化

生、长、老、死是生命的自然发展规律，也是生物界不可逆转的规律。众所周知，在出生时神经元即是已分化细胞，不再进行分裂、繁殖，因而其生命过程很长。出生后，神经元的数量只减无增。人的脑细胞与人的寿命同时起步，也同时终止。由于神经元不能再增生繁殖，因此也就容易受内、外环境各种有害因素，如自由基、有害代谢产物及兴奋性氨基酸毒性的不断积累等而造成损伤。此外，脑在结构和功能上都较其他脏器复杂，因此大脑诸结构之间接受和传递信息的环节也非常复杂。随着年龄的增长，细胞间和细胞内各种信息的传递和交流难免发生差错，导致信息传递与理解的失误；加之在老化（aging）过程中，脑血流、氧化和能量代谢降低，突触传递的信息量也相应减少，甚至可出现活动能力低下，导致神经元退变和功能障碍。当机体在各种代偿和防御功能比较完善的状态下，这些潜在的老化现象并不显露；但当机体代偿机制的储备能力下降时，老化现象也随之出现。

在神经系统，尤其是大脑，随着年龄的增长而发生老化的改变是无可置疑的事实。有实验研究报道，正常人脑的重量从30~40岁就开始出现降低，到70岁时平均降低5%~10%，到80岁时平均降低16%~18%。在机体机能状态良好的老年人，脑的体积萎缩10%~15%。在一些老年脑中可观察到轻到中度的脑回萎缩、脑沟变宽及脑室扩大；脑膜的表面可呈不透明的乳白色，并与下方的皮质粘连。脑沟的增宽与脑室的扩大是脑灰质和白质萎缩的形态学表现。磁共振成像结果表明脑的衰老与负责高级认知功能的脑区，如前额叶、内侧颞叶及顶叶皮质的灰质体积减小相关，也与各脑区之间的连接程度减弱有关。

脑老化的组织学表现为神经元内的线粒体减少、Nissl体消失、颗粒空泡形成及胶质细胞增生等，同时伴有脂褐素的沉积。脂褐素指神经元胞体中聚积的大量含高脂成分的折光颗粒。由于逐渐丧失更新和重利用机制，脂褐素是未被溶酶体酶消化而形成的脂质残余物的聚积。脂褐素沉积在不同的脑区程度不一，在老年脑的大脑皮质和海马最为明显。

既往研究认为神经元的丢失是脑老化的主要原因，但进一步研究表明，在正常老年脑中并不会出现神经元的大量丢失，老化对神经元的影响主要表现为神经元萎缩，神经元的数量和密度并无显著减少。神经元数目的减少仅见于一些特殊的脑区，如黑质和海马等。老化神经元突触结构和功能的改变，可影响神经元连接性和整合功能，最终影响脑功能。

目前，生理性脑老化发生的机制仍不是很清楚。机体衰老现象在分子结构方面的表现可分为两类：一是交联物质的增生和积聚。在生命的早期阶段，一些离子化的分子基团具有正常的代谢和清除途径。老年时这些分子的代谢和清除能力逐渐下降，从而导致大量积聚并与其他分子（如DNA或酶分子）结合，形成交联物质从而影响DNA或酶的正常功能。二是自由基的产生。机体的正常氧化过程可产生自由基，后者具有加成性质和高度反应性，可通过氧化反应等形式对细胞造成一定的损害。在正常情况下，机体亦具有清除自由基的系统，如动物体内有一种超氧化物歧化酶，有助于自由基的排出。如果自由基的产生超过清除，就会对细胞、组织或器官产生相应的影响。在正常的功能状态下，细胞内的DNA支配和控制mRNA的组成，最终影响蛋白质的生成量及其性质。不管是上述交联物质的积聚还是自由基的过量生成，最终都能使蛋白质的量和质产生变化。如果结构蛋白受累，将会引起生物膜的通透性和受体结构等的变化；如果功能蛋白受累，如酶的催化功能丧失，将会导致生化代谢反应减慢或停止。

随着微阵列技术以及脑功能成像技术的飞速发展，人们在阐释脑老化的分子机制方面获得了一些有意义的线索。通过对多物种全基因表达的研究，人们发现存在一些在功能上保守且随年龄改变的基因，提示其可能是脑老化中的保守通路，主要包括线粒体功能、氧化应激与表观遗传学、自噬与蛋白质周转、胰岛素信号通路、热量限制等。目前，关于这方面的研究仍在继续，随着对脑老化分子机制和功能研究的日益深入，人们发现其亦可能有助于揭示增龄性神经退行性疾病的发病机制。

二、阿尔茨海默病

阿尔茨海默病（Alzheimer disease, AD）是一种以进行性认知障碍和记忆力损害为主的中枢神经系统退行性疾病。目前，全球大约有 5 500 万阿尔茨海默病患者，人口老龄化使阿尔茨海默病的患病率呈急剧增高趋势。虽然此病的发病率随着年龄的老化而上升，却不能仅仅理解为"老化的加速"。许多资料表明，阿尔茨海默病是与脑老化相关的一种独特的疾病，其发病的确切原因至今尚不明确。

（一）发病机制

目前，有关阿尔茨海默病的发病机制比较认可的有以下 5 种：

1. 基因突变学说　家族性阿尔茨海默病呈常染色体显性遗传，其发生与现已确定的 3 种基因的突变密切相关，包括位于 21 号染色体上的淀粉样前体蛋白（amyloid precursor protein, APP）基因、位于 14 号染色体上的早老蛋白 1（presenilin-1, PS1）基因及位于 1 号染色体上的早老蛋白 2（presenilin-2, PS2）基因。散发性阿尔茨海默病的候选基因较多，目前认为其与位于 19 号染色体上的载脂蛋白 E（apolipoprotein E, ApoE）基因最为相关。其中 *ApoE ε4* 基因可影响 Aβ 的清除，导致 Aβ 的迅速沉积，是阿尔茨海默病发生的一个非常重要的风险基因。

2. τ 蛋白异常学说　微管相关蛋白（τ 蛋白）具有合成和稳定神经元的作用。阿尔茨海默病患者 τ 蛋白总量显著增加，且增加的 τ 蛋白以异常过度磷酸化的形式出现，失去促进微管形成和维持微管稳定的作用，极易形成双螺旋纤维丝，从而导致神经原纤维缠结，进而破坏神经元及突触的正常功能，导致阿尔茨海默病。

3. Aβ 毒性学说　已有的证据充分表明 Aβ 在阿尔茨海默病的发病过程中起到至关重要的起始及枢纽作用，其中 Aβ42 是致病形式，能导致膜内淀粉样前体蛋白（amyloid precursor protein, APP）的异常水解和错误的折叠，进而形成老年斑。

4. 胆碱能神经元丢失学说　基底前脑中乙酰胆碱能神经元在识别记忆功能中发挥重要的作用。神经药理学研究证实，阿尔茨海默病患者的脑部，特别是海马和颞叶皮质，乙酰胆碱酯酶和胆碱乙酰转移酶的活性明显降低，直接影响乙酰胆碱的合成和胆碱能系统的功能。因此，基底前脑中乙酰胆碱的丢失可能是导致阿尔茨海默病的关键原因。

5. 中枢炎症学说　许多实验证明，Aβ 淀粉样蛋白能直接激活小胶质细胞，并进一步产生炎症细胞因子即白介素 -1（interleukin-1, IL-1）、TNF-α 等，IL-1 等的增多可激活星形胶质细胞，并上调 APP 的表达，还可诱导补体蛋白 C3 和 ApoE 的产生，最终导致包括细胞因子产生增加、急性期蛋白质合成、神经胶质增生的级联反应。因此，诸多与炎症有关的蛋白质对阿尔茨海默病的形成可能具有重要的影响。目前，已在阿尔茨海默病的老年斑病变中观察到几十种与炎症有关的蛋白质，如炎症细胞因子、激活的补体蛋白、补体抑制剂、脂蛋白及其受体、生长因子和蛋白多糖等。这些蛋白质都在脑内产生，其来源可能是激活的小胶质细胞和反应性的星形胶质细胞。

此外，另有部分病因包括脑血管缺血性疾病、自由基损伤、谷氨酸毒害、炎症、外界因素影响，以及 5-羟色胺、多巴胺、兴奋性氨基酸等的异常。上述所有的病因都可导致 β- 淀粉样蛋白沉积，形成神经斑块，逐渐损伤神经细胞，使细胞内 Ca^{2+} 浓度增高，脑内蛋白酪氨酸激酶活化，τ 蛋白过度磷酸化与神经微管蛋白缠结，使神经细胞功能丧失，最终出现痴呆症状。

（二）临床表现

阿尔茨海默病主要表现为记忆、认知、言语、定向及抽象思维等多种智力障碍，甚至出现人格和行为的改变，直至生活不能自理。肉眼的病理改变主要为大脑皮质弥漫性萎缩，脑室扩大和脑沟扩大、脑回变窄，以额叶、顶叶及颞叶等新皮质最为显著。在显微镜下除可见到神经细胞减少和胶质细胞增生之外，主要出现老年斑、神经原纤维缠结、神经细胞颗粒空泡变性等特征性病变。

1. 老年斑　常出现在大脑皮质，也可见于深部的灰质，但不发生在白质。典型的老年斑是以 β- 淀粉样蛋白沉积为特征的细胞外结构。在淀粉样细丝形成的中心的周围，有神经元的轴突和树突变性现象。老年斑以内嗅区皮质和海马 CA1 区最为常见。

老年斑的出现是诊断阿尔茨海默病的特征性病理标准之一,但亦少量出现在正常的老年脑中。

2. 神经原纤维缠结　用银染色可清楚地看到神经元内的神经原纤维增粗、扭曲而形成缠结,称为神经原纤维缠结(neurofibrillary tangle),常见于海马、杏仁核、颞叶内侧及额叶皮质的大神经元。这一变化是神经元趋向死亡的标志。但亦少量出现在正常的老年脑中。

3. 颗粒空泡变性　是指胞质内出现的小空泡,空泡中心又含有深染颗粒。这种变化在 HE 染色标本上即可显示。颗粒空泡变性多见于海马和颞叶内侧皮质。

阿尔茨海默病的原因至今不明。目前研究多集中在遗传学、免疫学和慢病毒或其他毒物的聚积,以及脑血管缺血等与痴呆发生的关系方面。在实验室研究中,迄今已经建立起模拟阿尔茨海默病的动物模型。在对阿尔茨海默病发病机制的研究中,通常采用的动物模型有以下几类:第一类通过胆碱能神经毒注射或通过外科手术切断胆碱能神经通路而建立模拟痴呆的动物模型。如将胆碱能神经毒注射至基底前脑,可造成类似阿尔茨海默病的病理学变化。隔-海马联系通路是最具代表性的基底前脑胆碱能投射系统。手术切断海马伞,阻断这一通路以观察胆碱能损害是研究阿尔茨海默病发病机制的最常用的动物模型。第二类是转基因动物模型。遗传易感性是阿尔茨海默病的主要病因之一,与遗传易感性有关的基因位点有 *APP*、*PS*、*ApoE* 基因等。该模型可模拟阿尔茨海默病样神经病理学特征,细胞外 Aβ 沉积、胶质增生、脑区特异性突触密度丧失等。第三类为自然衰老动物模型和快速老化小鼠模型,包括平均寿命 30 个月的大鼠,10 岁以上的罗猴(开始出现认知记忆能力减退),以及快速老化模型小鼠(senescence-accelerated mouse,SAM)系列(在青年期就出现老化现象,而且寿命明显缩短)。此外,还有研究通过阻断一侧脑血流供应造成"脑缺血"或"脑缺血再灌注模型",进而观察动物学习、记忆障碍等"痴呆"症状。实际上,这是"血管性痴呆"的动物模型,但仍然不失为阿尔茨海默病病因实验研究的一种良好模型。

(李金莲　陈　晶)

新形态教材网　数字课程学习

　教学 PPT　　　　参考文献

第三章 神经元的基本结构和功能

神经系统主要由神经组织构成,神经组织有两种主要的细胞成分,即神经细胞(神经元)和神经胶质细胞(神经胶质)。神经元(neuron)是神经系统的基本结构和功能单位,能感受刺激和传导神经冲动,并可合成化学物质(神经递质、神经激素等),通过轴突输送到特定部位而释放。

神经元的种类繁多,形状各异。典型的神经元由神经元胞体及其突起组成(图3-1)。神经元的胞质中含有多种亚细胞结构。神经元的突起包括树突和轴突。树突在胞体附近反复分支,与胞体共同构成传入信号的接收面;轴突从胞体向远处延伸,是将胞体产生的冲动向下一级神经元或效应器传递的结构。轴突末端与另外的神经元形成接触,称为突触(synapse)。

第一节 神经元的形态和结构

传导神经冲动中发挥重要作用。神经元通过其细胞膜执行信息的传递、神经冲动的发生、物质运输、代谢调控,以及细胞外物质的识别与结合等多种生理功能。从树突和轴突的电性质不同来看,细胞膜的构造在神经元的不同部位可能是有差别的。通常树

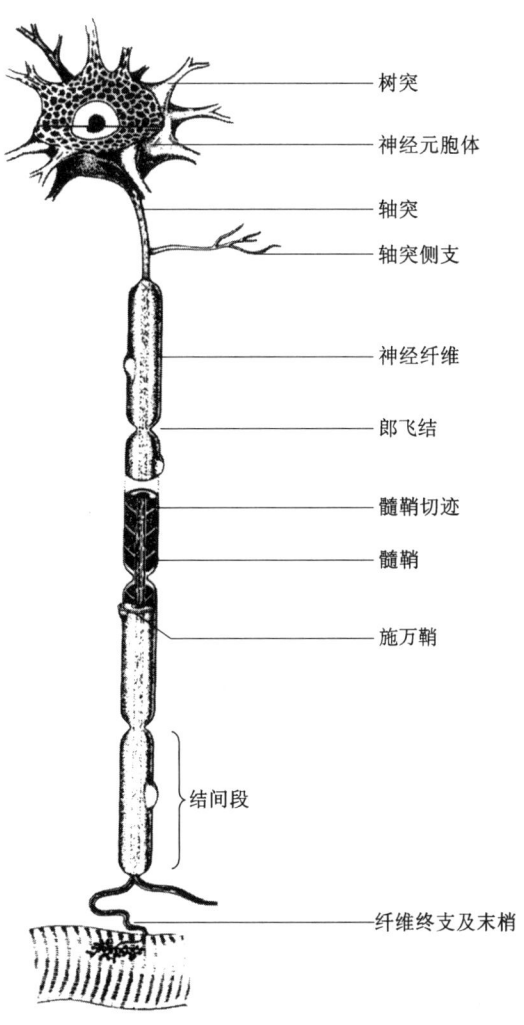

图3-1 神经元模式图

一、神经元的一般结构特点

(一)神经元胞体

神经元胞体(cell body)是神经元的主体部分,是细胞代谢和信息整合的中心。神经元胞体的形状和大小差异很大,有圆形、星形、梭形和锥形等,直径可由5μm到135μm。胞体由细胞膜、细胞质和细胞核3部分组成(图3-1)。

与人体其他细胞类似,神经元的细胞膜(cell membrane)亦是由脂质双分子层和蛋白质构成的,该膜是可兴奋膜(excitable membrane),在感受刺激和

突膜和胞体膜接收刺激,轴突膜传导神经冲动。

通常所谓的细胞质(cytoplasm)是针对胞体内的胞质而言,而核周质(perikaryon)则指围绕细胞核的胞质,但一般也常用核周质代替细胞质。神经元的核周质中含有许多亚微结构,如粗面内质网、游离核糖体、线粒体、Golgi复合体、神经丝和微管、中心体和内涵物等。在电镜下可同时观察到上述的大多数结构。某些具有内分泌功能的神经元(如下丘脑部分神经元),核周质中还含有分泌颗粒。

神经元的细胞核(nucleus)大而圆,染色较为清亮,核仁(nucleolus)明显,在正常状态下位于细胞质的中央(只有个别神经元的细胞核偏离中央,位于细胞质的某一侧,如脊髓Clarke背核的神经元)。一般在显微镜下看到核偏位现象时,意味着该神经元已处于开始变性的状态,表明神经元受到损伤(如轴突被切断时发生的逆行变性)。

在光镜下观察神经元时,其最醒目的结构特点是细胞质内存在特殊的Nissl体和神经原纤维。Nissl体(Nissl body)是神经元特有的容易被碱性染料染色的小块状结构,位于胞体及树突基部,轴丘和轴突内则无此结构。大神经元内的Nissl体较大,染色明显;靠近细胞核周围部分的Nissl体大,而靠近细胞周边部者小;整个胞体内的Nissl体的形象颇似虎皮的斑纹状,故又被称为"虎斑小体"。小细胞内的Nissl体较小,则呈细颗粒状,有时显示不出明显的块状。在神经元受到损伤或轴突被切断时,Nissl体解体并消失,这种现象称为染色质溶解(chromatolysis)。切断轴突造成染色质溶解的实验,可以用来追踪其起源的胞体。电镜下观察可见,Nissl体是由许多平行排列并互相联系的粗面内质网及存在于其间的游离核糖体组成的,是蛋白质合成的场所(图3-2)。

在Cajal法染色标本上,可看到神经元胞体和突起的胞质中存在着被硝酸银镀染的细纤维,交织成网状,Cajal称之为神经原纤维(neurofibril),曾认为其是传导兴奋的成分。但后来的电子显微镜观察否定了这种观点,这些细的纤维样结构实质上是两种细的丝状成分,即神经微管(neurotubule)和神经丝(neurofilament),两者共同构成神经元的骨架并参与神经元内的物质运输(图3-3)。

(二) 树突

树突(dendrite)可看做是胞体的延伸部。无论

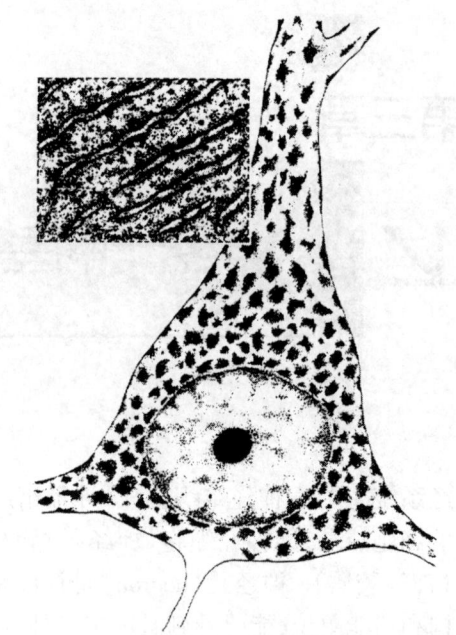

图3-2　Nissl体
左上方方框内示粗面内质网和核糖体

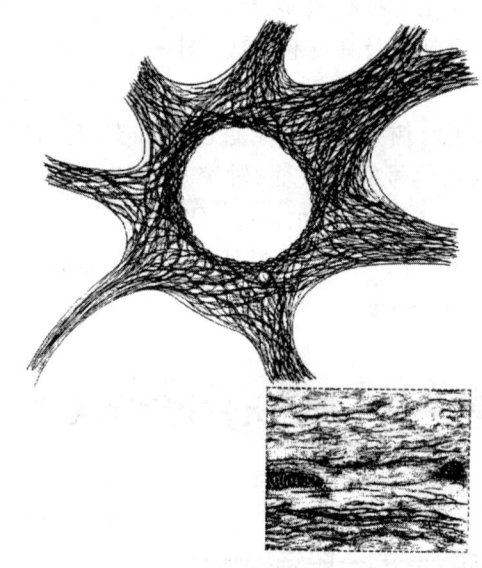

图3-3　神经原纤维
右下方方框内示神经微管和神经丝

在光镜还是电镜下,树突和胞体之间都无明确的界限,胞体中的细胞器大多可进入树突。树突的数量和长度因神经元种类的不同而不同,每条树突又可反复多级分支,越分越细,最后形成树突终末支。一条树突及其分支所占据的空间范围和形态也因神经元种类的不同而不同,一般将之称为一个树突野(dendritic field),将树突及其全部分支形象地称为树突树(dendritic tree)。大多数神经元的树突较轴突短得多,但树突表面积的总和却占整个神经元表面积

的最大部分。很多神经元的树突表面发出多种形状的细小突起,称为树突棘(dendritic spine)(图3-4)。树突棘长短不等,形状也不尽相同,通常为细小棘样、圆珠状或小片状,可随神经元的功能状态而变化。树突棘的数量及分布因神经元的不同而异,GolgiⅠ型神经元的树突棘最多,如大脑皮质的锥体细胞有数千至数万个树突棘,小脑的Purkinje细胞树突棘可多达十余万个。树突棘具有可塑性,如在去神经纤维或老年时树突棘可减少甚至消失,而在学习过程中则可能形成新的树突棘以适应突触回路的变化。

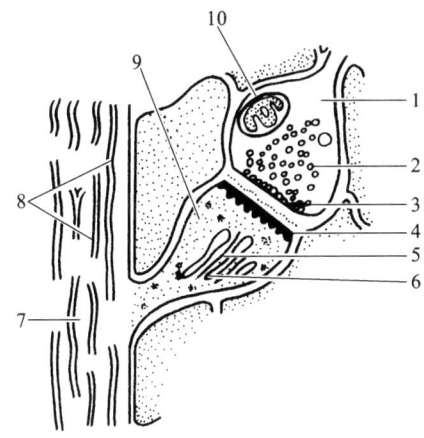

图3-4 树突棘及棘器
1. 突触前成分 2. 突触囊泡 3. 突触前膜 4. 突触后膜
5. 棘器致密带 6. 棘器小囊 7. 树突 8. 树突微管
9. 侧棘 10. 线粒体

树突的作用是接收其他神经元传来的冲动,并将之传至胞体。树突棘也是冲动的传递点。树突的多级分支及大量树突棘的存在扩大了接收冲动的面积,从而可形成更多的突触连接。

(三) 轴突

轴突(axon)又称为轴索(neurite),除个别神经元外,大多数神经元均有一条细的但粗细均匀的轴突。轴突从胞体发出的部分常膨大形成锥形称为轴丘(axon hillock),轴丘中不含Nissl体。较粗的轴突表面包以髓鞘,较细的轴突则无髓鞘或仅有薄的髓鞘。轴突的起始段,即由轴丘至开始被髓鞘包绕的部分,亦称为初节(initial segment),是产生动作电位的重要部位;续于初节的轴突则为传导冲动的部分。轴突表面光滑,分支很少,其分支常呈直角自主干发出,称为侧支(collateral)。轴突的末梢部分失去髓鞘形成裸轴突,大多数轴突的末梢部分都分成一些细的终末支,每一终末支的末端呈纽扣状膨大,称为终扣(terminal bouton);有的终末支上间断地存在一些扣结状膨大,形似串珠样,称为膨体(varicosity)或过路结(boutons en passant)。终扣和膨体都是神经元与其他神经元的胞体、树突,甚至轴突和效应器等形成突触的位点。其构成突触的突触前成分,内含大量突触囊泡(synaptic vesicle),囊泡内含特定的神经活性物质。

轴突的功能主要是将胞体发出的冲动传递给其他神经元,或传递给肌细胞和腺细胞等效应器。

二、神经元的类型

根据不同的分类方法,可将神经元分为不同的类型。

根据突起的数目可把神经元分为3类:①假单极神经元(pseudounipolar neuron),从胞体发出的突起只有一条,然后再分为中枢支(central branch)和周围支(peripheral branch)。周围支相当于树突,接收上位神经元及外周感受器传来的信息;而中枢支相当于轴突,将信息传递到中枢神经内的特定靶区。神经节中的感觉神经元,如脊神经节和三叉神经节的神经元都属于此型。②双极神经元(bipolar neuron),一般具有圆形或卵圆形的胞体,由胞体两端各发出一条树突及轴突。多位于特殊的感觉器官中,如视网膜双极神经元、前庭和耳蜗神经节神经元等。③多极神经元(multipolar neuron),数目最多,有多条树突和一条轴突,如脊髓前角运动神经元、海马和大脑皮质的锥体细胞、小脑的Purkinje细胞等(图3-5)。

根据轴突的长短、树突上有无树突棘和树突的分支模式等,又可将中枢神经内的神经元分为GolgiⅠ型和GolgiⅡ型两类。GolgiⅠ型神经元轴突较长(最长达1 m以上),胞体较大,树突上有棘,树突野呈圆锥形,联系范围较广,如大脑皮质的锥体细胞。GolgiⅡ型神经元轴突较短(短的仅数微米),胞体较小,树突上无棘或仅有少量的棘,树突分支无固定扩延模式,与邻近神经元连结的大多数中间神经元(interneuron)都属于此类。

根据功能和信息传导方向可把神经元分为3类:①感觉神经元(sensory neuron),是感受内、外环境影响,将各种信息自周围向中枢传递的神经元,如位于外周神经节内的神经元和位于中枢神经感觉核内

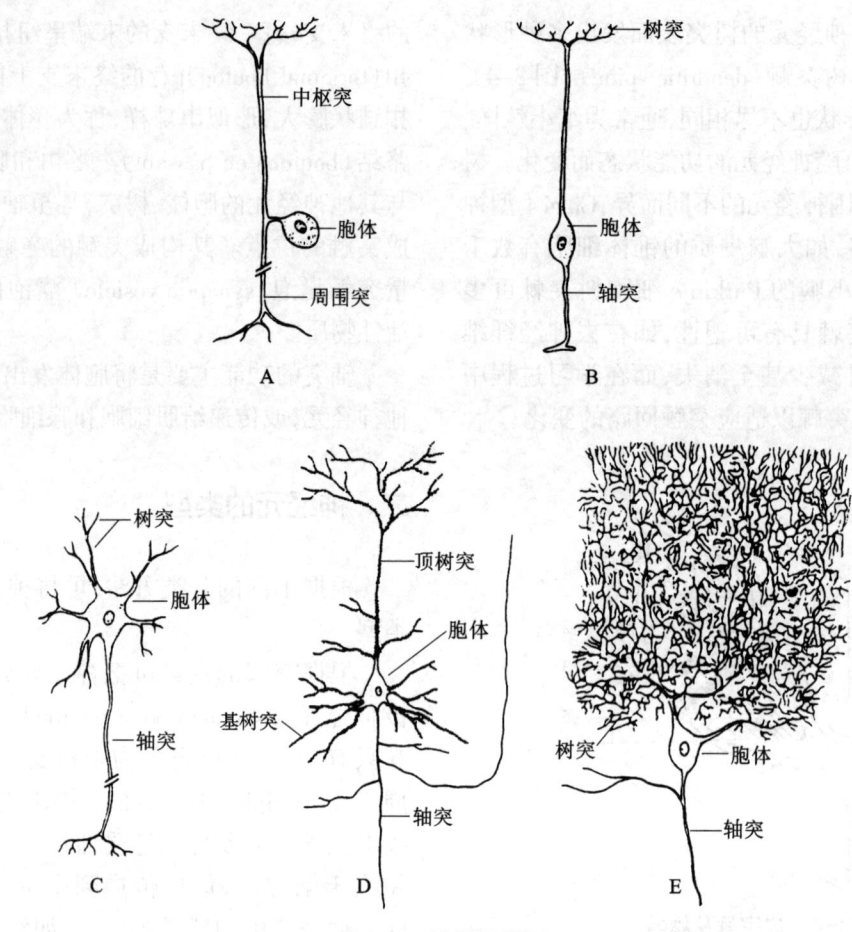

图 3-5 神经元类型
A. 假单极神经元（脊神经节神经元） B. 双极神经元（视网膜双极神经元） C. 多极神经元（脊髓前角运动神经元） D. 多极神经元（海马锥体细胞） E. 多极神经元（小脑 Purkinje 细胞）

的神经元等。外周的感觉神经元为假单极神经元，其周围支的末梢和感受器联系，感受器接收各种不同的刺激，并将刺激转化为神经能，由周围支传向胞体，继之经中枢支传入中枢。由于感觉神经元将冲动传向中枢，故也称为传入神经元（afferent neuron）。直接感受内外环境影响向中枢传递的传入神经元称为初级传入神经元（primary afferent neuron）。②运动神经元（motor neuron），是将冲动由中枢传至周围，支配骨骼肌、平滑肌和腺体等的神经元，故也称为传出神经元（efferent neuron），如大脑皮质的锥体细胞、脑干运动核的神经元和脊髓前角运动神经元以及内脏传出神经的节前和节后神经元等。③中间神经元（interneuron），位于中枢神经系统的传入和传出神经元之间，起联络作用，故也称为联络神经元（association neuron），是在中枢神经的灰质内广泛存在的小神经元，如丘脑、脊髓后角的一些神经元。

除上述 3 种基本的类型外，还可根据神经元的电生理特性，将神经元分为兴奋性神经元和抑制性神经元；根据神经元所含神经活性物质的不同，又可将神经元分为胆碱能神经元（含乙酰胆碱）、单胺能神经元（含肾上腺素、去甲肾上腺素、5-HT、多巴胺等）、氨基酸能神经元（含谷氨酸、γ-氨基丁酸、甘氨酸）和肽能神经元（含脑啡肽、P 物质、内啡肽、生长抑素等）。

第二节 神经元的超微结构

一、神经元胞体

（一）细胞膜

在透射电子显微镜下，神经元的细胞膜为 7～

8 nm 厚的 3 层结构构成的单位膜（unit membrane），内、外两层为电子致密层，中间为电子密度低的透明层。神经元细胞膜的分子构型按照"液态镶嵌模型（fluid mosaic model）"由脂质双分子层中嵌入蛋白质构成（图 3-6）。脂质分子一端为亲水极，朝向细胞膜的内或外表面；另一端为疏水极，位于膜的中间。膜蛋白通常一端为亲水极，另一端为疏水极；有的膜蛋白两端为亲水极，中间为疏水极。膜蛋白几乎都是由肽链折叠卷曲成球状，按照其是否嵌入脂质双分子层，可分为外在膜蛋白（分布在膜的内外表面）和内在膜蛋白（嵌入脂质双分子层）。有的内在膜蛋白贯穿整个脂质双分子层，两端暴露于膜的内外表面，称为跨膜蛋白。跨膜蛋白中亲水极的氨基酸肽链与脂质分子的亲水极结合，疏水极的氨基酸肽链与脂质分子的疏水极结合，因此膜蛋白与膜的结合非常紧密。膜蛋白具有多种重要的生理功能，其可作为神经递质或其他活性物质的受体，或形成离子通道、载体等发挥作用。

神经元细胞膜除脂质（占 40%~50%）、蛋白质（占 30%~40%）外，还含有 1%~5% 的糖。糖与蛋白质或脂质结合，形成糖蛋白和糖脂，与化学信息的识别、细胞粘连、膜抗原和抗体等密切相关。

（二）细胞核

神经元的细胞核大小为 3~18 μm，以常染色质为主，核仁明显，核表面有核膜（nuclear membrane），由两层质膜组成，并有等距离的核孔（nuclear pore）（图 3-7，图 3-8）。核孔是物质出入胞核的通道，但其并不是由内、外两层核膜融合成的孔，而是由一组蛋白质颗粒以特定方式配布形成的。哺乳动物细胞的核膜上约有 2 000 个核孔，但核孔的数目也会根据细胞类型、细胞功能状态及细胞周期的改变而发生变化。神经元的核质主要为常染色质，即呈细颗粒状散在分布的 DNA；此外，亦含有少量的异染色质（heterochromatin）。细胞核内常有一个核仁，有些细胞也可有 2~3 个。电镜下的核仁为具有较高电子密度的海绵状球体，由直径为 15~20 nm 的致密颗粒和低致密度而密集的细丝构成，是合成 rRNA 的场所，富含 rRNA、少量 DNA、碱性蛋白质及一些酶类。

细胞核是遗传信息储存、复制和表达的主要场所，又是将 DNA 转录成 RNA 的部位。

（三）核周质

核周质中含有多种细胞器。

1. **核糖体**　神经元内含有大量的核糖体（ribosome，又称核糖核蛋白体）（图 3-7，图 3-8）。核糖体是由 rRNA 和蛋白质构成的椭圆形致密颗粒，直径为 10~30 nm。核糖体至少由大、小两个亚基构成，大亚基含 3 分子 rRNA，小亚基含 1 分子 rRNA。核糖体或游离于胞质中或附着于内质网膜上，分别称为游离核糖体和附着核糖体。核糖体是细胞内蛋白质合成的基地。核糖体合成的蛋白质，一种为结构蛋白（structural protein），即细胞本身代谢生长的蛋白质，如膜上的镶嵌蛋白质、通道、受体等；另一种为分泌蛋白（secretory protein），如神经递质、激素、各种分泌酶等。

2. **粗面内质网**（rough endoplasmic reticulum）　是扁平囊状或管泡状膜结构，膜表面附有核糖体（图 3-7，图 3-8）。其最重要的功能是合成蛋白质，并把蛋白质从细胞输出或在细胞内转运到其他部位。

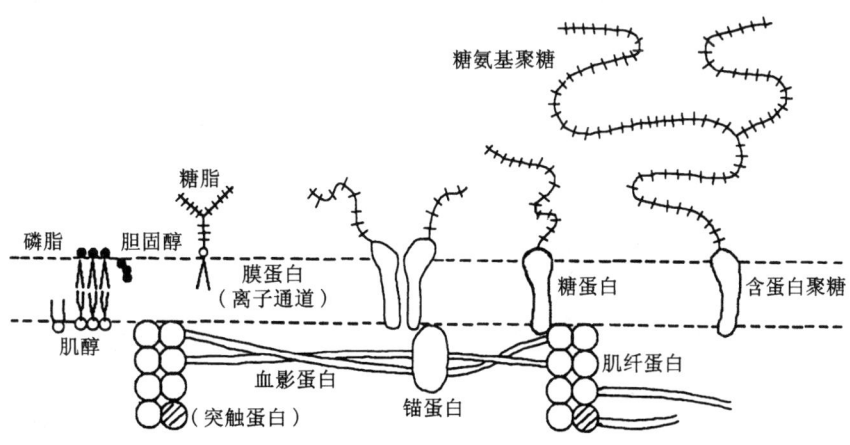

图 3-6　神经元细胞膜结构模式图

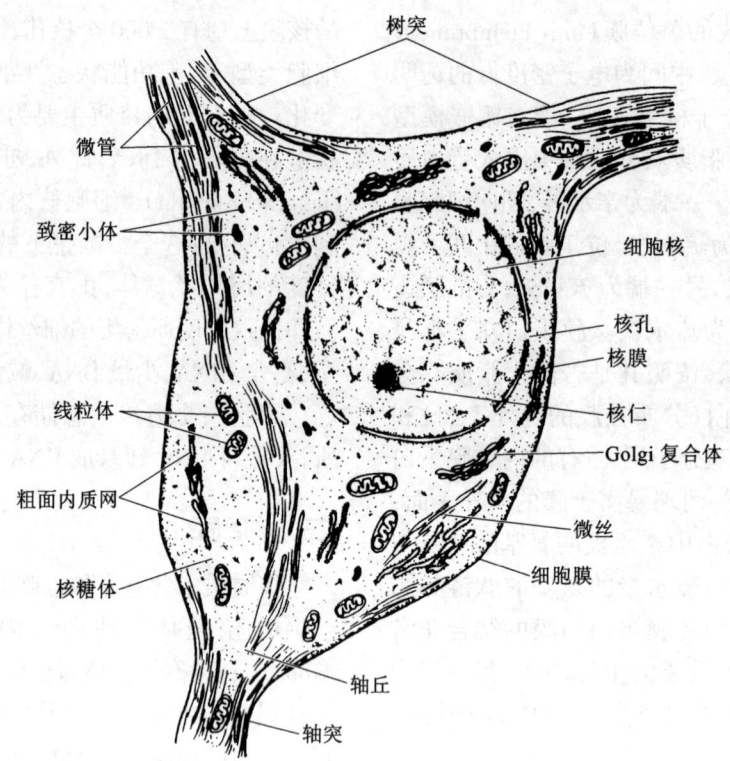

图 3-7　神经元超微结构模式图

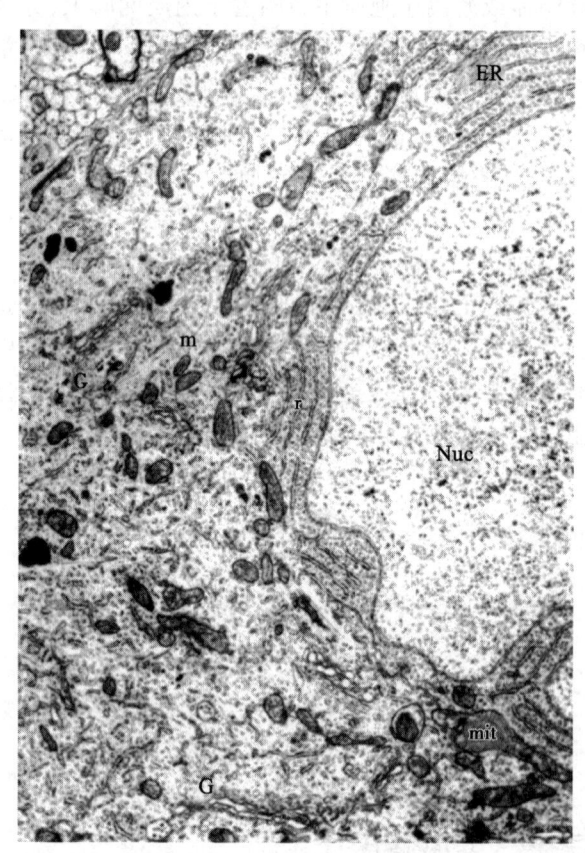

图 3-8　神经元超微结构电镜像
ER:粗面内质网　G:Golgi 复合体　m:微管　mit:线粒体
Nuc:细胞核　r:核糖体

电镜下观察 Nissl 体,可见其是由许多平行排列并互相联系的粗面内质网及存在于其间的游离核糖体组成的。粗面内质网之间无明显界限,内质网囊或小管间的相互距离为 0.2~0.5 μm,游离核糖体分布于其间,数量远多于粗面内质网上的附着核糖体。Nissl 体是神经元合成蛋白质最活跃的部位,用以补充神经元正常生理活动中不断消耗的蛋白质。由于神经元含有大量的 Nissl 体,故在合成神经元特异性复杂蛋白质的速度上较其他细胞为快,以加强神经元的功能并更新及维持细胞质的各种成分。

3. 滑面内质网　神经元内的滑面内质网(smooth endoplasmic reticulum)也十分发达,其是一种极其多变的管状或扁囊状膜结构,不仅分布于神经元胞体,还伸延到树突和轴突内直至末梢。有的神经元胞体中的滑面内质网紧靠细胞膜下形成较宽阔的扁平囊,称为膜下池(hypolemmal cistern),是神经元的特征之一,可能与膜的离子调节和运输有关。在轴突及其终末内可见滑面内质网与囊泡状结构相连,因此有人认为突触囊泡可能来源于滑面内质网。滑面内质网具有多种功能,如运输蛋白质、合成脂质等。

4. Golgi 复合体　神经元内有高度发达的 Golgi 复合体(Golgi complex)(图 3-7,图 3-8),电镜下

Golgi复合体为由5~7层平行排列的扁平囊及其周围的大、小泡共同组成的复合体。扁平囊叠加在一起且表面没有核糖体附着，使Golgi复合体有别于Nissl体和滑面内质网。Golgi复合体为细胞提供了一个内部运输系统和包装中心，其可对粗面内质网初步合成的肽链进一步加工、修饰，形成具有生物活性的肽链，还可将部分蛋白质加上糖蛋白残基，形成糖蛋白。

5. 神经微管和神经丝　神经微管（neurotubule）是一种不分支的细管，直径为20~30 nm，外表光滑，长度不定，以单个的或疏松组合的形式分布于细胞质内并进入树突和轴突（树突内较多）。神经丝（neurofilament）较微管细，直径约10 nm的称为神经细丝，直径约5 nm的称为神经微丝。在高分辨率电镜下可见神经丝为管形结构。神经微管和神经丝凝集在一起，成为光镜下见到的"神经原纤维"（图3-3）。有证据表明神经微管参与轴突的生长，起着骨架（skeleton）与支持作用，并与物质运输有关。神经丝在大的轴突中特别显著，可能为轴突提供结构支持并参与调节轴突直径大小。

6. 线粒体　神经元内的线粒体（mitochondrion）多呈细长的棒状（图3-7，图3-8），分布于胞体、树突和轴突，尤其是在Nissl体区域和轴突终末内聚集较多。电镜下可见线粒体内有纵行排列的线粒体嵴，嵴间的基质中有密度高的小颗粒，称为基质颗粒（matrix granule）。在神经元内分布广泛的线粒体参与糖酵解、生物合成和细胞呼吸，为细胞的代谢活动提供能源。

7. 中心体（centrosome）　由一对中心粒（centriole）组成。光镜下，在胚胎期尚未分化成神经元的幼稚神经祖细胞中可见中心体，但在分化成熟的神经元中很难见到典型的中心体。在电镜下，亦可在分化成熟的神经元胞体中观察到中心体。由于分化成熟的神经元已不再分裂，故中心体在神经元中的意义不明。

8. 溶酶体　神经元中可见各式各样的溶酶体（lysosome），是由一层单位膜包裹的圆形或卵圆形囊状结构，内含多种酸性水解酶，可降解和消化细胞内、外的物质。溶酶体以小泡的形式从Golgi复合体芽生而出，其数量在不同神经元中不等，似乎随着个体的年龄增长而增多。

9. 内涵物　有的神经元胞质中还可见到一些致密小体和色素颗粒。成熟的大神经元中常含一种棕黄色素，称为脂色素（lipochrome）或脂褐素（lipofuscin），其含量随年龄增长而增加。组织化学及超微结构的研究证明，脂褐素为含不消化的残余物的次级溶酶体，有膜包裹，内有致密颗粒和脂滴。

二、树突

上述细胞质所含的细胞器均存在于树突。树突近侧部的细胞器存在状态与胞体很难区分。树突远侧部较近侧部的细胞器少，只含有少量的粗面内质网和游离核糖体（图3-9），但树突的任何部位都含有大量的神经微管和神经丝。树突中的神经微管和神经丝一般比胞体中明显，并沿树突的长轴排列，其数量因树突的粗细和距胞体的远近而异。

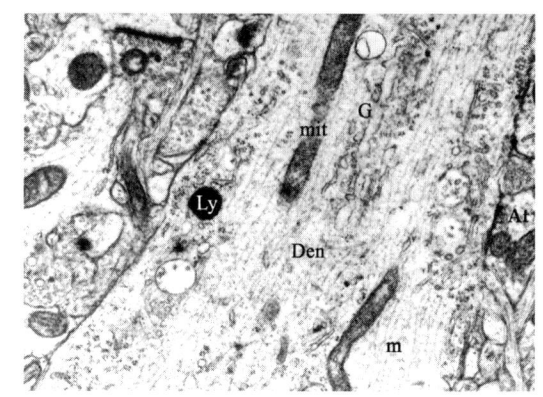

图3-9　神经元树突超微结构电镜像
At：轴突终末　Den：树突　G：Golgi复合体　Ly：溶酶体
m：微管　mit：线粒体

电镜下可见树突小棘中含有2~5个扁囊状结构，彼此相距30~50 nm，囊间含有电子致密物质，总称为棘器（spine apparatus）（图3-4），是树突棘的重要特征。已有研究证明，这些扁囊状结构为囊泡状的滑面内质网。

三、轴突

轴突较细且其直径自近至远始终保持恒定，表面光滑，分支不多，直至接近末梢处方变细。轴突的质膜称为轴膜（axolemma），其胞质称为轴浆或轴质（axoplasm）。轴突中的细胞器和树突有所不同，无核糖体、粗面内质网及Golgi复合体，其主要成分为滑

第三章 神经元的基本结构和功能

面内质网、线粒体、神经微管和神经丝（图3-10）。轴突的终末部构成突触前成分，内含大量突触囊泡，囊泡内含特定的神经活性物质。由于轴突内无粗面内质网和核糖体，电镜下常据此辨别树突和轴突。轴突起始段内微管聚集成束；近侧段轴突内神经丝多于微管，向远侧神经丝减少，微管数量相对增多；到了轴突细支（小轴突），其与小树突相似，只有微管。轴突与树突的区别可参看表3-1。

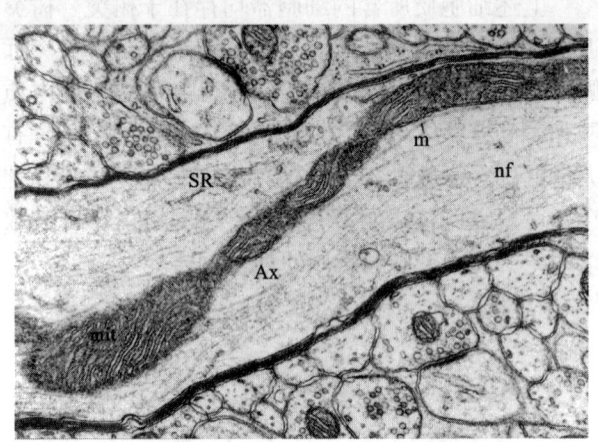

图3-10　神经元轴突超微结构电镜像
Ax：轴突　m：微管　mit：线粒体　nf：微丝　SR：滑面内质网

表3-1　轴突和树突的主要形态学特点

轴　突	树　突
1. 从胞体或树突主干的基部发出，只一条	从胞体发出一至多条
2. 起始段细	起始段的树突主干最粗，其胞质成分与核周质相同
3. 表面光滑，粗细均匀	分支逐渐变细，一般不均匀或表面有小棘
4. 有髓或无髓	一般无髓，偶见有薄髓
5. 不含核糖体及粗面内质网	含核糖体及粗面内质网
6. 一般近侧段微丝多于微管，远侧段微丝少于微管	树突主干及其分支内均以微管为主
7. 小轴突均匀细小，成束分布	小树突多单个分布，外形不规则，最小树突分支也较小

第三节　轴浆流和轴突运输

轴浆是流动的，称为轴浆流（axoplasmic flow），而轴突中的物质随轴浆流动被循环运送的现象称为轴浆运输（axoplasmic transport），也称为轴突运输（axonal transport）。既往研究表明，轴突及其起始部的轴丘都不含核糖体，说明轴突可能缺乏合成蛋白质的能力，但近期研究发现轴突处也存在mRNA的翻译。轴突的生长发育、代谢更新所需的结构和功能物质（如轴突传导冲动、释放递质所需要的能源，突触小泡等结构，递质及其代谢酶，质膜上的受体及离子通道蛋白等），都必须由胞体合成，经轴突运输到轴突的特定部位而被利用。神经元胞体每天向轴突运输的活性物质相当于其容积的1.5倍，胞体合成蛋白质的2/3被用来更新轴突的各种成分。

正式确定轴浆内输送现象是在20世纪60年代后半期，但提出轴浆流现象的是1948年Weiss和Hiscoe著名的Damming实验。他们切取极细的动脉血管用之缠绕轴突使此部轴突变窄，发现由此狭窄部向远侧的轴突变细，而由此狭窄部向近侧的部分却由于轴浆流动受阻而淤积膨大成瘤状，即Dam（水库）现象。解除此束缚后，淤积在此膨大部的轴突内容物呈波浪形向末梢移动，以大约1 mm/d的速度疏通此瘤。到20世纪60年代后半期，放射性核素自显影技术被引入神经元的研究中，研究者将^{3}H或^{14}C标记的氨基酸注入神经元胞体附近，待胞体摄取氨基酸合成蛋白后，再用追踪方法探测标记物的动态分布（放射自显影法或液体闪烁计数器检测），借此了解轴浆流动的速度。1968年，McEwen和Grafstein向金鱼的一侧眼球内注入放射性核素标记的氨基酸（^{3}H-leucine），由视网膜的神经节细胞摄取后，经视束内的轴突向中枢输送，观察到标记终末终止于对侧视盖。通过追踪观察证明，该实验中合成蛋白质的输送速度至少是40 mm/d，但也有一些慢速运动的成分（0.4 mm/d左右），这一结果同上述Weiss和Hiscoe的实验结果近似。1969年，Ochs和Ramisb用同样方法研究了猫坐骨神经的轴浆运输，也证明有快速和慢速两种运输速度。目前，人们普遍接受由胞体向末梢运输的物质可按5种速度进行运输（表3-2）。为叙述方便，一般将其归纳为慢速（0.2～20 mm/d）、中速（20～70 mm/d）、快速（200～400 mm/d）3个档次，或简化为快速和慢速两种。一般来说，不同的物质有其特定的运输速度，运输速度的不同体现着转运物质结构和功能的差异。慢速运输通常输送轴突的构成成分，也可以说是输

表3-2 轴突运输的速度与其主要成分

分类	速度(mm/d)	构造与组成	功能
I	200~400	终末内囊泡结构,神经递质,膜蛋白与脂质	调节膜功能、轴突生长、递质释放
II	20~70	线粒体	磷酸化
III	15~20	含肌球蛋白的复合物	提供轴浆基质
IV	2~8	微丝、网格蛋白	维持轴突功能
V	0.2~2	微管、微丝	轴突结构与细胞内运输

送维持轴突基本结构的成分;而快速运输则是一种很明显的需能的运送,其可能输送神经分泌颗粒、递质和突触的膜成分等蛋白质,即其选择性地运送与突触功能有关的成分。

根据轴突运输的方向可将其分为顺向轴突运输(anterograde axonal transport)和逆向轴突运输(retrograde axonal transport)。顺向轴突运输指由胞体向末梢的运输,其包括快速顺向运输和慢速顺向运输,目前研究认为沿神经微管进行的顺向轴突运输是由驱动蛋白(kinesin)所介导的。潜伏于背根神经节或三叉神经节中的单纯疱疹病毒,可在机体免疫力降低时进入分裂周期,进而这些病毒可借助顺向轴突运输机制从神经节迁移至相应的皮肤或黏膜,从而影响皮肤或黏膜。逆向轴突运输指由终末向胞体的运输,其是由动力蛋白(dynein)所介导的。动力蛋白参与轴突至胞体的化学信息传递,亦参与轴突至胞体运输物质的内吞作用。一些病毒(破伤风病毒、单纯疱疹病毒、狂犬病病毒、脊髓灰质炎病毒等)可借助逆向轴突运输机制从远端轴突终末迁移至神经元胞体。逆向轴突运输的意义是:将从胞体向终末运输的物质的一部分残余再回送到胞体被重新利用。另外,有些活性物质,如乙酰胆碱,由轴突终末释放到突触间隙时,有一部分被分解酶分解后再被回收到神经终末内并被逆行运送至胞体进行合成。借助逆向轴突运输,神经生长因子及其他神经营养物质可以到达其各自神经元内的作用部位。

目前认为轴突运输,特别是快速轴突运输的结构基础可能和神经微管有关。神经微管和神经丝是神经元的骨架,早期研究在电镜下常可见到示踪物质与神经微管的关系密切,随着荧光标记技术的发展,人们可以直接观察到神经微管与轴浆流的关系。一些破坏或影响神经微管的药物,如秋水仙素(colchicine),具有确切的阻断轴浆流的作用,但是这些药物对轴突的动作电位并无影响。此外,低浓度的利多卡因(lidocaine)影响动作电位而不影响轴浆流,但高浓度的利多卡因可破坏微管、阻滞轴浆运输。此外,快速轴突运输可能还是一种需要能量的主动物质运输。当ATP存在时,其能使微管出现滑动,从而完成运输的功能。轴突运输同时也需要氧的供给,缺氧状态容易引起轴突运输的停止。目前,对轴突运输机制的解释有很多学说,但确切的机制尚有待进一步的探索。

第四节 神经纤维

一、神经纤维的构造

神经元的轴突被髓鞘(myelin sheath)和神经膜(neurilemma)所包裹,称为神经纤维(nerve fiber)。在中枢神经系统,神经纤维主要构成白质(white matter);在周围神经系统,神经纤维主要构成神经(nerve)(图3-11)。

在神经纤维中,轴突被髓鞘和神经膜共同包裹的称为有髓神经纤维,仅被神经膜所包裹的称为无髓神经纤维。中枢神经的无髓神经纤维又称为裸轴突(bare axon),见于下丘脑和脊髓Lissauer束等处。

髓鞘是围在轴突周围的呈规则的螺旋形排列、高度特化的多层膜性结构(图3-12),由神经胶质细胞发出,主要成分有胆固醇、磷脂和糖脂等。新鲜状态下的髓鞘呈半流动的乳白色。在普通的切片标本上,由于经过脂溶剂处理,髓鞘中的脂质大都被溶解,仅遗留一些网状的蛋白质结构。经锇酸处理的标本,髓鞘被染成黑色。在有髓神经纤维纵断面上,可见髓鞘有一些斜行呈漏斗状的裂隙,称为髓鞘切迹(又称Schmidt-Lantermann切迹)(图3-1)。

周围神经的髓鞘由施万细胞(Schwann cell)环绕轴突所形成。在髓鞘形成过程中,轴突首先贴附在施万细胞膜表面,此处逐渐凹陷并出现纵沟容纳轴突,随后纵沟两侧的细胞膜融合,形成双层系膜,称为轴系膜,轴突遂被包在细胞内。此过程继续发

第三章 神经元的基本结构和功能

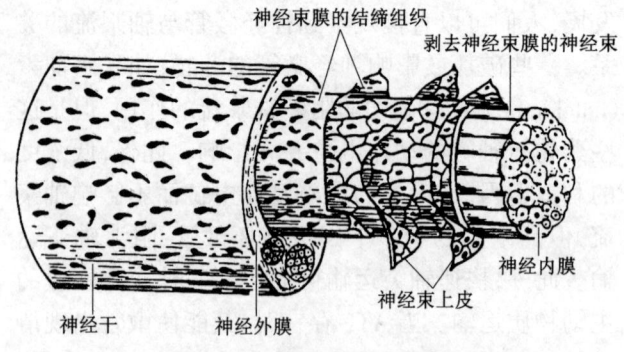

图 3-11 周围神经结构模式图

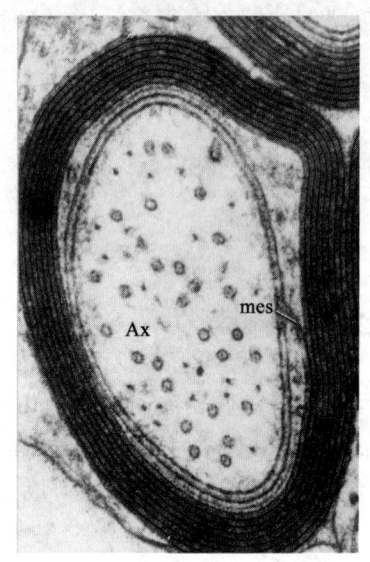

图 3-12 髓鞘的超微结构电镜像
Ax：轴突　mes：轴系膜

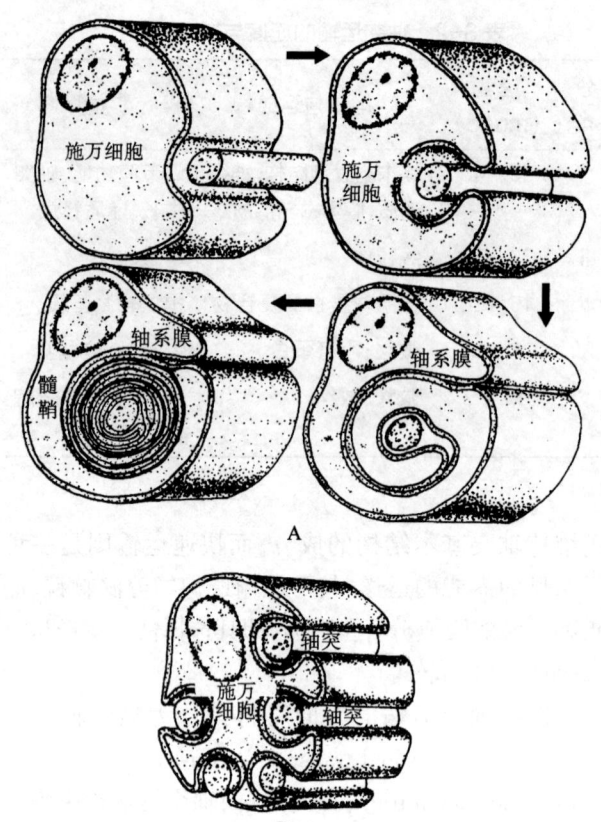

图 3-13 周围神经纤维髓鞘生成示意图
A. 有髓神经纤维　B. 无髓神经纤维

展，轴系膜不断伸展延长，呈螺旋状环绕包裹轴突，形成板层状的髓鞘（图 3-13）。每个施万细胞只能包裹一条轴突形成髓鞘。中枢神经内的髓鞘由少突胶质细胞衍化而来。在形成髓鞘时，少突胶质细胞的突起接近神经元的轴突，突起末端扩展成扁平的薄膜，包裹轴突并反复环绕，与周围神经纤维的形成过程大致相同。但每个少突胶质细胞伸出多个突起，分别包绕多个轴突形成髓鞘。

轴突周围的髓鞘并不是连续不断的，而是每隔一定间隔被郎飞结（node of Ranvier）所中断（图 3-1）。两个结之间的髓鞘节段称为结间段（internodal segment），一条神经纤维的结间段长度相等，纤维越粗结间段也越长，且传导速度也较细纤维为快。从有髓神经纤维分出的侧支都在郎飞结处发出，也包有髓鞘。生理学研究证明，在有髓神经纤维中神经冲动是"跳跃"式传递的。记录神经的电位传导时，可见电流以极快的速度沿神经纤维由一个郎飞结跳跃到另一个郎飞结。前一个郎飞结产生的动作电流是下一个郎飞结的刺激电流。郎飞结处的轴突内常聚集较多的线粒体，亦提示此处的代谢活性较高。

周围神经的有髓神经纤维表面包裹着由施万细胞胶质突起形成的神经膜。由于一个施万细胞只包绕在一个结间段的范围，所以在郎飞结处，相邻两个结间段的髓鞘之间有几微米的间隔。但相邻的神经膜在间隙处彼此靠拢，并未留下较大空隙，所以整个神经纤维表面似都被施万细胞所覆盖。周围神经的无髓神经纤维则埋于施万细胞表面的凹槽内，每个槽内容纳一个轴突，施万细胞以这种方式包裹多个轴突（图 3-13）。即周围神经纤维的髓鞘在郎飞结处有施万细胞胞质薄层侵入，使轴突表面与周围的组织间隙隔开；而中枢神经内无施万细胞，有髓神经纤维或无髓神经纤维的周围都借星形胶质细胞的胞质薄层与周围环境分隔（图 3-14）。

每条神经纤维的外面还包裹着薄层结缔组织膜，称为神经内膜（endoneurium），由纵向排列的细

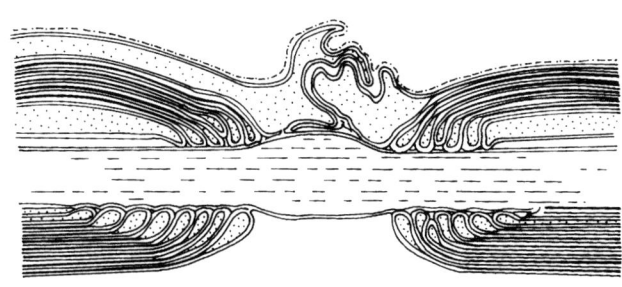

图 3-14 中枢和周围神经纤维髓鞘上郎飞结的模式图
图上部为周围神经纤维,下部为中枢神经纤维

的胶原纤维、均质状基质及少数成纤维细胞所构成。神经纤维集合成束时,神经内膜与神经束表面的神经束膜(perineurium)相续。神经束膜是较厚的结缔组织膜,与包被中枢神经系统的软膜和蛛网膜相续。神经纤维束再集合形成周围神经干时,其最外面包以由致密胶原纤维构成的神经外膜(epineurium),与脑神经和脊神经中枢端的硬膜相续。营养周围神经的动脉穿入神经外膜中分成数支,较小的动脉于神经束膜中行向神经的近段和远段,供应神经纤维的毛细血管大多数分布于神经内膜内(图 3-11)。

二、神经纤维的分类

(一) 组织学分类

主要根据髓鞘的有无、神经膜与轴突的关系,以及神经纤维的直径等特点进行分类。

1. 根据髓鞘的有无、神经膜与轴突的关系进行分类　可分为两类。

(1) 有髓神经纤维(myelinated nerve fiber)　有髓鞘,每一条神经纤维具有自己的神经膜。

(2) 无髓神经纤维(unmyelinated nerve fiber)　无髓鞘,多条神经纤维由共同的神经膜所包裹。

2. 根据外直径的大小分类　Lloyd 将神经纤维分成 4 类,分别用罗马数字表示。

(1) Ⅰ类　直径 12~20 μm 及以上,又分为 Ⅰa 和 Ⅰb,Ⅰa 来自肌梭内的环旋末梢(annulospiral ending),为对牵张性刺激感受较快的末梢;Ⅰb 来自 Golgi 腱器官。

(2) Ⅱ类　直径 6~12 μm,来自肌梭的花簇末梢(flower spray ending),为对牵张性刺激感受较慢的末梢,以及接收皮肤触压觉刺激的末梢。

(3) Ⅲ类　直径 2~6 μm,来自肌内外结缔组织鞘内的接收痛觉刺激的感觉末梢,以及接收皮肤温度刺激的感觉末梢。

(4) Ⅳ类　直径 2 μm 以下,来自接收皮肤痛觉和温度觉刺激的末梢。

其中 Ⅰ、Ⅱ、Ⅲ 类均系有髓神经纤维,而 Ⅳ 类则为无髓神经纤维。

(二) 生理学分类

主要根据传导速度和动作电位特点,Gasser 将神经纤维分成 3 类。

1. A 类　为有髓鞘的躯体传入与传出纤维,传导速度 6~120 m/s,直径 1~20 μm 及以上。A 类纤维包括一个极其宽广的速度谱,可根据传导速度的快慢,进一步分为 Aα(70~120 m/s)、Aβ(30~70 m/s)、Aγ(15~30 m/s)、Aδ(6~15 m/s)等。

2. B 类　也为有髓神经纤维,传导速度为 3~15 m/s,直径不超过 3 μm。主要分布于内脏,多为传出纤维,如内脏传出神经的节前纤维。

3. C 类　为无髓神经纤维,传导速度为 0.6~2 m/s,直径一般小于 2 μm。主要为传入纤维,如传导躯体和内脏痛觉的传入纤维。内脏传出神经的节后纤维也属此类。

上述两种分类,虽各有侧重,但也颇有重叠。在实际运用时,常对一种类型的神经纤维用不同分类和不同名称表示。如 C 类和 Ⅳ 类纤维均可用以表示无髓神经纤维。表 3-3 简单概括了这两种分类方法在感觉纤维中的对应关系。

表 3-3　感觉纤维的分类

按直径分类	按传导速度分类	纤维直径(μm)	功　能
Ⅰa	Aα	12~20	传导肌梭牵张感受器的冲动
Ⅰb	Aα	12~20	传导 Golgi 腱器官牵张感受器的冲动
Ⅱ	Aβ	6~12	传导皮肤和肌的触觉、压觉和位置觉冲动
Ⅲ	Aδ	2~6	传导皮肤压觉、温度觉和痛觉冲动
Ⅳ	C	<2	传导皮肤的痛温觉冲动

第五节 突 触

突触(synapse)是指互相连结的两个神经元之间或神经元与效应器之间的接触部。这种接触部在形态上特殊分化,在功能上可以进行神经冲动的传递和信息的整合。突触一词最早由英国生理学家 Sherrington 于 1897 年提出,此词由希腊语衍生而来,原意为"互握"。突触处两个神经元的细胞质并不相通,而是彼此形成功能联系的界面。绝大多数突触信息的传递是通过神经递质介导的,即信息由电脉冲传导转化为化学传递,再由化学传递转换为电脉冲传导。突触囊泡是递质储存和释放的量子单位,此类突触称为化学突触(chemical synapse)。在哺乳动物还存在一种数量极少的突触,其突触前的电脉冲可直接传导到突触后,称电突触(electrical synapse)。

一、化学突触的一般结构

通常化学突触由一个神经元的轴突终末和另一个神经元的胞体或树突(或树突棘)连结而成,即突触前成分(presynaptic element)为略膨大的神经终末,突触后成分(postsynaptic element)为与之接触的胞体或树突的膜。此连结部的膜特化,分别形成突触前膜和突触后膜。1954 年,Palade 和 Palay 在电子显微镜下解开了突触构造之谜,证明突触由前膜、后膜和两者之间的突触间隙(synaptic cleft)构成(图 3-15)。

(一)突触前成分

1. 突触前膜(presynaptic membrane) 厚 5~7 nm,是突触前轴突膜的特化部分。其内面(胞质面)附有致密物质,由丝状或颗粒状物质形成,使突触前膜似有增厚之感(图 3-16)。这些致密物质突向胞质,与膜上的网格共同形成突触前囊泡网格(presynaptic vesicular grid),可容纳突触囊泡,也是突触囊泡与细胞膜融合形成胞吐的部位。在网格的空隙处有一些小凹陷,称为突触孔(synaptopore),是囊泡附着和释放递质的部位,因此突触前的这种囊泡网格的重要意义在于调节递质的释放。突触前膜的致密物质并未占据其全长,通常突触前膜上的致密物质和囊泡集聚的部分称为突触活性带(synaptic active zone)(图 3-16)。

2. 突触囊泡 突触前成分中含有大量的突触囊泡(synaptic vesicle),直径为 20~70 nm,聚集在靠近突触前膜处,具有储存和释放神经递质的功能。囊泡的形态及大小不同,有直径约 40 nm 的圆形清亮囊泡,长径约 50 nm 的扁平囊泡,直径 40~60 nm 的颗粒囊泡等(图 3-17)。一般认为圆形囊泡内含兴奋性神经递质(Glu、ACh 等),扁平囊泡内含抑制性神经递质(GABA、Gly 等),小颗粒囊泡内含单胺类神经递质(NA、DA),大颗粒囊泡除含经典神经递质外,还包括神经肽类递质(SP、VIP)。突触囊泡可能在神经元胞体的 Golgi 复合体中生成,经轴浆流输送到轴突末梢中。也有证据提示,一些突触囊泡可能在神经末梢由突触前膜直接凹陷而成。

突触前成分中还含有线粒体,其数量因末梢大

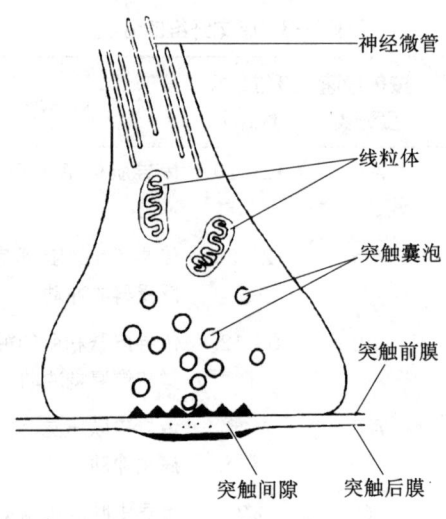

图 3-15 突触构造示意图

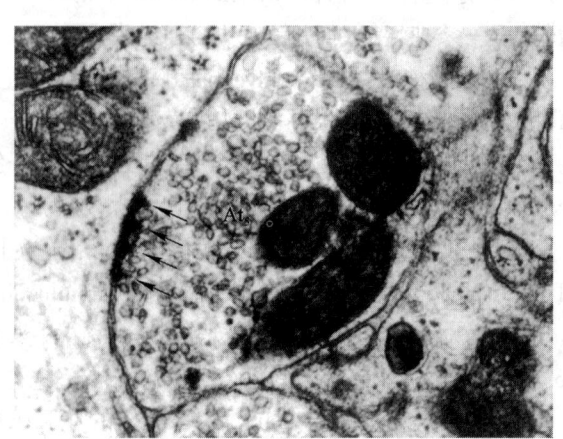

图 3-16 突触前膜及突触前致密物质电镜像(箭头所示)
At:轴突终末

第五节 突 触

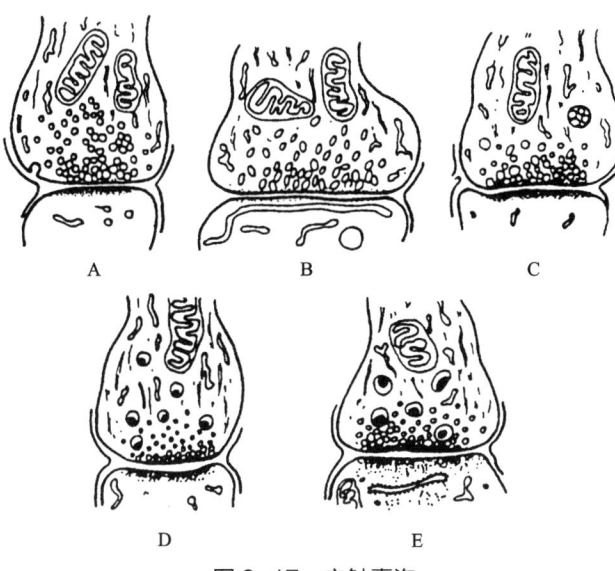

图 3-17 突触囊泡
A. 圆形 B. 扁平形 C. 不规则形 D. 小颗粒囊泡
E. 大颗粒囊泡

小而异。此外还有少量滑面内质网的小囊和小管。有的突触前成分内还可见神经微管和神经丝,但不丰富,常位于轴突终末的中心区,伴随着线粒体及突触囊泡。

(二) 突触后成分

1. 突触后膜(postsynaptic membrane) 胞质面有一层均匀的电子密度很高的致密物质层,称为突触后致密区(postsynaptic density),厚 5~60 nm(图 3-18)。从整体来看,突触后致密区呈盘状,中央有孔。不同类型突触的突触后致密区厚度不同。通常突触后膜及突触后致密区较突触前膜厚,但也有与突触前膜的厚度几乎相等者。

2. 突触下网 许多突触的突触后膜深面出现由微丝或微管形成的网状结构,称为突触下网(subsynaptic web),其近侧端嵌入突触后膜,游离端不规则地伸向突触后胞质内,有的长达 150 nm。大脑皮质神经元的突触下网比较明显,鱼类视网膜中突触下网也比较发达。由于突触下网分布在突触后膜侧,有人推测其可能与受体有关,是受体的一个特化区域。

3. 突触下致密小体 突触后膜的下方有时有一些球形的致密小体,成行排列(图 3-18),称为突触下致密小体(subsynaptic dense body)。这些小体由微丝组成并借微丝与突触后膜连接,其功能意义尚不清楚。

突触后成分还包括一些其他结构,如突触下囊(subsynaptic sac)、多泡体(multivesicular body)、滑面和粗面内质网、神经微管和神经丝、有壳囊泡(coated vesicle)等细胞器。在树突棘内还可见到棘器。

(三) 突触间隙

突触间隙是位于突触前、后膜之间的间隙,宽 20~30 nm(图 3-15,图 3-18)。不同类型突触的突触间隙宽度不同,一般兴奋性突触的突触间隙较抑制性突触的突触间隙宽。突触间隙内含黏多糖、糖蛋白和唾液酸等细胞外基质蛋白(extracellular matrix protein)和细胞黏附分子(cell adhesion molecule),这些分子可能具有调节突触前、后膜连接强度的作用。

二、突触的类型

由于划分标准的不同,突触可分为下列类型。

(一) 以突触信息的传递方式为依据划分

以突触信息的传递方式为依据,突触可划分为化学突触、电突触和混合性突触。化学突触的构造已述于前。电突触在进化上更为古老,多见于低等动物,但近年的研究表明,高等脊椎动物甚至人类的神经系统中也存在电突触,在神经系统的胶质细胞中比较常见。电突触是一种特化的细胞之间相互联系的结构(缝隙连接 gap junction),结构基础是由连接蛋白(connexin)构成的连接子(connexon)。在一个接触点若同时存在化学突触和电突触,则称为混

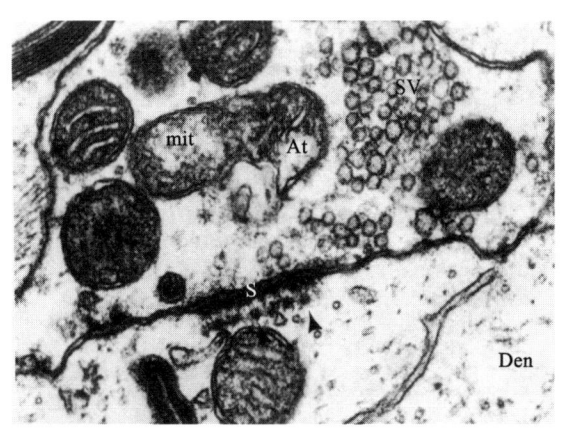

图 3-18 突触后致密区和突触下致密小体(黑三角所示)
At:轴突终末 Den:树突 mit:线粒体 S:突触部位
SV:突触囊泡

合性突触（mixed synapse），其具有化学传递和电传递的双重特性。大鼠前庭外侧核及鸟类的睫状神经节中存在此类突触。

（二）以突触的超微结构为依据划分

1959年，Gray将突触分为Gray Ⅰ型突触和Gray Ⅱ型突触（图3-19）。Gray Ⅰ型突触为非对称性突触（asymmetrical synapse），其突触后膜较厚，突触间隙约30 nm，充满电子密度高的细胞间物质；Gray Ⅱ型突触为对称性突触（symmetrical synapse），其前后膜皆因膜深面有电子密度高的致密物质而变厚且厚度大体相等，突触间隙约为20 nm。

（三）以功能特性为依据划分

以功能特性为依据，将突触分为兴奋性突触（excitatory synapse）和抑制性突触（inhibitory synapse）。1964年，Eccles提出Gray Ⅰ型突触通常含圆形囊泡，一般为兴奋性突触；而Gray Ⅱ型突触通常含扁平囊泡，一般为抑制性突触，这一看法在中枢神经系统的很多部位已得到证实。

（四）以构成突触的神经元结构为依据划分

以构成突触的神经元结构为依据，可将突触分为轴-树突触、轴-体突触、轴-轴突触、树-树突触、树-体突触等（图3-20），这是最基本和最常用的分类方法。轴-树突触（axo-dendritic synapse）最为常见，其突触后成分为树突干或树突棘（与树突棘形成的突触，又称为轴-棘突触，axospinous synapse）。轴-树突触多为Gray Ⅰ型，也有Gray Ⅱ型者。轴-体突触（axo-somatic synapse）的数量在中枢神经的不同部位差异很大，如其在大脑皮质多见，而在尾状核等处则罕见。轴-轴突触（axo-axonic synapse）是建立在一个神经元的轴突终末和另一神经元轴突初节或终末支之间的突触，一般认为其具有突触前抑制的作用。树-树突触（dendrodendritic synapse）很少见，只在嗅球和丘脑等少数脑部发现，这种突触常常具有双向传递的特点。研究表明，树-树突触可能是组成局部回路、执行复杂信息加工的形态学基础之一。此外，在两栖类动物的视盖和哺乳类动物的交感神经节中可见到体-树突触（somato-dendritic synapse）和体-体突触（somato-somatic synapse）。另外，还有一种侧副突触（collateral synapse）或通过型突触（passant synapse），即一条轴突在行径中其侧面与另一神经元的突触后成分相接而形成的突触。

（五）几种特殊类型的突触

1. 平行性突触（parallel synapse） 为一个神经元有两个以上的轴突终末在同一平面与另一个神经元的树突或胞体形成多个平行的突触，其传递方向一致，是最简单的微环路。

2. 连续突触 由3个或3个以上的突触成分连续排列的突触称为连续突触（serial synapse），如轴-轴-树突触、轴-树-树突触和树-轴-树突触等（图3-21A）。

3. 交互突触 同一个突触间隙两侧的突触膜互为突触前、后成分的突触称为交互突触（reciprocal

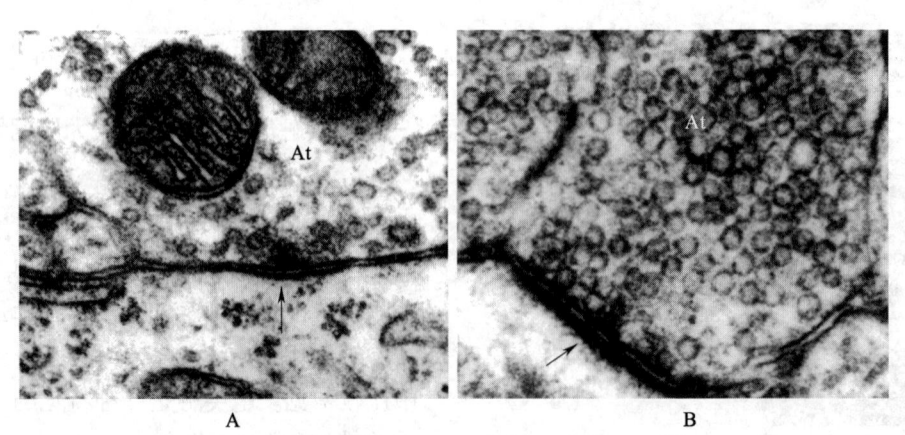

图3-19 对称性突触和非对称性突触
A. 对称性突触 B. 非对称性突触
At：轴突终末，箭头所示为突触部位

第五节 突　触

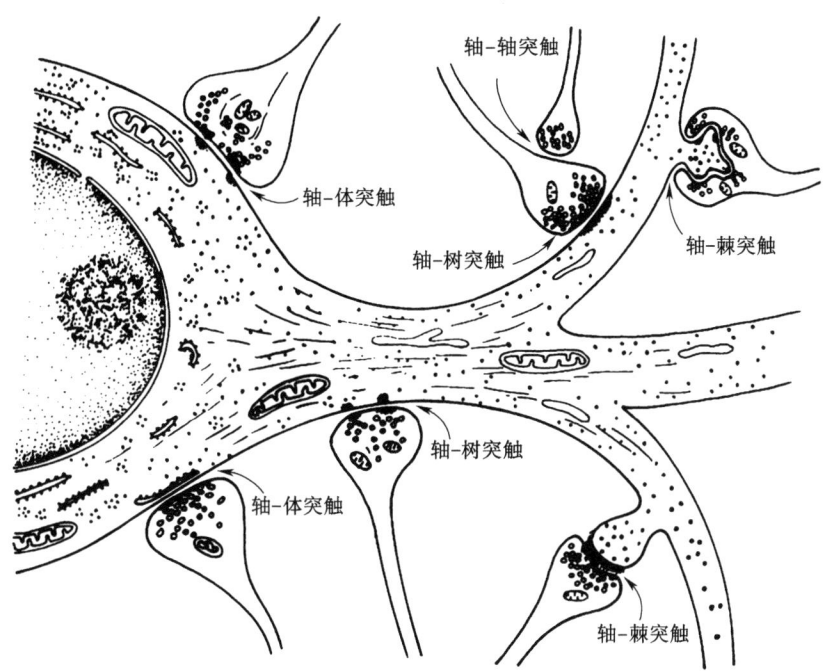

图 3-20　几种突触类型及结构的模式图

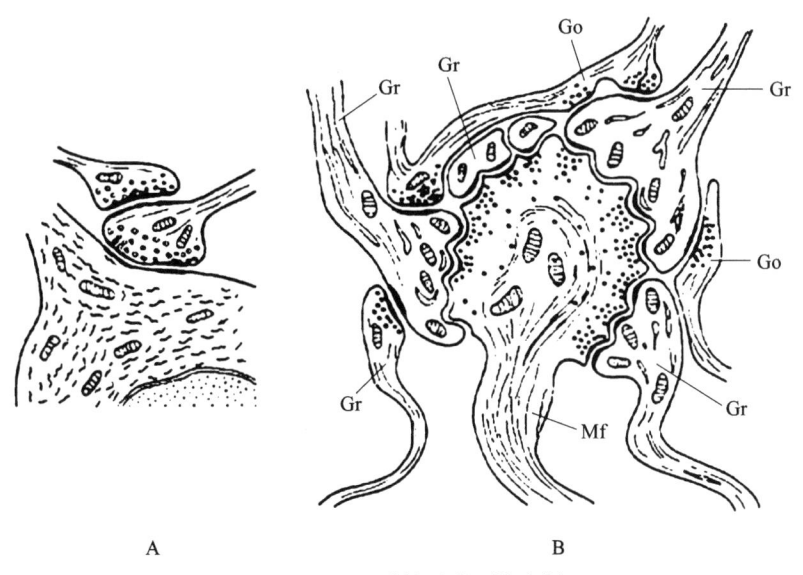

图 3-21　两种特殊类型的突触
A. 连续突触　B. 突触小球(小脑)　Go：Golgi 细胞的轴突终末　Gr：颗粒细胞的树突末端　Mf：苔藓纤维的终末

synapse）。它们呈两个相反的传递方向，是局部环路侧抑制的形态学基础。

4. 突触小球　神经元突起间形成的复杂的球状突触复合体称为突触小球（synaptic glomerulus）（图 3-21B）。其是以轴突终末为中心，周围绕以树突干、树突棘和其他轴突终末，外面包以胶质细胞的突起形成轴-树、轴-轴或树-树、树-轴等多种突触形式的复合体。突触小球具有复杂的兴奋和抑制的相互作用。典型的突触小球见于嗅球、小脑的颗粒细胞层及三叉神经脊束核等处。

5. 自突触　一个神经元的轴突与自身的树突或一个神经元的树突与自身的树突之间形成的突触，称为自突触（autosynapse）。其可作为一种反馈联系，对局部兴奋起暂时的抑制作用。

三、突触传递

(一)化学突触传递

突触的化学性传递是高等动物神经系统中广泛存在的一种点对点、快捷而准确的传递方式。递质在突触前膜活性带定点释放,以最短的距离通过突触间隙,作用于突触后膜的受体,引起突触后电位,这种方式称为线性传递(linear transmission)。1952年 Fatt 和 Katz 在蛙的神经-肌肉接头处记录微小终板电位(miniature endplate potential,mEPP)时证实递质的释放是以大小一致的量子进行的,提出了量子释放(quantal release)学说。但当时对量子释放尚缺乏形态学证据。随着电镜的发展,1954年 Bennet 和 De Robertis 发现神经终末内含有大小一致(约50 nm)并储存递质的突触囊泡,认为其是量子释放的最小单位。当神经元兴奋时,Ca^{2+}进入轴突终末内,突触囊泡与质膜融合,并以胞吐的形式将递质释放于突触间隙中,这就是囊泡学说。量子学说和囊泡学说已得到了广泛的证实。

胞吐(exocytosis)是化学突触传递的重要环节,是突触囊泡膜与质膜融合将其内含物排放到胞外的过程(图3-22)。此时囊泡膜与质膜融合处的开口呈"Ω"状通向突触间隙,此口大小不一。关于胞吐的分子机制,至今尚无定论。其中的关键问题是囊泡膜如何与质膜融合以及细胞骨架如何调节囊泡的导入。近年的研究表明,附着于突触囊泡膜壁的突触蛋白(如 synapsin I,synaptophysin 等)的磷酸化,可能对突触囊泡的胞吐起着重要的作用。

突触囊泡膜与质膜融合发生胞吐之后,囊泡膜归宿如何,是突触传递研究中的另一重要问题。囊泡膜必然要有一个回收的过程,即膜再循环,否则突触前膜的表面积将由于囊泡膜的不断并入而无限扩大。既往的研究表明,囊泡膜再循环的过程如图3-22所示。图中的①为胞体合成的囊泡被运输至轴突终末;②囊泡被导入突触活性带;③形成胞吐;④胞吐后的囊泡壁与质膜融合;⑤转移到非活性区的质膜上,通过胞吞(endocytosis)形成质膜内陷进而成为有壳囊泡(coated vesicle);⑥进入胞质内的有壳囊泡外衣脱落;⑦形成新的突触囊泡,与来自胞体的突触囊泡在终末内装载合成蛋白质以备下一次释放。在此过程中,囊泡膜与质膜的成分并不混合,再循环的囊泡膜仍保持原有的膜蛋白成分。

根据上述学说,化学突触传递如图3-23所示,包括下列12个过程:①当动作电位到达突触前部时,发生去极化;②引起Ca^{2+}通道开放,细胞外Ca^{2+}流入突触前成分内;③Ca^{2+}与钙调蛋白(CaM)结合;④激活依赖Ca^{2+}/CaM 的蛋白激酶;⑤突触囊泡壁上的突触蛋白磷酸化,解除肌动蛋白、脑血影蛋白丝等细胞骨架的限制,突触囊泡导入突触前膜活性区并与之融合;⑥形成胞吐;⑦释放递质于突触间隙内;⑧部分递质被位于突触间隙的酶降解,部分被再摄取,胞吐后的突触囊泡膜进行再循环;⑨释放的递质在突触间隙扩散,作用于突触后膜上的受体并与其结合;⑩此类受体本身形成离子通道,被特定的配体激活后,直接开启其离子通道,允许某几类离子移动;⑪该处膜电位发生改变,引发突触后电位,有的递质与另一类G蛋白偶联的受体结合,激活胞质内第二信使,或经间接途径激活蛋白激酶等;⑫引起相应的细胞内效应。

(二)非突触性化学传递

近年来的研究发现,某些神经递质或调质释放时可不通过突触活性带而是在非突触部位直接释放入细胞外间隙,在细胞间液内依靠浓度梯度扩散,作

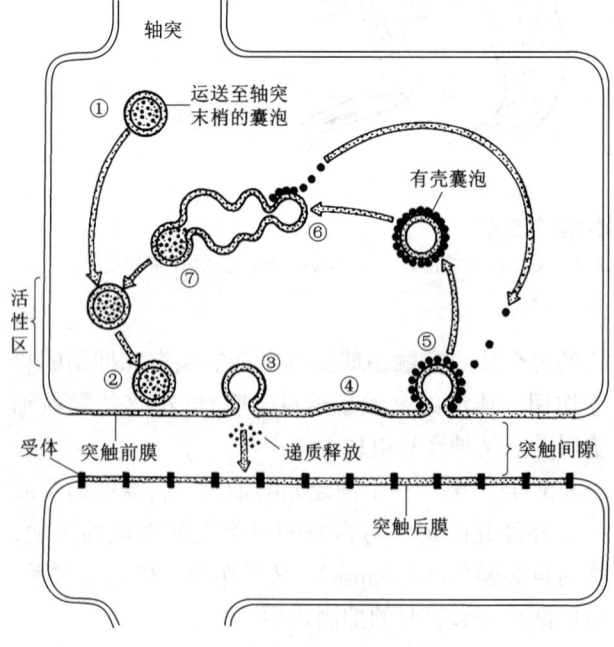

图3-22 囊泡膜再循环示意图

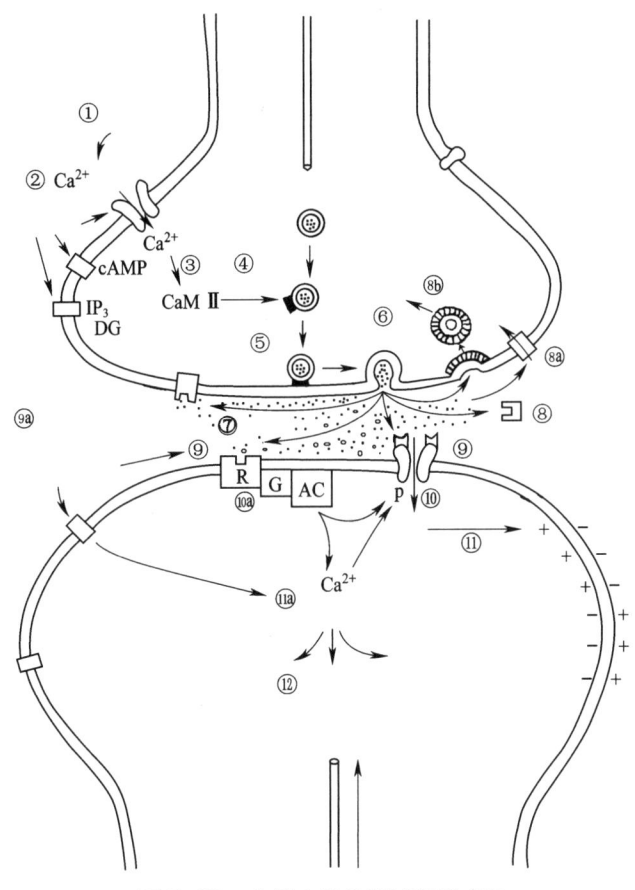

图 3-23 化学突触传递过程模式图

用于近处或远处靶细胞的受体,此现象被称为非突触性化学传递(non-synaptic chemical transmission)。非突触性化学传递的概念首先是由 Beaudet 和 Desecarries 在 1978 年进行大鼠大脑皮质单胺类神经元的研究而提出的。1986 年 Fuxe 把非突触性化学传递称为容积传递(volume transmission),并以此和线性传递相对应。除了突触传递外,其他所有经细胞间液传递的活性物质都属容积传递的范畴,包括自分泌(autocrine)、旁分泌(paracrine)和神经分泌(neurocrine)等传递方式。同突触传递相比,非突触性化学传递具有以下特点:①作用范围较广泛,不是一对一地对靶细胞发挥作用,而是通过细胞间液的扩散,在一定空间范围内发挥效应;②作用时程较长,在几十微秒以上;③对靶细胞的作用是张力性的,并非全或无,取决于靶细胞的兴奋性;④非突触性化学传递的特异性是通过特定空间范围内的特异性受体的分布来界定的。由于中枢非突触性化学传递的物质主要是单胺类和神经肽,其轴突终末在中枢神经系统弥散分布,因此其功能意义可能是通过改变突触处的部分膜电导来调整神经元的兴奋性,从而启动和协调各种不同部位靶神经元的活动或通过对基因表达的影响来协调对种系生存、个体生存有重要意义的自主活动、内分泌活动和行为。

(三) 电突触传递

电镜下电突触是由相互对接的连接子构成的缝隙连接通道,这样就构成了一条能沟通两侧细胞胞质成分的细胞间通道,能通过小的带电离子和相对分子质量小于 1 000 或分子直径小于 1.5 nm 的化学物质(图 3-24)。在形态上,电突触的前、后膜构造完全相同,是一种对称性突触,其信号传递一般是双向的;电突触的突触间隙极窄(2 nm),可以直接进行电传导,其传递速度较化学突触传递更快,通常存在于同类细胞之间,介导神经元的同步活动。此外,缝隙连接通道中心的亲水通道通透 cAMP、IP_3 等小分子,因此其可能还参与细胞间第二信使的传递。在未成熟脑内存在较多的电突触,而在成年哺乳动物脑内,电突触仅见于前庭外侧核、三叉神经中脑核、下橄榄核、丘脑、嗅球及视网膜等部位。

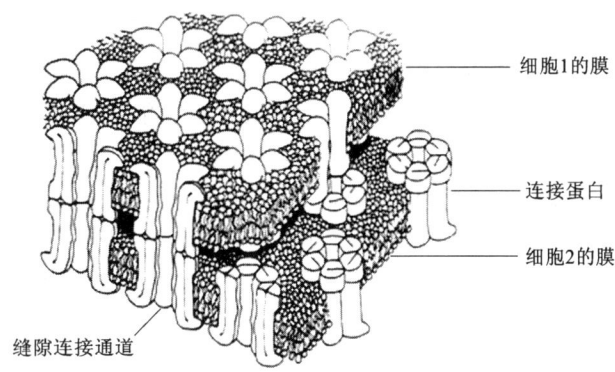

图 3-24 电突触突触膜构造模式图

四、突触可塑性

突触传递并不是固定不变的,一方面易受环境因素的影响,另一方面其传递能力又会随着自身活动的增强与减弱相应得到增强与减弱,后一特点又称为突触可塑性(synaptic plasticity)。突触可塑性是指突触的形态和功能发生改变的特性或现象,既包括形态结构的变化,即形态可塑性(morphological plasticity),又包括传递效能的变化,即功能可塑性(functional plasticity),两者都涉及递质、受体、离子通道、信号分子等的变化。由于突触可塑性同神经系统复杂的学习、记忆、感知等功能密切相关,因而受到人们的广泛关注。目前研究表明,突触可塑性涉及突触前机制(presynaptic mechanism)和突触后机制(postsynaptic mechanism)。突触前机制包括神经递质合成、储存和释放的变化,突触后机制包括受体活性、受体密度、离子通道蛋白和细胞内信号分子等的变化。

根据突触可塑性变化的持续时程可将其分为一般持续数十秒以内的短时程可塑性(short-term plasticity)和持续时间超过30 min的长时程可塑性(long-term plasticity)。根据突触可塑性变化的结果可将其分为增强(enhancement)和抑制(depression)。大致可分为以下几类:

1. 短时程增强(short-term enhancement,STE) 指在神经递质释放概率低的突触中,如果重复刺激突触前神经元,突触后电位出现短时程幅值增大的现象。根据其持续时间和动力学特性可将短时程增强分为突触易化(synaptic facilitation或paired pulse facilitation,PPF)、突触增强(synaptic augmentation)及强直后增强(post-tetanic potentiation)。其中,突触易化的持续时间为50~300 ms,突触增强的持续时间约为7 s,而强直后增强的持续时间为20 s至数分钟。其产生机制可能是前面的刺激导致突触前终末内Ca^{2+}升高,进而引起较多数量的囊泡释放。

2. 短时程抑制(short-term depression,STD) 指在神经递质释放概率高的突触中,如果重复刺激突触前神经元,突触后电位出现短时程幅值降低的现象。其产生机制可能是持续性的高频导致突触前终末内囊泡释放耗竭,亦可能与突触后受体的脱敏、突触后被动膜特性的改变及突触前受体的作用有关。

3. 长时程增强(long-term potentiation,LTP) 指在兴奋性突触中由于突触连续活动(高频刺激)而产生的可以延续数小时乃至数日的突触增强现象。LTP的形成和维持既有突触前机制也有突触后机制,主要与NMDA受体和AMPA受体有关。既往研究表明,新技能的获得程度、学习、记忆、痛觉感知等与LTP的形成密切相关。

4. 长时程抑制(long-term depression,LTD) 指在兴奋性突触中由于突触连续活动(低频刺激)而产生的可以延续数小时乃至数日的突触抑制现象。LTD的形成和维持主要为突触后机制,与NMDA受体或mGluR受体及APMA受体有关。既往研究表明,LTD在某些形式的学习与记忆中亦发挥重要的作用,如其与新颖环境的学习记忆、空间记忆的巩固、工作记忆及情节记忆等有关。

突触效应的持久改变将带来突触形态结构的变化,如突触的新生和消减、突触密度的改变、接触面积的改变、突触后受体、通道等数目的改变及突触间隙的改变等。这些微结构的变化,导致神经元之间相互联系的增强或减弱,反映出某些新联系的建立或消退。

第六节 感受器和效应器

中枢神经是信息处理机构。外界环境或机体内部各种活动状态的信号经过各种渠道(传入神经)传递到中枢,分别在一定的中枢部位进行分析、处理;从中枢产生的信号再经传出神经传至效应器,引起腺体和肌的活动。借此,可使机体适应不断变化的内外环境的影响而产生不断变化的行为,并保持内部环境的高度协调。神经系统通过感受器接收内外环境的变化。感受器具有换能作用,可以将各种信号"翻译"成神经系统能够理解的语言,再向中枢传递。感受器大多数以分布于全身的感觉神经末梢为中心而构成。有些特殊的感受器,如内耳和视网膜等处的感受器则由特化的细胞构成,感觉神经的末梢在此和它们以突触形式连结。

一、感受器

(一) 根据所感受和传导的信息不同分类

感受器(receptor)根据所感受和传导的信息不同可分为以下3种类型。

1. 外感受器(exteroceptor) 分布于皮肤和皮下组织中,感受外界刺激。它包括:①机械感受器(mechanoreceptor),感受加于皮肤的压力和牵扯力;②温度感受器(thermoreceptor),感受温度变化(热冷);③伤害性感受器(nociceptor),感受痛刺激信号;④一些特殊的感觉,如嗅觉、视觉、听觉等的感受器,也属于外感受器。

2. 本体(固有)感受器(proprioceptor) 分布于

骨骼肌、腱、关节等处，感受肌或腱的伸缩和关节运动等的状态引起对体位变化的感觉，其代表为肌梭和Golgi腱器。

3. 内脏感受器或内感受器（visceroceptor or interoceptor） 分布于全身内脏和心血管壁，感受加于内脏壁和心血管壁的各种刺激。

外感受器和本体感受器又合称为躯体感受器（somatic receptor）。

(二) 根据感受器的形态和构造特点分类

通常将感受器分为游离神经末梢和包囊神经末梢两种类型。

1. 游离神经末梢（free nerve ending） 分布广泛，但结构较简单，主要分布于皮肤的表皮（图3-25），也可见于黏膜的上皮、浆膜、深筋膜、肌及结缔组织等处。构成游离神经末梢者大都属于Ⅲ（Aδ）型和Ⅳ（C）型神经纤维。一般认为游离神经末梢是痛觉感受器，当组织受到伤害时可能释放致痛物质，如5-羟色胺、组胺或钾离子等，游离神经末梢受到这些刺激后引起冲动传入中枢，产生疼痛感觉。

2. 包囊神经末梢（encapsulated nerve ending） 被结缔组织被囊包裹，常见的有以下几种类型（图3-25）。

(1) 环层小体（lamellar corpuscle） 又称Pacinian小体，分布广泛，多见于手掌和足底的皮下组织中，亦位于骨膜、胸膜、腹膜和胰腺等处的结缔组织中。此小体多呈卵圆形或圆形，大小不一。其包囊由多层同心圆排列的结缔组织板层构成，层间夹有扁平细胞。通常每一个小体只有一条有髓神经纤维分布。环层小体感受深压觉。新生儿的环层小体较小，成年后体积增大，至老年出现退化现象。在手指皮下组织中和腱表面还可见与环层小体相似的小体，称为Golgi-Mazzoni小体，此小体的被囊层次较少，一条有髓神经纤维进入小体，分支成丛，末端膨大成终扣。

(2) 触觉小体（tactile corpuscle） 又称Meissner小体，分布于真皮乳头中，多见于手足的掌（跖）面、口唇、眼睑缘和舌尖等处也可见到，但数量较少。小体多呈卵圆形，外包丝球样的结缔组织包囊，内部含有横列的扁平细胞称为触觉细胞（tactile cell）。每个小体通常有2~3条有髓神经纤维分布，也可有数条

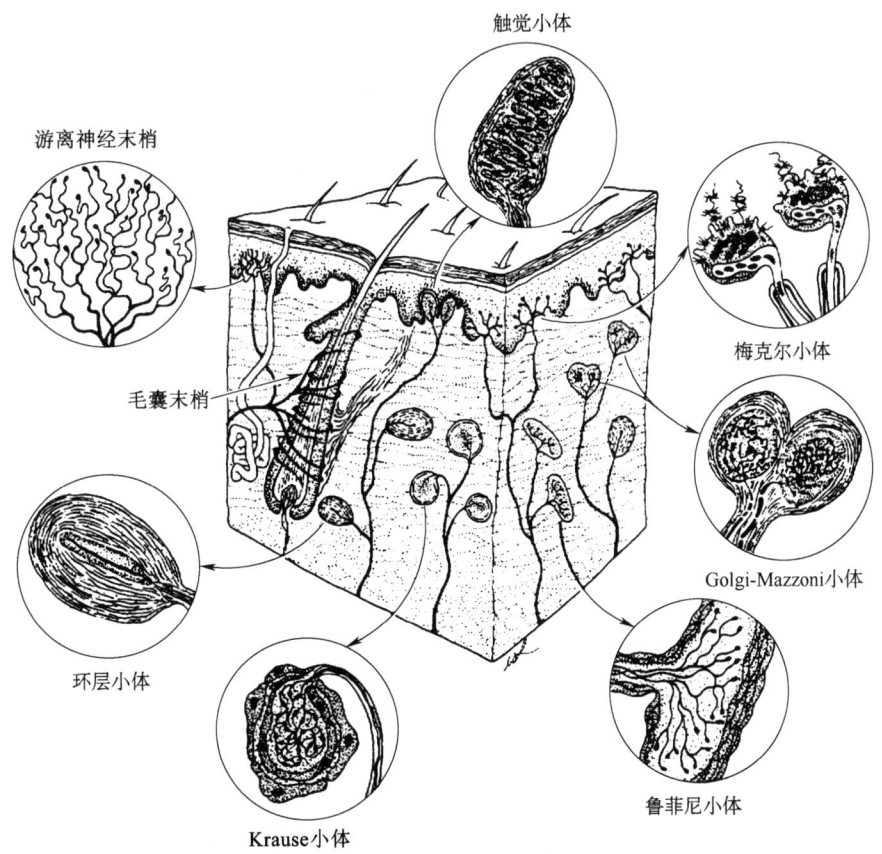

图3-25 皮肤感受器类型

无髓神经纤维分布。一般认为此小体感受触觉冲动。

（3）鲁菲尼小体（Ruffini corpuscle） 多分布于真皮和皮下组织中，常见于足底部的深层。小体呈扁平的线团样，周围有结缔组织包囊。一条有髓纤维在小体的中部失去髓鞘，反复分支呈树枝状，其末端形成小结或终扣。此小体可能是温觉感受器。

（4）Krause 小体 常见于眼结膜、舌黏膜、外生殖器以及皮肤与黏膜相续处。小体多呈球形，周围有结缔组织包囊。一至数条有髓神经纤维进入被囊前失去髓鞘，裸露的神经纤维分出多条分支，盘绕在囊中。此种小体可能感受冷觉冲动。

（5）神经肌梭（neuromuscular spindle）和神经腱梭（neurotendinal spindle） 是分别分布于骨骼肌和肌腱的本体觉感受器，结构比较特殊。

神经肌梭简称肌梭，由 4～10 条较细的骨骼肌纤维被结缔组织包囊包裹而成（图 3-26B），呈细长的梭形，长度为 0.5～12 mm，存在于普通的骨骼肌纤维之间。有数条神经纤维分布于肌梭。

肌梭内的肌纤维比普通骨骼肌纤维短且细，含丰富的肌质，但肌原纤维较少，这种特殊的肌纤维称梭内肌纤维（intrafusal muscle fiber）。梭内肌纤维又分成两种：一种是较大的梭内肌纤维（长 7～8 mm，宽约 25 μm），纤维的中段稍膨大，肌原纤维消失，聚集有许多的细胞核，称为核袋（nuclear bag），纤维的两端可伸出肌梭结缔组织包囊之外，此种纤维称为核袋纤维（nuclear bag fiber）；另一种是较小的肌纤维（长 2～4 mm，宽约 10 μm），细胞核排列呈纵行的链状，称为核链纤维（nuclear chain fiber）。

分布于肌梭的感觉神经纤维有两种（图 3-26C），一种是较粗的 Ⅰa（Aα）纤维，纤维失去髓鞘后从中段进入肌梭，末梢分支呈螺旋状环绕在梭内肌纤维中段，称为环旋末梢（annulospiral ending），传导速度快，具有较低的感受阈值，可能是对牵张性刺激感受速度快的末梢。另一种是稍细的 Ⅱ（Aβ）纤维，失去髓鞘后进入肌梭，分布在核袋附近的两端，末梢反复分支，终端略膨大成扣结，似花簇样，称为花簇末梢（flower spray ending），传导速度慢，可能是对牵张性刺激感受较慢的末梢。

在肌梭内除感觉神经末梢外，还有运动神经末梢，为细的 Aγ 有髓神经纤维。这些纤维失去髓鞘后进入肌梭，以葡萄样或蔓样终末分别终止于核袋纤维和核链纤维（图 3-26C）。

神经腱梭又称 Golgi 腱器（Golgi tendon organ），简称腱梭，是分布于肌和腱连接处的感受器。腱梭

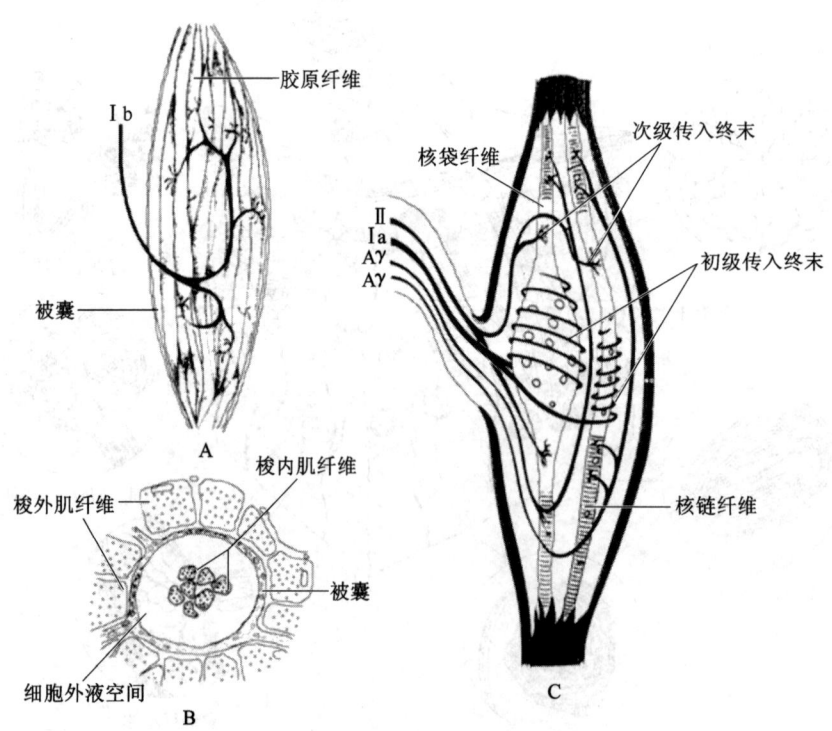

图 3-26 骨骼肌和肌腱的感受器
A. Golgi 腱器　B. 神经肌梭（横切面）　C. 肌梭的感觉和运动神经支配

由数条腱纤维束被薄的结缔组织包囊包裹而成,长约 1 mm。Ⅰb(Aα)有髓神经纤维从包囊穿入梭内,失去髓鞘并分支,穿行于腱束之间或包绕腱束,最终以末端膨大的丛状末梢终止于腱束表面(图 3-26A)。分布至腱梭的Ⅰb纤维末梢对肌的牵张具有较高的感受阈值,可能感受强的牵张性刺激。

以往认为感受器的分化反映着其所感受的内外环境刺激的多样性,每一种感受器选择地感受某一种刺激,即一对一的关系,如触觉小体感受触觉,鲁菲尼小体感受温觉,环层小体感受压觉,Krause 小体感受冷觉,游离神经末梢感受痛觉等。但是这一观点却不能解释有些现象,如角膜只有游离神经末梢分布,却可以感受痛觉和触觉两种感觉;外耳可以感觉触、痛、温度、冷等感觉,却仅有游离神经末梢和毛囊的神经末梢分布。再如痒也是一种感觉,但并未发现与痒觉相对应的神经末梢。游离神经末梢不仅广泛分布于皮肤,在肌的周围、内脏壁及肠系膜的结缔组织内也具有大量的游离神经末梢。因此,感受器的功能可能是一些复杂因素的综合体现。如痛有快痛和慢痛之分,慢痛主要发生在内脏损伤(病灶)处,而快痛主要发生在体表,两者的发生位置不同,刺激方式也有一定的区别,在中枢内的通路也不相同。再如机械感受器对刺激的适应(adaptation)有快慢之分。适应是指随着刺激时间的延长,感受器的兴奋性降低的现象,一般持续地给予刺激时,感受器的兴奋性逐渐降低。快适应的感受器对刺激程度的急剧变化产生反应,其活动在短时间内完全消失(位相性感受器);慢适应的感受器可以持续地感受和传递某种特定状态(如姿势)的信息。目前,尚不能解释感受器不同适应性的产生是否与感受器的功能分化或神经传导通路有关。

二、效应器

效应器(effector)是以中枢神经内的下位运动神经元向外周发出的传出纤维的末梢为主体而形成的。这些末梢止于骨骼肌、脏器的平滑肌或腺体,借此支配肌的活动和腺体的分泌,故称为效应器。根据效应器存在的部位可将其分为两类:①躯体性效应器(somatic effector),分布于骨骼肌的运动神经末梢;②内脏性效应器(visceral effector),分布于心肌、内脏和血管平滑肌及腺体等的运动神经末梢。躯体传出纤维为来自脊髓前角运动神经元(或脑神经核运动神经元)的有髓神经纤维,内脏传出纤维为交感和副交感节后神经元发出的节后纤维。

躯体传出纤维以小的、扁圆形膨体终止于骨骼肌纤维,称为运动终板(motor end plate)或神经肌肉接头(neuromuscular junction),简称为终板。神经纤维在到达骨骼肌之前失去髓鞘,轴突反复分支,每一分支的末梢与一条肌纤维连接,连接处呈卵圆形的板状隆起,故名终板(图 3-27)。因而,一条神经纤维可以支配多条肌纤维。

在电镜下观察,终板处的肌纤维膜凹陷成槽,称为突触槽(synaptic gutter),神经末梢的轴突终端膨大呈杵状,嵌入突触槽内,两者形成突触连接,两者之间有裂隙分隔。作为突触后的肌纤维膜再向肌质内凹陷,形成许多皱褶和深沟,两者相间排列,皱褶部分称为接头褶(junctional fold)。在轴突终

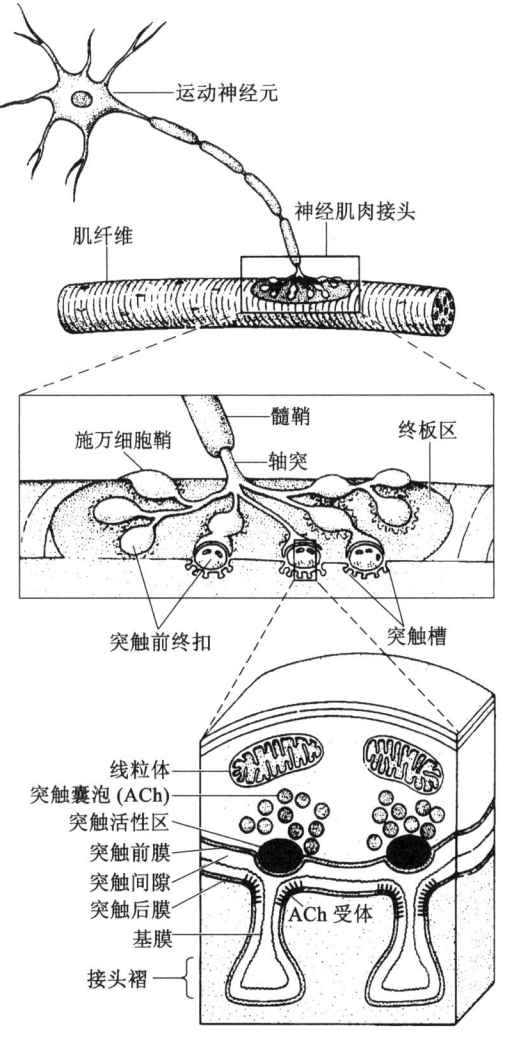

图 3-27 运动终板的模式图

末内含有一些线粒体和大量的囊泡。囊泡直径为20～30 nm，其中含ACh。末端嵌入突触槽内的轴膜表面清亮，且有施万细胞覆盖。在肌质内仅见线粒体和粗面内质网等（图3-27）。

分布于内脏平滑肌的无髓神经纤维，或呈树枝状末梢直接终止于肌纤维表面，或先形成广泛的肌内丛，再由丛发出多条终支。这些终支迂回于平滑肌纤维之间，最后以小的膨结或细环终止于肌纤维表面。在电镜下观察时，其末梢不与效应细胞形成特殊的联结方式，没有终板样结构，两者之间的间隙较宽，所以神经递质扩散范围较大，冲动传导也慢。支配腺体的传出纤维，在腺管或腺泡周围形成丛，由丛发出终支行于腺细胞之间并终止于腺细胞胞膜表面。

第七节　神经回路和人脑连接组

脑是迄今所知的最复杂的系统之一，其包含的数量惊人的神经元通过突触连接形成一个高度复杂的脑结构网络，而这一网络正是思维、情感、学习、记忆及运动等复杂功能的生理基础。阐明脑的工作原理是现代科学所面临的最深奥的问题之一。

一百多年前Cajal基于当时的研究工作提出了"神经元学说"，认为中枢神经系统是由无数的神经元互相连接所形成的庞大神经网络（neural network），其最基本的结构和功能单位是神经元。此后的研究证明这个庞大的神经网络中存在一些担负特定功能的系统，如锥体系和锥体外系，视觉系，听觉系，本体感觉系，痛、温度、触、压觉系，联合系统等。多年来，这些功能系统似乎只是神经网络之中相对独立、固定和单向传递的功能传导通路。但是这样的概念并不能解释越来越多的疑问：①这些功能系统只占庞大的神经网络的一部分，其余的大量神经元的作用如何？②随着研究的不断深入，人们发现很多核团与这些功能系统之间具有直接或间接的联系。③一个神经元的侧支又反馈到本神经元的胞体上的现象也不是个别现象，局部的短程回路的发现也越来越多。④过去认为是单向联系的功能系统中已不断发现有往返的纤维联系。总之，只凭几个经典功能系统的概念已远远不能说明庞大的神经网络的结构和功能关系。到20世纪70年代，神经回路（neural circuit）已成为探索神经系统特别是中枢神经结构规律的同义语。由于单个神经元极少单独地执行某种功能，因此神经回路才是脑内信息处理的基本单位。

从整体上看，中枢神经系统是由纷繁的大回路（macrocircuit）和微回路（microcircuit）组成的网络系统。上行纤维束和下行纤维束联系在一起，组成大回路。例如随意运动的控制，不仅靠锥体束和运动神经元群，还要靠至少另外两个大回路的调节，即大脑皮质与黑质-纹状体之间的往返回路以及大脑皮质与小脑之间的往返回路。前者调控运动的稳定性，后者调控运动的灵活性。微回路是指中枢神经系统的某一区域内相对独立的信息处理回路，故又称局部回路（local circuit）。例如，在脊髓后角浅层，下行抑制系统的投射纤维终末与脊髓后角浅层的中间神经元、投射神经元，以及来自外周的初级传入纤维末梢形成复杂的局部回路，对外周传入信息（如伤害性信息等）的传递进行调控。

神经回路在形态学上的研究内容主要是"线"和"点"的追踪。"线"是具有一定功能意义的神经纤维的集束，即神经通路；"点"是把"线"联系起来的神经细胞的集团，即神经核。但是构成这些"线"和"点"的神经元在形态和功能上种类繁多、十分复杂，加之不同的"线"和"点"之间又存在着横向联系，所以在分析神经回路时必然涉及某些神经元的联系状况、这些神经元的形态学特点，在核团内的排列特点以及其在神经回路中的位置和排列组合的特异性，进而从多样的神经元形态和联系状态中提炼出与决定回路功能有关的参数。

近年来，随着技术的发展，从整体水平对神经网络进行研究似乎成为可能，因此越来越多的政府、组织和科学家呼吁加强脑的研究，并正式提出人脑连接组（human connectome）的概念。人脑连接组力图从宏观到微观的各个层次上，全面而精细地刻画人类从总体到个体水平的大脑结构网络图谱，并进一步挖掘该网络的连接规律，其研究内容包括脑结构网络和功能网络。

人脑连接组可以从三个空间尺度上进行研究：①微尺度（microscale），研究目标是建立神经元-神经元之间的连接图谱。出于技术的限制，目前关于人脑该尺度的研究进展非常缓慢，但已有一些关于实验动物的研究，主要运用形态染色的方法（结合转基因动物、透明脑技术、高分辨率光学成像技术等），在组织学水平对神经连接进行研究，其中代表性的研究有彩虹鼠、Allen小鼠脑连接、电镜水平的突触连接，以及透明脑技术的运用和显微光学切片断层成像系统（MOST）的开发应用等。②中尺度（mesoscale），研究目标是建立局部环路中神经元的解剖连接或功能连接图谱。同样出于技术的限制，目前关于人脑该尺度的研究进展缓慢。但随着技术的发展，特别是光遗传学技术的应用，直接证明了很多曾经报道的神经通路、神经环路。③大尺度（macroscale），研究目标是建立脑区的连接图谱。鉴于现有的技术手段，针对人脑的研究主要集中在该尺度。主要是通过结构磁共振成像（structural MRI）、弥散磁共振成像（diffusion MRI）等成像技术来构建大脑结构连接网络，或者采用脑电图（electroencephalogram）、脑磁图（magnetoencephalography）和功能磁共振成像（functional MRI）等技术建立大脑功能连接网络，然后结合基于图论（graph theory）的复杂网络分析方法，揭示其拓扑原理，进而理解大脑内部的工作机制。其代表研究是美国NIH的人类连接组计划（The Human Connectome Project）和英国牛津大学发起的发育人类连接组计划（The Developing Human Connectome Project）。

目前，各国针对脑连接研究纷纷提出了自己的研究计划。2013年1月28日，欧盟委员会宣布人类脑计划（Human Brain Project）入选"欧盟未来新兴旗舰技术项目"，计划在10年内投资10亿欧元，其总目标是建立为未来神经科学、医学和计算所需的全新信息和通信技术，由此促进全球的合作研究。其主要内容是整合已有的神经科学数据和知识，在超级计算机上模拟人脑，通过模拟人脑来达到对大脑新的理解、找到脑疾病的新治疗方案和新的类脑计算技术。

2013年4月2日，美国正式宣布启动基于创新型神经技术的脑研究（Brain Research through Advancing Innovative Neurotechnologies）计划，简称脑研究计划。与欧盟的人类脑计划侧重于信息和计算技术的开发使用，通过计算机对大数据进行计算模拟，更好地实现人工智能相比，美国的脑研究计划非常重视人脑活动过程，旨在创建能够控制大脑活动并成像的工具。2022年，美国启动"脑计划2.0"，将致力于解析人类脑细胞图谱、构建哺乳动物脑连接图谱和开发特异性的脑细胞亚型调控工具，希望从新的角度促进对人类大脑作用方式的理解，并将为基于神经环路治疗神经退行性疾病和精神疾病提供重要的理论支撑和实现手段。

此外，还有美国人类连接组计划，目的是使用不同的脑成像技术（主要是静息态功能磁共振成像、弥散磁共振成像，脑电图、脑磁图等作为补充），绘制出不同活体人脑的功能或结构"图谱"。英国发育人类连接组计划，旨在通过非侵入性技术（包括各种MRI）研究妊娠晚期到出生后一周人类的脑发育情况，同时随访这些研究对象成长之后的情况，以期发现发育相关疾病，如孤独症、精神分裂症等疾病的发病机制。Allen脑科学研究中心（Allen Institute for Brain Science）旨在建立结合基因表达的人类脑组织三维图谱或四维图谱（发育图谱）。

神经科学作为我国的传统优势学科之一，长期以来得到政府部门的大力资助。国家自然科学基金委员会自成立以来，除了在项目、人员和环境上给予脑科学研究稳定的支持外，于2008和2011年分别投资1.5亿元和2亿元人民币，启动了"视听觉信息的认知计算"和"情感和记忆的神经环路基础"重大研究计划，力求通过医学、生物学和信息学交叉研究来揭示脑的工作原理。2021年我国正式启动"科技创新2030-脑科学与类脑研究"重大项目，也称之为"中国脑计划"。重点围绕脑认知原理解析、认知障碍相关重大脑疾病发病机制与干预技术研究、类脑计算与脑机智能技术及应用、儿童青少年脑智发育研究、技术平台建设5个方面开展研究。力争实现前沿技术突破，在脑科学与类脑科学研究领域产生一批重大原始创新成果，抢占脑科学前沿制高点。

（武胜昔）

新形态教材网　数字课程学习

📺 教学PPT　　📄 参考文献

第四章 神经元的变性与再生

机体的某些组织受到损伤后可能有一部分细胞受到致命性打击而死亡，但可以其残存细胞为基础，通过细胞分裂增殖方式产生新的细胞以代替死亡细胞，恢复其功能，这种现象称为新生（neogenesis），它是机体组织功能得以维持的重要条件。在胚胎发育过程中，早期神经组织原基——神经管的细胞曾以分裂的形式产生超量的神经元，其后以凋亡方式除去超出需要的部分，使得神经元数量与其靶结构相匹配，从而保证神经回路网络的高度精确。出生时这种与发育相关的凋亡趋于停止，神经元也不再分裂繁殖，因而个体的神经元总数稳定于出生时水平。当神经系统发生损伤、缺血及退行性疾病等病理情况时，神经元可出现坏死与凋亡。目前，研究者的观点认为绝大部分神经元出生后已缺乏分裂增殖能力，因此作为神经系统基本结构和功能单位的神经元基本不具备新生能力。

神经元轴突（即神经纤维）损伤后发生退行性改变，即变性或溃变（degeneration）。周围神经损伤后，远侧端全程发生崩溃瓦解，直至最后消失。在神经元胞体未受毁损，其物质合成功能尚存的条件下，近侧神经断端很快形成新芽，称为芽生（sprouting）。新芽不断生长并跨越损伤区，沿已变性的远侧端中残留的中空基膜管和施万细胞形成的宾格尔带向终末生长，最后在靶组织内形成新的突触结构而恢复功能。这一过程称为神经元轴突的再生（axonal regeneration）。当不具备适宜条件时，损伤神经的近侧端内也发生变性。然而，中枢神经损伤后却难以类似方式再生，因为损伤的中枢神经近侧断端仅出现一过性芽生，这一再生过程极为短暂，轴突未来得及再生即发生退缩与变性。对周围神经和中枢神经变性与再生的研究，将有助于攻克严重危害人类健康的神经系统损伤和疾病。

第一节 周围神经损伤后的变性与再生

一、周围神经变性

轴突变性发生于神经发育过程，也是神经系统疾病病理变化的基本特性之一，为某些神经系统疾病的诱因或结果。在狭义上，轴突变性特指最早发现的沃勒变性（Wallerian degeneration），广义上则泛指轴突损伤后的一系列病理改变，包括轴突肿胀、碎裂、回缩及萎缩等，有时又被称为轴突病理变化（axonopathy），以和神经元胞体为主要受损部位的病理变化（neuropathy）相区别。周围神经损伤后发生双向溃变，即损伤远侧端由近及远的顺行性变性和损伤近侧端由远及近的逆行性变性。轴突变性有时并不总伴有轴突连续性的丧失，而只是轴突内部结构和代谢发生异常。

（一）顺行性变性

1850年，英国神经科学家Augustus Volney Waller首次发现并详细描述了蛙舌咽神经被切断后发生于损伤神经远侧端内的顺行性退行性形态学变化，将其命名为变性。后人为纪念他的功绩，遂将受损神经纤维远侧端内发生的变性称为沃勒变性，也被称为Waller第一定律。Waller认为，神经元胞体是维持轴突存在的营养中心，失去神经元胞体的支持营养作用是轴突变性的原因。此假说被称为Waller第二定律。在Waller假说的影响下，多年来轴突变性被普遍认为是一个不可逆的被动过程。

由于周围神经纤维性质、直径各异，沃勒变性发生的过程和速度也不尽相同。西班牙神经解剖学家Santiago Ramón y Cajal认为变性变化是在被切断纤维远侧端的全程同时发生的，但后来的研究表明并非如此。神经损伤后2 min，只在距切断处0.5 mm范围内开始发生变化；1 h，在0.5～2.0 mm范围的细纤维发生变化；36 h，在2～4 cm范围内的所有纤维都发生变性。因此，沃勒变性是由损伤部位向终末方向延伸的顺行性变化。

周围神经被切断后，在12 h左右轴突发生变性，正常的管状结构逐渐消失，呈现肿胀和狭窄交替的念珠状形态；随后狭窄部断裂，变性轴突崩溃成为颗粒状，6～10天后变性轴突几乎完全被吸收。电镜观察发现，早期变性轴突基质的密度增高，神经微丝排列呈网状，甚至发生断裂。断裂物与滑面内质网及变形的线粒体形成团块，其间被低电子密度的无结构物质所充填。这种状态在术后1～4天比较清楚。此时还出现形态、大小不一的致密小粒和一些直径0.5～1 μm的高电子密度小体，有人认为部分小体为溶酶体。轴突终末变性的表现呈多样性，有的终末萎缩、变形；有的终末膨胀、突触小泡肿胀及线粒体变性，有时出现糖原颗粒沉积。变性轴突终末最后被神经胶质包围、吞噬而逐渐消失，但突触后成分仍然保留。若再生神经轴突终末长到此处，则可形成新的突触联系而恢复功能。

周围神经的髓鞘是由施万细胞形成的富含脂质的鞘状结构，神经纤维被切断后髓鞘也发生崩解。首先出现施-兰切迹（Schmidt-Lantermann incisure）增大、髓鞘退缩，导致郎飞结扩大，继而结间体（internode）断裂成为分节状结构。损伤后8～32天，髓鞘的化学成分发生变化，分节状结构进一步崩解，最后被分解成为直径1 μm左右、小球形的髓鞘最终分解产物，由施万细胞排出，被吞噬细胞吞噬而清除（图4-1）。

神经变性过程中，在变性纤维全程出现活跃的吞噬细胞，成群聚集呈"菜花状"，有人将之称为"清道夫细胞"，其胞质内可见被吞噬的髓鞘碎屑。研究发现这些吞噬细胞主要包括巨噬细胞和施万细胞，前者由血液中的单核细胞浸润到局部组织演变而来（图4-2B）。

周围神经变性时，施万细胞不但不发生变性、死

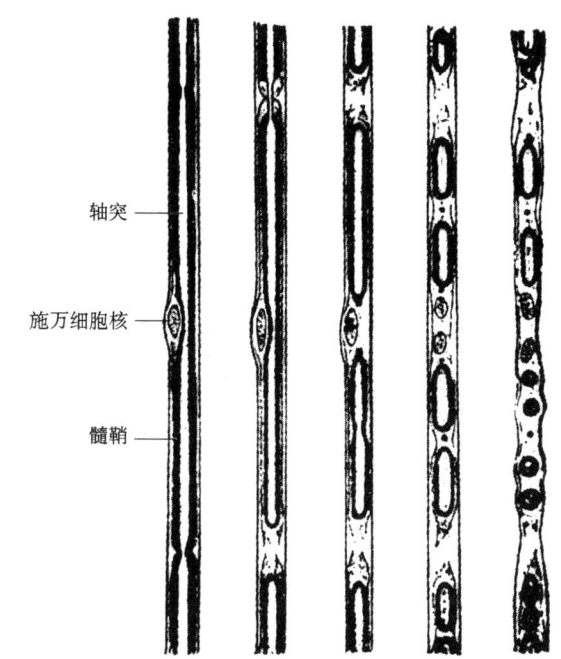

图4-1 沃勒变性时髓鞘变化示意图

亡，反而分裂增殖。其早期变化为核糖体和线粒体增加，核增大，染色质密度增加，并有一些溶酶体成分出现。到神经纤维被切断后的4天左右，施万细胞分裂增殖，不断增殖的施万细胞沿神经纤维的长轴平行地呈带状排列，形成宾格尔带（Büngner zone）。一般认为在神经再生时，此带诱导由损伤纤维近侧断端发生的轴突新芽向靶结构前进（图4-2）。

神经受损后的5～24 h内，在轴突损伤远侧端尚未出现明显形态改变之前，施万细胞内TLR-2和TLR-3信号通路即已活化，从而过表达大量的炎症介质，如TNF-α、IL-1α、IL-1β、MCP-1、MIP-1、IL-10、TGF-β和galectin-3等，促发局部炎症反应；这一变化进一步加剧神经损伤、促进施万细胞分裂增殖、募集更多的吞噬细胞，从而形成一个神经纤维碎裂—细胞增殖—免疫细胞内流—前炎性因子释放的循环，使得轴突在损伤后处于一个较长时期的炎症状态。轴突损伤后出现的炎症反应是轴突成功再生的先决条件，其中调控炎症发展的前炎性因子与抗炎性因子的合作与轴突变性和再生的发生发展命运密切相关（图4-3）。

在Waller描述轴突变性之后的第139年，研究者针对一偶然发现的WLD^s（slow Wallerian degeneration protein）突变小鼠及部分其他轴突损伤模型的实验显示，轴突损伤后出现的沃勒变性类似凋亡的发生，为一主动性的自主性自我损伤过程（图4-4）。与凋亡类

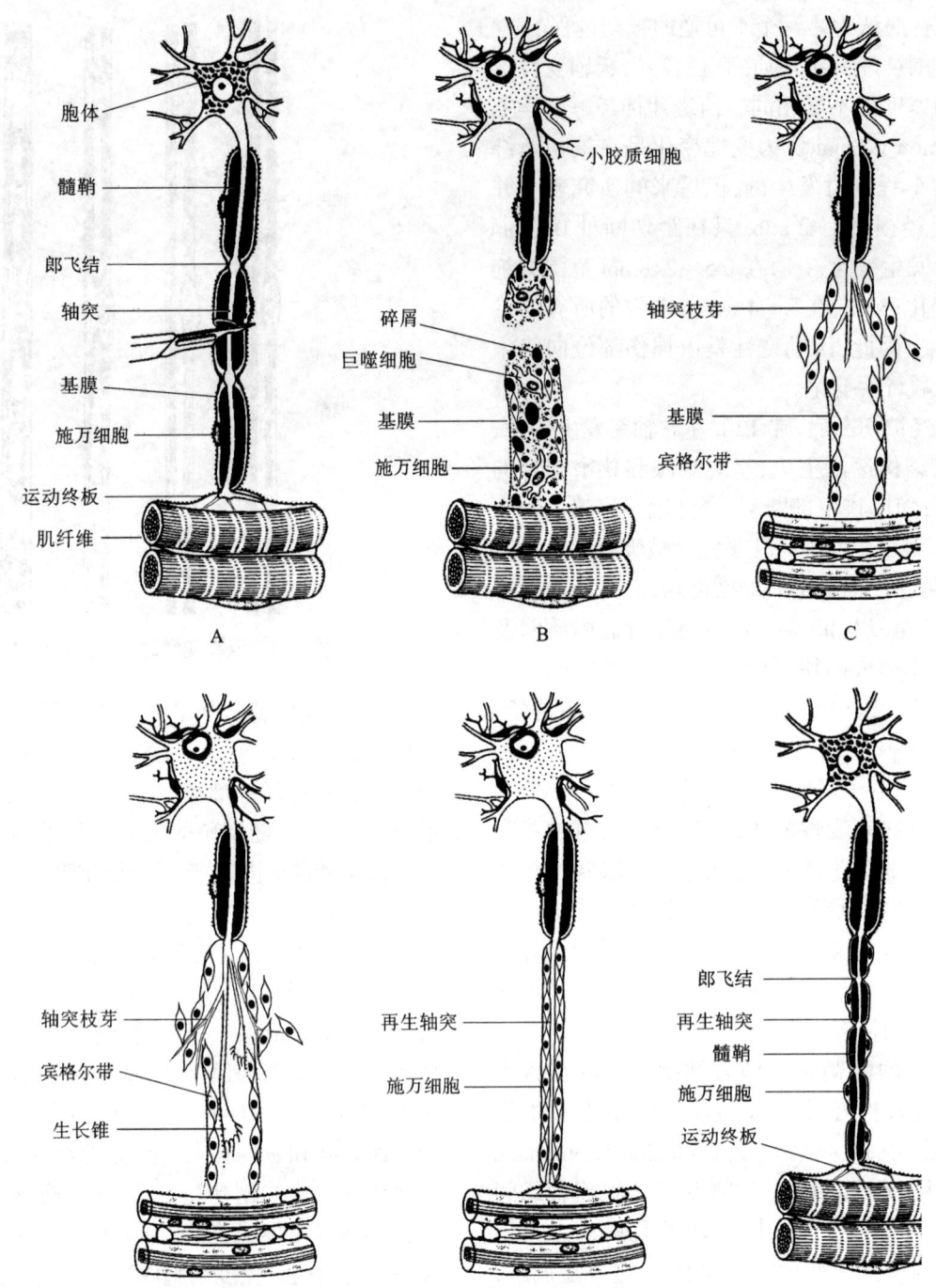

图 4-2 周围神经损伤后变性与再生过程示意图

A. 神经纤维断裂伤　B. 沃勒变性与逆行性变性,变性轴突与髓鞘碎片被巨噬细胞及施万细胞吞噬　C. 施万细胞增生,沿基膜管排列形成宾格尔带,近侧端轴突枝芽生长,此时骨骼肌纤维可出现部分萎缩　D. 新生轴突沿宾格尔带向靶细胞延伸　E. 轴突到达靶细胞并与之建立突触联系,其他轴突侧支逐渐退变消失　F. 与靶细胞重建联系的轴突逐渐髓鞘化并成熟

似,沃勒变性也可分为潜伏期(latent phase, initiation phase)与执行期(execution phase)。潜伏期时,轴突已对各种伤害刺激做出反应但并未出现形态改变;执行期时,神经元轴突出现崩解、大颗粒状碎片、微管中断、轴突骨架崩解等改变,胶质细胞和巨噬细胞吞噬碎片。研究表明,基本的轴突维持因子烟酰胺单核苷酸腺苷转移酶 2(nicotinamide mononucleotide adenosyltransferase 2,NMNAT2) 在轴突内的浓度水平是沃勒变性调节的关键靶点。轴突损伤后,因胞外钙离子内流及胞内钙离子释放,轴突内立即出现

第一节 周围神经损伤后的变性与再生

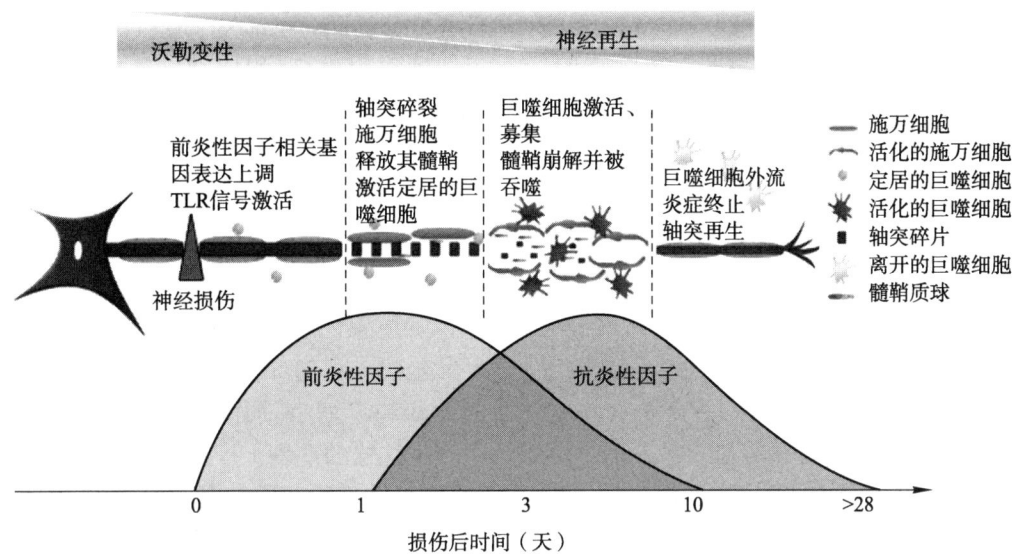

图4-3 周围神经损伤后神经纤维碎裂相关事件的发生发展示意图

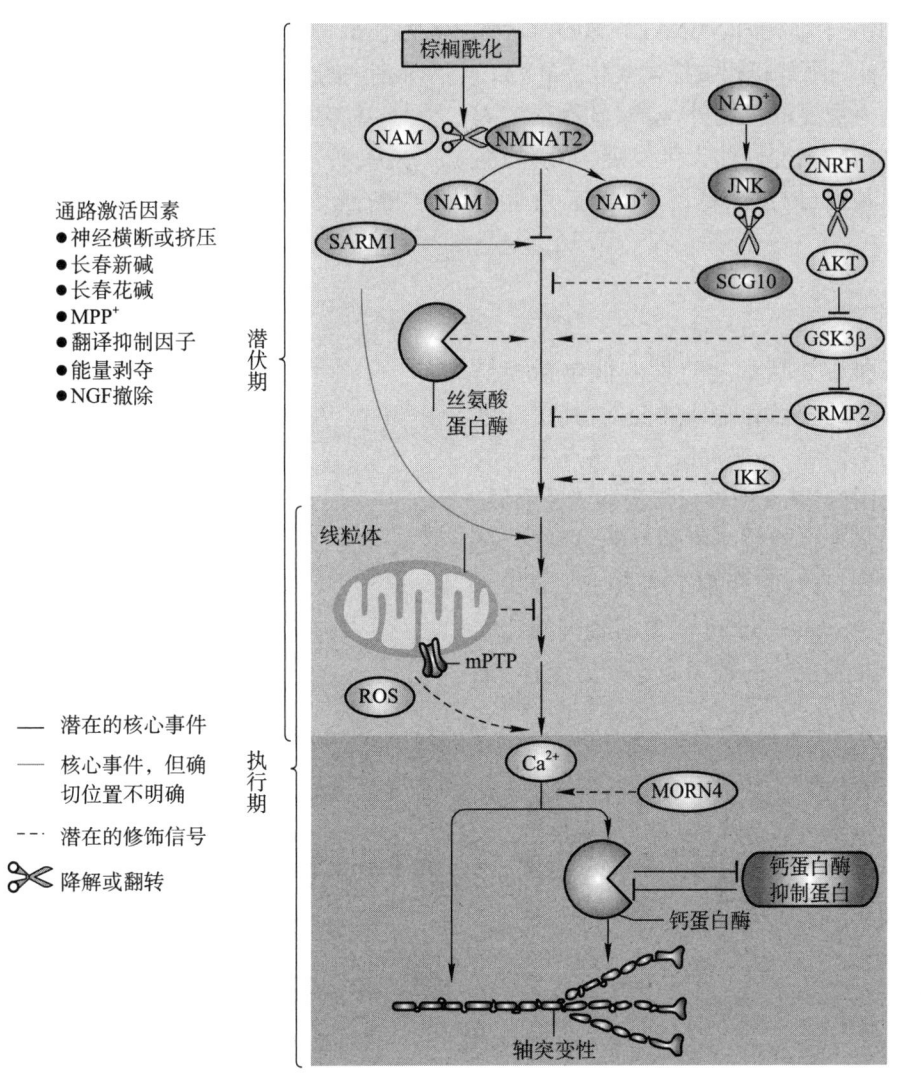

图4-4 沃勒变性与WLDS敏感轴突变性信号通路

快速的一过性钙离子浓度升高,导致 NMNAT2 不能被运送至轴突内,致其浓度下降、活性阻断。此时,SARM1 激活并与 TIR 结构域形成二聚体,从而耗竭 NAD^+,使其降解形成 ADPR、CADRR 及 NAM,致使轴突内 NAD^+ 及 ATP 迅速减少,继而引起轴突内能量失衡及微管等骨架出现紊乱和不稳定,线粒体膜电位消失、线粒体肿胀,ROS 产生增加,内源性钙离子释放增加,轴突内出现继发性长时程的钙离子浓度缓慢增高,钙离子激酶激活,轴突内钙蛋白酶表达上调,钙蛋白酶抑制蛋白表达下调。研究显示,轴突内钙离子及 NMN 浓度升高是诱导轴突执行自主摧毁的指导性信号。而 SCG10、核因子-κB、糖原合酶激酶 3(glycogen synthase kinase 3,GSK3)及丝氨酸蛋白酶抑制剂均在 NMNAT 信号下游发挥调控作用。此外,atypical Skp/Cullin/F-box 复合物及 MAPK 信号通路分子均参与调节轴突内 NMNAT2 的蛋白水平,前者可靶向作用于轴突内 NMNAT2,降解可溶性 NMNAT 蛋白;后者则降解膜相关棕榈酰化 NMNAT2 蛋白。除上述较为重要的机制外,研究显示很多病理生理过程也参与轴突变性的发生发展,如磷酸酶和张力蛋白同源基因(PTEN),敲除 PTEN 后可促进轴突的生长。

(二)逆行性变性

周围神经纤维损伤后的逆行性变性包括损伤处近侧端神经纤维的变性和胞体的变性,其中纤维的变性又称为轴突回缩,一般局限于损伤点邻近的 1~2 个郎飞结范围内,其变性过程与沃勒变性类似。有时近侧断端轴突变性部位可见轴突明显肿胀,其内堆积多种细胞器,形成直径为 10~50 μm 球状或椭圆形回缩球(dystrophic endbulb),此时轴突的连续性已丧失。由于此类变性的轴突尚连接着胞体,因此在变性的同时可能发生芽生。

轴突损伤后,相应神经元胞体也会发生变性。1892 年,德国神经科学家 Franz Nissl 切断家兔面神经后,发现脑干内的面神经核神经元胞体出现肿胀、核偏位以及胞质内 Nissl 体溶解消失等变化(图 4-5)。当时认为这些变化是神经元轴突受损时,逆行引起胞体变性的表现。后来发现神经元轴突切断后,胞体都发生染色质溶解现象,但其归宿不同。有的神经元经过一段时间后又恢复了原来的状态,有的神经元却趋于缩小、崩溃乃至消失(图 4-6)。为什么会产生这样的差别?一般认为变性的过程及严重程度、实验动物的种属和成熟程度、损伤部位距胞体的距离远近、术后存活时间、受损神经元的功能或形态类型等都可影响染色质溶解的程度及转归。1940 年,Brodal 证明幼年动物的神经元逆行性变性较成熟动物出现早,且 Nissl 体容易消失。研究表明,当轴突损伤部位距胞体比较远时,尽管经历很长时间,神经元消失的现象也很少发生。

轴突损伤后的变性是变性束路追踪技术的主要依据,曾广泛应用于神经通路的研究。一种方法是切断神经纤维束路,观察此束路起始核团神经元的

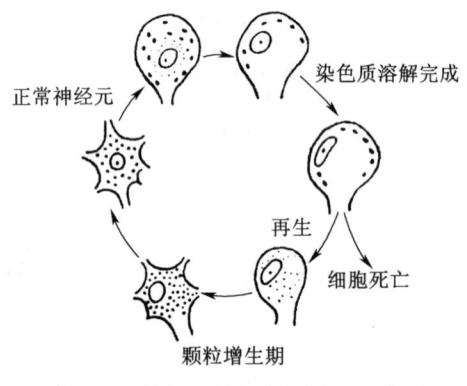

图 4-5 染色质溶解发展过程示意图

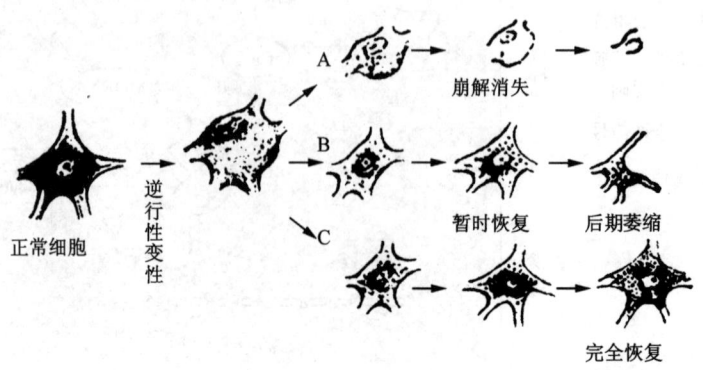

图 4-6 运动神经纤维切断后胞体逆行性变性过程及归宿

逆行性变性；另一种方法是毁损中枢内某一核团，用变性镀银法或 Marchi 法（用锇酸染变性髓鞘的方法）追踪观察神经元轴突的变性状态。从 19 世纪中末叶到 20 世纪 60 年代，变性束路追踪是发现和认识神经通路的主要技术。

神经细胞发生逆行性变性时，神经胶质也发生相应变化。神经元变性后，其残片被吞噬，与此同时其周围的神经胶质细胞迅速增生而发生胶质化，形成胶质瘢痕并占据变性神经元的原来位置。切断神经后用 ^{3}H 胸腺嘧啶核苷标记脑神经运动核处的神经胶质并观察其动态变化，可以看到在术后 2～4 天，尚未出现染色质溶解之前即可见到切断侧较健侧多出 10～13 倍的被标记胶质细胞；有人在切除猴视皮质 3 个月后，发现外侧膝状体所有神经细胞几乎都已消失而代之以胶质细胞。

二、周围神经再生

周围神经再生的中心环节是轴突再生，这需要胞体不断合成轴突生长所需要的物质以提供物质基础。周围神经被切断后神经元胞体发生变性，其归宿有两种可能：一种是死亡，另一种是恢复。若胞体发生死亡，则再生的基础也就丧失，轴突很快崩解消失。如损伤未导致胞体死亡，则出现恢复性变化，一般从伤后 1 周左右开始，偏位的核周围重新出现 Nissl 体，2～3 周时充满整个胞体，到伤后 1 个月左右，胞体和核的肿胀达到最高峰，此时胞质内 RNA、蛋白质和脂质等可恢复至正常水平。

与此同时，轴突的近侧端也发生再生性变化，在损伤 10 h 之后，其断端开始膨大形成回缩球。此后，从回缩球处发出许多细的轴突新芽（图 4-7），新芽不断向远侧断端延伸，一部分通过损伤部位进入远侧端的基膜管内。此时，损伤纤维远侧端的髓鞘都已变性并被吞噬，只是原来包绕神经纤维的基膜仍保留，形成空的基膜管。同时，施万细胞增殖，沿基膜管形成宾格尔带，成为再生诱导结构（图 4-2D）。生长锥发出的新芽进入基膜管后，以每天约 4 mm 的速度生长。起初轴突新芽沿管腔周边部向远侧行进，在生长过程中，有的新芽逐渐被施万细胞所包绕，继续生长发育且移至管的中心继续伸延，一直生长到原来靶结构的位置，重新和失去突触前成分的突触后成分结合形成再生的突触而恢复原来的功能，至

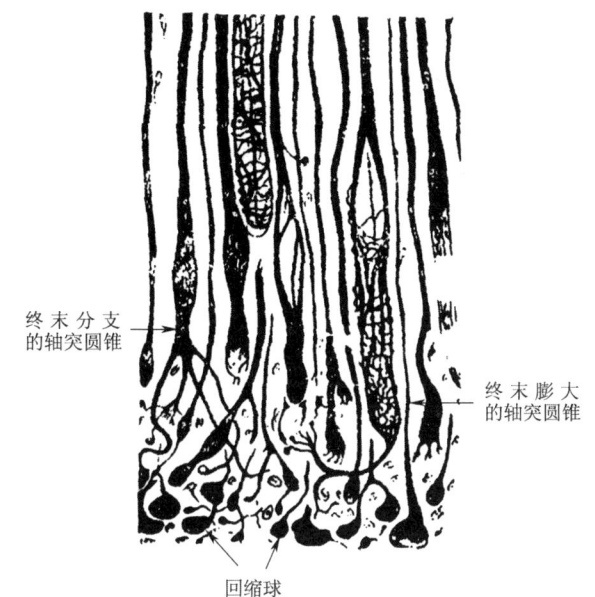

图 4-7 猫坐骨神经切断后近侧断端的变化

此完成变性周围神经纤维的再生过程。在再生过程中，一条基膜管内可有多条新芽进入，但最后只有一条获得达到原来的靶结构与之重新形成突触的机会（图 4-8），在重新形成突触并恢复功能之后，此再生的新芽逐渐增粗到变性之前的水平，如果属于有髓纤维，还由施万细胞形成的髓鞘将之包绕。而与此再生新芽同时进入基膜管的另一些新芽，由于未获得与靶结构建立联系的机会则逐渐退变并消失。对于那些仅造成轴突断裂（如挤压伤）的周围神经损伤，

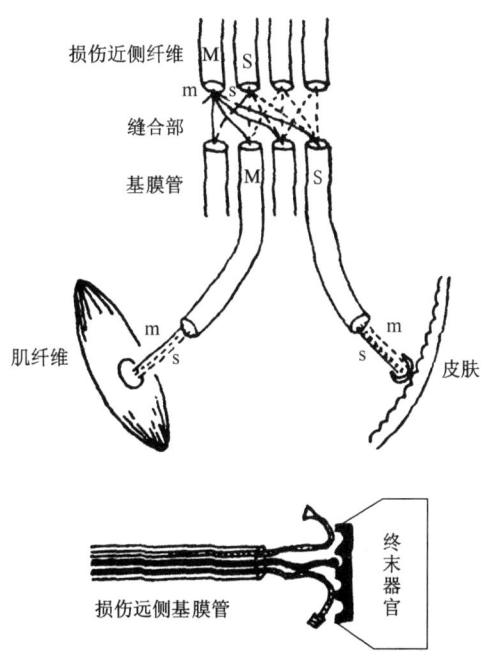

图 4-8 再生纤维与靶结构神经重支配

由于神经内膜管（或基膜管）并未发生紊乱，以上再生过程可自发进行并能达到完全的神经再生和功能恢复；但若周围神经损伤系切断伤，由于整个神经干离断，需要进行手术将分离的神经断端对齐和缝合才能实现再生，并且由于神经内膜管甚至束膜已经发生紊乱，神经再生和功能恢复往往难以达到损伤前的水平。

早在 20 世纪初，Cajal 就曾观察过周围神经的再生速度，他认为由近侧断端发出的新芽最初生长速度较慢，仅为 0.25 mm/d，但进入基膜管后则生长迅速，可达 4.34 mm/d。后来针对各种动物的周围神经再生研究发现，神经再生速度变异较大，每天 1 mm 至数毫米。临床研究表明，人桡神经切断缝合后平均生长速度为 1.6 mm/d，正中神经挤压伤后生长速度为 1.4～5.8 mm/d。

一条混合性躯体性周围神经中常含有躯体运动、躯体感觉以及分布于皮肤的内脏运动等多种神经纤维。在再生过程中，这些不同性质纤维的再生新芽如何通过基膜管和与之相匹配的靶结构重新形成联系而恢复功能？这是一个复杂且尚未完全阐明的问题。如果周围神经损伤只引起轴突变性，而其周围的神经内膜仍完整保留，那么，所有再生轴突都可以准确地通过原来的基膜管到达相应靶结构而恢复其功能。但当周围神经被切断后，被吻合的两断端的纤维束不可能准确地按照原来的排列而不错乱。因此，发生的新芽就有可能迷失方向而误入其他基膜管内，而源于运动纤维的轴突新芽可能误入远侧端的感觉纤维基膜管内。反之，感觉纤维的新芽也可误入于原来的运动纤维远侧端的基膜管内。这些"迷途"的轴突即便能继续生长到达靶结构，也没有性质相同的突触后成分与之匹配。由于真正的功能恢复必须依赖靶组织获得与原来功能及性质相同的再生轴突的重新支配，这种迷失方向的轴突生长不可能实现功能恢复。然而，临床上进行神经断端吻合或神经移植手术后，神经功能有时可以得到较好恢复。这一矛盾如何解释？Cajal 曾认为远侧端施万细胞形成的宾格尔带对再生新芽有选择性诱导作用，但 Weiss 等则认为再生新芽并不能有目的地进入性质相同的基膜管，且进入基膜管后也不能有目的地选择靶结构。再生新芽可受任何性质的靶结构的诱导，并在遇到异物或其他细胞时生长受阻。因此，再生轴突新芽在基膜管内生长延伸时，与性质相同的靶结构匹配而恢复其功能是一种巧合现象。当然，这种"巧合"也是通过选择形成的，一方面，一条轴突的近侧断端通常可发出数十条新芽，将离断的神经进行端-端吻合后，这些新芽都可生长进入远侧端的基膜管内，而且每个基膜管内可有 10～20 条（最多可达 40 条）的再生新芽长入；另一方面，同一基膜管内的新芽可能来源于多条神经纤维的近侧断端，包含着多种不同性质的新芽，但最后只有一条与性质相同的靶结构匹配，这条获得"巧合"机会的新芽急剧增粗，恢复原来的功能，而其他的新芽都将退化、消失。这种通过大量产生、选择性地保存少数的优选方式，与胚胎时期通过细胞凋亡方式淘汰大量神经元，使得出生时其数量与需求一致的现象类似（图 4-9）。

周围神经再生的机制至今尚未完全阐明，从现象来看，周围神经再生的重要变化特点是施万细胞增殖形成宾格尔带，似乎是此带诱导和支持轴突新芽的生长并将之引向靶结构。而沃勒变性的调节核心也涉及施万细胞。轴突损伤后，施万细胞经历去分化、增殖、迁移与再髓化等过程，这些过程正是轴突再生的重要外因。在 Raf/ERK 信号通路与 Notch 和 c-Jun 等转录因子的作用下，施万细胞表型转换成修复型：①施万细胞增殖并迁移至损伤处，释放 MCP-1 等趋化因子募集常驻和迁移巨噬细胞，随后与募集过来的巨噬细胞共同吞噬轴突和髓鞘碎片；②施万细胞增殖形成宾格尔带，同时分泌 fibronectin 和 laminin 等促轴突生长相关蛋白整合入细胞外基质中，促进生长锥黏附于基膜上；③在新血管形成的

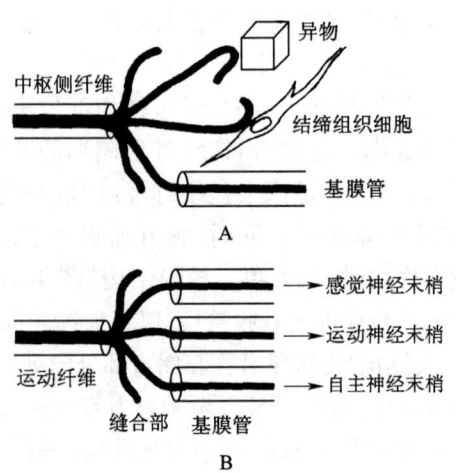

图 4-9　再生轴突新芽长入基膜管的几种情况
A. 再生纤维的末端有识别能力　B. 基膜管无特异性

同时,施万细胞上调 gap-43、neuregulin 等再生相关基因表达,大量分泌 NGF、BDNF、GDNF、CNTF 等营养因子,促进轴突生长。损伤后 3~4 周,施万细胞停止增殖,在 c-Jun、neuregulin-1、ATP 及乙酰胆碱等因子的作用下,细胞开始分化并转变成成髓型施万细胞,再髓化新生轴突。有研究显示,此时轴突内可见脂质代谢相关蛋白表达增加。

神经元内再生机制的再激活对于轴突再生也是非常重要的。当损伤信号传到神经元胞体后,相应的轴突生长基因被激活,新合成的蛋白质在轴突中输送、组装,使其末端不断延长。转录后调控机制主要影响 mRNA 的稳定性、翻译和降解,对蛋白质水平的精细调控起关键性的作用。在神经元中,RNA 自转录之后,就被小分子 RNA(microRNAs,miRNA)和 RNA 结合蛋白(RNA-binding protein,RBP)保护着,经历出核转运、定位运输、翻译和降解等不同阶段。miRNA 是转录后调控的重要组成部分。成熟的 miRNA 是长度为 20~23 bp 的非编码寡聚核苷酸,通常和靶基因的 3'-UTR 中对应的序列结合,通过 RNA 诱导的沉默复合物(RNA-induced silencing complex,RISC)介导目标 mRNA 的降解或阻碍其翻译,最终抑制目标蛋白的表达。在神经再生领域,研究者发现把 miRNA 合成过程中最关键的蛋白质 Dicer 条件性敲除之后,小鼠坐骨神经损伤后的再生和体外培养背根神经节细胞轴突的再生都受到极大程度的抑制。全基因组非编码 RNA 的筛查显示受损的背根神经节细胞中多个 miRNA 的表达有显著变化。其中,microRNA-21(miR-21)的表达在受损一周后升高了 7 倍。这种升高可以导致 PTEN 的表达下调及 PI3K 的激活,有利于受损神经元轴突的再生。在爪蟾的神经再生研究中,核内不均一性核糖核蛋白(heterogeneous nuclear ribonucleoprotein K,hnRNP K)被证明发挥了重要的作用,在爪蟾视神经损伤后,hnRNP K 大量从细胞质移入细胞核,促使与之结合的 RNA 从核内向核外转运,以协同这些 RNA 在体外的翻译表达。β-肌动蛋白(β-actin)的 mRNA 转运、翻译均受一个 hnRNP(zip-code binding protein 1,ZBP1)的调控,如果在神经元里过表达带有 β-actin 3'-UTR 的 GFP mRNA,ZBP1 和内源性的 β-肌动蛋白 mRNA 结合被大大地削弱,进而显著减慢轴突的再生。研究发现,哺乳动物神经损伤后,N6-甲基腺苷修饰通过调节 mRNA 控制蛋白质翻译

过程,从而影响轴突再生及其功能恢复。

[附] 与周围神经再生相关的两个应用问题

1. 周围神经损伤程度与恢复程度问题 周围神经损伤程度不同,其恢复程度因而各异。如神经干只受到中等强度挤压或神经干附近有高速物体(如枪弹)穿过时,可发生神经失用(neuropraxia)现象,此时轴突的连续性并未丧失,只出现髓鞘的局部变化和局部的传导障碍。这种损伤只累及大直径运动纤维和传递本体觉的感觉纤维,传递浅感觉的纤维障碍较轻,内脏神经几乎不受影响。这种损伤在压迫解除之后症状可很快消失。如神经干受到较重挫伤,则发生轴突断伤(axonotmesis),远侧端轴突及髓鞘都发生变性,但此时神经内膜管的连续性未断,所以来自近侧断端的新芽可沿远侧端的施万细胞索到达原来的靶结构而恢复其功能。神经干完全离断的损伤称为神经断伤(neurotmesis),此时需行神经外膜的端-端吻合,按照上述"巧合"模式实现再生。

2. 神经缺损修复问题 在临床上遇到神经严重损伤或损伤部已形成瘢痕且必须切除时,可造成近、远侧两断端间距离过大,无法进行端-端吻合,此时就需用自体神经或其代用品进行桥接修复。

自体神经移植是经典的神经移植方法,目前仍是修复神经缺损的"金标准"。进行神经移植时,将供体神经的两端与待修复神经的近、远侧两断端分别进行外膜缝合。其近侧缝合部的组织学变化与一般的神经损伤导致的变性、再生过程无大差别,首先由增殖的施万细胞形成细胞索将两断端联系起来,然后由近侧断端发生多条新芽沿施万细胞索通过吻合部,但这一过程较缓慢,约需 10 天方能进入供体神经的近侧端。这些新芽大约以 2 mm/d 的速度向远侧行进,到达供体神经与待修复神经的远侧缝合部。此时,远侧缝合部可能已因结缔组织增生而形成瘢痕,这将阻止再生新芽的行进,可能只有少量的新芽通过瘢痕区向靶结构生长,因此,移植的效果可能不理想,这时可切除此处瘢痕再进行第二次吻合。由于轴突在受到损伤时,可由其近侧断端发生更多的新芽,因此有人主张将移植神经远侧吻合部瘢痕切除并进行第二次吻合,或者此吻合部再进行第二次神经移植手术,其目的在于将远侧吻合部的再生纤维切断,使之发生更多的新芽进入待修复神经的

远侧端,以收到更好的效果。有人做过如图4-10所示的实验,将家兔大腿内侧屈肌支切断并将其近侧断端与被切断的腓总神经远侧断端吻合。3个月后再将腓总神经切断并将其近侧断端与切断的胫神经的远侧断端吻合,再经3个月后进行组织学观察。发现第一次移植后发生新芽的数量为原有纤维的9.6倍,而经过第二次移植后发生新芽的数量可达到原有纤维的30.3倍(图4-11,图4-12)。此实验对第二次移植的建议提供了依据。

自体神经移植由于供体神经来源有限,其结构和直径大小常难以与待修复神经匹配,而且会造成额外的神经缺损,使得供体神经支配区感觉缺失,因而临床应用受到一定限制。异体或异种神经移植又面临免疫排斥反应问题,自体静脉、动脉、假性滑膜鞘管、骨骼肌等非神经组织虽无免疫排斥反应问题,但或多或少地存在缺血后塌陷、粘连和瘢痕组织增生等问题,使功能恢复不够满意,亦难在临床上推广应用。因此,用可降解吸收的生物材料制成神经导管或组织工程化神经移植物,作为自体神经移植代用品来桥接修复周围神经缺损,已经成为周围神经

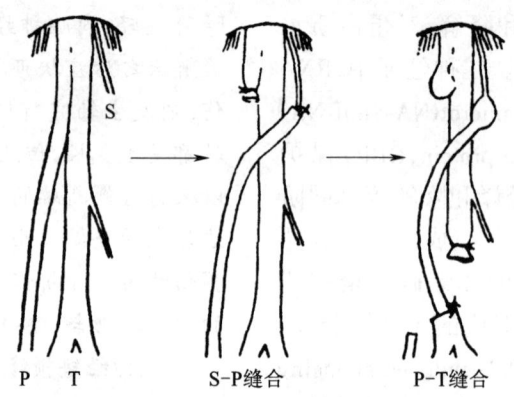

图4-10 大腿内侧屈肌支(S)-腓总神经(P)-胫神经(T)两次吻合手术

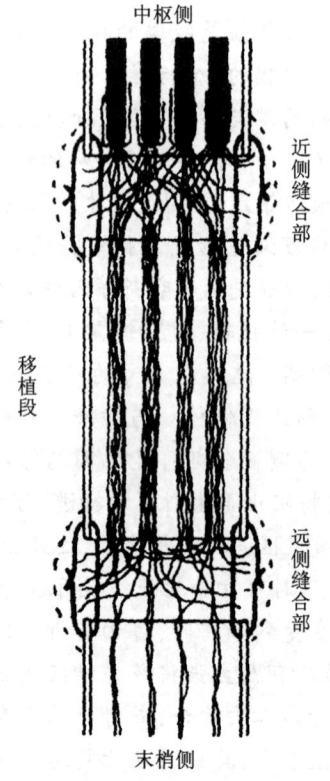

图4-11 自体神经移植后轴突再生情况

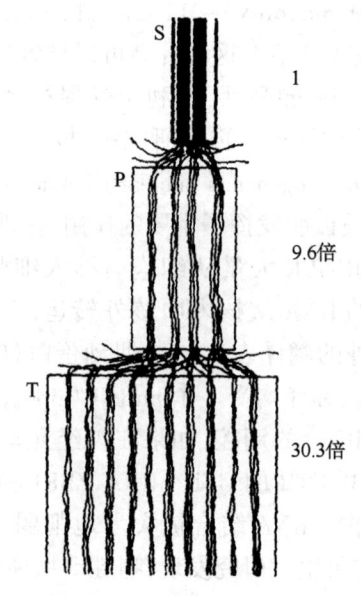

图4-12 两次吻合后轴突新芽数量变化

再生与修复研究的焦点。

用导管修复神经损伤有很多优点：可简化外科手术的修复过程；降低缝合线处的张力；阻止瘢痕组织的长入；引导神经组织再生；有利于内源性神经活性分子从神经断端释放到管腔内，而不至于扩散到外周，在管腔内形成有利于神经再生的微环境；将某些抑制神经再生的分子隔离在管腔外等。临床试验也表明，用导管套接修复神经缺损有利于神经功能的恢复。

良好的支架材料应具备以下特性：生物可降解、无毒、无致畸和致突变作用，没有或仅有微弱的抗原性，与人体组织相容、形成瘢痕组织少，有利于物质交换和血管长入，能引导和促进神经生长，材料来源容易等。可降解材料根据来源分为天然材料和人工合成材料两大类。常用的可降解天然材料主要有胶原（collagen）、壳聚糖（chitosan）、海藻酸盐（alginate）等，人工合成高分子材料主要有聚乙醇酸（polyglycolic acid, PGA）、聚乳酸（polylactic acid, PLA）等。

神经支架的常见构建模式有4种：中空单通道导管、充填基质凝胶（或海绵）的导管、内置纤维支架的导管和多通道导管（图4-13）。单通道导管是最普通的神经导管，也有的在单通道神经导管中填充凝胶或者海绵状基质。研究表明，适当内置纤维或者充填基质比空导管修复神经缺损的效果更好，这可能与纤维或基质引导施万细胞迁移和轴突生长有关。顾晓松等研究发现，天然可降解材料壳聚糖与施万细胞具有良好的相容性，采用壳聚糖导管与聚乙醇酸纤维构建成的人工神经移植物对犬30 mm坐骨神经缺损具有较好的桥接修复作用，神经功能恢复良好。在周围神经组织工程的研究中，可吸收材料的应用，生物人工导管的研究，如可控缓释神经营养因子、导管内复合施万细胞、细胞外基质等，大大地提高了神经修复术后功能恢复的速度，为进入临床使用奠定了基础。

由于缺乏特异性的种子细胞，组织工程化周围神经移植替代物的构建比较困难。施万细胞是周围神经的成髓鞘细胞，在周围神经再生过程中地位重要，因此研究中常常采用施万细胞作为种子细胞。动物实验研究表明，预先种植施万细胞的神经导管具有更好的促进神经再生作用，能够修复更长距离的周围神经缺损。但是在人体内，由于异体施万细胞存在免疫排斥问题，而采集自体施万细胞又必须以损伤神经为前提，故而其临床应用受到限制。为了探寻来源更广、效果更好的种子细胞，人们进行了大量研究，包括使用干细胞（如胚胎干细胞、诱导多能干细胞、间充质干细胞、脂肪干细胞等）。大量动物实验证实，嵌入干细胞的生物支架具有神经保护作用，可促进修复，减少损伤体积，改善功能恢复，具有相当大的临床转化潜力。但未来仍需解决干细胞来源、细胞体内分化方案和体内递送方法及神经再生评估标准等问题。

第二节　中枢神经损伤后的变性与再生

鱼类与两栖类低等脊椎动物的脊髓被切断后可

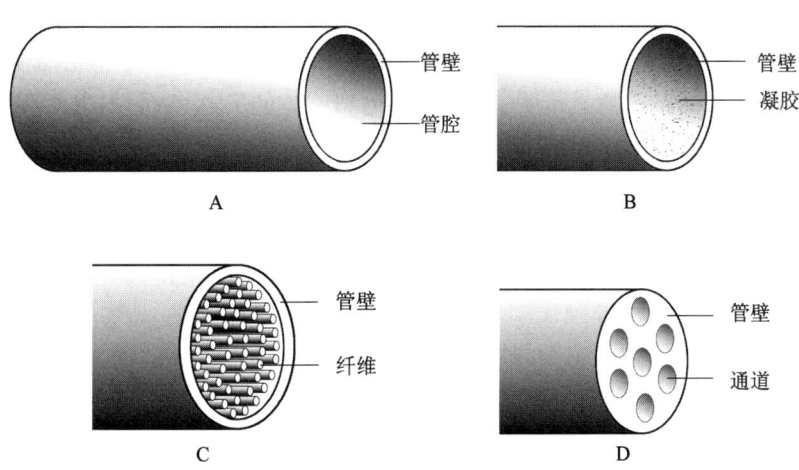

图4-13　神经支架的常见构建模式
A. 中空单通道导管　B. 充填基质凝胶的导管　C. 内置纤维支架的导管　D. 多通道导管

以再生,这种再生能力在胚胎期较幼年和成年更为显著,但成年哺乳类动物却无法成功地再生。包括脑、脊髓在内的中枢神经系统的损伤修复问题一直是神经科学界和医学界所面临的棘手难题,中枢神经系统损伤及退行性变所造成的疾病至今仍在严重影响着人类健康。据不完全统计,全球每年约有100万例新增的脊髓损伤患者。我国现存374万脊髓损伤患者,每年新增病例约9万例,颅脑创伤的发生率也呈不断增长趋势。20世纪80年代,美国国会提出的关于"脑的十年"的法案中,即以中枢神经系统再生问题的紧迫性作为重要论据。

一、中枢神经变性

当中枢神经系统受到外伤、放射线照射、中毒、严重缺血缺氧、退行性疾病及炎症等作用时,会发生神经元胞体和轴突变性,严重时导致神经细胞死亡,这是中枢神经系统对损伤做出的反应。

(一) 受损轴突的变性

中枢神经损伤后发生与周围神经类似的顺行性和逆行性双向溃变,还可出现轴突营养失调。

1. 顺行性变性　中枢神经系统的神经纤维受到毁损时,损伤点远侧段全程也发生类似周围神经的沃勒变性,多见于创伤、感染及神经变性疾病等各种神经系统疾病。有髓轴突切断后6~30h远侧端即发生肿胀,髓鞘板层破裂并变为不规则。伤后2~3天时,线粒体嵴出现空泡,神经微丝及微管肿胀、断裂,髓鞘裂解成微粒。伤后1周左右轴突内细胞器消失。无髓神经纤维的变性进展较有髓者缓慢。近期研究发现轴突在完全失去胞体的支持后仍可存活较长时间,但在此状态下存活的轴突意义不明。

2. 逆行性变性　变性较为局限,一般不超过一个郎飞结,多见于侧索硬化、脊髓小脑疾病、周围神经疾病、营养障碍性神经病和不同毒物引起的中枢神经损伤等。逆行性和顺行性变性在形态上十分相似,常需结合疾病的发生过程加以判断。

3. 轴突营养失调　见于各种中枢神经疾病及损伤,为病理状态下轴突发生的形态学变化,包括轴突肥大和萎缩。轴突肥大依程度分为较大的轴突球样变和较小的轴突曲张两类,前者直径可达正常轴突的数倍(10~50μm),而后者通常不超过10μm。单一轴突上常可出现串珠状多处肿大,肿大的轴突内充满失去结构的细胞骨架和细胞器,淀粉样前体蛋白(amyloid precursor protein)染色阳性,表明局部出现轴浆运输障碍。而肿大轴突的远端往往表现为轴突直径缩小,称为轴突萎缩,多认为是缺乏来自神经元胞体的信号所致。轴突肥大是否可逆以及最终是否形成回缩球是目前研究的热点。传统观点认为回缩球是由断裂的轴突末梢肿大形成的,但最新形态学技术显示,轴突肥大通常发生于完整的轴突,提示轴浆运输障碍引起的局部细胞成分堆积可能是回缩球形成的主要原因。

(二) 受损神经元胞体的变性

神经损伤后胞体的变化主要与神经元类型、生物体年龄、损伤部位到胞体的距离、轴突延伸的环境、神经元兴奋性及损伤类型有关。而这些因素又与神经损伤后的再生密切相关,提示神经系统损伤后胞体变化在再生调控中发挥重要的作用。

神经元损伤后的命运可能有三种:第一种是神经元死亡,严重损伤(靠近胞体的突起断裂)将直接导致神经元死亡,整个神经元及其突起崩解、消失。既往认为中枢神经系统损伤后大量神经元死亡的唯一形式是坏死,但越来越多的证据表明凋亡与坏死平行发生,损伤中心部位发生的细胞死亡以坏死为主,而损伤区周边组织形成的半影带中则多发生细胞凋亡。细胞损伤后是坏死抑或凋亡取决于损伤的程度,当损伤严重、无足够能量支持凋亡过程时,细胞发生坏死,损伤较轻时细胞则出现迟发性凋亡。幸免于凋亡的损伤细胞由于功能可能已经受到损害,仍可因损伤加重而死于坏死。第二种是不全恢复,比较常见。部分神经元损伤较轻或损伤发生于远离胞体的突起,从而得以幸存,但也会出现变性表现,表现为由核周向胞体周边扩散的Nissl体溶解、核移位至周边以及胞体肿胀或缩小。当细胞恢复时,Nissl体以核周向四周延展的顺序逐渐出现。在超微结构方面,可见到Golgi复合体肿胀、扩散,粗面内质网及线粒体肿胀、断裂,神经丝及各种致密小体增加。第三种是完全恢复,胞体在经历一系列变化后,形态结构恢复至正常状态。

(三) 跨神经元变性

中枢神经元受损后,常常出现跨神经元变性

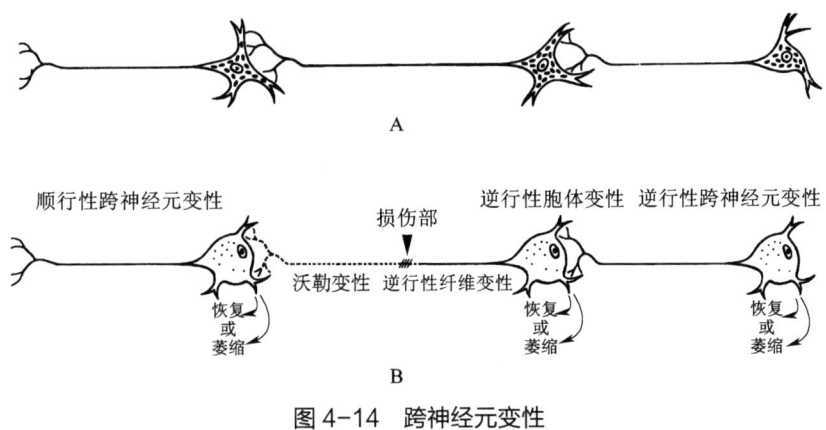

图 4-14 跨神经元变性
A. 正常情况　B. 损伤以后

（图 4-14），进而出现跨神经元萎缩或者凋亡。与受损神经元形成突触的下一个神经元的变性称为顺行性跨神经元变性，而上一个神经元的变性则称为逆行性跨神经元变性，以前者较为多见，可能因失去正常神经元传入信号而导致神经元萎缩或退变。跨神经元变性一般发生于那些轴突切断后逆行性胞体变性特别严重的神经元。跨神经元变性现象表明，神经元之间的突触联系不但起到传递神经冲动的作用，可能还具有两方面的功能：一方面，神经元要充分发育和生存，需要通过其传出信息的神经突起与其他神经元或者效应组织（肌或腺体）建立足够数量的联系；另一方面，还要接受足够数量的来自其他神经元的突触联系和冲动传入，否则神经元将发生变性。

顺行性跨神经元变性可能是中止传入冲动所致，是神经元适应功能改变的一种反应。功能丧失会导致树突棘数目减少，在视觉系统及梨状皮质的神经元树突棘发生选择性变性过程中，一些树突棘失去了功能意义而另一些树突棘具有更大的优势。跨神经元变性的发生存在较大的差异，这可能与所选实验动物、动物模型、研究方法及观察手段等不同有关，如灵长类动物神经细胞变性较食肉动物和兔发生得更快且更严重，幼年动物也比成年动物更早出现变性。

（四）继发性损伤

中枢神经损伤后数小时，损伤处邻近的神经元、胶质细胞、内皮细胞及脑膜细胞可出现机械性或功能性破坏，激活各种信号通路导致原发损伤的扩大，伴随其出现一系列的继发损伤，可包括：①损伤处组织的出血或水肿使得此处正常血流中断，导致损伤组织出现进行性出血性坏死。②血-脑屏障的破坏，使得内皮细胞表面的白细胞黏附分子表达上调，大量的质膜蛋白包括前炎性因子（TNF-α、IFN-γ 等）和抗炎性分子流入损伤组织中。③胶质细胞活化，尤其是小胶质细胞激活并分泌中性粒细胞化学趋化分子，从而在损伤处实质中募集大量的中性粒细胞或巨噬细胞加剧组织炎症反应。目前，倾向于认为活化后的中性粒细胞释放大量的蛋白裂解酶，如弹性蛋白酶、基质金属蛋白酶及 TNF-α、IL-6、IL-1β 等炎性因子，从而对中枢神经损伤后再生产生不利影响。④细胞内钙离子内流，激活钙依赖蛋白酶如钙蛋白酶（calpain）或钙调磷酸酶（calcineurin），加剧轴突变性。大量研究显示损伤处轴膜内高浓度钙离子可通过以下方式实现：轴膜连续性的破坏可致胞外大量的钙离子内流，L 型、N 型钙离子通道及 RyR 受体激活引起胞外钙离子大量内流或钙离子自胞内储存池（如内质网）大量释放，缺血缺氧致 Na^+/Ca^{2+} 交换蛋白崩解等。此外，也有研究显示细胞质膜 ATP 酶异构体 2 的表达下降可加剧轴突变性的病理变化。⑤谷氨酸兴奋毒性损伤。⑥炎症反应。

二、中枢神经再生

（一）20 世纪初叶的轴突再生研究

探索中枢神经损伤后的再生问题，经历了近百年的历程。早在 20 世纪初叶，Cajal 就对神经系统再生能力进行了研究，发现成年哺乳动物中枢神经和周围神经损伤后的再生能力有着显著的差异。周围神经离断后，近端神经内轴突再生，穿越损伤区并进入远端神经长距离生长,直至与靶组织重建突触联系,恢复丧失的功能。而中枢神经元轴突损伤后,近侧断端仅出现一过性芽生,即 Cajal 所说的"流产的再生(abortive regeneration)"。Cajal 的学生 Jorge Francisco Tello 曾尝试将成年哺乳动物自体周围神经植入中枢神经系统内,以期诱发中枢神经纤维在被替换的周围神经微环境中再生,但由于当时不具备必要的神经解剖学技术而未能得出结论性结果。因此,这位 1906 年诺贝尔生理学或医学奖得主最后悲观地断言:"一旦发育结束,中枢神经元轴突和树突的生长与再生能力将永远丧失"。

(二) 20 世纪 20 年代至 70 年代初的脊髓损伤与再生研究

这些年的研究主要采用形态学手段,在整体及细胞水平进行探索。研究的指导思想主要有两方面:①周围神经的再生主要受增殖的施万细胞形成的宾格尔带的诱导,但中枢神经纤维缺乏施万细胞形成的髓鞘;②受 Cajal 观点的影响,认为中枢神经系统损伤后形成的胶质瘢痕是阻碍再生轴突通过的主要因素。因此,在相当长一段时间内,人们热衷于将各种材料制成的薄膜(如金属钽膜、尼龙薄膜及微孔化薄膜等)置于硬脊膜下包绕在脊髓损伤部的周围,以防止或抑制瘢痕的形成;或试图用胰蛋白酶等药物溶解瘢痕,但都未能奏效。也有人将培养的胚胎小脑组织等植入损伤脊髓的两断端间,也未能成功。

在这一历史时期,至少有三项值得注意的重要发现。

1. **神经营养因子研究的开始** 1952 年,Levi-Montalcini 发现了神经生长因子(NGF),开创了神经营养因子研究的先河。对 NGF 起反应的神经元主要有交感神经元、某些感觉神经元和中枢胆碱能神经元。NGF 由这些神经元的靶组织产生,被轴突末梢摄取,逆行运输至胞体,为这些神经元存活的维持所必需。NGF 不仅能支持原代培养的感觉神经元存活,还可促进其突起的生长,提示成熟的感觉神经元轴突损伤后的再生可能需要 NGF。

2. **中枢神经元轴突的侧支芽生** 1958 年,Liu 和 Chambers 发现了轰动一时的轴突侧支芽生(collateral sprouting)现象。他们切断猫脊髓左侧 $T_{10} \sim C_0$ 的后根,但保留其中 L_7 不予切断,术后 261 天发现脊髓内这些被切断的后根纤维变性产物完全消失。此时再切断保留的 L_7 后根,同时切断右侧 L_7 后根,2 周后观察脊髓内变性纤维的数目,发现左侧变性纤维分布范围及密度均明显大于右侧,说明左侧 L_7 后根纤维有较多的轴突分支(图 4-15A)。他们又做了毁损猫一侧锥体束的实验,经过 3~4 年后再切断两侧 T_8 的后根,对比检查了两侧变性纤维的分布状况,发现锥体束变性侧的脊髓内部变性纤维的分布范围和密度都显著增加(图 4-15B)。

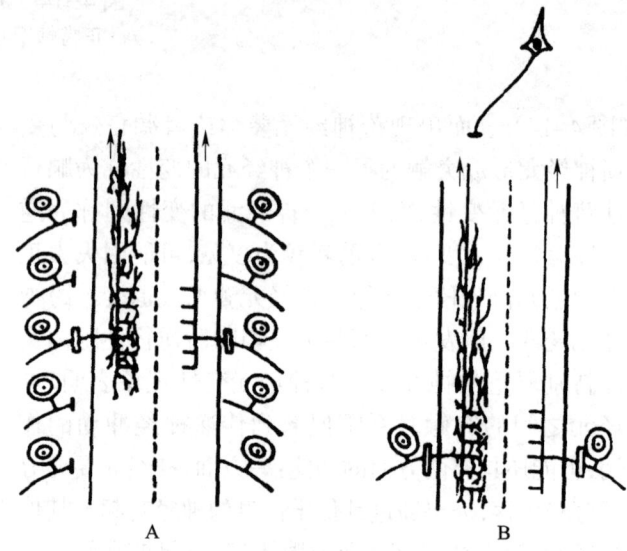

图 4-15 中枢神经元轴突侧支芽生
显示切断后根(A)和锥体束(B)后,正常后根发出侧芽的情况

在此实验中,虽然代偿现象发生在中枢神经系统(脊髓),但所切断的脊神经后根却是初级传入神经元的中枢突,属周围神经系统,并非真正意义的中枢神经系统损伤。但这一实验却提示了一个有意义的线索,即突触在一定条件下可以重建,在突触前成分受到损伤而变性时,健存靶结构(突触后成分)显然可以作为一种诱导因素,诱导邻接的正常轴突或终末芽生,代替其丧失的突触前成分。

3. **神经回路网络的可塑性** 1969 年,Raisman 等报道大鼠隔核的神经回路网络具有可塑性。隔核的传入纤维主要包括三部分:通过海马伞来自本侧海马的纤维,通过海马伞来自对侧海马的纤维,以及其他纤维(如通过内侧前脑束来的纤维等)。作者首先观察了外侧隔核的突触类型,发现轴-体突触占 2%,轴突终末和树突小棘之间的轴-棘突触占 65%,终末和树突干之间的轴-树突触为 33%;经海马伞来的轴突终末终于树突上,而经内侧前脑束来的轴突终末一部分终于树突,另一部分终于胞体,其中有25%左右形成轴-体突触。作者首先切断一侧海马伞,1周内发现隔核内轴突终末数量急剧减少,大量突触前成分丧失,但到第6周突触的数量又恢复到正常,说明变性的突触前成分被再生的新突触前成分补偿(图4-16)。突触完全恢复后又切断对侧海马伞,2天后发现外侧隔核内变性突触数量相当于来自两侧海马伞的轴突终末的总和。由此推论,切断一侧海马伞后突触数量的恢复,是由于对侧海马伞内轴突侧芽的代偿,即侧芽取代了来自本侧海马伞的变性突触前成分,重新支配了残存的突触后成分。Raisman将这种现象称为侧支重新支配(collateral reinnervation)或突触发生(synaptogenesis)。

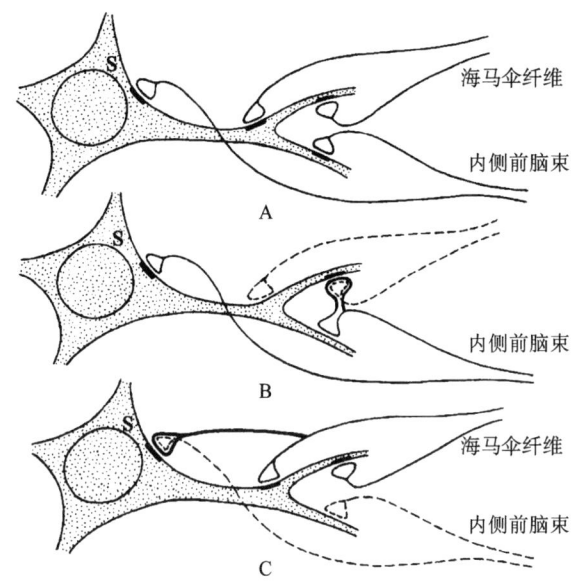

图4-17 隔核内突触可塑性

A. 在正常情况下,海马伞纤维终止于树突,而内侧前脑束纤维与胞体(S)和树突都形成突触 B. 切断海马伞后,海马伞纤维及其突触变性,由内侧前脑束纤维代偿形成突触 C. 切断内侧前脑束后,内侧前脑束纤维及其突触变性,由海马伞纤维代偿形成突触

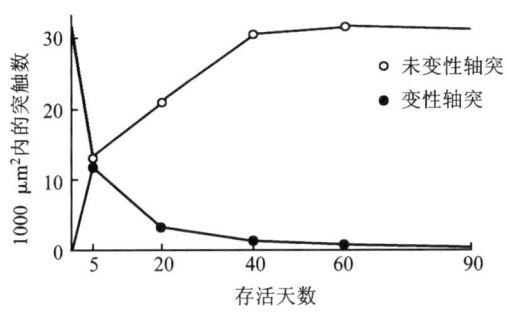

图4-16 切断一侧海马伞后隔核内突触变性及恢复过程

令人惊奇的是,切断两侧海马伞后继续存活的动物又重复了上述可塑性现象,即变性突触前成分被清除后再次获得新的突触前成分的补偿而重建了突触结构。此结果提示,除上述同侧和对侧海马伞外,还存在第三条向外侧隔核传入的中枢通路,在切断两侧海马伞之后,由此通路发生侧芽重新建立突触。因此,他们又切断内侧前脑束向外侧隔核的传入,发现虽然轴-体突触发生变性,但不久隔核内又有轴-体突触出现,作者认为这是由于海马伞纤维所发生的侧芽终末和失去突触前成分的突触后成分重新联系而建立的侧支重新支配。这反证了两侧海马伞完全切断后重新建立的突触是由内侧前脑束的轴突终末发出侧芽而形成的(图4-17)。

在切断两侧海马伞后,常可观察到一种特殊现象,即一个轴突终末和两个突触后成分结合,形成双重突触(double synapses)。这种双重突触在正常隔核中极少出现,而在切断双侧海马伞后的突触重建中数量大增。Raisman等认为,在邻接的两个突触中,一个因突触前成分被阻断而变性时,可由邻接的另一个突触前成分伸出侧芽对变性突触的突触后成分进行重新支配,这种由轴突终末向侧方仅伸延1~2μm新芽的现象称为终末芽生(terminal sprouting)。

上述侧支芽生及突触可塑性都是一种代偿现象,并不意味着中枢神经纤维损伤后可以自发再生,但这些发现却可解释一些临床现象,如因脑血管病导致偏瘫的患者,经过一定时间后,有的在功能上可有一定程度恢复;为缓解或消除顽痛而施行三叉神经脊束切断术或脊髓侧索切断术,一段时间后疼痛又可复发。这些功能恢复可能是侧支或终末芽生的结果。

(三) 20世纪80年代及以后的中枢神经再生研究

20世纪80年代初,加拿大神经科学家Albert J. Aguayo重拾Tello搁置的工作,将一段自体坐骨神经的两端插入成年大鼠胸段脊髓,利用刚刚发展起来的神经束路追踪技术,首次证实了脊髓受损神经纤维能够长入移植的周围神经并长距离再生,由此开创了中枢神经再生研究的新纪元。近30年的不懈探索已得出结论,尽管中枢神经元内在再生潜力低于周围神经系统神经元,但其轴突在损伤后确实具有再生能力，只是中枢神经系统微环境不利于轴突再生，因为中枢神经系统内存在强烈抑制轴突再生的髓鞘相关分子，且缺少足够的可阻止神经元死亡和促进轴突再生的各种内源性营养因子。近年来，中枢神经系统再生的基础研究已不断取得突破性进展，包括中国在内的多个国家也开展了不少脊髓损伤的临床研究，但攻克中枢神经系统创伤和退行性顽疾的奇迹，并非指日可待。

随着分子免疫学的发展，从免疫学角度探讨免疫炎性细胞因子在中枢神经损伤再生中的作用成为研究的热点。脊髓损伤后局部活化的胶质细胞、单核巨噬细胞、T细胞等分泌的IL-10能抑制肿瘤坏死因子、IL-1、IL-6等细胞毒性因子的产生。研究证明外源性IL-10可以减轻脊髓损伤后早期免疫炎症反应。在脊髓损伤动物模型注入趋化因子CXCL10、CXCR2受体拮抗剂能抑制损伤局部炎症细胞的侵入，减少胶质细胞的活化，提高内源性凋亡抑制基因的表达水平，从而减少中枢神经元的死亡和凋亡。有学者在脊髓损伤后炎症反应最严重时去除周围血中的单核巨噬细胞，观察到实验动物病肢功能改善明显，镜下观察见损伤区有髓纤维数目较多，空洞明显减少，轴突再生良好。Greg Lemke等发现大脑中一些免疫细胞上的TAM受体对健康和损伤状态至关重要。免疫细胞利用TAM受体清除坏死细胞，而Mer和Axl能识别依附在坏死细胞表面的蛋白标记；相比正常小鼠，缺失TAM受体的小鼠嗅球中的新生细胞增加了70%；PD小鼠缺失Mer和Axl后，其寿命比含正常小胶质细胞的小鼠更长。Beth Stevens团队研究发现AD小鼠脑中C1q过度表达，致正常突触被免疫细胞蚕食，神经信息传递受阻导致认知功能下降，注射C1q抗体后，突触结构不再受损；敲除C1q基因后，即便出现淀粉样蛋白聚集，突触结构也未出现损伤。

自20世纪八九十年代科学家相继分离培养出小鼠和人类胚胎干细胞以来，以干细胞工程（胚胎干细胞/诱导多能干细胞、间充质干细胞、神经干细胞）为核心技术的再生医疗使得脊髓和脑损伤修复研究进入了全新的领域。通过将转录因子OCT3/4、SOX2、KLF4及C-MYC转染成体细胞重编程而获得诱导多能干细胞，其形态特征、分化潜能均与胚胎干细胞类似。尽管大量实验研究显示胚胎干细胞/诱导多能干细胞用于修复动物脊髓损伤疗效显著，但

在FDA批准的Ⅰ期临床试验中，Geron公司利用人胚胎干细胞治疗人类脊髓损伤临床试验，发现疗效并不稳定且有肿瘤形成风险。实验研究显示，骨髓间充质干细胞可分化为运动神经元，是潜在的脊髓损伤修复资源细胞。有学者利用自体骨髓间充质干细胞进行Ⅰ期临床试验治疗创伤导致的人慢性脊髓损伤，显示骨髓间充质干细胞治疗对修复人脊髓损伤有效，但个体之间治疗效果差异很大。目前，干细胞治疗的临床疗效尚不能提供可重复的证据。然而，过去十年的临床试验已经证明了细胞移植到损伤脊髓的可行性和长期安全性，为考虑改进和联合治疗铺平了道路。而联合各种神经营养因子或细胞因子调节局部微环境是当下研究的重点；细胞移植与组织工程相结合，主要是各种生物支架的应用，不仅直接填充脊髓缺损，而且为干细胞的迁移和贴附生长分化提供了良好的支撑。近五年来，除了上述干细胞工程为核心的再生医学在脊髓和脑损伤修复研究中的火热开展，新型生物技术应用的生物工程、神经调节技术，如经颅磁刺激（rTMS）、脊髓硬膜外刺激（EES）、深部电刺激（DBS）、脑机接口等，也陆续进入动物实验、临床/亚临床试验，在促进运动功能恢复时获得良好疗效。在锥体神经元中条件性表达具有激酶活性的BRAF蛋白，上调与轴突再生密切相关的转录因子Fosl1、Creb3l1、Cebpd、Nfe2l3、Mitf和Tgif1等表达，激活MAP2K信号通路，促进脊髓损伤大鼠皮质脊髓束轴突发芽再生，PI3K/MTOR信号通路未涉入该过程。高频rTMS（HF-rTMS）可激活BRAF经典下游效应子MAP2K1/2，并与激活BRAF类似上调轴突再生相关转录因子表达，促进皮质脊髓束轴突再生，而这种效果在MAP2K1/2条件性缺失的小鼠中无法实现。提示MAP2K信号在增强成体内锥体神经元生长能力方面发挥重要作用，HF-rTMS可能通过调节MAP2K信号传导治疗脊髓损伤。研究发现应用rTMS可以增加脑源性神经营养因子（BDNF）的水平，增强突触和结构可塑性；HF-rTMS可以增强前额叶皮质神经元对BDNF的响应性。这类物理等治疗技术的应用为中枢神经损伤治疗提供了新的思路。

三、影响中枢神经再生的主要因素

与周围神经不同，成年哺乳动物中枢神经系统

损伤后轴突常不能有效再生，影响中枢神经轴突有效再生的原因比较复杂，主要涉及神经元内在生长能力差、胶质瘢痕的形成、缺乏生长促进分子及神经再生抑制性因子的释放等因素。

（一）促进中枢神经再生的因素

1. 神经营养因子家族　在 Aguayo 的开创性实验中，坐骨神经两端植入脊髓部位附近的脊髓神经元受损轴突，虽然可被周围神经移植物诱发长距离再生，但这些再生的中枢神经纤维在随周围神经移植物重新进入脊髓组织时停止生长，说明中枢神经系统微环境不利于轴突的再生。之后，Richardson 和 Aguayo 等发现其轴突长入周围神经移植物中的绝大多数神经元均分布于移植部位周围，但在颅内切断的视神经眶侧断端移植周围神经却未能诱发视网膜神经节细胞（以下简称节细胞）轴突再生。受此现象的启发，苏国辉和 Aguayo 在 1985 年将周围神经一端的鞘膜去除后直接插入邻近视神经的视网膜，以使周围神经接触到节细胞的损伤轴突（图 4-18），以此成功诱发成年大鼠节细胞损伤轴突再生进入周围神经移植物。

那时多数科学家们认为，移植自体周围神经可诱发损伤中枢神经再生的主要原因在于，中枢神经系统微环境内缺少内源性营养因子，而移植的周围神经内的施万细胞为中枢神经再生提供了必不可少的营养因子，从而极大地推动了营养因子的研究，在 20 世纪 80 年代正式提出了神经营养因子的概念。

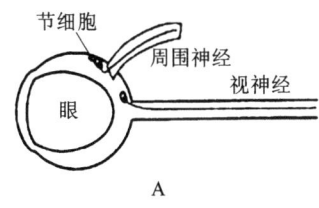
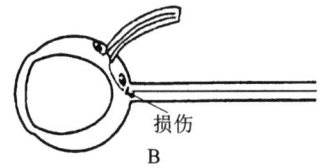

图 4-18　节细胞受损轴突再生
A. 节细胞受损轴突再生进入植于眼球的周围神经　B. 除植于眼球的周围神经外，位于移植物和视盘间的损伤切断另一部分节细胞的轴突，这些轴突也将再生进入移植物

脑源性神经营养因子（brain-derived neurotrophic factor, BDNF）、神经营养素-3（NT-3）、NGF、睫状神经营养因子（ciliary neurotrophic factor, CNTF）及成纤维细胞生长因子（FGF）等多种神经营养因子均可有效地减轻实验动物的脊髓损伤。NT-3 同时还可促进中枢神经元损伤后的存活和刺激存活的少突胶质细胞重新形成髓鞘等。从大鼠胶质瘤细胞系分离出来的胶质细胞系源性神经营养因子（GDNF）在体内可挽救发育中的禽类以及周围神经离断后的禽类和鼠类脊髓运动神经元的凋亡，并能促进体外培养的运动神经元存活。

营养因子通过与特定受体结合，对不同类型神经元发挥相异作用。如 BDNF、NT-4/5 及 FGF 可促进发育和成熟节细胞的存活，但只有 BDNF 和 NT-4/5 能够诱发节细胞轴突的有限芽生；NT-3 对节细胞没有任何作用，但可促进皮质脊髓束生长；GDNF 和 CNTF 促进 α 运动神经元的轴突生长（大直径），而 BDNF 则主要影响中直径轴突。这些数据提示损伤后不同功能恢复需要应用特定神经营养因子。同时，由于成体神经元受体表达降低，应用神经营养因子时尚需同时提供外源性受体或提高神经元反应敏感化来增强效果。

2. 生长相关蛋白 GAP-43　GAP-43 是一种膜相关磷蛋白，主要表达于发育或再生轴突的生长锥末端，主要参与轴突生长、突触重构以及儿茶酚胺和神经肽类物质的分泌。在轴突分支生长和再生的过程中，生长锥肩负引导轴突延长并长入正确目标位置的责任。生长锥周围环境中细胞表面的导向信号与丝状伪足的受体结合触发生长锥局部区域的第二信使系统，进而使细胞骨架的结构和功能发生改变，神经生长的开始阶段常伴随一些 GAP 的高度表达，GAP-43 的表达贯穿于整个发育中的神经系统的轴突生长全过程，随着神经系统的成熟，GAP-43 的表达逐渐下降并呈区域性受限。调整 GAP-43 的表达水平能够对细胞和生长锥形态学方面起到很大的作用，神经元细胞中过度表达 GAP-43 不仅能诱发丝状伪足的形成，而且可以提高轴突分支生长的能力，提示 GAP-43 是一种调节神经元轴突导向的重要蛋白。关于 GAP-43 在中枢神经系统损伤修复过程中的具体作用机制众说纷纭，但大都集中于轴突再生和轴突导向两方面。GAP-43 的表达与成年动物神经元轴突再生及可塑性密切相关。GAP-43 高度表达时可以修改浦肯野细胞对于轴突损伤的反应,主要表现为降低其对损伤的抵抗,同时诱导轴突生长,在 gap-43 基因敲除小鼠的小脑颗粒细胞中发现细胞黏附分子 NCAM 不能刺激轴突分支生长;同样,在 C3C4 突变的 GAP-43 不能像原株 GAP-43 那样依附于质膜,所以对 NCAM 的刺激也没有反应,因此 GAP-43 与质膜的结合可能对 NCAM 诱导的神经轴突的产生意义重大。

3. Homer 蛋白家族　Homer 蛋白是一种有多个结构域的胞质蛋白,作为支架蛋白,能通过调节蛋白质之间的相互结合而发挥广泛作用,包括影响发育中的神经元对外界信号做出反应,促进神经元轴突的发芽和延伸。Homer 蛋白在不同物种间高度保守,N 端由 112 个氨基酸组成的 VASP 同源结构域(EVH1)是所有家族成员的特点。EVH1 结构域可结合多种跨膜受体蛋白,如代谢型谷氨酸受体(mGluRs)、三磷酸肌醇受体(IP_3R)、ryanodine 受体(Ry-R)及像 Shank 样的锚定蛋白。Shiraishi 等认为发育小鼠小脑颗粒细胞中表达分泌的 Cupidin 是一种 Homer 蛋白家族成员,可激活 Rho 家族中的 GTPase,并与肌动蛋白结合,从而使细胞骨架的有序性发生改变,重新排列,以对周围环境中或吸引或排斥的因素做出适应性反应。Homer 蛋白发挥效能的可能机制包括影响生长锥上的 Ca^{2+} 信号转导,通过胞膜上 IP_3R 和 Ry-R 介导调控生长锥中的 Ca^{2+} 浓度,干扰 Ca^{2+} 的释放聚集将阻碍突起延伸并改变生长锥对指导信号的反应;影响生长锥表面的受体分布,阻断 Homer 蛋白的这一作用将妨碍生长锥对周围信号分子的正确识别;直接调控肌动蛋白的组装。

4. 轴突生长导向因子　主要包括 Slit、Semaphorin、Ephrin 和 Netrin。轴突生长导向分子可以对轴突生长表现出吸引或排斥反应,主要取决于受体和细胞内信号传递介质。Semaphorin-4D 和 Netrin 在脊髓损伤后与髓鞘结合,而 Semaphorin-3(SEMA-3A)、Ephrin-B2 和 Slit 蛋白则出现于损伤部位细胞外基质中。研究发现 Slit 既可导向轴突,又可导向神经细胞胞体迁移,说明轴突导向和细胞迁移在分子机制上存在共同性。Netrin-1 作为化学性诱向剂通过激活 DCC 受体能够对远距离神经元轴突发挥远程吸引诱导作用。而排斥导向分子 A(RGMA)和 SEMA-3A 在脊髓损伤后抑制轴突再生。EPH4 是多个 Ephrins 亚型的受体,在中枢神经损伤修复中的作用复杂。最初认为 EPHA4 参与调节反应性星形胶质细胞增生和瘢痕形成,但后来的研究并未证实这一点。因此,轴突导向分子在脊髓损伤后修复中发挥复杂的作用。可以通过诱导基因缺失实验进一步验证。

5. 促进中枢神经突触再生的 cAMP/PKA 级联信号转导通路　cAMP 信号系统是目前研究最完善的受体后信号转导系统,配体(如激素、神经递质、调质和生长因子等)与细胞膜上的特异受体结合后,通过与受体偶联的 G 蛋白激活腺苷酸环化酶(adenylate cyclase,AC),催化 ATP 水解生成起第二信使作用的 cAMP,cAMP 进一步激活蛋白激酶 A(protein kinase A,PKA),PKA 将多种靶蛋白(如离子通道、细胞骨架蛋白、转录因子及酶等)磷酸化并调节其活性。其中一个磷酸化的重要转录因子就是 CREB,能够调节多种基因的转录,参与神经元的兴奋、发育、凋亡及突触可塑性等多个神经过程,在改善神经元内在生长状态、抑制或中和环境中的抑制因子、轴突生长锥寻路和致靶过程中轴突投射的准确性等多方面影响轴突生长。NGF、BDNF、GDNF 等作用于 cAMP/PKA 级联信号转导通路,提高 cAMP 水平,可激活 PKA,活化的 PKA 有灭活 Rho 的效应,从而起到促进生长锥延伸的作用。增加外源性人工合成 cAMP 可以克服髓鞘相关抑制因子(MAG、Nogo-A 和 OMgp)对成年神经元的抑制作用,抑制 Rho/ROCK 级联信号通路促进中枢神经系统轴突再生。生长锥对轴突的生长和路径寻找至关重要,胞质内 cAMP 的水平或 PKA 的活性决定着生长锥对导向因子的反应(吸引或排斥)。cAMP/cGMP 比例增高,激活 Netrin-1 作为导向因子对轴突产生吸引作用;cAMP/cGMP 比例降低则产生排斥作用。

(二)阻碍中枢神经再生的因素

1. 髓鞘和少突胶质细胞相关的抑制因子　科学家们逐渐发现,成年哺乳动物中枢神经损伤后难以自发再生,除中枢神经系统微环境缺少内源性营养因子外,另一主要原因就是中枢神经系统内存在多种与髓鞘/少突胶质细胞和胶质瘢痕相关的抑制因子。其中,与髓鞘和少突胶质细胞相关的抑制因子包括 Nogo-A、髓鞘相关糖蛋白(myelin-associated glycoprotein,MAG)、少突胶质细胞髓鞘糖蛋白(oligodendrocyte-myelin glycoprotein,OMgp)和

Ephrin-B3等。瑞士慕尼黑大学Martin E. Schwab和同事最早发现髓鞘内存在使神经元突起停止生长并致生长锥塌陷的蛋白质,并将这种相对分子质量为35 000和250 000的膜相关蛋白命名为NI(neurite inhibitor)-35/250。Schwab研究组在1998年从大鼠NI-250牛同源体的水解蛋白中获得6条局部肽序列后,与美国的Stephen M. Strittmatter及英国的Frank S. Walsh于2000年1月27日Nature上分别独立发表论文,确定了NI-250的cDNA编码并将其命名为Nogo-A,从而揭开了深入研究Nogo的序幕。

nogo基因编码的蛋白质称为Nogo蛋白,有三种异构体,分别被命名为Nogo-A、Nogo-B和Nogo-C(图4-19A),这三种蛋白质产物由同一基因通过不同启动子或RNA剪接方式形成。Nogo-A在少突胶质细胞中高表达,也广泛存在于多种类型的神经元中。Nogo-B在神经系统内少有表达。Nogo-C则不仅存在于神经系统,还广泛分布于骨骼肌等组织中。三种Nogo蛋白异构体中,只有Nogo-A具有抑制轴突再生的作用,是中枢神经系统髓鞘相关抑制因子的主要形式。

大鼠Nogo-A转录本编码1163个氨基酸,其产物可能就是被NI-1识别的NI-250。人Nogo-A由1192个氨基酸残基组成,相当于大鼠的NI-250;Nogo-B由373个氨基酸残基组成,与Nogo-A相比缺少186~1004位氨基酸残基,相当于大鼠的NI-35;而Nogo-C由199个氨基酸残基组成,相对分子质量最小。这三种蛋白异构体的氨基端(N端)没有同源性,也缺乏通常可作为信号序列的疏水氨基酸肽段。但三者有一相同的羧基端(C端),含188个氨基酸残基。靠近C端有两个长度分别为35和36个氨基酸残基的疏水结构域,即跨膜区。这两个跨膜区间有一个位于细胞外侧或细胞膜上的包含66个氨基酸残基的环状亲水结构域,称为Nogo-66,是Nogo-A的细胞外功能区域(图4-19A),髓鞘的大部分抑制活性可被针对这一片段的抗体所阻断。从Nogo-A的N端到第一个疏水区的氨基酸序列富含酸性氨基酸(如脯氨酸)残基和负电荷,被称为amino-Nogo。可溶性重组amino-Nogo和Nogo-66蛋白都具有独立的抑制活性,但两者在靶细胞特异性方面有所不同,Nogo-66只能抑制神经元生长,而amino-Nogo不但可抑制神经元生长,还可抑制成纤维细胞的生长。

Nogo-A抑制轴突生长的作用是通过与Nogo受体结合来介导的。Nogo受体又称为Nogo-66受体(Nogo-66 receptor, NgR),是一种含473个氨基酸残基的蛋白质,广泛分布于中枢神经系统的神经元,包括大脑皮质神经元、海马神经元、小脑浦肯野细胞和脑桥神经元等,因能与Nogo的胞外结构域Nogo-66高亲和力结合而得名。在NgR的N端具有典型的易位信号序列,继之排列着8个富含亮氨酸的重复

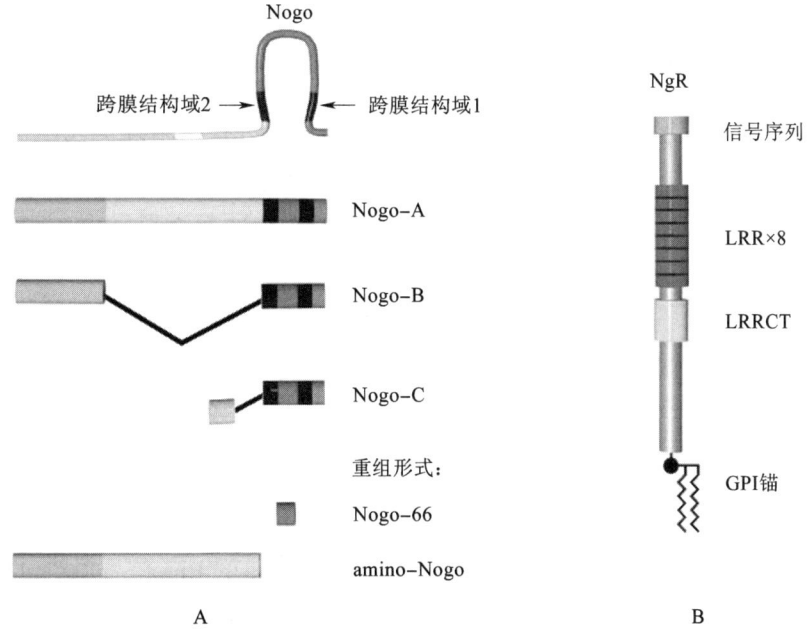

图4-19 Nogo蛋白异构体(A)及NgR结构(B)

序列（称为 LRR 基序）和一个富含半胱氨酸结构的 C 端基序（称为 LRRCT 基序）；而其 C 端借助一个糖基化磷脂酰肌醇（GPI）结构锚定在神经元胞膜表面（图 4-19B、图 4-20）。LRRCT 是 Nogo-66 的结合区域，Nogo-66 需通过 LRRCT 与 NgR 特异性结合才能产生抑制轴突生长的作用。NgR 氨基酸序列中不存在跨膜作用域，也不存在细胞内结构域。因此，NgR 的作用必须通过一个能够转换细胞外信号和胞内起始信号的共用受体协同作用，方可向胞质内转导 Nogo-66 的细胞生长抑制信号。NgR 与低亲和力神经营养因子受体（p75^{NTR}）和含有 LRR 和免疫球蛋白样结构域的跨膜蛋白 LINGO-1 共同组成转导抑制生长信号的膜受体复合体，这一复合体也是 Nogo、MAG 和 OMG 的共同受体（图 4-20）。抗 NgR 单克隆抗体 7E11 可阻断 Nogo、MAG 和 OMgp 与 NgR 的结合，并有效促进在中枢神经系统髓鞘培养基上培养的神经元突起的生长。NgR 的肽类拮抗剂 NEP1-40 是 Nogo-66 的亚片段，可与 Nogo-66 竞争与 NgR 结合，从而选择性阻断 Nogo-A 的抑制作用，促进脊髓损伤后皮质脊髓束和红核脊髓束轴突的再生和运动功能的恢复。

NgR 激活后触发一种膜锚定的小 G 蛋白三磷酸鸟苷酶 RhoA 的激活，这是髓鞘相关蛋白信号转导机制的关键因素。神经元内 RhoA 被激活后，可通过刺激 Rho 相关激酶（Rho-associated kinase，ROCK）和肌动球蛋白（actinomyosin）收缩而导致突起回缩和生长锥塌陷，从而抑制突起的形成（图 4-20）。Rho 的失活可以减轻 Nogo-A 诱导的生长锥崩溃；Rho 表达减少的神经元对 MAG 诱导的生长抑制无反应；阻断 Rho 的作用后，神经元突起可以向具有 MAG 的神经组织中生长。Rho 的活性受 PKA 的抑制，若升高细胞内 cAMP 水平，可以通过增加 PKA 的磷酸化作用使 Rho 失活，从而抑制生长锥的崩溃，促进脊髓损伤后神经轴突的生长。以显性负突变（dominant negative）RhoA 或 C3 核糖转移酶阻断 RhoA 的激活，或以 Y27632 抑制 ROCK，均可在体外逆转髓鞘培养基的抑制作用。由于 C3 缺乏渗透性而难以自由进入神经元，直接应用 C3 拮抗 RhoA 的体内研究均未获得促进轴突再生的结果。Winton 等应用 5 种可不经受体而跨越细胞膜的 C3 样重组蛋白，成功诱发神经元突起在抑制性培养基质上生长。一些研究发现 ROCK 抑制剂具有某种程度的促进轴突再生和功能改善的功能。

p75^{NTR} 通过它的细胞外结构域与 NgR 的 C 端相互作用，而它的细胞内结构域则可介导髓鞘相关抑制作用，而且所介导的所有已知 NgR 配体（Nogo-A、OMgp、MAG）的抑制作用是以不依赖神经营养因子的方式进行的。LINGO-1 特异表达于中枢神经系统，神经元表达的 LINGO-1 参与调节中枢神经再生的抑制信号，而少突胶质细胞表达的 LINGO-1 分子参与负调节少突胶质细胞的髓鞘化过程。以可溶性 LINGO-1-Fc 片段阻断 LINGO-1 与 NgR 的结合，可在大鼠脊髓损伤后抑制 RhoA 的激活，减少少突胶质细胞和神经元的死亡以及促进轴突再生和功能恢复。此外，包含 LINGO-1 分子胞外段 LRR 和 IgC2 结构域的 Fc 融合蛋白能够阻止低钾诱导的小脑颗粒神经元凋亡，且这种作用可能依赖 IgC2 结构域。MAG 和 OMgp 对中枢神经系统轴突再生也具有较强的抑制作用，而且两者都通过与受体 NgR 结合而介导轴突生长抑制作用（图 4-20）。

Rho/ROCK 信号通路能被多种类型活化的膜受体激活，完整的 Rho 信号通路包括上游的活化受体、Rho、下游的 Rock 及其作用底物，最终活化下游分子 MLC、LINK 和 CRMP。MAG、Nogo-A 和 OMgp 可通

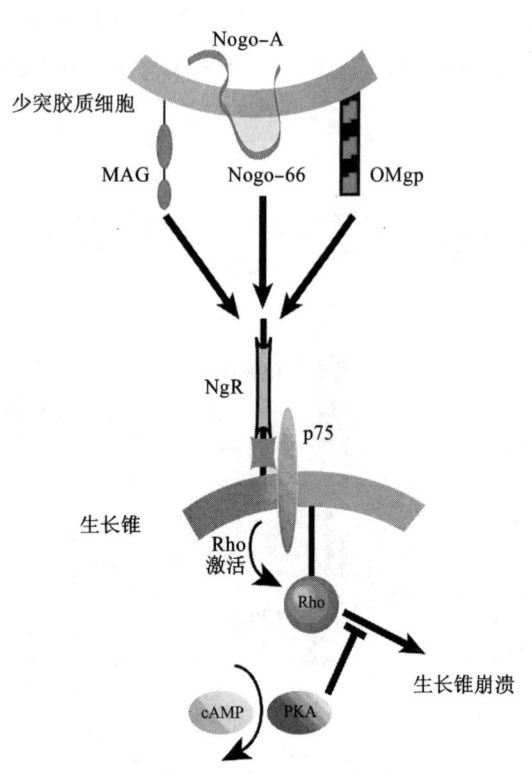

图 4-20　NgR 介导生长锥崩溃作用

过 NgR 受体复合体将信号传入细胞内,促进 NgR、LINGO-1 及 p75 或 TROY 形成 NgR/LINGO-1/p75 或 TROY 受体复合体,激活下游信号分子 RhoA,从而导致 ROCK 的活化,活化的 ROCK 一方面通过肌球蛋白轻链(MLC)的磷酸激酶失活的方式间接使磷酸化的 MLC 水平上调,磷酸化的 MLC 可刺激肌球蛋白与肌动蛋白的结合,致使肌球蛋白收缩,引起生长锥萎缩和轴突退缩,最终导致细胞骨架动力学的改变;另一方面可以抑制黏着斑激酶(FAK)的磷酸化,进一步抑制桩蛋白的磷酸化,影响黏着斑的翻转,从而降低细胞的迁移能力。当 LIMK 被 ROCK 磷酸化后,可使肌动蛋白的解聚因子 cofilin 失活,继而抑制突起的外生。当脑衰蛋白反应调节蛋白-2(CRMP-2)被 ROCK 磷酸化后,其促进轴突延长功能失活,从而引起轴突外生的抑制效应。

实验发现,对三大髓鞘抑制因子进行阻断后,脊髓损伤大鼠的皮质脊髓束及红核脊髓束均未能再生,而药物或基因干预 Nogo 蛋白表达可以促进皮质脊髓束的再生,提示在成人中枢神经系统中存在另外的轴突生长抑制因子。其中,RGM-a 是一种与其他任何导向因子无同源性的 GPI 锚定膜蛋白,研究发现其在视网膜轴突生长过程中主要介导抑制性导向作用。进一步研究显示 RGM-a 通过结合再生蛋白可促进 UNC5B 与 LARG 结合,激活 Rho-A 信号通路,抑制轴突再生。此外,主要由胶质细胞合成的载脂蛋白 E(apolipoprotein E,ApoE)也参与轴突生长锥的调节,研究显示 ApoE4 抑制轴突的生长,其原因与 ApoE4 影响轴突中细胞骨架蛋白的聚合相关。

2. 胶质瘢痕相关的抑制因子 脊髓损伤后局部出现炎症、水肿以及大量细胞因子和化学因子释放,使得损伤区周围组织中的胶质细胞发生反应,以星形胶质细胞的变化最为显著。激活的星形胶质细胞增生肥大,胶质原纤维酸性蛋白表达增强。星形胶质细胞在损伤区周边部位聚集,逐渐形成胶质瘢痕。胶质瘢痕虽然对损伤的脊髓组织具有一定的屏蔽保护作用,但却成为严重阻碍轴突再生的屏障。胶质瘢痕除了形成机械屏障阻碍轴突生长外,其中的细胞成分还可分泌多种抑制轴突生长的分子。科学家已经从胶质瘢痕的实质中成功分离出主要由星形胶质细胞分泌的能够抑制轴突生长的硫酸软骨素蛋白多糖(chondroitin sulphate proteoglycan,CSPG)以及其他多种化学物质(如 semaphorin-3、ephrin-B2、Slit 蛋白等),这些抑制性分子形成一道强烈的化学性屏障,阻止轴突延伸,使生长锥崩溃。实验研究发现瘢痕结构分子及星形胶质细胞分泌的抑制生长因子是导致再生障碍的重要因素。

CSPG 由核心蛋白和线性糖氨多糖链(GAG)组成,二者的异质性导致对 CSPG 进行基因层面干预研究很难进行,而拮抗 CSPG 的途径也非常复杂。CSPG 主要通过其核心蛋白与细胞外基质或细胞表面分子连接,使黏多糖硫酸多糖链成为可遮蔽或改变靶分子结构的有利位置而发挥作用。硫酸软骨素酶 ABC(chondroitinase ABC,ChABC)可破坏 CSPG 的特异性黏多糖侧链,单独或与种植了施万细胞的导引管、施万细胞和嗅鞘细胞桥或神经干细胞/前体细胞联合应用,均可促进大鼠脊髓损伤后的轴突再生和功能恢复。

此外,一些细胞因子及其他抑制因子,如 TNF-α、血浆内皮素、IL-1、IL-6、凝血酶及 CNTF,可通过促进炎症反应,导致神经细胞加速凋亡,直接影响新生轴突的长入,还可以刺激神经胶质细胞过度增生、活化,在损伤区域形成巨大胶质瘢痕阻塞轴突长入通道。

在神经组织严重损伤的情况下,反应性星形胶质细胞增生是导致胶质瘢痕形成的重要原因。损伤情况下,由组织产生的生长因子可促使静息状态的星形胶质细胞重新进入细胞周期。脑内注射内皮素(endothelin)可通过内皮素 B 受体导致反应性星形胶质细胞增加;内皮素可减少细胞骨架肌动蛋白的重构、局部黏附的形成以及培养星形胶质细胞的增生,内皮素诱导的黏附激酶激活则与细胞黏附依赖的星形胶质细胞增生有关。连接蛋白 43(connexin 43)是星形胶质细胞缝隙链接的主要成分,脑损伤后链接蛋白 43 的减少可诱导星形胶质细胞激活及胶质瘢痕的形成,但其机制目前尚不明确。脑创伤后增加 TGF-β 和骨形成蛋白(bone morphogenetic protein,BMP),可影响星形胶质细胞的病理变化和胶质瘢痕的形成,刺激 TGF-β 和 BMP 受体可激活星形胶质细胞内 Smad 家族的转录因子,调节 GFAP 阳性星形胶质细胞表型的转换。

反应性星形胶质细胞的迁移可导致它们在损伤部位聚集,并形成胶质瘢痕。细胞黏附分子、凝血酶和转化生长因子可诱导脑损伤部位星形胶质细胞的激活及培养胶质细胞的迁移。这些分子通过 Rho、

Rac、黏附斑激酶调控星形胶质细胞的迁移以及细胞骨架的重排。在脑损伤情况下,基质金属蛋白酶9(matrix metal proteinase-9,MMP-9)在神经损伤部位产生,可促进星形胶质细胞向胶质瘢痕部位迁移。而针对水通道蛋白4基因敲除小鼠的实验研究也显示,增加水通道蛋白4的活性可促进星形胶质细胞向瘢痕处迁移。

目前,星形胶质细胞增生及胶质瘢痕的形成对中枢神经系统损伤的修复是否有益仍然存在争议。有部分学者认为,损伤处的反应性星形胶质细胞及其他细胞所分泌的神经营养因子可促进神经细胞存活和神经形成,两者对损伤组织功能的恢复均是有益的;而胶质瘢痕的形成也可作为一个物理屏障,防止炎性分子对非损伤部位的浸润和损伤。

3. 中枢神经元内在生长能力　呈发育依赖性丢失,导致成熟的中枢神经元在损伤后再生能力低下。过去十年间,关于神经元内生能力在中枢神经损伤再生中的作用研究取得了实质性进展。mTOR(mammalian target of rapamycin)是 PI_3K/Akt 信号通路的作用底物,被认为是中枢神经元内在生长活性的标志物。在体内mTOR能感受并整合与细胞营养、能量、氧化等有关的信号,是CAP依赖的蛋白翻译的关键调控点,mTOR的上调能促进蛋白合成,控制细胞的生长。在中枢神经元发育过程中mTOR活性持续下调,在成熟后的神经元内仅维持较低的水平,说明mTOR的活性可能是决定神经元内在生长活性的关键物质。研究显示,利用mTOR的体外抑制剂Rapamycin抑制 PI_3K/Akt 信号通路的激活效应后,即使神经元EGFR表达水平上调,微管相关蛋白β-Tubulin、Tau和NF的表达水平也并不增高,提示EGFR的促生长作用是通过激活mTOR活性实现的。进一步研究发现,当PTEN(为 PI_3K 的负性调节分子)缺失后,可通过激活 PI_3K-mTOR通路增加细胞存活和促进轴突再生。细胞因子信号转导抑制物3(SOCS3)是JAK-STAT信号通路的负调节因子,与PTEN类似,节细胞中SOCS3缺失可促进其轴突再生,PTEN-SOCS3双重缺失能够进一步加强轴突再生。Krüppel样因子(KLF)是一类具有C2-H2锌指DNA结合域的转录因子家族,多个成员参与调节神经元突起生长,其中KLF4、KLF9主要起抑制作用,而KLF6、KLF7则起促进生长作用。*KLF4* 基因缺失或KLF6过表达均可通过激活STAT3促进轴突再生。此外,SOX11等转录因子,MAP3K蛋白家族成员DLK、LZK等,均被发现在中枢神经损伤后与 PI_3K-mTOR通路并行(非线性)对轴突再生发挥重要的作用。

(王　慧　范春玲)

新形态教材网　数字课程学习

教学PPT　　参考文献

第五章

神经胶质细胞

1846年，Rudolf Virchow发现并命名了神经胶质细胞（neuroglia），简称为胶质细胞（glial cell 或 glia）。神经胶质细胞是神经组织中除神经细胞（neuronal cell，又称神经元 neuron）以外的另一大类细胞的总称，广泛分布于神经元之间。与神经元一样，在发育早期，除小胶质细胞以外的神经胶质细胞均起源于外胚层。随着物种的进化，神经胶质细胞的数量以及神经胶质细胞与神经元的相对比率逐渐增多。在人类，从数量上比较，过去的教科书大都宣称神经胶质细胞远较神经元为多，即胶质细胞与神经元之比约为10:1，甚至高达50:1。然而，近年来多个实验室采用可靠的神经元与非神经元计数方法的研究揭示，人脑内神经胶质细胞与神经元之比大致是1:1，尽管在不同脑区此比率有些差异，譬如，在人的大脑皮质该比率是1.7:1。所以应当强调，目前认为人脑内的神经胶质细胞与神经元在数量上相当。从体积上比较，人脑内神经胶质细胞约占脑总体积的1/2，两类细胞在体积上也相当。在常规神经组织切片中，神经胶质细胞的体积通常比神经元小，胞体直径为8~10 μm，与最小的神经元直径相似。神经胶质细胞与神经元的根本区别在于：胶质细胞虽具有突起，但无轴突与树突之分，也无产生和传导神经冲动的功能。长期以来对胶质细胞的认识曾存在很大的局限性，认为它只是一种神经间质，一种被动的支持成分。随着研究方法的进步和神经生物学的进展，神经胶质细胞与神经元的交互作用越来越引人注目。现代神经科学已经证明，神经胶质细胞在神经系统发育、突触传递与突触修剪、调节血液供应、血管塑形、学习与记忆、睡眠、神经发生、神经组织修复与再生、神经免疫以及多种神经疾病的病理机制等方面，都起着十分重要的作用。甚至有人将曾经"被遗忘的"神经胶质细胞视作与神经元同等重要的神经系统组成成分。

近年来，日益积累的研究结果提示，胶质细胞参与了神经系统几乎所有的生理或病理过程。可以说，胶质细胞与神经元间琴瑟和谐的伙伴关系是神经系统维持稳态、行使正常功能的基础，而神经元与胶质细胞之间伙伴关系的失衡则可能参与甚至导致各种疾病的产生。

第一节 神经胶质细胞的分类

神经胶质细胞一般分为中枢神经系统胶质细胞与周围神经系统胶质细胞两大类（图5-1）。

中枢神经系统的胶质细胞又分为大型胶质细胞和小型胶质细胞。大型胶质细胞是中枢神经系统中主要的胶质细胞，包括星形胶质细胞、少突胶质细胞和NG2细胞。小型胶质细胞包括小胶质细胞、室管膜细胞、脉络丛上皮细胞和血管周细胞。

分布在周围神经系统的胶质细胞主要有施万细胞（又称为神经膜细胞 neurolemmal cell）和卫星细胞。施万细胞可包绕外周神经轴突形成髓鞘，卫星细胞则位于周围神经节的节细胞周围。

第二节 神经胶质细胞的形态结构特点

神经胶质细胞的细胞膜呈波浪状，由细胞膜发出30多个突起，呈放射状向四周辐射，但其突起不分轴突和树突。常规染色标本上只能看到细胞核，用现代遗传标记法或免疫细胞化学方法可在光镜下

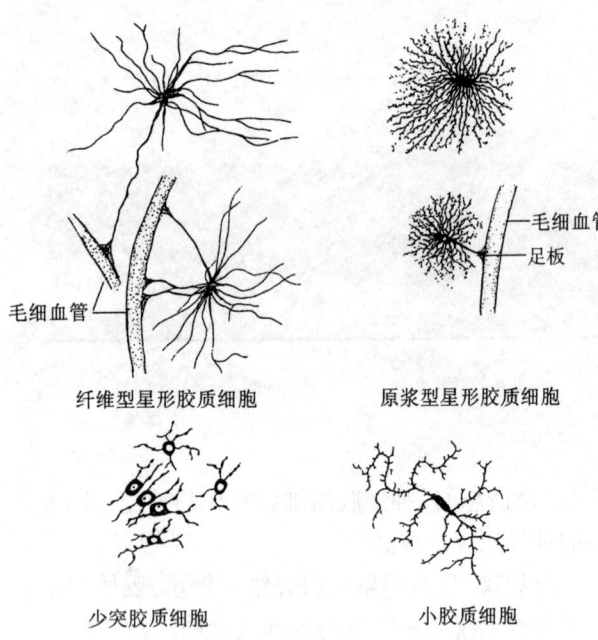

图 5-1 几种神经胶质细胞的形态（镀银法）

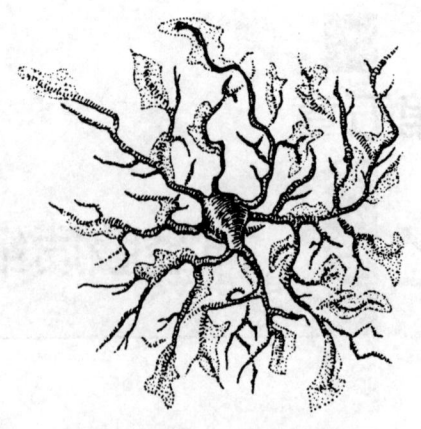

图 5-2 原浆型星形胶质细胞（灰质），Golgi 法

观察胶质细胞的整体形态，电镜下可发现在胶质细胞之间存在低电阻通路的缝隙连接（gap junction）。

以下概要介绍各类型神经胶质细胞的形态结构特点。

一、星形胶质细胞

星形胶质细胞（astrocyte）是体积最大、脑和脊髓内分布最广泛的胶质细胞。胞体呈星形，从胞体发出许多长而分支的突起，伸展充填在神经细胞的胞体及其突起之间，起支持和分隔神经细胞的作用（图 5-2）。部分突起膨大形成终足（end foot），附着于毛细血管基膜，或伸到脑和脊髓的表面形成胶质界膜（glial limitans）。星形胶质细胞的核比其他胶质细胞的核大，呈圆形或卵圆形，在电子显微镜（以下简称电镜）下，其常染色质多，异染色质少而分散，故染色浅，核仁不明显。胞质中没有 Nissl 体，但具有一般的细胞器。胞质中含有大量交错排列的原纤维，伸入突起中并与突起平行行走，是构成细胞骨架的主要成分。原纤维的超微结构是一种中间丝，称为胶质丝（glial filament），直径介于微管（25 nm）和微丝（6 nm）之间，组成胶质丝的蛋白质称为胶质原纤维酸性蛋白（glial fibrillary acidic protein, GFAP）。星形胶质细胞也表达星形胶质细胞特异抗原醛基脱氢酶 1L1（aldehyde dehydrogenase 1L1, Aldh1L1）。

根据胶质丝的含量以及胞突的形状将星形胶质细胞分为两种：①纤维型星形胶质细胞（fibrous astrocyte），多分布在脑和脊髓的白质，突起细长，分支较少，胞质中含大量胶质丝，又称为蜘蛛细胞（spider cell）（图 5-1）。②原浆型星形胶质细胞（protoplasmic astrocyte），多分布在脑和脊髓的灰质内的神经核团，细胞突起粗短，分支多，胞质内胶质丝较少，又称为苔藓细胞（mossy cell）（图 5-1、图 5-2）。

此外还有特殊类型的星形胶质细胞称为放射状胶质细胞（radial glia）。它们跨越脊髓、视网膜、小脑或大脑皮质的全层而伸展至表面，形成伸长的细丝，表面与软脑/脊膜相接，以细丝作为骨架，引导发育中的神经元迁移到其最终目标。如 Bergmann 胶质细胞是小脑皮质的一种原浆型星形胶质细胞（图 5-3），其胞体位于浦肯野细胞的周围，突起上升入分子层，称为 Bergmann 纤维。此纤维有引导小脑颗粒细胞从外颗粒层向颗粒层迁移的作用。还有视网膜的 Müller 细胞，分布均匀，是视网膜中主要的胶质细胞，亘视网膜全层垂直排列，横向也有许多突起伸出包绕周围的神经元，与神经元之间存在双向通讯，并通过 Ca^{2+} 波间接地影响神经元的活动。在光穿越视网膜时，Müller 细胞可发挥光纤的作用。另有垂体细胞（pituicyte）等。

星形胶质细胞之间存在广泛的缝隙连接（图 5-4），使得星形胶质细胞形成类似合胞体样结构。缝隙连接的分子是一种连接蛋白 43（connexin 43, Cx43）。这种缝隙连接通过离子偶联和代谢物偶联两种方式加强相邻细胞的连接和细胞通讯。离子偶联即电偶联，可使细胞形成同步活动；代谢偶联能使单糖、氨基酸、核苷酸、维生素以及激素和其他一些

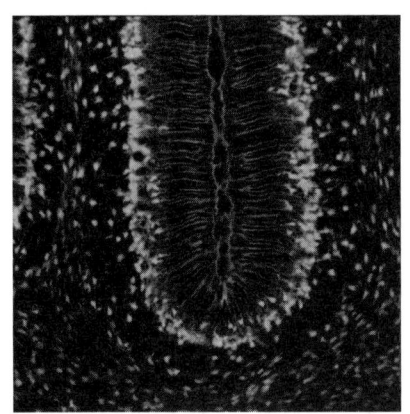

图 5-3　小脑皮质 Bergmann 胶质细胞

低分子物质自由通过缝隙连接。谷氨酸可以引起星形胶质细胞内 Ca^{2+} 波的升高，Ca^{2+} 波通过缝隙连接传播，从而导致星形胶质细胞之间以 Ca^{2+} 波的形式在较大范围内传递信息。而 Ca^{2+} 信号转导可独自将信息传入细胞核并影响基因的转录，从而将瞬时信息转化为长时程信息。

对于星形胶质细胞的功能，通过现代的研究手段如遗传标记、免疫细胞化学、神经组织和细胞培养、电生理、原位杂交及膜片钳等，有了更深刻的认识。星形胶质细胞具有支持、隔离与绝缘、修复与再生和屏障作用，并广泛参与神经免疫调节作用、维持适当的 K^+ 浓度、摄取和分泌神经递质以参与信息传递等过程。星形胶质细胞可以与多种细胞类型互相交流，包括神经元、血管内皮细胞、小胶质细胞及外周免疫细胞，这种双向交流对维护和调节正常脑功能是非常重要的。在电镜下可见，星形胶质细胞的薄片状突起与神经元之间形成三联突触（tripartite synapse）。星形胶质细胞与小胶质细胞的相互作用参与维持适当的突触数量和功能，与血管内皮细胞的相互作用可以调节血-脑屏障的完整性并有助于脑组织和脑脊液之间的物质交换。此外，星形胶质细胞与外周免疫细胞相互作用可以调节各种病理条件下的炎症水平。因此，星形胶质细胞与其他类型细胞的交流在维持中枢神经系统稳态方面起着至关

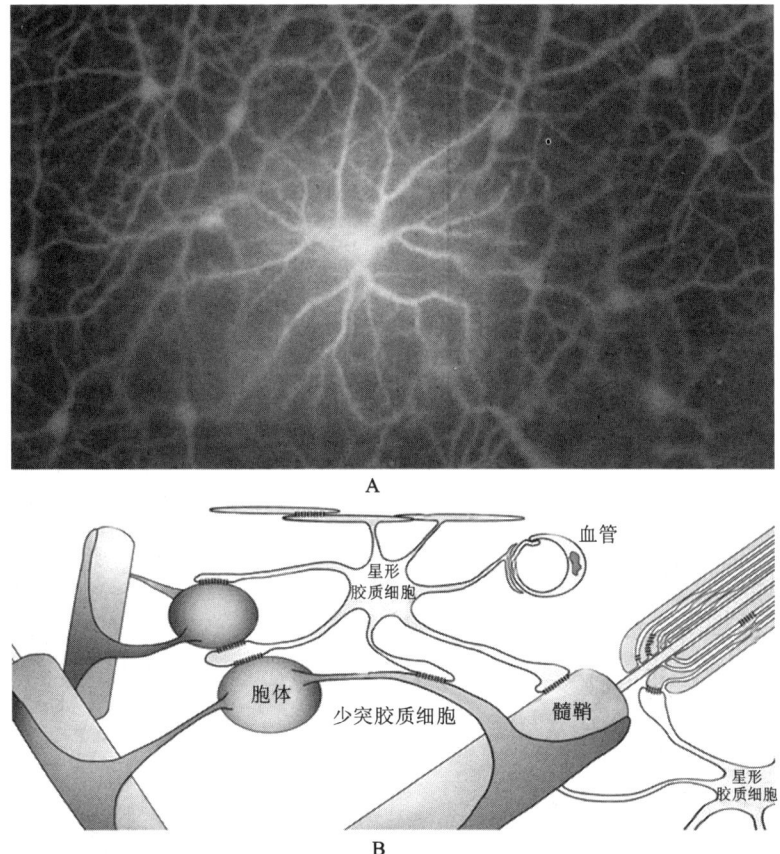

图 5-4　星形胶质细胞的缝隙连接
A. 显示将特殊染料注入图片中心的星形胶质细胞后，染料沿胶质细胞之间的缝隙连接扩散至中心细胞以外所有的星形胶质细胞中　B. 梳齿状结构为星形胶质细胞、少突胶质细胞和血管内皮细胞之间的缝隙连接结构

重要的作用。

二、少突胶质细胞

少突胶质细胞（oligodendrocyte）也称为寡突胶质细胞（图 5-5）。在胚胎发育期，少突胶质细胞来源于围绕脑室的室下带。在成年脑内，少突胶质细胞胞体呈圆形或椭圆形，在早期用镀银法染色中观察到其胞突较少，故名少突胶质细胞。一般分布于脑白质的神经纤维之间，排列成行，也是灰质内神经元的卫星细胞。少突胶质细胞是中枢神经系统的髓鞘形成细胞（myelin-forming cell）。髓鞘是一种脂类占70%、蛋白质占30%的高电阻、低电容的覆盖层，类似于包裹在导线周围的绝缘材料。与周围神经的髓鞘形成细胞施万细胞包卷轴突形成髓鞘的方式不同，一个施万细胞只包卷一条轴突，形成一条有髓神经纤维；而中枢神经内的少突胶质细胞则为一个甚至数个神经元同时形成多达数十个髓鞘节段包卷数条以至数十条的轴突，形成有髓神经纤维（图 5-6）。

包绕神经元轴突的髓鞘为郎飞结所间断，以规则的间隔出现。由于髓鞘的高电阻、低电容，而郎飞结处电阻较低，并且富含离子泵，能将穿越结处的电信号放大，因此使中枢神经冲动无衰减地呈跳跃式快速传导。可以说，髓鞘的出现是神经系统进化的一次飞跃。

观察镀银标本可见少突胶质细胞的突起较少，但通过特异标志分子遗传标记或特异性的免疫细胞化学反应，则可见少突胶质细胞的突起并不少，而且分支也多。少突胶质细胞遍布于中枢神经的灰质与白质，尤以白质为多。它们或沿神经束排列成行，或傍依神经元胞体。少突胶质细胞的胞体较星形胶质细胞略小，核呈圆形或卵圆形，常偏在细胞的一侧。其染色质较星形胶质细胞深而且染色质斑块常不甚均匀。胞质内富含核蛋白体，有微管和其他细胞器，胶质丝很少或无。在光镜或电镜照片上，可显示少突胶质细胞与其突起所包卷的有髓神经纤维紧靠在一起。通过连续电镜图片重建法，可清楚地显示少突胶质细胞的立体形态及其与轴突的包裹关系。由少突胶质细胞形成的中枢有髓神经纤维，髓鞘能见到明暗交替的主致密线（major dense line）与周期内线（intraperiod line）的超微结构（图 5-6、图 5-7）。在主致密线处，有髓鞘碱性蛋白（myelin basic protein, MBP）聚集，因而用MBP抗体可以特异标记髓鞘。此外，用半乳糖脑苷脂（galactocerebroside, GC）、蛋白脂蛋白（proteolipid protein, PLP）、环核苷磷酸二

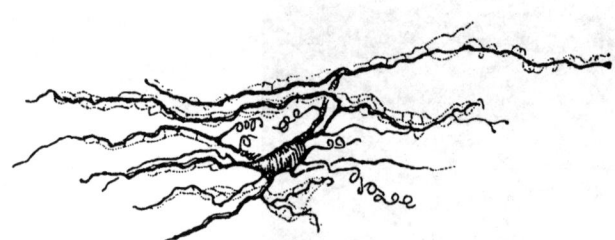

图 5-5 少突胶质细胞（白质），Golgi 法

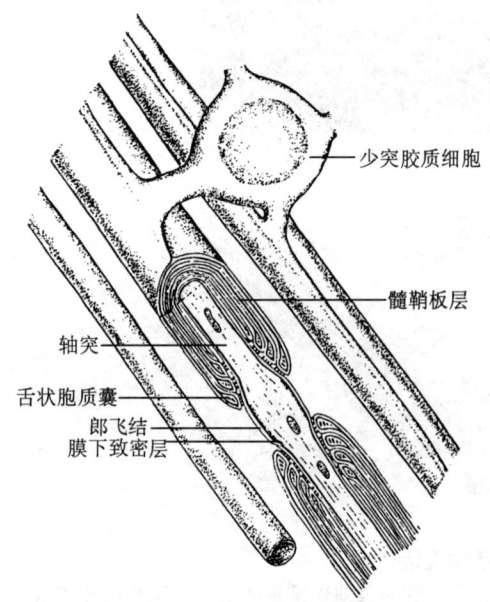

图 5-6 少突胶质细胞形成髓鞘结间段

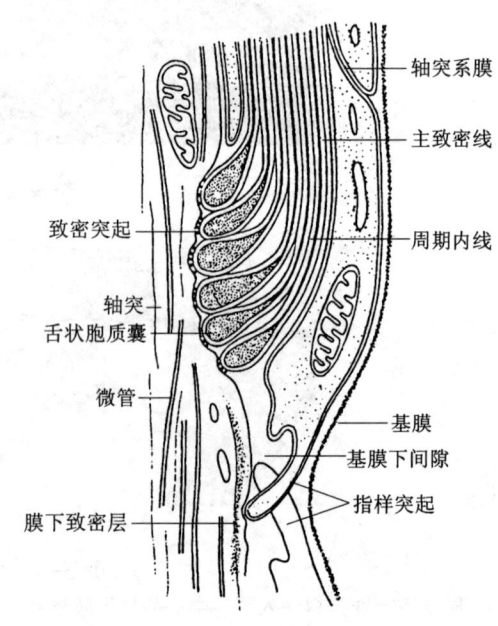

图 5-7 郎飞结及结旁区超微结构

酯酶(2′,3′-cyclic nucleotide-3′-phosphodiesterase, CNPase)、髓鞘相关糖蛋白(myelin associated glycoprotein,MAG)等的抗体也可显示。少突胶质细胞可合成连接蛋白Cx32和Cx45,形成细胞间缝隙连接。少突胶质细胞之间或者少突胶质细胞与神经元之间可通过缝隙连接进行直接的信息交流。

根据少突胶质细胞在中枢神经系统内的位置和分布,将其分为以下3类。

1. 束间少突胶质细胞(interfascicular oligodendrocyte) 分布在中枢神经系统白质的神经纤维束之间,成行排列,在胎儿和新生儿时期含量较多,在髓鞘形成后减少。

2. 神经细胞周围少突胶质细胞(perineuronal oligodendrocyte) 分布在中枢神经的灰质区,常位于神经元周围,与神经元关系密切,故又可称为神经元周卫星细胞(perineuronal satellite cell),但在神经元胞体与此类细胞之间也常有星形胶质细胞的薄片状突起将之分隔。

3. 血管周围少突胶质细胞(perivascular oligodendrocyte) 主要分布在中枢神经系统内的血管周围。其功能不详。

三、NG2细胞

NG2细胞是近三十年来新发现的中枢神经系统的一类特殊类型的细胞,因其表达硫酸软骨素蛋白多糖NG2(neural glial antigen 2)抗原而得名,同时表达PDGFRα、Olig2等(图5-8)。NG2细胞遍布发育中和成年中枢神经系统各处,在灰质、白质中均匀分布,且数量较大,占成年脑内细胞总数的5%~8%。在小鼠胚胎发育中,NG2$^+$PDGFRa$^+$细胞最早出现于E14.5,分布于室区外的脑实质内。在成年脑内,NG2细胞在形态上呈多个突起,且相邻细胞的突起所占空间几乎不重叠。现已证实,NG2细胞是生后发育及成年中枢神经系统形成髓鞘和不形成髓鞘的少突胶质细胞的主要来源。在胚胎发育中,只在一些特殊脑区,如胚胎期的腹侧前脑区,NG2细胞可以分化成原浆型星形胶质细胞。因此,NG2细胞是少突胶质细胞前体细胞。近来有证据提示,NG2细胞也是脑内一种成熟的胶质细胞。

NG2细胞接受神经元的直接突触支配,因而与神经元在功能上紧密相关。刺激神经元在NG2细

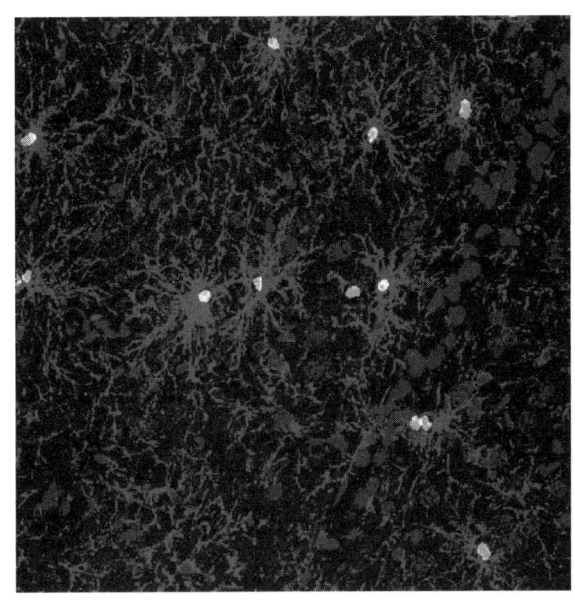

图5-8 NG2细胞表达NG2和Olig2
(绿色胞核,由于三色重叠显示为白色)

胞上也可产生LTP。NG2细胞与突触紧密接触,其本身不能产生动作电位,可能不具备神经元那样的信息传递和编码功能。NG2细胞是否可以释放神经递质尚不清楚。

在健康老龄化或髓鞘受损后,NG2细胞可以分化为少突胶质细胞,并产生新的髓鞘,所以髓鞘再生是自然发生的再生过程。随着机体衰老,髓鞘受损后NG2细胞分化为成熟少突胶质细胞的能力下降。采用手术建立小鼠联体共生后,证实年轻的血液能够使老年NG2细胞在髓鞘受损后分化能力显著提高,受损髓鞘的修复几乎达到与年轻无异的水平,说明老年NG2细胞仍具有很强的少突胶质细胞分化潜能。补充NAD$^+$的前体β-NMN可以通过促进老年NG2细胞中Sirt2的表达和入核,进而促进NG2细胞分化为成熟的少突胶质细胞,最终促进老年小鼠脑内的髓鞘再生。这为延缓老年脑内髓鞘老化、增强老年脑内髓鞘修复提供了新的分子靶点。

NG2细胞不仅可以分化为少突胶质细胞进而修复髓鞘,也可以分化为少量的星形胶质细胞。在某些脑区,NG2细胞似乎可以分化为神经元,但对此尚有争议。因此,有人甚至将NG2细胞称为成年神经干细胞。也有报道指出,NG2细胞是脑胶质瘤发生的细胞来源。

虽然NG2细胞是与已知的所有胶质细胞不同的一类细胞,但NG2细胞接受神经元的突触传入而成

为突触后成分,并且与突触部位紧密接触。NG2 细胞也可以作为突触前成分与海马的中间神经元形成功能性突触复合物,通过分泌 GABA 抑制神经元的活性。NG2 细胞的突起与星形胶质细胞的突起末端紧密靠近,也与血管形成接触。在神经损伤后,部分小胶质细胞或巨噬细胞表达 NG2。有关 NG2 细胞所蕴含的功能意义值得深入探索。

四、小胶质细胞

小胶质细胞(microglia)是定居于中枢神经系统的巨噬细胞,是胶质细胞中最小的一种,占中枢神经系统胶质细胞总数的 10% 左右(图 5-1),由 Del Rio-Hortega 首次命名。小胶质细胞遍布整个中枢神经系统,在海马结构、嗅脑、端脑、基底核和黑质等处密度最大。胞体细长或呈椭圆形;核小,呈扁平或三角形,染色较深。细胞突起有细长分支,表面有许多小棘突。胞质内溶酶体较多。小胶质细胞可以用免疫细胞化学方法及某些植物凝集素显示,从而可与其他胶质细胞区别开来。可用能结合 CR3 补体受体的 OX-42、补体受体 CD11b、离子化钙结合蛋白适应分子 1(ionized calcium binding adapter molecule 1, Iba1)、CD45 等抗体特异性标记小胶质细胞。

根据功能状态的不同,小胶质细胞有三种典型形态:①阿米巴样小胶质细胞,主要出现于中枢神经系统发育早期,特别是出生前后,也见于中枢神经系统严重损伤或病变情况下。②分支状小胶质细胞,多见于正常成年中枢神经系统内。③反应性小胶质细胞,广泛存在于中枢神经系统多种病理情况下。三种形态的小胶质细胞又分别被称为吞噬性(phagocytic microglia)、静息的(resting or ramified microglia)及激活的(activated or reactive microglia)小胶质细胞。

小胶质细胞不仅是中枢神经系统的单核巨噬细胞,也是免疫效应细胞和抗原提呈细胞。对小胶质细胞的发育起源尽管尚有争议,但目前主流的观点认为,小胶质细胞起源于胚胎早期的卵黄囊来源的原始髓系前体细胞。在单核巨噬细胞系统中,小胶质细胞是遗传上特殊的一种细胞类型。小胶质细胞可以动态地适应局部神经组织的微环境,参与神经发育过程中的多种生理过程,如突触修剪和血管塑型等。在生理条件下,小胶质细胞呈静息状态。其突起处于不断的运动状态,对神经系统内的局部微环境进行动态监测。

小胶质细胞是中枢神经系统主要的免疫监督细胞,是中枢炎症反应的重要招募者和执行者。小胶质细胞激活介导的免疫炎症反应在各种神经系统疾病的病理过程中扮演重要的角色。在损伤或病理情况下,小胶质细胞是神经系统内最早发生反应的细胞类型。损伤或病理快速引起小胶质细胞的形态学改变、增生、细胞表面抗原提呈及不同分子的表达等改变,进入反应或激活状态。根据其不同表型特征和功能特点,可将活化的小胶质细胞分为经典激活型(即 M1 型)和选择性激活型(即 M2 型)两种极化类型。最新的研究表明,M1 极化类型主要有杀菌和促炎作用,而 M2 极化类型则发挥抗炎和促进神经修复等功能。小胶质细胞在损伤或病理过程中具有双重作用:一方面通过促进炎症反应而加重组织损伤;另一方面发挥"清道夫"作用,加强吞噬细胞碎片或变性髓鞘残渣而起促进神经修复和加强神经保护作用。

小胶质细胞参与调控神经元活性,是维护神经环路的重要角色。小胶质细胞可接收神经元释放的 GABA 和 IL-33 等分子信号来调节神经元的突触形成,以响应神经元活动变化。通常情况下,特定环路中神经元活性降低会触发小胶质细胞吞噬该环路中的神经突触。小胶质细胞通过补体介导途径参与海马神经元的突触修剪,从而参与遗忘。另外,小胶质细胞可以感知过度兴奋的神经元释放的 ATP,并将这些 ATP 通过 CD39 和 CD73 转化为腺苷,从而抑制神经元的过度兴奋。

五、室管膜细胞

室管膜细胞(ependymal cell)是衬于脑室和脊髓中央管内面的一层立方、柱形或扁平形细胞,构成室管膜(ependyma),是胚胎时期神经上皮的遗留物。室管膜细胞表面有许多微绒毛,在脑室部分的室管膜细胞有纤毛,纤毛的摆动有推送脑脊液的作用,其纤毛的病变可引起脑功能的异常。室管膜细胞的细胞核呈规则的卵圆形,有核仁(图 5-9,图 5-10)。

六、脉络丛上皮细胞

脉络丛上皮细胞(choroidal epithelial cell)为脑

第二节 神经胶质细胞的形态结构特点

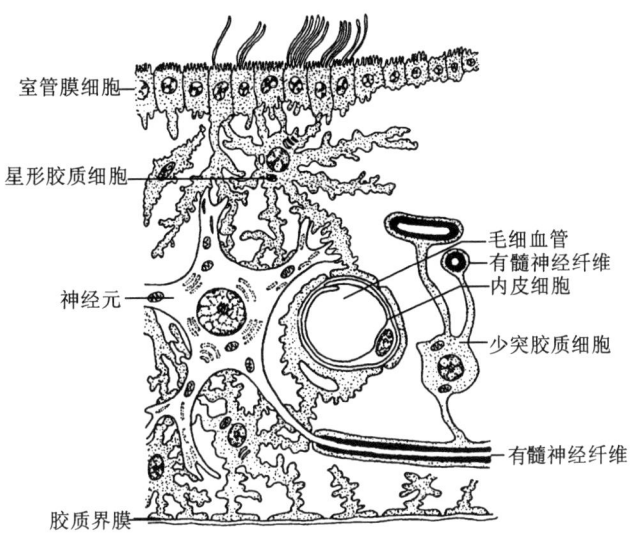

图 5-9 中枢神经胶质细胞与神经元和毛细血管的关系

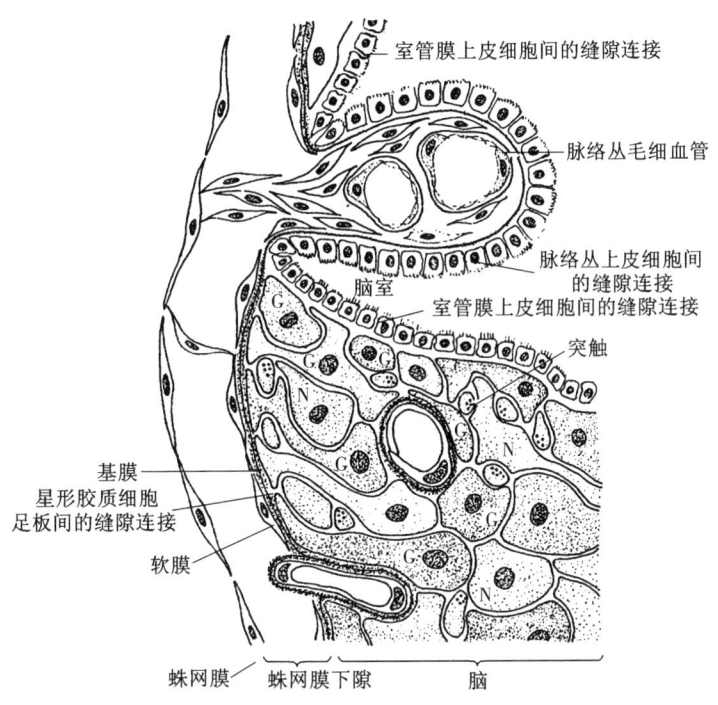

图 5-10 脑、脉络丛、软膜、蛛网膜的关系超微结构
G：星形胶质细胞　N：神经元

室脉络丛的上皮细胞（图 5-10），其功能是产生脑脊液。脉络丛上皮由单层柱状上皮或单层立方上皮组成，细胞表面有许多微纤毛，细胞核大且圆，胞质内富含线粒体。细胞侧面之间有缝隙连接，参与构成血-脑脊液屏障（blood-CSF barrier）。

七、施万细胞

施万细胞（Schwann cell）是周围神经的成髓鞘细胞（图 5-11）。在胚胎发育中，施万细胞前体细胞来源于神经嵴（neural crest）。在成熟的有髓神经纤维，施万细胞包绕着神经纤维的每两个郎飞结之间的结间段（图 3-1）。胞体呈梭形，核呈椭圆形，位于细胞中部、髓鞘的外面。在体外培养观察成熟的施万细胞时，见其呈端对端、肩并肩地整齐排列。但在胚胎期或未成熟的施万细胞，则为大而圆的细胞，核居中，突起为三极或多极。在培养 2 周后，则成为典型的双极梭形细胞。

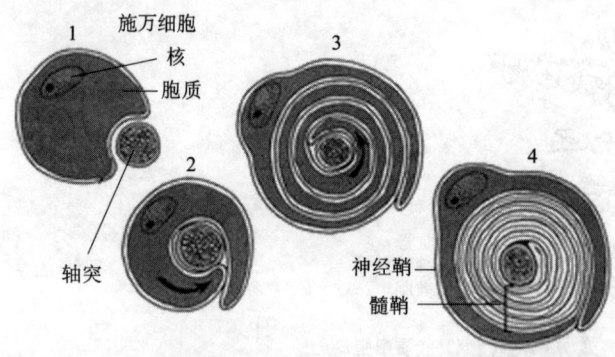

图 5-11 施万细胞包绕外周神经轴突形成髓鞘的过程

施万细胞包绕周围神经轴突共同组成有髓神经纤维，也可以不构成髓鞘而仅构成不完全包裹以及部分包绕轴突的基膜，形成无髓神经纤维（图 3-13），这种不形成髓鞘的细胞叫 Remak 细胞。在一般的外周神经组织切片上，常常见到这两类神经纤维共同存在。在有髓神经纤维中，一个施万细胞仅包卷一个结间段，在结间段相会处，有一狭窄的轴突裸露区，称郎飞结（node of Ranvier）。在电镜下，髓鞘的主致密线在郎飞结附近形成小囊（pocket），或称为舌状胞质囊，内有线粒体、微管和微丝（图 5-7）。周围神经的有髓纤维及郎飞结区仍有一层基膜（basal membrane）覆盖，而中枢神经的有髓纤维及其相应的郎飞结区则缺乏此层完整的基膜。这也是周围神经有髓纤维与中枢神经有髓纤维的主要区别点之一。正是施万细胞形成的髓鞘包绕轴突，使神经信号在郎飞结之间跳跃式传导，从而使外周神经冲动的传导速度大大加快。

施万细胞膜上存在电压激活的钠离子通道、钙离子通道、氯离子通道、离子泵以及神经递质的受体和转运体。施万细胞可分泌营养性分子，如神经生长因子和层蛋白（laminin）。近年来的大量研究表明，在周围神经损伤后所出现的病理学改变，即沃勒变性以及在其修复、再生过程中，需要有一个神经再生微环境（micro-environment of nerve regeneration），而施万细胞在此微环境中具有重要地位。施万细胞也参与外周神经炎性痛及掩盖肿瘤疼痛的过程，因而，施万细胞的体外培养、纯化、增殖、低温保存及移植措施也越来越受到重视。

八、卫星细胞

周围神经节（如脊神经节）的节细胞胞体常被一层扁平的小细胞所包围，这层细胞称为被囊细胞（capsular cell）或卫星细胞（satellite cell），也可称为神经节胶质细胞（ganglionic gliacyte）。被囊细胞的胞质不明显，在被囊细胞的外面也有基膜。脊神经节的节细胞几乎全被被囊细胞所包绕，故此处无突触。卫星细胞表达离子通道和神经递质的受体，与神经节细胞之间存在双向通讯。因此，卫星细胞可协调与稳定神经节细胞的微环境。

九、血管周细胞

血管周细胞（pericyte）是包绕在微小血管的血管内皮细胞和基膜外面的血管壁细胞。其突起沿着毛细血管、毛细血管前微小动脉及毛细血管后微小静脉伸展。脑内的血管周细胞位置特殊，位于血管内皮细胞、星形胶质细胞和神经元共同形成的神经-胶质-血管单元内，在毛细血管网络中执行"运输工程"的功能，引导、整合并协调神经-胶质-血管单元内的细胞信号，有效地将氧气和营养物质分布在整个微血管系统中。血管周细胞在神经系统生理或病理条件下产生不同的功能反应。例如，血管周细胞可以调节血-脑屏障的通透性、血管生成、毛细血管血流动力学反应。血管周细胞也能对 CCL2、TNF-α 等炎症因子做出反应，参与调控神经炎症。与专业的吞噬细胞相似，血管周细胞也具有清除细胞碎片和大分子斑块的能力。此外，血管周细胞可以促进少突胶质细胞的成熟以形成髓鞘；相反，在损伤病理条件下，它也可以通过促进瘢痕形成从而阻碍再生过程。

第三节　神经胶质细胞的电生理学特性

一、膜电位较高

神经胶质细胞的膜电位变化缓慢，惰性大，故称为惰性静息电位。它比相应的神经元膜电位大，即内面更负，几乎完全由细胞外 K^+ 浓度决定神经胶质细胞膜电位。因为神经胶质细胞的细胞膜仅对 K^+ 有通透性，而对其他离子则完全不通透，故静息电位完全取决于 K^+ 扩散平衡电位。已记录的神经元的

最大膜电位是 –75 mV，而胶质细胞的最大膜电位则接近 –90 mV。

二、不产生"全或无"的动作电位

神经胶质细胞接受电刺激或机械刺激后不会产生动作电位，虽有去极化（约 40 mV）与复极化，但无主动的再生式电流产生。它不能像神经元的冲动那样传导，并且不表达膜兴奋性。神经胶质细胞之间的信息传递是通过 K⁺ 浓度的变化，而不是通过突触传递来完成的。神经胶质细胞的缓慢去极化可以在组织的表面记录到。将河鲀毒素（TTX）注射到脑内的实验观察到，TTX 可以使皮质神经元的单位放电和脑电活动消失，但对神经胶质细胞的膜电位没有影响。

三、神经胶质细胞之间有低电阻的缝隙连接

缝隙连接是电偶联的部位，又称为电突触，电流可在相邻的神经胶质细胞间流动，使神经胶质细胞进行直接的离子交换，而不需要通过细胞外间隙（图 5-4）。如星形胶质细胞主要表达 Cx43，而少突胶质细胞表达 Cx29 和 Cx32 等。

第四节　神经胶质细胞的功能

长期以来，一直认为神经胶质细胞相对神经元来说，仅起类似结缔组织细胞的作用，是个被动的次要角色。随着神经科学研究的进展，神经胶质细胞与神经元的交互作用越来越引起人们的关注，神经系统正常功能的发挥依赖神经胶质细胞与神经元之间同等重要的功能伙伴关系。目前认为，神经胶质细胞对维持神经元形态和功能的完整性和稳态以及神经系统微环境的稳定性等具有重要意义。

一、支持作用

早在 1846 年德国病理学家 Rudolf Virchow 首次报道神经胶质细胞时就认为它们具有支持作用。神经胶质细胞与神经元紧密相邻，能将神经元胶合在一起，为神经元提供一定的支架。在中枢神经系统内，除了小血管周围以外没有结缔组织。星形胶质细胞以其长突起在脑和脊髓内交织成网，或互相连接构成支架，支持神经元的胞体和纤维。在人、猴的大脑和小脑皮质发育过程中，可见到神经元沿放射状胶质细胞突起的方向迁移，直至到达其定居部位为止。在白质内，星形胶质细胞突起常以垂直方向与神经纤维交错。

在某些部位如在胚胎时期的室管膜细胞，在细胞底部有一个或多个长的放射状突起，伸到室管膜下层，具有支持神经元并为神经元提供迁移支架的作用。这些细胞又称为伸长细胞（tanycyte）或室管膜星形胶质细胞。伸长细胞的这种分布和形态特点，提示它在血管、神经元与脑脊液之间可能起着支架和主动运输物质的作用。

二、隔离与绝缘作用

神经胶质细胞既有分隔中枢神经系统内各区域的作用，还分隔神经细胞群和突触连接起隔离和绝缘的作用。在中枢神经系统内常有成群的轴突终末被星形胶质细胞的突起包裹，形成突触小球（synaptic glomerulus），以与其他神经细胞及其突起分隔开来。在一群神经细胞的表面常有不同来源的传入神经末梢，这些末梢分别由星形胶质细胞的突起形成鞘样覆盖。

中枢神经系统有髓神经纤维的髓鞘由少突胶质细胞形成，而周围神经系统中的施万细胞包绕外周神经轴突形成髓鞘。髓鞘的绝缘作用有助于防止神经冲动传导时的电流扩散，使神经元活动互不干扰。近来认为，髓鞘的主要作用在于提高神经纤维的传导速度，向轴突提供营养支持，并参与神经信息编码。

三、修复与再生作用及调节神经发生

成年哺乳动物的神经胶质细胞仍然保持生长和分裂能力，尤其在脑或脊髓受伤时能大量增生。当神经元由于疾病、缺氧或损伤而发生变性时，可见局部有许多巨噬细胞浸润，吞噬变性的神经组织碎片，在神经细胞因损害或衰老而变性、坏死、消失后，其空隙由分裂增殖的神经胶质细胞所充填。

修复主要由纤维型星形胶质细胞完成。胶质细胞一方面吞噬损伤处变性的细胞碎片，另一方面通

过填充形成胶质瘢痕。增殖的胶质细胞又称为反应性胶质细胞(reactive glial cell)。与正常胶质细胞相比,这些细胞胞体增大,突起数和细胞连接也增多,细胞核变大,胞质内有大量细丝、糖原和脂肪内含物,溶酶体增多,有时可见被吞噬的髓鞘碎片。反应性星形胶质细胞能释放大量神经营养因子,刺激神经细胞及其突起的生长,有利于脑损伤的再生与修复。

近年来的研究还表明,少突胶质细胞具有抑制中枢神经纤维生长和再生的作用。它能表达神经突生长抑制蛋白(neurite growth inhibitory protein)。用抗体中和这种抑制蛋白或用有丝分裂抑制剂或X射线照射阻抑少突胶质细胞形成髓鞘,则可见到中枢神经系统内的轴突生长到较远的距离。

星形胶质细胞参与维持神经发生区如脑室下带的微环境,在吻侧迁移束内通过协助沿该束的血管骨架形成从而调节神经发生,在嗅球其通过释放一系列细胞因子、调节血液流量及提供代谢支持而促进新生神经元的存活及整合入已有神经元网络。小胶质细胞可以感受来自周围环境的信号,以时间和空间特异的方式调节神经发生。

四、屏障作用和调节血液供应

电子显微镜下可观察到,有10%~30%的星形胶质细胞的终足与毛细血管的内皮细胞、基膜紧密相连,其间无结缔组织纤维分开,构成血-脑屏障(blood-brain barrier, BBB)。血-脑屏障是脑组织的生理屏障。胆色素及青霉素等药物不易透过血-脑屏障,其他游离离子,如OH^-、Na^+和Ca^{2+}等亦不易透过。在血管终足内含有大量线粒体,这种线粒体可能起着离子泵作用,促使某些离子和水通过血-脑屏障。

在血-脑屏障中,星形胶质细胞突起末端膨大形成终足,贴附于毛细血管外周,构成脑(脊髓)毛细血管外周的胶质膜。终足的作用可能是将从毛细血管渗出的水分和某些物质如葡萄糖、氨基酸及大颗粒物质再转运回血液内。这是一种主动转运,需要消耗能量。

星形胶质细胞和内皮细胞的关系非常密切。当单独培养毛细血管内皮细胞时,细胞内的某些酶缺乏活性,但将星形胶质细胞与内皮细胞共同培养时,则内皮细胞膜上的这些酶活性明显增强。星形胶质细胞还能促进中枢神经系统内毛细血管内皮细胞之间紧密连接的数量、长度和连接复合体的增加。小胶质细胞也影响血-脑屏障的完整性。一方面,激活的小胶质细胞通过释放炎症因子和趋化因子能够破坏血-脑屏障,并促进免疫细胞向局部脑组织的迁移。另一方面,抑炎性小胶质细胞释放的IL-10和$TGF-\beta_1$又可以保护血-脑屏障的完整性。

另外,脉络丛上皮细胞参与血-脑脊液屏障(blood-CSF barrier)的形成和维持。

血管周细胞、胶质细胞、血管内皮细胞、基膜和神经元一起构成神经-胶质-血管单元,其中,血管周细胞位于该单元的中心位置。这几种成分从相邻结构接收信号并产生功能性反应,协同调节血-脑屏障的通透性、血管生成以及毛细血管的血流动力学反应,从而调节中枢神经系统的血液供应。在神经-胶质-血管单元中,胶质细胞越来越受到关注,胶质细胞在神经-胶质-血管单元的发育、功能、结构维持及在疾病的功能障碍中发挥着至关重要的作用。另外,胶质细胞功能失调发生在神经元和血管病变之前,提示胶质细胞在神经-胶质-血管单元中的核心功能。

五、参与神经免疫调节作用

神经胶质细胞在中枢神经系统内是一种具有免疫调节作用的细胞。其主要作用表现为以下几方面:

(一)产生细胞因子和补体等免疫分子

活化的星形胶质细胞与小胶质细胞能产生IL-1、IL-2、IL-6、巨噬细胞集落刺激因子(M-CSF)和α-干扰素(α-IFN)等细胞因子,并产生补体系统分子、补体受体和补体调控分子,这些免疫分子在神经免疫调节回路中发挥重要的作用。此外,胶质细胞还可产生阿片肽,它对T淋巴细胞、B淋巴细胞和自然杀伤(NK)细胞等的免疫功能也具有重要的调节作用,可表现为免疫增强或免疫抑制效应。

(二)起抗原提呈细胞作用

在机体的免疫系统中,T淋巴细胞识别外来的抗原需要依靠一些抗原提呈细胞(antigen-presenting cell, APC)的帮助才能引起免疫应答反应。研究证明,星形胶质细胞和小胶质细胞是中枢神经系统中的抗原提呈细胞。外来抗原可与星形胶质细胞膜上具有特异性的主要组织相容性复合体（MHC）结合，后者能与处理过的外来抗原相结合，将抗原提呈给 T 淋巴细胞并使之激活为 Th2 型细胞，产生免疫反应，破坏或排斥入侵的外来物质。小胶质细胞将外来抗原提呈给 MHC，与其结合后，进一步激活 Th1 型细胞，从而产生免疫应答，排斥或破坏外来抗原。在抗原提呈中，星形胶质细胞和小胶质细胞之间维持着某种平衡。这种平衡的打破可能与免疫相关神经疾病有关。

（三）吞噬作用

小胶质细胞作为吞噬细胞，是抵御神经组织感染或损伤的第一线细胞。当神经系统发生病变的程度较轻时，星形胶质细胞和小胶质细胞都是主要的吞噬细胞，少突胶质细胞也参与吞噬活动。如损伤较重，累及血管或合并炎症反应，则血液循环中的单核细胞与血管壁上的吞噬细胞成为主要的吞噬细胞。

六、维持适当的 K^+ 浓度

星形胶质细胞可通过加强自身膜上的钠 – 钾泵活动，把细胞外液中积聚的 K^+ 泵入胞内，再通过缝隙连接将其分散到其他神经胶质细胞内，从而缓冲细胞外液中 K^+ 的过分增多（图 5-12）。中枢神经系统内环境离子成分的稳定对神经元正常生理活动极其重要。当损伤造成神经胶质细胞过度增生时，神经胶质细胞泵 K^+ 的能力减弱，细胞外高 K^+ 将导致神经元去极化，兴奋性增高，从而形成局部癫痫病灶。

七、摄取和分泌神经递质，参与突触调节

神经元与胶质细胞间存在密切的双向交流或对话（cross-talk），即一方面存在神经元向胶质细胞的信息传递，同时胶质细胞也能反馈调节神经元活动。神经胶质细胞尽管没有产生动作电位的能力，但对各种信息，如神经递质、神经激素等的刺激均能发生反应。而星形胶质细胞反馈调节神经元活动常常是通过产生一些神经活性物质参与信息传递来实现的。

近年研究发现星形胶质细胞胞膜上具有多种氨基酸类递质的转运体，承担着突触间隙内神经递质[如谷氨酸（glutamate, Glu）及 γ- 氨基丁酸（GABA）等]的摄取清除工作。星形胶质细胞还具有调节神经递质释放的作用。它能释放其合成或摄入的某些神经递质（表 5-1），如 GABA、牛磺酸（taurine）、血管升压素（vasopressin, VP）和血管紧张素（angiotensin, Ang）等。神经胶质细胞摄取和分泌神经递质有助于维持适当的神经递质浓度。

近期研究表明，星形胶质细胞功能性谷氨酸受体的活化导致胞内 Ca^{2+} 浓度升高和 Ca^{2+} 依赖性谷氨酸的释放。在培养条件下，胶质细胞释放的谷氨酸能激活邻近的神经元。通过这种方式，星形胶质细胞加强了神经元之间的突触信号传递，并由来自突触前膜的神经递质启动这种应答。研究表明，离体状态下星形胶质细胞和神经元之间存在快速胞间通讯以调节突触活动。可见，星形胶质细胞通过释放神经递质及某些细胞外信号分子影响神经元活动与突触传递，从而参与神经元网络功能的整合与调节。

在体外培养条件下，星形胶质细胞可直接控制神经元的突触数目和效能。进一步的研究表明，胶质细胞可以调节突触的可塑性。最新的研究发现，胶质细胞与神经元之间形成"三联突触（tripartite synapse）"，在突触的形成、突触传递效率和突触可塑性等方面发挥重要的调节作用。胶质细胞参与调节突触的形成，对突触传递效率和神经元兴奋性也有调节作用。星形胶质细胞通过释放 D- 丝氨酸

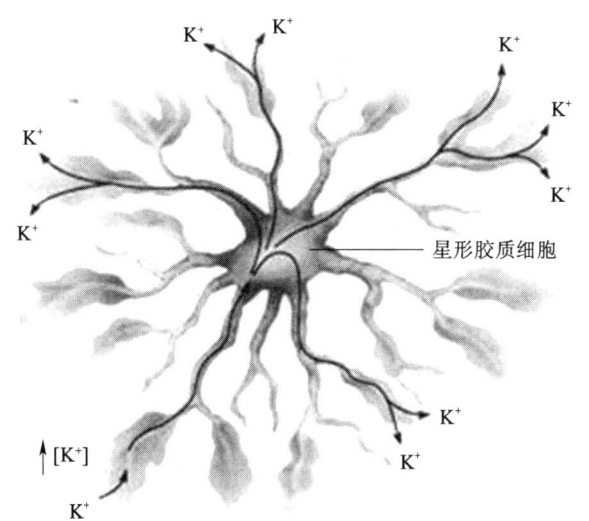

图 5-12　星形胶质细胞把细胞外液中积聚的 K^+ 泵入胞内

表 5-1　正常星形胶质细胞表达调节作用的主要功能分子类型

受体	神经活性氨基酸亲和载体	离子通道	细胞识别分子	生长因子	神经营养因子	细胞因子	标志蛋白
GABA	谷氨酸	钾离子通道	层粘连蛋白	FGF	NT	IL-1	GFAP
谷氨酸	天冬氨酸	钠离子通道	β-淀粉样前体蛋白	EGF	CNTF	IL-6	Aldh1L1 S100β
ACh	γ-氨基丁酸	钙离子通道	Integrin	PDGF	BDNF	IFN-γ	lipocotin
5-HT	牛磺酸	GABA激活型氯离子通道	Tenascin	IGF	NGF	TNF-α	vimentin
肾上腺素	甘氨酸	谷氨酸激活型离子通道	神经细胞黏附分子	TGFβ	GDNF	TNF-β	
肽受体		缝隙连接	神经-钙黏附蛋白	胶质细胞成熟因子		CSF	
花生四烯酸			胶质细胞源性连接蛋白	内皮素		Chemokine	

（D-serine）而参与 LTP 的形成，提示胶质细胞可能主动参与脑的高级功能活动。小胶质细胞可接收神经元释放的 GABA 和 IL-33 等分子信号来调节神经元的突触形成。通常情况下，特定环路中神经元活性降低会触发小胶质细胞吞噬该环路中的神经突触。另外，小胶质细胞可以感知过度兴奋的神经元释放的 ATP，并将这些 ATP 通过 CD39 和 CD73 转化为腺苷，从而抑制神经元的过度兴奋。NG2 细胞表达钠离子通道，但不产生动作电位。作为突触后成分，接受兴奋性和抑制性的直接突触支配，有研究提示，这种支配会直接影响 NG2 细胞的分化及髓鞘化。另外，NG2 细胞也可以作为突触前成分与海马的中间神经元形成功能性突触复合物，通过分泌 GABA 抑制神经元的活性。

八、物质代谢和营养性作用

星形胶质细胞还能产生神经营养因子，来维持神经元的生长、发育和生存，并保持其功能的完整性。此外，星形胶质细胞还可合成并分泌神经生长因子（NGF）、碱性成纤维细胞生长因子（bFGF）、层粘连蛋白（LN）、纤维粘连蛋白（FN）、胰岛素样因子及其他细胞外基质成分，有营养和维持神经元生存并促进神经突起生长的作用。脑内毛细血管表面 85% 的面积被星形胶质细胞的终足所包绕，其余的突起则穿行于神经元之间，附于神经元的胞体和树突上，可能对神经元起到运输营养物质和排除代谢产物的作用。

神经轴突远离神经元胞体，在中枢神经系统，少突胶质细胞形成的髓鞘包绕着轴突，不仅起绝缘、支持和保护作用，还为高度耗能的轴突提供能量和营养支持，维持轴突的功能完整性。神经元活动释放的谷氨酸可诱导髓鞘表面葡萄糖转运体 GLUT1 的表达，少突胶质细胞糖酵解增加，产生的丙酮/乳酸又通过单羧酸转运体（MCT）供应给轴突。谷氨酸信号还可以诱导少突胶质细胞释放外泌体，将 SIRT2 转移到轴突，通过脱乙酰化刺激线粒体生成 ATP。在周围神经系统，施万细胞也可合成和分泌多种神经营养因子，如 NGF、脑源性神经营养因子（BDNF）、睫状神经营养因子（CNTF）、成纤维细胞生长因子（FGF）、胶质细胞生长因子（GGF）、血小板源性生长因子（PDGF）、神经营养素（neurotropin, NT）、生长相关蛋白（GAP-43）等。施万细胞也能产生多种细胞外基质（ECM）成分和细胞黏附分子（CAM）。前者如 LN 和 FN、I、II、III和IV型胶原，硫酸乙酰肝素蛋白多糖（heparin sulfate proteoglycan, HSPG）等。后者如神经细胞黏附分子（NCAM）、神经胶质细胞黏附分子（Ng-CAM）、髓鞘相关糖蛋白（MAG）、周围髓鞘蛋白（Po）等。由于施万细胞在再生微环境中的主导地位，所以无论是基础研究还是临床实践都着眼于在神经损伤后的修复过程中导入施万细胞，以发挥其促进再生的功能。鉴于以往对中枢神经损伤后的再生困难的认识，国内外已有些学者向受损后的中枢神经传导束引入移植的施万细胞，发现此时再生芽伸展延长。

（赵经纬）

新形态教材网　数字课程学习

📺 教学PPT　　📄 参考文献

第六章 神经形态学研究方法的建立、发展和变迁

技术方法的不断变革与创新是促进自然科学发展的重要因素。每逢技术方法出现新的革命性发展，必然导致对该学科领域的认识水平上升至一个新的台阶。神经科学的形成，使近一个世纪以来对脑的研究的各个领域综合起来，互相联系和渗透，不再分割独立。但是，每个领域又都有其特有的方法学体系，不能互相代替。在脑研究过程中，形态学研究是基础，最为人们注目且发展很快，不仅为其他领域（生理学、药理学、分子生物学、行为学等）的研究提供了结构方面的基础，而且它的发展又可将其他领域的结果置于可靠的结构基础之上。因此，在神经科学高度发展的今天，形态学的研究方法仍有较强的生命力，不但既有的形态学研究手段仍在不断发挥作用，而且在新的技术方法的探索上也更应"有所作为"。因此，本书单独设此一章，从介绍经典的传统方法开始，直到现代最新的进展，以便初学者能从一门科学的发展历史中汲取教益，培养不断探索的科学思想。

第一节 传统的神经解剖学研究技术

19世纪中叶，神经解剖学已逐渐趋向形成一门独立的学科。当时正处于化学工业兴起的时代，早期的解剖学家把化学染料引入神经组织的染色，以显示神经组织的不同成分，为人们认识脑的复杂结构找到探索的途径。从那时以来，陆续出现了一些杰出的神经解剖学家，例如，发现无髓神经纤维的Remak，详细观察神经纤维被切断后其远侧部变性变化的Waller，与Forel一起共同发明切片机并发现Gudden连合等脑内重要结构的Von Gudden，发现大脑皮质语言区（Broca回）的Broca，证实丘脑底核的Luys，在脊髓发现胸髓核的Clarke等，他们都是那个时期的代表人物。到19世纪末叶，更出现了几位杰出的人物，创建了新的神经组织染色方法。这些方法不仅为全面认识脑的构造提供了可靠的手段，而且为现代神经解剖学的形成奠定了全面的基础。他们留下来的宝贵遗产，时至今日仍有很高的使用价值。

一、Golgi法

Camello Golgi，意大利人，1873年创建了用硝酸银镀染整个神经元的Golgi法。Golgi器，Golgi I型和II型神经元，Golgi体等都是由他发现的，并以他的名字命名。

Golgi法至今仍有广泛的用途。这个方法的突出特点是在一张切片中把只有百分之几的神经元镀染出来，借此可以观察到完整的神经元轮廓及其突起的走行方向。在显示核团的内在组合（intrinsic organization）或研究轴突和侧支的行向等方面具有独特的优势，故该方法迄今为止还在广泛使用。在标记法盛行的今天，Golgi法仍未失掉其在神经元形态和联系研究中的重要地位。后来发展的单细胞内注入HRP、Biocytin或荧光素（如lucifer yellow），可以显示整个神经元形态，有人将这些方法称为新Golgi法。但这些方法只能显示单个神经元的形态，不能同时显示数量较多的神经元以及它们之间的关系，且向小型神经元内注射也较困难，因而还不能完全代替Golgi法。Golgi法的缺点是不稳定、不易掌握。另外，Golgi法的染色机制（为什么只能镀染极少数的神经元）以及哪些类型的神经元可被染出等问题，

从 Golgi 法诞生以来直到今天仍未阐明。

1870—1900 年，Golgi 以坚忍不拔的精神，为神经解剖学的发展做出了不可磨灭的贡献。1906 年，他和 Cajal 共同获得了诺贝尔生理学或医学奖。

二、Cajal 法

Ramóny Cajal，西班牙人，他既是神经组织学家又是优秀的摄影师，还擅长绘画。当他于 1887 年在朋友处看到其从巴黎带来的 Golgi 法和 Weigert-Pal 法染色标本后，深受触动，从此开始了他的神经解剖学研究生涯。

Cajal 将照相技术引入神经组织的染色环节中，1903 年创立了 Cajal 法。Cajal 法可以镀染神经元内的"神经原纤维"（现在认为是微管和微丝的集合），从而达到显示轴突末梢与其他胞体之间联系状态的目的。Cajal 为神经解剖学留下了丰富的遗产，他的巨著《人和脊椎动物的神经系统组织学》和《神经系统的变性和再生》，已成为神经解剖学的经典著作。

19 世纪末到 20 世纪初，学界围绕神经系统的构成方式问题展开过一场激烈的论战。这场论战是在以 Golgi 为代表倡导的网状学说和以 Cajal 为代表所倡导的神经元学说的对立双方之间展开的。Golgi 学派认为，神经元通过纤维束的联络形成一个整体的网，借此对周围组织起着"积累"的作用。Cajal 学派则是根据利用 Golgi 法制作的大量胎儿及动物脑的标本，发现神经纤维反复分支，最后都行向神经元胞体和树突周围形成密集的篮状结构或神经丛，从而认为神经元之间的联络不是连续性的，而是接触性的。Cajal 认为，在神经元之间的接触面上有颗粒状的黏合物质乃至特殊的传递物质。这场论战持续了许多年，直到电子显微镜被应用于神经解剖学研究领域，从形态上证实了突触的结构之后，才宣告正式结束。虽然由于时代的限制，两人的学说都有局限性和不确切之处，但 Cajal 的论点无疑更符合实际。

三、Nissl 法

Franz Nissl，德国病理组织学家，1892 年创立了 Nissl 染色法，并以发现 Nissl 体变性等而闻名。Nissl 法给中枢神经的研究开辟了细胞构筑学途径。Campbell，Brodmann，Vogt 夫妇等对大脑皮质的分区，Rexed 对脊髓灰质的分层，都是用 Nissl 法研究细胞构筑为基础的结果。

长期以来一直被沿用的染色质溶解（chromatolysis）方法是 Nissl 于 1892 年发现的，也是 Nissl 法的一大贡献。他切断家兔面神经，几天后发现面神经核神经元的胞体变膨大，Nissl 体溶解，细胞核也稍膨大且向轴丘对侧的胞体边缘部移动，神经元中央部呈"牛奶"样。他把这样的变化叫做原发反应。但染色质溶解方法也有其不足之点，如对于侧支较多的神经元，只离断其轴突主干往往胞体变化不明显；在镜下辨认变性神经元需有相当的经验，特别是小型神经元更难辨认；在神经元已消失的部位，虽可根据局部的胶质变化加以判断，但不与健侧对比则无法确定消失神经元的数量或形态等。

四、Weigert 法和 Marchi 法

Karl Weigert，德国病理学家，1884 年发表了髓鞘染色的 Weigert 法。本法用金属化合物先将神经组织（特别是髓鞘）进行媒染，再以苏木精染色进行显示。Weigert 法是显示神经髓鞘的优良方法。此后，又出现了不少此法的改良方法，其中以 Pal 和 Kultschitzky 的改良法应用最为普遍。

Vittario Marchi，意大利人，1890 年发表了用锇酸显示变性髓鞘的方法，过去多年曾广泛用于变性有髓纤维束的追踪。由于 Marchi 法可选择性地镀染变性髓鞘，它在早期对束路学研究的贡献颇大。

到 20 世纪初，上述的经典方法已经定型，在光学显微镜下全面地研究脑内结构的工作得到空前发展，神经解剖学已发展成为一门实验科学。20 世纪 50 年代以后神经解剖学进入一个新的历史发展时期。传统的技术方法不断改良，而电子显微镜及其他新技术的使用，大大地拓展了神经学研究方法的范围。

五、Glees 法，Bielschowsky 法，Nauta 法，Fink-Heimer 法

Marchi 法问世后的几十年中，人们用此法做了大量的束路追踪研究工作，发展了束路学的研究。但是 Marchi 法只适用于有髓纤维，对无髓纤维、细小的有髓纤维或薄髓纤维则不适用，且易出现假象。

由于这种方法对神经元联系的最重要部分——轴突终末的位置不能确定,因而在相当长的时间里,人们希望改善镀银法使之能够追踪出无髓纤维或神经终末。1946年,Glees在Bielschowsky法的基础上做了改进,取得了较稳定的结果,特别是它可以比较可靠地染出变性的神经终末。但此法是将正常纤维和变性纤维同时染出,故在观察终末溃变时常常发生误差。1954年,Nauta法问世,Nauta及其同事做了许多尝试以改进镀银法,于1954年发表了用高锰酸钾进行预处理,以降低组织还原力、抑制正常纤维嗜银性的方法。这样就可以追踪到终末前(preterminal)变性,从而显示变性纤维靠近终末部分的变性像。一直到20世纪70年代初期,作为顺行追踪手段,此法对束路学研究的发展起了很大的推动作用。但Nauta法在稳定性方面仍有缺欠,Nauta本人和许多学者继续探索进一步改进了此法。Nauta法的改良法甚多,其中应用最广泛的是Fink-Heimer法。Fink-Heimer法使用硝酸铀进行染色,可以追踪出更靠近终末的部位或终末的变性像。

第二节 神经纤维联系的研究方法

显示完整的神经元是神经科学研究的基础。目前应用最广的研究方法是利用神经元轴突运输的追踪法。

神经元有长短不等的轴突,需要从细胞体不断地将各种成分运输至轴突及其分支以维持代谢;在神经末梢释放的神经肽及合成经典递质的酶也需在胞体合成;末梢中一些影响细胞代谢的物质(如神经营养因子等)会从末梢逆向传送至胞体。这种运输现象称为轴突运输(axonal transport)(图6-1)。在研究中,为了叙述的方便,通常人为地将从胞体向轴突终末的运输称为顺行运输(anterograde transport,图6-1A);将从轴突终末向胞体的运输称为逆行运输(retrograde transport,图6-1B)。不同物质的运输速度不同。轴突运输是一个需要消耗能量(ATP)的过程,其机制尚不完全清楚,但微管、微丝和一些特殊的蛋白质在轴突运输中可能发挥关键作用。树突也有类似的胞内物质运输现象。

一、HRP追踪技术

辣根过氧化物酶(horseradish peroxidase,HRP)是从辣根中提取出来的一组同工酶的混合物,其中只有B、C同工酶能用于神经束路的追踪。Sigma Ⅵ型HRP的80%以上为C同工酶,故常用于追踪,且追踪效果好。HRP的纯度通常用RZ(reinhiet zahl,德语纯度)值来表示。用紫外分光光度计测量HRP时,在275 nm及403 nm处各有一个吸收峰。RZ=403 nm吸光度/275 nm吸光度的比值,因此RZ也称吸收比。HRP用作追踪剂,其RZ大于3.0者效果较佳。

1971年Kristenson等及1972年LaVail等先后将HRP用于追踪周围神经及中枢神经系统的纤维联系,创造了用HRP追踪神经元的技术。最初,HRP仅作为逆行追踪剂使用,即将HRP注射于神经末梢所在部位,其被逆向传送至胞体,然后用组织化学方法使标记物发生反应,达到显示逆行标记(retrograde labeling)结果的目的(图6-2A)。后来观察到HRP也可以被神经元的胞体摄入,顺行运送至末梢部位,因而HRP也可用作顺行追踪剂,顺行标记(anterograde labeling)轴突末梢(图6-2B)。另外,1978年Mesulam创建了HRP跨越神经节追踪(transganglionic labeling)技术(图6-2C)。该技术

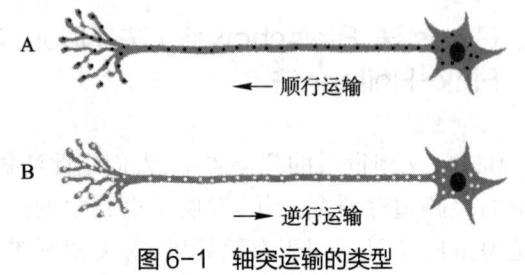

图6-1 轴突运输的类型
A. 顺行运输 B. 逆行运输

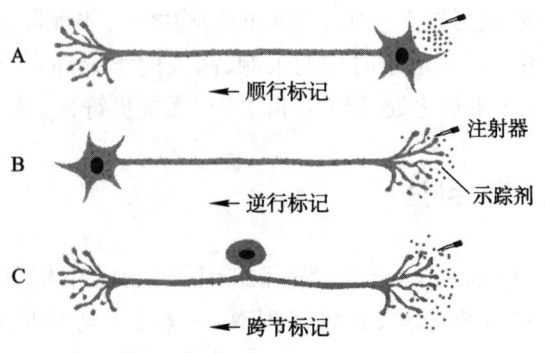

图6-2 神经纤维标记的类型
A. 顺行标记 B. 逆行标记 C. 跨节标记

将 HRP 注射于周围神经感觉末梢、感觉神经干、外周组织、内脏器官等部位后，HRP 可跨越初级传入神经元胞体（外周神经节）被运送到其中枢突在脊髓背角的末梢部，将神经元全程显示出来。这种跨过感觉神经节内神经元胞体的运输称为跨节运送（transganglionic transport），即跨过感觉神经节细胞胞体的运输。

注入组织或器官的 HRP 被神经末梢或神经元胞体摄入是实现其运输的先决条件。HRP 摄入的主要方式包括：①非特异性整体胞饮（bulk endocytosis），即将 HRP 作为外源性物质通过内吞的方式无选择性地摄入（图 6-3A）。② HRP 和麦芽凝集素（wheat germ agglutinin，WGA）等共价偶联后形成 WGA-HRP 复合物，可大大地提高其作为追踪剂的灵敏度。其机制可能是因为 WGA 作为一种植物凝集素，可与其在神经元细胞膜上的特异性膜受体结合，因此 HRP 可通过 WGA 受体介导被胞饮入神经元（图 6-3B）。③将 HRP 与霍乱毒素（cholera toxin，CT）结合形成亲和性共价结合物，通过霍乱毒素与细胞膜上结合位点的介导进入神经元内（图 6-3C）。由于游离 HRP、WGA-HRP、CT-HRP 等被摄入神经元的机制不同、受体种类不同或结合位点的差异，故可将几种 HRP 混合应用，每种 HRP 通过不同的途径进入胞体，可加强标记效果。

HRP 法的基本步骤是将 HRP 注射至实验动物神经系统或周围器官的一定部位，存活一定时间后对动物进行灌注、固定处理，取材做冷冻切片，然后用过氧化氢及呈色剂显示 HRP 反应产物。

显示 HRP 反应产物的方法有多种，但目前多选用的是 Mesulam（1978）的以四甲基联苯胺（3,3',5,5'-tetramethylbenzidine，TMB）为底物的反应方法。TMB 氧化产物呈深蓝色颗粒，在暗视野下呈金黄色。TMB 反应产物不稳定，但可用重金属盐（如钴、镍、钼、钨）对 TMB 反应产物进行稳定处理。1978 年以前，HRP 标记方法只用于神经元的逆行标记和顺行标记的研究，所用的反应底物为二氨基联苯胺（3,3'-diaminobenzidine，DAB），反应产物呈棕黄色，比较稳定，但有致癌的毒性，而 TMB 则无此毒性。

二、荧光素追踪技术

荧光素追踪方法首先由 Kuypers 于 1977 年介绍问世。此后，陆续发现了一些可供作束路追踪的荧光素，主要用作逆向追踪。按荧光素的标记部位可将荧光素分为两类：一类主要标记细胞核（如 nuclear yellow，diamidino yellow，bisbenzimide），另一类主要标记细胞质（如 fast blue，propidium iodide 及荧光金 fluorogold），多数荧光素属后者。不同的荧光素有不

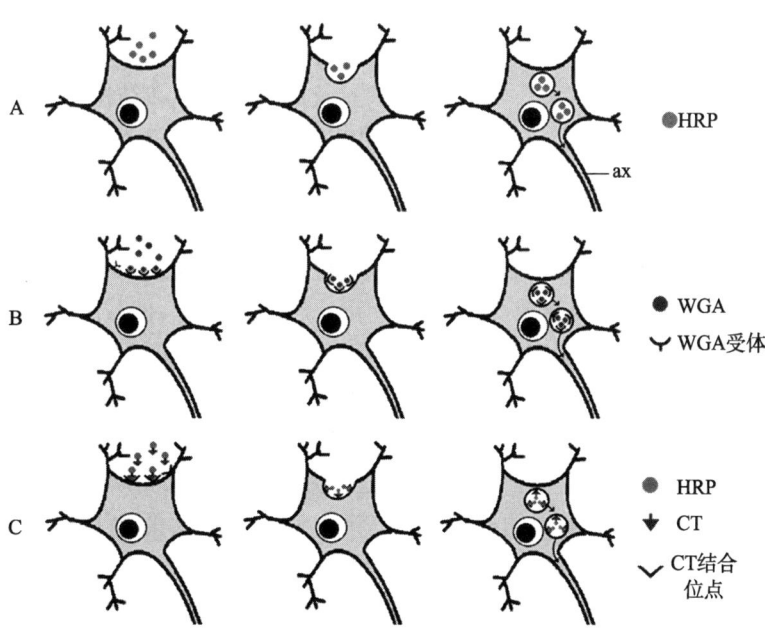

图 6-3　示踪剂摄入神经元的途径
胞内箭头指示内吞物运输的方向

同但固定的激发波长及发射波长，产生不同颜色的荧光，因此可用两种以上的荧光素进行双重标记或多重标记。如有些神经元可通过其轴突分支投射到一个以上部位，向投射纤维不同终止部位注射不同荧光素，则在发出轴突分支的同一神经元胞体内可以见到一种以上的荧光标记。也可利用标记细胞核或细胞质的不同荧光素来做双重标记。双标或多标是荧光追踪的最大优点，但不同荧光素被逆向运输的速度差别甚大，在进行双重或多重标记时需注意此点。有些荧光素在到达胞体后有扩散出神经元而染出其周围胶质细胞的可能，因此选择合适的存活时间很重要。目前，使用较多的是荧光金，荧光金在紫外线（323 nm）激发下发金黄色荧光（408 nm），属慢速运输类荧光素。荧光金的特点是：①灵敏度高（其灵敏度不亚于WGA-HRP），能较好地显示树突分支，只能标记胞质；②在胞体内分解慢，甚至在注射后存活2个月标记强度仍无明显变化；③比较耐紫外线的照射，褪色比较慢；④可以经受许多组织学染色处理，因而可以和HRP、免疫组织化学等方法结合使用；⑤目前，还有了荧光金抗体，扩大了其应用范围。由于以上多种优点，荧光金的应用较为广泛。

荧光素逆向追踪法的不足之处与HRP法基本相同。由于染料分子小，易于扩散，较HRP法更难以确定有效注射部位。在激发光照射下很快褪灭，是荧光素的一大缺点，因此允许观察的时间较短，保存时间也有限。

三、放射性核素追踪技术

核素追踪技术是利用神经元轴浆运输现象进行放射性示踪剂标记并用放射自显影（autoradiography，ARG）方法显示神经元与神经元之间联系的方法。1965年，Taylor向小鼠眼球玻璃体内注入^{3}H亮氨酸，在视神经内发现顺行运输的放射性物质。1972年，Cowan等首先将核素追踪技术用于中枢神经系统的研究。此后，核素追踪技术在神经解剖学研究领域得到了广泛的应用。

^{3}H和^{14}C是最常用的核素，而最常用的标记物质为^{3}H标记的亮氨酸、脯氨酸和赖氨酸等。将核素标记的氨基酸注入目的核团内，可被胞体摄入并合成为蛋白质向末梢方向运送。经过一定的存活时间后，对动物进行灌注、固定处理，取脑制作冷冻切片。随后将制成的切片涂原子核乳剂，使之感光成像，借此可以追踪被标记的轴突行径和终止部位。由于受生物安全性等因素的限制，目前此技术已较少使用。

四、病毒追踪法

病毒追踪法（virus tracing method）是近十年来才刚刚兴起的新方法。目前，应用于神经通路追踪的工具病毒多由嗜神经病毒（neurotropic virus）改造而来，如伪狂犬病毒（pseudorabies virus，PRV）、单纯疱疹病毒（herpes simplex virus，HSV）、狂犬病毒（rabies virus，RV）、水疱性口炎病毒（vesicular-stomatitis virus，VSV）等。此外，一些不跨突触的病毒载体可高效原位标记神经元的精细结构，如塞姆利基森林病毒（Semliki forest virus，SFV）；或作为辅助病毒表达外源基因，如腺相关病毒（adeno-associated virus，AAV）；也可用于展示局部脑区的上游投射，如2型犬腺病毒（canine adenovirus 2，CAV2）。因不同的病毒对动物种属或不同部位神经元类型的感染嗜性存在差异，故不同的重组工具病毒适用于不同的研究对象，而且每种工具病毒又可通过携载各种元件满足不同的研究需求。目前适于不同研究需求的神经通路标记系统主要分为不跨突触的标记系统、跨单级突触的标记系统和跨多级突触的标记系统。

病毒追踪法的主要优点：①唯一可追踪多突触联系通路的追踪剂。②具有灵活的遗传可操作性。③可携带不同的标记物。④可实现对特定类型神经元及通路的标记和结构研究。可视化标记是神经通路追踪的基础。重组工具病毒可携带多种报告基因（例如可通过免疫荧光组织化学染色显色的蛋白标签，可与底物反应显色的半乳糖苷酶，可直接显示颜色的绿色荧光蛋白等），实现神经通路的可视化标记。在此基础上，携载脑虹元件，工具病毒可用于获得更复杂的神经通路信息；携载胞核、胞体、树突及轴突定位元件，可实现对不同亚细胞结构的选择性或富集标记；通过将荧光蛋白拆分之后分别表达于突触前和突触后，可实现对突触结构的精细标记等。

病毒追踪法的主要缺点：①标记结果依赖病毒的浓度。跨突触标记时，用高浓度的病毒虽可得到良好的标记结果，但易导致非特异性标记，对神经元的毒性大，引起神经元死亡；用低剂量病毒虽可得到良好的标记，减少假阳性结果，但易致跨突触标记的能力降低。值得注意的是，使用表达绿色荧光蛋白（GFP）基因的重组病毒标记时，通常非常低的浓度也能得到良好的标记结果；使用高浓度表达GFP基因的重组病毒，反而容易引起标记神经元死亡或使后续的神经活性物质或受体的显示变得困难。②星形胶质细胞和巨噬细胞内吞病毒和感染神经元死亡后分解的细胞碎片，在标记神经元周围聚集，限制病毒的扩散。③使用病毒追踪时，除病毒的顺行、逆行和跨神经元追踪的特性外，还应注意动物种属、年龄的特异性。④预防和避免感染。尽管用于追踪的工具病毒基本上为无毒或减毒的病毒（部分病毒除外），但在处理过程中，除对病毒进行特别的生物安全（biosafety）检测和注意防护（如注射疫苗等）外，仍需要一定的设备、环境和防护条件。

第三节　化学神经解剖学方法和应用

20世纪70年代，利用免疫学原理创建的免疫组织化学技术被引入脑研究领域。这种以抗原-抗体结合为基础的反应方法具有特异性强、灵敏度高的特点，可使神经元内所含的神经活性物质及其受体可视化，为形态学研究开辟了新途径，形成了化学神经解剖学（chemical neuroanatomy）分支学科。

研究各类神经活性物质在脑内的分布、投射状态和相互作用以及对各种活性物质的合成酶和受体的研究是以定位、定性结合为目标，探索脑的结构和功能关系的有效方法。活性物质的合成酶及受体的研究，用原位分子杂交技术在基因水平观察活性物质及其受体mRNA的表达，使神经组织学（解剖学）在向分子生物学渗透的过程中得到了划时代的发展。本节扼要介绍化学神经解剖学的一些基本知识。

一、神经活性物质

神经元中所含的具有生理活性的物质，可以统称为神经活性物质。人们曾将开始认识的神经活性物质命名为化学传递物质（chemical transmitter substance）或神经传递物质（neurotransmitter，递质），并认识到突触部位的神经信息传递是以这些化学物质为媒介而实现的。化学物质从突触前成分释放到突触间隙内，与突触后膜的特定受体结合，使膜的离子通透性改变或借助跨膜信号传递，从而引起新的变化，导致神经元发生兴奋或抑制作用。

第一个提出化学传递学说概念的是剑桥大学医学生Elliott。他于1904年在英国生理学会上做了"On the action of adrenaline"的报告，其基本观点是"冲动到达交感神经末梢时，肾上腺素（adrenaline）作为兴奋物质而被释放"。在Elliott的影响下，Dixon做了探索迷走神经传递物质的实验，认为毒蕈碱（muscarin）样物质即是迷走神经的传递物质。也有人发现，由肾上腺提取出来的液体具有和交感神经的刺激效应非常近似的作用；向心脏给予毒蕈碱的效果和刺激迷走神经的效应很相似。到1921年，Loewi根据刺激心脏迷走神经的实验确立了化学传递学说。5年后确认了刺激心脏迷走神经所产生的迷走神经素（vagusstoff）即乙酰胆碱（acetylcholine，ACh）。以后Dale提出按照化学传递物质的性质将自主神经进行分类的原则，认为一种神经元只产生和释放一种化学物质，从而将自主神经纤维分为胆碱能（cholinergic）纤维和肾上腺素能（adrenergic）纤维。此后，发现的神经传递物质越来越多，并且证明脑和脊髓存在的活性物质种类远较存在于自主神经者为多，除乙酰胆碱和肾上腺素外，还有属于单胺类的儿茶酚胺类的一些物质（多巴胺、去甲肾上腺素等）和5-羟色胺（5-HT），还有组胺等；属于氨基酸的γ-氨基丁酸、甘氨酸、谷氨酸和门冬氨酸等。20世纪70年代又发现了很多种类的神经多肽（peptide），因而神经活性物质的种类更为繁多。一般将早期发现的活性物质称为经典传递物质（classical transmitter，经典递质），而将与神经传递有关的神经肽统称为肽类递质（peptide transmitter）（Hökfelt，1980）。

经典递质都是小分子物质，它们既可在轴突终末合成，也可在胞体合成而后经轴突运输到轴突终末以小泡形式贮存、备用。多数经典递质在释放后有被重摄取、重利用的特点，此特点对实现快速反应（如血压、呼吸调节）十分有利。

以往曾根据经典递质的特性总结出下列几点作为神经传递物质的必备条件：①合成传递物质的原料和合成酶都存在于神经终末（突触前成分）中，在酶的作用下进行生物合成。例如，在胆碱能神经末梢内有乙酰胆碱化酶（乙酰胆碱转移酶），肾上腺素能神经末梢内有酪氨酸羟化酶、多巴胺脱羧酶和多巴胺β羟化酶等。②神经末梢内的传递物质存在于突触小泡内,如在电镜下可看到去甲肾上腺素等单胺类物质贮存于致密颗粒小泡(dense cored vesicle)内。③神经受刺激时,由末梢释放出有效量的传递物质进入突触间隙,作用于突触后膜上的受体,产生效应。如果将此种物质直接作用于突触后部位,也可以发挥与刺激神经相同的效果。④在与神经末梢相接的突触后膜上存在着特异的受体。释放到突触间隙内的传递物质与受体结合可改变突触后膜的通透性或借助跨膜信号传递,产生兴奋性突触后电位(EPSP)或抑制性突触后电位(IPSP)。⑤传递物质和受体发生作用后出现特异的生理"灭活"(失活)现象,使作用迅速终止。灭活的方式有:被酶所破坏,如乙酰胆碱被突触前、后膜上的胆碱酯酶水解而失活;为突触前、后膜所摄取(重摄取,reuptake),如去甲肾上腺素大部分为突触前膜所摄取,小部分为突触后膜摄取;在突触间隙内被降解酶破坏。⑥刺激神经时或对突触后膜直接给予某种物质时,它们与药物阻断突触后膜所引起的反应或生理灭活的反应,都基本相同。

尽管如此,经典传递物质中也有并不完全满足上述所有条件的物质。

近几十年来,种类繁多的神经肽陆续被发现。有些肽大体上具有上述作为传递物质的条件,而大多数肽较传递物质具有更高的生物活性,既能以突触释放的方式实现调节作用(如脑啡肽),又能以非突触释放的方式对邻近或远隔部位的靶组织的功能活性进行大范围的调节。神经肽和经典递质的最主要区别点是神经肽只在胞体内合成,经轴突运输到神经末梢以小泡的形式贮存、备用。由于轴浆运输是一个缓慢的过程,所以限制了神经肽在快速反应和持久剧烈活动中的调节作用。

还有很多神经激素也在神经传递中起作用。这些激素在特定的神经元内合成、释放,通过血液循环到达靶组织,与特异性膜受体或胞质受体结合而发挥大范围、长时程的调节效应。在这些物质中有些既是激素又是递质。现已证明一个神经元内并不只含一种活性物质,已在许多部位发现两种以上神经活性物质共存于一个神经元内的现象。神经活性物质种类繁多,其生物学特性及作用机制也不相同。因而,有人将具备上述传递物质条件的活性物质总称为神经传递物质(递质),而将不完全具备上述条件者称为神经调制物质(或神经修饰物质,

neuromodulator)。也有人将传递物质和调制物质合称为神经调节物质(neuroregulator)。进一步的研究还发现,神经元也能在非突触部位通过胞吐的形式释放所含的神经活性物质(非突触释放),经细胞外液或(和)脑脊液扩散,与邻近组织或(和)远隔部位靶细胞上的受体结合,产生特异的生物学效应。因此,Schmitt(1984)建议,将在神经元和神经元之间(或神经元和效应器之间)进行信息传递的物质总称为神经信息物质(neural informational substance)(参见本书第二十章)。

二、受体

神经活性物质担负着在神经元间传递信息的作用,在其所作用的神经元上(内)存在着能特异性地与某一种活性物质结合而使其发挥调节效应的物质,叫做受体(receptor)。受体是活性物质发挥作用的结构基础。受体能够识别具有特定构造的化学物质并与之特异地结合,两者结合的复合体可产生生物学效应(参见本书第二十章)。

受体不仅分布在神经元胞体的胞膜上,也存在于树突、轴突等的膜上,还存在于胞核和胞质内(儿茶酚胺类和肽类等亲水性物质的受体存在于胞膜上,类固醇激素等疏水性物质的受体存在于胞核或胞质内)。一个神经元上可以有多种受体。

自1970年Young和Kuhar创建用核素放射自显影标记技术(*in vitro* autoradiography, *in vitro* labeling)检测受体存在和分布的方法以来,对受体的研究有了长足的发展。在受体的分布和定位、调节机制、亚单位的划分和提纯等方面的研究都十分活跃。配体(ligand)是与受体有亲和力的物质的总称,其中也包括常用的受体阻断剂(antagonist)和激动剂(agonist)。配体和受体有很强的亲和力,用标记的配体可以较方便地检测出组织中的受体分布情况,因为是在离体组织切片上的结合实验,可不必担心不能通过血-脑屏障的问题,也不必担心配体在到达结合位点之前被代谢分解。

三、方法论

将神经组织内所含的活性物质经过一定的技术处理,使之在光学显微镜或电子显微镜下可视化,借

此对各种活性物质进行形态学上的定位和定性相结合的研究，这是神经解剖学的主要研究手段之一。

最初致力于神经活性物质可视化并对各种单胺类物质进行形态学上的定位研究工作的是瑞典学派。1962年，Falck和Hillarp创建了组织荧光法（Falck-Hillarp法），用甲醛（formaldehyde，FA）诱发神经组织内的单胺类物质（儿茶酚胺类的多巴胺和去甲肾上腺素及吲哚胺类的5-HT）使之发生荧光，并在荧光显微镜下对其进行观察。儿茶酚胺类物质发绿色荧光，5-HT发黄色荧光。1964年，Döhlstrom和Fuxe发表了用此方法研究脑内单胺类物质分布的论文，发现5-HT主要存在于脑干的中缝系统，而儿茶酚胺类则分布于脑干的外侧部分。他们将含儿茶酚胺神经元的聚集处划分为A1～A13的13个区（后来又补充了A14～A16区），含5-HT的神经元集聚处划分为B1～B9区。这些区域虽然和细胞构筑学上的核团位置不完全一致，但却为研究脑内活性物质的定位分布开创了先例。1972年，Björklund等又建立了用乙醛酸（glyoxylic acid，GA）诱发荧光的方法，提高了此方法的灵敏度。20世纪六七十年代诱发荧光法对神经组织内单胺类神经元的发现做出了重要贡献。

20世纪70年代初，免疫组织化学（immunohistochemistry）包括免疫细胞化学（immunocytochemistry）技术被移植到神经解剖学研究领域，使神经解剖学的内容发生了质的变化。经过20余年的发展，它已成为神经解剖学研究中的基本且重要的手段。免疫组织化学技术是将免疫学原理和组织化学（细胞化学）方法结合的产物。

组织化学是研究组织、细胞中某些化学成分的分布和含量的手段。这些化学成分经过化学反应使其变为可视化并可在显微镜下进行观察。每种化学成分都必须用高度特异性的组织化学技术处理。因此，在组织化学中陆续产生了各种各样对不同化学成分进行反应的方法。理想的反应方法不仅要对它所反应的物质具有特异性，而且要求有较高的敏感性，还要求具有经过处理的物质的数量不减少、位置不改变、周围结构保持良好且易与同时反应的阳性产物相区别等条件。在神经科学中常用的是对神经元中的某些酶的反应方法，如单胺氧化酶（monoamine oxidase，MAO）、酸性磷酸酶（acid phosphatase，ACP）、琥珀酸脱氢酶（succinate dehydrogenase，SDH）、乙酰胆碱酯酶（acetylcholinesterase，AChE）等。

免疫组织化学技术沿袭了组织化学技术的上述特点，利用特异性的抗体（antibody，或称抗血清antiserum），使之与组织内的特定抗原（antigen）牢固结合，然后通过一定的反应方法使之可视化，以供显微镜观察。抗体是免疫球蛋白（immunoglobulin，Ig），可分为IgG、IgA、IgM、IgD和IgE等5类，其中IgG最为常用（图6-4）。特异性抗体由特定的抗原诱导而产生。抗原是能刺激机体产生免疫反应的物质，它具有与相应抗体或致敏淋巴细胞产生反应的特异性。这种特异性是免疫反应的最大特点。将抗原注入动物活体，使之产生与其发生反应的特异性抗体，经过提取、精制备用。当对组织中某种抗原物质进行检测时，将此抗体加于切片上即可使之与特异性抗原结合。在神经组织中很多酶类（如多巴胺-β-羟化酶和胆碱乙酰化酶等）、神经肽、经典递质、受体蛋白及类固醇类等都可作为抗原。

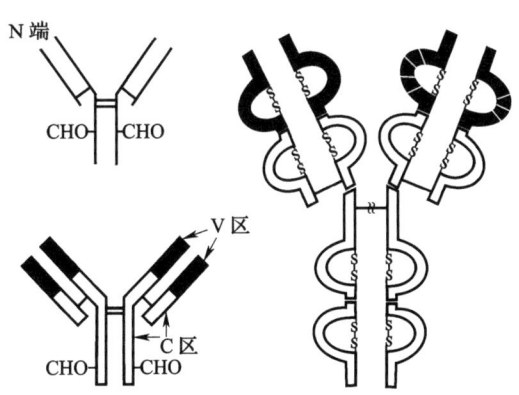

图6-4 免疫球蛋白结构

用显微镜不能直接辨认抗原-抗体反应形成的免疫复合物，必须对复合物进行呈色反应。为了判断某种物质是否存在并进行一般的定量分析，可用放射免疫分析技术（radioimmunoassay，RIA）。但这种方法还不能确定物质存在于组织的哪些细胞内及其具体的存在（分布）状态，因此作为定性和定位结合的手段，最常用的是免疫组织（细胞）化学技术。

四、免疫组织化学反应

进行免疫组织化学反应时，可以将组织切片铺贴在载玻片上，也可将切片漂浸于反应液中，两者无

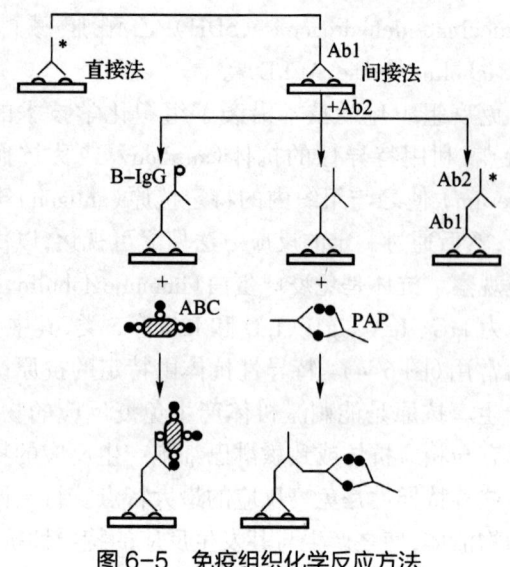

图 6-5 免疫组织化学反应方法

实质差别,但前者的敏感性略差,两者均分为直接法及间接法两类(图 6-5)。

(一) 直接法

在第一抗体(特异性抗体)上结合一定的标记物(如荧光素、HRP 或碱性磷酸酶),一次孵育成功,然后进行组织化学呈色反应。虽然此法操作方便,但灵敏度低,而且必须标记抗体,故已被间接法代替。

(二) 间接法

无须标记特异性抗体(第一抗体),而是在第一抗体与组织中的抗原结合后,用各种方法来显示第一抗体。间接法的灵敏度大大高于直接法,经过二次,甚至多次抗体结合,标记强度得到扩大,而且同一种显示系统可以显示各种第一抗体。现在已有多种间接反应方法,最常用的有间接荧光法、PAP 法及 ABC 法 3 种。

1. 间接荧光法 用于免疫组织化学反应的抗体主要为 IgG。根据产生第一抗体的动物种属不同(多克隆抗体通常为兔,也有一些用羊;单克隆抗体则为小鼠或大鼠。单克隆抗体的特异性很高,但敏感性较差),用抗不同动物 IgG 的抗体作为第二抗体,标以荧光素。最常用的荧光物质为异硫氰酸荧光素(fluorescein isothiocyanate,FITC),激发光波长 490 nm,发射光波长 530 nm;德克萨斯红(Texas red,TR),激发光波长 550 nm,发射光波长 615 nm;罗丹明(rhodamine,TRITC),激发光波长 580 nm,发射光波长 610 nm。在特异的第一抗体与组织中的抗原结合后,用荧光素标记的第二抗体与第一抗体结合并显示。

2. PAP 法 Sternberger 于 1970 年在前人工作的基础上创建了过氧化物酶-抗过氧化物酶法(peroxidase anti-peroxidase method,PAP 法)。PAP 是用针对 HRP 的抗体与 HRP 结合而成的一种复合物。每个 PAP 复合物含 2 个抗 HRP 的 IgG 分子及 3 个 HRP 分子。PAP 法需用 3 次抗体。首先用特异的第一抗体孵育组织切片,其次用抗第一抗体(IgG)的抗体(如羊抗兔 IgG)作桥接(故第二抗体又称为桥抗),然后用 PAP 与桥抗结合。桥抗 IgG 分子的两个 Fab 段中一个与第一抗体结合,另一个与 PAP 结合。桥抗的两个 Fab 段是相同的,因此第一抗体及 PAP 中的抗 HRP 抗体必须来自同一种动物。最后,用 HRP 反应的底物来显示 PAP。有若干种底物可供选择,产生不同颜色反应。最常用的是二氨基联苯胺(DAB),形成棕色反应产物。显色时应随时镜检,直至显色满意为止。PAP 法简化了操作,较间接荧光法提高了灵敏度,所用第一抗体的浓度低于间接荧光法。

3. ABC 法 1981 年 Hsu(许世明)等创建了较 PAP 法更为灵敏的 ABC 法(avidin–biotin complex method)。ABC 是卵白素、生物素结合的辣根过氧化物酶复合物(avidin biotinylated horseradish peroxidase complex)的简称。从卵白中提取的卵白素(avidin,抗生物素)和生物素(biotin,维生素 H)之间具有很强的特异性亲和力,这种亲和力较抗原–抗体反应间的亲和力大 100 万倍且不易分离。将此特点用于免疫组织化学技术,创建了 ABC 法。用于 ABC 法的第一抗体和一般免疫组织化学技术所用的第一抗体无异,但第二抗体是生物素标记的 IgG,与第一抗体通过抗原抗体结合而反应。而第三抗体则为将生物素标记的 HRP 事先与卵白素进行反应,预制成 avidin–biotin–HRP 复合物。染色时使此复合物与生物素标记的第二抗体进行反应,此时复合物的卵白素则成为生物素标记的第二抗体和生物素标记的 HRP 之间的桥梁,使两者牢固结合。此复合物约含 15 个 HRP 分子,因而可产生高强度反应。此外,还可将卵白素与各种荧光素结合制成复合体,用于 ABC 法的免疫荧光组织化学染色。ABC 法具有灵敏度高、背景染色淡、操作较简便等优点。

4. 其他方法　除上述 PAP、ABC 等方法外，还有利用金黄色葡萄球菌细胞壁上的蛋白 A（staphylococcal protein A, PA）能和多种哺乳动物血清中的 IgG 的 Fc 片段结合而产生沉淀的特点进行反应的方法——蛋白 A 法，此法事先将 HRP 与 PA 交联，使之与第一抗体结合，随之进行呈色反应。此方法简便，效果也较好。作为标记物也可使 PA 吸附胶体金（colloidal gold）粒子，在电镜下观察；还可对金粒子进行银增感反应（silver enhancement），在光学显微镜下看到反应后的黑色颗粒状沉着物。

常用一些轴突运输的阻断剂来提高免疫组织化学反应的敏感性。在进行免疫组织化学反应前对实验动物给予秋水仙碱（colchicine），阻碍递质由胞体向末梢的输送，使递质在胞体内贮存量增多，从而可使胞体反应更加清晰。

影响免疫组织化学染色过程的因素很多，因此，进行反应时必须设严格的对照以证实组织内显示的荧光或反应产物的确实性。常用的对照反应有阳性对照、阴性对照（空白对照及替代对照）和自身对照等。但无论用什么方法，都存在交叉反应的可能，实际上免疫组织化学方法并无绝对可靠的对照实验。因此，免疫组织化学阳性物质均被称为某某免疫反应（-immunoreactive）或某某样免疫反应（-like immunoreactive）物质。

五、原位杂交组织化学

原位杂交组织化学（*in situ* hybridization histochemistry）技术创建于 1969 年。此方法是用基因互补技术使脑内一些活性物质或受体的 mRNA 可视化的方法，在形态学研究中，主要用于显示神经元内某种物质的 mRNA。此方法已经比较成熟，其灵敏度已达到可以显示神经元内微量 mRNA 的水平。原位杂交组织化学方法用标记的单链核酸探针与组织切片反应。探针可以是 DNA 或 RNA，分别与组织内互补的 mRNA 结合，形成 DNA-RNA 或 RNA-RNA 复合体。原位杂交组织化学标记结果的显示系统较多，但常用的是荧光素、核素和地高辛。原位杂交组织化学方法标志着对脑的形态学研究已实现从细胞水平向分子水平转变。

六、受体定位法

（一）配体法

配体法主要在组织切片上进行，利用标记的配体和受体结合以显示受体部位。因为配体和受体的结合是可逆的，已结合的配体在水性环境下还可从受体上脱落。故用配体法定位受体时，首先要注意标记配体的选择，应尽可能选择高亲和力及特异性强的拮抗剂或激动剂。配体通常用放射性核素标记。其次，应尽量减少切片与水接触的机会。基本步骤如下：①将组织用恒冷箱切片机切片，裱贴于载玻片上；②用缓冲液洗去切片上的内源性配体，以免与标记配体竞争受体；③用标记的配体孵育切片；④洗去多余配体及一些非特异结合的配体；⑤尽快使切片干燥；⑥放射自显影过程中不用湿乳胶，而用感光底片或用干乳胶法，即将核子乳胶涂于盖玻片上，待干燥后再盖压在切片上。目前此法已很少使用。

（二）免疫组织化学法

免疫组织化学法有两种。第一种方法是用针对受体的抗体，其前提是应有提纯的受体或已知受体的氨基酸序列。可以用受体蛋白或人工合成受体的一段多肽来制备抗体。与其他免疫组织化学反应相同，受体的免疫组织化学定位也存在交叉反应问题。如用人工合成受体片段做抗原，则可选择特异性较强的片段，以减少与其他抗体交叉反应的可能性。

第二种方法是利用抗独特型抗体（anti-idiotypic antibody）。独特型指在抗体分子（Ab1）可变区中的抗原结合位点内及其邻近的一些抗原决定簇。用某种抗体作抗原来免疫动物后，其所产生的针对这些独特型决定簇的抗体为抗独特型抗体（Ab2）。由于 Ab1 与抗原结合的区域和受体与配体结合的区域有某些相同的抗原决定簇，因此针对此决定簇的抗体（Ab2）既可与 Ab1 又可与受体反应。此方法现已较少使用。

（三）原位杂交组织化学法

除所用的探针为针对不同受体者外，余者与前述原位杂交组织化学方法相同。

七、免疫电子显微镜技术

（一）包埋前染色

包埋前染色时，先用振动切片机（vibratome）将组织切成薄片以避免冷冻切片时形成的冰晶破坏超微结构。由于表面活性物质有损于超微结构，因此作电镜研究常用冻融法来增加抗体的通透性，而不能使用 Triton X-100 等表面活性物质。经冻融处理后，将切片进行 PAP 或 ABC 等酶标免疫组织化学反应，用 DAB 显色。该反应产物的电子密度高，在电镜下易于辨认。然后将切片包埋在两层玻璃之间的树脂层内（平板包埋），待树脂聚合后，用刀修出小块所需观察的部位，作超薄切片，电镜观察。此法应用甚广，主要优点是组织的抗原性保存好。但在分析结果时需注意的一个重要问题是此法不适于可溶性物质的细胞内定位。因为即使组织已经过固定剂固定，但在染色过程中有些物质仍可能有一定程度的扩散。典型的例子是各种神经肽。虽然神经肽主要存在于大致密芯突触小泡内，但在包埋前染色的超薄切片上，神经肽免疫反应物质常遍及胞质各部，有时在一些细胞器的膜上沉积（如沉积在清亮突触小泡和线粒体上），造成神经肽是存在于清亮小泡和线粒体中的假象。

（二）包埋后染色

包埋后染色的优点在于细胞内的定位精确。包埋后染色仅需常规包埋组织块，制成超薄切片，在超薄切片上染色。由于细胞结构大多被切开，不存在抗体通透细胞膜问题，故标本无须冻融或用表面活性物质处理。但标本被包埋在树脂中，树脂不利于抗体的透入，抗体只能与切片表层的结构结合。由于染色在包埋后进行，大大地减少了可溶性物质的扩散，增加了细胞内定位的精确性。包埋后染色的抗体显示系统与包埋前不同，通常用胶体金。胶体金可制成不同大小的颗粒，标记在第二抗体上或蛋白 A 上。胶体金标记的 IgG 或蛋白 A 可以和切片上的第一抗体结合，精确地显示出第一抗体结合的部位。包埋后切片染色可以在相邻切片上作对照或作不同免疫反应，还有利于在同一张切片上进行双重反应，此时要求两种第一抗体的种属不同，二次反应用标记不同直径胶体金颗粒的抗体。包埋后染色的最大问题是在包埋过程中很多抗原的抗原性受损，减弱了免疫反应以致难以染出。

八、光控遗传修饰技术

2005 年，美国斯坦福大学的 Karl Deisseroth 教授等发明了利用光学技术和基因工程相结合的手段来实现控制细胞行为的光控遗传修饰技术（optogenetics）。该技术在转基因重组病毒的帮助下，将负责传输兴奋性阳离子流或者抑制性阴离子流的细菌视蛋白或光敏感通道蛋白（图 6-6A）等可见光控蛋白（visible light-gated protein），表达在受电信号调节的动物细胞上，如大脑皮质的锥体神经元（图 6-6B）；再将发射激光的光纤插入动物大脑，不同波长激光的脉冲刺激会使分别传输兴奋性阳离子流或者抑制性阴离子流的视蛋白或光敏感通道蛋白兴奋，结果引起神经元的膜电位发生变化，导致神经元的兴奋或抑制，即相当于通过视蛋白和光敏感通道蛋白给神经元安装上开关，用激光照射控制大脑皮质锥体神经元活动的"开"与"关"（图 6-6C），进而达到选择性地、高度精确地控制大脑皮质锥体神经元的兴奋和抑制行为。该项技术目的性强、精确度高，具有独特的高时空分辨率和细胞类型特异性两大特点，克服了传统的只用光学手段控制细胞或有机体活动的许多缺点，为神经科学领域提供了一种变革性的研究手段。通过光遗传学工具，能够使人们更好地理解与行为、思维、情绪有关的大脑神经环路，也可帮助人们更好地了解癫痫、帕金森病等疾病的发病机制，促成产生一些比当前的治疗药物更具特异性的治疗概念和策略。自该技术使用以来，光遗传学在复杂的生物学机制，尤其是在脑科学、神经科学等领域的研究中得到了广泛应用。2011 年，光遗传学技术除了被 *Nature Methods* 评为 2010 年的年度方法外，还被誉为 21 世纪神经生物学领域最有影响力的技术方法。

九、化学遗传学技术

化学遗传学（chemical genetics）又称药物遗传学，是利用遗传学原理，以化学小分子为工具解决生物学领域的问题，或通过干扰、调节正常生理过程了解蛋白质功能，其研究方法叫做化学遗传学技

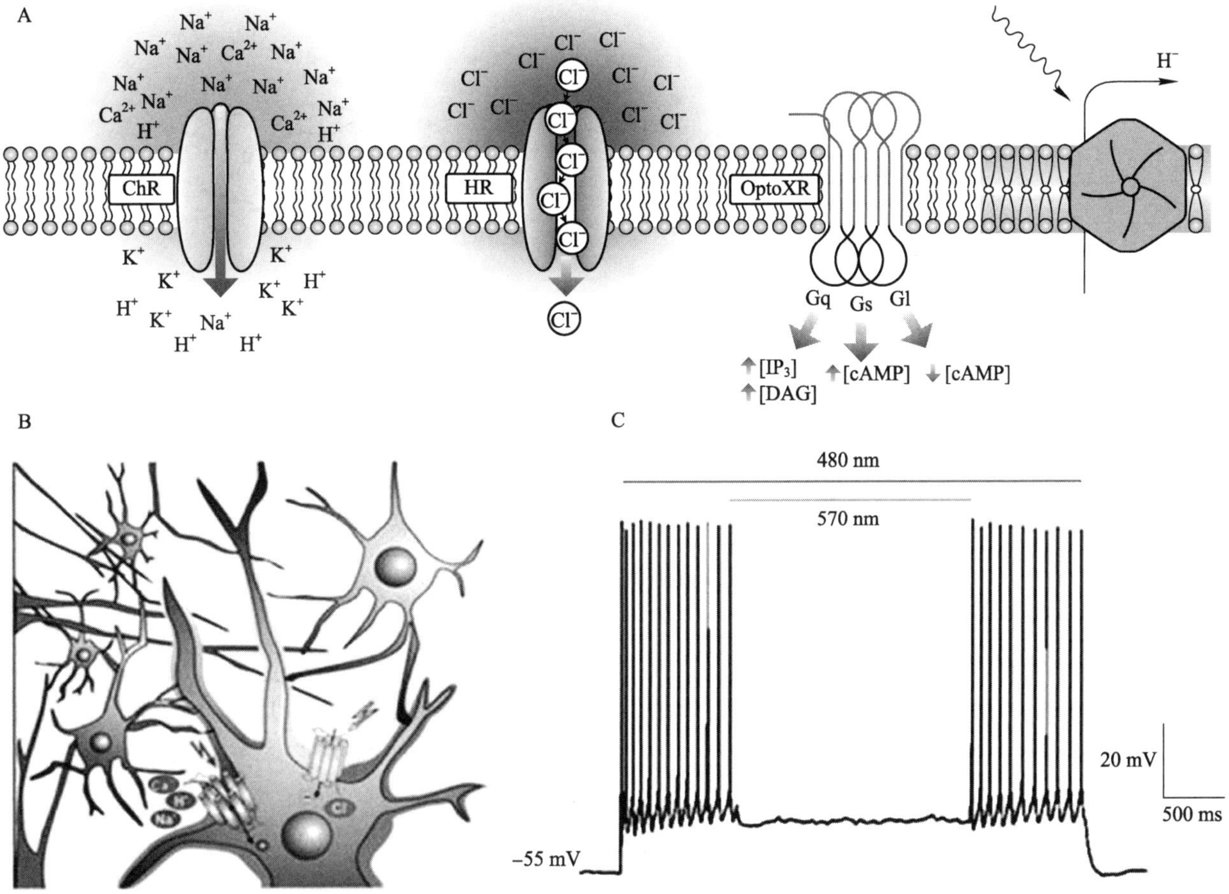

图 6-6 光遗传学技术原理图

术（chemical genetic technique）。它的特点是可以在不同时间、以不同剂量和进行可逆操作，为功能基因组研究提供检测特定基因或蛋白质功能的手段，也可以为新药筛选提供靶点和新药开发提供先导化合物。因此，它是利用化学工具来探索和研究生命过程的一门新兴学科。

随着生物和化学交融的更加紧密，通过对生物体原有的配体和受体进行改造，得到了大量的具有外源物质激活、调节细胞通路的人工改造受体。其中，目前最常用的是基于 G 蛋白偶联受体（G protein-coupled receptor，GPCR）改造的只由特定药物激活的受体（designer receptors exclusively activated by designer drugs，DREADDs）。目前，DREADDs 已成为应用最为广泛的化学遗传学技术。

DREADDs 技术是指激活或抑制后的 DREADDs 能选择性地作用于不同的 GPCR 级联反应来调节细胞信号转导，其作用目标包括激活 Gq、Gi、Gs、Golf 和 β-arrestin，其中应用最广泛的是 Gq-DREADD 和 Gi-DREADD。hM3Dq 和 hM4Di 分别是从人毒蕈碱乙酰胆碱受体 M3 和 M4 上改造的仅对特定药物叠氮平-N-氧化物（clozapine-N-oxide，CNO）有反应的人工受体，它们均不再受乙酰胆碱激活。在一些神经元里，CNO 结合 hM3Dq 后，激活 Gq 蛋白偶联的磷酸酶 Cβ（PLCβ），引起磷脂酰肌醇二磷酸（PIP2）被降解，从而打开被 PIP2 关闭的电压门控型外向钾离子通道，导致细胞膜去极化，形成动作电位，产生兴奋效应；CNO 结合 hM4Di 后，激活 Gi 蛋白偶联的内向钾离子通道，使得细胞膜超极化，抑制神经元动作电位发放，产生抑制效应（图 6-7）。

第四节　神经科学各个领域研究手段的综合运用

神经科学是一门综合科学，它汇集了神经解剖

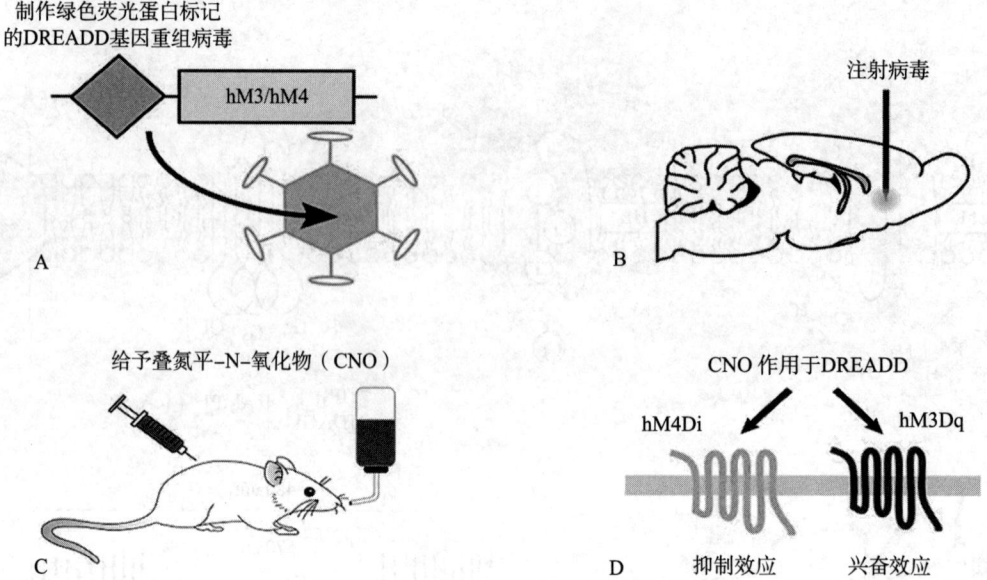

图 6-7　化学遗传学的基本原理和实验步骤

学、神经生理学、神经药理学、分子神经生物学以及神经病理学、临床神经学等众多分野。在神经科学研究中，人们放弃既往的学科之间的门户之见，广泛地吸取各分野的方法学的有用之处，使之互相渗透、取长补短、相辅相成，才能使对脑的全面认识不断地向纵深发展。

除了上述形态学研究方法的综合应用，在基础研究方面，神经科学其他分野的研究方法之间及其与形态学研究方法之间也应该且有可能进行综合运用。例如，脊髓后角Ⅱ层（胶状质）主要由密集的小型中间神经元构成，为了观察胶状质神经元的电生理学和形态学特征，简单易行的方法是在脊髓片上用细胞内或全细胞记录和标记的方法进行研究。当记录电极插入神经元内或与神经元的细胞膜形成封接后，可以分别用细胞内记录方法或膜片钳全细胞记录方法观察神经元的各种电生理学特征；记录完毕后，向被记录的神经元内电泳相对分子质量较小的示踪剂生物胞素（biocytin），固定脊髓片并将其切成 30 μm 厚的连续切片，用免疫荧光组织化学多重染色的方法观察该神经元的神经活性物质或受体，再用免疫细胞化学染色的方法显示生物胞素的标记结果，最后用两维或三维重塑的方法显示该神经元的全貌。这种方法的最大优点是能够充分显示标记神经元的树突、轴突及其各级分支和终末的细节，这是其他标记方法难以比拟的。用分子神经生物学、行为学、神经电生理学、药理学和形态学相结合的方法，可以系统地了解某种活性物质或受体的功能意义。如先用分子神经生物学的方法合成 5-HT 受体的反义探针，向脊髓的蛛网膜下隙插管，将溶于脂溶性溶剂的 5-HT 受体反义探针注入腰骶段的脊髓表面，反义探针可以透过脊髓表面进入脊髓的内部与 5-HT 受体结合并将其阻断。5-HT 受体被阻断的效果可以用行为学的手段进一步验证。5-HT 在脊髓后角主要通过与其受体结合而发挥抑制外周伤害性信息向中枢传递的作用，当其受体被反义探针阻断后，5-HT 抑制伤害性信息传递的作用就会明显减弱，动物在行为上表现为痛阈明显降低，对伤害性刺激的反应明显增强。5-HT 受体反义探针的作用结果，还可以在脊髓片用电生理学方法进一步验证。最后，再用形态学方法观察 5-HT 受体的定位分布及其反义探针与 5-HT 受体的结合状况。经过这一系列的研究，可以从各个不同的角度，在各个不同的水平观察 5-HT 受体的功能和定位分布。

神经元及其神经纤维形成的联系是神经系统的基本结构。识别神经系统内不同部位的不同类型神经元，揭示它们构成的传出和传入神经纤维联系，阐明参与其功能活动的神经活性物质和受体，是实现对神经元活动进行主动调控和揭示神经系统工作原理的基础，也是神经解剖学研究的目的。现代科学技术的迅猛发展和学科交叉渗透，既要求我们立足从特异神经元构成的特定神经通路，通过特种神经活性物质发挥的特色神经功能，开展深入的神经解剖学研究,也为我们分别从宏观、介观和微观水平阐明神经系统的结构和解析其工作原理提供了良机。近年来,伴随着神经解剖学的迅猛发展和新技术方法不断涌现,为我们分别从微观、介观、宏观层次阐明特异神经元参与构成的特定神经通路,揭示这些通路借助特种神经活性物质及其受体发挥的特色神经功能(简称"四特"原则),最终阐明神经系统的结构和解析其工作原理提供了可能。

在此,以近期在 Neuron 杂志上发表的关于岛叶(insular cortex,IC)-杏仁基底外侧核(BLA)谷氨酸(Glu)能兴奋性通路对共情痛(empathic pain)影响的研究为例,对综合运用上述"四特"原则予以说明。共情(empathy)通常是指个体对他人处境感知或理解他人情绪和经历的敏感能力,其中对他人痛苦的共情称为共情痛,它是激发亲社会行为、抑制攻击性行为和社会道德发展的基础。研究建立了小鼠的慢性疼痛共情模型:对成年小鼠左腿建立神经病理性痛模型(腓总神经结扎)后,将它与同窝的观察者小鼠(sibling)放置在一个中间有透明隔板的观察箱内。同窝观察者小鼠在第一次观察后就出现了后足的痛敏现象,即共情痛,并且在 3~5 天后达到峰值,该现象可持续 1 个月以上。然而,非同窝的陌生观察者(stranger)小鼠只有在连续观察 2 周以上才逐渐出现后足的痛敏。在研究中,先通过 FOS 蛋白染色观察到 sibling 小鼠大脑岛叶(IC)和杏仁基底外侧核(BLA)在共情痛的过程中发生活化;再将逆行示踪剂荧光金(FG)注入 BLA,在 IC 内可见 FG 标记的钙调蛋白依赖的蛋白激酶Ⅱ(CaMKⅡ,大脑皮质内 Glu 能兴奋性投射神经元标志物)阳性神经元表达 FOS 蛋白,结果提示 IC-BLA 通路中的谷氨酸能神经元与共情痛的调控有密切的关系;其次,选择性激活或抑制 IC-BLA 通路,观察到抑制向 BLA 投射的 IC 内谷氨酸能神经元活性,或者条件性凋亡 BLA 内通路后的谷氨酸能神经元,均能够显著缓解同窝小鼠的共情痛,而增强这条通路的活性,或条件性凋亡 BLA 内通路后的 GABA 能神经元则会加剧共情痛的发生和维持;最后,利用磷酸化标记核糖体亲和纯化测序(phodphorylation-tagged RNA affinity purification-sequencing,pTRAP-seq)方法筛选到 IC-BLA 通路中的突触结合蛋白 2(synaptotagmin 2,Syt2)和神经元突触膜胞外分泌调节蛋白 3(Rab3-interacting molecule 3,RIM3)在突触前和突触后参与共情痛过程,说明 Syt2 和 RIM3 是控制 IC-BLA 通路 Glu 释放的关键分子。上述结果从神经元类型、神经通路、神经活性物质和神经功能方面比较全面地揭示了 IC-BLA 通路参与调控动物共情痛的神经机制,是利用"四特"原则进行研究的范例。

对镇痛机制的研究尚且如此,对脑的高级功能如学习、记忆、睡眠等方面的神经解剖学研究,就更应该强调"四特"原则并综合运用当代神经科学研究手段、多学科协作、联合攻关,方有希望取得突破。

(李云庆)

新形态教材网　数字课程学习

▣ 教学PPT　　▣ 参考文献

第七章

脊 髓

脊髓属于中枢神经的一部分，为低级中枢。从进化和功能上分析，中枢神经实际上应划分为三部分：①统率机体全局的高级中枢——大脑皮质（层）；②以间脑、小脑和基底核等为主体，还有其他一些结构参与的皮质下中枢，它们协助大脑皮质调节和完善神经的功能；③低级中枢，包括脑干和脊髓，它们按节段地通过周围神经支配全身周围器官。周围神经是联系中枢神经和全身周围器官之间的桥梁。

脊髓（spinal cord）是中枢神经出现最早，且保持原始节段结构形式的部分，它按顺序发出31对脊神经，按节段支配躯干和四肢结构。因此，脊髓在结构上保持着与它发出的周围神经数目相对应、序数相同的节段。但是，随着脑的出现及其"头端化"，脊髓随之发生了和脑各部之间互相交流信息的上行或下行的神经传导通路。原始的节段性结构保证了作为低级中枢的脊髓和周围器官之间进行信息交流，新的传导通路使脊髓各节段和脑的各部之间建立了联系。脊髓的节段性结构形成了脊髓的灰质（gray substance），灰质是柱状结构（灰质柱）；新发生的上行和下行的长传导通路围绕在灰质的周围，构成脊髓的白质（white substance）。白质被划分为前索（anterior funiculus）、外侧索（lateral funiculus）和后索（posterior funiculus），每索内包含着若干条上行或下行的长纤维束。这些长纤维束在脊髓各节段与大脑皮质或皮质下中枢之间构成联络，每条长纤维束集中地传递某一种性质的信号，一般称之为神经功能传导路。另外还有仅跨几个节段联络在脊髓各节段之间的短纤维束，称为固有束（fasciculus proprius），紧贴在灰质的表面，形成薄层。

脊髓的节段性结构通过周围神经与周围器官的直接往返联系，可以实现机体对所接受的内、外环境的信号刺激应答，还可通过与皮质下中枢的广泛联系，产生更复杂的应答。这种不经过大脑皮质而产生的应答，称为反射性活动；通过脊髓节段性结构和大脑皮质的联系而产生的活动，称为意识性活动。反射性活动和意识性活动的结合保障了机体和客观世界的统一以及机体内部的协调和平衡。

关于脊髓的形态、位置和基本结构形式等内容，在本书第一章已做了较明确的叙述（参看本书第一章神经系统的基本组成）。本章为了帮助理解脊髓的功能，对脊髓构造特点展开更为深入的描述。

第一节　反射及反射弧

作为高级中枢的大脑皮质出现之前，机体对内、外环境刺激的应答都是直接的、反射的形式，确保机体对客观世界的适应；而意识性活动出现后，机体则可更深刻地认识世界；在人类，大脑产生的智慧既能让人们不断深刻地认识世界，同时又能改造世界。但是，不论意识性活动如何发展，反射活动及其结构基础并没消失，它既可作为产生意识性活动所必需的结构基础，又使机体保留着广泛的直接应答能力。反射（reflex）是神经系统活动的最基本方式，其结构基础称为反射弧（reflex arc）。反射弧由神经元组成，包括：①感受内、外环境各种刺激信号的感受器，感受器存在于周围器官中，它直接感受来自内、外环境的刺激，并将各种刺激信息转换为神经信号，通过初级传入神经元传至中枢神经；②初级传入神经元；③中枢神经内的传入信号和传出冲动的结合点；④传出神经元；⑤分布于周围器官的效应器。效应器也存在于器官内，通过它与传出神经元的联系，将中枢神经的冲动传给周围器官,引发各种活动(参看本书第三章)。神经系统包括众多简单的、复杂的反射弧。最简单的反射弧,只由两个神经元组成,即初级传入神经元进入中枢神经后,在中枢神经的特定部位直接与传出神经元形成突触连接,此突触连接即为这一反射活动的核心部位(中枢)。这种简单的反射活动称为直接反射(direct reflex)或单突触反射(mono-synaptic reflex)(图7-1)。

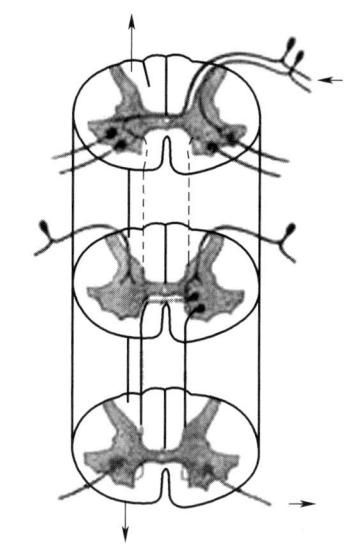

图7-2 多突触反射(间接反射)的反射弧

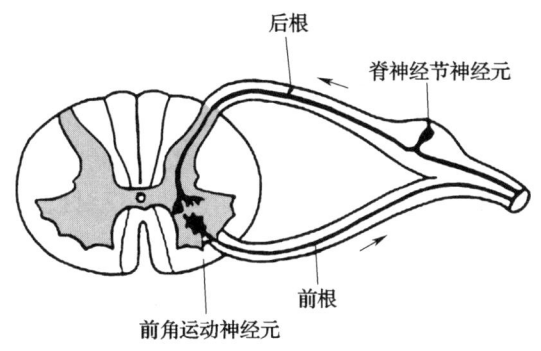

图7-1 单突触反射(直接反射)的反射弧

由于在进化过程中脑的发生和"头端化",导致反射的核心部位随之逐渐向新发展的中枢部位上移,在初级传入和传出神经元之间有新的神经元介入,借之将初级传入和传出神经元连接起来,形成3个或更多神经元的连锁联系,这种反射称为间接反射(indirect reflex)或多突触反射(poly-synaptic reflex)(图7-2)。单突触的直接反射只存在于和周围神经直接联系的低级中枢部位(脊髓和脑干);间接反射(多突触反射)的核心也可存在于低级中枢内跨一定节段的范围之间,部分反射弧核心上移于皮质下中枢,形成由2个以上神经元构成的连锁联系。

大脑皮质出现后,原有的反射弧仍继续存在,其中,有的属于进化上最古老的反射弧,有的是随脑的发育陆续发生和发展的反射弧。有些新发生的反射弧的传入通路上的神经元,既参与反射弧的形成,又发出侧支与大脑皮质联系,因此,有些反射弧既可实现特定的反射活动,又对此反射活动的应答产生意识性认知。如膀胱的排尿活动,既通过低级中枢或皮质下中枢产生的反射性神经调控,同时又在大脑皮质产生"尿意"的感觉。

反射活动的复杂性,常使人"眼花缭乱",难以把握反射活动的结构基础。例如,有些在进化上出现的最古老的反射一直被保留下来,成为维持生命活动的基本神经功能,如动物的生命体征(呼吸、心跳、血压调节等)和新生儿吸吮母乳的活动,都是生来即有的本能,都是神经反射活动。由于它们在长期进化过程中已被固定下来,且接受内环境的影响方式不易引起人们注意,以及长期以来人们对内脏传入途径认识不足,所以,这些神经活动一直被误解为"自主性"活动,并且在神经系统中开辟了"自主神经系"或"植物神经系"一个独立部分,误导人们将这些活动看成是脱离内、外环境的自主活动。这种误解延续了100多年(参看本书第十四章)。再如,人和动物的复杂的"应激反应"是最常见的机体应答现象,都是神经反射活动,但因它涉及面广,反射机制复杂,人们不易理解其产生应答的神经通路,因而阻碍了对"应激反应"本质的认识。

巴甫洛夫将反射活动划分为非条件反射和条件反射两大类。他认为高等动物借助神经元对内、外环境各种影响因素所引起的一定的、恒常的先天性反应为非条件反射。动物高级神经活动的基础即为动物和环境之间的先天性联系,其中包括通常的反射或本能的一切应答活动。另外,他认为这些反射是神经系统低级部位(脊髓、脑干、皮质下中枢)的功能。他通过实验发现,在神经系统的高级部位可以实现"暂时性联系"的机制,继而形成条件反射。最经典的实验是给狗喂食时,狗发现食物会产生流涎的行为,如果同时给予敲打食物器具的声音刺激,经过较长时间的持续刺激后,只给予敲打食物器具的声音刺激,即可引起狗流涎的行为。条件反射是大脑皮质的特有功能，其特点是：将未曾和某个生理活动联系过的一些活动因与此活动联系起来形成新的联系，而所有的这种新的联系也都是借助先天性联系而形成的。巴甫洛夫认为条件反射可能是非条件反射的补充，某些新形成的条件反射，可能会通过遗传而固定下来，成为非条件反射。

脊髓是中枢神经中最古老且结构最原始的部分，其节段性结构可以保证动物实施最简单的反射活动。如医学上最常用的膝反射，叩击髌韧带引起股四头肌收缩、伸小腿的应答，是以最简单的反射弧为结构基础的；在同一个脊髓节段内，感受髌韧带牵拉的本体觉冲动，经股神经中的传入神经纤维（神经元胞体在脊神经节）传入脊髓后，其中枢支神经末梢与同节段的脊髓前角运动神经元形成突触，将传入冲动转化为传出效应而支配股四头肌的活动。这种反射的反射弧只由传入和传出两个神经元以突触连接形式而形成，其形成突触的部位即为反射弧的功能中心。一方面，这种刺激深部感受器引起肌收缩活动的反射称为深反射。通过脊髓所形成的深反射有：①踝反射，亦称为跟腱反射。叩击跟腱，引起小腿三头肌收缩，导致足的跖屈，反射弧中心在脊髓的$S_{1\sim2}$节段。②肱二头肌反射，亦称为屈肘反射。叩击肱二头肌腱引起肱二头肌收缩，导致肘关节弯曲，反射弧中心在$C_{5\sim6}$节段。③肱三头肌反射，亦称为伸肘反射。在鹰嘴上方1.5~2.0 cm处叩击肱三头肌腱引起弯曲状态的肘关节伸展，反射弧中心在$C_{7\sim8}$节段。④桡反射，亦称为桡腕反射。叩击桡骨茎突部的骨膜，引起肘关节屈曲、旋前和手指屈曲，反射弧中心在$C_{5\sim8}$节段，涉及正中神经、桡神经和肌皮神经相关的脊髓起始神经元等。另一方面，脊髓发出的周围神经广泛地分布于躯体（躯干和四肢）的皮肤，因此，刺激皮肤的不同部位也可以引起相应节段肌的活动，这类反射为浅反射。由于浅反射涉及范围广且从体表容易检查，所以临床上更多地借助浅反射的检查以判断反射弧发生障碍的部位。最常用的浅反射有：①腹壁反射，用钝器（如火柴等）轻划腹壁皮肤，引起腹壁肌的收缩。因腹壁面积大，可分为上腹壁反射、中腹壁反射和下腹壁反射3段分别进行测试，其反射弧中心分别为$T_{7\sim8}$、$T_{9\sim10}$和$T_{11\sim12}$节段。②提睾反射，轻划大腿内侧的皮肤可引出同侧阴囊的提睾肌收缩，导致睾丸上提，反射弧中心在脊髓$L_{1\sim2}$节段。③肛门反射，用钝器划肛门附近的皮肤引起肛门外括约肌收缩，反射弧的中心在$S_{4\sim5}$节段。④跖反射，划足底内缘或外缘的皮肤，可引起足趾的跖屈，反射弧的中心在$L_5\sim S_1$节段。除上述躯体性的深、浅反射外，在脊髓内还存在着内脏反射的中枢，如膀胱接受刺激时，通过盆神经中的传入纤维将刺激信号传递到脊髓相应节段（$S_{2\sim4}$节段）的侧角处，与骶副交感神经核（SPN，节前神经元）直接形成突触连接（或经中间神经元联系），形成排尿反射的结构基础（低级排尿反射）；另外，膀胱刺激的传入信号传入脊髓内主要投射于骶髓后连合核神经元，这些神经元的轴突一方面向上传递于大脑皮质产生尿意感觉，另一方面在脑桥水平投射于Barrington核，此核的神经元轴突又下行投射于骶髓SPN与之形成联系，构成高层次排尿反射活动的反射弧。

反射弧的任何一个环节被阻断都可导致反射消失。由于很多反射活动也接受通过锥体束传来的大脑皮质冲动对它的抑制性调控，当锥体束损伤时，这种调控作用减弱或消失，使反射活动因脱离大脑皮质的抑制而增强，出现"反射亢进"现象。但一些浅反射（如腹壁反射、提睾反射）却在锥体束损伤、反射弧核心部与大脑皮质的联系离断时，反而减弱以至消失。如何解释这一现象？有人认为这些浅反射不是先天性反射，而是在个体发育过程中随着锥体束的发育完成而出现的，出现时间和小儿开始直立的时间一致，因而推测腹壁反射等浅反射的出现是由大脑皮质促成的。跖反射出现在1~1.5岁、神经系统正常的婴儿，此时恰是开始直立和步行的时间，随着大脑皮质的发育出现跖反射。但当锥体系统受损时，则发生异常的跖反射，表现为在划足底时，不再是足趾跖屈而是呈蹈趾背屈，其他4趾呈扇状散开的形式。这种病理反射称为Babinski征，是正常的跖反射反射弧核心部（$L_5\sim S_1$节段）以上部分的锥体束受损时出现的症状。

第二节 后根和脊神经节

脊髓的每一节段都与一对后根和一对前根连接。后根由同节段的躯体和内脏的初级传入神经元中枢支集合而成，为感觉性；神经元胞体聚集在相应节段椎间孔处的后根上，形成脊神经节（spinal ganglia）。通常把后根称为背根（dorsal root），将脊神经节称为背根节(dorsal root ganglia, DRG)。脊神经节内混合着来自躯体结构和内脏器官的初级传入神经元的胞体。后根和前根在椎间孔处汇合,两者的成分也随之混合。所以,两根合并后形成的脊神经干为混合神经(mixed nerve)(图7-3)。

前根由同节段的脊髓前角和侧角的运动神经元轴突集合而成,又称为运动根。前角运动神经元包括大型的α运动神经元和小型的γ运动神经元,支配躯体性结构;侧角运动神经元支配内脏器官(S_{2-4}节段的侧角不明显),其轴突形成交感或副交感神经的节前纤维。

构成后根的成分既有躯体初级传入神经元的中枢支,又有内脏初级传入神经元的中枢支。躯体传入神经元性质复杂,纤维的种类也粗细不等,包括有髓和无髓纤维(参看本书第三章);内脏传入神经元虽然都是细纤维,但其性质如何,难以分化,尤其是它的初级传入神经元中枢支进入脊髓后的行径和在脊髓灰质内的投射部位也比较复杂,近年来虽然已有了些认识,但还有许多若明若暗之处。因此,本章特地将"后根和脊神经节"单列一节,稍加介绍。

机体的周围器官性质复杂,与内、外环境接触面广,感受器交错混合分布。因此,一条周围神经中常包含多种性质的传入纤维,如躯体感觉、内脏感觉,躯体感觉中的浅感觉和深感觉,浅感觉中的痛、温度、触、压觉等。周围神经又都是按节段向心集中的,所以每一节段的周围感觉神经纤维集中于脊神经节时,节内的初级传入神经元的胞体也是混合存在的。神经元胞体大小不同,但并未发现按性质"分类排列"的倾向。脊神经节的神经元为假单极神经元,神经元胞体大的直径可达到或超过100 μm,最小的只有10 μm左右,一般将其划分为大、中、小3型,也有划分为小、中小、中、中大、大等5种分型。由于方法学的限制,目前还不能对脊神经节神经元在功能和形态的统一上做出有规律的分类。近年来,已证实躯体性和内脏性初级神经元的胞体共存于一个脊神经节中,据Cervero等的研究,一个脊神经节内躯体性神经元胞体约占胞体总数的90%,而内脏性神经元胞体只占10%。

脊神经节神经元的中枢支集中形成后根,后根靠近脊髓部又分为几条呈扇形分散的根丝,在脊髓的后外侧沟处上下排列进入脊髓。一条后根根丝所联系的范围即为脊髓的一个节段。通过后根的传入纤维,根据性质的不同其纤维直径也有很大差别。在生理学上对这些纤维的直径和传导速度已有了较完整的研究(参看本书第三章)。

进入脊髓后的后根传入纤维,在进入灰质之前,一般都在白质内分为升、降支,由升、降支再不断地发出侧支逐节进入灰质和灰质内的有关中间神经元或投射至神经元形成突触连接,借此将传入信息传至二级传入神经元。Cajal曾绘图描绘了这种状况(图7-4)。

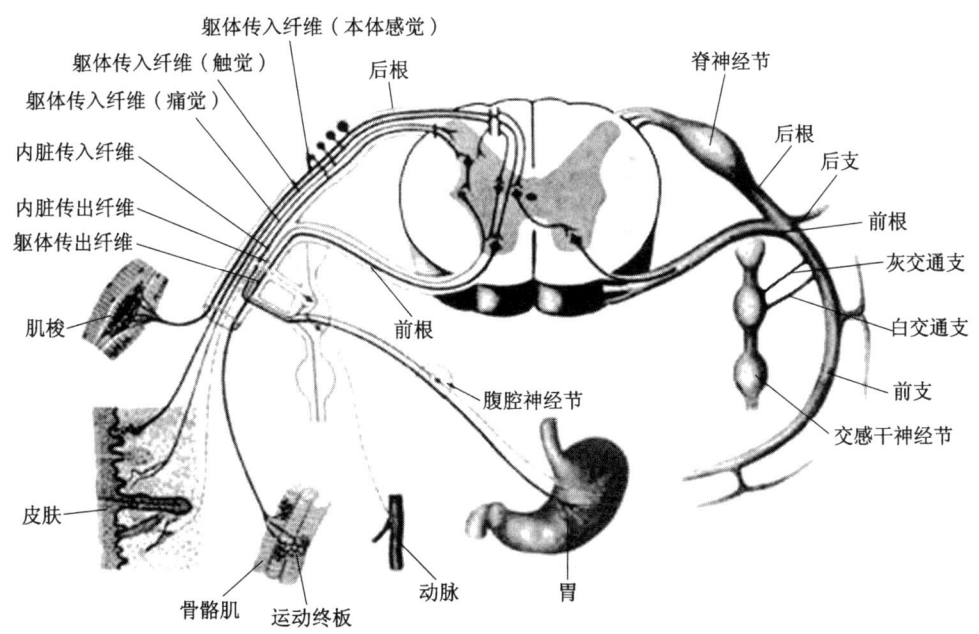

图7-3　脊神经组成成分及其分布范围

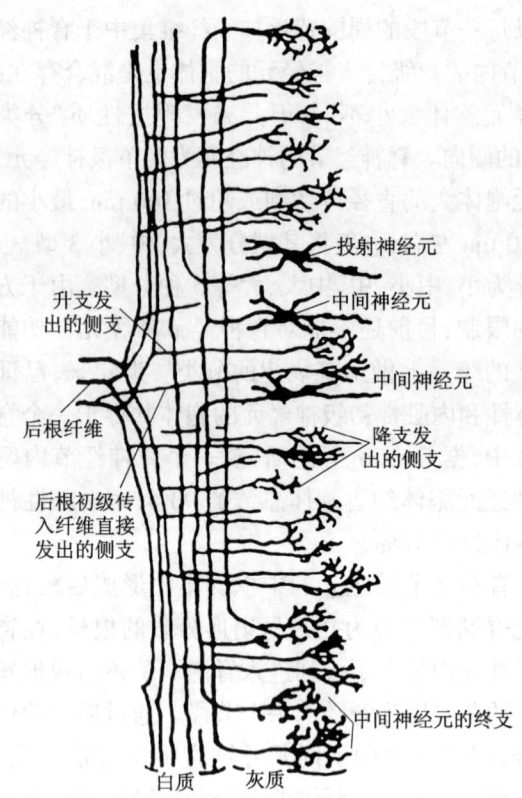

图7-4 后根传入纤维的升、降支及其侧支（Cajal）

虽然组成后根的各种性质的神经纤维混杂排列，但当通过后根进入带进入脊髓后，它们则立即分流，按性质分类排列，相同性质的纤维分别集中。其中，传递本体感觉的粗纤维通过后根传入带的最内侧部直接进入后索，并立即分为升、降支在后索内升降，所有节段的升支集中投射于延髓的薄束核或楔束核；中等纤维通过其外侧，即后根传入带的中部进入脊髓后直接入后角；在后根传入带外侧部排列的都是细纤维（A_δ 和 C 纤维），其中，来自躯体性神经纤维者排列在偏内侧，而来自内脏性神经则排列在最外侧，形成 Lissauer 束（背外侧束）。如此，躯体性初级传入纤维和内脏性初级传入纤维都经后根传入带进入脊髓，但进入脊髓后则按性质分流，各种性质的纤维分别按照各自特有的行径走行，并与特定的中枢核团（二级传入神经元分布区域）联系。

躯体性传入纤维性质比较复杂，不同性质纤维的直径各不相同，在后根内可检测各种纤维的直径和传导速度，通过电生理学方法还可测出各种纤维在灰质内的投射部位，但这些纤维进入灰质后的行径则很难区分。除了上述进入后索的粗纤维之外，对传递痛信号的细纤维研究也较多，已证明这种细纤维的绝大部分投射于后角浅层的胶状质。胶状质是仅存于脊髓灰质后角浅层和延髓三叉神经脊束核尾侧亚核浅层的层状灰质结构，与躯体性痛信息传入关系密切。近年来，研究发现内脏性传入的细纤维虽也通过 Lissauer 束进入灰质，但和胶状质无关。因此，躯体性和内脏性初级传入神经元虽然在脊神经节和后根处混合存在，但进入脊髓后却立即分流，它们在脊髓内的行径和投射部位完全不同，这是20世纪80年代 HRP 跨越神经节追踪技术问世之后取得的新成果。在此之前，用切断后根的神经变性镀银法观察后根传入纤维在脊髓内的分布，并不能区分躯体性和内脏性纤维。1964年，Sprague 和 Ha 切断 L_6 和 S_{2-3} 后根5天后，用 Nanta-Laidlaw 镀银法所做的脊髓 L_6 和 S_{1-2} 节段的变性镀银像，大体上可以看到后根传入纤维在脊髓内分布的轮廓（图7-5、图7-6），但无法区别躯体或内脏神经纤维成分。

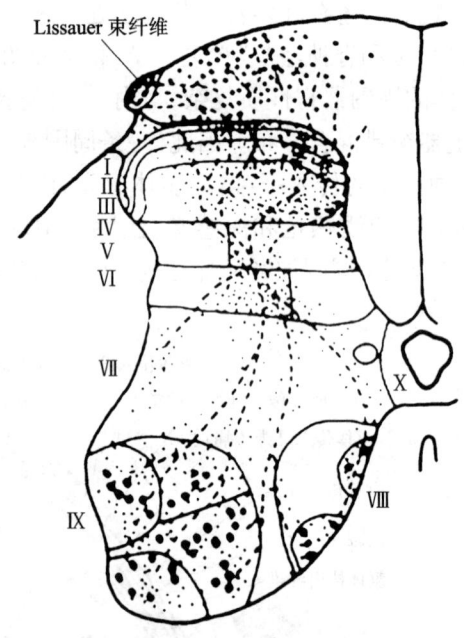

图7-5 后根传入纤维在脊髓（L_6）内的分布（Sprague & Ha, 变性镀银法）

1981年，Morgan 等用 HRP 跨越神经节追踪技术研究盆腔脏器内脏初级传入纤维在脊髓内的分布时观察到：①传入纤维都是细纤维，通过 Lissauer 束进入脊髓；②传入纤维与胶状质不发生联系而集中在后角表面，并沿后角向内、外侧分流，形成外侧通路和内侧通路；③外侧通路沿后角外缘行向中间带

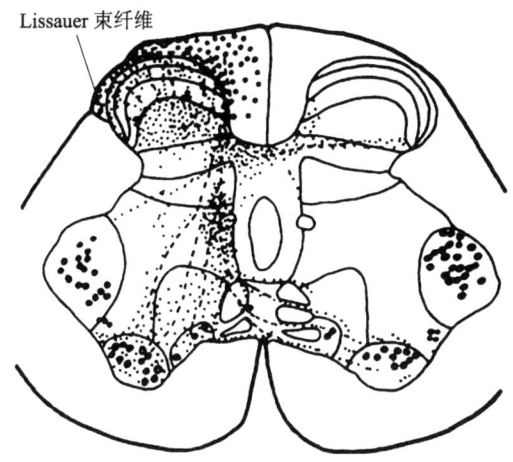

图 7-6　后根传入纤维在脊髓（$S_{1\sim2}$）内的分布
（Sprague & Ha，变性镀银法）

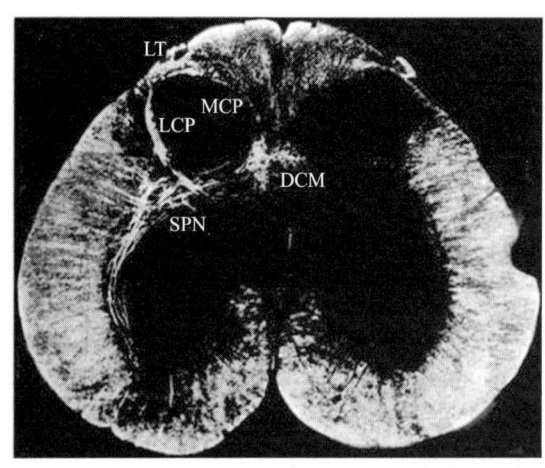

图 7-7　盆腔脏器初级传入神经元中枢支在骶髓内的分布
（Morgan 等）
LT：Lissauer 束　DCM：后连合核　SPN：骶副交感神经核
MCP：内侧通路　LCP：外侧通路

外侧核区，并有一部分纤维中途分出，弯向内侧，进入灰质投射于骶髓后连合核；④内侧通路沿后角内缘行向腹侧进入灰质，也投射于后连合核（图 7-7）。

1990 年，Cervero and Foreman 在专著中介绍了一项实验结果，如图 7-8 所示，在 T_9 节段的右侧观察到内脏大神经初级传入纤维在脊髓内的分布状况，左侧观察到躯体初级传入纤维的分布状况，证实了躯体和内脏初级传入纤维进入中枢后的分流。

综上所述，脊神经节和后根是按节段将内、外环境中所感受的各种信息集中起来向中枢传递的桥梁；其分布于外周的部分（即构成周围神经的部分），各种不同性质的传入纤维混合存在，不按性质排列，当同一节段范围的各种成分集中形成脊神经节和后根后，不同性质的纤维仍然是混杂的；然而一旦进入脊髓后，各种纤维则按性质分类排队、重新组合，这些新组合起来的纤维束，各自采取特有的行径投射于性质相同的中继神经元，形成各种功能传导通路。这种从分散到集中、再分散的组合方式，保证了神经中枢和外周神经组织在传导信息的功能上有条不紊地进行。

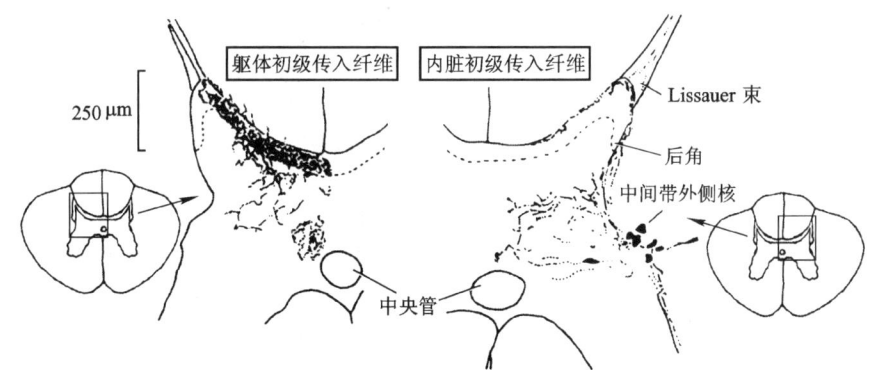

图 7-8　躯体初级传入纤维（左）和内脏初级传入纤维（右）在脊髓内
分布状况的比较（T_9）（Cervero 等）

第三节 脊髓灰质的结构及细胞构筑学

一、概述

脊髓的灰质由神经元、神经胶质和血管构成,神经毡(neuropil)中除胶质细胞外,存在着神经元的树突树和轴突起始部,以及由后根传入的各种不同性质初级传入神经元的终末以及它们分别与中继神经元(二级神经元)形成的无数的各种形式的突触。

脊髓灰质面积较大,横断面上呈"H"形,两侧对称。每侧灰质在横断面上可分为后角、中间带(intermediate zone)和前角3部。另外,在中央管前、后方两侧的灰质横行连接,形成前、后灰质连合(gray commissure)。

脊髓的初级传入纤维性质复杂,在中枢内联系广泛,所以脊髓灰质内神经元较多且分散,有的形成明显的核团或灰质柱(gray column),还有不少弥散存在的神经元(图7-9)。多年来,由于以上原因,加之内脏初级传入神经元在脊髓内的行径和投射部位一直处于不明状态,所以回避了有些核团的存在;对已证明的核团,也未形成统一的分类,核团的名称也不一致。

脊髓灰质虽然是一个柱状节段性结构,但是由于在进化过程中,脊髓和脑的上、下行联系逐渐增多;加之内脏神经在灰质内的联系逐渐被认识,以及脊髓不同节段或部分与外周联系状况不同等因素,导致脊髓各段的构造并不一致。例如,随着四肢的发生,脊髓和四肢联系的节段神经成分大量增加,灰质的体积增大,参与颈膨大和腰骶膨大的形成;内脏传出神经(交感和副交感)在脊髓内起源部分形成侧角;盆腔脏器和中枢联系的节段在腰下、骶上段,此处的灰质后连合变宽出现后连合核。因此,在横断面上观察脊髓的构造时,不同节段结构形式并不完全相同(图7-10)。例如,脊髓灰质后角根据其构造特点,由背侧向腹侧可划分为后角尖(apex of posterior horn)、胶状质、后角头(head of posterior horn)、后角颈(neck of posterior horn)、后角底(base of posterior horn)等。在骶髓尾段,后角变短,其基底部被"吞"入灰质后连合部分;后角尖在颈髓较窄小,胸髓最窄小,腰骶髓则变得很宽。

二、脊髓灰质的核团

从19世纪末Nissl法和Golgi法问世以来,

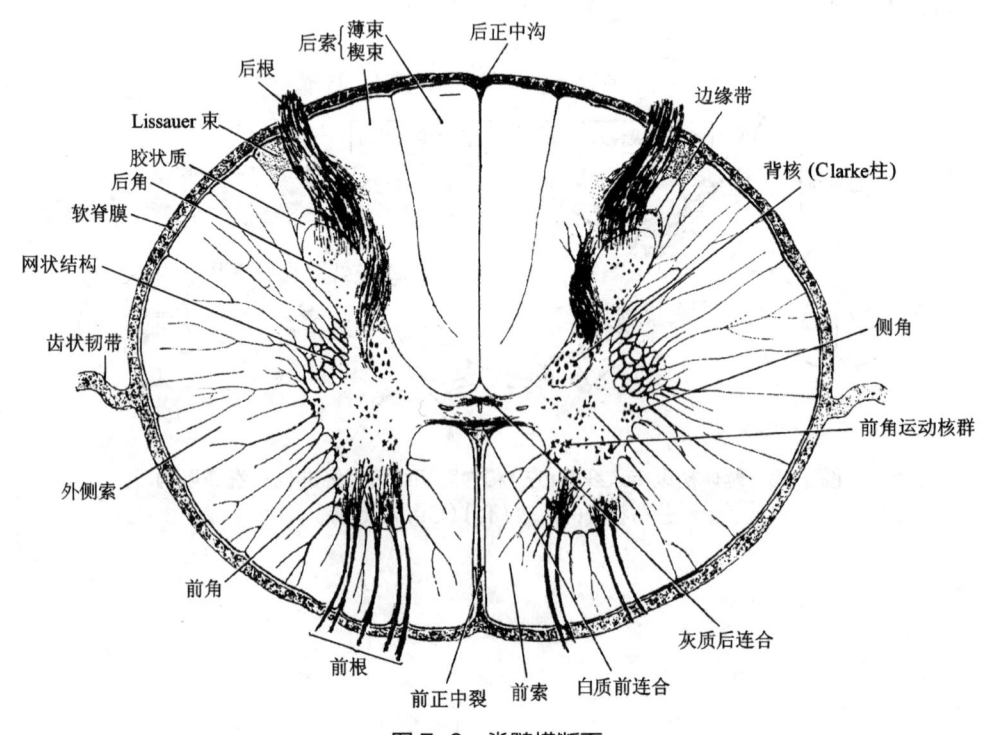

图7-9 脊髓横断面

第三节 脊髓灰质的结构及细胞构筑学

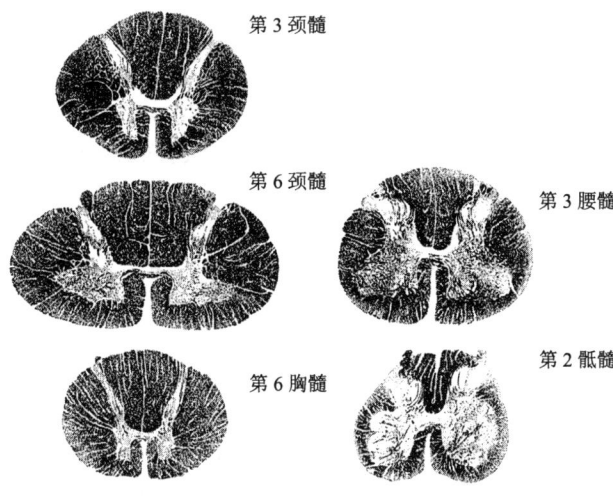

图 7-10 脊髓各段的灰质比例

对脊髓灰质核团的研究就未间断。比较系统的有 Massaza 用 Nissl 方法所做的核团分类，1928 年 Bok 又根据 Massaza 的分类进一步研究，他们将灰质的核团做了如下的分类，为统一对脊髓灰质构造的认识奠定了基础。

（一）脊髓后角、中间带、前角

1. 后角　包括边缘细胞或海绵质、胶状质、后角固有核、网状体、胸髓核、后角连合核和后散在细胞。
2. 中间带　包括中间外侧核、中间内侧核、内侧副交感核和中间散在细胞。
3. 前角　包括运动神经核（前外侧核、后外侧核、内外侧核、前内侧核、后内侧核）、前角连合核、前中央旁核、前角固有核和前散在细胞（图 7-11）。

（二）主要的脊髓灰质核团

多年来，在 Massaza 和 Bok 的分类基础上，脊髓灰质核团的分类及命名几经变迁，至今对其认识仍未统一。加之脊髓各段的构造又不完全相等，有些核团的组成神经元比较弥散，难以判断其确切界限，所以，早期报道只用 Nissl 和 Golgi 方法所观察的脊髓构造，难免有不全面和不确切之处。后来结合神经变性镀银法、神经电生理方法及神经示踪技术的研究，对脊髓灰质构造的认识不断深入。例如，已将内脏性核团和躯体性核团区别开来；将运动性核团按照它所支配肌的分群而分类；后角胶状质有明确的传递躯体性痛信号神经的投射定位，而内脏初级传入细纤维却与胶状质无关；既往认为脊髓中的本体感觉传导路集中通过后索上升，在延髓薄、楔束核处中继后再投向丘脑，而 1973 年 Rustioni 发现，脊髓后角灰质内也存在着散在的中继本体觉信息的神经元（DCP）。因而，对脊髓灰质构造的认识已较 Massaza 和 Bok 时代有了较大的发展，在此仅就一些较大且位置、形态和功能都比较明确的核团做扼要描述。

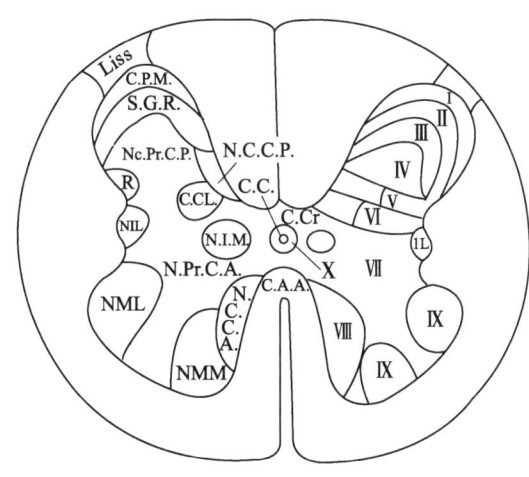

图 7-11 脊髓灰质结构的划分
左半：Bok 的核团分布　右半：Rexed 的板层分布

Liss：Lissauer 束	C.P.M.：后角边缘带	S.G.R.：胶状质	Nc.Pr.C.P.：后角固有核
R：脊髓网状核	NIL：中间外侧核	C.CL.：Clarke 背核	N.C.C.P.：后角连合核
C.C.：脊髓中央管	NML：前角外侧运动核	N.C.A.：前角连合核	C.Cr：灰质连合
C.A.A.：白质前连合	N.I.M.：中间内侧核	N.Pr.C.A.：前角固有核	NMM：前角内侧运动核
Ⅰ～Ⅹ：Ⅰ层～Ⅹ层			

1. 后角边缘核　呈弧形排列在后角尖端表面的薄细胞层,既往此层曾有边缘带(zone marginalis)或海绵带(zone spongiosa)之称。以梭形或多角形的中等细胞为主体,混有少数的大型细胞。此层的背侧和Lissauer束相接,一般认为此层神经元与痛信息传递有关,其轴突参加脊髓丘脑侧束。也有一部分纤维进入Lissauer束而升降。后角边缘核在腰、骶段最大,其大小关系为腰骶髓>颈髓>胸髓。

脊髓后角边缘核主要构成Rexed分层第Ⅰ层,其内的伤害性感觉神经元多为投射神经元。近年来,国内外很多学者对第Ⅰ层投射神经元的投射部位及其所含神经递质进行了大量研究。研究证实,第Ⅰ层投射神经元主要向臂旁核(PBN)、中脑导水管周围灰质(PAG)、丘脑、孤束核(Sol)、尾端延髓腹外侧区(CVLM)、外侧网状核(LRt)、背侧网状核(DRt)等上位脑结构投射。向PBN投射的神经元主要含有P物质(SP)、P物质受体(SPR)、谷氨酸、一氧化氮合酶(NOS)、脑啡肽(ENK)、强啡肽(DYN)、神经降压素(NT)、阿片μ受体(MOR)及三种常见的钙结合蛋白(calbindin-D28k、parvalbumin和calretinin),向PAG投射的神经元主要含有SPR、蛋白激酶Cγ亚单位(PKCγ)和calbindin-D28k,向丘脑投射的神经元主要含有SP、SPR、谷氨酸、ENK、DYN、MOR、血管活性肠肽(VIP)、胆囊收缩素(CCK)、甘丙肽(galanin)、NOS、NT、PKCγ及calbindin-D28k,向孤束核投射的神经元主要含有SP、SPR、谷氨酸、DYN、VIP、一氧化氮合酶(NOS)、PKCγ及calbindin-D28k,向CVLM投射的神经元主要含有SP受体和$GABA_B$受体,向LRt投射的神经元主要含有SPR和calbindin-D28k,向DRt投射的神经元主要含有SP受体和$GABA_B$受体。

2. 胶状质(substantia gelatinosa)　呈半月形覆于后角尖部,是一种特殊形式的核团,1824年MH Rolando发现,故称为Rolando胶状质。其神经元的排列为层状,在中枢神经内只有脊髓后角和与其连续的延髓三叉神经脊束核尾侧亚核两处的浅层,存在着这种特殊形式的灰质结构。因此,三叉神经脊束核尾侧亚核也被称为延髓后角。胶状质由小型细胞构成,细胞质少,在Carmine染色的基质中,此细胞小且亮,肉眼看此层呈半透明的胶冻状,故而得名为胶状质。

20世纪60年代,有些学者对胶状质神经元的形态做了较多的研究。结果显示,胶状质的细胞都为小型细胞,小者直径不超过10 μm,大者为15～20 μm,呈圆形、椭圆形或梭形,其特点是胞质内Nissl体少,细胞核相对较大,其轴突进入Lissauer束中,长者可跨5～6个节段再返回胶状质内形成节间联系,短者只跨2～3个节段。有人在形态上将胶状质细胞分为岛细胞(islet cell)和柄细胞(stalk cell)两类,但两者在功能上有何不同,尚不清楚。

胶状质主要构成Rexed分层第Ⅱ层,有人将第Ⅲ层也并入胶状质,也有人将第Ⅲ层看做是向后角头的过渡。有人将第Ⅱ层分为外(Ⅱo)、内(Ⅱi)两层。化学神经解剖学兴起之后,人们用免疫组织化学技术对胶状质中的神经活性物质分布状况进行了探索,证明SP和CGRP在胶状质中存在甚密,并发现谷氨酸受体和SP受体以及来自下行抑制系统的5-HT等也分布于胶状质。还发现向动物的口角区或足底部注射福尔马林(福尔马林试验),三叉神经脊束核尾侧亚核和脊髓后角的胶状质出现c-fos表达。这些发现提示:传递躯体性外周痛信号的初级传入纤维投射于胶状质,而在此处可能又接受抑制性物质的调控,整合的结果是实现镇痛机制。近年来发现内脏初级传入信息进入脊髓后不向胶状质投射,说明胶状质对痛信息的调控,主要是针对躯体性痛。

探索胶状质的神经元和上位中枢及其他脑部的联系是研究胶状质功能的重要前提。以往研究表明,胶状质神经元的树突只分布在本层内,轴突进入Lissauer束内跨几个节段形成节间联系;Cajal时代即证明,进入脊髓后角头部(Rexed Ⅳ层)的后根传入纤维有一部分弯向背侧进入胶状质,并与胶状质的小型细胞形成突触(图7-12,图7-13)。如果后根传入的细纤维也投射于此神经元,两者汇聚在同一胶状质神经元上,则这种汇聚可能整合两种不同性质的外周传入信号,产生新的神经效应。1965年前后在生理学上名噪一时的闸门学说(Melzack & Wall)也是根据这一结构而假设的。李云庆等在探索脑内下行抑制系统在胶状质处抑制外周痛传入信号的机制时,曾发现胶状质神经元有一部分属于节内或节间联系的中间神经元,又有一部分属于向丘脑投射的投射神经元。这提示,此机制的产生可能是经过多突触联系而实现的。

3. 后角固有核(nucleus proprius of posterior horn)位于脊髓灰质后角头和后角颈中央部,由中型梭形

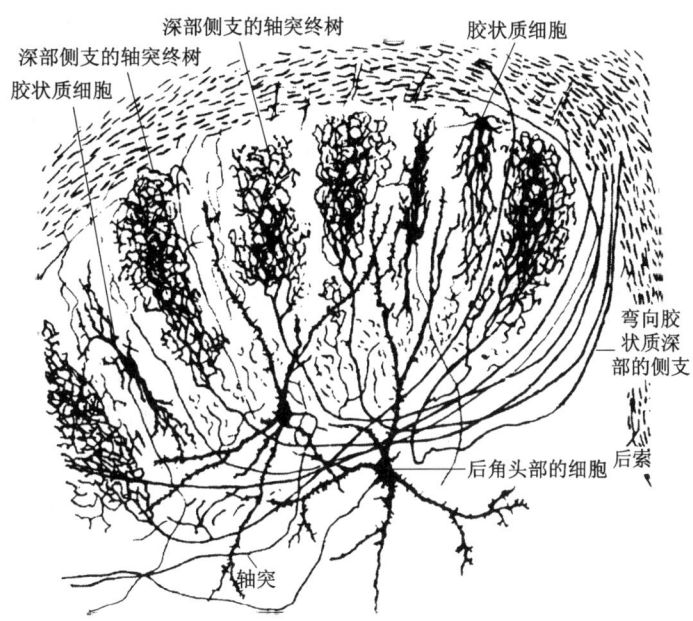

图 7-12　新生雏鸡脊髓颈段胶状质的构造（Cajal）

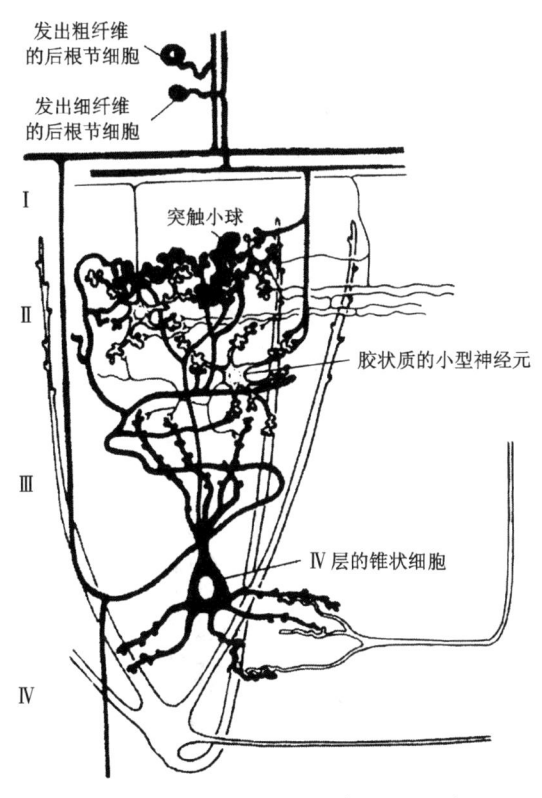

图 7-13　胶状质的构造（Martinez）

细胞和少数大多角形细胞构成的核群，该核群细胞的大小区别很大。在脊髓的全长都有此核存在，因而它是柱状结构。在骶髓处发育最好，胸髓处发育最差。

后角固有核涉及范围较大，联系也较广泛，位于相当于 Rexed 分层第Ⅳ层的神经元投射纤维至同侧侧索，位于相当于 Rexed 分层第Ⅴ层者纤维也行向同侧侧索，也有部分纤维行向后索或同侧的中间带内侧核。其传入来源有后根纤维、侧索及后索的固有束、锥体束等。20 世纪中期，知名学者 Szentagothai 和 Brodal 等曾提出，锥体束的纤维由大脑皮质发出，投射于 Rexed 分层第Ⅳ、Ⅴ层前部或第Ⅵ层后部，中继后，从这些部位的神经元发出的纤维再与前角细胞接触。在生理学上也有人证明，电刺激锥体束时，后角固有核的细胞发生兴奋。对于后角固有核的功能还难以得到统一的认识，早期的倾向认为它是脊髓丘脑束的起始细胞，是向丘脑传递原始痛信号的通路；还有研究发现，横断脊髓腹外侧部后，后角固有核的一些细胞发生逆行变性。

4. 脊髓网状核（nucleus reticularis spinalis）　位于相当于 Rexed 分层第Ⅴ层的外侧部、固有核的外侧，是灰质向侧索的移行部，在发生上它来源于后角固有核。

该核群细胞排列松散，主要由中、小型梭形细胞组成，形成脊髓网状结构。此核在脊髓全长都存在，颈上部最为发达，形成颈外侧核（lateral cervical nucleus），在后角的腹外方突向侧索，此处的神经元以多极者为主。1951 年 Rexed 和 Brodal 认为此核接受来自皮肤的传入纤维，其神经元轴突向同侧小脑投射，此后有人认为此核的传出纤维交叉行向丘脑，也有人认为行向同侧的橄榄核。

颈外侧核的最大特点是不同动物的发达程度相差悬殊。猫、狗、豹、熊和狸等动物的颈外侧核最为发达；牛、马、羊和骆驼等动物虽有此核，但体积较小；人和黑猩猩、猿类、兔、大鼠、小鼠、袋鼠等都无此核。

5. 胸核（nucleus thoracicus） 又称背核（nucleus dorsalis）或 Clarke 柱。1851 年 Clarke 首先报道，随后有研究注意到它是脊髓小脑通路的起始核。到 20 世纪 30 年代以后，陆续证明它是脊髓小脑后束的起始核。此核的神经元轴突进入同侧侧索，在软膜下形成脊髓小脑后束。切断脊髓小脑后束时，此核出现逆行变性，毁损此核则在脊髓小脑后束内发现变性纤维。

胸核位于后角底的内侧部，与周围界限清晰，由大多极或圆形细胞构成，此核神经元的胞体内具有大的泡状核，细胞核在细胞内偏位是其特点，胞质内有大的 Nissl 体分布于胞质的周边部。进入此核的传入纤维为后根中的中等纤维。

此核基本上在脊髓全长都存在，但是结构典型的部分只存在于 $C_8 \sim L_1$ 节段，特别是 $T_1 \sim L_1$ 发育得最好。也有人将由典型的 Clarke 柱向上和向下方延续的部分称为 Stilling 核。

6. 后角连合核（commissural nucleus of posterior horn） 存在于后角底部，相当于 Rexed 分层第Ⅵ层靠近内侧缘处，在 Clarke 柱的背内方，由中、小型的梭形或多角形的神经元组成。

7. 中间带的核团 中间带（intermediate zone）相当于 Rexed 分层的第Ⅶ层。主要有中间外侧核（intermediolateral nucleus）和中间内侧核（intermediomedial nucleus）。中间外侧核为位于脊髓灰质侧柱内的核团，包括胸腰段和骶段两部分。胸腰段上起 C_8 或 T_1 下至 $L_{2\sim3}$ 节段，骶段只存在于 $S_{2\sim4}$ 节段。这两段的中间外侧核分别为交感神经和副交感神经的节前神经元所在地。骶段的侧角突出不明显，核团的细胞也较分散，呈"V"形排列，特别称为骶副交感核（sacral parasympathetic nucleus，SPN）。中间内侧核为位于中间带内侧部、中央管背外方的小群中、小型细胞。

中间带内、外侧核之间的部分，称为中介核，有人认为在腰段中间带内侧部还存在内侧副交感核（有人称之为中央自主区）。中间带的这些核团都是内脏神经传出通路的起源处，除节前神经元外，还发现有长轴突型交感性节前神经元，它的轴突不经过椎旁神经节的中继而直接投射于内脏壁内。

既往，由于对内脏初级传入纤维在脊髓内的联系认识不清，认为中间带的上述核团都仅由传出性节前神经元构成，整个中间带是支配内脏的传出面。近年来，HRP 跨越神经节追踪技术证明，骶髓中间带区还接受大量的盆腔内脏初级传入纤维的投射，此区不仅存在着大量初级传入神经元的终末，还有中继初级传入纤维的二级神经元胞体明显地存在于骶髓中间带外侧核区，如图 7-14 所示，中间带外侧核的呈"V"形排列的节前神经元（SPN）中还混合有盆腔内脏初级传入纤维的二级神经元，这些神经元主要集中于"V"形 SPN 的顶端部分，形成一个纵行的小核柱，可命名为骶髓内脏感觉核（sacral visceral sensory nucleus，SVSN）。因此，中间带实际上是和内脏传入、传出全面联系的中枢部分。李继硕等的研究结果认为，将中间带看成为与盆腔内脏全面联系的"内脏面"较为确切，也符合其发生过程的规律。

8. 骶髓后连合核 脊髓灰质在中央管背侧的部分称为灰质后连合，是连接两侧灰质的带状区域。在腰髓下部和骶髓的上部此连合特别扩大，到骶髓上段，两侧灰质后角的基底部也属于此连合区

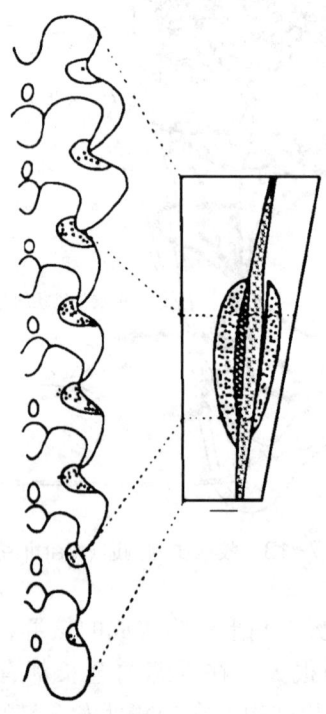

图 7-14 骶髓中间外侧核区的 SPN 和 SVSN 的关系
·为 SPN 神经元 × 为 SVSN 神经元
右图表示两者位置关系的立体像

第三节 脊髓灰质的结构及细胞构筑学

内。这样的扩大是因为此区与盆腔脏器联系。但是在1978年之前，由于多年来对内脏初级传入纤维在中枢内的行径及其投射部位一直无法证实，所以对腰骶灰质后连合的真相难以阐明。这样一个广阔的中枢部位应有核团存在是在意料中的，而且用Nissl法、Golgi法也可染出神经元的存在，但多年来人们却对此视而不见。1952年和1954年，Rexed发表了关于脊髓构筑分层的名著，其中也对此问题采取了回避的态度。1978年HRP跨越神经节追踪技术问世，1980年Morgan等用此技术追踪了盆神经内脏初级传入纤维在脊髓内的行径和联系，发现盆腔脏器初级传入纤维除一部分投射于SPN外，大部分纤维都投射于腰骶段灰质后连合处的后连合核（dorsal commissual nucleus，DCN）；此后，山田坦、李继硕等也都证明了Morgan等发现的正确性。李继硕等通过细胞构筑学和HRP追踪技术相结合的方法，研究了DCN的位置、形态和细胞构筑，发现此核的形态和脑干内的孤束核十分相似，即其下端两侧合并形成较大的连合部，向上方逐渐分离，形成偏向背外方上行且逐渐变细的细胞柱，其位置仍在中央管的背外方靠近后角内侧边缘处。通过这些发现，研究者重新审核了副交感神经外周部分的支配范围与中枢的关系，即结肠左曲以上的颈部、胸腔、腹腔等部位脏器的内脏初级传入纤维集中通过迷走神经投射于脑干孤束核，而收集降结肠以下的消化道与盆腔脏器内脏初级传入纤维的盆神经则集中进入脊髓，投射于骶髓后连合核（sacral dorsal commissural nucleus，SDCN）。后连合核和孤束核两者的形态酷似，是全身副交感初级传入纤维进入中枢的门户。这些发现弥补了长期以来对副交感神经全面认识的缺陷。

9. 前角运动神经元　脊髓灰质前柱在横切面上称为前角，其内的神经元与躯体运动有关，故亦称为前角运动神经元。脊髓灰质前柱是一个膨大的传出面，躯体运动的传出神经元都存在于此，其传出纤维与侧柱的交感节、副交感节前神经元轴突共同构成前根，出脊髓后即"分道扬镳"。前柱内的运动神经元被称为"最后公路"，它不仅接受锥体束的随意性调控，还接受来自大脑皮质下中枢的一些下行纤维以及后根传入纤维的反射性调控和局部的节段性调控。一个作为"最后公路"的前角运动神经元表面可接受几千个神经末梢与之形成突触。前柱内除躯体运动神经元外，还存在几种特殊的小神经元，现分别叙述如下。

（1）脊髓前角躯体运动神经元构成的主要核柱　脊髓灰质前柱中的躯体运动神经元支配躯干和四肢的骨骼肌。在进化过程中，随着四肢的出现和发育，很多骨骼肌融合，而不再遵循原有的节段性配布的规律，有很多肌接受来自多个脊髓节段的运动神经元共同支配。因此，脊髓前角运动神经元已不是按节段排列，而是以细胞柱的形式存在。由于早期研究者只在Nissl染色切片标本上发现富含Nissl体的前角运动神经元集聚成群，因而认为这些细胞群是核团的断面像。上述的Massaza和Bok等的核团划分，以及后来将前角运动神经元分为内、外两群，外群又分为前外侧核、中央核、内外侧核、后外侧核及后外侧后核等的核团分类的描述，都只是根据某些断面像所观察到的结果，并未体现脊髓前柱内运动神经元的立体结构概貌。后来，通过神经变性镀银法及逆行追踪法的研究，注意到运动神经元及其所支配骨骼肌的联属关系，证明脊髓前柱内的躯体运动神经元实际上是首先形成支配一定范围肌的神经元群，这些神经元群纵形排列，形成内、外两条纵形的灰质柱，即内侧细胞柱和外侧细胞柱。内侧细胞柱在脊髓全长都存在，其神经元支配中轴的肌肉。中轴肌分化为轴上肌和轴下肌，轴上肌演化为受脊神经后支支配的位于脊柱背面的竖躯干肌；轴下肌则演化为受脊神经前支支配的、位于脊柱前面前屈脊柱的肌肉，包括椎前肌群、肋间肌和腹前、外壁诸肌等。在内侧细胞柱中，支配轴上肌的神经元群位于腹侧，支配轴下肌的神经元群位于背侧。外侧的细胞柱仅存在于脊髓的颈、腰骶两个膨大部，分别支配动物的前肢肌群和后肢肌群。在颈膨大部，支配肩带肌的神经元群位于细胞柱的腹外侧部，支配前肢固有肌的神经元群则位于此细胞柱的背侧部，而支配前肢最远端的手肌的神经元群位于细胞柱的更偏背侧的部分（图7-15）。在腰骶膨大部，外侧细胞柱支配后肢肌肉的定位关系，与颈膨大部基本相同（图7-16，图7-17）。

在脊髓某些节段的前柱内还存在两个特有的运动神经元群：一个是第Ⅺ对脑神经副神经核（accessory nucleus）的脊髓部，位于脊髓$C_1 \sim C_{5,6}$节段，此核的下部位于前柱的外侧部，向上到C_1节段则转到内侧细胞柱背侧部的外侧；另一个为支配膈肌的膈神经核（phrenic nucleus），膈神经由$C_{3\sim5}$节段

第七章 脊 髓

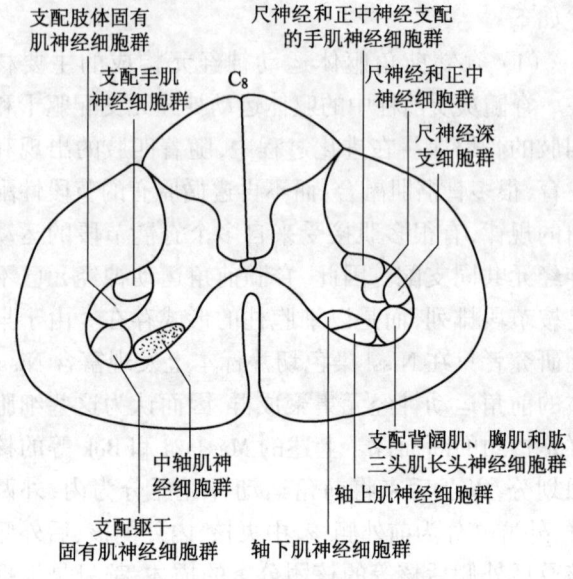

图 7-15 上肢肌起始核柱的位置

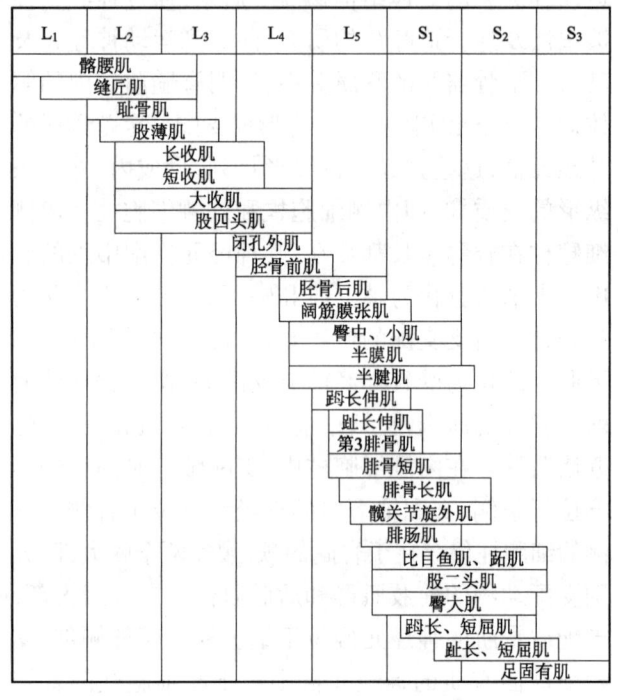

图 7-16 下肢肌在脊髓内的起始节段

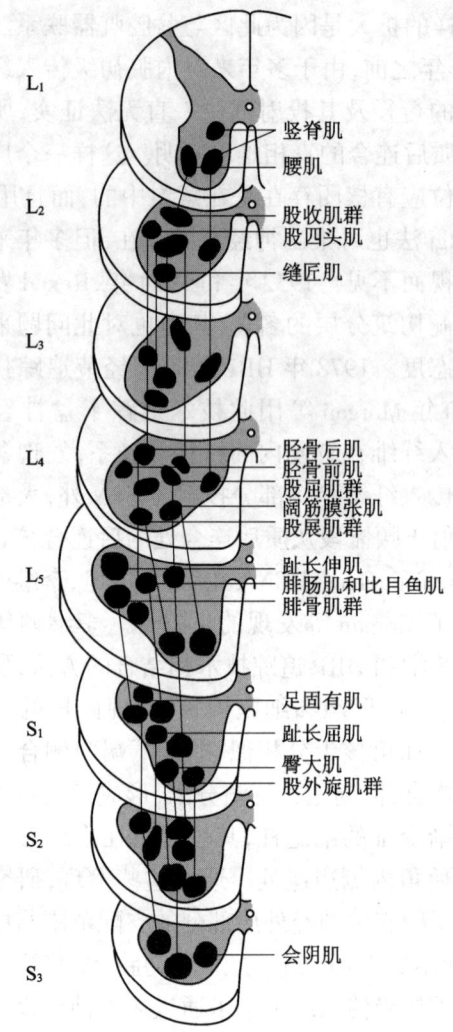

图 7-17 下肢肌起始核柱的位置关系

发出，其起始神经元形成一个短柱状核团，位于内侧细胞柱的最内侧部。

（2）脊髓前柱内的特殊神经元　上述的躯体运动神经元为大型神经元，一般称为 α 运动神经元。骨骼肌的运动方式有两种，一种是随意运动，由 α 运动神经元发动；另一种为不随意的肌紧张活动，由小型的 γ 运动神经元发动，它通过与肌的肌梭建立联系，形成反射性的有节奏活动，使肌纤维保持张力（参看本书第三章）。α 和 γ 两种运动神经元共同构成前角细胞柱，两者的轴突都通过前根止于肌纤维，前根的纤维中来自 α 运动神经元者占 70%，来自 γ 运动神经元者占 30%。

另外，在脊髓灰质前柱中还存在大量散在的小型中间神经元。在生理学上发现，这些中间神经元中有一种轴突短且具有抑制性功能的 Renshaw 细胞。这种小型细胞直接接受 α 运动神经元轴突返支终末（胆碱能性）的调控产生抑制作用，再反馈到该 α 运动神经元，形成抑制性突触联系，构成负反馈环路，借以调控 α 运动神经元使之去极化，从而保持运动的稳定和准确（图 7-18）。

1899 年，Onufrowicz 注意到侧索硬化症患者虽然肢体瘫痪，但排尿、排便功能不发生障碍；死后病理解剖证明，脊髓前角运动神经元变性，但脊髓骶部调控排尿、排便的神经元并未发生病变。后人将这

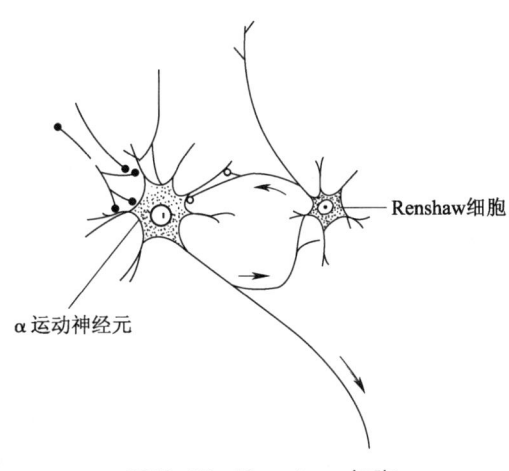

图 7-18 Renshaw 细胞
● : 兴奋性突触　○ : 抑制性突触

些神经元命名为 Onuf 核。此核由内、外两群为数不多的大型神经元组成,神经元的树突发达且常密集成束状走行,主要支配盆膈肌中的肛门、尿道外括约肌。

三、脊髓灰质的细胞构筑学（Rexed 分层）

脊髓灰质结构的立体状态复杂,各个节段不尽一致,并且陆续不断有新的核团被发现,核团的名称也很不统一,在这种状态下很难找出脊髓结构的规律性。20 世纪 50 年代初,Rexed 注意了此问题,他比较系统地研究了脊髓结构在发生过程各个阶段的变化,不仅观察了横断面结构,也观察了纵断面结构,而且将脊髓灰质结构从背侧向腹侧进行仔细的观察,以猫脊髓 L_6 节段为标准,制定了将脊髓灰质结构分为 9 层的划分法;又将脊髓中央管、中央灰质及其腹、背侧的前、后灰质连合区合称为第 X 层。这样在平面上的分层,既在细胞排列上有比较清晰的界限,且在脊髓的全长都可以看出各层的连续性。后来证明不仅是猫,其他动物包括人在内,也都基本上可做如此的划分。以这种分层结构为标准,可以准确地辨认所观察神经元的位置及其与周围的关系,摆脱以往由于核团的位置和形态不明确所造成的误解。这种分层方法解决了既往对脊髓灰质细胞团命名和位置描述的混乱,便于形态学研究和电生理学研究中对辨认目标的定位,对促进形态和功能研究手段的结合具有重要的作用。Rexed 于 1952、1954 年发表了对脊髓灰质细胞构筑分层的著名论文,受到神经学界的普遍欢迎,半个多世纪以来,该分层方法一直

被沿用,经久不衰。在此根据 Rexed 的分层将各层细胞构筑的特点简要加以描述。

第 I 层,又称边缘层,是覆于后角尖端表面的薄层,界限不甚清楚,且沿后角尖的表面向后角两侧延伸。此层由中、小型神经元构成,混有少量大型梭形神经元,且有大量的粗、细神经纤维束在此层内交错分布,使此层呈网状。所以有人曾将此层称为海绵带。此层的背侧即 Lissauer 束,构成此束的细纤维可将痛、温度觉刺激信息传递于此层,所以有人认为此层的神经元是痛、温觉冲动的中继站。

第 II 层,相当于 Rolando 胶状质,由密集的小型神经元组成。胶状质层在脊髓全长都存在,细胞呈圆形或梭形,胞质和 Nissl 体较少,且此层内胶质细胞也很少。后根传入纤维中大量的无髓纤维和细的有髓纤维（A_δ）终止于此层。此层细胞主要为 Golgi II 型细胞,发出的纤维通过灰质表面的固有束和 Lissauer 束跨 1~2 个节段又返回至胶状质层,形成痛信息传递的闭锁回路。胶状质的另一特点是有突触小球存在。

第 III 层,与第 II 层结构类似,曾有人将此层与 II 层共称为胶状质。但 Ralston 用电镜观察发现此层内有较多的有髓纤维,且此层的细胞较 II 层者稍大,密度较稀疏。因此,Rexed 将此层单列为第 III 层。此层细胞的轴突大部分终止于灰质内,可能为中间神经元。

第 IV 层,较第 III 层宽阔,大体上相当于固有核的范围。此层为后角头的主体部分(有人将此层单独称为后角头,有人将 I~IV 层合称为后角头,有人将 II~IV 层合称为后角头)。此层内大、中、小细胞混存且排列稀疏,靠近腹侧部分大型细胞较多。后根传入纤维中,除上述通过后索的粗纤维及终止于 I、II 层的无髓纤维和细有髓纤维（A_δ）外,其余纤维有一部分沿后角内侧缘进入 IV 层,这部分纤维中有些弯向背外方进入胶状质。还有一部分纤维由背侧穿过 I~III 层进入 IV 层,并经此向腹侧行进。此层在脊髓骶段发育最好,胸段发育最差。

第 V 层,是相当于后角颈的板层,较宽,除胸髓之外,此层可分为内侧大、外侧小的两部。外侧部约占 1/3,细胞较大且稀疏,染色较深,内有大量的纤维通过,呈网状,相当于前述的网状核(网状结构),脊髓颈段的网状结构特别发达。内侧部约占 2/3,细胞较小,染色较浅。有后根传入纤维及下行传导通路的纤维终于此层。

第Ⅵ层，相当于后角基底部的较宽板层，仅存在于颈膨大及腰骶膨大，而胸髓、腰髓上段和骶髓下段、尾髓都发育很差或无此层。此层可分为内侧1/3部和外侧2/3两部，与Ⅴ层相反。内侧部由较密集且深染的小细胞组成，外侧部由较稀疏的大细胞组成。有来自肌梭的Ⅰa类纤维投射于内侧部；下行的一些传导通路投射于外侧部，外侧部有些神经元轴突行向固有束及侧索。在骶髓，由于灰质后连合范围扩大，Ⅵ层不再独立分层，被并入后连合范围内。

第Ⅶ层，包括中间带部分，Rexed将此层范围进行了特别扩大，在颈膨大及腰髓部，此层的腹侧包括前角的一部分，而且节段不同，此层的范围也不尽相同，如在胸段Ⅶ层与前角无关（图7-19）。Ⅶ层内含中间带外侧核、中间带内侧核及Clarke柱。但由于Rexed在当时对脊髓内与内脏初级传入纤维联系的状态尚无所知，因此使较大且重要的腰骶髓部的后连合核未被记载。30年后，后连合核被发现，且已证明Ⅶ层是和盆腔脏器传入、传出全面联系的"内脏面"。因此，后连合核应包括在Ⅶ层之中，Clarke柱只存在于脊髓胸段范围（胸核），到腰骶段Clarke柱已不存在。

第Ⅷ层，在脊髓不同节段此层的范围和形态也不同。胸髓此层位于第Ⅶ、Ⅸ层之间，横跨前角的背侧部，而在颈、腰膨大处，此层则仅存在于前角内侧部（图7-19）。此层以小、中型的三角形、多角形细胞为主体，偶见大型（50～60μm）细胞。有些下行传导通路的纤维投射于此层。

第Ⅸ层，在胸髓此层位于前角最腹侧部，而在颈、腰骶膨大部，由于四肢肌肉高度发达，Ⅸ层特别扩大。其一部分位于前角内侧、Ⅷ层的腹侧，范围较小且和Ⅷ层无明确界限；而Ⅸ层支配四肢肌的脊髓灰质前柱外侧部的运动神经元特别丰富，所以范围甚大，且向外侧和背侧扩展，形成多个核柱，核柱的界限清楚。本层包含α运动神经元、γ运动神经元及其他中间神经元。

第Ⅹ层，包括中央管周围灰质及前、后灰质连合。由于当时还未注意到腰骶髓灰质后连合中有庞大的后连合核的存在，也未注意到在后连合核存在的部位灰质结构已发生很大变化（灰质后连合特别扩大，后角的Ⅵ层已不独立存在，而是合并于后连合区），因而当时将后连合归属于第Ⅹ层。现在看来将后连合核归于第Ⅹ层内显然是不合适的（图7-20）。

Rexed分层是以细胞构筑学（Nissl染色）为标准绘制的脊髓灰质"地图"。但是由于脊髓各个部分的结构形式不完全相同，而且不全面搞清这些"核团"与外周及中枢的联系，很难从形态结构和功能结合的高度上认识清楚脊髓。曾有人主张，将细胞构筑学（architectonic）和突触学（synaptology）两方面的结果结合起来对脊髓进行全面观察；也曾有不少学者致力于脊髓各个部位突触联系特点的研究，借以将细胞构筑和功能结合起来；但在错综复杂的脊髓结构中，一一搞清每个部位、每种结构的复杂结合，并将它们联系起来形成规律性的整体认识，并非易事。

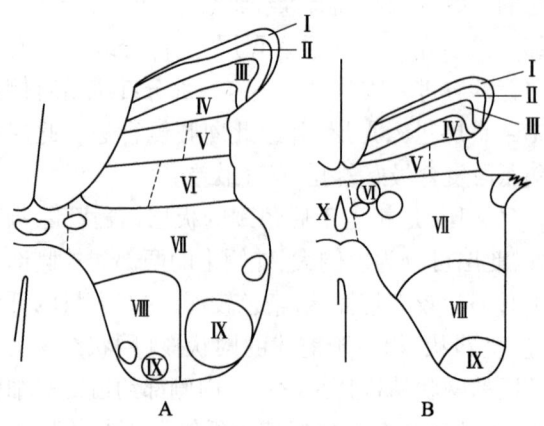

图7-19 脊髓腰段L_5（A）和胸段T_3（B）前角Rexed分层的比较

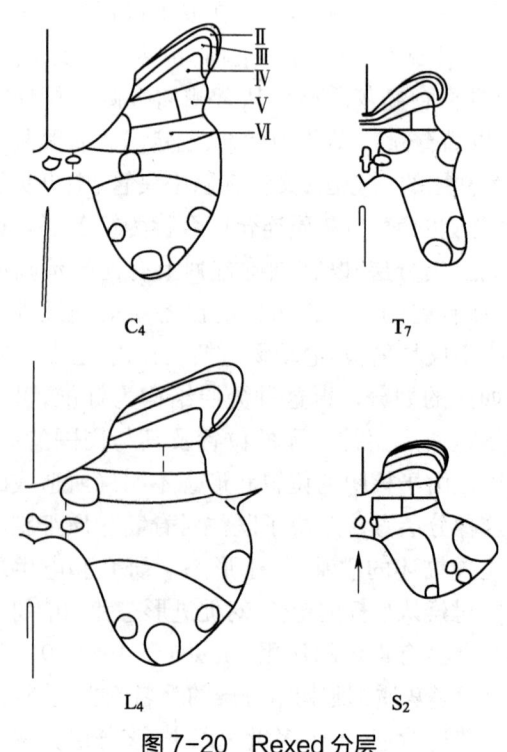

图7-20 Rexed分层

第四节 脊髓白质

脊髓白质主要由联系于脊髓和上位脑结构(即大脑皮质和皮质下结构)之间的上行和下行的神经纤维束组成。每条神经纤维束都具有传递特定神经功能的作用。所以,一般将这些神经纤维束称为神经功能传导通路。

另外,脊髓灰质各节段之间也存在着联系于若干个节段之间的短纤维束,它们是灰质内的 Golgi Ⅱ 型神经元的短轴突,出灰质后升降跨越几个节段,再逐节返回灰质,使各节段之间形成绵亘不断的联系。因此,经某一节段传入的神经信息可以通过这种结构引发几个节段的共同活动。这种短程联系的节间纤维紧贴在灰质的外面,形成薄层,统称为固有束,与上述的长纤维束共同构成白质。

根据形态学、电生理学,以及对中枢损伤时定位诊断的研究,有些神经纤维束的位置、起止和功能已经清楚,但有些较小的纤维束,特别是功能表现不够明确的纤维束,还不易辨认;有些电生理学证明的现象,在形态学上还不能确切证明。特别是内脏活动的中枢内传导通路,大部分处于未知状态,虽然在现象上已肯定其存在,但形态学上因方法学的限制还未能确切证实。另外,白质内的神经纤维束也并不是排列十分整齐地上下纵行,有些纤维束中途交叉,有些纤维束在横断面上观察时呈斜行甚至横行排列;白质内还有后根传入纤维和前根的髓内段,都在水平方向上通过白质离开脊髓。这些因素都造成了脊髓白质的神经纤维束排列的不规则性。因此,除了一些传递主要神经功能的大而明显的纤维束外,很多传导通路的位置和形态的描述尚未完全明确。

本节仅选一些常见且明确的长神经纤维束进行描述和分析,为初学者提供认识传导通路的基础。

一、上行神经纤维束(感觉神经传导通路)

1. 薄束、楔束　整个脊髓后索是一条长且粗大的神经纤维束。传统观点认为,此束主要是传递本体感觉和精细触觉、辨别触觉和振动觉等传入信息的通路。后索受损时,患者会发生本体感觉(固有感觉)丧失,两点距离分辨感觉障碍,立体触觉和皮肤书写感觉严重障碍,振动觉消失。

脊髓胸髓上段(T_4)及其以上的部分,后正中沟和后外侧沟之间出现一条后中间沟,将后索分为内、外两部,内侧部称为薄束(fasciculus gracilis),外侧部称为楔束(fasciculus cuneatus),表面的划分和内部神经纤维束的排列状况一致。后索的神经纤维束首先在脊髓的全长形成沿后正中隔上升的薄束,而到胸髓中段以上的部分,新增加的此类后根纤维则在薄束外侧逐渐集合,形成在后中间沟和后外侧沟之间上升的楔束。这是一个十分特殊的分布形式,体现着来自下半身的本体感觉信息经薄束、来自上半身者经楔束上升,到延髓后索处分别投射于薄束核和楔束核。

本体感觉属于深感觉。由骨骼肌及肌腱的肌梭和腱器官感受肌肉活动时的动作和位置变化信息,经初级传入的粗有髓纤维(Ⅰa类,Ⅰb类)通过脊髓后根进入部的内侧部直接进入后索,分为长的升支和短的降支,升支在后索内上升并逐节累加,形成薄束和楔束。这些纤维在延髓背侧的后索核(薄束核和楔束核)中继后,二级神经元发出的纤维呈弓形,在水平方向上经中央管前方交叉行向对侧,称为内弓状纤维,然后又弯向上方形成内侧丘系投射于丘脑腹后外侧核,再中继,最后终止于大脑皮质的第一躯体感觉区,产生意识性本体感觉。这条传导意识性本体感觉冲动的通路,是经典的传导通路。在后索中上升的粗纤维约有 25% 参与这条通路,另外的粗纤维侧支经单突触或多突触反射弧的形式与脊髓前角运动神经元联系形成膝反射等反射弧。还有一些较短的后索纤维中途进入灰质投射于 Clarke 柱或其他脊髓后角神经元。1994 年,Rustioni 等发现有一部分脊髓灰质Ⅳ~Ⅵ层神经元发出的轴突也进入后索内并上升,也投射于延髓背侧的后索核。如果它也传递本体感觉冲动,则本体感觉传导通路成为"双轨",一条是脊神经节→后索核→丘脑→大脑皮质,另一条是脊神经节→脊髓灰质Ⅳ~Ⅵ层内的神经元→后索核→丘脑→大脑皮质。其他传递皮肤精细触觉和振动觉的神经纤维在后索内上升时,其排列规律及纤维的种类尚无确切的记载,但后索内确有较细的有髓纤维或无髓纤维通过。

2. 脊髓小脑束　小脑是协助大脑皮质调节运动功能的重要结构,与肌肉活动的关系密切。此通路比较复杂,至少包括下列 4 条传导通路。

(1) 脊髓小脑后束(posterior spinocerebellar tract)　主要是将外周本体感觉感受器和触压觉感受

器所感受的冲动向小脑传递的主要传导通路。下端起自 $L_{2\sim3}$ 脊髓节段,在上行过程中,纤维逐节增加,在 Clarke 柱中继。由 Clarke 柱的大细胞发出的轴突,行向同侧或交叉到对侧脊髓白质侧索内上升,形成脊髓小脑后束,投射于小脑蚓部的吻侧部及尾侧部。

脊髓小脑后束行于两侧侧索后半部的浅层,其背侧为 Lissauer 束,腹侧与脊髓小脑前束相邻。脊髓小脑后束接收来自下半身的本体感觉信息,因 Clarke 柱较短,其下端止于 $L_{2\sim3}$ 节段水平,所以经下段腰髓和骶髓、尾髓等节段传入的传递下肢本体感觉冲动的神经纤维进入脊髓后,先随薄束上行,到 Clarke 柱出现后,才投射于 Clarke 柱。脊髓小脑后束到达延髓后,经小脑下脚(绳状体)传至小脑。

来自骨骼肌肌梭及 Golgi 腱器的本体感觉冲动,通过 Ⅰa、Ⅰb 类粗纤维传到 Clarke 柱,Ⅱ类纤维及传递皮肤触、压觉冲动的传入纤维,也同时传入此核。

(2) 脊髓小脑前束(anterior spinocerebellar tract) 也是经典的脊髓小脑传导通路,位于脊髓侧索靠近表面部分的前部、脊髓小脑后束的前方。脊髓小脑前束的起始神经元在后角颈部、中间带的外侧部或前角的后外侧部,有人认为它起于脊髓腰、骶段的第 Ⅴ~Ⅶ 层神经元,此处有些颇大的神经元被称为脊髓边缘细胞(spinal border cells)。此束的纤维数量少于脊髓小脑后束,主要为有髓的粗纤维,绝大部分交叉至对侧,在侧索内上升。此束行至延髓时即与脊髓小脑后束分离,在脑干内继续上升至中脑再经小脑上脚(结合臂)进入小脑前蚓。

(3) 楔小脑束(cuneocerebellar tract) 由于 Clarke 柱的上端仅达到颈髓下端水平,所以,经颈神经后根进入脊髓的一部分传递本体感觉信息的纤维,进入脊髓后不止于 Clarke 柱,而是经楔束传到楔束核和副楔束核,在此中继后发出外弓状纤维形成楔小脑束,经小脑下脚(绳状体)传入小脑。楔小脑束实际上是弥补了脊髓小脑后束的不足,将上肢本体感觉的冲动传向小脑。

(4) 脊髓小脑吻侧束 颈髓第 5~8 节段的第 Ⅶ 层内有些神经元发出的纤维束与脊髓小脑前束的功能相同,只将前肢的本体感觉信息传入中枢。一部分纤维经小脑下脚,另一部分通过小脑上脚传向小脑。生理学上的这一发现,在形态学上还未得到确切证明。它似乎弥补了脊髓小脑前束的不足。

3. 脊髓丘脑束 是将脊神经支配范围的浅感觉(痛、温度、触、压觉)冲动向大脑皮质传导的神经通路,但和传递深感觉的薄束、楔束相比,在形态学上对它的认识尚不全面。这是因为浅感觉的性质比较复杂,进入脊髓后的行径和中继部位都比较分散,不如薄束、楔束集中。传统观点认为,将浅感觉冲动传向丘脑的通路集中形成脊髓丘脑侧束(lateral spinothalamic tract)和脊髓丘脑前束(anterior spinothalamic tract)两条通路。脊髓丘脑侧束位于脊髓小脑前束的深面,脊髓丘脑前束转向前索内位于前庭脊髓束的深面,脊髓丘脑侧束与前束之间无明显分界。长期以来,一直认为侧束传导痛、温度觉冲动,前束传导触、压觉冲动,但是实验根据不足。近年来,逆向追踪技术证明,脊髓丘脑束在脊髓内的起始细胞位于脊髓灰质的第 Ⅰ 层和第 Ⅴ、Ⅶ、Ⅷ 层的神经元(图 7-21)。这些神经元发出的纤维有 90%

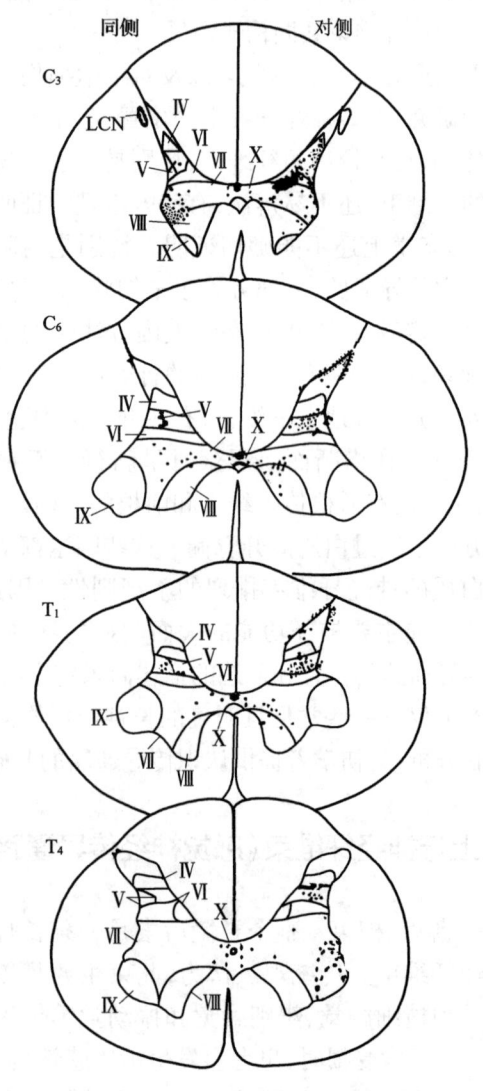

图 7-21 脊髓丘脑束的起始部位

经白质前连合行向对侧侧索及前索,形成脊髓丘脑束,只有颈髓最上 3 个节段范围内有 30% 的纤维行向同侧。

这些纤维在侧索、前索内形成脊髓丘脑束时按层次排列,来自脊髓骶、尾段的纤维位于最外侧,向上逐节增加的纤维依次在内侧排列,来自颈髓上端部的纤维排列在最内侧(图 7-22)。当髓内发生病变时,痛觉、温度觉障碍由病变节段逐渐向身体下部发展;而髓外发生病变时,痛觉、温度觉障碍则由身体下部逐渐向上扩延。

脊髓丘脑侧束和前束在脊髓内无明确的界限,上行到脑干后两者分离,前束伴随内侧丘系上升至丘脑,侧束则形成脊髓丘系继续上升至丘脑。

4. 其他上行神经纤维束 除上述 3 条传导通路外,脊髓和一些皮质下结构之间还存在一些上行性联系通路,主要有以下几条通路(图 7-23):

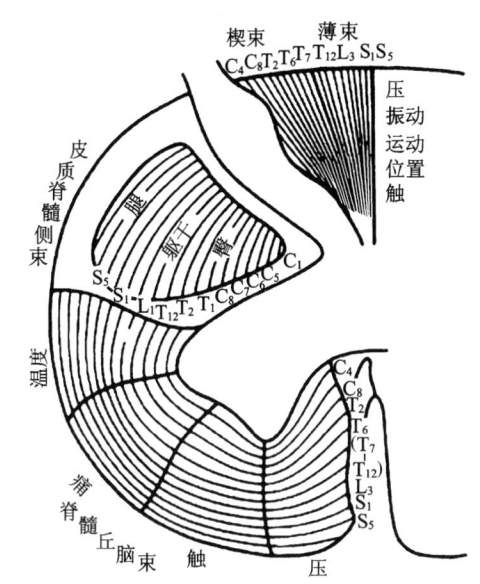

图 7-22 脊髓丘脑束、皮质脊髓侧束、薄束、楔束在脊髓内体部定位

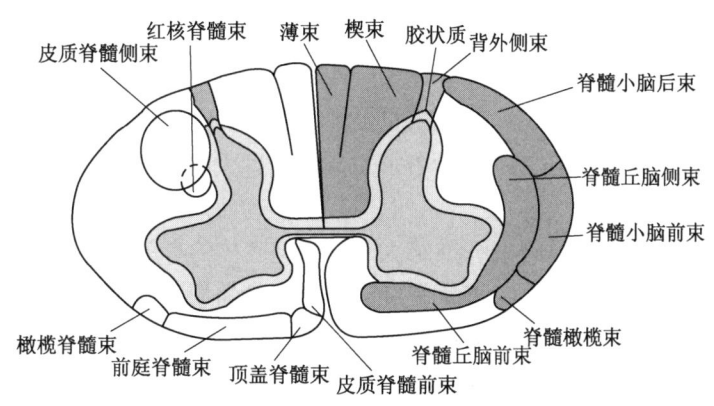

图 7-23 脊髓内主要上、下行传导通路的位置

(1)脊髓顶盖束 投射到中脑顶盖的上丘。

(2)脊髓网状束 投射到延髓和脑桥网状结构内侧区的一些核团。

(3)脊髓橄榄束 投射到下橄榄核。

(4)脊髓颈丘脑通路 脊髓→颈外侧核→丘脑。

(5)内脏感觉传导通路 内脏初级传入神经元在脊神经节内,其进入脊髓后的行径及投射部位已基本清楚,但由二级神经元向上位中枢的传导通路,在形态学上尚待证明。

二、下行神经纤维束(运动神经传导通路)

大脑皮质运动区发动的随意运动,通过下行通路分别支配脑神经和脊神经所支配的横纹肌活动。但为了保证肌肉活动的准确、协调,不少皮质下结构也参与对肌肉活动的调控,所以,中枢神经内的运动性传导通路是以直接发自大脑皮质运动区的纤维束为主体,辅以发自皮质下中枢一些结构的下行纤维束,它们最后共同调控脊髓前角和脑神经核的运动神经元。

支配内脏活动的中枢通路在形态学上尚存在很多未解之谜,但支配躯体运动的中枢通路除一些细节外已比较清楚。本章仅介绍脊髓内有关躯体运动的神经传导通路。

1. 皮质脊髓束(锥体束) 为中枢神经内最大的神经纤维束,其全貌在肉眼标本上即可清晰地看到。锥体束起自大脑皮质运动区的锥体细胞,其纤维在大脑半球白质中集中,在通过内囊时形成了庞大的纤维束下行，在中脑构成大脑脚的脚底，直接暴露于中脑的腹侧表面，到脑桥仍位于桥底部，但分散成为一些纤维束穿行于脑桥核和桥横纤维中，到延髓时，又露于延髓腹侧表面，在前正中裂的两侧形成对称的上宽下窄的锥体，因此也称为锥体束（pyramidal tract）（严格地说，锥体束不仅包括皮质脊髓束，还包括皮质核束）。在接近延髓下端，两侧锥体束中75%～90%的纤维交叉到对侧，形成锥体交叉，随后下行在脊髓侧索内，形成皮质脊髓侧束；未交叉的纤维继续在脊髓前索内下行，形成皮质脊髓前束。

皮质脊髓侧束（lateral corticospinal tract）几乎存在于脊髓全长，位于侧索的后半部、脊髓小脑后束的内侧；皮质脊髓前束（anterior corticospinal tract）位于前索中，断面面积很小，靠近前正中裂，向下仅达胸髓中段；皮质脊髓前外束（anterolateral corticospinal tract）由很少量未交叉的纤维组成，在脊髓侧索的前外下行。

每侧的皮质脊髓束大约由100万条神经纤维组成，大约70%为有髓纤维；约有90%的纤维直径为1～4 μm，约9%的纤维直径为5～10 μm，只有不足2%的纤维直径为11～22 μm。约有3万条为Betz巨型锥体细胞发出的最粗纤维。

在脊髓内下行过程中，皮质脊髓侧束纤维绝大多数终止于同侧的脊髓前角运动神经元；皮质脊髓前束大部分纤维越过白质前连合，终止于对侧的前角运动神经元，小部分纤维终止于同侧的前角运动神经元（支配躯干肌）；皮质脊髓前外束止于同侧的前角运动神经元。这意味着皮质脊髓束的大部分纤维在行程中经过一次交叉而支配对侧半身的运动。皮质脊髓束在下降过程中，逐次分出纤维，逐节止于脊髓前角运动神经元，其中，止于颈髓的纤维短，排列在最内侧，向下逐渐外移且延长，终止于脊髓末端部者在最外侧，即具有与前述的脊髓丘脑侧束相同的定位排列关系（图7-22）。

皮质脊髓束纤维进入脊髓灰质后的最终目的是将来自大脑皮质运动区的冲动传给脊髓前角运动神经元，引发骨骼肌的活动。一般将大脑皮质运动区神经元称为上运动神经元，将发出周围神经运动性纤维的脊髓前角运动神经元称为下运动神经元。上运动神经元的终末直接终止于下运动神经元而形成突触连结者较少，多数要经中间神经元中介后再与前角运动神经元联系。所有皮质脊髓束的纤维进入灰质后，大多首先终止于Ⅳ～Ⅵ层外侧部及Ⅷ层。在灵长类和人类，有一部分皮质脊髓束纤维进入灰质后直接和前角运动神经元形成单突触连结，人类最发达，这种纤维主要支配肢体远侧端肌；另外，起自Betz巨型锥体细胞的纤维可能与调控肢体远端的精细运动有关。

皮质脊髓束纤维的运动能力与纤维的髓鞘形成过程有密切关系。婴儿在出生后相当一段时间内尚不能起坐和直立行走，这与皮质脊髓束有髓纤维的髓鞘尚未发育完成有关。研究表明，出生后10～14天皮质脊髓束纤维开始发生髓鞘，到出生后2年左右才完成。所以，婴儿期间手的精巧动作还不能实行。

2. 其他下行传导通路　下运动神经元曾被称为"最后公路"，接受所有与运动有关的中枢"指令"，并直接接受内、外环境传入冲动的影响，然后将准确的运动"指令"传给骨骼肌，从而引发非常协调的运动。除接受锥体束传递的大脑皮质运动区的直接"指令"外，脊髓前角运动神经元还接受另外一些来自皮质下中枢核团下行通路的调控。这些锥体束以外的下行通路有些属于锥体外系（extrapyramidal system），即将经过大脑皮质运动区与小脑、基底核环路进行调节的运动冲动信号（参看本书第十一章小脑，第十二章基底核的有关部分）传递给最后"公路"，以保证所支配骨骼肌的活动准确、协调和平衡（图7-24）。另外，还有一些起自皮质下核团的纤维束，将各核团所接受的特异性传入冲动转给脊髓引起反射活动。

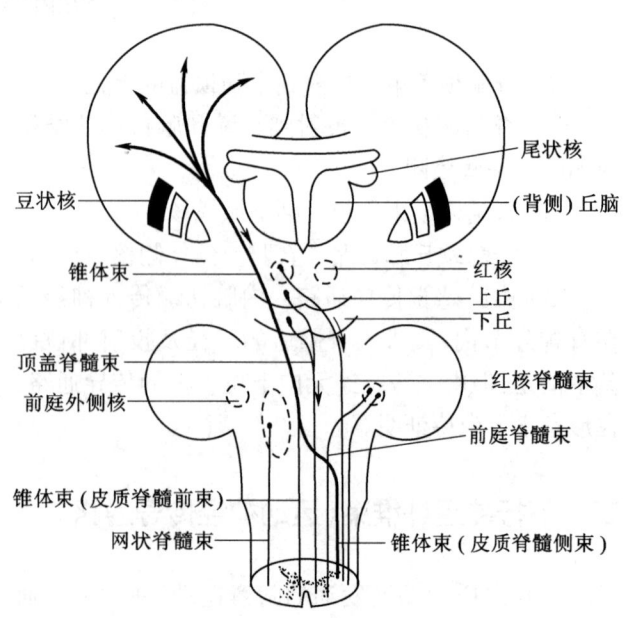

图7-24　锥体系和锥体外系

（1）前庭脊髓束（vestibulospinal tract） 由前庭核群发出的纤维组成，纤维分为内、外两束下行至脊髓（内侧束的纤维通过内侧纵束），止于Ⅷ层、Ⅶ层，调控肌肉运动，易化伸肌神经元，抑制屈肌神经元。

（2）网状脊髓束（reticulospinal tract） 起自脑桥和延髓网状结构的一些核团，调控头部及躯干转动、姿势和肢体的粗定型运动。

（3）顶盖脊髓束（tectospinal tract） 起自顶盖上丘中间层及深层，主要投射于颈髓，可易化对侧颈肌，抑制同侧颈肌。

（4）内侧纵束（medial longitudinal tract） 是一条复合的下行纤维束的总称。起自Cajal中介核及其周围区，在脑干部此束内含升、降纤维，到脊髓部仅含下行纤维。此束仅见于颈髓上段，与颈肌运动神经元形成单突触连结，与肢体肌运动神经元形成双突触连结。

（5）红核脊髓束（rubrospinal tract） 起自中脑红核，止于脊髓灰质Ⅴ～Ⅵ板层外侧部及Ⅶ层背侧部。在猫的实验中曾证实，红核脊髓束可易化屈肌，抑制伸肌活动。

（6）橄榄脊髓束（olivospinal tract） 为由薄髓细纤维组成的小束。

（7）下丘脑脊髓束 或称下丘脑脊髓纤维（hypothalamospinal fiber），用追踪法和免疫组织化学技术证明，从下丘脑室旁核及其他核区发出这些纤维，在脊髓后外侧索内下行，止于中间外侧核区的交感或副交感节前神经元。

（8）孤束核脊髓束 由孤束核的腹外侧部发出纤维，在脊髓前索及前外侧索内下行，可易化呼吸肌的活动，支配膈肌及肋间肌，调节呼吸运动。

（9）中缝脊髓束 由脑干的中缝大核、中缝隐核和中缝苍白核发出，为5-HT能系统。起自中缝大核的纤维束可能在脊髓后外侧索、紧贴皮质脊髓侧束下行，与调控伤害性刺激有关。

图7-25和图7-26概括脊髓上行、下行通路结构及其相互关系，以加强对脊髓基本功能的理解。

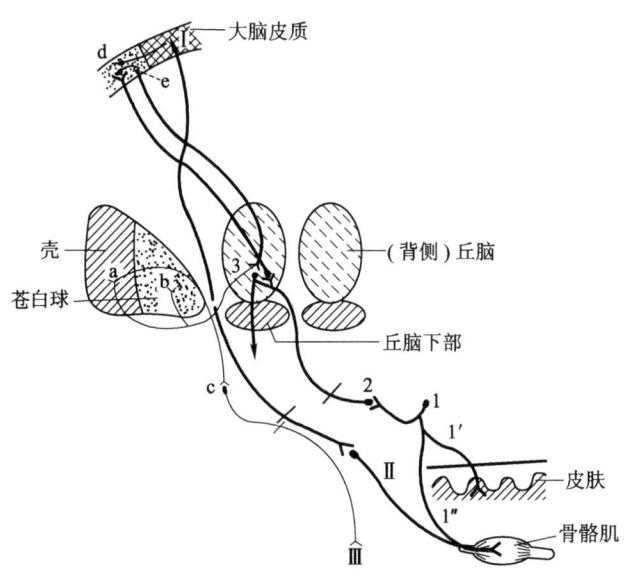

图7-25 神经传导通路的基本构成模式

1～3. 感觉传导通路：1. 初级传入神经元——脊神经节神经元，1'：传递浅感觉的纤维，1"：传递深感觉的纤维；2. 感觉传导通路的二级传入神经元；3. 感觉传导通路的三级传入神经元；Ⅰ～Ⅲ. 锥体系：Ⅰ. 锥体系的一级神经元，Ⅱ. 锥体系的二级神经元（躯体运动性脑神经核或脊髓前角运动神经元）a-b-cⅢ和d-e-3都为锥体外系

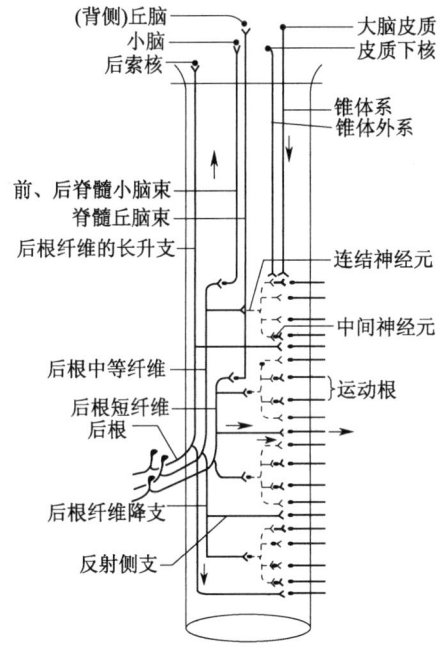

图7-26 传入和传出通路的联系

（沃　雁　丁文龙）

新形态教材网　数字课程学习

📀 教学PPT　　📄 参考文献

第八章 脑 干

脑干（brain stem）由延髓、脑桥和中脑共同构成。关于脑干在全脑中的位置、基本结构和形态特征，可参看本书第一章有关描述以及第一章图 1-4 至图 1-8，本章不再赘述。

第一节 脑干各部的表面形态

脑干的表面形态已较详述于本书第一章。在此仅列出脑干腹侧面、背侧面及外侧面的表面图，供结合第一章内容进行复习时参考（图 8-1 ~ 图 8-3）。

第二节 脑干各部的结构特点

一、脑干各部结构的共性

和脊髓相比，脑干的灰质失去灰质柱的形式而形成一些分散的核团，但仍保持着有规律的节段性排列。脑干的神经核分为 3 种：①直接与第 Ⅲ ~ Ⅻ 对脑神经联系的脑神经核，它们严格地按节段分布，即第 Ⅲ、Ⅳ 脑神经核位于中脑，第 Ⅴ ~ Ⅷ 脑神经核位于脑桥，第 Ⅸ ~ Ⅻ 脑神经核位于延髓。这些脑神经核中，发出运动性纤维者称为起始核，接受外周传入纤维者称为终止核（图 8-4）。②网状结构的神经核。③脑干固有的神经核，如薄束核、楔束核、下橄榄核、上橄榄核、红核和黑质等。另外，在胚胎时期呈背腹方向排列的脊髓灰质结构，由于第四脑室敞开而在脑干变成内外方向排列，由中线向外侧依次为躯体运动区、内脏运动区、内脏感觉区和躯体感觉区。运动区与感觉区在第四脑室底的分界线是界沟（sulcus limitans）（图 8-5）。

脑干的白质从总体上来看被灰质和网状结构分隔成不连续状态。从大脑皮质下行的纤维束（如锥体束），主要走行在脑干腹侧的基底部并大部分进入脊髓；从脊髓上行的纤维束，到脑干部或合并（如脊髓丘脑侧束和脊髓丘脑前束合并成脊髓丘系）或交换神经元后形成新的束路（如薄束和楔束在薄束核和楔束核处换神经元后形成内侧丘系）；从脑干新出现的上行纤维束（如三叉神经的二级纤维组成的三叉丘系，听觉二级纤维组成的外侧丘系）等，均走行在基底部背侧的被盖部内。

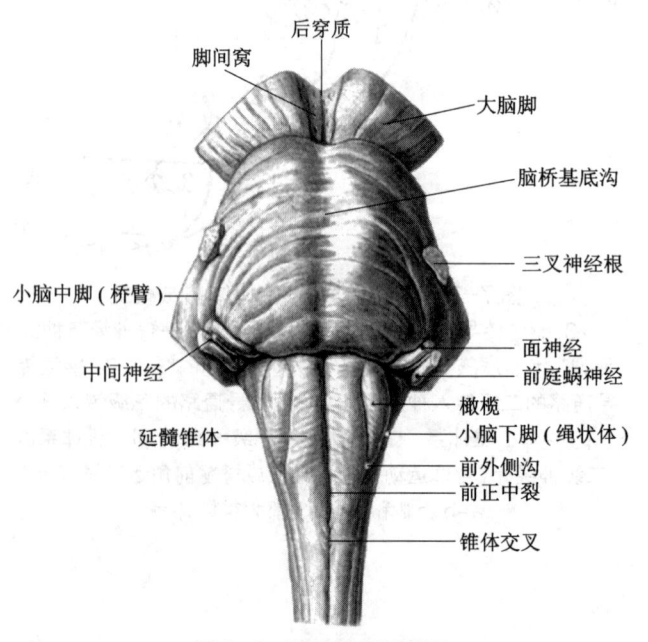

图 8-1 脑干的腹侧面观

第二节 脑干各部的结构特点

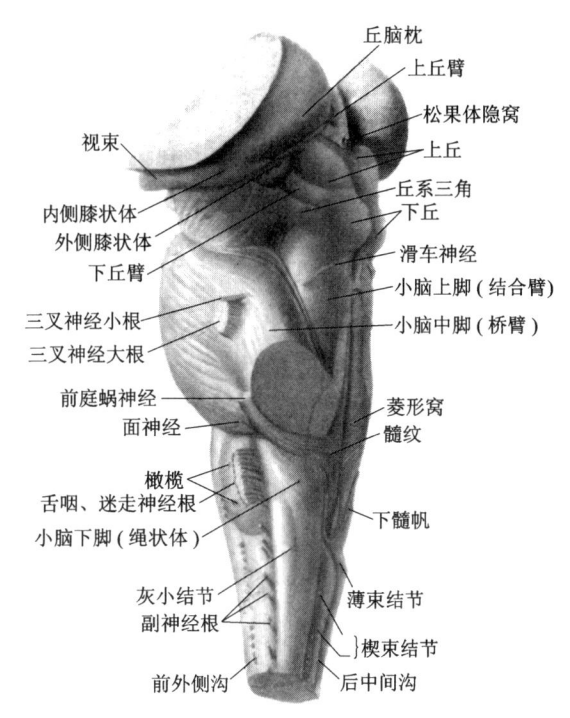

图 8-2 脑干的背侧面观

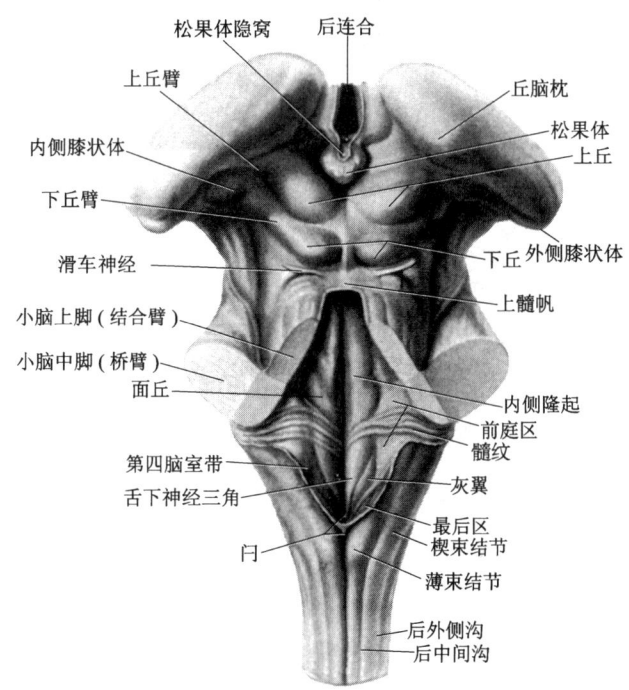

图 8-3 脑干的外侧面观

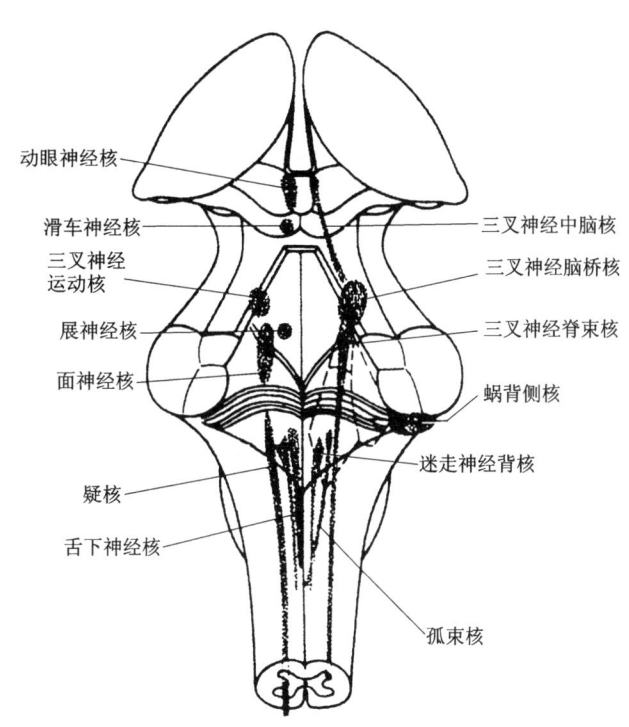

图 8-4 脑干内脑神经核的布局（背侧透视图）

肤和黏膜，与痛觉、温度觉、触觉和本体感觉冲动的传导有关，这类纤维主要终止于三叉神经中脑核、三叉神经脑桥核（感觉主核）和三叉神经脊束核。

2. 特殊躯体传入纤维　分布至外胚层发生的感觉器官——视器和位听器，传入纤维主要终止于上丘、前庭神经核和蜗神经核。

3. 一般内脏传入纤维　分布于内胚层发生的横结肠以上的颈、胸、腹腔脏器，与各种内脏、心血管的感受有关，主要终止于孤束核的中、尾段。

4. 特殊内脏传入纤维　分布于味蕾和嗅器，味觉传入纤维终止于孤束核吻段，嗅觉传入纤维主要终止于相关的嗅皮质。

5. 一般躯体传出纤维　支配由头、颈部肌节发生的横纹肌。这些纤维主要来自动眼神经核、滑车神经核、展神经核和舌下神经核。

6. 一般内脏传出（副交感）纤维　支配平滑肌、心肌和腺体，主要起源于动眼神经副核、上泌涎核、下泌涎核和迷走神经背核。

7. 特殊内脏传出纤维　直接支配由鳃弓演化的横纹肌，如咀嚼肌、面肌、咽喉肌、胸锁乳突肌和斜方肌等。这些纤维起源于三叉神经运动核、面神经核、疑核和副神经核（图 8-6）。

二、脑神经纤维的性质及分类

构成脑神经的纤维可分为下列 7 种性质的纤维（参看本书第二章图 2-7 ～ 图 2-9）。

1. 一般躯体传入纤维　分布于外胚层发生的皮

在胚胎第 4 周，从胚体头部两侧出现 6 对柱状

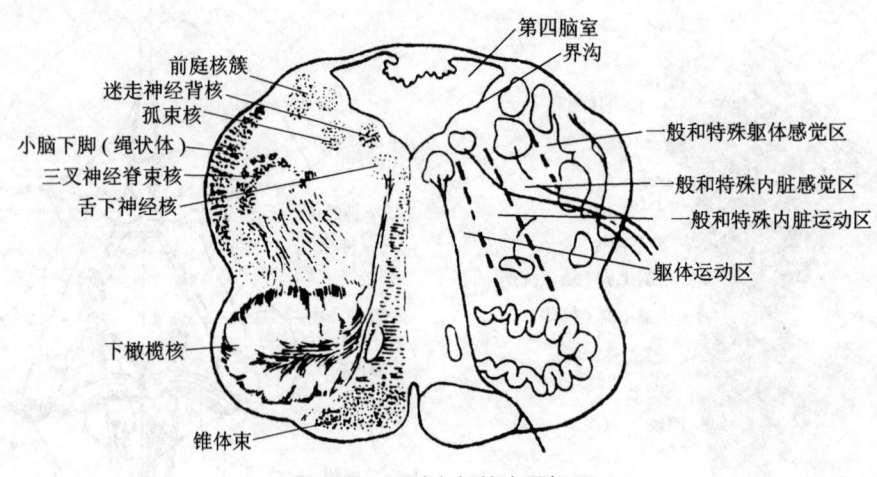

图 8-5 延髓上部的水平切面

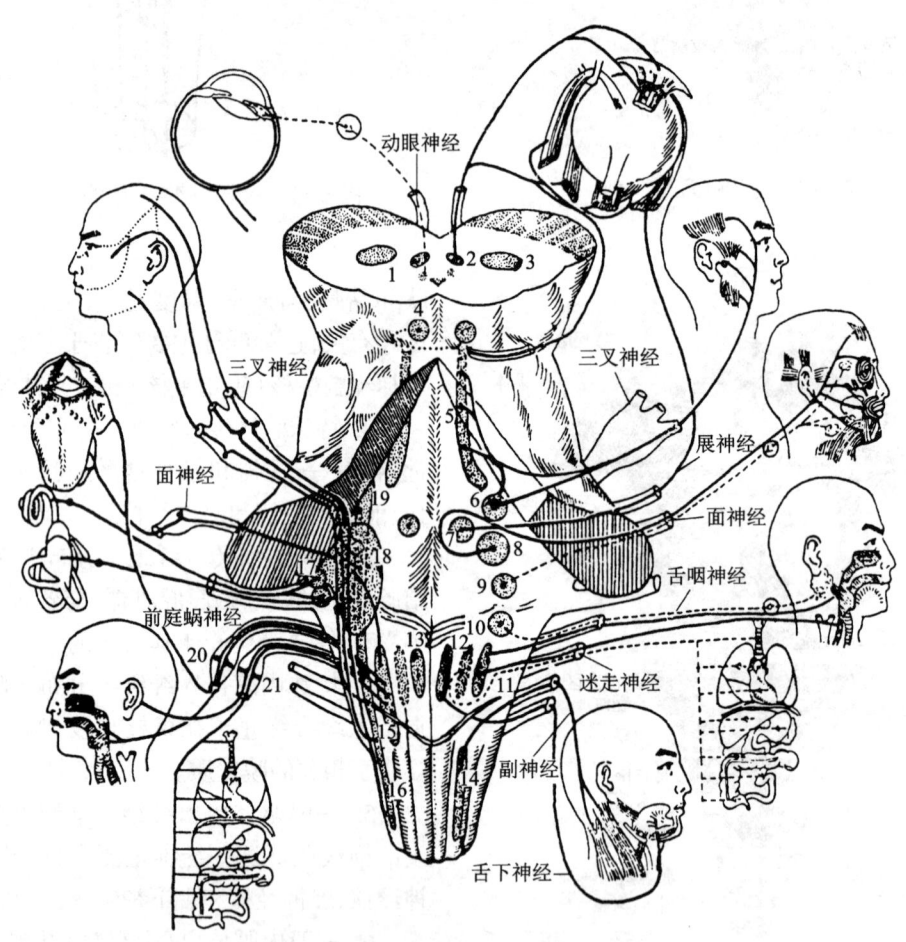

图 8-6 脑神经核、脑神经分布范围

1. 动眼神经副核　2. 动眼神经核　3. 红核　4. 滑车神经核　5. 三叉神经中脑核　6. 三叉神经运动核　7. 展神经核　8. 面神经核　9. 上泌涎核　10. 下泌涎核　11. 疑核　12. 迷走神经背核　13. 舌下神经核　14. 副神经核　15. 孤束核　16. 三叉神经脊束核　17. 蜗神经核　18. 前庭神经核　19. 三叉神经脑桥核　20. 舌咽神经　21. 迷走神经

弓形隆起，称为鳃弓（branchial arch）。其中，第1对鳃弓最大，称为下颌弓，第2对称为舌弓，第3对为舌咽弓，其余3对无特别的名称。第1鳃弓形成的肌肉是受下颌神经支配的咀嚼肌、腭帆张肌、鼓膜张肌、二腹肌前腹、下颌舌骨肌，第2鳃弓形成的肌肉是受面神经支配的表情肌、二腹肌后腹、镫骨肌、茎突舌骨肌,第3鳃弓形成的肌肉是受舌咽神经支配的茎突咽肌,第4鳃弓形成的肌肉是受舌咽神经和迷走神经支配的喉部肌肉和咽缩肌,第5鳃弓出现不久即消失,第6鳃弓形成的肌肉是受副神经支配的胸锁乳突肌和斜方肌。

上述划分方法略烦琐,实际上将脑神经核划分为下列4种核群即可说明问题。

(1) 躯体运动核群 包括动眼神经核、滑车神经核、展神经核、舌下神经核和副神经核以及三叉神经运动核、面神经核和疑核。将支配由鳃弓演化的横纹肌的神经单独列为特殊内脏传出性质似无何特殊意义。

(2) 内脏运动核群(副交感核) 包括动眼神经副核、(脑桥)上泌涎核、(延髓)下泌涎核和迷走神经背核。这些核团除迷走神经背核外,其余各核的结构都比较松散。

(3) 内脏感觉核群 为孤束核,位于迷走神经背核的腹外侧,大部分在延髓,小部分向上方延伸到脑桥下端。孤束核的上部接受味觉纤维,其余接受一般内脏感觉纤维。

(4) 躯体感觉核群 包括三叉神经中脑核、三叉神经脑桥核、三叉神经脊束核、蜗神经核、前庭神经核等。

第三节　脑干各部的结构

由于脑干的内部结构比较复杂,一般首先选择几个典型切面进行辨认,再通过分析、对比和归纳,找出它们之间的内在联系及规律,如此方能理解脑干内部结构的规律,建立立体概念。观察脑干的典型断面切片也是神经解剖学的基本学习方法。

一、延髓

(一) 延髓的代表性平面

1. 锥体交叉平面　位于延髓最下段,其基本结构状况与脊髓相似。切面中心为中央管(central canal),灰质柱在断面上大体上仍呈飞碟状,但前角被交叉的锥体束所打乱。灰质后角扩大,移行于三叉神经脊束核尾侧亚核,其外侧与脊髓侧索相当的部分也为下行的三叉神经脊束所代替。后索的薄束和楔束中开始出现薄束核和楔束核。锥体中的锥体束(皮质脊髓束)纤维大部分交叉至对侧的侧索中下降,形成皮质脊髓侧束;仅有小部分不交叉,形成皮质脊髓前束,在本侧前索中下降。其他的上行纤维束,如脊髓丘脑侧束,脊髓小脑前、后束等仍保持在脊髓中的位置继续上升(图8-7)。

2. 内侧丘系交叉平面　在锥体交叉上方,通过薄束核和楔束核的最膨大处平面。此两核神经元发出内弓状纤维,绕过中央管两侧弯向腹侧左右交叉,形成(内侧)丘系交叉。交叉后的纤维沿正中线上升,形成内侧丘系(medial lemniscus),向丘脑投射。中央管周围由腹侧向背侧出现舌下神经核和迷走神经背核,在稍高平面的中央管背侧部分,可见两侧孤束核的尾端连结而形成的连合亚核。三叉神经脊束和脊束核继续存在,位置如上述。在此平面已看不出脊髓灰质的轮廓。在内弓状纤维经过的部位及其外侧区域为网状结构(reticular formation)。其中存在着疑核、外侧网状核,还可看到舌下神经的根纤维。锥体内的皮质脊髓束位于前正中裂两侧,其背侧开始出

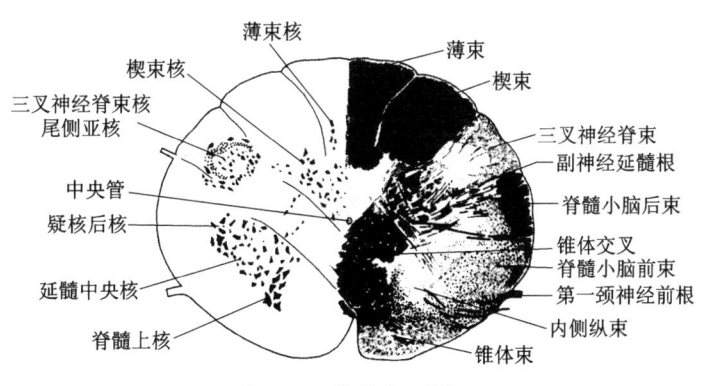

图8-7　锥体交叉平面

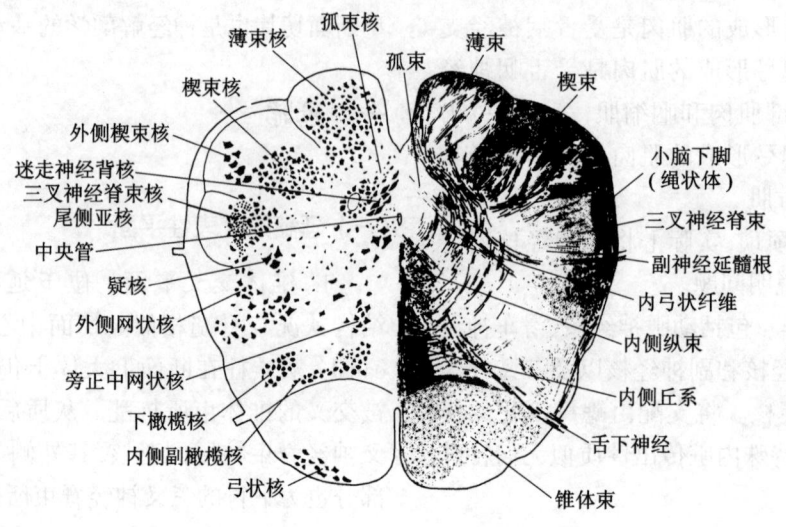

图 8-8 内侧丘系交叉平面

现下橄榄核。脊髓丘脑前、侧束仍居原位(图 8-8)。

3. 下橄榄核中部平面 延髓上部的横断面,在闩平面以上。中央管扩大开始形成第四脑室。延髓背面向两侧敞开成为第四脑室底。原应在中央管周围灰质中的脑神经核随之向两侧展开,在内外侧方向上排列着舌下神经核、迷走神经背核、孤束及孤束核,再向外侧可见前庭内侧核和前庭下核的下部。小脑下脚(绳状体)[inferior cerebellar peduncle (restiform body)]开始在三叉神经脊束和脊束核的背外侧出现。脊髓小脑后束的纤维并入小脑下脚,脊髓小脑前束仍在延髓外侧上行。在其内侧仍有脊髓丘脑侧束和前束。下橄榄核很大,呈褶皱的囊状,开口向内侧,此核发出纤维交叉跨至对侧后,集中至小脑下脚(绳状体)入小脑。锥体位于正中线两侧的最腹侧,其背侧为内侧丘系、顶盖脊髓束和内侧纵束。在内侧丘系外侧,下橄榄核背侧比较广阔的区域,为网状结构,疑核仍在其中(图 8-9)。

4. 下橄榄核上部平面 此切面平第四脑室外侧隐窝高度。在小脑下脚(绳状体)的外侧有蜗神经根入脑,终于蜗背侧核及蜗腹侧核。蜗背侧核贴在绳状体背侧,在第四脑室底形成一个小的隆起,称为听结节(acoustic tubercle);蜗腹侧核位于绳状体的腹外侧。绳状体腹内侧有舌咽神经根。其他结构与下橄榄核中部平面相同(图 8-10)。

(二)延髓的内部结构

延髓下部的内部结构与脊髓相似,但向上方则逐渐复杂。结构的复杂化主要表现在:①延髓下部

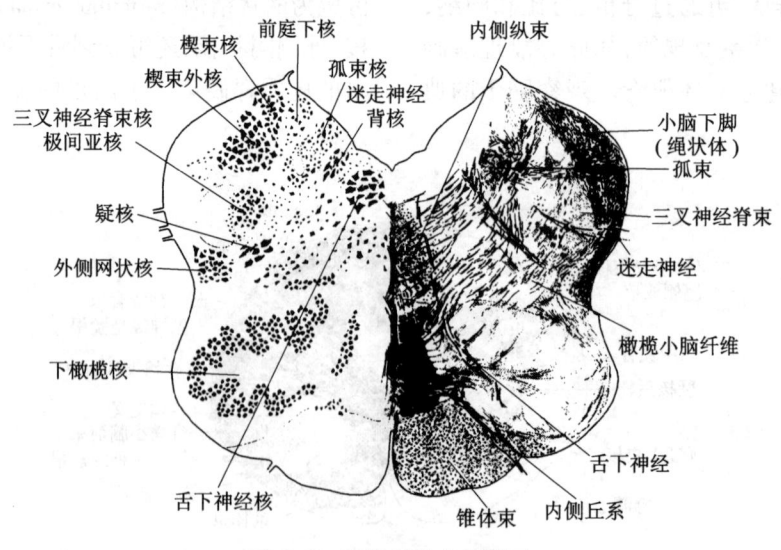

图 8-9 下橄榄核中部平面

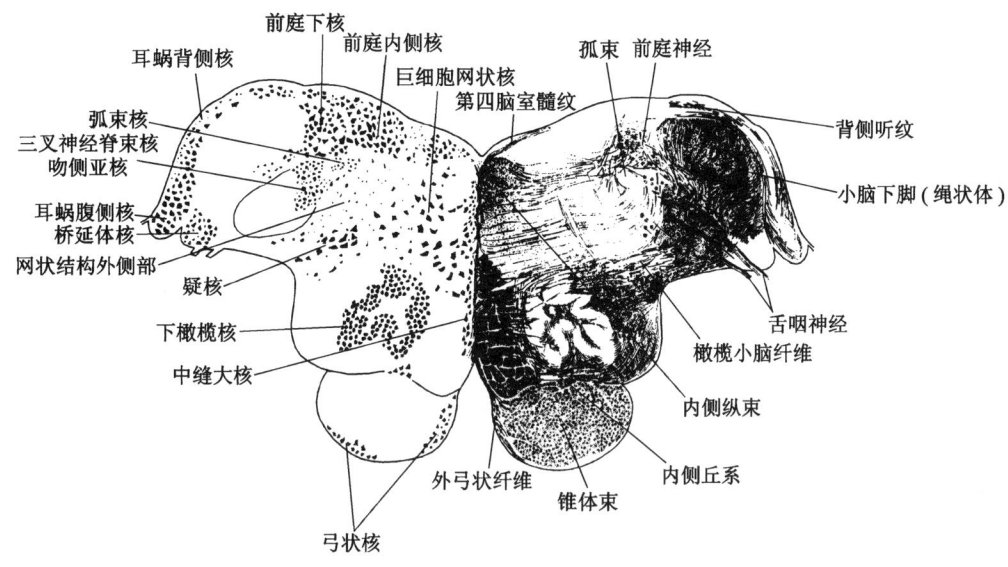

图 8-10 下橄榄核上部平面

出现两个交叉,即锥体交叉(decussation of pyramid)和内侧丘系交叉(decussation of medial lemniscus),它们把由脊髓伸到延髓下部的灰质前、后柱打乱,隔成几段。②下橄榄核的出现和绳状体的形成。③中央管敞开形成第四脑室后,原来脊髓的灰质柱向两侧展开,成为第四脑室底的灰质,并演化为舌咽、迷走、副、舌下等神经的神经核。

1. 延髓的灰质

(1) 脑神经核

1) 舌下神经核(nucleus of hypoglossal nerve):由大型运动神经元构成,呈短柱状,此核发出的纤维组成舌下神经根,行向腹外侧,经前外侧沟出脑,支配舌肌运动。

2) 副神经核:由延髓部(脑部)和脊髓部组成。延髓部起自疑核的尾端,出颅后,并入迷走神经,支配咽喉肌;脊髓部实际上是副神经本干,它起自上6个颈髓节段的前角背外侧部神经元,即副神经脊髓核,其根丝自橄榄后沟出脑后,陆续合成一干,上行经枕骨大孔入颅,再与延髓部合并出颅,支配胸锁乳突肌和斜方肌。

3) 疑核(nucleus ambiguus):在网状结构中较深的位置。自髓纹延伸到丘系交叉高度。核的头端发出纤维加入舌咽神经。其余部分发出纤维作为舌咽、迷走神经的一部分调控咽喉肌和软腭肌的运动。疑核的一部分纤维还分布于胃肠道。

4) 迷走神经背核和下泌涎核:属于副交感神经核。迷走神经背核(dorsal nucleus of vagus nerve)在舌下神经核的背外侧。此核发出的节前纤维作为迷走神经的主要成分,到达横结肠以上的颈部和胸腹腔脏器(降结肠以下肠管及盆腔脏器除外),在副交感神经节交换神经元后,节后纤维控制这些脏器平滑肌的活动。下泌涎核(inferior salivatory nucleus,延髓泌涎核或下涎核)发出纤维加入舌咽神经,主要调控腮腺的分泌。

5) 孤束核(nucleus of solitary tract):为一般内脏感觉纤维和味觉纤维的终止核。迷走神经的下神经节(管理除降结肠以下肠管和盆腔脏器以外的胸、腹腔内脏感觉信息)、舌咽神经的下神经节(管理舌后1/3 的味觉及咽、腭部的内脏感觉和颈动脉窦、颈动脉球的压力和化学变化信息)和面神经的膝神经节(管理舌前 2/3 及腭部的味觉信息)的假单极神经元的周围突,随上述神经到达内脏,接收各种内脏感觉信息;中枢突进入脑干后,在迷走神经背核的外侧形成浑圆的孤束(solitary tract),味觉纤维止于孤束核的上部,故孤束核的上段也称为味觉核,其他内脏感觉纤维止于孤束核的中、尾段,称为心 - 呼吸核。孤束核的神经元包围着孤束。孤束核发出的纤维,一部分上行达间脑,中继后将内脏感觉冲动传至更高级中枢;一部分纤维终止于脑干的运动核,完成各种内脏反射活动;另外还有部分纤维进入网状结构,参与呼吸、血液循环和呕吐等功能活动。

由上可见,迷走神经是混合性神经,由 4 种成分组成:①内脏运动纤维(副交感纤维),发自迷走神经背核,分布于颈部和胸腹部脏器(降结肠和盆腔脏器除外);②内脏感觉纤维,起自颈静脉孔下方的迷走神经下神经节(结状神经节),传导各种内脏感觉信息至孤束核;③躯体运动纤维,发自疑核,支配咽喉肌的运动;④躯体感觉纤维,胞体在迷走神经上神经节,其周围突经耳支分布于外耳道皮肤,中枢突入脑后终止于三叉神经脊束核。

舌咽神经也包括4种成分:①内脏运动纤维(副交感纤维),起自延髓下泌涎核,控制腮腺的分泌活动;②躯体运动纤维,起自疑核,支配茎突咽肌;③内脏感觉纤维(包括味觉纤维),胞体位于颈静脉孔的舌咽神经下神经节(岩神经节),其周围突分布于咽、咽鼓管的黏膜和舌后1/3的味蕾,传导黏膜和舌后1/3的味觉,中枢突加入孤束,终止于孤束核;④少量的躯体感觉纤维,发自舌咽神经上神经节,传导耳郭后面小块皮肤区的感觉,入脑后终止于三叉神经脊束核。

在临床上,舌咽神经与迷走神经合并损伤的病例较为常见,此时可产生同侧咽喉肌瘫痪、感觉丧失、咽下困难、声音嘶哑和舌后1/3味觉消失等症状。

6)三叉神经脊束核(spinal nucleus of trigeminal nerve):是从颈髓到脑桥的细长核柱。三叉神经感觉纤维终止于此核。此外它还接受来自舌咽神经、迷走神经的一般躯体感觉纤维。三叉神经脊束核在延髓下段主要是其尾侧亚核。

三叉神经根分为大、小两根,大根由经三叉神经传入的躯体感觉纤维构成,这些纤维进入脑干后,分为升支和降支,降支集中形成相当长的下行束,向下直到脊髓与背外侧束相续,故名三叉神经脊束(spinal tract of trigeminal nerve)。这些纤维长短不等,依次终止于紧靠其内侧的三叉神经脊束核。三叉神经脊束内纤维的排列也是眼支纤维在腹侧,下颌支纤维在背侧,上颌支纤维居中。束内纤维的粗细也不同,以不同的速度传递不同感觉信息。小根由三叉神经运动核发出的纤维构成,出三叉神经节后与下颌神经一起走行,支配咀嚼肌。狭义的咀嚼肌包括颞肌、咬肌、翼内肌和翼外肌,共4对,其排列与下颌关节的运动特点相适应,能强而有力地作用于下颌关节。在发生演化上,这些肌肉均起源于第1鳃弓。

三叉神经脊束核位于三叉神经脊束的内侧,从上而下可分为3段:吻侧亚核、极间亚核和尾侧亚核。前两个亚核的细胞均匀分散。尾侧亚核的细胞构筑形式与脊髓后角相似,分成边缘层、胶状质、大细胞部,分别相当于脊髓的Ⅰ~Ⅳ层,故又称延髓后角。在功能方面,一般认为尾侧亚核主要接收面口部的痛觉和温度觉信息,在延髓下段切断三叉神经脊束时,可以解除口面部的三叉神经痛,保留触觉、压觉等其他感觉。

延髓后角Ⅱ层结构特殊,称为胶状质(substantia gelatinosa),主要由小型局部(中间)神经元构成。三叉神经初级传入纤维中的无髓纤维和薄髓纤维主要终止于胶状质,经胶状质的中间神经元中继后,再将面口部的痛信息传递到边缘层和大细胞部,后者发出二级纤维向对侧丘脑腹后内侧核投射。中缝大核、中缝背核等中缝核群含5-羟色胺能神经元,其下行投射纤维也主要终止于边缘层和胶状质,对面口部痛信息的传递有抑制功能。所以,延髓后角胶状质在面口部痛信息的传递和调控方面均发挥着重要的作用。

与三叉神经有关的反射主要有:①角膜反射,角膜处的三叉神经纤维受到机械刺激后,传至感觉核簇,再传至面神经核引起闭眼,传至(脑桥)上泌涎核引起流泪。②喷嚏反射,鼻黏膜受到刺激,经三叉神经纤维传至感觉核簇,再传至与呼吸有关的中枢和疑核,导致打喷嚏。③迷走神经耳支受到刺激,引起的咳嗽、恶心、呕吐等反应,也是通过三叉神经脊束核实现的。

(2)其他神经核

1)薄束核(glacile nucleus)和楔束核(cuneate nucleus):位于薄束结节和楔束结节的深面,是传导深感觉(本体感觉)的中继核团。脊髓后索的薄束和楔束终止于此两核。自第5胸髓以下进入脊髓的本体感觉纤维止于薄束核,第4胸髓以上者止于楔束核。发自薄束核、楔束核的内弓状纤维左右交叉后形成内侧丘系,上行至丘脑。

2)下橄榄核:位于橄榄的深面,在人类很发达但功能还不清楚。此核接受纹状体、网状结构和红核等处传来的纤维,发出橄榄小脑纤维,交叉后经对侧小脑下脚进入小脑。

2. 延髓的白质

(1)下行的传导束

1)锥体和锥体交叉:由大脑皮质运动区锥体细胞发出的锥体束纤维在中脑构成大脑脚,到脑桥底部被埋在桥横纤维束中分成很多小束下行,至延髓又聚集形成锥体。锥体在延髓下部有70%~90%的纤维交叉至对侧（锥体交叉），小部分不交叉，分别形成皮质脊髓侧束和前束，在脊髓内下行，逐次终止于脊髓前角运动神经元。锥体束的另一部分为皮质核束，纤维终止于双侧脑神经运动核，但面神经核下半部和舌下神经核只接受对侧的锥体束纤维支配。

2）内侧纵束：位于舌下神经核深面、紧靠正中线两侧纵行的纤维束。它起自中脑，向下行于脊髓前索，终于脊髓前角运动神经元。

3）顶盖脊髓束：发自中脑顶盖，在内侧纵束的腹侧下降至脊髓，止于脊髓前角运动神经元。

4）在延髓中还有红核脊髓束、前庭脊髓束和网状脊髓束等下行传导束，都止于脊髓前角运动神经元。

（2）上行的传导束

1）（内侧）丘系交叉和内侧丘系：如上所述，由薄束核和楔束核发出的传导深感觉冲动的二级纤维呈弓状弯向前行至中央管的腹侧，在锥体交叉的上方左右交叉，形成（内侧）丘系交叉。交叉后的纤维折向上方，在中线两侧与下橄榄核之间，形成上行的纤维束，称为内侧丘系。

2）脊髓小脑束：由脊髓侧索浅层上升到延髓外侧部的浅层。向小脑传导非意识性深感觉冲动，其中，脊髓小脑前束上行入脑桥，经上髓帆进入小脑；脊髓小脑后束加入绳状体，也进入小脑。

3）脊髓丘脑束：在脊髓内分为脊髓丘脑前束和脊髓丘脑侧束，通过脊髓前、侧索上行，在延髓位于外侧部，向上终于丘脑。前束传导粗触觉，侧束传导痛觉、温度觉冲动。

4）小脑下脚（或称为绳状体）：是位于延髓背外侧的粗大纤维束，主要由来自脊髓和延髓进入小脑的纤维构成。其中包括橄榄小脑纤维、脊髓小脑后束、来自前庭神经及其终止核的纤维、三叉神经脊束核的纤维，以及由小脑向前庭神经终止核和网状结构投射的纤维。

延髓的神经元管理吞咽、发声、胃肠运动、呼吸及循环等重要功能活动，是生命中枢之所在。延髓的病变（肿瘤的压迫、炎症、出血等）可出现严重的心血管和呼吸功能障碍而危及生命。

延髓外侧靠背面部分的损害在延髓血管性病变中常见，多由小脑后下动脉，特别是椎动脉闭塞造成。因影响三叉神经脊束核和脊髓丘脑束而出现交叉性感觉障碍，即同侧面部和对侧半身痛觉、温度觉障碍；损伤第Ⅸ、Ⅹ脑神经，发生同侧软腭、咽喉部麻痹及声带麻痹，咽反射消失与构音障碍；前庭神经和根以及脊髓小脑束的损害，可出现眩晕、呕吐、眼球震颤和同侧共济失调；中枢性交感神经下行纤维受损可发生霍纳综合征（Horner syndrome），表现为瞳孔缩小、上睑下垂、眼球内陷、面部皮肤干燥、潮红及汗腺分泌障碍。

延髓的慢性进行性变性疾病（如肌萎缩侧索硬化等）常损害第Ⅸ、Ⅹ及Ⅻ脑神经，出现双侧舌咽、迷走及舌下神经麻痹，根据病变的轻重，可有不同程度的发声困难、吞咽障碍、喝水及进食呛咳或不能进食，检查可见舌肌瘫痪、萎缩。由于上述脑神经的核都位于延髓，故临床上常称为延髓性麻痹（球麻痹）。

二、脑桥

（一）脑桥的代表性平面

1. 面丘平面　通过菱形窝面丘所做的横断面，其背面为第四脑室底，腹侧部为脑桥基底部，两侧部为小脑中脚（桥臂）[middle cerebellar peduncle (brachium pontis)]。整个切面以中间的斜方体为界，划分为背侧的被盖部和腹侧的基底部。基底部主要由大量的横行纤维束构成，在这些纤维束中散在有大量称为脑桥核（pontine nucleus）的条索状小神经元构成的核团。脑桥核接受皮质核束纤维的投射，中继后由脑桥核发出的脑桥横行纤维跨越中线行向对侧，组成小脑中脚（桥臂）进入小脑。在基底部正中线两旁，可见皮质脊髓束和皮质核束分散形成很多小束下降，皮质脊髓束向下又集中形成延髓的锥体。

在第四脑室底部的脑桥被盖（tegmentum of pons）内，躯体运动核和感觉核仍以界沟为界排列，界沟内侧有面神经丘深部的展神经核和面神经发出的纤维绕过此核背面形成的面神经（内）膝。界沟的外侧有前庭神经核。在斜方体的背外侧有S形的上橄榄核，此核的背外方有面神经核，面神经核发出纤维先行向背内侧，此后绕过展神经核背侧再折向腹外方出脑。面神经核和面神经根的背外侧有三叉神经脊束核和脊束，后两者的腹内侧有红核脊髓束和脊髓丘脑束通过。斜方体为听觉系的交叉纤维，集中至上橄榄核两侧，形成外侧丘系（lateral lemniscus）上升。在构成斜方体的横行纤维中有纵行的内侧丘系穿过行向中脑，故内侧丘系与斜方体在同一位置。另外，脊髓丘脑侧束和脊髓丘脑前束在此平面处合并形成脊髓丘系，三叉神经的二级纤维也在此形成三叉丘系。由外侧丘系、内侧丘系、脊髓丘系和三叉丘系4个丘系所占的位置合称为丘系带（lemniscal band）。在丘系带的背侧，有中央被盖束及网状结构。正中线两侧的背侧部内，有内侧纵束和顶盖脊髓束（图8-11）。

2. 三叉神经根平面 此切面通过脑桥中部，在此可见到背侧的被盖和第四脑室已渐变小，而基底部则更为膨大。第四脑室侧壁由小脑上、中、下脚构成，脑室的背面为小脑。在被盖的外侧部有三叉神经脑桥核，其内侧部有三叉神经运动核，两者之间有三叉神经根行向腹外侧出脑。在被盖与脑桥基底部之间，有内侧丘系、脊髓丘系和外侧丘系通过。被盖的正中线旁，靠背侧的部分仍为内侧纵束和顶盖脊髓束，其两侧有网状结构和中央被盖束。桥底结构与面丘平面相同（图8-12）。

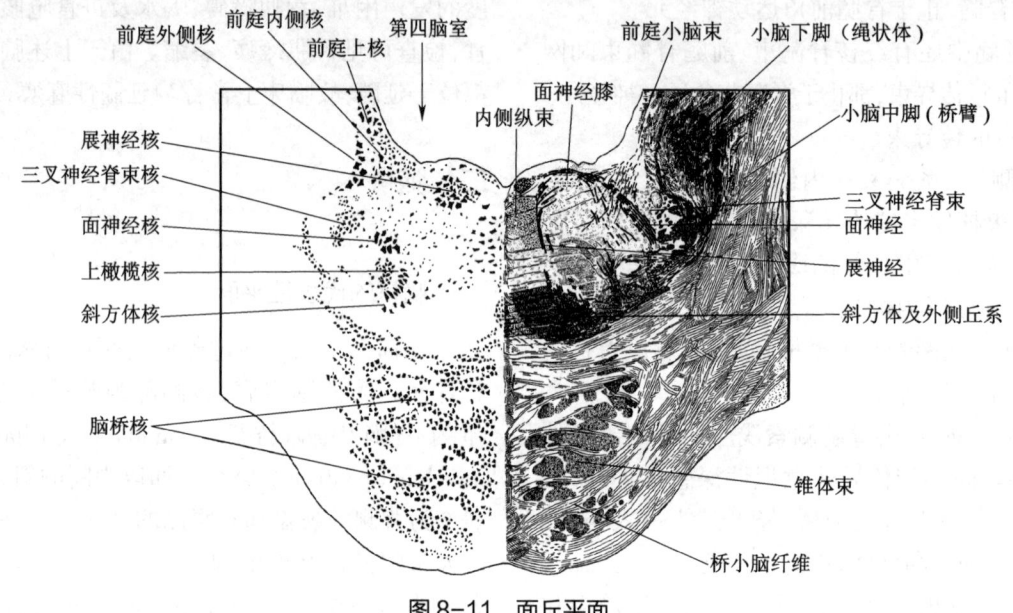

图8-11 面丘平面

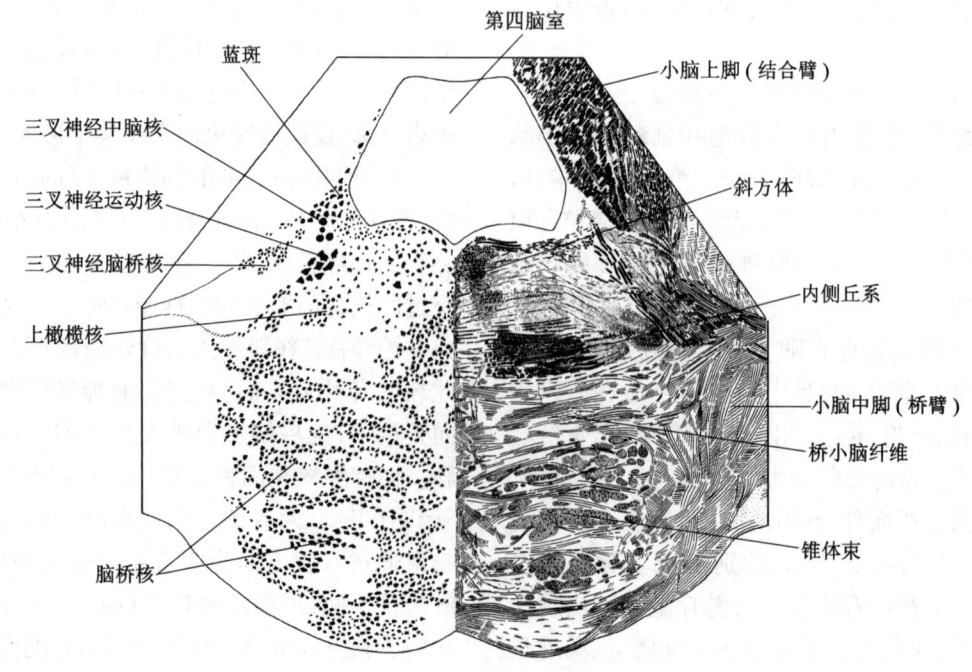

图8-12 三叉神经根平面

(二) 脑桥的内部结构

脑桥的被盖部在种系发生上比较古老，是延髓背侧大部分的直接延续。腹侧的基底部在种系发生上较新，是随大脑与小脑建立联系而出现的，两者以斜方体和内侧丘系的前缘为界。

脑桥被盖部虽不及基底部大，但结构较复杂。除自延髓上行的纤维束外，还含有第Ⅷ、Ⅶ、Ⅵ、Ⅴ脑神经核以及与这些核团有联系的纤维束。

1. 前庭蜗神经核　前庭蜗神经由传递听觉信息的蜗神经与传递位置觉信息的前庭神经组成，它们合为一个神经干在脑桥小脑三角处入脑。

蜗神经由内耳蜗神经节细胞的中枢支组成，入脑后，终止于延髓和脑桥交界处的蜗背侧核和蜗腹侧核。从蜗神经核（cochlear nucleus）发出传导听觉冲动的二级纤维，在脑桥基底部和被盖部之间构成斜方体，它越过中线，到达对侧被盖部的前外侧，在上橄榄核的外方折向上行，形成外侧丘系。外侧丘系沿内侧丘系的外缘上行，止于间脑的内侧膝状体。其中有一部分纤维先止于下丘核，由下丘核发出纤维组成下丘臂，再到达内侧膝状体。

发自蜗背侧核的纤维有一部分上行于同侧的外侧丘系中，经内侧膝状体，到达同侧的大脑颞叶听觉中枢。还有部分纤维终止于网状结构。

传导听觉的二级纤维联系较广，在斜方体和外侧丘系或其附近有几个小核团与听觉传导有关。其中最重要的是上橄榄核（superior olivary nucleus），位于斜方体外端的背侧，自脑桥下部延至脑桥中部。部分斜方体纤维进入此核，由核发出的纤维，有的重入斜方体，在本侧或对侧的外侧丘系上行；有的止于展神经核，通过此途径完成声波引起的转眼反射。上橄榄核与三叉神经运动核、面神经核、内侧纵束和网状结构都有联系，借以完成声音引起的其他各种反射活动。上橄榄核还发出橄榄耳蜗束，反馈投射于内耳，调控毛细胞的活动。

内耳前庭神经节细胞的中枢支组成前庭神经，和蜗神经一起入脑后，止于4个前庭神经核（vestibular nucleus），其中主要的是前庭神经内、外侧核。内侧核呈三角形，在界沟的外侧。外侧核在其外侧。由前庭神经核发出的纤维有3个去向（图8-13）：①与来自前庭神经的纤维一起组成绳状体内侧部，进入小脑，止于小脑蚓部皮质及顶核；②前庭神经外侧核发出的纤维组成前庭脊髓束，下降于脊髓同侧前索，止于前角运动神经元；③前庭神经内、外侧核都向正中线两侧发出上行或下行的纤维参加内侧纵束，其中向上行的纤维止于支配眼外肌运动的第Ⅲ、Ⅳ、Ⅵ脑神经核，向下行的纤维止于副神经脊髓核和脊髓颈段前角运动神经元。前者的纤维参与眼外肌运动的前庭反射，如刺激内耳前庭器引起眼球震颤，是临床上测定前庭功能的重要标志。止于副神经脊髓核和脊髓颈段前角运动神经元的纤维参与完成头部的前庭反射，即反射性头眼联合运动。

2. 面神经核（nucleus of facial nerve）　位于脑桥被盖下部、展神经核的腹外侧。由此核发出的纤维先行向背内方，出现在展神经核的内侧，然后绕过展神经核的背面折向腹外方，形成面神经膝，再沿面神经核的外侧、三叉神经脊束核的内侧，自脑桥下缘出脑，形成面神经。它支配全部表情肌、二腹肌后腹和茎突舌骨肌。

3. 上泌涎核（superior salivatory nucleus，脑桥泌涎核或上涎核）　属于副交感核，散在于网状结构的外侧部。由此核发出的纤维随面神经出脑，支配舌下腺、下颌下腺和泪腺等的分泌。

面神经为混合性神经，包括4种成分，除发自面神经核的特殊内脏运动纤维和上泌涎核的副交感性质的一般内脏运动纤维外，还包括发自面神经管中的膝神经节细胞的特殊内脏感觉（味觉）纤维和一般躯体感觉纤维。发自膝神经节细胞周围突的味觉

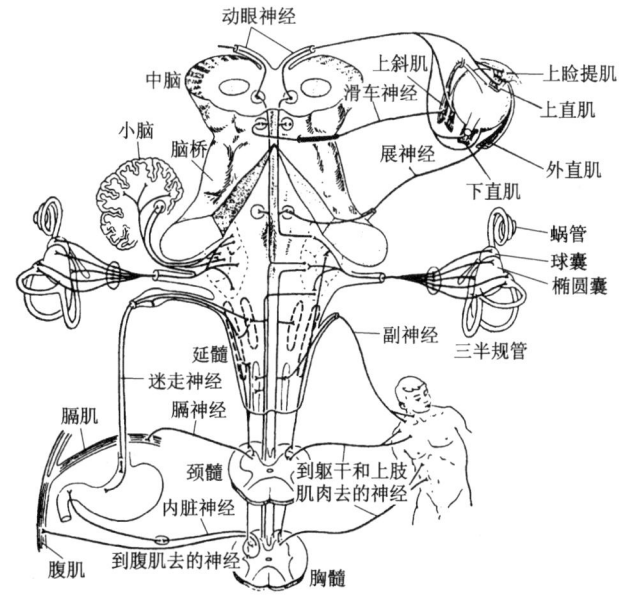

图8-13　前庭神经核及其脑内的联系

纤维分布于舌前2/3味蕾,中枢突加入孤束,止于孤束核的上端;膝神经节细胞周围突的躯体感觉纤维传导耳部小片皮肤的浅感觉和面部表情肌的本体感觉,至脑干的三叉神经感觉核。

4. 展神经核(nucleus of abducent nerve) 位于菱形窝面神经丘的深面,是展神经的起始核。展神经支配眼球的外直肌。

5. 三叉神经核 包括下列4个核团。

(1) 三叉神经脑桥核(pontine nucleus of trigeminal nerve) 位于脑桥被盖部的外侧,下接三叉神经脊束核,是传导面口部触压觉信息的中继核(图8-12)。

(2) 三叉神经脊束核 参看延髓部分。

(3) 三叉神经中脑核(mesencephalic nucleus of trigeminal nerve) 是一个细长的细胞柱,下端在三叉神经根水平,位于脑桥被盖背外侧的第四脑室底两侧;上端延伸至上丘平面的中脑导水管周围灰质两侧。此核中的细胞特征是有许多大的假单极细胞和双极细胞,其中假单极神经元的周围突随三叉神经分布至咀嚼肌、下颌关节、牙周膜及硬腭等处的本体觉感受器和压觉感受器;中枢突形成三叉神经中脑束,向下走行于三叉神经脊束的背内侧,主要终止于三叉神经脊束核吻侧亚核的背内侧部和邻近的网状结构区,并分出侧支终止于三叉神经运动核、疑核、三叉神经脊束核及中脑上丘等处,其中运动核的联系与下颌反射活动密切相关。

三叉神经中脑核细胞属于三叉神经领域本体感觉中枢通路的初级传入神经元。长期以来,三叉神经领域本体感觉中枢通路一直是一个形态学上的悬案。20世纪八九十年代,第四军医大学人体解剖学教研室李继硕、王百忍、罗丕福等综合运用HRP标记技术,对三叉神经本体感觉中枢通路进行了逐级追踪,发现由三叉神经中脑核至大脑皮质有由四级神经元和三级神经元组成的两条通路,填补了神经学中的这一空白。

(4) 三叉神经运动核(motor nucleus of trigeminal nerve) 位于脑桥中部网状结构背外侧、三叉神经脑桥核的内侧,发出的轴突组成三叉神经运动根(小根),出脑后加入三叉神经第三支(下颌神经),支配咀嚼肌。

6. 蓝斑核(nucleus ceruleus) 位于脑桥上半部、第四脑室底菱形窝界沟上端的深面,外侧紧邻三叉神经中脑核。蓝斑核的下部位置较浅,接近菱形窝底的表面,可透视出青灰色斑,故名蓝斑(locus ceruleus)。此核含两种神经元:一种为中型神经元,成年人则多含黑色素;另一种为小型淡染神经元,散在于较大的神经元之间。此核发出纤维在中枢内与丘脑下部、边缘系统、小脑皮质、脊髓和延髓等广泛联系。蓝斑核是脑内去甲肾上腺素能神经元最多的部位。这种神经元在引起异相睡眠(或称为快波睡眠、深睡眠)中起重要作用,如破坏双侧蓝斑核的后2/3区域,可以完全抑制异相睡眠的发生。蓝斑核还向脊髓和延髓后角浅层投射,与伤害性信息的调控有关。

7. 蓝斑下核(subceruleus nucleus) 位于蓝斑核腹外侧,是一群弥散的神经元。全貌在断面上呈L形。

三、中脑

(一) 中脑的代表性平面

1. 下丘平面 此平面背侧为下丘(inferior colliculus),腹侧为大脑脚(cerebral peduncle)的脚底(crus cerebri)。围绕中脑水管有较厚的中脑导水管周围灰质(periaqueductal gray matter,PAG)称为中脑中央灰质。在中脑导水管周围灰质的外侧边缘处,可见少量三叉神经中脑核细胞;腹侧部中线两旁有滑车神经核,其腹侧有内侧纵束通过;内侧纵束两侧有中央被盖束。被盖(tegmentum)的中央有小脑上脚(结合臂)交叉(decussation of superior cerebellar peduncle),大量的小脑传出纤维在此交叉继续上升。在此平面上,内侧丘系、脊髓丘系和三叉丘系移至黑质背侧的被盖两侧,呈腹背方向排列,外侧丘系在最背侧并止于下丘。被盖与大脑脚底之间为黑质。大脑脚底,自外向内由顶枕颞桥束、皮质脊髓束、皮质核束和额桥束构成(图8-14)。

2. 上丘平面 背侧为上丘(superior colliculus),上丘为分层的灰质结构。中央灰质的腹侧有动眼神经核和比较分散的动眼神经副核(Edinger-Westphal核,E-W核)。两核发出的纤维构成动眼神经,由大脑脚的脚间窝出脑。因而大脑脚损伤常累及动眼神经,出现同侧眼球运动和对侧肢体运动障碍的交叉性麻痹。在被盖部有一对较大的圆形核团,称为红核(red nucleus)。两侧红核之间有纤维交叉,背侧是发自上、下丘的顶盖脊髓束交叉纤维,腹侧是发自红

第三节 脑干各部的结构

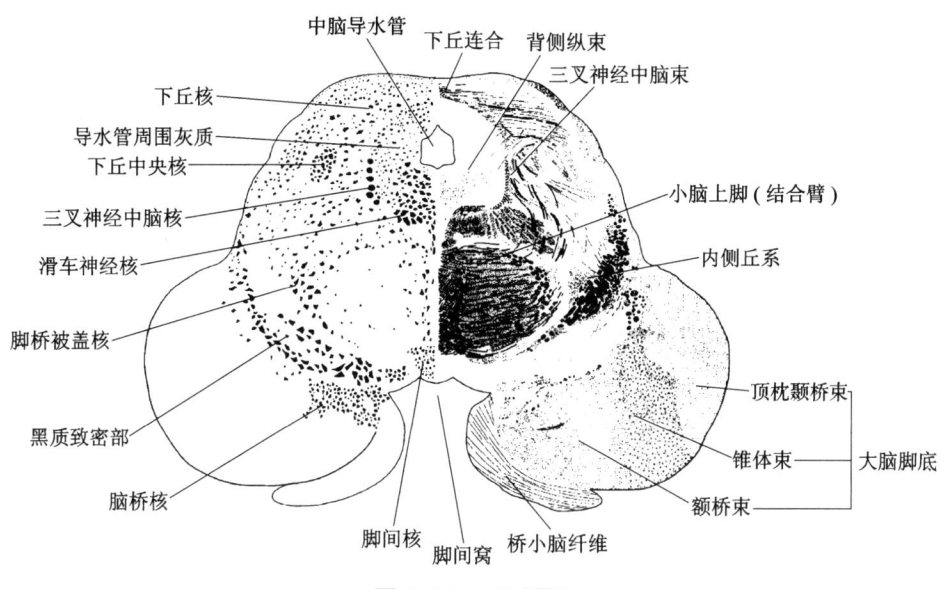

图 8-14 下丘平面

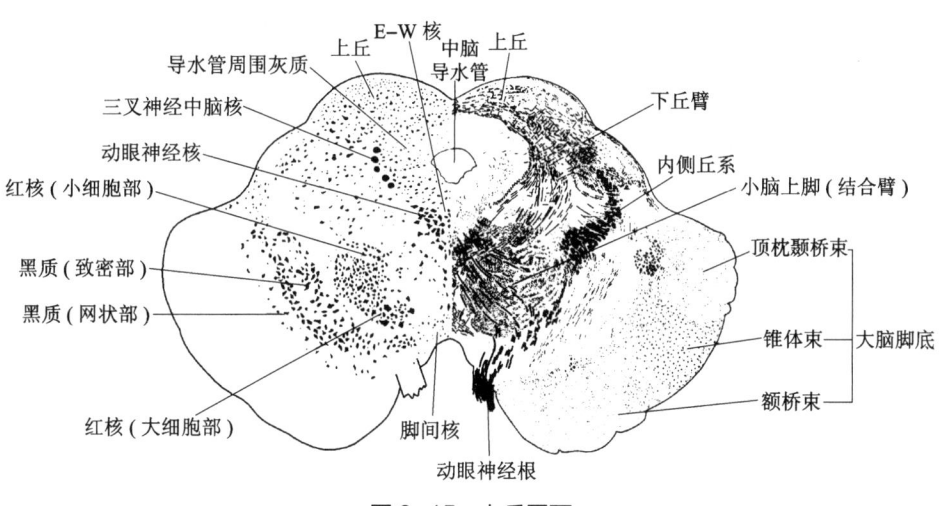

图 8-15 上丘平面

核的红核脊髓束交叉纤维。脊髓丘系和三叉丘系在此水平已移向背侧。红核腹外侧为黑质（substantia nigra），它是大脑脚被盖和大脑脚底的分界。大脑脚底的组成与下丘平面相同（图 8-15）。

（二）中脑的内部结构

在种系发生上，中脑的演变与视、听器官的发展有关。低等动物的顶盖只有一对隆起，称为视叶，它相当于上丘，是哺乳类以下动物视觉的高级中枢。到哺乳类，顶盖又发生与听觉有关的下丘。随着脑的头端化发展，视、听觉的高级中枢移至大脑皮质，上丘、下丘降至从属地位，成为视、听觉的皮质下反射中枢。

1. 中脑的分部　中脑在水平断面上分为顶盖（tectum）、被盖（tegmentum）和大脑脚底（crus cerebri）三部分。

（1）顶盖　上丘是视觉反射中枢，细胞分层排列，除接受视束纤维外，还接受来自枕叶皮质等处的纤维。上丘与间脑的交界处称为顶盖前区（pretectal area），此区的细胞参与瞳孔对光反射。下丘的细胞形成下丘核，接受外侧丘系的纤维。上、下丘发出的纤维组成顶盖脊髓束，沿中央灰质外缘走向腹侧，在中线交叉后下行，止于脊髓前角运动神经元，从而完成视觉和听觉的躯体反射。

（2）被盖　为脑桥被盖部的延续，在种系发生上比较古老，内有神经核及纤维束。

(3) 大脑脚底 主要由大脑皮质向脑干、小脑和脊髓的下行投射纤维构成。

2. 中脑的灰质

(1) 滑车神经核 (nucleus of trochlear nerve) 在下丘高度，位于中脑导水管周围灰质的腹内侧，紧接动眼神经核的尾侧，属躯体运动核，支配上斜肌。由该核发出的滑车神经在脑内的走向与其他脑神经相反，不行向腹侧而是绕过中脑导水管周围灰质行向背侧，到下丘下方水平，两侧滑车神经根完全交叉后出脑，再绕过大脑脚行向腹侧（图8-2、图8-3）。

(2) 动眼神经核 (nucleus of oculomotor nerve) 在上丘高度，位于中央灰质的腹内侧。此核分为主核、副核及正中核三部分，主核成对，属于躯体运动性，支配上睑提肌、上直肌、内直肌、下斜肌和下直肌等大部分眼外肌。动眼神经副核 (accessory nucleus of oculomotor nerve，又称为 Edinger-Westphal 核，简称 E-W 核) 成对且对称，细胞较分散，位于主核的背侧，调控瞳孔的收缩和晶状体的厚度。单个的正中核 (Perlia 核) 发出纤维至两眼内直肌，主管眼球的会聚运动。

由上述诸核发出的动眼神经根纤维走向腹侧，贯穿中脑被盖部的内侧，自脚间窝外侧缘出脑。其中副交感纤维走在最内侧。

(3) 顶盖前区 (pretectal area) 位于中脑和间脑交界部，介于后连合 (posterior commissure) 和上丘上端之间，导水管周围灰质的背外侧部。区内有视束核、豆状下核、顶盖前区核、顶盖前区橄榄核和顶盖前区主核等若干小核团，接受经视束和上丘臂来的视网膜节细胞的轴突，传出纤维经中脑导水管腹侧交叉，或经后连合交叉，止于双侧动眼神经副核，从而使两眼同时完成直接和间接瞳孔对光反射。

[附] 瞳孔的反射

瞳孔对光反射：光照一侧视网膜时本侧瞳孔缩小，此现象被称为直接对光反射；对侧瞳孔缩小的现象，称为间接对光反射。反射通路由视网膜感光开始，至顶盖前区换神经元，纤维有一部分经后连合跨边，部分不跨边，至双侧 E-W 核传出，经睫状神经节支配瞳孔括约肌，引起瞳孔缩小。

辐辏反射：由远及近凝视物体时两眼产生的反射活动，包括眼球微向内转，晶状体变凸，瞳孔缩小。此反射通路经过大脑皮质，再至顶盖前区及上丘，由动眼神经传出。

瞳孔散大不仅由暗光线引起，还可由疼痛刺激、情绪紧张引起，后者涉及丘脑下部、网状结构及脊髓侧角等交感神经通路，最后经颈上神经节神经元使瞳孔开大肌收缩。当丘脑下部以下的脑干被盖背外侧部损伤时可累及此通路，引起霍纳综合征。

(4) 红核 (red nucleus) 在横切面上呈圆形，稍带红色，位于中脑被盖部的中央，自上丘高度一直延续至间脑尾端（图8-15）。红核主体由小型细胞组成（小细胞部，parvocellular part），尾端腹内侧由大型细胞组成（大细胞部，magnocellular part）。前者发出中央被盖束，是同侧性的，终止于下橄榄核；后者发出红核脊髓束，在被盖腹侧交叉后下行，一部分纤维终止于桥延网状结构（红核网状束）；另一部分至脊髓（红核脊髓束），终止于前角运动神经元。

(5) 黑质 (substantia nigra) 属于锥体外系核团，仅见于哺乳动物，在人类体内尤为发达。位于被盖和脚底的分界处。从中脑下端一直延伸到间脑尾段。黑质分为两部，背侧为致密部 (compact part)，神经元密集，其中的大部分神经元含有黑素颗粒；腹侧为网状部 (reticular part)，与大脑脚的纤维混杂，神经元较少，只有部分神经元含有少量色素。黑质致密部的神经元合成多巴胺 (DA)，经过黑质-纹状体系统将 DA 输送到纹状体。若纹状体内的 DA 含量减少到一定程度（50%以上）时，即出现帕金森病 (Parkinson disease，震颤麻痹) 的症状。

(6) 腹侧被盖区 (ventral tegmental area, VTA) 位于中脑黑质和红核之间，也富含多巴胺能神经元。

中脑边缘多巴胺系统 (mesocorticolimbic dopaminergic system)：腹侧被盖区主要投射到下丘脑、海马结构和杏仁核等边缘系统的结构，构成中脑边缘多巴胺系统，参与学习、记忆、情绪和动机性行为的调节，一些精神抑制药即为多巴胺受体阻断剂。该系统亦投射至新纹状体，参与基底核对骨骼肌运动的调节。

(7) 中脑导水管周围灰质 (periaqueductal gray matter) 又称为中脑中央灰质，是在顶盖和被盖之间环绕中脑导水管的灰质层。此层内有髓纤维含量很少，在 Weigert 染色切片上着色极浅。

除一些脑神经核（如动眼、滑车神经核）、部分中脑网状结构核团（如被盖背核）和其他一些核团（如Darkschewitsch核、Cajal中介核）位于此区外，中脑导水管周围灰质本身可分为内侧区、腹外侧区、背外侧区和背侧区四个区。内侧区围绕于中脑导水管周围，神经元较小，呈梭形或三角形，排列较稀疏；背侧区位于中脑导水管的背方，神经元中等大小，呈梭形、三角形或菱形；腹外侧区位于内侧区的腹外侧部，含有各种类型的神经元，以大型神经元多见；背外侧区位于腹外侧区的背侧，以中小型神经元多见。

中脑导水管周围灰质内侧区的纤维呈辐射状投射至被盖腹侧部，主要向头端投射到 Forel 区和被盖腹侧区（位于黑质内侧和脚间核背侧的区域）；背侧区发出纤维到同侧顶盖前区和外侧缰核；背外侧区则投射到下丘脑后区和某些丘脑核；腹外侧区主要投射到延髓中缝核簇及其附近的网状结构、脊髓和延髓的后角浅层等处，在对下行抑制系统的调控、发挥镇痛作用及直接抑制外周伤害性信息传递等方面具有重要的作用。传入纤维来自扣带回、前额叶皮质、海马、隔区、下丘脑某些核团、缰核、黑质、未定带、脚间核以及脊髓、网状结构等处。

中脑导水管周围灰质涉及多种功能，如发怒、进食反应以及影响膀胱紧张和镇痛机制等。电刺激该结构可减弱或消除动物对伤害性刺激的反应，该效应与电刺激导水管周围灰质兴奋下行抑制系统有关。此外，中脑导水管周围灰质也与吗啡的镇痛机制有密切关系。

（8）Darkschewitsch核、Cajal中介核和后连合核　Darkschewitsch核由小细胞组成，位于导水管周围灰质腹外侧缘的内侧，动眼神经核的背外侧。Cajal中介核由多极神经元组成，位于中脑吻侧，在内侧纵束内或在其外侧。这两个核及后连合核与动眼神经核关系密切。它们可能通过内侧纵束等从上丘、纹状体及前庭神经核接受传入纤维，又可将冲动传递给动眼神经核及其他脑神经运动核。它们都有纤维进入内侧纵束下降到脊髓。后连合核存在于中脑背侧向间脑的移行部、上丘的上方、中脑导水管移行于第三脑室处。后连合是一个复合的纤维束，主要来自上述3个核。破坏后连合核或切断Cajal中介核纤维，均可产生双侧眼球垂直运动障碍。

3. 中脑的白质

（1）结合臂　也称为小脑上脚。发自小脑齿状核，在脑桥上部和下丘高度左右交叉，叫做结合臂交叉。交叉后的纤维一部分止于红核，一部分止于丘脑，是锥体外系的一个环节。

（2）内侧和外侧丘系　在中脑，上行的感觉传导束都集中在被盖的外侧。内侧丘系在下丘高度紧靠红核的外侧和黑质的背侧，在其背外侧是外侧丘系。随后外侧丘系逐渐转向背侧，终止于下丘核和内侧膝状体。

（3）脊髓丘脑束　脊髓丘脑侧束位于内侧丘系的背侧，脊髓丘脑前束在内侧丘系的背内侧。

（4）三叉丘系　行径比较分散。一部分走在内侧丘系背内侧，另一部分和脊髓丘脑侧束并行。

（5）大脑脚底　由皮质脑桥束和锥体束在中脑部集中而组成。大脑脚底中 3/5 部分为锥体束，它的内侧是额桥束，外侧是顶枕颞桥束（图8-14）。锥体束发自大脑皮质，特别是中央前回，经过内囊到达脑干后分为两部分：一部分纤维终止于脑神经各运动核，称为皮质核束；另一部分继续下行到达脊髓，称为皮质脊髓束。终止于脑桥核者为皮质脑桥束，包括额桥束和顶枕颞桥束，属锥体外系。

（李云庆）

新形态教材网　数字课程学习

▶ 教学PPT　　📄 参考文献

第九章 脑干网状结构和中缝核簇

如前章所述,脑干既是大脑皮质与皮质下中枢和脊髓之间的交通"要道",又是Ⅲ~Ⅻ对脑神经的起始或终止部位,与脊髓同为低级中枢。这种在进化上形成的一身二任的特点,使它的腹侧部完全被大脑皮质新发生的下行通路——锥体束所占据,而其背侧与脑室之间的被盖区则既有与Ⅲ~Ⅻ对脑神经有关的脑神经核团排列,又有一些联络性核团(如红核、黑质、桥核、橄榄核等)散在于其中。此外还有除锥体束之外的联系于大脑皮质与皮质下中枢、脊髓之间的各种上、下行纤维束通过。因此,脑干既是节段性的低级中枢,又是端脑、间脑、小脑和脊髓联系的桥梁,功能十分复杂。

在中脑水管周围灰质、第四脑室室底灰质和延髓中央灰质的腹外侧,脑干被盖的广大区域内,除了明显的脑神经核、中继核和长的纤维束外,尚有神经纤维纵横交织成网状,其间散在有大小不等的神经细胞核团的结构,称为脑干网状结构(reticular formation)。网状结构在进化上比较古老。在原始脊椎动物的脑干中,虽有大量的神经组织,但未组成明确的神经核和纤维束,而是弥散地排列成网状。在动物的进化过程中,随着前脑及大脑新皮质的发展,产生了脊髓与大脑皮质间相互联系的纤维束,同时脑干也出现一些大的核团(如下橄榄核、黑质和红核);在高等脊椎动物中,原始的网状结构并未消失,反而高度发达,不但在脑内所占区域扩大,而且细胞数量增多,核团分化和纤维联系也更为复杂,网状结构仍然保持着多神经元或多突触的形态特征,细胞构筑与突触联系也高度发展而成为脑干的重要组成部分,担负着一些特异性结构所不能完成的功能。19世纪60年代即有人注意到这种结构的存在,Cajal以后,在20世纪中叶不少神经解剖学家、生理学家对其细胞构筑、核团划分及一些主要的纤维联系进行了广泛深入的研究,使人们对网状结构的认识从笼统走向具体。

从进化上分析,网状结构除具有维持动物生命的最基本功能(如心血管活动、呼吸、睡眠与觉醒)外,还参与肌张力、注意力及呕吐等调节。中枢神经系统上、下行冲动信号在网状结构内的整合,以及躯体和内脏各种感觉、运动功能的调节,还与脑的一些高级功能(如学习、记忆等)有关。

除网状结构外,在脑干的中线上,两侧网状结构的内侧部之间,还存在上下排列的8个不成对的核团,这些核团位于中缝,所以它们总称为中缝核簇(raphe nuclei)。中缝核簇也属于脑干非特异性结构,化学神经解剖学研究兴起之后,对其功能本质的认识逐渐深入,近年来有人认为中缝核簇也属于脑干网状结构,故将之合并于本章阐述。

第一节 脑干网状结构

一、脑干网状结构的特点

(一) 解剖学特点

1. 脑干网状结构的联系 向吻侧与(背侧)丘脑的板内核群、下丘脑外侧区及底丘脑的未定带相连,向尾侧过渡于脊髓灰质的Ⅴ~Ⅷ层。

2. 脑干网状结构分区 可分为内侧区和外侧区,外侧区称为感受区或联络区,在延髓和脑桥约占网状结构的外侧1/3,此区以接受各种传入冲动为主,小型神经元居多,其轴突多行向内侧区。内侧区称为效应区或整合区,占据延髓、脑桥网状结构的内侧2/3及中脑被盖的大部。此区以大、中型神经元为主,轴突很长,有的上行投射至间脑或前脑,有的下行投射达脊髓。约有半数神经元的轴突分升、降支,兼向颅、尾侧投射(图9-1)。

图9-1　网状结构中一个神经元(R)的上、下行联系
(大鼠脑正中矢状切面,Golgi法)

a:前脑底部　b:丘脑网状核　c、d、e:丘脑内侧核群及板内核群　f:中央正中核及束旁核复合体　g:未定带　h:中脑背盖　i:动眼、滑车核柱　j:下丘　k:舌下神经核　l:薄束核　m:延髓网状结构　n:脊髓

3. 节段性　脑干网状结构的神经元构筑仍具有节段性。神经元的树突分布区多与脑干长轴垂直,在横切面上伸向各个方向。而神经元的轴突则多沿脑干长轴上、下分布,轴突有许多侧支,与脑干各个节段神经元联系。

4. 神经元投射特点　以菱脑峡平面为分界,其上方的内侧区网状结构神经元以向间脑和前脑投射为主,下行投射次之;其下方的内侧区网状结构神经元则以向脊髓的下行投射为主,上行投射次之。

5. 脑干网状结构神经元具有多突触联系的形态特点　除外侧区偶见极少数Golgi Ⅱ型神经元外,大部分神经元属等树突型神经元,树突长而呈辐射状发出,主要分布在内侧区。另一种是异树突型神经元,树突短而弯,盘曲在核团范围内,使核团边界较明确,此型神经元分布于外侧区。

(二)生理学特点

1. 脑干网状结构是神经冲动汇聚(convergence)和分散(divergence)的核心场所　脑和脊髓各个部位的信息都向脑干网状结构汇聚,因此它对神经系统的各种功能均起整合作用。脑干网状结构又可将信息反馈给脑和脊髓的各部,影响整个中枢神经的功能状态。

2. 脑干网状结构以传递非特异性传入信息为主　一方面,各种感觉传导通路的侧支或部分纤维进入脑干网状结构,虽然与特异性视、听、嗅及躯体感觉无直接联系,但对维持大脑皮质的清醒状态十分重要。另一方面,脑干网状结构也传递诸如慢性内脏痛等特异性信息。

3. 脑干网状结构有上、下行功能系统　如上行网状激活/抑制系统、下行皮质网状纤维和网状脊髓束等。

4. 脑干网状结构内含有多种特异性化学物质的神经元　通过各种化学物质的作用,这些不同化学性质的神经元互相制约,又互相激活,构成广泛而复杂的纤维联系。

(三)化学传递介质分布特点

网状结构中许多神经元富含单胺类物质。瑞典学派将去甲肾上腺素能神经元和多巴胺能神经元命名为A类。从延髓至端脑(嗅球),A类神经元集中形成16群,其中A1~A7群为去甲肾上腺素能神经元,A8~A16群为多巴胺能神经元。A1~A3群位于延髓,包括迷走神经背核和孤束核的一些神经元;A4~A7群位于脑桥,其中蓝斑属A6群,研究较多;A8~A16群位于中脑及中脑以上,其中A8~A10群位于黑质及邻近脑区,都含多巴胺。A16群位于嗅球,A3群仅见于大鼠。肾上腺素能神经元被命名为C群,包括C1、C2、C3群,位于延髓的孤束核及其周围、外侧网状核及其附近。

A1、A2、A4~A7去甲肾上腺素能神经元群和C1、C2肾上腺素能神经元群分布在脑桥和延髓外侧核群内;蓝斑所含的A6去甲肾上腺素能神经元群,通过上、下行纤维投射,几乎终止于全脑和脊髓灰质各部,从而影响脑整体活动,如控制注意力水平,调节觉醒-睡眠周期。外侧核群的A2去甲肾上腺素能和C2肾上腺素能神经元群,投射至其附近的迷走神经背核、疑核和孤束核,参与胃肠和呼吸反射,如呕吐、呃逆和咳嗽;A1、A2、A4、A5去甲肾上腺素能和C1肾上腺素能神经元群参与介导所在网状结构的心血管、呼吸、血管压力和化学感受器反射,并对痛觉传递进行调节;A5去甲肾上腺素能和C1肾上腺素能神经元群本身就是血管运动调节中枢,投射至脊髓的中间外侧核。

二、脑干网状结构的神经核

脑干网状结构的神经核参见图9-2。

（一）内侧区的神经核

1. 延髓中央核（central nucleus of medulla oblongata） 位于延髓中央部，由脊髓延髓交界平面延至下橄榄核中下1/3交界平面，依神经元密度和神经元类型可分为腹侧网状核（ventral reticular nucleus）和背侧网状核（dorsal reticular nucleus）。腹侧网状核神经元较少，以较深染的中型细胞为主。背侧网状核细胞多而密集，以小梭形细胞为主。

2. 巨细胞网状核（gigantocellular reticular nucleus） 位于腹侧网状核上方，延髓上1/3和脑桥下半部平面。此核以巨型深染的多极神经元为主，可分为3种神经元：①巨大丰满的多极神经元，Nissl体常呈同心圆状环绕胞核排列；②大而细长的多极神经元；③胞质淡染的小型神经元，呈梭形或三角形。

3. 脑桥尾侧网状核（caudal pontine reticular nucleus） 占据脑桥下半部被盖的大部分，始于面神经核尾端平面。在三叉神经运动核中间部平面，与巨细胞网状核吻端有部分重叠，后者位于此核的腹侧。此核以中小型神经元为主，呈梭形或三角形，其间散在少量巨型和大型多极神经元。

4. 脑桥吻侧网状核（rostral pontine reticular nucleus） 存在于脑桥上半部被盖的大部分区域，始自三叉神经运动核中间平面，上达下丘下端平面。其神经元与脑桥尾侧网状核类似，但数量更多、染色更深；在中、小型神经元之间，也混有少量大型丰满深染的神经元。

5. 楔形核（cuneiform nucleus） 位于中脑被盖的背外侧部，在导水管周围灰质的腹外侧与脑桥吻侧网状核接续。核柱跨下丘尾端至上丘吻端。此核由三角形、梭形或卵圆形的中小型神经元组成。

6. 楔形下核（subcuneiform nucleus） 在楔形核的腹侧。神经元与楔形核类似但较稀少，有少量较大的神经元。

（二）外侧区的神经核

1. 背侧网状核（dorsal reticular nucleus） 属于延髓中央核的背侧部，如前所述神经元多而密集，以小梭形神经元为主。

2. 小细胞网状核（parvocellular reticular nucleus） 位于延髓和脑桥被盖的背外侧部，从下橄榄核上中1/3交界平面上达三叉神经运动核尾端平面。此核由小、中型神经元组成，呈三角形或梭形，分布稀疏，方向不规则。

3. 臂旁内侧核（medial parabrachial nucleus） 沿结合臂内侧面分布，位于脑桥被盖上部的背外侧区。从前庭上核上端平面，向上至滑车神经交叉平面。此核神经元密集，由小卵圆形或小梭形神经元组成，中等度染色；偶见含黑色素的较大神经元。

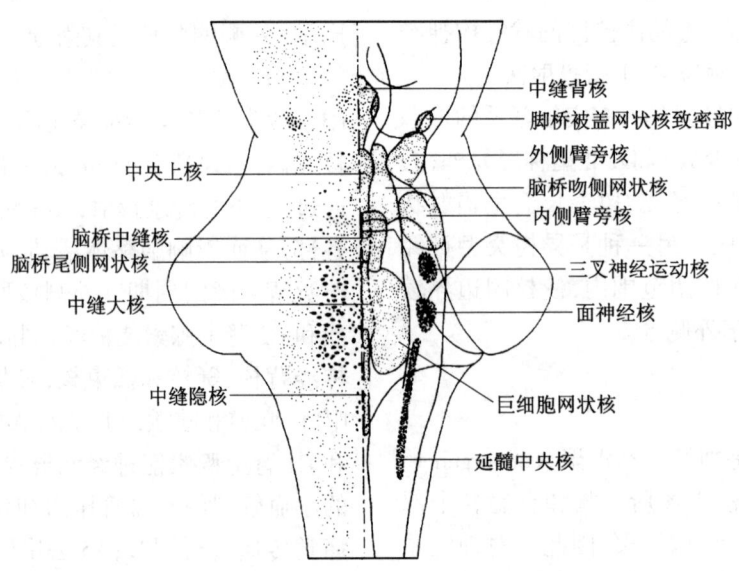

图9-2 脑干网状结构及中缝核簇主要核团的投影位置

4. 臂旁外侧核（lateral parabrachial nucleus） 位于结合臂外侧面和腹外侧面，为狭长的神经元带。从三叉神经运动核上方起始上达中脑尾端平面。其神经元与臂旁内侧核类似，但神经元更小，染色更深。

臂旁内侧核接受孤束核颅侧部（味觉部）的传入纤维，臂旁外侧核则接受孤束核中、尾侧（一般内脏感觉部）的大部分传入纤维。此两核的传出纤维将味觉和一般内脏感觉信息传至前脑。

5. 脚桥被盖网状核（pedunculopontine reticular tegmental nucleus） 位于中脑被盖下半的腹外侧部，楔形核和楔形下核的腹侧，结合臂的外侧，内侧丘系的内侧和背侧，其下方为臂旁核。在 Nissl 染色切片上，此核边界不清。核柱从脑桥与中脑交界平面向上延至红核尾端平面。此核由大、中型神经元组成，神经元深染，呈卵圆形或长梭形。根据神经元密度，此核又可分为致密亚核和弥散亚核，致密亚核又称为 Kölliker-Fuse 核，位于核柱下半的背外侧部。

脚桥被盖网状核接受内侧丘系、脊髓丘脑束、中央被盖束、背侧被盖束及内侧纵束的传入纤维。其传出纤维分背、腹两束上行，背侧束至丘脑许多核团，腹侧束至未定带和下丘脑外侧区。此核属脑桥－膝状体－枕叶（PGO）爆发放电神经元，此处产生的电活动预示快眼动睡眠（深睡）的开始。此核还参与上行激动系统。

6. Barrington 核 位于脑桥吻侧部背外侧网状结构内，在被盖背外侧核的腹外侧，向尾侧延伸至蓝斑的内侧。此核为排尿反射的高位中枢，含中等大小神经元，刺激此核区，可使膀胱逼尿肌收缩；破坏此区，可能导致膀胱持久不能排空。

（三）与小脑联系的网状核

1. 外侧网状核（lateral reticular nucleus） 位于下橄榄核下半部的背外侧。根据神经元形态和密度，此核可分为外侧部和内侧部。外侧部由中型神经元组成，排列密集；内侧部由大型神经元组成，排列稀疏。外侧网状核的主要传入纤维来自脊髓、大脑皮质及红核，其传出纤维经绳状体进入小脑。

2. 旁正中网状核（paramedian reticular nucleus） 位于下橄榄核中部平面的背侧，靠近正中线。神经元排列稀疏，以大型细胞占多数，中等程度染色。旁正中网状核的传入纤维来自脊髓、后索核、前庭神经核、小脑顶核、顶盖、舌下周核以及大脑皮质躯体感觉Ⅰ区及运动前区（6区），其传出纤维至小脑（前叶和蚓后部）和脊髓等。旁正中网状核可能与两眼水平凝视运动的发动有关。

3. 脑桥被盖网状核（tegmentoreticular nucleus of pons） 位于脑桥被盖的腹侧部，内侧丘系的背侧，由中型多极神经元组成。脑桥被盖网状核既参与小脑－网状结构－小脑回路，又是大脑－小脑通路的中继站之一。

上述与小脑联系的三核，都参加大脑－小脑通路，对于进入小脑前的信息整合有一定意义。

三、脑干网状结构的纤维联系

（一）脑干网状结构内侧区的纤维联系

1. 传入纤维联系 主要接受脑干网状结构外侧区的纤维，也接受来自脊髓、脑干、小脑、间脑及端脑的纤维。

（1）脊髓至脑干网状结构的联系 脊髓灰质中有大量神经元汇聚各种外周传入信息，它们的轴突多数经白质前连合交叉，在对侧白质前外侧索中上行，经过一级或多级突触联系，终止于脑干网状结构的内侧区。多数止于延髓中央核上部和巨细胞网状核下部，其次是脑桥尾侧网状核和脑桥吻侧网状核，而中脑楔形核和楔形下核最少。

（2）脑神经核至脑干网状结构的联系 各脑神经感觉核均发出纤维或侧支投射于网状结构外侧区，再至其内侧区。

（3）脑干内其他神经核与网状结构的联系 在各网状结构内侧核之间、被盖旁正中区（如脑桥被盖网状核、旁正中网状核、Darkschewitsch 核及 Cajal 中介核等）与内侧核群之间、中缝核簇与内侧核群之间、蓝斑核和臂旁核与中脑网状核之间、脑神经运动核群和前庭神经核与内侧核群之间，均有丰富的纤维联系。

（4）小脑顶核与网状结构的联系 主要止于巨细胞网状核和延髓中央核。

（5）前脑与网状结构的联系 大脑皮质运动区、边缘系统、丘脑下部、苍白球等都与网状结构有联系。

2. 传出纤维联系 网状结构内侧区向上投射至前脑，向下可至脊髓全长。

（1）网状前脑纤维 ①被盖背侧束－内侧丘脑

径路：经过导水管周围灰质腹外侧区、后连合核、丘脑后核群、束旁核、中央中核及其他板内核，到达丘脑腹前核。②被盖腹侧束-内侧前脑束径路：始于所谓的被盖辐射，经底丘脑、丘脑下部外侧区、视前外侧区，然后分三路分别进入基底前脑结构、纹状体及杏仁核群。③脑干网状结构向间脑、前脑的投射：在丘脑内，终止于束旁核、板内核群、中线核群及前核群。除底丘脑和丘脑下部外侧区外，在基底前脑结构中，在视前内侧核和视前外侧核、隔内侧核、无名质、斜角带核内终止纤维较多。在端脑基底核群中，纤维依次终止在脚内核、苍白球与尾状核-壳的腹侧部、苍白球与尾状核-壳的背侧部和杏仁中央核、杏仁前区及杏仁基底外侧核。

（2）网状脊髓纤维　①网状脊髓内侧束，起自全部内侧网状核，行于两侧下橄榄核与外侧网状核之间，至脊髓前索内与前庭脊髓束和脊髓丘脑束并行而下降。②网状脊髓外侧束，主要起自巨细胞网状核和中脑楔形核及楔形下核。此束行经外侧网状核与三叉神经脊束核之间，在脊髓侧索内下行，纤维与红核脊髓束的部分纤维混杂。③网状脊髓纤维主要经中间神经元与前角运动神经元和节前神经元形成间接联系。

（二）脑干网状结构外侧区的纤维联系

脑干网状结构外侧区主要接受各种感觉传导通路的侧支或纤维，其轴突向内侧与网状结构内侧区形成突触联系。外侧区也接受对侧大脑皮质运动区和对侧红核的下行纤维。

网状结构外侧区的小神经元直接或间接地接受大脑运动皮质下行投射纤维的支配，并发出较短的上、下行纤维，与支配由鳃弓演化来的头颈部肌运动核及舌下神经核形成突触联系。网状结构外侧区的这些小神经元也称为前运动神经元（premotor neuron）。

四、脑干网状结构的功能

（一）对躯体运动的调控

脑干网状结构与锥体系和锥体外系有关，直接或间接调节躯体运动。

锥体束的下行侧支终止于内侧网状核群，经网状脊髓束与脊髓中间神经元发生突触联系，最终调控前角运动神经元。这种调控作用既有抑制性的，又有易化性的。易化区的范围较大，居抑制区的背外侧，不仅贯穿整个脑干，而且上达间脑（图9-3）。易化区主要作用于伸肌。电刺激易化区的任一水平，均可引起双侧易化效应。该区还接受纹状体、下丘脑、新小脑、红核、前庭神经和前庭核、脊髓上行的感觉通路侧支等许多结构的影响，它们可使易化区的活动减弱或增强。在中脑上丘、下丘间横断脑干的动物，由于前脑下行纤维被切断，抑制区的传入联系中断，而易化作用仍存在，抑制与易化作用失去平衡，故出现"去大脑僵直"。抑制区位于延髓网状结构的腹内侧区，相当于巨细胞网状核（其最上部除外）及部分腹侧网状核（图9-3）。抑制区也主要作用于伸肌。刺激猫或猴的此区，可抑制脊髓牵张反射，降低肌张力。在临床上，锥体束损伤出现痉挛性瘫痪，主要原因可能是：①大脑皮质神经元对下位运动神经元的抑制性作用消失。②前脑和网状结构抑制区的效应减弱。③脑干网状结构易化区的作用相对加强。

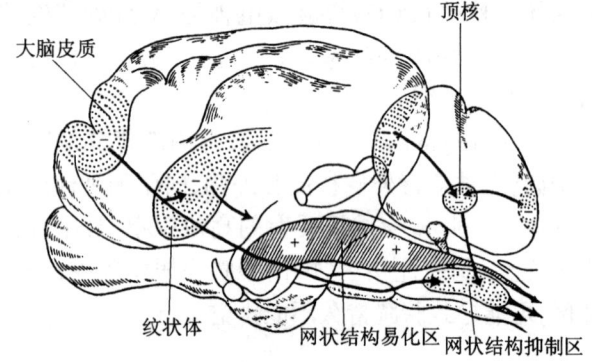

图9-3　网状结构下行调节系统

（二）对躯体感觉的调控

脑干网状结构对躯体感觉的调控主要表现在：①网状脊髓束的5-羟色胺能、去甲肾上腺素能、脑啡肽能、P物质能下行纤维共同调节着上行痛觉信息及其他感觉信息的传递过程。②初级传入纤维在脊髓和脑干的初级传入门户区接受网状结构的影响，可发生在突触前或突触后，既可以是易化性也可以是抑制性的。③与处理感觉信息有关的脑区均接受脑干网状结构的传出纤维，如丘脑核群、边缘系统等。④听、视、嗅等特殊感觉也接受网状结构的影响，如网状结构的传出纤维投射于蜗神经核、前庭神经核、顶盖和顶盖前区、内侧膝状体和外侧膝状体，间接作用于大脑皮质的视区、听区及嗅区。

（三）对内脏运动的调控

1. 对呼吸运动的调控　网状结构内的呼吸神经元分为背侧组和腹侧组。背侧组位于孤束核及附近的网状结构内，各种信息从外周化学感受器、压力感受器及肺的感受器，经迷走神经和舌咽神经传入纤维到达此组。刺激此组神经元引起吸气而不引起呼气，即发起吸气基本节律。正常平静呼吸几乎全由吸气肌收缩引起，而呼气则由已扩张的胸廓和肺弹性回缩被动引起。腹侧组位于延髓腹外侧区，由吸气神经元、呼气神经元和呼-吸跨相神经元组成，腹侧组对主动呼吸更为重要。这三种神经元交错活动。

脑桥网状结构上端外侧区有呼吸调整中枢，此区的兴奋与肺扩张时迷走神经传入冲动可共同使吸气向呼气转化，防止过长过深的吸气。脑桥网状结构的中下部有长吸中枢，它的兴奋对延髓吸气神经元有很强的兴奋效应。阻断脑桥呼吸调整中枢的作用，则可出现长吸式呼吸。延髓腹外侧表面的下方，在舌咽神经和迷走神经进出延髓的腹侧还有呼吸中枢的化学敏感区，此区对血中 CO_2 浓度或 H^+ 浓度的变化十分敏感，能兴奋呼吸中枢有关部分以调节呼吸的频率和深度。

2. 对心血管活动的调控　心血管活动的调节涉及边缘系统、丘脑下部、中脑、脑桥和延髓内与心血管活动有关的神经元，以及这些脑区之间的复杂联系。动物实验表明，在延髓上缘切断脑干后，延髓控制心血管活动的神经元仍能完成一些基本的心血管反射，可对血压、心输出量及各器官血流量分配等进行一定的调节。

脑干网状结构有 3 个区参与心血管活动调节：①血管收缩区，又称 C1 区，此区位于延髓上部和脑桥下部的腹外侧区，相当于外侧巨细胞旁核的上半部。此区细胞合成肾上腺素，发出下行纤维至胸髓侧角的节前神经元。②血管舒张区，又称为 A1 区，此区位于延髓下半的腹外侧区，相当于外侧巨细胞旁核的下半部。此区神经元合成去甲肾上腺素，发出纤维上至 C1 区，抑制后者的缩血管反应，导致血管扩张。③感觉区，主要位于延髓和脑桥下部的背外侧区，相当于孤束核区、旁正中网状核和舌下神经

核周围区。迷走神经和舌咽神经的传入可经感觉区影响 C1 区和 A1 区神经元的活动。

（四）对内分泌活动及生物节律的调控

脑干网状结构对内分泌活动及生物节律的调控主要表现为：①脑干网状结构直接或间接终止于丘脑下部神经内分泌细胞，影响后者释放激素或抑制释放激素的合成、运输及释放，也影响垂体的内分泌活动。故网状结构也间接影响生物节律的调节。②网状脊髓束终止于胸髓节前神经元，从颈上节发出的节后纤维支配松果体，与 24 h 昼夜生物节律调节有关（参看本书第十八章）。

（五）对睡眠、觉醒、意识状态的影响

1. 睡眠-觉醒周期与脑干网状结构　脑干网状结构通过上行网状激活系统和上行网状抑制系统参与睡眠-觉醒周期和意识状态的调节。

（1）上行网状激活系统(ascending reticular activating system, ARAS)　是维持大脑皮质觉醒状态的功能系统，包括向脑干网状结构的感觉传入、脑干网状结构内侧核群向间脑的上行投射，以及间脑至大脑皮质的广泛区域投射。大量研究结果表明，中脑和间脑尾侧网状结构是维持觉醒的关键部位。ARAS 的形态学基础是：①脊髓灰质中间带和脊髓网状纤维。②脑神经或其感觉核传入网状结构的纤维和顶盖网状纤维。③脑干网状结构内侧区、蓝斑核和网状丘脑纤维。④非特异性丘脑核团（板内核群、中线核群及前核群）和丘脑皮质纤维（图 9-4）。

上行网状激活系统虽然也将各种感觉信息多突触地传入大脑皮质，但投射的途径结构和功能与丘

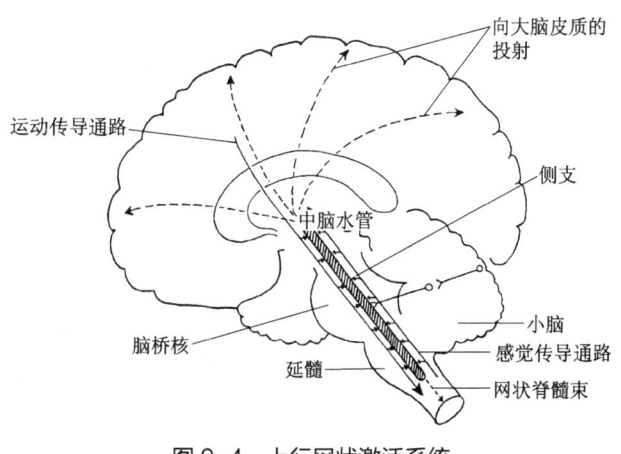

图 9-4　上行网状激活系统

系系统(内侧丘系、脊丘系、三叉丘系和外侧丘系)不同。通过脑干网状结构(主要为小细胞网状核)上传的各种特异性感觉信息经网状结构内侧核群中继到丘脑板内核,进而投射至大脑皮质的广泛区域。在此过程中,各种感觉均并入网状结构这个多突触的通路中,使神经冲动得到汇聚和分散,结果使特异性的感觉信息转化为非特异性的信息,对于维持睡眠-觉醒状态,即入睡、唤醒、警觉和注意,起决定性作用。该系统可使大脑皮质保持适度的意识和清醒,从而对各种传入信息保持良好的感知能力。该系统受损,会导致不同程度的意识障碍,甚至深度昏迷。一些麻醉药物就是通过阻滞该系统的某个环节而发挥作用。

(2) 上行网状抑制系统(ascending reticular inhibiting system,ARIS) 与 ARAS 的动态平衡决定着睡眠-觉醒周期的变化和意识的水平。初步查明,此系统位于延髓孤束核周围和脑桥下部内侧的网状结构。该区的上行纤维对脑干网状结构的上部施予抑制性影响。

脑干网状结构参与睡眠-觉醒周期的调节。刺激已入睡的猫脑干网状结构内侧区,猫迅即觉醒,脑电图由睡眠时的慢波转变为清醒时的快波。但毁损中脑被盖中央区的网状结构而不伤及中脑周边部的特异性上行传导束时,动物可进入持续昏睡状态,脑电波呈持续慢波。在脑桥下部和延髓刺激网状结构内侧区,猫很快入睡,脑电图呈慢波;相反,在脑桥中段切断脑干,则呈不眠状态。上述结果提示,脑干下段神经元发出的上行纤维可对脑干上段神经元施加抑制性影响。

2. 全身唤醒反应与脑干网状结构

(1) 每一种传入刺激经过特异投射通路到达大脑皮质特异性功能区时都产生一种特异性感觉 经过侧支纤维,这些刺激兴奋脑干网状结构,通过网状神经元发出广泛弥散的纤维联系而产生反应。如夜间在树林里行走时突然听到枪声,会立即警觉起来(皮质唤醒反应,脑电去同步化),心情感到恐惧(情感唤醒反应,通过网状结构至边缘系统的投射),心跳加快(植物唤醒反应,通过网状结构与丘脑下部的联系),以及全身肌紧张(脊髓唤醒反应,通过网状脊髓束提高肌张力)。这一系列的全身性应激反应,代表着机体对枪响刺激的适应(adaptation)状态。

(2) ARAS 和 ARIS 与大脑皮质间的相互影响决定着意识的水平 意识不是由大脑皮质单独决定的,大脑皮质广泛切除后人类的意识也不完全消退。目前认为 ARAS 与 ARIS 的动态平衡以及两者对大脑皮质的相互影响,决定意识的各个水平。巴比妥类导致的麻醉状态,可能是药物作用于 ARAS 的多突触部位、降低了突触传递效应所致。脑干网状结构必须与脑的其他部分(如大脑皮质和丘脑)密切合作,方能实现对意识水平的调节。

第二节 中缝核簇

脑干正中线及紧靠其两侧,有一些连续的神经元窄带,根据其形态及分布可分为若干核团,总称为中缝核簇(raphe nuclei complex)。在结构与功能上,它们与脑干网状结构关系密切。从尾侧向吻侧,可依次辨认出 8 个核团,即中缝隐核、中缝苍白核、中缝大核、脑桥中缝核(中央下核)、中央上核(中缝正中核)、中缝背核、中间线形核和吻侧线形核。中缝核簇是 5-羟色胺(5-HT)能神经元的聚集区。

一、中缝核簇的核团

中缝核簇的核团参看图 9-2 和图 9-5。

1. 中缝隐核(nucleus raphes obscurus) 位于延髓中部平面至脑桥下部平面之间,存在于被盖背侧部中缝的两侧。多数为小型神经元,呈圆形或卵圆形;散在少量大中型神经元,染色较深。

2. 中缝苍白核(nucleus raphes pallidus) 位于中缝隐核的腹侧,锥体背侧的正中线上,分布平面同中缝隐核。大中型神经元占多数,小神经元也较多,因胞质淡染而得名。

3. 中缝大核(nucleus raphes magnus) 位于被盖腹侧部的正中线上,下方与中缝隐核及中缝苍白核相续,从下橄榄核上部平面向上方延至脑桥中部平面,在下橄榄核上部平面处较发达。此核神经元形态与巨细胞网状核和脑桥尾侧网状核类似,背侧部神经元较少,以中型多极神经元为主;腹侧部神经元密集且多,以大中型神经元为主,散在巨型神经元。

4. 脑桥中缝核(rapheal nucleus of pons) 又名中央下核。核柱上界略高过三叉神经运动核的吻端平面,下界位于中缝大核吻端的背侧,实际上是中缝大核向吻侧的直接延续。此核由中小型神经元组成。

5. 中央上核（superior central nucleus） 下方与中央下核相续。核柱尾端起自脑桥中上部平面，上达中脑下丘中部平面，在菱脑峡平面此核最明显。其背侧有小脑上脚交叉和中缝背核，腹侧为脚间核。此核由密集的小、中型神经元组成。

6. 中缝背核（nucleus raphes dorsalis） 位于导水管周围灰质的腹侧区。核柱下界为脑桥上部平面，上界为动眼神经核下部平面。在滑车神经核平面上，此核可分为细胞密集的正中部和弥散的两侧部。神经元属中型，呈多极形或梭形。

7. 中间线形核（nucleus linearis intermedius） 位于结合臂交叉纤维的背侧，中缝背核的腹侧，下接中央上核。核柱从结合臂交叉中部平面，延至红核尾端平面。此核含两种神经元，一种是中型多极或梭形神经元，另一种是小型圆形或梭形神经元。

8. 吻侧线形核（nucleus linearis rostralis） 位于动眼神经根的内侧，形成狭窄的神经元带，其下端接中间线形核。核柱从红核中部平面向上延至中脑上端平面。此核由大型多极神经元、中型梭形或三角形神经元及胞质淡染的小神经元组成。

二、中缝核簇的神经活性物质

5-羟色胺（5-HT）能神经元的胞体主要集中在中缝核簇，根据分布和投射可分为尾侧组和吻侧组。瑞典学派将5-HT能神经元从尾侧向吻侧划分为9个细胞群，即B1～B9，在很大程度上与中缝核相对应。尾侧组位于脑桥尾侧和延髓，包括中缝苍白核（B1）、中缝隐核（B2）、中缝大核（B3）和脑桥中缝核（B5），其5-HT能神经元主要投射至脑干和脊髓。吻侧组位于中脑和脑桥吻侧，包括中央上核（B6）、中缝背核（B7）和中间线形核（B8），其5-HT能神经元主要投射至间脑和端脑。另外，脑桥中缝核（B5）和中央上核（B6）的5-HT能神经元发出上行或下行纤维投射至小脑皮质和中央核群。5-HT能神经元系统的一个重要作用就是对低级（如脊髓）和皮质下（丘脑）感觉中枢的调控，特别是抑制作用。

此外，5-HT能神经元也存在于除中缝核簇以外的脑区，包括蓝斑复合体、室周灰质、脑干网状结构、脚间核等，这些脑区的5-HT能神经元约占其总数的22.5%。

中缝核簇内并非所有的神经元都是5-HT能的。例如，中缝背核5-HT能神经元所占比例最高，也仅为40%～50%。事实上，在中缝核中，大多数神经元是非5-HT能的。在中缝苍白核（B1）、中缝隐核（B2）、中缝大核（B3）、中缝背核（B7）中存在大量P物质（SP）阳性神经元。

此外，中缝核簇还含有去甲肾上腺素（NA）、多巴胺（DA）、脑啡肽（ENK）、γ-氨基丁酸（GABA）、谷氨酸（Glu）、甘氨酸（Gly）、氧化亚氮（NO）、神经减压素（NT）和神经肽Y（NPY）等神经活性物质。在中缝核的一些细胞内，5-HT与其他神经活性物质共存。

三、中缝核簇的纤维联系

中缝核簇的纤维联系与上述脑干网状结构有若干相似性，分为上行纤维和下行纤维。中缝核的传入纤维来自脊髓、小脑和大脑皮质等，传出纤维分布于包括中脑中央灰质、丘脑核群、下丘脑诸核、海马结构、部分杏仁核、隔区、新纹状体、大脑皮质（尤其是额叶）等广泛脑区（图9-5）。

1. 延髓中缝大核 接受大脑皮质、导水管周围灰质及脊髓的纤维投射，是脊髓中缝纤维主要止点。此核发出纤维至脑干网状结构及脑干的感觉核和脊髓后角，可调控感觉传递过程，特别是对痛觉信息传递具有抑制作用。

2. 脑桥中缝核群 是小脑中缝纤维的主要止

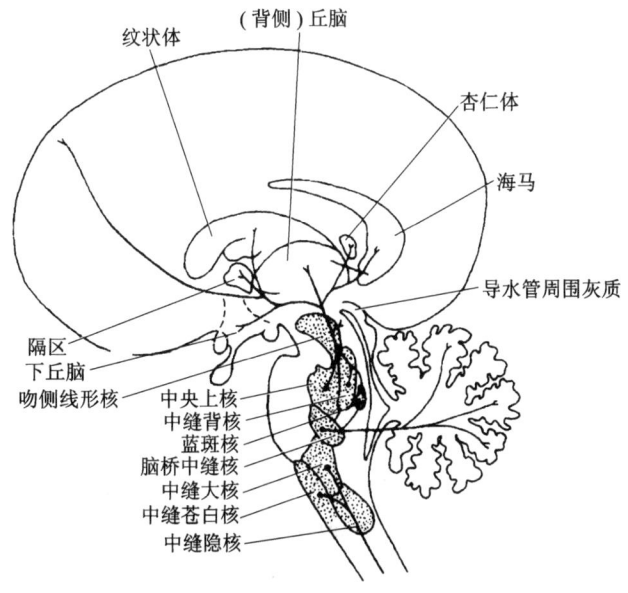

图9-5 中缝核簇的传出投射

点。此核发出的投射纤维向上可到达黑质、丘脑板内核群、终纹、隔区等处，向下可到达小脑、蓝斑核、脑桥网状结构及三叉神经感觉核簇。

3. 中缝背核、中央上核及线形核 此三种核的传出纤维到达丘脑、纹状体、小脑及大脑皮质等处。此外，中缝背核还向中缝大核、延髓和脊髓后角的浅层发出下行投射纤维，这些纤维投射在中枢的内源性镇痛效应方面发挥重要的作用。

四、中缝核簇的功能

（一）中缝核与边缘系统及大脑皮质的5-HT能上行通路

吻侧中缝核投射到杏仁核、海马、丘脑、基底核和大脑皮质的广泛区域，参与调节情绪、应激、认知、食欲和睡眠-觉醒周期等，还可以抑制大脑皮质的活动，产生中枢镇痛和睡眠作用。

（二）中缝核与小脑的联系

脑桥中缝核和中央上核的5-HT能纤维经小脑中脚投射至小脑皮质和中央核群，维持肌张力和协调骨骼肌的运动，参与锥体外系的运动调节。

（三）中缝核与下丘脑的5-HT能上行通路

中缝核向视交叉上核（SCN）提供反馈，从而促进动物的昼夜节律。SCN通过下丘脑背内侧核投射至中缝核，改变影响睡眠-觉醒状态的5-HT水平。中缝核则向SCN反馈有关动物的警觉性水平。这两种结构之间的相互反馈促进了昼夜节律的适应性和稳定性。此外，该上行通路还参与体温调节，兴奋时可上调体温。

（四）中缝核与5-HT能下行抑制通路

尾侧中缝核的中缝脊髓5-HT能纤维，终止于脊髓灰质的Ⅰ、Ⅱ和Ⅴ层，参与痛觉传递的调节，尤其具有抑制作用；终止于脊髓中间外侧核的5-HT能纤维，参与交感神经中枢对心血管运动的控制。

中缝核簇对外周痛觉信号的调控受到特别关注。邹冈等在20世纪60年代初即发现，将吗啡注入第三脑室周围灰质和导水管周围灰质（PAG）可以产生镇痛作用。70年代初，Takaori等发现电刺激巨细胞网状核可以抑制外周的伤害性信息向中枢的传入，并将这些含儿茶酚胺的下行投射命名为"下行抑制系统"（descending inhibitory system）。不久，Sato等又发现抑制外周伤害性信息传入的更有效部位是中缝大核（NRM），并提出下行抑制系统是由NRM内含5-HT的神经元发出的下行投射纤维所构成。这些发现在20世纪70年代掀起了对包括针刺麻醉原理研究在内的镇痛机制研究的热潮，大量生理学的研究肯定了下行抑制系统的存在。但是，除了在生理学上证明切断一侧脊髓背外侧索可以消除下行抑制效应，从而推测下行抑制系统在脊髓内的通路外，关于下行抑制系统神经纤维的投射靶区部位以及如何对外周传入的痛觉信号进行调控等仍然在形态学上是个难题。

1. 下行抑制系统的起源和终止部位 三叉神经脊束核尾侧亚核的功能和结构与脊髓后角相似，它们的浅层（Ⅰ层和Ⅱ层）主要接受传递躯体性伤害性信息的无髓C纤维和薄髓Aδ纤维的投射。三叉神经脊束核尾侧亚核浅层是面口部躯体性伤害性信息向中枢传递的初级门户。近年来，在动物研究中观察到，除NRM外，PAG、中缝背核（DRN）和巨细胞网状核α部都向尾侧亚核浅层发出投射，PAG的下行投射纤维在NRM内中继后也间接地投射到尾侧亚核的浅层。这提示尾侧亚核浅层既是下行抑制系统的投射部位，又是面口部躯体性痛觉传入信息的传入部位，为下行抑制系统调控面口部伤害性信息向中枢的传入奠定了形态学基础。研究者还发现以PAG为中心，DRN、NRM和巨细胞网状核α部都是下行抑制系统的起源部位，它们互相联系形成复合体，为生理学和药理学对下行抑制系统的研究提供了形态学依据。

2. 下行抑制系统的神经活性物质 下行抑制系统除含儿茶酚胺和5-HT外，还含有ENK、GABA、谷氨酸、甘氨酸和NO、NT、SP等神经活性物质。这些活性物质既有兴奋性的，也有抑制性的。

3. 下行抑制系统与外周痛觉传入神经末梢的联系 为了明确下行抑制系统与外周痛觉传入的关系，首先应验证两种神经末梢是直接接触，还是直接或间接汇聚于脊髓和延髓后角内的向丘脑投射的神经元，并在此进行整合。这是确认两种神经末梢所传递的信息如何整合进而产生镇痛效应的关键所在。这些问题是下行抑制系统的镇痛机制研究中一直未解决的焦点。有人设想两种神经末梢间的联系方式可能有以下3种：①两种神经末梢直接接触并形成轴-轴突触，通过突触前抑制的方式抑制伤害性信息向中枢传递。但至今都未证实这种简单联系方式的存在。②两种神经末梢均直接终止于脊髓后角浅层或三叉神经尾侧亚核浅层内向丘脑投射的神经元，痛觉传入的神经末梢和下行抑制系统的神经末梢分别对投射神经元发挥兴奋性和抑制性影响，在汇聚神经元进行功能整合。来自下行抑制系统的5-HT能神经末梢和传递面口部伤害性信息的C纤维神经末梢均与向丘脑或臂旁外侧核投射的神经元接触并形成突触联系。其中，5-HT能神经末梢主要与投射神经元形成对称性突触，C纤维神经末梢与投射神经元主要形成非对称性突触。一般认为对称性突触主要发挥抑制性效应，非对称性突触主要发挥兴奋性效应。此结果可为下行抑制系统调控面口部伤害性信息传递提供直接的形态学依据。③鉴于三叉神经尾侧亚核和脊髓后角浅层都由大量短回路神经元组成，意味着可能形成更加复杂的局部环路联系。因此，对下行抑制和外周痛觉信号的整合，可能通过更复杂的形式。作为中枢内灰质结构的胶状质（后角Ⅱ层）不以核团的形式出现，却以板层状排列的小型神经元为主，这些短回路小型神经元在传递信息方面必有其特殊的意义。对待这样的结构复杂的难题，应综合应用多种现代神经科学研究方法，在对胶状质的神经电生理学和形态学特征进行系统研究的基础上，坚持不懈地进行系统而步步深入的攻关。但距离最后解决镇痛机制这一神经科学领域的重大难题，还需进行艰苦的拼搏。

（季丽莉）

新形态教材网　数字课程学习

▣ 教学PPT　　▣ 参考文献

第十章 间脑

间脑(diencephalon)处于端脑与中脑之间，是前脑的一部分，由胚胎早期的间脑泡发育而来。间脑夹在两侧大脑半球之间，且由于左、右大脑半球高度扩展，间脑的绝大部分被其所覆盖，仅腹侧的一些结构，如视交叉、视束、灰结节、漏斗、垂体和乳头体等暴露于脑底表面，而缰三角、缰连合和松果体等结构则暴露于中脑顶盖的上方。背侧丘脑(丘脑)的背侧面膨隆，暴露于侧脑室中。

间脑以室间孔至视交叉上缘的连线为前界，该连线前方即为端脑；以后连合至乳头体的连线为后界，后下方为中脑(图10-1)；其外侧与尾状核和内囊相邻(图10-2,图10-3)。

(背侧)丘脑(dorsal thalamus)的背侧面游离且膨隆，其外侧部与尾状核融合，两者交界处形成前后方向走行的浅沟称为界沟或终沟(terminal sulcus)，为间脑和尾状核的分界标志。沟内有一条稍隆起的纤维束称为终纹(terminal stria)，并有终纹静脉与其伴行。丘脑的背侧面和内侧面以丘脑带(taenia thalami)为界，第三脑室脉络组织在此附着；其深面

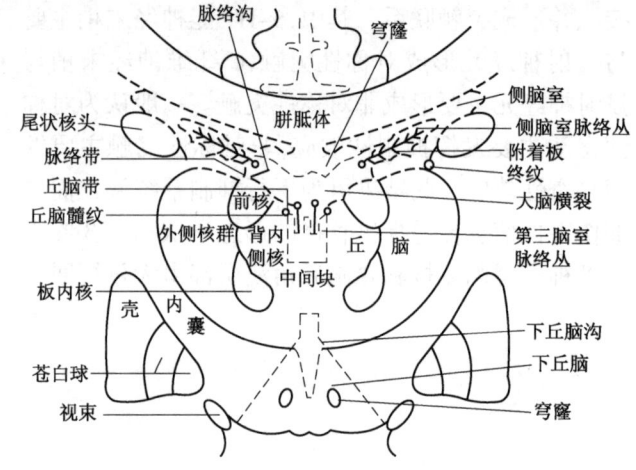

图10-2 丘脑的位置与毗邻(冠状切面)

的纤维束称为丘脑髓纹(thalamic medullary stria)。在丘脑背侧面中部，有一前后斜向走行的脉络沟，将丘脑背面分为内、外两部，侧脑室的脉络丛在此附着。外侧部位于脉络沟与界(终)沟之间，表面覆盖室管膜，成为侧脑室底的一部分，即为附着板(lamina affixa)；内侧部位于丘脑带与脉络沟之间，表面覆盖软膜，构成大脑横裂的底部。

两侧间脑之间的间隙成为第三脑室的大部分，第三脑室脉络丛向第三脑室腔内突入，形成第三脑室顶。第三脑室脉络丛在室间孔处与侧脑室脉络丛相延续(图10-2、图10-4和图10-5)。在第三脑室侧壁下方，有由后上向前下方斜行的下丘脑沟(hypothalamic sulcus)，此沟背侧为体积较大的(背侧)丘脑，而腹侧则为体积较小的下丘脑。

间脑可分为5部分，即(背侧)丘脑(简称为丘脑，thalamus)、丘脑上部(上丘脑，epithalamus)、丘脑下部(下丘脑，hypothalamus)、丘脑后部(后丘脑，metathalamus)和丘脑底部(底丘脑，subthalamus)。

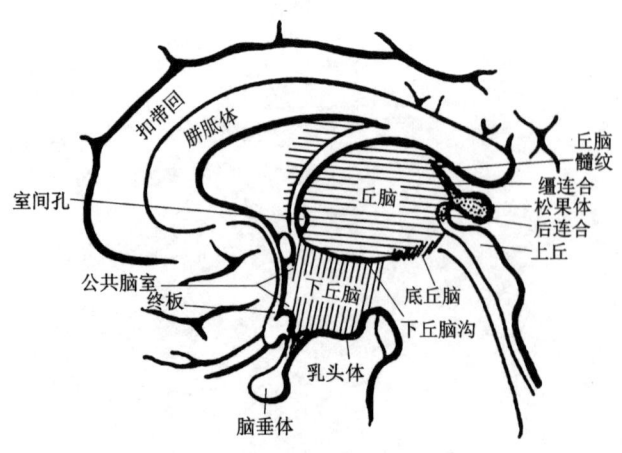

图10-1 间脑的位置及范围

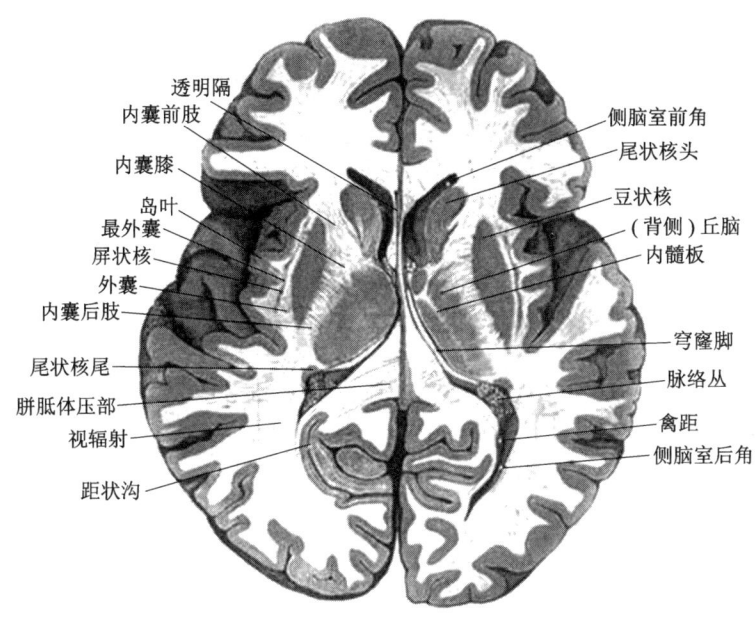

图 10-3 丘脑的位置与毗邻（水平切面）

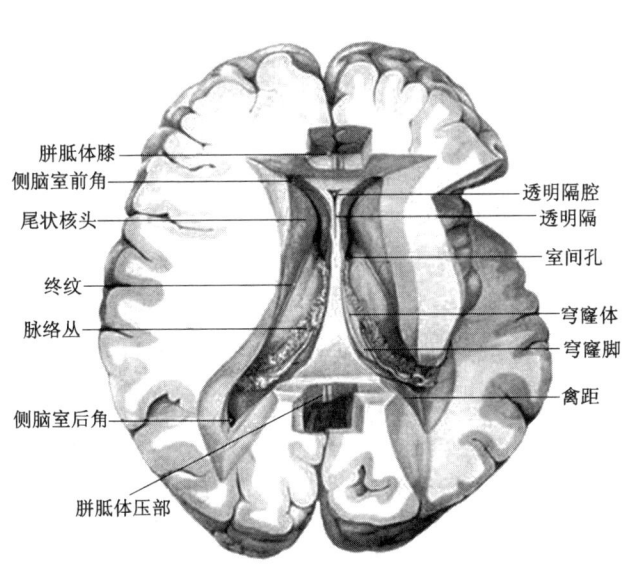

图 10-4 从侧脑室内观察丘脑背侧面

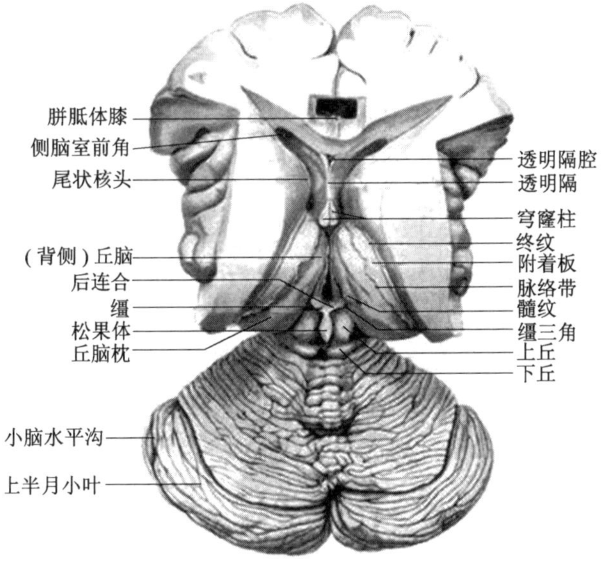

图 10-5 丘脑的毗邻

第一节 （背侧）丘脑

一、（背侧）丘脑的形态及内部核团

（背侧）丘脑简称为丘脑，是间脑的最大核团，分布于第三脑室的两侧。丘脑呈前后径稍长的卵圆形，前极狭窄并向前上方隆起，称为丘脑前结节（anterior tubercle of thalamus），较接近中线；丘脑的后端宽厚，为丘脑枕（pulvinar），突向后外方（图 10-5），上丘臂分隔上方的丘脑枕和下方的内侧膝状体。内侧膝状体（medial geniculate body）是丘脑枕后下方的一个呈卵圆形的隆起，其外侧的隆起称为外侧膝状体（lateral geniculate body）。通常将内、外侧膝状体合称为后丘脑。丘脑内侧面覆盖第三脑室室管膜，其中部约有 70% 愈合，形成直径约 1 cm 的灰质横桥，称为丘脑间黏合（interthalamic adhesion）或中间块（massa intermedia）。

丘脑的背侧面覆盖着一薄层白质纤维，称为带状层。丘脑内部有与带状层相延续的呈Y形的白质纤维板，称为内髓板（internal medullary lamina）。内髓板将灰质分隔为前核群、内侧核群和外侧核群。此外，内髓板内还零星分布一些灰质团块，称为板内核群。导水管周围灰质延续至第三脑室侧壁表面，与中间块等共同构成中线核群。外侧核群外侧面覆盖的薄层灰质称为丘脑网状核。夹在网状核与外侧核群之间的薄层白质纤维即为外髓板（external medullary lamina）。依据细胞构筑、纤维联系和功能，上述核群又分为多个亚核（图10-6、图10-7）。

二、丘脑的核群

（一）前核群

丘脑前核群位于丘脑前结节深方，即"Y"形内髓板向前伸出的两个臂之间的核团。前核群可分为前腹侧核（anteroventral nucleus）、前背侧核（anterodorsal nucleus）和前内侧核（anteromedial nucleus），主要由中小体积的圆形或多角形细胞组成，胞质内含有少量Nissl体和黄色素。前核群与乳头体之间存在大量的往返纤维束，称为乳头丘脑束。另外，前核群还直接接受穹窿的纤维。前核群还发出纤维经内囊前肢投射至扣带回。该核群还是下丘脑和扣带回之间联络的中继站，在功能上与内脏活动有关。前内侧核和前腹侧核还可能接受来自腹侧苍白球的纤维。

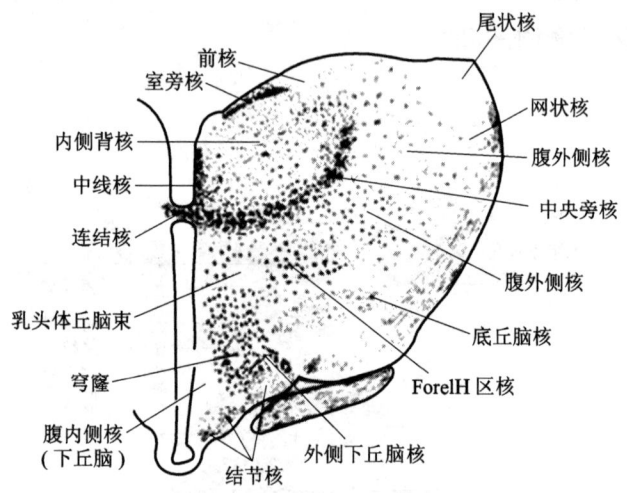

图 10-6 丘脑和下丘脑的核团
（通过灰结节的冠状切面，Nissl染色）

（二）内侧核群

丘脑内侧核群主要是内侧背核（mediodorsal nucleus），位于内髓板和中线核群之间，向前可达前腹侧核，后方接中央中核和束旁核。人类的内侧背核非常发达。内侧核群可分为较小的大细胞部和较大的小细胞部。大细胞部主要位于前部和背内侧部，由深染的大多角形细胞组成；小细胞部主要分布于尾侧和背外侧部，主要由浅染的小细胞组成。

内侧背核与中线核、板内核及外侧核群之间有密切联系，借这些途径将躯体和内脏的感觉信息传入内侧背核。另外，杏仁核簇、梨状皮质、隔区及颞叶新皮质的纤维也投射至内侧背核。此外，大细胞部还接受梨状皮质的嗅觉传入信息，对嗅觉刺激产生反应。

在人类，由于额叶皮质与内侧背核之间存在着大量往返纤维，因此内侧背核的体积也就随额叶皮质的扩展而增加。内侧背核的大细胞部主要与眶额皮质相联系，小细胞部则主要与前额叶皮质相联系，因此内侧背核也与人类的高级神经活动有关。在内侧背核中，多种感觉冲动汇聚并整合，部分传递至前额叶皮质的冲动可以进入意识境界，产生良好或不适、欣快或压抑等不同的"心情"或情感色彩。内侧背核在记忆方面也有一定的作用，若内侧背核发生损伤，则患者将会出现记忆力缺陷等症状。

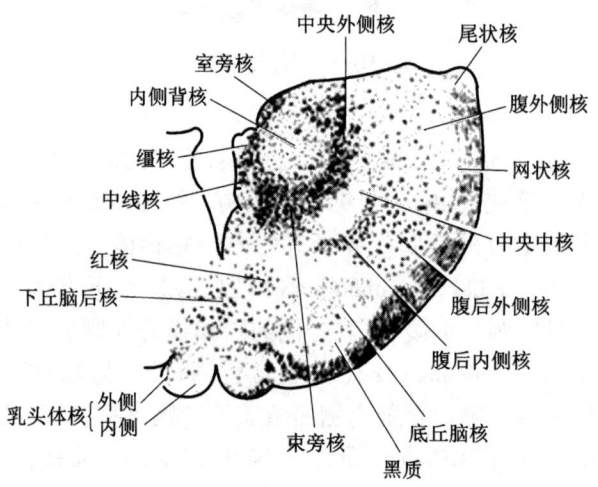

图 10-7 丘脑和下丘脑的核团
（通过缰核与乳头体的冠状切面，Nissl染色）

（三）外侧核群

外侧核群位于内髓板和外髓板之间，其前后径几乎等于丘脑的前后径。外侧核群可分为背侧组、腹侧组及丘脑枕（pulvinar），后者几乎占据了丘脑的尾部。背侧组可分为前部的外侧背核（lateral dorsal nucleus）和后部的外侧后核（lateral posterior nucleus）。腹侧组则由前向后分为腹前核、腹外侧核和腹后核。

1. 外侧背核 位于丘脑背外侧，沿内髓板延伸，是外侧核群的最前部。外侧背核与楔前叶皮质间有往返的纤维联系，传出纤维主要投射至扣带回后部。另外，此核还接受丘脑内部核团的传入纤维，如来自腹外侧核和腹后核的纤维。

2. 外侧后核 位于外侧背核的后部（尾侧），腹后核的背方，与丘脑枕的界限不清。该核团可能接受来自腹后核的传入纤维，并与中央后回以后的顶上小叶之间存在着广泛的往返纤维联系。另外，其与顶下小叶、扣带回等部位也有纤维联系。

3. 丘脑枕 是丘脑内最大的核群，位于丘脑后端，由外侧后核向后方移行并扩展形成。灵长类动物的丘脑枕发育较好，其中的枕核（nuclei pulvinares）是丘脑内最大的核团。在人类和猴，丘脑枕可分为外侧部、内侧部和下部。板内核、外侧核群及内、外侧膝状体等丘脑核团的传出纤维终止于枕核。另外，来自上丘、顶盖前区及大脑皮质的前额区和躯体感觉区的传入纤维也进入枕核。枕核与顶叶、枕叶和颞叶皮质之间有广泛的交互投射纤维并且定位明确，即内侧部投射至顶叶后区，外侧部发出纤维主要至颞叶后部，而下部发出纤维主要到达纹状皮质周围区。

4. 腹前核（ventral anterior nucleus） 位于腹侧核群的最前方，体积较小，其前部和腹外侧与丘脑网状核相邻，后端与腹外侧核相接但无明确界限。腹前核的腹后部由大细胞组成，主要接受来自黑质的传入纤维，其发自黑质网状部，经过底丘脑的 H 区，止于核内。腹前核的其余部分是由小细胞组成的主部，接受来自小脑核团和经豆核袢及豆核束传来的苍白球内侧部纤维。腹前核还接受中央中核、束旁核簇、小脑核和中线核的纤维。腹前核的传出纤维仍不明确，可能主要至腹外侧核、板内核、脑岛前部、眶回和额叶皮质广泛区（6区）等。

5. 腹外侧核 位于腹前核和腹后外侧核之间，三者之间无明显界限，又称腹中间核（ventral intermediate nucleus）。腹外侧核可分为三个部分，即吻侧部、尾侧部和内侧部，吻侧部体积较大。腹外侧核的传入纤维主要来自苍白球、黑质和小脑。来自小脑的纤维起自对侧小脑半球的齿状核和中位核，苍白球的传入纤维通过丘脑束终止于腹外侧核的吻侧部，黑质网状带的传入纤维止于该核的内侧部。该核内侧部还接受来自中央中核、内侧核群和丘脑枕的纤维。另外，腹外侧核还可能接受来自脊髓丘脑束和前庭核的纤维投射。

腹外侧核的传出纤维主要投射至额叶皮质（4区，少数到达6区）。腹外侧核与中央前回的纤维联系有躯体局部定位的关系，即核内侧部投射至皮质运动区的面区，核中部细胞投射至上肢与躯干区，核的外侧部投射至下肢区。

腹外侧核可以接受本体感觉冲动，呈现特有的慢波与高电位的自发电位活动。在帕金森病患者中发现，腹外侧核引出的电位节律与肢体震颤节律是同步的。因此，该核团可能是帕金森病患者震颤症状的"震源区"。破坏此核可改善因基底核病变引发的肢体震颤、肌张力增高和运动异常等症状。

6. 腹后核（ventral posterior nucleus） 是躯体感觉传导的主要中继核团，隔内髓板位于内侧背核的腹外侧和腹外侧核的尾侧。它是丘脑外侧核群腹侧组中最大的核团，可分为外侧体积较大的腹后外侧核和内侧体积较小的腹后内侧核。

（1）腹后外侧核（ventral posterolateral nucleus，VPL） 接受上行的内侧丘系和脊髓丘系纤维的传入。此两种丘系纤维主要传递对侧躯干和四肢的深、浅感觉传入信息。在内侧丘系中，来自薄束的纤维止于此核的外侧部，而来自楔束的纤维则止于此核的内侧部，纤维较为致密且定位排列关系较明确。脊髓丘系则终止于该核的尾侧，定位关系也比较明确，即代表颈部的纤维终止在最内侧，骶部终止在最外侧，胸、腰部终止在背侧，四肢则终止在腹侧。另外，来自中脑网状结构、丘脑中线核、丘脑网状核及大脑皮质躯体感觉区的纤维也止于该核。腹后外侧核的传出纤维经内囊后肢投射到中央后回的3、1、2区的上2/3区域及旁中央小叶的后部。

（2）腹后内侧核（ventral posteromedial nucleus，VPM） 呈半月状，又称为弓状核。该核位于中央中核的外侧和腹后外侧核的内侧。此核可分为内侧的体积较小的小细胞部及外侧的大细胞部（主部），后者主要接受三叉丘系的投射，如头、面和口腔的浅感觉传入信息；而前者则接受味觉信息的传入。味觉传入信息的一部分来自孤束核头端，另一部分则经双侧臂旁核中继后止于小细胞部。由此发出的纤维至躯体感觉代表区的前下方，紧邻舌、咽代表区。

（四）板内核群

板内核群是内髓板内散在的一些细胞团，在灵长类（包括人类）可见前群（吻侧）和后群（尾侧），包括多个亚核（如中央中核、束旁核、中央旁核、中央外侧核和中央内侧核等）。

在人类，板内核群发育最好且体积最大者为后群中的中央中核（centromedian nucleus），位于丘脑的中1/3部，几乎全被内髓板纤维所包绕，其内侧与束旁核相互交织。有人认为灵长类中央中核腹外侧为小细胞部，而背内侧为大细胞部。

束旁核（parafascicular nucleus）位于内侧背核后部的腹侧，中央中核后内侧。缰核脚间束（Meynert后屈束）穿过该核，将其分为内、外两部，两部的细胞形态并无大差别，多围绕后屈束分布。由于中央中核和束旁核之间在形态学上并无明显分界，因此常将其合称为中央中-束旁核复合体。

前板内核群包括中央旁核、中央外侧核和中央内侧核，都与丘脑的内髓板相关联。中央旁核邻接内侧背核的外侧缘，腹内侧邻接中央内侧核，背外侧邻接中央外侧核。中央旁核的尾端移行于中央中核。中央外侧核行于内髓板外侧部的纤维之中，呈"帽状"围绕内侧背核的背侧半。

板内核的传入纤维主要来自脊髓和脑干的网状结构、中缝核、中脑中央灰质、脊髓丘脑束、小脑齿状核和顶核、苍白球以及大脑皮质4、6区等处。板内核的传出纤维投射至丘脑网状核、板内核的其他核团、丘脑腹侧核群（包括腹前核）及内侧背核等核团，但主要投射到纹状体，其少数的侧支投射至大脑皮质。中央中核的纤维还可投射到壳、苍白球、尾状核和屏状核等。

板内核还被认为是"丘脑起搏器"，控制着其各种电生理活动，亦被认为与感觉传入特别是疼痛有关。

（五）中线核群

中线核群是位于丘脑背内侧和内侧壁上的灰质层中的几个核团，包括中间块，但各核团边界不清。人类的中线核群比较小，而低等动物的则较大，如中线核群与板内核一起构成嗅敏类动物丘脑的大部分。从进化角度来看，它属于旧丘脑。一般认为，中线核群包括室旁核（paraventricular nucleus）、带旁核（paratenial nucleus）、连结核（reuniens nucleus）、菱形核（rhomboidal nucleus）和中央正中核（median central nucleus）等，在人类前三个核团比较清晰，而其他核团则不明显。

室旁核位于第三脑室侧壁背部室管膜下方，沿着第三脑室侧壁纵向排列，可以分为前、后两核。前室旁核起自髓纹前端并沿髓纹外侧向后走行至缰，居于室旁灰质内，细胞较大、呈梨形；后室旁核位于缰的前缘，并向腹侧延伸至顶盖前区，由小圆形或梭形细胞组成。一般认为，丘脑室旁核传入纤维来自丘脑前区和外侧区、隔核和海马等，而传出纤维至杏仁核和海马结构等。

带旁核位于第三脑室侧壁浅层，沿髓纹的内侧排列，接受丘脑髓纹纤维。

连结核为最腹侧的中线核，起自前核后缘向后延伸进入中间块。

中线核群与丘脑的板内核、丘脑网状核、内侧背核及特异性的中继核团联系密切。此外，还通过室周纤维与上丘脑和下丘脑联系。脑干网状结构的上升纤维构成中线核群的主要传入纤维。

（六）网状核群

网状核群位于外髓板和内囊之间，是一层较薄的细胞层，覆盖于丘脑背外侧面，向前延伸至丘脑前核外侧，向腹侧至未定带。胚胎学研究表明，网状核群由底丘脑套层细胞向背侧迁移而成。与网状结构类似，该核群的细胞主要为多极且突起较长的大、中型神经元。脑皮质各部均发出纤维投射至丘脑网状核（thalamic reticular nucleus）。另外，来自丘脑背侧核的纤维及穿行于其间的丘脑-皮质往返投射纤维发出的侧支也可投射至丘脑网状核。网状核群的传出纤维主要投射至丘脑的特异性及非特异性核团，可能与整合丘脑神经元冲动有关。另外，网状核群还发出纤维投射至脑干网状结构。

三、丘脑的纤维联系及功能

丘脑内的各核团纤维联系广泛而复杂。不但丘脑的各核团间,而且丘脑与中枢神经系统内各部之间都存在直接的纤维联系。所有的感觉冲动(嗅觉除外)都终止于丘脑核团,并在丘脑中继后投射至大脑皮质特定区。丘脑与大脑皮质间的往返纤维通过内囊,呈扇形分散投射至大脑半球各皮质区,形成丘脑辐射(thalamic radiation),它的纤维向前、上、后及后下方呈放射状分布,越接近皮质越扩散。

丘脑辐射可分为四部分,每部分又称为丘脑脚(thalamic peduncle)。①丘脑前辐射(anterior thalamic radiation),或称为前脚,通过内囊前肢联系丘脑内侧背核与额、眶区及丘脑前核与扣带回。②丘脑上辐射(superior thalamic radiation),又称为丘脑中央辐射或上脚,通过内囊膝、内囊后肢头端联系丘脑外侧核与中央沟前后的额、顶叶皮质,并传递头部和躯干的一般躯体感觉,纤维止于中央后回。③丘脑后辐射(posterior thalamic radiation),或称为后脚,包括起自外侧膝状体的视辐射(optic radiation),通过内囊豆核后部联系丘脑尾侧核团与顶叶后部和枕叶。④丘脑下辐射(inferior thalamic radiation),或称为下脚,包括起自内侧膝状体的听辐射(acoustic radiation),联系丘脑与颞叶和脑岛。

按进化程序的先后,背侧丘脑又可分为古、旧、新三类核团,虽然在这三类核团之间及其与其他脑区之间均有着广泛的联系,但在纤维联系及功能上各核团仍各有侧重。根据丘脑核团的联系和分布的不同,可将其归纳为特异性中继核、非特异性中继核和联络核。

(一)特异性中继核(旧丘脑)

特异性中继核(旧丘脑)代表进化过程中较新的丘脑核群,主要功能是充当脊髓或脑干等结构的特异性上行传导系统的转接核团。所有感觉冲动(除嗅觉)在传入大脑皮质特定区之前,都要经丘脑的相应核团中继。丘脑内的一些核团发出纤维,将各种感觉及运动相关信息传送到大脑皮质的特定区域,产生具有意识的感觉或调节躯体运动。这些核团包括腹前核、腹外侧核、腹后核及前核等,发出纤维形成如下的特异性投射系统。

1. 腹后外侧核　接受内侧丘系和脊髓丘系的纤维,中继后投射至顶叶3、1、2区上2/3区域和旁中央小叶的上肢、躯干和下肢的躯体感觉区。

2. 腹后内侧核　接受孤束核和臂旁核的"味区"及三叉丘系的纤维,随后再投射至顶叶3、1、2区下1/3的口、面部感觉区。

3. 内侧膝状体核　接受外侧丘系及下丘的纤维,随后发出纤维至颞横回(41、42区)的听区。

4. 外侧膝状体核　接受视束及上丘的传入纤维,随后发出纤维至枕叶(17、18区)的视区。

5. 腹外侧核和腹前核　主要中继由小脑和纹状体传来的信息,并投射至中央前回。

丘脑不但可以对各种感觉冲动进行中继,还可以对这些感觉信息进行一定程度的修正和整合。在丘脑水平,对触觉、温度觉及痛觉已可粗略感知,特别是对痛觉刺激已可产生原始感觉,同时还常伴有如厌恶或愉快等情感体验。在临床上,一侧丘脑的部分损害或丘脑-皮质联系(如丘脑膝状体动脉栓塞)受损,将产生"丘脑综合征"。该病的特点是早期出现对侧半身感觉障碍,随后痛觉、温度觉阈值增高,精细辨别性触觉和运动觉消失或严重受损,出现感觉定位障碍。同时,患者还可出现明显的情感变化,如一般的触觉或温度觉刺激便可引起厌恶等感觉。此外,患者可出现半身感觉异常,出现自发性疼痛和感觉过敏等,甚至出现感觉错乱。另外,丘脑还可以在保持和调节意识、警觉和注意方面起到重要的作用。

丘脑和大脑皮质间有广泛的往返联系,大脑皮质的下行纤维对丘脑的功能产生抑制作用,当其被解除后,可导致丘脑活动过度,产生感觉过敏和感觉异常等。

丘脑的腹外侧核和腹前核均接受来自小脑、苍白球和黑质的纤维,中继后特异性地投射至额叶和眶皮质,特别是腹外侧核可投射至支配躯体运动的4、6区,影响皮质的功能。临床上治疗因小脑或基底核病变引起的震颤或肌张力过高时,可用各种方法破坏腹外侧核而使症状得到缓解。另外,两者还接受由丘脑前核群发出并由乳头体和穹窿传入的纤维,将其投射至与内脏感觉和运动有关的扣带回皮质。因此,丘脑前核群也可归属于特异性中继核。

(二)非特异性中继核(古丘脑)

非特异性中继核(古丘脑)在丘脑进化上比较古

老,包括丘脑中线核、板内核和网状核。它们多与丘脑内其他核团、纹状体及脑干网状结构等有纤维联系并投射到大脑皮质的广泛区域。该类核团对大脑皮质的影响与特异性核团显著不同。例如,在刺激丘脑特异性核(如腹后外侧核)后,皮质在较短的时间内即出现点状反应(1~2 ms);而刺激丘脑非特异性核后,大脑皮质出现反应的潜伏期及反应时限均延长,皮质易化反应区也增大,在双侧大脑半球广泛皮质中可出现募集反应。由此可见,丘脑非特异性核可以通过其至皮质的纤维投射而控制皮质的兴奋程度。此外,上行网状激活系统也是通过丘脑非特异性核的纤维联系而发挥作用的。但是,丘脑非特异中继核向大脑皮质投射的解剖学关系,目前仍不甚清楚。

(三)联络核(新丘脑)

联络核(新丘脑)是丘脑在进化中最新的核团,包括内侧背核、外侧背核、外侧后核和枕核等。这些核团不直接接受上行的传导束,但其与丘脑内其他核团及大脑皮质等有广泛的纤维联系。如内侧背核主要与前额叶皮质联系,外侧背核和外侧后核与扣带回、楔前叶和顶上小叶等联系,枕核与顶叶、枕叶和颞叶(18、19、22、39和40区)等联系。这些核团可以执行复杂的汇聚和整合功能,并参与感觉的时空变化、情感活动、精细的辨别以及与意识相关的高级神经活动(图10-8,图10-9)。

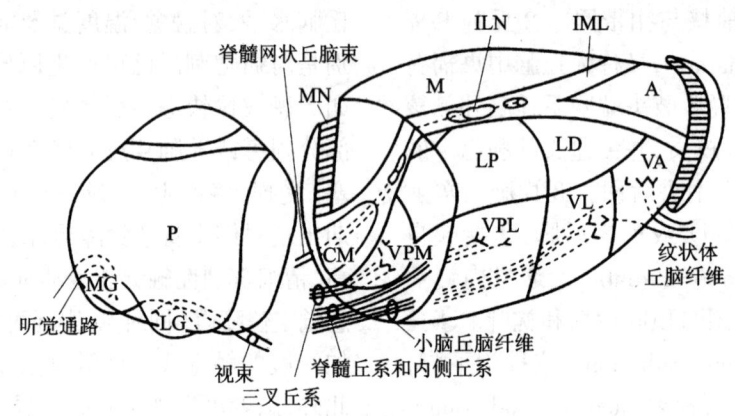

图10-8 丘脑主要核团与传入纤维

A:前核　CM:中央中核　ILN:板内核　IML:内髓板　LD:外侧背核　LG:外侧膝状体　LP:外侧后核
M:内背侧核　MG:内侧膝状体　MN:中线核　P:丘脑枕　VA:腹前核　VL:腹外侧核
VPL:腹后外侧核　VPM:腹后内侧核

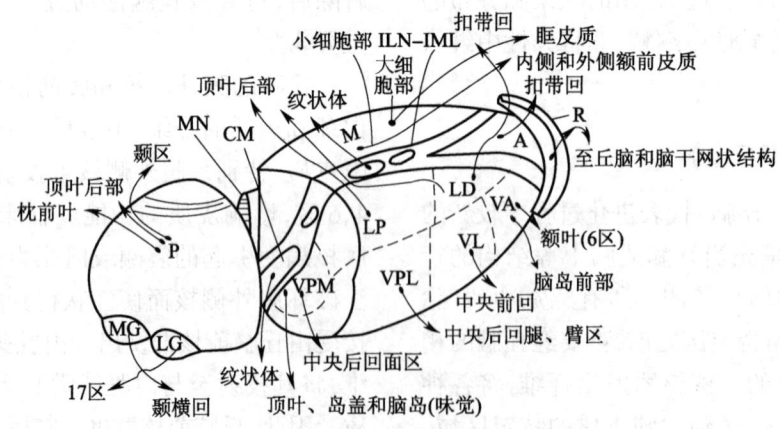

图10-9 丘脑各核团的主要传出通路

A:前核　CM:中央中核　ILN:板内核　IML:内髓板　LD:外侧背核　LG:外侧膝状体　LP:外侧后核
M:内背侧核　MG:内侧膝状体　MN:中线核　P:丘脑枕　R:丘脑网状核　VA:腹前核　VL:腹外侧核
VPL:腹后外侧核　VPM:腹后内侧核

第二节 底丘脑

底丘脑又称为腹侧丘脑(ventral thalamus)，其背侧为丘脑，腹侧和外侧为大脑脚和内囊，内侧和吻侧为下丘脑，向尾侧移行为中脑被盖。底丘脑内的主要核团有底丘脑核、未定带、底丘脑网状核和膝状体前核等。贯穿底丘脑的纤维束主要是豆核襻、豆核束、丘脑束、后屈束及底丘脑束等。

一、底丘脑核

底丘脑核(subthalamic nucleus)或称 Luys 体(corpus Luys)，位于间脑最后区，左右对称。人类的此核冠状切面为双凸透镜状的扁卵圆形灰质团块，位于底丘脑与中脑被盖的移行处，即内囊的背内侧。底丘脑核有丰富的血液供应，因此在新鲜标本上呈浅咖啡色。底丘脑核的部分传入纤维来自脚桥核、运动前皮质和额叶等区域，但主要来自苍白球的外侧部。底丘脑核的传出纤维主要终止于苍白球的内侧部及黑质的网状部。其中，底丘脑核与苍白球之间的往返纤维穿过内囊形成底丘脑束(subthalamic fasciculus)(图10-6、图10-7和图10-10)。底丘脑核可能通过底丘脑束对苍白球发挥抑制和调节作用。底丘脑核损伤可引起对侧肢体粗大有力且不自主的运动。这种运动主要发生于肢体近端，也可能涉及面部和颈部肌肉。

二、未定带

未定带(zona incerta)位于丘脑与豆核束之间，即丘脑外髓板腹侧部和大脑脚之间的小细胞组成的灰质条带，向外上方延伸并与丘脑网状核相延续(图10-10)。未定带接受苍白球、膝状体前核和感觉运动区皮质的传入纤维，并且与丘脑板内核、红核和中脑被盖联系密切。未定带和底丘脑网状核可能是脑干网状结构的延续。

Forel H 区或 Forel 背盖区(简称 H 区)又称为红核前区，位于底丘脑核腹内段的背内侧，由来自苍白球的纤维束及散在的细胞组成，这些散在的细胞称为红核前区核或被盖区核。此核与苍白球传出纤维束内及沿纤维束分布的细胞被总称为底丘脑网状核。

三、豆核襻和豆核束

豆核襻(lenticular ansa)是起自苍白球内侧部、壳及邻近结构的纤维束，在发出后沿苍白球的腹侧缘向内走行，绕过内囊后肢后进入 H 区，随后弯曲呈襻状行向背外方(图10-10)。

豆核束(lenticular fasciculus)主要起自苍白球内侧部背缘，分成若干小束穿过内囊腹侧，沿底丘脑核的吻背侧向内侧走行，在未定带和底丘脑核之间形成明显的纤维束，称为 Forel H_2 区(简称 H_2 区)。此束继续向尾内侧方走行并进入 H 区，在未定带内侧急转向背外侧并与豆核襻纤维合并。汇合后的豆核襻和豆核束继续向前外侧走行，共同组成丘脑束，与背侧与腹侧丘脑核联系(图10-10)。

四、丘脑束

丘脑束(thalamic fasciculus)又称为 Forel H_1 区(简称 H_1 区)，位于丘脑腹侧核与未定带之间。此束主要由苍白球-丘脑和齿状核-丘脑纤维组成。多数纤维终止于丘脑的腹前核和腹外侧核。另外，还有一些来自苍白球的纤维或其侧支穿经丘脑腹后内侧核后终止于板内核的中央中核(图10-10)。

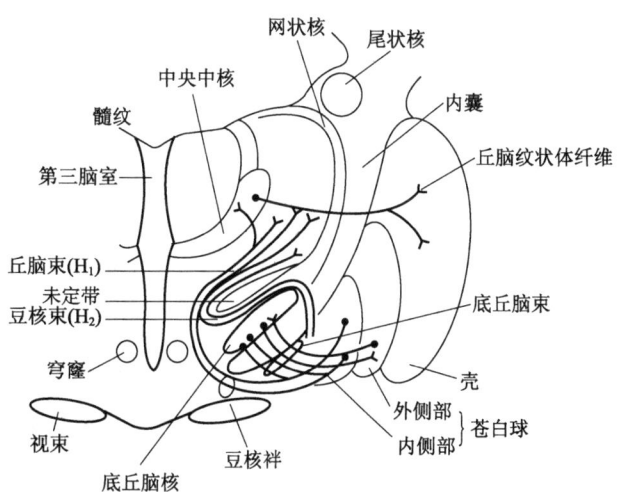

图 10-10 底丘脑的结构与纤维联系

第三节 上丘脑

上丘脑位于背侧丘脑的后上方，第三脑室顶的周围，是间脑背侧部的尾侧与中脑顶盖前区的移行区，包括丘脑髓纹、缰三角、后连合、连合下器、松果体和第三脑室顶等（图10-11）。

一、丘脑髓纹

丘脑髓纹（thalamic medullary stria）位于丘脑背侧面和内侧面交界处的丘脑带深面，由前向后走行，神经纤维主要来自隔核、外侧视前区、丘脑前核和苍白球等部位，终止于同侧缰核和某些丘脑核团。髓纹的纤维含有不同的递质，如乙酰胆碱、去甲肾上腺素、5-羟色胺等。有些纤维经缰连合到达对侧缰核或穿过缰核下行至中脑中央灰质。

二、缰三角

缰三角（habenular trigone）是髓纹尾端扩大的区域，位于顶盖前区的吻外侧即第三脑室顶的后端，其内部隐藏有缰核，左、右缰三角由缰连合相连。

缰核又可分为内侧较小的缰内侧核（medial habenular nucleus）和外侧较大的缰外侧核（lateral habenular nucleus）。缰内侧核由密集而深染的小型细胞组成，缰外侧核由排列松散且浅染的大型多极细胞组成。隔核在接受海马结构和杏仁核簇的传入纤维后，发出大量纤维投射至缰内侧核。缰内侧核还接受来自苍白球、下丘脑外侧部、未名质（substantia innominata）、外侧视前区、腹侧被盖、中脑中央灰质和中脑中缝核的纤维，交感干颈上神经节的去甲肾上腺素能神经纤维也传入缰内侧核。相比之下，缰外侧核则主要接受外侧视前区和苍白球内侧部的纤维。

缰核的传出纤维主要组成缰核脚间束，或称为Meynert后屈束（Meynert fasciculus retroflexus）。该纤维束发自缰核，越过丘脑内侧背核后极及束旁核并向尾侧走行，最终止于中脑的脚间核。脚间核发出纤维组成脚间背盖束至被盖背核，此核发出纤维参与背侧纵束的组成。此外，缰核的传出纤维也投射于中脑中央灰质和脑干网状结构。来自双侧缰核和髓纹的纤维交叉后越边，共同组成缰连合（habenular commissure）。

有关缰核的生理功能还不明确，可能与内脏活动及内分泌的调节有关，还可能参与对睡眠的调控。

三、后连合

后连合（posterior commissure）是相对较粗的横

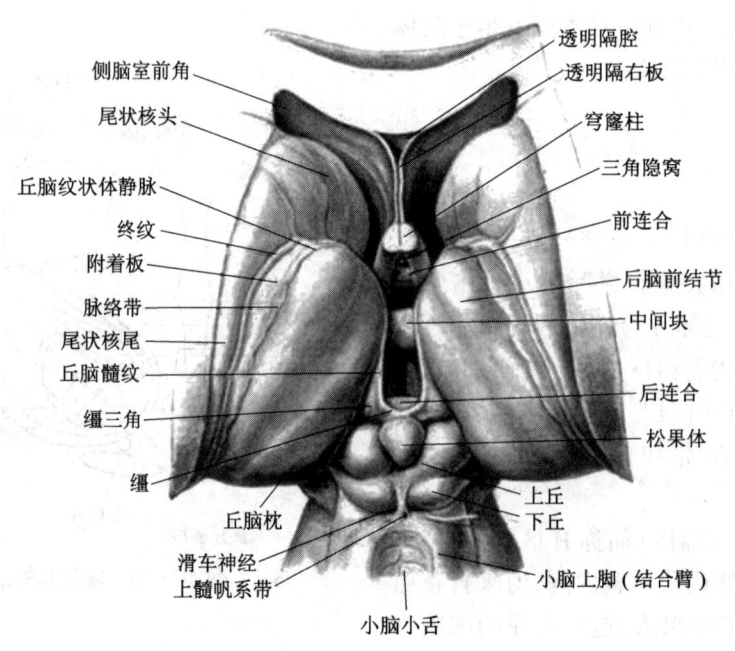

图10-11 上丘脑

行连合纤维,位于松果体柄下方与上丘之间、中脑水管上口与第三脑室移行部的背侧,是间脑与中脑的分界(图10-1、图10-5)。后连合的背外侧称为顶盖前区(pretectal region),在后连合的纤维之间及其吻侧、腹侧和腹外侧均有细胞核团存在,总称为后连合核。后连合的纤维主要来自顶盖前区核、后连合核、中脑的Cajal间质核、Darkschewitsch核及来自顶盖前橄榄核至对侧同名核团的越边纤维等。顶盖前橄榄核的侧支止于同侧和对侧动眼神经副核,是瞳孔对光反射的神经通路之一。后连合损伤可引起间接对光反射减弱,若损伤涉及来自Cajal间质核的纤维,则还可产生双侧眼睑回缩和眼球垂直运动障碍等症状。

四、连合下器

连合下器(subcommissural organ)是第三脑室室管膜上皮细胞衍化而成的室周器官,位于后连合腹侧和中脑水管的前端。其内部并无神经成分存在,细胞呈高柱状,内无血-脑屏障存在,其可能在调控水电解质平衡方面起重要作用。在幼年时,连合下器可能具有内分泌功能,但4~5岁后连合下器发生退化。

五、松果体

松果体(pineal body)又名脑上腺(epiphysis),较小,呈灰红色,位于中脑两上丘之间的沟内,为不成对的尖端向后的圆锥形体。松果体借松果体柄连于第三脑室顶的后部,松果体柄向前分为上、下两层(脚),上层加入缰连合,下层连于后连合。两层之间的空间称为松果体隐窝(pineal recess),为第三脑室向后的延伸。在成人的松果体中,有无机物沉淀其中且呈同心层排列,称为脑砂或松果体石,有助于在颅脑X线片上辨认松果体的位置和定位诊断颅内占位病变。既往研究认为,松果体没有功能作用,但现代研究证实,松果体可能是一个内分泌器官,可以调节腺垂体、神经垂体、甲状旁腺和肾上腺皮质等部分的功能,详见第十八章。

第四节 后 丘 脑

后丘脑(metathalamus)位于丘脑的后下方,中脑顶盖的上方,包括内侧膝状体(medial geniculate body)和外侧膝状体(lateral geniculate body),均属特异性中继核,可以看做是背侧丘脑腹侧核群向后方的延续。

一、内侧膝状体核

内侧膝状体核(medial geniculate nucleus)位于丘脑后方腹侧,是听觉传导通路的中继站,可分为背侧部和腹侧部。背侧部又称为主部,由小细胞组成,负责传递听觉冲动的信息经听辐射(膝颞束)投射至大脑皮质的颞横回(41区)。背侧部又可再分为吻侧的背内侧部(接受外侧丘系的细纤维)和尾侧的腹外侧部(接受外侧丘系的粗纤维)。腹侧部体积较小,由大型多极细胞构成,不但接受来自同侧及对侧下丘传导听觉的纤维,还接受来自脊髓丘系、内侧丘系及小脑顶核的纤维。腹侧部的传出纤维投射形成听辐射至大脑皮质的听觉区及其周围的皮质区。

二、外侧膝状体核

外侧膝状体核(lateral geniculate nucleus)位于丘脑后方腹侧,内侧膝状体的稍外方,与视束相连,是视觉传导通路的中继站。多数哺乳动物的外侧膝状体核由较大的背侧核和较小的腹侧核组成。在人类,腹侧核相当于背侧核前部的膝状体前核(pregeniculate nucleus)。腹侧核较小,止于腹侧核的视束细纤维可能是来自视网膜黄斑纤维的侧支。腹侧核发出纤维至中脑,可能与对光反射有关。背侧核则构成了一般意义上的外侧膝状体,负责传递视觉信息进入大脑皮质。该核团在横切面上呈马蹄形,缺口朝向腹内侧。此核从腹内向背外分为6层,第1、2层为大细胞,第3~6层为中、小型细胞。各细胞层间被来自视网膜节细胞的纤维所分隔。视网膜与外侧膝状体之间的对应关系很明确,即来自对侧眼球鼻侧半视网膜的纤维交叉终止于第1、4、6层,而来自同侧眼球颞侧半视网膜不交叉的纤维终止于第2、3、5层,存在明确的点对点对应关系(图10-12)。来自黄斑的纤维为细纤维,投射至外侧膝状体后2/3的楔形区域内;来自视网膜上象限的周边纤维止于外侧膝状体的腹内侧,下象限的周边纤维止于腹外侧。

外侧膝状体的各层内通常有两类细胞,一类是

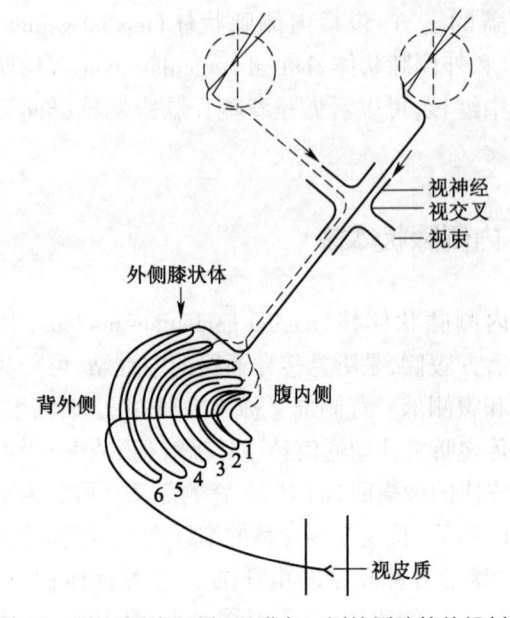

图 10-12 两侧眼球视网膜向一侧外侧膝状体投射的对应关系

主细胞,即投射神经元,其纤维经内囊和豆状核的后部及底部转向后方,形成视辐射(optic radiation);而另一类细胞则是中间神经元,其突起不离开并止于外侧膝状体。两类神经元上均有视神经的传入纤维和视皮质的下行纤维终止。中间神经元的树突与投射神经元的树突之间也可形成突触,又接受来自其他神经元的纤维,其轴突止于主细胞的胞体和轴突起始段。

第五节 下 丘 脑

下丘脑(hypothalamus)或称为丘脑下部,虽然它在脑内占的范围甚小(约 4 cm³),但其结构复杂且联系广泛。下丘脑既是一个神经中枢,又是内分泌器官,故可以将其视为神经系统内控制内分泌系统的枢纽。

一、下丘脑的位置、形态和结构

下丘脑位于丘脑的腹侧,被第三脑室分为左右两半。从底面观察,下丘脑自前向后包括视交叉(optic chiasma)、灰结节(tuber cinereum)、漏斗(infundibulum)和乳头体(mammillary body)。漏斗在灰结节处附着呈球状隆起,称为正中隆起(median eminence)。漏斗的附着将正中隆起分为前、后两部分,后正中隆起在人类发育较好。从正中矢状面观察,下丘脑在下丘脑沟的腹侧,前起自终板,后至乳头体后端平面,形成第三脑室的侧壁与底部。第三脑室斜向前下方,室腔向下伸入视交叉上方形成视隐窝(optic recess),室腔伸入漏斗形成漏斗隐窝(infundibular recess)。实质上,终板以后,视交叉前缘至背侧的前连合连线以前的部分称为视前区,在发生上属两侧大脑半球间的端脑称为中间端脑,因它在功能与结构上与下丘脑有关,所以归属为下丘脑(图 10-13)。

二、内部结构

下丘脑是一个弥散且以小细胞为基质的室周中央灰质,但位于第三脑室室管膜下的灰质属于室周区,有比较明确的核团。

(一) 下丘脑在矢状切面的分区

从矢状切面观察,以穹窿前柱(anterior pillar of fornix)为界,下丘脑可分为外侧区与内侧区,其中内

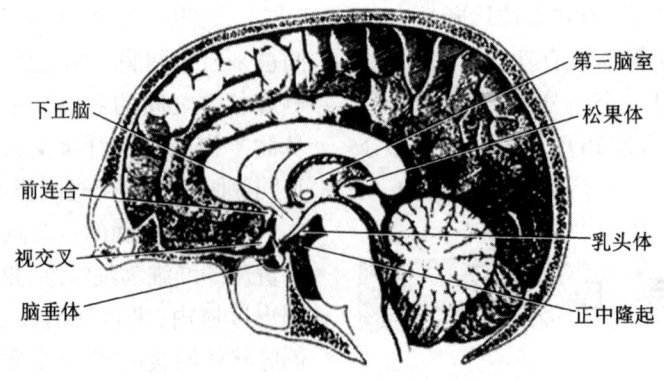

图 10-13 下丘脑的位置(脑正中矢状切面)

第五节 下丘脑

侧区包括室周区。

1. 下丘脑外侧区　这个区的内侧以乳头丘脑束与穹窿为界，外侧为底丘脑和内囊的内侧缘，前部和后部较狭，而中间结节部较扩大。自前向后包含：视前外侧核（lateral preoptic nucleus）、视上核（supraoptic nucleus）、下丘脑外侧核（lateral hypothalamic nucleus）、结节乳头核（tuberomammillary nucleus）和结节核（tuber nucleus）（图10-14，图10-15）。

2. 下丘脑内侧区　自前向后包含：①视前内侧核（medial preoptic nucleus）；②下丘脑前核（anterior hypothalamic nucleus）；③交叉上核（suprachiasmatic nucleus）；④室旁核（paraventricular nucleus）；⑤背内侧核（dorsomedial nucleus）；⑥腹内侧核（ventromedial nucleus）；⑦弓状核（arcuate nucleus），或称漏斗核（infundibular nucleus）；⑧下丘脑后核（posterior hypothalamic nucleus）；⑨乳头体核，包含大的内侧乳头体核（medial mammillary nucleus）、小的中间乳头体核（intermediate mammillary nucleus）与外侧乳头体核（lateral mammillary nucleus）三部分，实际上它们占有外侧区与内侧区，彼此间相互掩盖（图10-14，图10-15）。

（二）下丘脑在冠状切面的分区

从冠状切面观察，可将下丘脑分成自前至后的4个区：视前区（preoptic region）、视上区（supraoptic region）、结节区（tuberal region）和乳头体区（mammillary region）（图10-16，图10-17）。

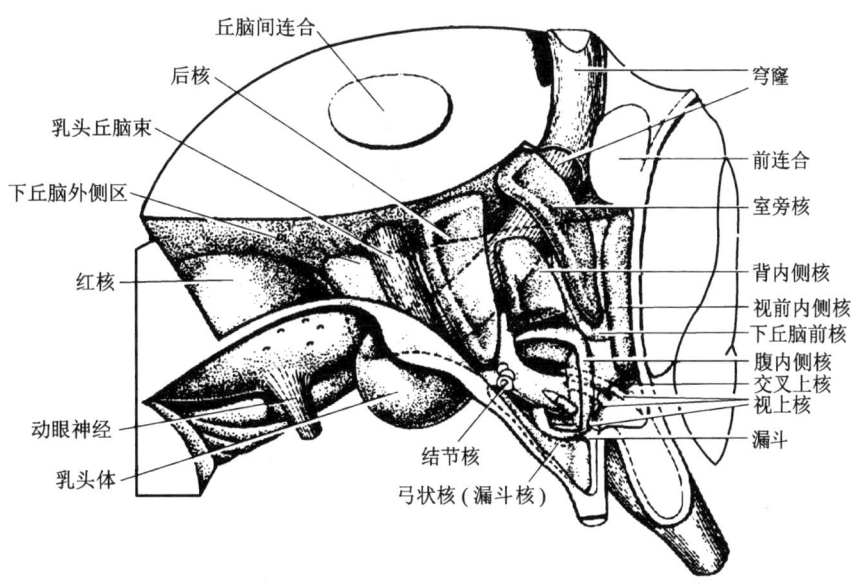

图10-14　下丘脑内侧各核

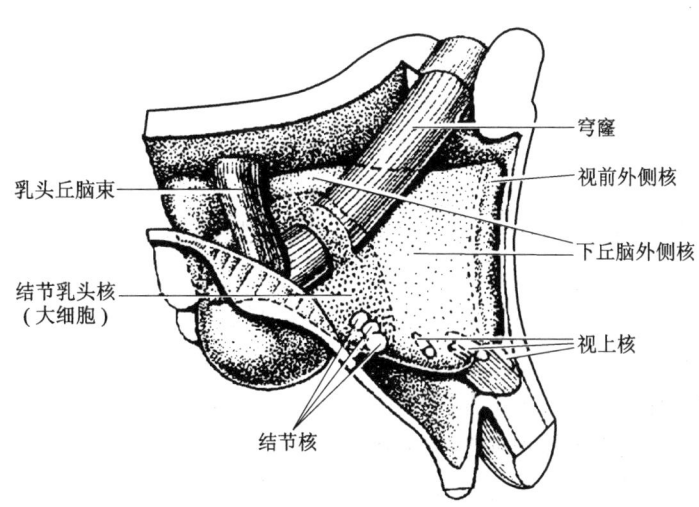

图10-15　下丘脑外侧各核

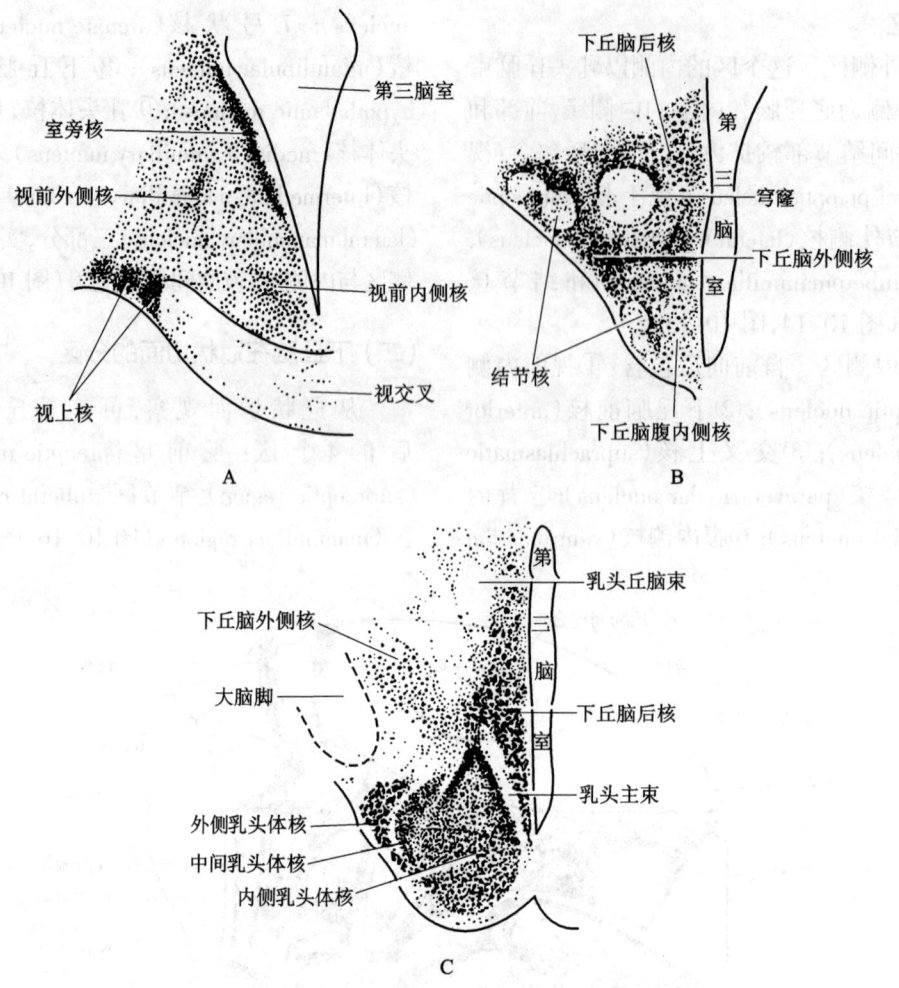

图 10-16 人下丘脑冠状切面（Nissl 染色）
A. 视上区　B. 结节区　C. 乳头体区

1. **视前区**　是第三脑室最前份的中央灰质，包含室周视前核、内侧视前核与外侧视前核。

室周视前核位于视前区第三脑室室管膜下，由弥散分布的小细胞组成，很难与室管膜上皮区分。内侧视前核由小细胞组成，位于室周视前核的外侧，并向腹侧伸展达视交叉，接受终纹（stria terminalis）的纤维。外侧视前核为下丘脑外侧区向头端的延伸，由弥散的中型细胞组成，散布于前脑内侧束（medial forebrain bundle）纤维之间，并发出轴突加入此束。

视前区可调节垂体前叶促性腺激素的释放。在人类，女性促性腺激素的释放呈环路形式，环路的持续时间决定于月经周期的长短；而在男性，促性腺激素释放则无规律地波动。在鼠的视前区，雄性视前核较大，且细胞深染。这个核代表内侧视前核的特殊部分称为"视前的性两型核"。人视前区也有一个性两型核，在男性此核包含的神经元约为女性的 2 倍。

2. **视上区**　位于视交叉的上方，包含两个明显的核团：视上核与室旁核。视上核位于外侧与腹侧，骑跨在视束的背侧。一般认为，其可以分为背外侧部、腹内侧部和背内侧部。视上核细胞密集，为均一的大细胞。

室旁核位于内侧与背侧，中间带近室周带处，呈长楔形，细胞密集形成垂直板片，位于室管膜上皮的外侧。室旁核包含几个明显的细胞群，其中位于内侧的是小细胞群，外侧的是大细胞群。大细胞内 Nissl 体深染分布在细胞质的周围，胞质中有胶状物质，能被 Gomeri 铬苏木精染色。用免疫细胞化学方法，可辨认出此为催产素（oxytocin）或升压素（vasopressin）及其相应的运载蛋白（neurophysin）Ⅰ、Ⅱ 共同形成的蛋白激素复合物，顺轴突的微管输送到垂体后叶。室旁核与视上核的大细胞成分可看做是神经系统和内分泌系统的转换器，它变神经信息

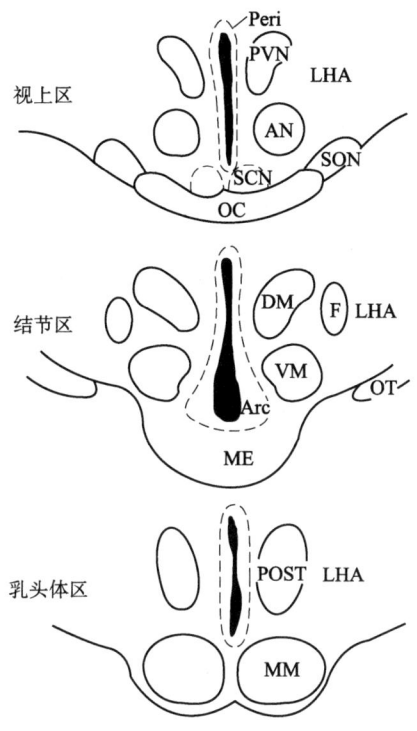

图 10-17　下丘脑核团的分布（冠状切面）

AN:前核　Arc:弓状核　DM:背内侧核　F:穹窿　LHA:下丘脑外侧区　ME:正中隆起　MM:乳头体　OC:视交叉　OT:视束　Peri:第三脑室室周核　POST:后核　PVN:室旁核　SCN:视交叉上核　SON:视上核　VM:腹内侧核

为激素信息，刺激细胞体产生动作电位，在轴突中输送到末梢，调控激素的释放。室旁核的小细胞部内含有许多神经肽，如促肾上腺皮质激素释放激素、脑啡肽、神经降压素、胆囊收缩素、生长抑素和血管活性肠肽等。每一种肽类单独或以不同组合存在于单个小细胞内。室旁核的小细胞发出下行纤维至脑干及脊髓全长，这些投射纤维对低位自主神经中枢施加影响。室旁核内有接触脑脊液的神经元，如升压素神经元和胆囊收缩素神经元，它们有树突伸入第三脑室并释放升压素和胆囊收缩素，以间接影响其他脑区的活动；同时，脑脊液内浓度变化又可调节这些神经元的分泌能力，故两者间存在局部调节环路。

在视上区较少分化的中央灰质内，是一群小圆细胞，紧位于视交叉的背侧，邻近第三脑室的腹侧，被称为交叉上核，其中小部分细胞能分泌升压素。该核团接受视网膜的双侧投射发挥谷氨酸能兴奋效应；同时，接受经外侧膝状体下丘脑通路的间接视网膜传入而发挥 GABA 能抑制性效应。视网膜下丘脑投射至交叉上核，使得外环境的昼夜光变化与内部生物钟发生联系，因此交叉上核可以发挥体内生物钟的作用。交叉上核的双侧损伤能拮抗松果体褪黑素中酶的作用，影响松果体节律活动。一些交叉上核的神经元以 GABA 作为小分子传递物质，亦含一个或多个特殊神经肽或激素，如升压素、生长抑素、血管活性肠肽、神经降压素、甲状腺激素和血管紧张素Ⅱ等。有些肽类的细胞水平被光刺激所控制，交叉上核亦接受来自中脑中缝核发出的大量 5-HT 能神经元纤维末梢，该投射对 24 h 节律发挥显著的调节作用。这个复杂的 24 h 节律系统可以协调一系列体内平衡机制的活动并控制短暂行为，以利于产生合适的行为与生殖腺的分泌活动。在人类，交叉上核用 Nissl 染色很难分辨，但用免疫组织化学法观察发现，此核富含升压素、血管活性肠肽、生长抑素或神经降压素等。

在交叉上核的背侧为下丘脑前核，由散在的小细胞构成，向前与视前区连续并接受一些终纹纤维的投射。

3. 结节区　该区的范围最大，以穹窿柱分成内侧下丘脑区与外侧下丘脑区。内侧区有背内侧核和腹内侧核。腹内侧核较大，由中等大小的圆形或卵圆形细胞构成，外侧以少细胞区分隔（在人类，该少细胞区很难分辨）。杏仁体发出丰富纤维终止于此核，它与下丘脑以外的结构有广泛的联系。腹内侧核参与调节食欲与饮食等内脏反应和情感反应。背内侧核的细胞团不易分辨，它的上界为伸出其上的室旁核，刺激此核将产生若干内脏与情感反应。

（1）弓状核（又称漏斗核）　位于第三脑室最腹侧的室周区内，邻近漏斗隐窝的入口，并向前腹侧伸展至正中隆起。此核在冠状切面呈弓形，由小而深染细胞组成，贴近第三脑室室管膜上皮。弓状核的传出纤维可追踪到正中隆起的毛细血管周隙。这个投射纤维产生各种神经肽作为释放激素或抑制释放激素释放到垂体门脉系统，作用于垂体前叶分泌不同激素。此外，弓状核的神经元除含多巴胺外，还对促肾上腺皮质激素（ACTH）、β- 促脂肪激素（β-LPH）与 β- 内啡肽（β-END）等产生反应。上述激素在垂体前叶亦存在，可调节从垂体前叶的激素输出。

（2）下丘脑后核　位于内侧区的后部，核的后缘毗邻乳头丘脑束，前端以背内侧核与腹内侧核为界，范围较大。该核团中，在密集的小细胞中散在许多卵圆形或圆形的大细胞。在人类,大细胞较多,向后伸展越过乳头体上方连接中脑中央灰质。该核团接受来自嗅结节和隔核途经前脑内侧束的纤维,还有来自海马、下丘脑背内侧核和正中隆起的纤维。该核团的传出纤维下行至脑干中央灰质、中缝核、蓝斑、孤束核及脊髓等。

（3）下丘脑外侧区 在人类较大,位于穹窿的外侧,豆核袢和内囊的内侧。此区向前与外侧视前区连续,向后连续于中脑被盖腹侧区。该区由小细胞组成基质,大的多极细胞成群分散在其中形成下丘脑外侧核。前脑内侧束穿越此区,有些纤维在此中继,再参加前脑内侧束并随之升降。有人认为外侧区与下丘脑后核的大细胞发出纤维至脑干低级部位。

下丘脑外侧区亦含有某些界限明确的细胞群,最大的是结节乳头核,该核在结节区特别发达,向后外侧与后腹侧伸展可达乳头体。

结节核位于灰结节的底部,常包含 2 个或 3 个明确界限的细胞群。在人类,核很大,可突出至灰结节的表面。此核由小的多极细胞组成,被细纤维形成的囊包围,囊的周围有大而深染的下丘脑外侧核细胞作为边界,故易被辨认。

在啮齿类动物中,结节核含多种神经肽、GABA和胆碱乙酰转移酶(ChAT),它们都投射到大脑皮质。人类的结节核亦较发达,胆碱乙酰转移酶阳性神经元亦存在于结节核。在亨廷顿舞蹈症患者中,结节核的细胞呈显著萎缩。结节乳头核含丰富的组胺,在人类有一个组胺纤维网覆盖在额颞皮质。

4. 乳头体区 此区包含:①乳头体前核(premammillary nucleus)。②乳头体核。③下丘脑后核,自结节区伸向乳头体背侧。

乳头体前核分背、腹两组,在人类很小。在低等动物从杏仁体经终纹至此,有丰富的传入纤维,它们可能是边缘系统的一部分。

在人类,乳头体几乎全部被大的球形内侧核所占据,内侧核来自比较小的细胞,外被以有髓纤维组成的被囊。在内侧核的外侧是小的中间乳头体核,呈卵圆形,起自小细胞。外侧乳头体核位于外侧区的底,由一群深染的大细胞组成,在人类不明显,它似与从中脑被盖上升的乳头脚有关,亦可能接受某些穹窿纤维,功能仍不清。

在人类,后核与外侧区有大细胞的广泛分布,结节核的边界分明,内侧乳头体核体积较大,这些都是人类下丘脑的特点(图 10-17)。

三、纤维联系

下丘脑有复杂而广泛的纤维联系,有些纤维组成明确的束,有些纤维弥散而难以追踪。概括来说,下丘脑的传入纤维来自上行的内脏及躯体感觉系统、嗅觉及视觉系统、脑干、丘脑、边缘系统及新皮质,而传出纤维大多数与传入纤维形成交互投射(往返投射)(图 10-18)。

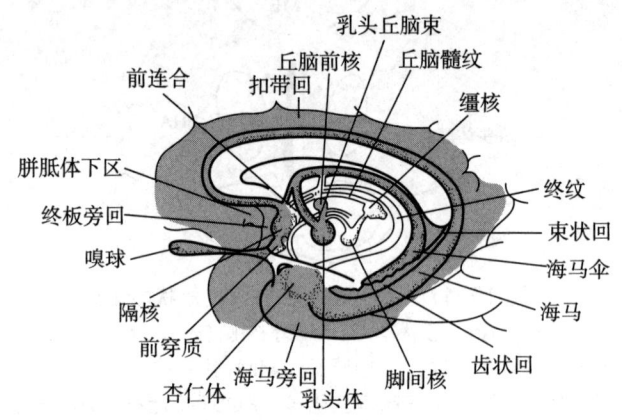

图 10-18 边缘系统与间脑的联系

（一）传入纤维

1. 前脑内侧束 是一个复合的纤维群,包含无髓或薄髓的疏松联络纤维。因其边界弥散,故在人脑髓鞘染色较难追踪全貌。前起自基底嗅区和隔区,又接受杏仁周区与梨状皮质发出的纤维,自前向后直至中脑被盖,穿越下丘脑外侧区,发纤维终于此区。

2. 海马下丘脑纤维 起自海马结构 CA1 区及下托,隔区也有纤维加入,共同组成穹窿,在前连合处分成连合前纤维,止于隔核、外侧视前核与下丘脑外侧区。成束的连合后纤维终于下丘脑腹内侧核和乳头体内侧核。

3. 杏仁下丘脑纤维 起自杏仁复合体的不同核组成终纹与杏仁腹侧通路(ventral amygdaloid pathway),终于下丘脑的核团。

终纹起自杏仁皮质内侧核,伴随尾状核,行于丘脑与尾状核间,再弯曲向腹侧,终止于下丘脑内侧区的内侧视前核、下丘脑前核内侧份、腹内侧核和弓状核。在动物中,这个通路与嗅觉和生殖行为有关。

杏仁腹侧通路起自梨状皮质与杏仁基底外侧

核,弥散投射于下丘脑外侧区。该通路与杏仁体对自主神经系统施加影响有关。

4. 脑干下丘脑纤维　①上升的内脏感觉与躯体感觉的侧支在脑干网状结构接替后,到达中脑导水管周围灰质和被盖背核或腹核。由导水管周围灰质发纤维参加背侧纵束（dorsal longitudinal fasciculus）上升至下丘脑内侧份及室周区。由被盖背核与腹核发出的纤维,组成乳头脚（mammillary peduncle）。这是一个比较稀疏的有髓束,在人类较难鉴别。②中缝背核与中央上核发出的 5-HT 能纤维在内侧前脑束内经下丘脑外侧区上行。这些纤维的终末分布于视前区、下丘脑外侧区、室旁核和交叉上核。自蓝斑发出的去甲肾上腺素能上升纤维经中脑被盖背侧,再借前脑内侧束分布到下丘脑背内侧核、视上核和室旁核。一般认为,脑干单胺类纤维传入对下丘脑不同核群的活动产生较强的调整效应。③孤束核的不同部分投射到内侧与外侧臂旁核,内、外侧臂旁核属胆碱能神经元,外侧臂旁核投射到内侧视前区、室旁核、下丘脑背内侧核与下丘脑外侧区。孤束核头端接受味觉传入投射到内侧臂旁核,内侧臂旁核投射到岛叶、无名质、杏仁中央核与下丘脑后外侧区等。孤束核也可直接发出纤维投射到下丘脑视前核、室旁核、背内侧核及弓状核。

5. 视网膜下丘脑纤维　这些纤维来自视网膜神经节细胞,经过双侧视束投射到交叉上核。视网膜神经节细胞的轴突主要终于交叉上核细胞的树突,交叉上核也接受外侧膝状体核与丘脑室旁核的投射。交叉上核是昼夜节律的起搏器。

6. 皮质下丘脑纤维　主要起自部分额、顶与枕叶皮质。猴的额前内侧区损伤,溃变的纤维终末将遍布于整个下丘脑外侧区与外侧乳头核。间接的皮质下丘脑纤维经过丘脑中线核中继后发出薄髓或无髓纤维,沿第三脑室室管膜上皮的深面垂直下降,然后斜行经下丘脑视前区与结节区,续于背侧纵束,沿途发纤维终于下丘脑内侧区。

(二) 传出纤维

下丘脑的传出纤维部分是传入纤维的反馈,如前脑内侧束、终纹与杏仁腹侧通路、背侧纵束,也有些下丘脑传出纤维并无传入纤维伴行（图 10-19,图 10-20）。

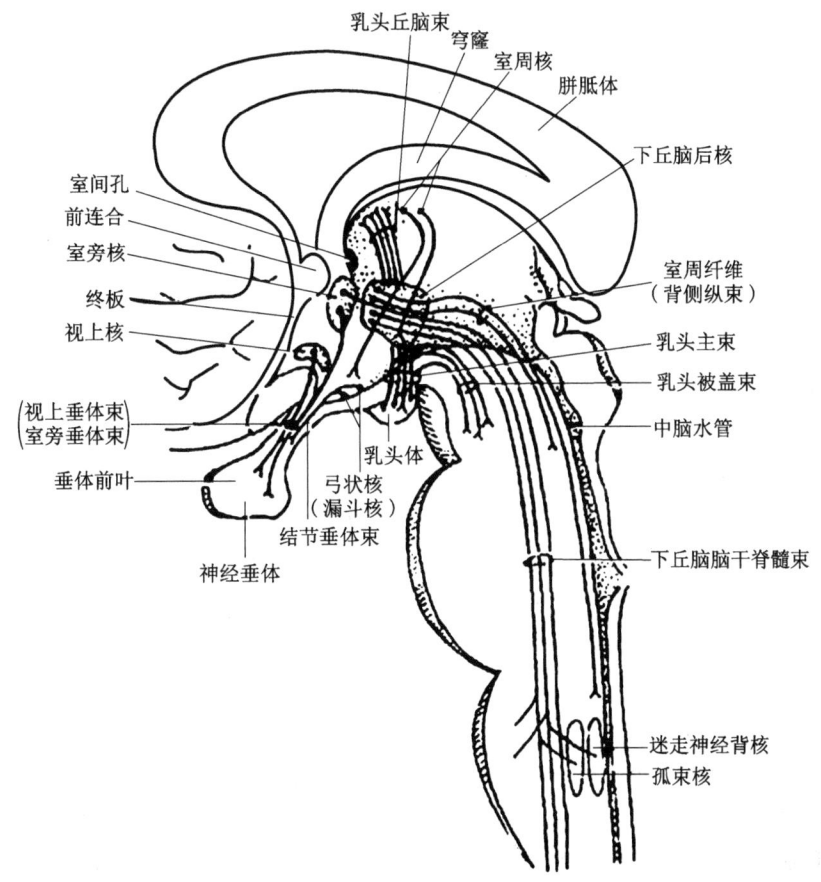

图 10-19　下丘脑的部分传出纤维

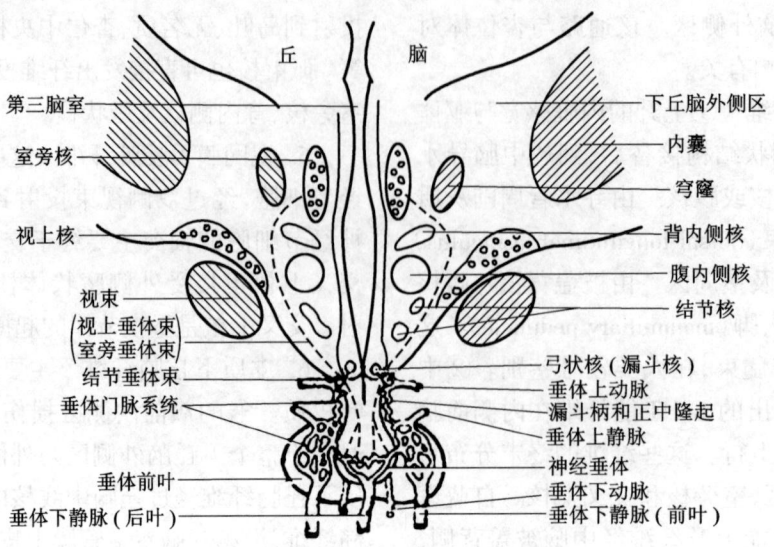

图 10-20 下丘脑和垂体的纤维联系

1. 前脑内侧束 由薄髓或无髓纤维构成，内含下丘脑传出纤维。由下丘脑外侧区向前至内侧隔核与斜角带核，由此再发纤维经穹窿和海马伞至海马结构。向后的下降纤维经中脑腹侧被盖区至中央上核、被盖前核与导水管周围灰质部分。前脑内侧束是下丘脑连结前脑边缘系统和脑干的纤维束。

2. 下丘脑传出纤维 经终纹与杏仁腹侧通路至杏仁体。从下丘脑外侧区发出的纤维随杏仁腹侧通路至杏仁体，从内侧区细胞发出纤维经终纹至杏仁体。

3. 背侧纵束 与前脑内侧束类似，背侧纵束是联结下丘脑与脑干的主要通路。它含有薄髓纤维，主要起自下丘脑内侧带和室周灰质与内侧份细胞，投射至中脑导水管周围灰质与顶盖，少量下降纤维也达被盖后核。背侧纵束的纤维也可下降到脑桥与延髓。

4. 乳头体传出纤维 乳头主束主要起自乳头体内侧核，少量纤维起自中间核与外侧核。主束向背侧走行不久即分成两束：乳头丘脑束和乳头被盖束。乳头丘脑束包含从内侧乳头体发出的纤维投射至同侧丘脑前腹核与前内核，以及从外侧乳头体发出的纤维，终于双侧前背核。乳头被盖束弯向尾侧，进入中脑被盖，终止于被盖后核与前核。

5. 下丘脑下降纤维 从下丘脑下降至脑干与脊髓的纤维对中枢内脏神经元发挥调节作用。室旁核的小细胞部分、下丘脑外侧区的细胞与下丘脑后核的细胞发出投射纤维直接到迷走背核、孤束内侧核、部分疑核及延髓腹外侧区。纤维发自相同的下丘脑核下行于脊髓侧束内，终于脊髓的中间外侧核全长。这些直接的下丘脑纤维可以影响低位脑干与全部脊髓水平的自主神经功能。在人类，若下丘脑、脑干外侧被盖或脊髓侧索损伤，则产生同侧交感神经功能缺陷，间接证实了这些通路的存在。

从室旁核大细胞发出的下降纤维含催产素与升压素，分布至孤束核、迷走背核与脊髓。其他发自下丘脑背内侧核和未定带的多巴胺能神经元纤维亦投射至脊髓。

6. 下丘脑皮质纤维 在鼠与猴运用逆行追踪技术发现下丘脑有纤维投射到大脑皮质。在鼠类，结节区外侧核与下丘脑后核投射到整个大脑皮质。在猴类，结节核与下丘脑后核也能发出纤维至额、顶、枕叶。

7. 视上（室旁）垂体束（supraopticohypophysial tract） 自视上核与室旁核的大细胞发出纤维，集合成视上垂体束，经漏斗柄终于垂体后叶（神经垂体）。一般认为，视上核分泌升压素（又称为血管升压素抗利尿激素），而室旁核分泌催产素。现在已知视上核与室旁核内的不同细胞群合成催产素与载体蛋白Ⅰ或升压素与载体蛋白Ⅱ。视上核与室旁核细胞是神经分泌细胞，它们的分泌物在细胞体内合成后沿轴浆流运输至轴突终末。催产素与升压素储存在不同轴突终末的致密核心小泡中，并可释放到神经垂体的有窗毛细血管周围间隙。催产素可引起泌乳和子宫收缩，升压素可维持体内水分平衡。从室旁核的大细胞成分又发出纤维投射至正中隆起外层,分泌至此的催产素作用尚不清楚,或可调节促肾上腺皮质激素的释放。此外,在垂体门脉系统中催产素的水平较高。对哺乳动物的研究显示,升压素神经元对渗透压敏感,接受来自正中视前核与穹窿下器渗透压敏感的纤维传入,又从来自脑干去甲肾上腺素神经元接受心血管纤维传入,升压素神经元可被谷氨酸、乙酰胆碱、血管紧张素Ⅱ与 α_2 去甲肾上腺素能纤维等输入激活,而被 γ-氨基丁酸所抑制。催产素神经元接受从乳头、子宫颈与阴道的多突触传入激活,催产素神经元可被谷氨酸与催产素激活,而被 γ-氨基丁酸和阿片肽抑制。紧张可促使升压素分泌,但抑制催产素释放。升压素对于正常动物有增强记忆作用,而催产素则对学习和记忆具有抑制作用。

8. 结节垂体束(tuberohypophysial tract) 主要起自内侧室旁核小细胞部分与弓状核,它们发出的纤维仅能追踪到正中隆起与漏斗柄,因此这些纤维称为结节漏斗束(图10-20)。纤维终于垂体门脉系统的血窦,输送"释放"或"释放-抑制"激素至垂体前叶(腺垂体),以调控前叶激素的合成与释放。从功能上看,结节漏斗束与垂体门脉系统建立垂体前叶与下丘脑间的神经激素联系有关。正中隆起作为神经中枢内分泌的转换站,可将神经纤维末梢的生物电活动转变为"释放"或"释放-抑制"激素至门静脉毛细血管窦,被血液携带至垂体前叶。

四、下丘脑的主要功能

下丘脑的主要功能有调控垂体、免疫系统、体液平衡、摄食、生殖,整合自主神经系统的功能,调节体温和觉醒,以及影响学习和记忆(详见第十八章)。

五、室周器官

在脑室系统中线位置上,由特殊组织构成的器官总称为室周器官(circumventricular organ),包括松果体、连合下器、穹窿下器、终板血管器、正中隆起、神经垂体和最后区(图10-21)。这些器官除连合下器外,都含有变形的室管膜细胞及丰富的毛细血管,并具备窗孔的毛细血管袢,袢外被周围结缔组织间隙围绕,故缺乏血-脑屏障。它们都不成对。下面简介与部分间脑有关的室周器官。

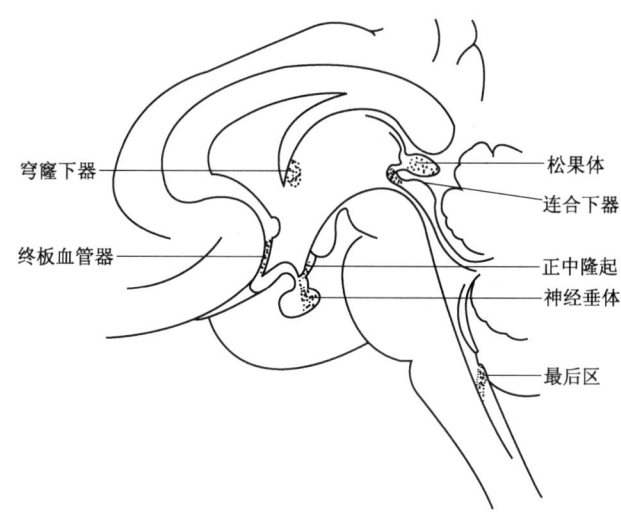

图 10-21 室周器官

1. 终板血管器(organum vasculosum of the laminae terminalis,OVLT) 位于前连合与视交叉之间的终板内,外层包含一个丰富有窗孔血管丛,丛的深面是胶质细胞与神经纤维网。它的室管膜上皮与其他室周器官一样是扁平有纤毛的细胞。向 OVLT 投射的传入神经纤维可能主要来自穹窿下器、蓝斑及若干下丘脑核,其中部分纤维含 GnRH、血管紧张素Ⅱ、生长抑素、心钠素(或称心房利钠多肽,ANP)等,OVLT 可通过血管紧张素Ⅱ调节体液平衡。当中枢循环中存在致热原时,它能引起发热反应。

2. 穹窿下器(subfornical organ,SFO) 位于正中线两侧室间孔之间,与脉络丛相连。它含有较多的神经元、胶质细胞以及一个致密的有窗孔毛细血管丛,被扁平室管膜上皮所覆盖。在鼠类,它与下丘脑有广泛联系,尤其是接受来自下丘脑外侧区的神经支配,与 OVLT 一样,它也能通过血管紧张素Ⅱ诱发饮水与升压素的分泌。

(周长满 闫军浩)

新形态教材网　数字课程学习

📄 教学 PPT　　📄 参考文献

第十一章

小 脑

小脑（cerebellum）是随着动物的躯体运动进化而发展起来的脑部，参与运动调控但又不参与运动的启动，是一个与运动调控密切相关的重要的皮质下结构。小脑接受信息的来源极为广泛，包括触觉、本体感觉、视听觉、平衡觉等在内的多种感觉信息，从中获知关节的姿势和肌的运动状态。小脑也接受来自中枢神经系统其他部分尤其是大脑皮质的信息，而这些大脑皮质区恰恰是处理运动信息或涉及运动规划和发动的部位。小脑对所获得的信息进行分析综合，因而可进一步对肢体、躯干和眼将要进行的运动做出调整，修正运动企图和动作之间的差异，使参与运动的每块肌都按一定的目的、特定的时间及合适的力量协调地收缩。当小脑的主要结构受损时，平稳而精确的运动则会变得不稳定和共济失调。然而，目前对于小脑进行信息整合的具体机制尚不明确。

纤维联系状况表明，小脑还有除运动调节以外的其他功能，小脑损伤后会产生认知和心理决策等方面的障碍。

第一节 小脑的外形及分部

一、小脑的外形

小脑的外形参见第一章神经系统的基本组成。

二、小脑的分部

根据小脑的形态发生、纤维联系及功能等方面可以对小脑进行分叶。以下介绍几种小脑分叶的情况。

1. 从进化角度划分 以后外侧裂为界将小脑分为绒球小结叶（flocculonodular lobe）和小脑体（cerebellar body）两部。绒球小结叶是种系发生上最古老的部分，主要和前庭联系，称为古小脑（archicerebellum）。小脑体又被原裂（fissura prima）分为前叶和后叶。前叶（anterior lobe）主要是和脊髓联系的部分，在进化上较早，称为旧小脑（paleocerebellum）；后叶（posterior lobe）在进化过程中出现最晚，随大脑皮质的发育而发展，故称为新小脑（neocerebellum）（图11-1）。

2. 根据小脑的传入和传出联系并结合功能进行划分 沿纵轴方向可将小脑划分为蚓部（vermis）、中间部（intermediate zone）和外侧部（lateral zone）三部。此三部和内部的小脑核之间有着密切的形态和功能关系，即蚓部和顶核关联，中间部和间位核、外侧部和齿状核关系密切（图11-2）。

3. 从功能和纤维联系的关系上进行划分 可将小脑分为三部分（图11-2）：前庭小脑（即绒球小结叶）、脊髓小脑（包括前叶、后叶的蚓锥体、蚓垂）及大脑小脑（除蚓锥体和蚓垂之外的后叶全部）。前庭小脑的主要功能是控制平衡，损伤后会导致躯体共济失调、眩晕、凝视性眼球震颤及凝视不稳定等症状。脊髓小脑的主要功能是控制肌张力和扫视，损伤后会导致步态共济失调而非姿势性共济失调，此外还有构音障碍、肌张力减退及凝视障碍等症状。由于被称为大脑小脑的小脑皮质从大脑皮质接受的投射纤维都经过脑桥核的中继，所以这部分小脑也可以称为脑桥小脑。大脑小脑损伤后会影响运动的协调和精确性，导致辨距不良、意向性震颤和运动不协调等症状。小脑的这种分布在一定程度上也与其传出

第一节 小脑的外形及分部

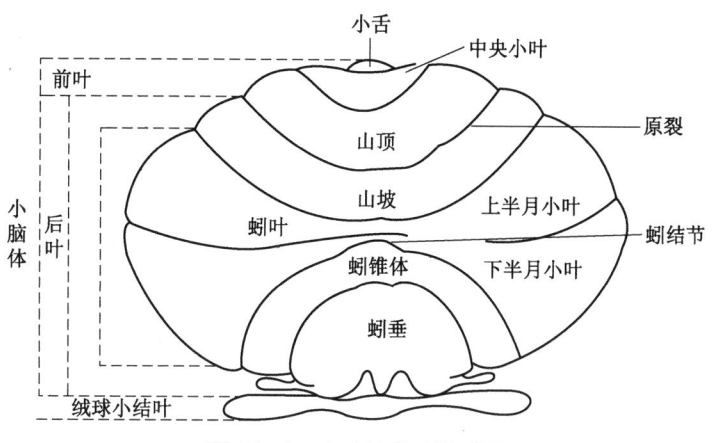

图 11-1 人小脑分叶模式图

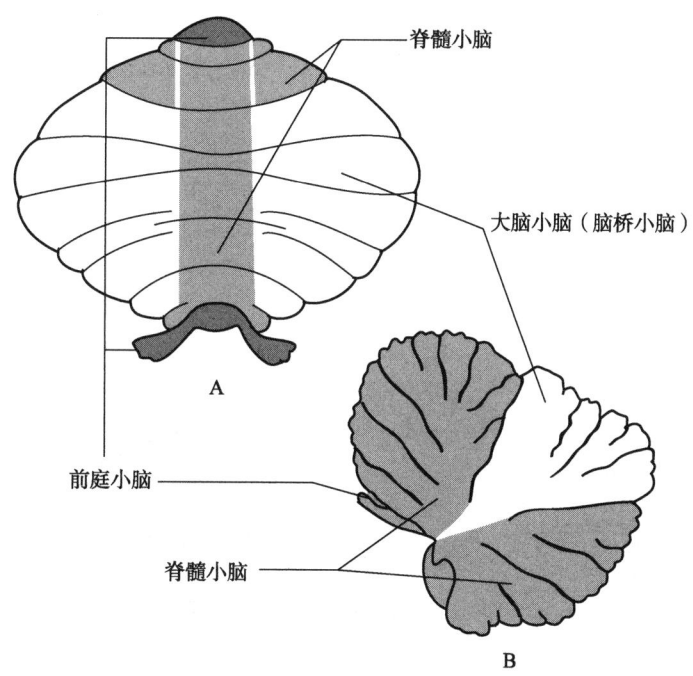

图 11-2 小脑的分部
A. 小脑分部模式图　B. 小脑矢状切面

投射的范围一致,即前庭小脑、脊髓小脑及脑桥小脑最主要的传出影响分别作用于前庭核、脊髓及大脑皮质。前庭核、脊髓、大脑皮质等传入纤维在小脑皮质上的投射区之间有重叠。用 HRP 法及放射自显影法的研究,基本上肯定了这种划分,但发现各种来源的传入纤维在小脑内的分布范围更为广泛。

4. 根据比较解剖学研究结果进行划分　Larsell 把小脑蚓部的小叶划分为 10 个区,附加 Ⅰ～Ⅹ 的号码。此划分方法被广泛地沿用。人的小脑蚓部包括 9 个小叶,而 Larsell 划分为 10 个分区,其对应关系见表 11-1。

表 11-1　人小脑的 Larsell 分区与小脑分叶的对应关系

Larsell 分区	人小脑 蚓部	人小脑 半球	小脑体
Ⅰ	小舌	小舌带	
Ⅱ、Ⅲ	中央小叶	中央叶翼	前叶
Ⅳ、Ⅴ	山顶	方叶(前部)	
	原　裂		
Ⅵ	山坡	方叶(后部)	后叶
Ⅶ	蚓叶	上半月小叶	

续表

Larsell 分区	人小脑		
	蚓部	半球	小脑体
		水平裂	
VII	蚓结节	下半月小叶	
VIII	蚓锥体	二腹叶	
		次裂	
IX	蚓垂	小脑扁桃	
X	小结	绒球	绒球小结叶

第二节 小脑的内部结构

小脑的表面有薄层的灰质，称为小脑皮质。小脑表面被密集的横沟（小脑沟）划分为密集皱褶，称为小脑回，即小脑叶片（cerebellar folia）。小脑叶片的存在大大地增加了小脑皮质覆盖的面积（总面积约 1 000 cm²）。小脑皮质的深面为白质（小脑髓质），其中含有进出小脑皮质的纤维，在白质内藏有 4 对小脑核（图 11-3）。从正中矢状断面上观察小脑结构时，沟回及白质交错形成珊瑚枝状，被早期的解剖学家形象地称为活树（arbor vitae）。

一、小脑皮质

（一）小脑皮质的分层和细胞类型

小脑结构的一个重要特点是其皮质的细胞构筑均等一致。在小脑皮质内有 5 种神经元（图 11-4）：① Purkinje 细胞，是小脑的抑制性投射神经元；②颗粒细胞（granular cell），是小脑唯一的兴奋性中间神经元；③ 筐状细胞（basket cell）；④ 星形细胞（stellate cell）；⑤ Golgi 细胞。后面 3 种为小脑的抑制性中间神经元。尽管小脑皮质含有数十亿个神经元，但它

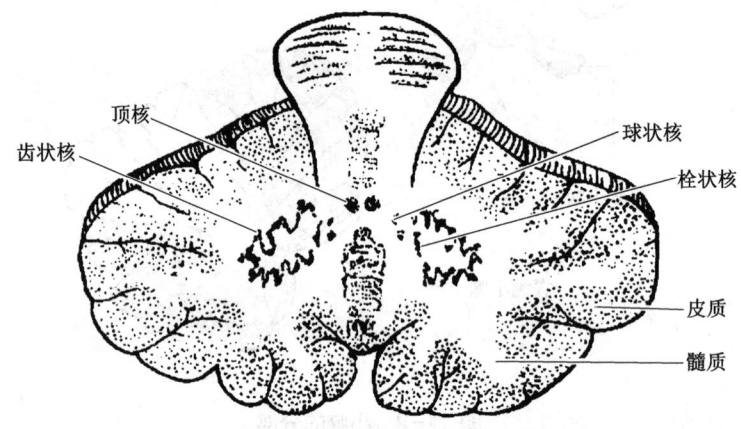

图 11-3 小脑水平切面

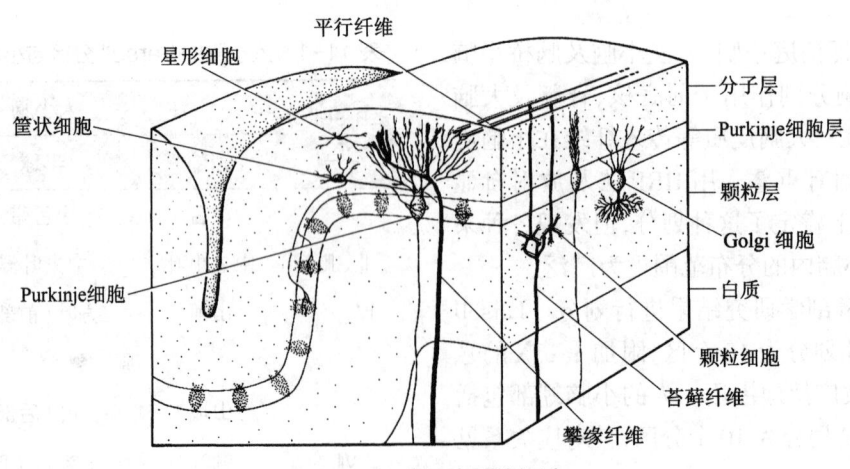

图 11-4 小脑皮质的构造

们多数属于颗粒细胞,较大脑皮质的细胞类型简单得多。

小脑皮质的上述5种细胞分3层排列(图11-4),由表及里依次是分子层(molecular layer)、Purkinje细胞层及颗粒层(granular layer)。

1. **分子层** 该层是皮质中最厚的一层,主要由纤维构成,其中包括Purkinje细胞的树突、Golgi Ⅱ型细胞的树突、颗粒细胞轴突形成的平行纤维、筐状细胞的树突、星形细胞的树突和轴突。分子层内细胞成分较少,有星形细胞和筐状细胞两种。星形细胞位于分子层的浅层,胞体较小,树突短,其轴突沿叶片横向走行,与Purkinje细胞的树突接触。筐状细胞(位于分子层深部1/3部位),胞体呈星形或多角形,有短粗的树突和一条特殊的轴突。其轴突在Purkinje细胞胞体上方,沿叶片的横轴走行(图11-5),可延伸越过约18个Purkinje细胞(猴)。沿途几乎等距离地发出侧支包在所跨越的每个Purkinje细胞体周围。每一个Purkinje细胞周围包有一个由若干筐状细胞的轴突侧支形成的纤维筐,筐状细胞因此而得名。筐状细胞还向两侧发出侧支,每侧可与6排Purkinje细胞联系,故一个筐状细胞可直接影响18×(6×2)个Purkinje细胞。

2. **Purkinje细胞层** 该层也称为梨状神经元层(piriform cell layer),由大型且排列整齐的Purkinje细胞的胞体层组成。此细胞在小脑皮质内约有1 500万个,胞体呈梨形,在Nissl染色标本上核浅淡,胞质内有较多大小不等的Nissl体,呈同心圆排列。从胞体向上发出2~3条粗大而光滑的主树突,反复分支形成繁茂的扁百叶状的树突树,伸入分子层,可达皮质的表面,整个树突树展开的片状平面与小脑叶片长轴的方向垂直(图11-5)。Purkinje细胞第一、二级树突表面较光滑,仅有少量侧棘,而三级以上的树突表面则有大量侧棘。据估计一个Purkinje细胞的树突棘可超过10万个,因而大大地增加了树突的表面积。Purkinje细胞的轴突是小脑皮质的唯一传出成分,可穿过颗粒层入白质,其终末多终止于小脑核,少数出小脑直接止于前庭核。Purkinje细胞的轴突发出返回侧支与Purkinje细胞体、近侧树突及位于颗粒层浅层的Golgi细胞接触。

3. **颗粒层** 该层位于Purkinje细胞层的深面,主要由大量的颗粒细胞及苔藓纤维的终末构成,在其表层内还有较少的Golgi细胞。颗粒细胞为小的多极细胞,数目极多,每立方毫米颗粒层脑组织中含300万~700万个颗粒细胞。颗粒细胞直径4~8 μm,胞质很少,且无Nissl体,因而在Nissl染色标本上仅可见到细胞核。颗粒细胞发出4~5条短树突,其末端分支成爪状,接受来自苔藓纤维的冲动。颗粒细胞的轴突无髓鞘,穿过Purkinje细胞层伸入分子层,再呈T形分叉后组成平行纤维(parallel fiber),沿叶片的长轴平行走行,平行纤维与Purkinje细胞的树突展开的平面垂直并穿过Purkinje细胞的树突丛,与其树突棘形成突触连接。据估计,每一个Purkinje细胞的树突约有20万条平行纤维穿过。平行纤维与Purkinje细胞接触外还可和分子层内其他神经细

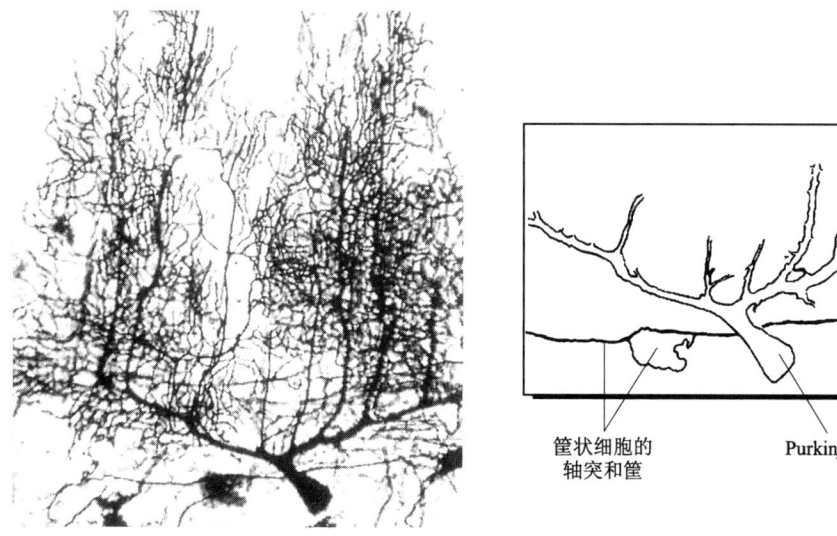

图11-5 Purkinje细胞和筐状细胞(Golgi染色)

胞成分接触，包括星形细胞、筐状细胞及 Golgi 细胞的树突等。

Golgi 细胞位于颗粒层的浅层，其树突主要伸向分子层，与平行纤维接触。有人估计一个 Golgi 细胞可与 10 个 Purkinje 细胞接触。Golgi 细胞轴突很短，分支极多，在颗粒层中形成稠密的丛，与颗粒细胞的树突形成突触。Golgi 细胞轴突分支的末端还参与小脑小球（cerebellar glomerulus）的构成。

综上所述，在小脑皮质内的 5 种细胞成分中，只有 Purkinje 细胞的轴突为小脑皮质中唯一的传出纤维。而且除颗粒细胞为兴奋性神经元外，其余 4 种细胞均为抑制性神经元，其递质为 GABA（表 11-2）。

（二）小脑皮质内的局部环路

小脑的外部传入纤维主要有 3 种，即攀缘纤维（climbing fiber, Cf）、苔藓纤维（mossy fiber, Mf）和胺能纤维（aminergic fiber, Af）（图 11-6）。这些纤维主要作用于小脑皮质内的 Purkinje 细胞，但在它们到达小脑皮质之前，一般都发出侧支到某个小脑核。

1. 攀缘纤维　发自下橄榄核，在攀缘纤维与 Purkinje 细胞之间具有明显的专一性，每条纤维直接与数量有限的 Purkinje 细胞（一般不超过 10 个）的

表 11-2　小脑皮质的神经元

细胞类型	板层分布	神经递质	突触作用	突触后靶区
投射神经元				
Purkinje 细胞	Purkinje 细胞层	GABA	抑制性	小脑核，前庭神经核
中间神经元				
颗粒细胞	颗粒层	Glu	兴奋性	Purkinje、筐状、星形和 Golgi 细胞
筐状细胞	分子层	GABA	抑制性	Purkinje 细胞
星形细胞	分子层	GABA	抑制性	Purkinje 细胞
Golgi 细胞	颗粒层	GABA	抑制性	颗粒细胞

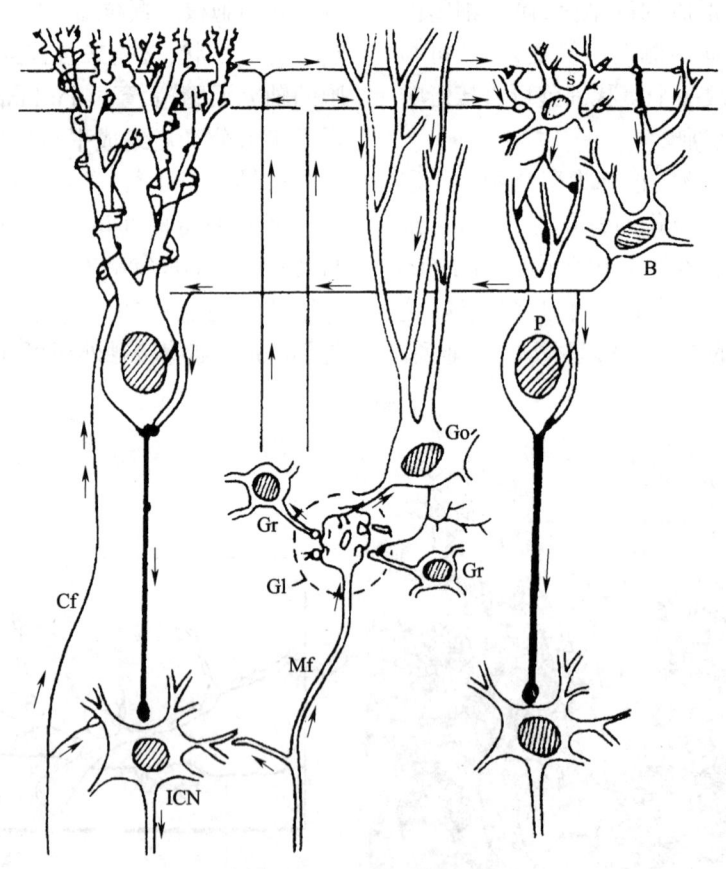

图 11-6　小脑皮质内联系

B：筐状细胞　Cf：攀缘纤维　Gl：小脑小球　Go：Golgi Ⅱ型细胞　Gr：颗粒细胞　ICN：小脑核　Mf：苔藓纤维
S：星形细胞　P：Pukinje 细胞
箭头示冲动方向，实心终扣为抑制性，空心终扣为兴奋性

近侧树突形成突触。这种突触连接有多个,是一种很强的兴奋性突触联系。

2. 苔藓纤维 来自脊髓、前庭系统、网状结构和脑桥核等多方面,数量很大。起自脊髓和前庭系统的纤维,有的是单侧投射,也有的是双侧投射。苔藓纤维进入小脑皮质后,间接地通过颗粒细胞来影响大量的Purkinje细胞。

苔藓纤维在白质和颗粒层内广泛分支,与许多颗粒细胞的树突以一种很复杂的形式构成突触联系。小脑小球是苔藓纤维和小脑皮质神经元之间一种特殊的突触模式(图11-7),其中央是一条苔藓纤维的玫瑰花瓣状终扣,周围有20条左右的颗粒细胞树突的爪状终末分支以及Golgi细胞的轴突和树突终末,分别与终扣形成突触,表面包以胶质囊,借此和周围的颗粒细胞分隔。在小脑小球部位,苔藓纤维的玫瑰花瓣状终扣与颗粒细胞以及Golgi细胞的树突之间形成的都是传递兴奋的轴-树突触,但Golgi细胞轴突与颗粒细胞爪状树突之间所形成的则是抑制性的突触。Golgi细胞的树突主要伸向分子层,接受颗粒细胞平行纤维的兴奋性冲动,而Golgi细胞的兴奋又反过来通过其轴突在小脑小球处抑制颗粒细胞,形成一个负反馈的回路。

苔藓纤维和攀缘纤维向小脑输送的是完全不同的信息。由于苔藓纤维能够携带频率范围较广的神经冲动,它不仅向小脑提供有关运动的精确分级信号,如运动涉及多少肌肉,运动的方向、速度和肌力大小的信号,还向小脑提供来自皮肤刺激的定位和性质,以及从大脑皮质来的有关运动指令的详情。而攀缘纤维的发放频率范围则很小,它不提供有关运动分级的信号。攀缘纤维上的一个单个动作电位就足以激发Purkinje细胞的动作电位(复合峰),是一种全或无的作用而非分级信号。大量的研究证明,当运动在执行过程中受到干扰时,攀缘纤维的发放频率即明显增加,对运动速度和方向的改变则不发生反应。例如,行进中的猫在其肢体遇到阻抗时,与其前肢相关的攀缘纤维发放频率即可增加。又如,猴在学习一种新的运动时,与该运动相关脑区联系的攀缘纤维活动也可增加。如果所学习的运动已经能够重复(已经学会),则在运动执行过程中攀缘纤维的发放就不再增加(没有了错误信号)。因此,攀缘纤维在运动的学习中起着特殊的作用。攀缘纤维的长时间输入信号可改变Purkinje细胞对苔藓纤维输入的反应,当攀缘纤维和苔藓纤维同时作用于一个Purkinje细胞时,通过攀缘纤维兴奋引起该Purkinje细胞活动的改变,该现象的基础为长时程增强作用(LTP),即细胞的"记忆"作用。当然,LTP还取决于Purkinje细胞树突内的Ca^{2+}浓度增高等其他因素。

3. 胺能纤维 是传入小脑的第3种纤维,广泛分布于小脑皮质,属抑制性纤维。其中又分2种纤维,一种起源于脑干中缝核,含5-HT;另一种为从蓝斑发出的NA纤维。它们兼有交叉和不交叉的投射。

小脑皮质内的3种抑制性的中间神经元(即Golgi细胞、筐状细胞和星状细胞),直接或间接地接受上述3种传入纤维支配,在小脑皮质内起调节作用。小脑皮质内唯一的传出神经元Purkinje细胞也是抑制性的,它作用于小脑核和前庭外侧核的细胞。然而,小脑核又接受苔藓纤维和攀缘纤维侧支的兴奋性传入。与上面提到的3种中间神经元一样,Purkinje细胞的递质也是GABA。其主要标志酶是谷氨酸脱羧酶(GAD),它是GABA的合成酶。因此,可用显示此酶的免疫组织化学方法显示Purkinje细胞、筐状细胞、星状细胞和Golgi细胞,也可显示它们的突触末梢。

归纳起来,小脑的外部传入是经苔藓纤维和攀缘纤维进入小脑,一方面根据它们的来源投射到相应的小脑皮质,再通过Purkinje细胞的轴突控制小脑核。另一方面通过它们的侧支兴奋小脑核。而这些兴奋性的"主要环路"又受由中间神经元构成的抑制性局部环路的调节(图11-8)。

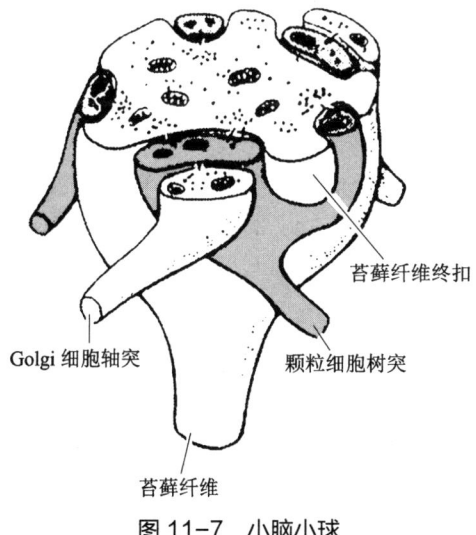

图11-7 小脑小球

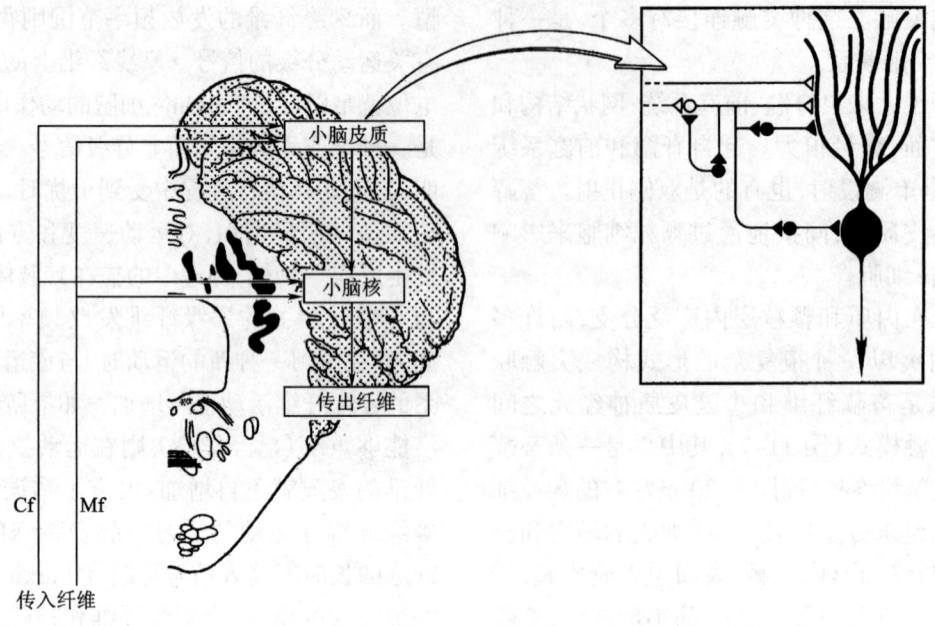

图 11-8　小脑的传入和传出纤维概观

二、小脑核

埋藏于小脑髓质内的小脑核有 4 对，由内向外为顶核、球状核、栓状核和齿状核（图 11-3）。

1. 顶核（fastigial nucleus）　位于第四脑室顶部，呈卵圆形，大小约为 10 mm×5 mm，主要接受来自前庭神经及前庭神经核的纤维。由蚓部皮质到顶核的纤维有定位关系。由顶核发出的纤维一部分不交叉经旁绳状体进入脑干形成顶核延髓束，而另一束纤维在小脑内交叉，至对侧然后从后方绕过结合臂后下降形成钩束，这些纤维终于前庭核和网状结构。

2. 球状核（globose nucleus）　位于顶核外侧呈球形，大小约为 5 mm×5 mm×3 mm。此核主要接受旧小脑皮质来的纤维，发出纤维经结合臂行向中脑，大部分止于红核。

3. 栓状核（emboliform nucleus）　是楔形灰质块，位于齿状核门处，大小约为 13 mm×3 mm×4 mm。它主要接受新旧小脑皮质的纤维，发出的纤维同上。

4. 齿状核（dentate nucleus）　位于最外侧，是小脑核中最大的核团，呈皱褶囊袋状，大小约为 16 mm×7 mm×8 mm，袋口向内侧，齿状核的发展与新皮质发展相平行。接受来自小脑新皮质的纤维，发出纤维经结合臂，部分纤维止于红核小细胞部，另一部分纤维还发出侧支止于网状结构及丘脑。

在一些哺乳类动物中，小脑核按其位置称为内侧核、间位核和外侧核。间位核分前后两部，前部相当于栓状核，后部相当于球状核。从发生上来说，4 对小脑核中顶核最古老，齿状核最新。

小脑皮质的传出信息都要通过 Purkinje 细胞按就近支配的原则投射到小脑核。小脑皮质与小脑核之间的投射纤维具有精确的局部定位排列关系，即小脑的前部和后部的皮质分别投射到小脑核的前部和后部。大体上顶核接受蚓部皮质的纤维，球状核和栓状核接受中间部皮质的纤维，而齿状核接受外侧部皮质的纤维。小脑核主要接受 Purkinje 细胞的纤维，由于 Purkinje 细胞的数量较小脑核的细胞数量多得多，因此小脑皮质向小脑核的投射存在着大量的会聚，每一个小脑核细胞可与 200 个 Purkinje 细胞联系。

小脑核也接受攀缘纤维、苔藓纤维的侧支以及前庭核至顶核和从红核至间位核的终支，甚至有人把这部分侧支看做是小脑核传入的"主渠道"。Purkinje 细胞至小脑核纤维是抑制性的，而其他来源的纤维则是兴奋性的。

由前庭小脑发出的纤维主要止于前庭核中与眼外肌相联系（通过内侧纵束）的部分，小部分止于发出脊髓下行投射纤维的前庭核。因此，前庭小脑的主要功能是调控眼球活动。

小脑皮质还有不经小脑核而直接向前庭核投射

的纤维,即小脑前庭纤维。如小脑前、后叶蚓部皮质的 Purkinje 纤维可直接投射到前庭核(主要到前庭外侧核),因此前庭核实际上可被看做是小脑核的一部分。这部分纤维经前庭核中继后投射到脊髓,影响姿势调控。

电生理学研究表明,小脑核细胞具有可以在没有外来兴奋性冲动输入状况下自己发放冲动的能力,即自发活动。由于 Purkinje 细胞是抑制性的,因而可以解释为什么小脑核细胞必须保持持续发放,即作为接受 Purkinje 纤维发来冲动的先决条件(Purkinje 细胞活动增加则小脑核细胞活动减少)。此外,小脑核细胞还从其他来源接受传入,如上述的"主渠道",就是兴奋性的。Purkinje 细胞活动的增加或减少都会立即影响小脑核的活动。Purkinje 细胞即使有微小的改变都能反映到小脑的靶结构上,表明小脑对运动节律的控制起着重要作用。

第三节 小脑的纤维联系

小脑在外形上借助三对脚与脑干紧密相连,小脑的传入或传出纤维几乎都要经过这三对脚进、出小脑。小脑下脚连在小脑与延髓之间,其中含有小脑与脊髓以及小脑与延髓之间联系的纤维;小脑中脚连于小脑与脑桥之间,其中含有来自大脑及脑桥与小脑联系的纤维;而小脑上脚连于小脑与中脑之间,其中含有大量小脑传出向丘脑及大脑皮质投射的纤维,还有少量脊髓小脑前束的传入纤维通过。下面从小脑的传入纤维和传出纤维两方面进行介绍。

一、传入纤维联系

小脑的传入纤维联系主要来自前庭、脊髓以及脑干内的小脑前核(主要指下橄榄核、桥核和外侧网状核,还有脑桥被盖网状核、舌下神经周核及旁正中网状核等)。小脑前核中继来自脊髓及大脑皮质下行的冲动,通过这些途径,小脑接受来自运动中枢的信息以及大量与运动有关的感觉信息,包括来自肌、腱、关节、皮肤、前庭、视器和听器等处的信息。这些信息是小脑作为运动调节中枢的基础。

小脑传入纤维与传出纤维之比为 40∶1,而脊髓后根传入和前根传出的比例为 5∶1,可见小脑的传入信息是相当大的。

1. 前庭小脑投射 一部分来自前庭纤维,一部分来自前庭核(前庭下核、前庭内侧核),经小脑下脚投射到同侧的绒球小结叶。HRP 追踪法研究证实,前庭小脑纤维不仅投射到绒球小结叶而且包括整个蚓部,前庭核也可通过外侧网状核及脑桥被盖网状核与小脑联系(图 11-9)。

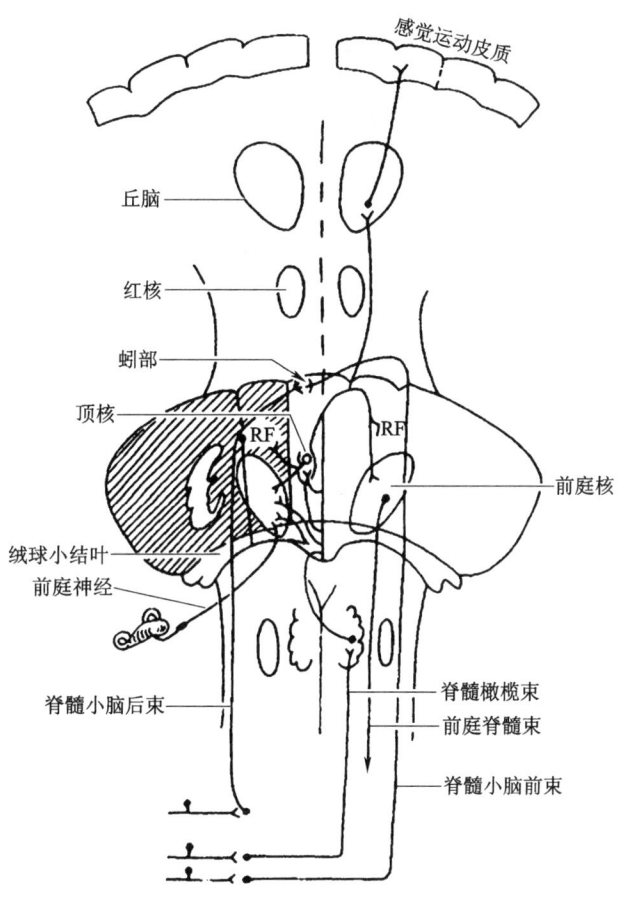

图 11-9 蚓部及绒球小结叶的纤维联系
RF:网状结构

2. 脊髓小脑投射 脊髓向小脑的投射有背、腹两部分,此两部分又各包括两束,分别传导上半身和下半身的感觉信息。位于背侧的为脊髓小脑后束和楔小脑束,位于腹侧的为脊髓小脑前束和脊髓小脑吻束,其起始及行径已述于前。脊髓小脑后束投射至同侧小脑前叶的Ⅰ～Ⅳ小叶、蚓锥体和下半月叶的尾部,这些区域恰与下肢定位相当。楔小脑束投射至同侧小脑的前叶后部、蚓锥体的最前部及下半月叶的尾部,这些区域相当于上肢的定位区(图 11-9、图 11-10)。

脊髓小脑前束中的纤维入小脑后经过交叉又返

第十一章 小 脑

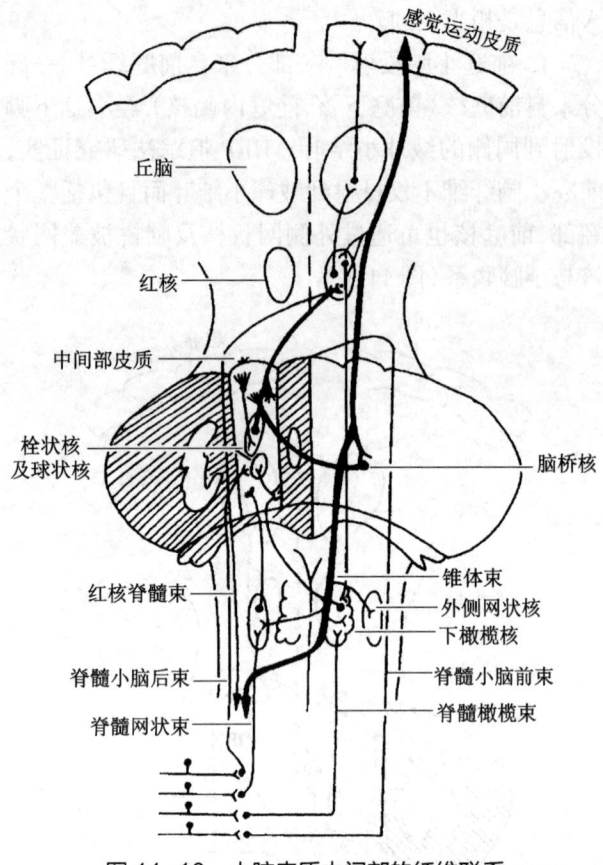

图 11-10 小脑皮质中间部的纤维联系

回同侧。另有脊髓小脑吻束起于同侧颈髓后角基部，其纤维 1/3 经小脑下脚，2/3 经小脑上脚，大部分止于同侧小脑的前叶。此束相当于脊髓小脑前束的上肢部分。

3. 网状小脑投射　由网状结构向小脑投射的通路中，外侧网状核接受来自脊髓、大脑皮质、红核、上丘及前庭的纤维，也接受来自小脑顶核的反馈纤维。由外侧网状核发出的纤维多数经小脑下脚投射至小脑的广泛区域，以前叶、下半月叶及蚓锥体的投射最为密集。脊髓-外侧网状核-小脑投射有一定的体部定位关系。旁正中网状核和舌下周核接受来自脊髓、大脑皮质的感觉运动区及皮质下中枢的纤维，经小脑下脚投射到两侧前叶的蚓部及后叶的蚓垂和蚓锥体，也有至间位核及顶核的投射，同时也接受发自顶核或齿状核的反馈纤维。舌下周核接受感觉运动区的面区纤维，故有人推测它们可能与舌肌运动控制有关。脑桥被盖网状核传出纤维投射至全部小脑皮质，其传入纤维主要来自小脑的齿状核及间位核（图 11-10）。

4. 橄榄小脑投射　是小脑的一个重要传入来源，经对侧绳状体入小脑，投射到小脑各部皮质，有明确的体部定位关系。近年来 HRP 追踪和放射自显影技术的研究，发现其投射范围更为广泛。下橄榄核向小脑皮质投射的纤维为攀缘纤维，对 Purkinje 细胞有强力的兴奋作用（图 11-9、图 11-10）。

下橄榄核接受来自大脑皮质、脊髓、红核、上丘、顶盖前区、中央灰质、中脑被盖、小脑核等处的传入联系，因而形成小脑皮质-小脑核-下橄榄核-小脑皮质及小脑核-下橄榄核-小脑核两条反馈环路。下橄榄核对小脑调控运动的功能有重要的意义。破坏动物的下橄榄核可产生类似切除小脑的后果。另外，脊髓-下橄榄核-小脑联系很可能与步态有关。

5. 脑桥小脑投射　为小脑最大的传入纤维，也是大脑皮质与小脑联系的中继通路。桥核接受大脑皮质额叶、顶叶、枕叶、颞叶的投射，这些皮质区域向桥核的投射有一定的定位关系。桥核发出纤维交叉经对侧小脑中脚入小脑，主要投射于小脑新皮质，也有一定的定位关系。桥核还接受上丘、下丘的纤维及脊髓的投射，桥核与小脑核之间也有往返纤维联系（图 11-10、图 11-11）。

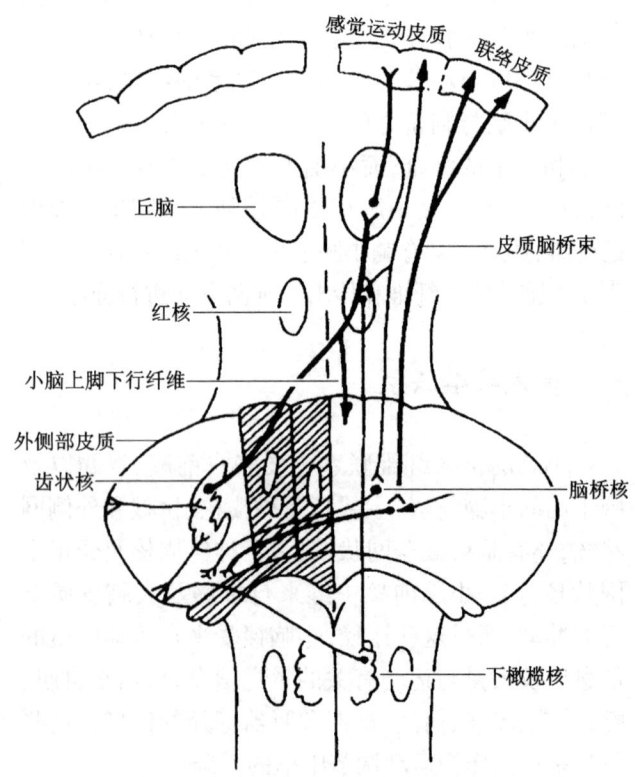

图 11-11 小脑外侧部的纤维联系

二、传出纤维联系

小脑皮质整合活动的结果最后通过Purkinje细胞传出,小部分直接出小脑,大部分通过同侧小脑核再作用于中枢神经系统其他部分。

1. 顶核主要接受小脑蚓部皮质的投射　有一定吻尾方向的定位排列关系,即蚓部吻侧发出的纤维终于顶核吻侧部,蚓部尾侧发出纤维止于顶核尾侧部。顶核的传出投射大部分经同侧小脑下脚(小部分在小脑内交叉,绕对侧小脑上脚形成钩束下行),主要终于前庭各核及延髓、脑桥的网状结构。通过前庭脊髓束加强肌张力,通过网状脊髓束对伸肌或有兴奋或有抑制作用。钩束也有小部分上行纤维,止于中脑网状结构、上丘、丘脑腹外侧核及板内核。还有由绒球小结叶、蚓垂及前叶蚓部皮质发出的纤维,不经顶核,通过小脑下脚而直接止于前庭核(图11-9)。

2. 球状核和栓状核接受小脑中间部皮质的投射　其传出纤维经小脑上脚止于对侧红核的大细胞部。通过由此发出的红核脊髓束作用于脊髓,增加同侧肢体的屈肌张力。有相当一部分纤维通过红核止于对侧丘脑的腹前核、腹外侧核及板内核,经丘脑中继后作用于大脑皮质的感觉运动区(图11-10)。

3. 齿状核接受小脑外侧部皮质的传出纤维　其传出纤维主要经小脑上脚交叉穿过红核或经其周围,在对侧丘脑的腹外侧核、腹前核及板内核中继,主要投射到大脑皮质的感觉运动皮质。齿状核一部分传出纤维终止于对侧红核的上部,此部为发出红核橄榄束的部位。小部分齿状核传出纤维经小脑上脚交叉后折向下行,止于桥核、脑桥被盖网状核、旁正中网状核及下橄榄核(图11-11)。有研究报道,齿状核还有少量的传出纤维止于动眼神经核,与眼球的垂直和旋转运动有关。也有研究证实小脑核与上丘、顶盖前区、后连合核、Cajal中介核等有联系。

第四节　小脑的功能

小脑有广泛的传入、传出联系,主要接受与运动有关的信息,但也接受所有的感觉信息(躯体感觉和内脏感觉)。其传出纤维主要投射到各运动中枢,且小脑损伤时并不出现感觉障碍,因而一般都认为小脑为脑内运动调节中枢。

小脑的主要功能有两方面:一方面是协调随意运动;另一方面是调节肌紧张,影响和维持身体姿势平衡。这两者之间又是相互关联的,不能截然分开。随意运动、姿势的维持和变换均需要不同肌群的协作,协作肌群必须有交互神经支配,以接受兴奋和抑制冲动来实现肌张力的转换。肌张力是由牵张反射来维持的,小脑通过间接的通路来调节α和γ运动神经元的兴奋和抑制。

绒球小结叶主要与前庭有往返联系,故主要与平衡有关。绒球小结叶受损的主要表现是严重的平衡障碍,走路时两脚间距很大,东倒西歪;躯干共济失调,容易跌倒,甚至完全不能保持直立状态的平衡;患者躺下或肢体得到支撑时,肢体的单独运动一点也不受影响,而且一般没有肌张力减退或反射的改变。一侧绒球小结叶在被急性破坏时,偶尔可见水平方向上的缓慢而不规则的眼球震颤。向伤侧凝视时,震颤程度加重。

小脑前叶的蚓部主要接受来自脊髓的冲动,也接受少部分大脑皮质的信息。其传出纤维直接影响或经顶核间接作用于前庭核及网状结构,再经前庭脊髓束及网状脊髓束影响肌张力。前叶的中间部皮质一方面接受由脊髓上行而来的信息,一方面有较多的来自大脑皮质感觉运动区的传入联系,其传出联系经间位核一方面返回至感觉运动皮质,另一方面较大量地投射于红核,并通过红核脊髓束作用于脊髓。刺激中间部皮质可抑制屈肌,由于前叶对伸肌的抑制作用较强,故总体损伤的特征是伸肌张力亢进。感觉运动小脑在前叶的Ⅷ小叶,这一区域的病变导致共济失调,辨距障碍,构音障碍和动眼神经控制受损的小脑运动综合征。

新小脑的形成与大脑皮质和脑桥核的发达相对平衡,大脑皮质与小脑间形成环路,其主要功能与精细的随意运功有关。其影响主要通过对大脑皮质的作用表现出来,损伤后的症状以肌张力低下、共济失调及意向性震颤为主要表现。随意运动的障碍可出现辨距不良、运动分离、轮替运动困难、反击现象等,运动时常易感疲劳和无力。上述障碍造成的随意运动不协调,称为共济失调(ataxia)。在随意运动时常伴有意向性震颤,这也加重了共济失调。眼肌运动障碍可出现眼球震颤,由于舌肌和喉肌的运动障碍也可出现语言障碍。认知/边缘小脑位于小脑后叶，后叶病变可导致小脑认知情感综合征(CCAS)，其标志性特征包括执行功能、视觉空间处理、语言技能和情感调节方面的缺陷。

研究资料表明，小脑参与运动学习功能。如对家兔的瞬膜反射(眨眼反射的一部分)的研究即属此。当用小的气流吹击家兔眼球时，其眼瞬膜即随眼睑一起合闭。这一反射属无条件反射，其传入成分是三叉神经纤维；反射中枢位于脑干，包括三叉神经感觉核、网状结构和面神经核；传出成分是支配眼周围肌的面神经纤维。如果在对眼睛吹气之前给动物一个条件刺激(如声音)，训练一段时间以后，单独给予声音也会使家兔眨眼。这种条件反射的传导途径较为复杂，涉及听觉通路和大脑皮质。但是如果损伤家兔小脑的特定部位，此条件反射就再不能被引出(无条件反射不受影响)，且家兔已经获得的条件反射也将消失。后来发现，只要损伤小脑的很小一部分如中间带的"面区"即能获此效应。对其他运动反射的研究还不像瞬膜反射这样肯定。

许多研究都提出小脑的功能不限于运动，小脑半球还参与更精密运动(如弹琴)的学习，甚至还可能参与高级精神活动。据临床观察，小脑损伤的患者有时可出现认知障碍。也有研究证明，在执行各种认知任务时，小脑的血流量明显增加。例如，当人在解字谜时，其齿状核部位血流量增加(已排除运动的影响)。另外，还发现受试者在想象打网球或默算时，小脑半球血流也增加。不仅如此，小脑可能还参与非运动性的学习功能，如在执行触觉认知学习功能时，小脑半球后部的代谢增强。最新的研究表明，这一功能可能与小脑中优先表达在 Purkinje 细胞上的多巴胺 D2 受体(D2R)相关，并可调节 Purkinje 细胞的突触效能，在小鼠中 D2R 水平的变化能够改变社交能力和对社交新颖性的偏好，但不影响运动功能。小脑还能感受节律变化(不仅是执行过程中的节律性运动)，在有小脑半球损伤的 6 位患者身上发现，他们从一件事向另一件事转移注意力的能力有所下降(特别是注意力的快速转移)，但他们对事物维持注意力的能力不受影响。尽管如此，对小脑在高级脑功能方面所起的作用尚未明了，有待于进一步研究。基于小脑的特定区域与大脑皮层间存在广泛的纤维联系，小脑环路可能参与学习和记忆活动。事实上，猴小脑和大脑之间的解剖束追踪和人类正电子发射断层扫描数据支持小脑具有不同功能模块的观点，即除协调运动功能外，还有助于认知功能的完善。静息状态和任务诱发状态下的功能性磁共振成像研究表明，小脑的一个认知领域是视觉空间注意力，可能与眼球运动有关。大脑皮质中与视觉和视觉注意有关的区域通常被组织成视野图。Brissenden 等使用 pRF 建模识别人类小脑小叶 Ⅶb/Ⅷa 中的视野图，该图代表同侧视觉空间，并且在空间注意力和工作记忆期间处于活动状态。这一发现使得研究人员能够可靠地找到与某功能相关的具体小脑区域。

（凌树才　张晓明）

新形态教材网　数字课程学习

📺 教学PPT　　📄 参考文献

第十二章

基 底 核

基底核（basal nuclei）也称为基底神经节（basal ganglia），是位于端脑基底部的一些核团，包括尾状核、豆状核（壳和苍白球）。此外，人们还将两个与之密切相关的端脑以外的结构——黑质和底丘脑核也归于基底核的范围。长期以来，人们早已明确基底核的功能与运动调控有关，认为它发出下行纤维到脊髓，参与的"锥体外系（extrapyramidal system）"直接控制运动。但近 30 年来，由于神经束路追踪技术的发展，对基底核纤维联系的认识有了很大发展，确证了基底核的主要传出联系并不是下行到脑干或脊髓的运动核团，而是上行到大脑皮质运动区和其他皮质部位，即证明基底核是从大脑皮质出发、经过丘脑又回到大脑皮质这样一个复杂神经环路的中间站。因此，基底核在中枢神经系统对运动调控中的地位与小脑十分相似，即在皮质运动区做出运动指令之前，首先需将来自皮质广大区域的信息在基底核（及小脑）进行加工。然而，尽管近年来对基底核内部联系的认识已很深入，但基底核如何对信息进行加工的问题仍然"若明若暗"。

由于基底核的功能主要涉及运动的起始和控制，因此其病变主要表现为运动症状。涉及的疾病包括常见的帕金森病、舞蹈症等。不仅如此，临床和实验研究都证明，基底核还参与高级精神活动，特别是基底核的腹侧部分以及基底前脑系统的 Meynert 基底核和杏仁体的延伸部分等，而这些基底前脑（basal forebrain）结构与某些神经精神疾病，如精神分裂症和阿尔茨海默病有关。

第一节 基底核的组成

目前，基底核的组成有两种描述方式：一种是根据解剖位置从形态学上认为基底核包括尾状核、豆状核和屏状核。其中，尾状核、豆状核与机体运动调控有关，屏状核的功能尚不清楚。另一种描述从功能上认为基底核包括尾状核、豆状核以及与运动密切相关的底丘脑核和中脑的黑质。后一种描述认为底丘脑核、黑质虽不属于端脑的结构，但与尾状核和豆状核具有非常密切的纤维联系和功能联系，共同调节机体的运动。基于此种考虑，后一种描述更为合理。因此，本书采用后一种描述方式进行解读。

基底核的主要结构即尾状核和豆状核体积都较大，能在脑切面标本上清晰地看到（图 12-1，参见本书第一章图 1-15～图 1-19）。豆状核又由壳和苍白球两部分构成，但豆状核外侧部的壳在种系发生、组织学和纤维联系上都和尾状核相同。

一、尾状核和壳

尾状核（caudate nucleus）和壳（putamen）的大部分都被内囊纤维所分隔，只有在内囊前肢部位两者被由一些细胞构成的、类似纹状的结构联系在一起。这说明尾状核和壳有共同的起源，因而将两者合称为纹状体（corpus striatum）。在种系发生上，尾状核和壳是较新的结构，又称为"新纹状体"（neostriatum）。

纹状体是大脑皮质、丘脑和脑干传出纤维的主要接收者。从解剖学角度上看，纹状体内至少有

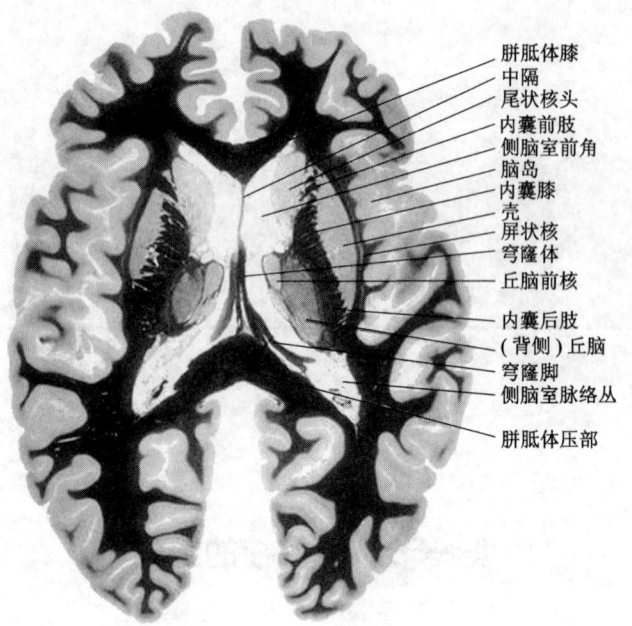

图 12-1 大脑的水平切面示基底核的局部位置关系

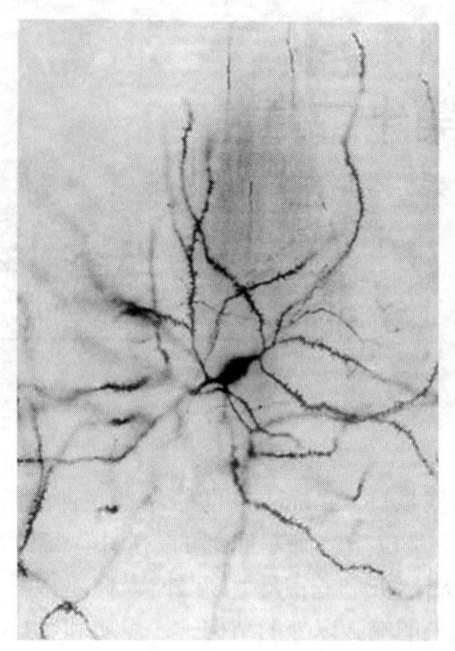

图 12-2 大鼠新纹状体内中等棘刺神经元的形态（Golgi 染色）

6 种不同的细胞，辨认细胞类型不同的依据主要是它们的纤维联系和所含的神经活性物质不同。纹状体内约 90% 的神经元胞体相对较小且树突生有大量的棘刺，称为中等棘刺神经元（medium spiny neuron，MSN），属投射神经元（图 12-2）。这类神经元所含活性物质为 γ-氨基丁酸（GABA），其传出纤维投射于苍白球和黑质致密部。这种神经元又可分为两类：一类除 GABA 外还含有 P 物质，主要投射到内侧苍白球（medial globus pallidus）和黑质致密部；另一类则除 GABA 之外还含有 ENK，主要投射到外侧苍白球（lateral globus pallidus）。纹状体的其他神经元多属中间神经元，即它们的轴突分支仍在纹状体内。其中，最引人注目的是胞体较大、树突光滑且含有乙酰胆碱（ACh）的神经元，主要通过毒蕈碱受体发生兴奋作用。位于黑质内的多巴胺神经元除投射到纹状体的中等棘刺神经元外，也投射到 ACh 能中间神经元（这两类神经元都有多巴胺受体），此中间神经元可能也参与帕金森病的发病机制，因为使用抗 ACh 药物往往能够缓解此病的症状。

二、苍白球

苍白球（globus pallidus）组成豆状核（lentiform nucleus）的内侧部分，呈尖端向内的锥形。苍白球本身又分为内、外两段，即内侧苍白球或内侧节段（internal segment，Gpi）和外侧苍白球或外侧节段（external segment，Gpe）。前者又与位于其尾侧的黑质网状部靠近。在切面上，苍白球颜色较壳苍白，可能因含有丰富的有髓纤维所致。苍白球的神经元一般较纹状体内的神经元大，其长而粗的树突上附着大量突触终扣，几乎覆盖了树突的全表面。因其在种系发生上较为古老，又称为"旧纹状体"（paleostriatum）。

三、腹侧纹状体和腹侧苍白球

基底核的头端腹侧面被眶额皮质所包被。在此处，尾状核和壳互相延续，称为纹状体基部（fundus striati）。腹侧纹状体（ventral striatum，VS）位于纹状体基部内囊前肢的腹侧，除伏隔核外，还包括邻近的一些脑结构，如尾状核与壳靠近伏核的融合部、嗅结节和前穿质的纹状体细胞等。腹侧苍白球（ventral pallidum，VP）位于前连合腹侧，接收来自腹侧纹状体的纤维投射，为苍白球向腹侧延伸的部分，深达前穿质，大部分位于腹侧纹状体的后方（图 12-3）。应用组织化学方法，可观察到腹侧纹状体和腹侧苍白球的轮廓。观察结果说明，以往认为是属于无名质（substantia innominata）的头端部分实际上应为腹侧纹状体和苍白球的一部分。腹侧苍白球与腹侧纹状

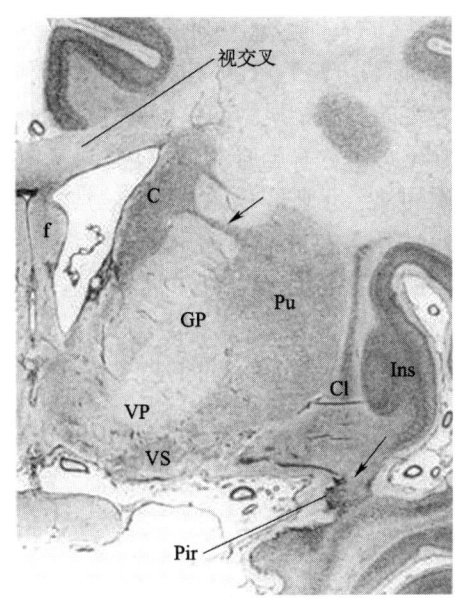

图 12-3 通过视交叉部位的人脑水平切面
（示基底核，Nissl 染色）
上方的箭头示尾状核（C）和壳（Pu）之间的细胞索，下方的
箭头示岛叶皮质反折部位
Cl：屏状核　f：穹隆　GP：苍白球　Ins：岛叶
Pir：梨状皮质　VP：腹侧苍白球　VS：腹侧纹状体

体一起构成腹侧纹状体苍白球系统。

四、黑质和腹侧被盖区

黑质（substantia nigra）位于大脑脚脚底的背侧部，从脑桥头端一直延续到底丘脑区。黑质富含细胞的部分称为致密部（pars compacta），由于其细胞含有神经黑色素（neuromelanin）而在肉眼上容易辨认。这些细胞投射到纹状体背侧的广大区域并以多巴胺（dopamine，DA）为神经递质。还有许多多巴胺能神经元靠近中线与黑质多巴胺能细胞连续，此区即腹侧被盖区（ventral tegmental area）。此处的 DA 能神经元投射到纹状体的腹侧，还投射到杏仁体和大脑皮质。

DA 能神经元（特别是位于黑质内者）如发生变性，即可导致帕金森病（Parkinson disease）。阿尔茨海默病（Alzheimer disease）也是因脑干中含色素的细胞变性所致，但往往在蓝斑和腹侧被盖区的细胞变性比黑质者更为严重。

黑质的腹侧部分细胞较为疏松，称为网状部（pars reticulata）。此部在组织学方面与苍白球有许多相似处，也属基底核中的传出部分，故人们常把此两部看成是统一体。

五、底丘脑核

底丘脑核（subthalamic nucleus，Luys 核）在中脑和间脑交界处位于内囊的内侧，与黑质有部分重叠。底丘脑核在基底核的纤维环路中地位重要，它通过向苍白球和黑质网状部投射而调节运动功能。除同基底核的不同部分相联系外，底丘脑核还直接接受来自大脑皮质运动区的传入。底丘脑核的损伤可引起一种半身投掷样不自主运动（hemiballismus）的症状。

第二节　基底核的纤维联系

一、传入联系

依纤维联系，基底核可分为传入核、传出核和中间核。传入核包括纹状体、伏隔核和嗅结节，接受来自大脑皮质、丘脑和黑质的传入。传出核包括内侧苍白球和黑质网状部，经过神经整合后，将抑制性信号传递给中间核。中间核包括外侧苍白球、底丘脑核和黑质致密部。

（一）皮质纹状体投射

基底核最大数量的传入纤维来自大脑皮质（图 12-4）。几乎所有皮质都向纹状体发出纤维并有明确的定位排列关系。来自躯体感觉区和运动区的传入纤维呈"漏斗"形到达基底核，再经丘脑的"运动"部分（指腹前核和腹外侧核）反馈到大脑皮质的运动区、运动前区和辅助运动区。

运动和躯体感觉皮质主要投射到壳，额、顶、枕、颞叶联络皮质投射到尾状核，海马结构、基底外侧杏仁体和相关的颞叶皮质主要投射到腹侧纹状体，丘脑板内核投射到壳和腹侧纹状体。

纹状体中，尾状核和壳所接受的纤维来自大脑皮质的不同部分。壳主要接受来自第一躯体感觉区（S1）和第一躯体运动区（M1）的传入且躯体定位排列关系明确，尾状核则接受联络皮质来的纤维传入。这提示壳可加工来自与感觉有关、经 S1 传入和 M1 中

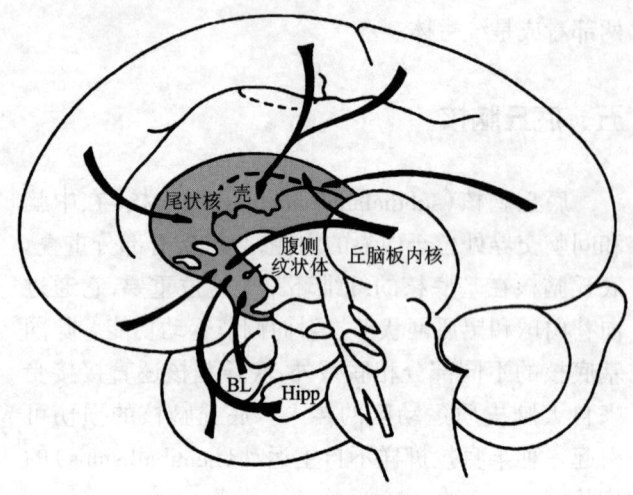

图 12-4　皮质纹状体投射
BL:基底外侧杏仁体　Hipp:海马结构

运动神经元传入的相对简单的信息,而尾状核主要接受来自与高级神经活动和情感活动有关部分的传入。这些传入一般经过对多种来源信息的整合,可能与启动复杂随意运动有关。

(二) 其他传入联系

纹状体的重要传入还有来自丘脑板内核的中央中核(CM),以及来自中脑的DA能神经元群,其中主要是黑质;其他位于黑质以外、较为散在的DA能神经元则投射到腹侧纹状体。还有一些传入纤维来自脑干中缝核的5-HT能神经元的网状部。

(三) 纹状体苍白球投射

大多数传入纤维一般都终止于纹状体的中等棘刺神经元上,这些神经元的轴突又投射到苍白球和黑质网状部(图 12-5)。它们以GABA为递质,同时还释放一定的肽类物质。如投射到苍白球外侧段的GABA神经元还含有脑啡肽,而投射到苍白球内侧段和黑质的神经元则是GABA和P物质共存。尽管还存在尾状核主要投射到黑质、壳投射到苍白球的区别,但在它们之间并无明显的类似神经元群落的划分。

一种不太常见的单基因遗传疾病亨廷顿病(Huntington disease,HD),在病变早期主要累及投射到外侧苍白球的投射神经元。

二、传出联系

基底核中两个主要的传出部位是内侧苍白球和黑质网状部,主要投射到丘脑和脑干。投射到丘脑的纤维有明确的定位排列关系,即苍白球投射到丘脑腹前核和腹外侧核的复合体(VA-VL复合体),腹侧苍白球投射到丘脑内侧背核(MD),黑质投射到VA-VL复合体和MD核(略不同于接受苍白球传入的部位)。这些核团进一步再投射到皮质的运动区和运动前区及前额区。此外,也有少量纤维到达丘脑板内核的CM,从CM发出纤维又回到纹状体,这一纤维联系作为基底核在皮质下的"侧袢"参与修改其送往皮质的信息。

从苍白球传出的纤维有两个不同的途径(图 12-6)。从苍白球背内侧部发出的纤维穿越内囊形成豆核束,从苍白球腹外侧部发出的纤维绕过内囊

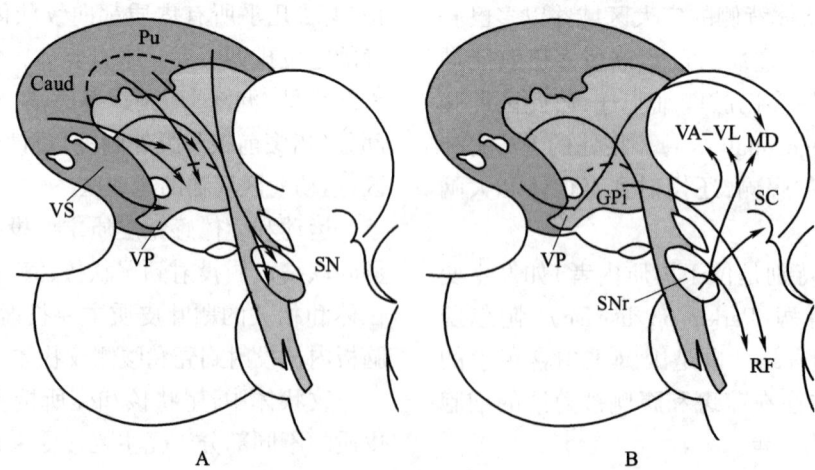

图 12-5　纹状体苍白球投射(A)和苍白球离心投射(B)
Caud:尾状核　GPi:内侧苍白球　MD:丘脑内侧背核　Pu:壳　SN:黑质　SNr:黑质网状部　SC:上丘
RF:脑干网状结构　VP:腹侧苍白球　VS:腹侧纹状体　VA-VL:丘脑腹前核和腹外侧核

最近，还发现基底核也投射到丘脑网状核。此核包绕丘脑，在整合丘脑-皮质及皮质-丘脑的活动中具有重要的作用。

三、皮质下环路

根据对人和动物的损伤及病变的研究以及对实验动物的神经元记录发现，基底核不仅涉及运动功能，也与认知功能有关。这种功能涉及基底核-丘脑-大脑皮质的多重环路。根据神经束路追踪研究，目前已知通过基底核有4～5条"平行"的环路，它们传递各自的信息，互相之间整合很少。

第一条环路起自皮质的辅助运动区、M1和S1区，经过壳（再经过苍白球和丘脑）止于皮质的辅助运动区。这一环路可能最直接涉及对运动的控制，单细胞电生理记录研究也证明了此功能（图12-7）。

第二条环路起自额叶和顶叶中控制眼球运动的区域（8区和7区），经过尾状核的特定部位，最后又止于8区（额叶眼区）。此环路与眼球随意运动的调

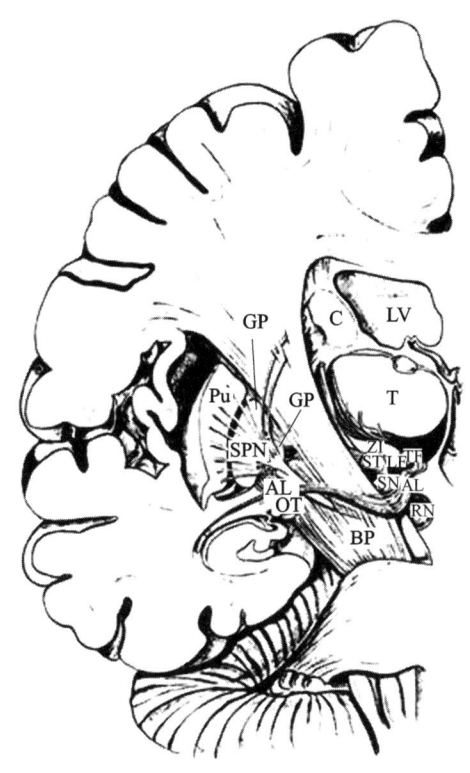

图12-6 苍白球的传出投射

AL:豆核袢 BP:大脑脚底 C:尾状核 GP:苍白球 LF:豆核束 LV:侧脑室 OT:视束 Pu:壳 R:丘脑网状核 RN:红核 SN:黑质 SPN:纹状苍白和纹状黑质纤维 ST:底丘脑核 T:(背侧)丘脑 TF:丘脑束 ZI:未定带

内缘形成豆核袢。这两部分纤维在穿过或绕过内囊之后又合并形成一股粗壮的纤维系统（Forel H2区），行于红核前区的内侧和尾侧（Forel H区）。在此，纤维形成U形转弯，经丘脑束（Forel H1区）到达丘脑的腹前核。

从苍白球和黑质接受传入纤维的丘脑腹外侧核主要投射到皮质的辅助运动区，而丘脑腹前核则主要投射到运动前区和前额皮质，意味着由基底核发出的大量神经冲动行向与运动有关的皮质区域。生理学研究也证明，基底核对运动控制的影响涉及皮质脊髓束和其他间接作用于运动神经元的下行通路。但需要注意的是，接受广大联络皮质投射的尾状核主要对前额皮质产生影响，而前额皮质并不直接参与运动控制，它更重要的功能是高级的认知活动。

尽管基底核-丘脑-大脑皮质这一环路十分重要，但从基底核特别是黑质到上丘、中脑和脑桥被盖（特别是脚桥核）的传出径路也很有意义。投射到中脑及脑桥被盖者可能涉及有中脑运动区参加的运动环路，而投射到上丘者可能与眼球活动有关。

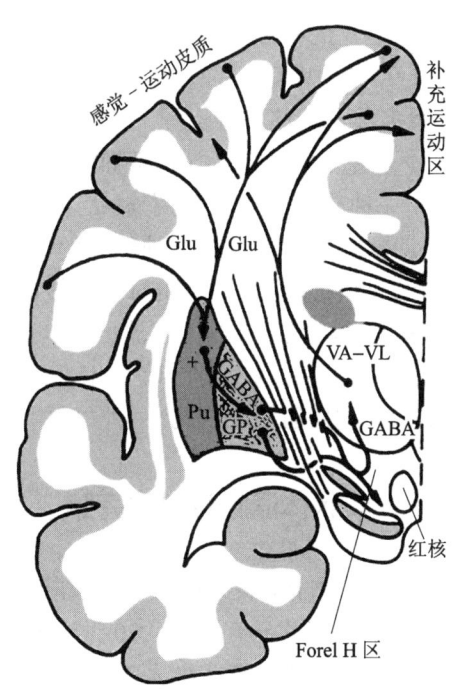

图12-7 "运动"环路

从感觉运动皮质发出纤维经过壳和苍白球到达丘脑腹前核和腹外侧核，再反折到运动、运动前皮质及辅助运动区。皮质纹状体投射是谷氨酸能的兴奋性神经元，纹状体-苍白球投射及苍白球-丘脑投射是GABA能的抑制性神经元

Pu:壳 GP:苍白球 VA-VL:丘脑腹前核和腹外侧核 GABA:γ-氨基丁酸 Glu:谷氨酸

控有关。

还有两条环路发自前额叶皮质的不同部位，经过尾状核、黑质、丘脑腹前核和丘脑内侧背核，再回到前额叶皮质区。此环路与基底核影响高级精神活动有关。

另有一条环路起自皮质的边缘叶部分（即扣带回、额叶的眶额皮质和颞叶的部分皮质），经腹侧纹状体、腹侧苍白球和丘脑内侧背核，再回到发出此环路的边缘皮质，在功能上与情感、动机及有关行为相联系。

皮质-纹状体通路是兴奋性的，其递质为谷氨酸；纹状体-苍白球纤维及纹状体-黑质纤维的递质为GABA，故它们起抑制作用；苍白球-丘脑投射（包括大部分黑质-丘脑投射）也是GABA能的，也属于抑制性；最后，丘脑-皮质投射（主要发自丘脑腹外侧核和丘脑腹前核，也有的发自其他丘脑核团）是兴奋性的。从理论上，皮质输出增加应导致苍白球活动减少，进一步造成丘脑-皮质神经元的活动增加，即由皮质发出的兴奋性输出可产生丘脑-皮质神经元的去抑制（可能还包括对接受黑质传入的网状结构和上丘的神经元的去抑制）。对清醒的猴基底核进行单细胞电记录的结果与此相符。在静息状态下，大多数纹状体神经元是"沉默"（不产生动作电位）的，而苍白球神经元（包括黑质网状部神经元）则处于一种高频、有节律的发放状态，因而使动物在不运动期间能够保持丘脑神经元的抑制状态。当动物企图或执行运动时，皮质对基底核的指令可将丘脑-皮质神经元从抑制中解放出来。这种基底核对"运动前"神经元的"去抑制"作用，可使基底核对其他各种输入皮质的信息起到一种"闸门"作用。

四、黑质-纹状体通路及其他旁路

黑质-纹状体DA能通路属于中脑向端脑投射的DA投射系统，目前研究较多。20世纪50年代后期发展起来的治疗帕金森病的药物左旋多巴，就是基于对这一通路的研究结果而问世的。

能合成DA的神经元不仅位于黑质致密部还位于其内侧的腹侧被盖区。这一连续的核簇向纹状体的投射也是按局部定位排列的，即纹状体背侧部接受来自黑质致密部的纤维，而腹侧纹状体（包括伏隔核和嗅结节）主要接受来自腹侧被盖区的纤维。

与DA能神经元的投射相适应，位于纹状体内的神经元富含DA受体。DA有调节突触功能的作用，即能改变纹状体神经元对来自皮质和丘脑输入的反应水平，其中既有兴奋作用，也有抑制作用。如电生理研究证明，DA对纹状体的GABA能投射神经元有微弱的兴奋性作用，而对胆碱能中间神经元则有很强的抑制性影响，这可能是受体不同的缘故。现已知，纹状体投射神经元表达D1和D2两型受体。有人认为，同时含有GABA和SP的神经元（投射到黑质和GPi）表达的是D1型受体，属兴奋性；而含有GABA和脑啡肽的神经元（投射到GPe）表达D2型受体，是抑制性的。GPe又发出纤维（属GABA能，抑制性）到底丘脑核。如此，由于同时作用于D1和D2型受体，DA在纹状体内通过两条道路抑制GPi的神经元，其中直接途径为由D1型受体调节增加含SP神经元的活动，间接途径则是借D2型受体介导减少含脑啡肽神经元的活动。后一种作用又能减少底丘脑核的抑制作用（去抑制）而增加向GPi的兴奋性输出。

纹状体的复杂结构、多种递质作用于同一神经元以及存在若干种DA受体等特点，都导致对DA的确切功能难以解释。不仅如此，由于调节性递质的作用还取决于突触后神经元的状态，DA的作用就显得更为复杂。例如，具有D1型受体的纹状体投射神经元有两种功能状态，一种状态为去极化、有动作电位发放，另一种则处于超极化、不活动状态。在后一种状态下，D1型受体的活动通过关闭K^+通道使细胞去极化，使之对来自皮质的兴奋性输入容易起反应；如果神经元处于活动状态，则D1型受体的活动就会关闭Na^+通道，使阳离子进入细胞而保持神经元去极化。关闭此通道会稳定膜电位，回避接受来自皮质谷氨酸过度作用的影响。在上述两种状态下，即使细胞处于易被激活、易进行信息传递的状态，DA也都可起到保持膜电位使之处于稳定的状态。DA的D1和D2两型受体又有若干亚型，总合起来至少有5种多巴胺受体。虽然所有这些受体都经过G蛋白起作用，但D1型受体激活腺苷酸环化酶从而增加细胞内cAMP的水平，而D2型受体的活动却降低cAMP的水平。

涉及底丘脑的旁路包括从皮质运动区及外侧苍白球发向底丘脑核的纤维（图12-8）。它们能直接影响内侧苍白球和黑质网状部的传出。

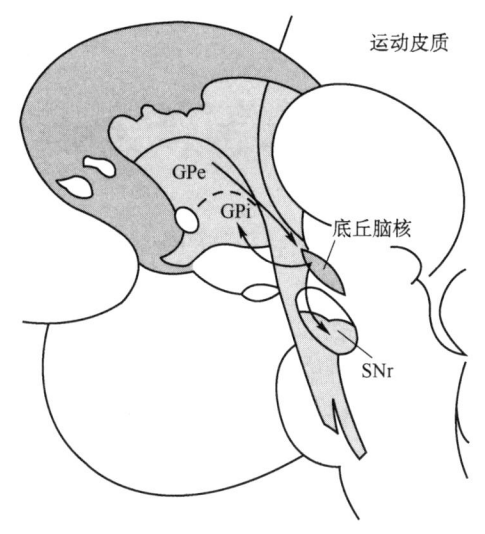

图 12-8　底丘脑核纤维联系
GPe：外侧苍白球　GPi：内侧苍白球　SNr：黑质网状部

第三节　基底核的功能

尽管近年来对基底核的研究已经取得了很大的进步，但对其功能的了解仍很不充分。甚至许多权威的教科书都描写得相当含糊，如运动控制，控制肌紧张，帮助认知功能，影响情绪和动机，等等。然而总的来说，对其运动控制功能的了解相对地比较系统。

从基底核的纤维联系来看，其大部分传出纤维都是到皮质的感觉运动区、运动前区和前额皮质，这就提示基底核在运动的计划阶段起重要的作用。特别是这些运动涉及需要将若干单关节运动组合为复杂运动或将各种感觉刺激、记忆储存信息转换成合适的运动反应时，基底核起着关键作用。例如，在从事单纯重复运动从而使运动变得熟练（学会）过程中，基底核参与作用。不仅如此，基底核还能通过使用位于中枢神经系统其他部位的运动程序来自动执行经过良好排练的运动。有人（Hallett）曾提出："基底核环路的作用是选出或抑制某种特定运动成分，使之完成设计的动作"。

基底核的功能还体现在将动机、情绪与运动的执行联系在一起。对纹状体进行的单细胞记录表明，当给予的刺激与记忆引起的某种对动物很有意义的事件相联系时，记录到的反应甚佳。又如，黑质的某些细胞可在眼球快速运动前起反应，但这种眼球运动并不是真正看见了目标，而是记起了这样的目标。

也有人提出，黑质-纹状体多巴胺通路可提供刺激是否具有相关性的信息。

从人类基底核疾病表现来看，基底核可能与运动起始时和运动进一步执行中的速度控制有关。损伤猴的苍白球可以看到它学习到的运动速度减慢，但运动方式无显著变化。由此可见，运动指令和运动程序均不是由基底核主宰。

刺激基底核的不同部分并不能解决对其功能的了解，因为这样做常常会引出各种复杂、不易找到规律的动作。也证明基底核内部结构和纤维联系的复杂性。

皮质-纹状体投射属谷氨酸能的兴奋性神经元，纹状体-苍白球通路及苍白球离心通路则是GABA能的抑制性通路。皮质-纹状体通路激活可使被基底核传出部位支配的丘脑和脑干达到去抑制。在这样的"运动"通路中，有两个主要的投射通过基底核本身，即从基底核的传入结构投射到基底核的传出结构。所谓直接通路，是从壳的某群纹状体神经元直接投射到内侧苍白球；而间接通路则是指信息从不同的纹状体神经元群起始，在到达内侧苍白球之前，需经外侧苍白球和底丘脑核的加工（图 12-9）。所有这些基底核内的投射除从底丘脑核到内侧苍白球的投射属兴奋性外，其他都是抑制性的。从黑质致密部发出的上行 DA 能纤维直接终止于纹状体的投射神经元。由于存在的受体不同，这些 DA 能神经元对纹状体内的不同投射神经元作用有所不同。因此，增加 DA 的活性可以减少内侧苍白球对丘脑皮质通路和脑干系统的抑制效应，由此可加强由皮质或脑干启动的运动功能。帕金森病时 DA 活性降低，可增强基底核对丘脑-皮质通路和脑干的抑制作用，从而使患者表现出运动减少的征象。

位于底丘脑核内的谷氨酸能神经元，对基底核

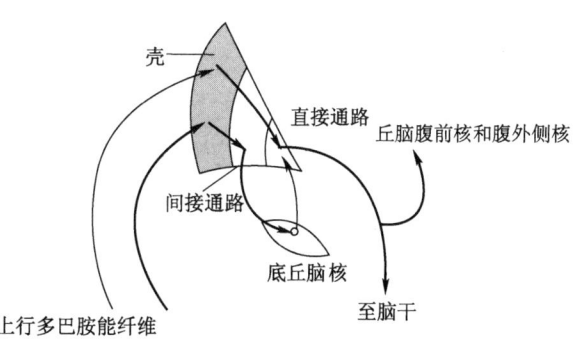

图 12-9　通过基底核的"直接"和"间接"投射通路

中的两个传出部分（内侧苍白球和黑质网状部）起兴奋作用，此两者又对丘脑和脑干起抑制影响。因此，底丘脑核的损伤将造成对丘脑和脑干的去抑制，使运动过多，如半身投掷样表现；也可能引起诸如在亨廷顿病中出现的不自主运动。相反，在帕金森病，由基底核传出部分所致的紧张性抑制可因底丘脑核的活动而加剧。因此，在灵长类帕金森病模型实验中，减少此结构的兴奋性作用可以延缓疾病造成的运动减少征象。伤及基底核的患者除有运动障碍外，还常表现有认知和情感症状，但是患者的病理表现往往不局限于基底核。

基于以上研究，基底核神经环路存在多个假说模型。①并联环路模型（parallel circuit model）：1986年，Alexander等提出，纹状体整合来自皮质和丘脑的谷氨酸能神经投射，来自中脑包括黑质致密部和VTA区的多巴胺能神经投射。它们的下游传出核团也保持分离。在这一假说中，来自感觉运动区、联合皮质区和边缘区的不同信息在基底核-丘脑-皮质环路中并行传递。(2)经典模型（the classical model）：1989—1990年，Albin、DeLong等多个实验室将纹状体MSN分为两群，直接通路和间接通路MSN。直接通路MSN直接投射到基底核传出核团（GPi和SNr），表达Gα偶联D1受体。因此，直接通路的激活直接抑制纹状体输出核团，从而解除对丘脑的抑制而促进运动。相反，间接通路MSN通过GPe和STN间接投射到纹状体输出核团，表达Gi偶联D2受体。间接通路的激活增加了基底核的输出而抑制运动。这一模型对于理解多巴胺对运动的调节非常重要。多巴胺对两群不同的MSN作用相反，激活直接通路并抑制间接通路。因此，多巴胺信号的整体作用为促进运动。(3)竞争模型（center-surround model）：大量研究证实，基底核不仅参与运动启动，而且参与运动选择。1993年，Mink等人提出竞争模型，随后被广泛验证并补充。这一模型的核心概念是，执行一项运动时，其他相似的运动或竞争性运动必须同时被抑制。在这一模型中，皮质到STN的超直接通路的激活广泛增加GPi神经元放电，从而抑制丘脑和皮质在竞争性运动中的活动。同时，纹状体直接通路MSN局部抑制GPi，允许特定动作发生，从而产生运动的选择。综上所述，探讨基底核的功能仍然是神经科学研究中的重要课题，而且研究的进步将取决于运用分子及基因研究方法与形态功能及药理研究相结合的水平。

第四节 与基底核有关的疾病

一般常将基底核和小脑的疾病称为锥体外系疾病。这种疾病的特点是有不随意运动、运动起始及控制困难、肌紧张改变等表现，这些表现区别于其他中枢性病变造成的随意运动丧失和痉挛。在鉴别脊髓以上不同中枢病变所致的运动障碍中，一般认为伴有随意运动执行障碍表现的为锥体外系疾患，而锥体疾病则导致瘫痪或麻痹。由于目前人们对基底核的功能尚缺乏清晰认识，所以对基底核病变症状的机制还不能准确解释，但这方面的研究进展迅猛。

如上所述，基底核疾病的症状主要涉及运动障碍，一般表现为由神经元功能丧失所致症状和由神经元功能异常增强而引发的症状的混合表现。最常见的症状有运动起始困难，称为运动不能（akinesia），以及运动起始后又表现出较正常动作慢而幅度小的现象，称为运动迟缓（bradykinesia）。由于运动起始困难，还常见有运动暂停（parsity of movements）现象，此症状也属于运动不能。此外，还往往出现不随意运动，称为运动困难。临床上基底核疾病可以分为两大类：一类是以运动过少而肌紧张过强为主，其典型代表为帕金森病，系基底核内多巴胺功能减退所致；另一类是具有运动过多、肌紧张不全的症状，如亨廷顿病，由多巴胺功能亢进引起。临床病理的研究指出，帕金森病病变的部位主要位于黑质，而亨廷顿病病变的部位主要位于纹状体。

一、帕金森病

帕金森病（Parkinson disease，PD）又称震颤麻痹（shaking palsy），1817年，由英国医生James Parkinson首次描述。PD是一种复杂的多系统疾病，多发于中老年；是继阿尔茨海默病（Alzheimer disease，AD）之后第二大常见的神经系统退行性疾病。流行病学统计显示，1990—2015年，PD增长速度已超过AD，成为增长速度最快的神经系统疾病。PD主要临床表现有自主运动减少、运动迟缓、肌强直、运动不能、静止性震颤（一般频率为4~6 Hz）和姿势平衡障碍。典型患者出现运动迟缓、面部肌肉的少动表现为表情呆板、瞬目减少、双目瞪视，称为面具脸；患者手指节律性震颤，手部不断地做旋前旋后的动作，称为搓丸样动作。

尽管运动症状是PD的特征，但大多数患者还有非运动症状（non-motor symptom，NMS），如行为症状，包括情绪或睡眠障碍，焦虑、抑郁及快动眼睡眠障碍，通常在PD患者出现经典运动症状之前出现；认知症状中认知功能下降是PD的主要表现，尽管PD被认为是运动障碍而不影响认知功能，但纵向研究显示，几乎所有PD患者最终都会发展为痴呆。还有自主神经系统症状，包括便秘、性功能障碍、泌尿系统异常、体位性低血压及温度调节改变。一些症状如便秘多出现在运动症状出现以前，而其他症状，如体位性低血压和尿失禁等多发于PD晚期。

20世纪50年代，瑞典神经药理学家Arvid Carlsson领导的研究组首次报道了多巴胺是独立的神经递质，而不仅仅是肾上腺素和去甲肾上腺素合成的前体物质。随后，有两个独立的研究小组几乎同时报道了PD患者纹状体和黑质出现多巴胺显著缺乏。黑质-纹状体系统的活性降低可增加基底核对丘脑-皮质投射及脑干运动机制的抑制作用，从而解释了PD患者运动减少的原因。

单个神经元的放电频率编码神经元的活动。应用（1-甲基-4-苯基1,2,3,6-四氢吡啶MPTP，可选择性地毁损多巴胺神经元）制备猴PD模型，早期研究证实间接通路活性增强，即底丘脑核和内侧苍白球神经元放电增加，而GPe和丘脑放电减少。GPi损毁术能够改善PD患者的肌强直症状，多巴胺替代治疗也能降低GPi放电，以GPi或STN为靶点的深部脑刺激（deep brain stimulation，DBS）手术（高频DBS可降低靶区域的放电，造成可逆性损伤）可以治疗PD。以上研究支持基底核经典模型假说。然而，其他研究对此质疑。例如，对正常动物GPe和GPi损毁并不引起运动行为的改变或者减少运动行为，说明这些区域的放电频率改变不足以引起PD的运动障碍，可能还有放电模式或同步化的改变在其中起到关键作用。

神经元爆发式放电和神经元放电同步化在PD患者和动物模型中均有报道。爆发式放电参与基底核环路局部场点位的改变，包括GPi、GPe、STN和运动皮质。然而，神经元爆发式放电与PD运动症状之间的因果关系仍不清楚。神经元放电的同步化是神经元活动的另一个关键特征。PD患者和动物模型中都可以观察到，感觉运动输入可以引起神经元放电同步化。例如，PD患者震颤症状可能是同步化的原因或者结果，只有在发生震颤症状的PD患者脑内，GPe、GP和SNr的神经元出现同步化，并且同步化发生的频率与震颤频率一致。

神经振荡活动由局部神经元的同步电活动引发，是不同脑区功能连接的表现。与正常人相比，PD患者STN存在异常β振荡（8~35 Hz，集中在20 Hz左右）。这种β振荡与PD患者的运动迟缓及强直症状相关，经过多巴胺替代治疗或基底核DBS治疗后减少。由于正常人在运动中也会产生β振荡，所以β振荡并不是病理改变。然而最近的研究提示，β振荡的持续时间在PD患者中更为特异。

由于PD患者纹状体内DA不足，因此临床上通过增加脑内多巴胺浓度和多巴胺受体敏感性而达到改善疾病症状的目的。药物主要包括左旋多巴、多巴胺激动剂、单胺氧化酶B抑制剂、儿茶酚胺氧位甲基转移酶抑制剂等。其中，左旋多巴治疗为控制和改善PD运动症状的金标准。近期研究显示，PD患者对左旋多巴治疗的反应个体差异很大，随着治疗时间延长，有些患者会产生耐药。2019年，两个研究小组同时发现，PD患者由于肠道菌群失调、便秘或长期用药导致肠道细菌源性脱羧酶增加，在肠道内将左旋多巴转化成多巴胺从而降低多巴胺的血液浓度。新的治疗方式通过改变左旋多巴的给药途径，绕过肠道，如左旋多巴吸入粉剂，临床Ⅲ期试验显示其改善效果好于安慰剂对照。

药物治疗的长期应用会出现运动并发症，如异动症、开关现象和肌张力障碍等，这些症状的产生与多巴胺的血药浓度波动有关，因此长效多巴胺制剂正在研发中。除上述左旋多巴吸入粉剂外，还有左旋多巴-卡比多巴肠道凝胶输注泵。通过经皮内镜胃造瘘术，将输注泵经十二指肠置入空肠上段，由于绕过胃和十二指肠，避免了胃排空问题，因此实现了稳定的左旋多巴血药浓度。另外，阿扑吗啡皮下注射泵也可以有效减少"关"期时间和增加不伴异动症的"开"期时间。

此外，DBS也是PD运动症状治疗的重要外科手段。美国FDA批准的DBS刺激位点为STN和GPi，丘脑DBS仅用于震颤为主的PD患者。FDA最新批准的单侧聚焦超声损毁术作用于丘脑，对震颤症状的改善最为明显,而对运动迟缓和肌强直无效。

目前,已有的 PD 治疗手段均为对症治疗,无法阻止疾病的进程。由于 PD 发病机制复杂,靶向多个分子通路,包括神经炎症、线粒体损伤、氧化应激、钙通道活性、LRRK2 激酶活性以及聚集和传递等的治疗,如细胞移植治疗、基因治疗等有望重塑神经元功能,延缓疾病进程。

在 PD 治疗的研究领域中,细胞移植最早起源于瑞典科学家 Biorklund 的课题组,他们将从胚胎中脑提取的神经干细胞移植到 PD 动物模型纹状体,细胞不仅能够存活,而且能释放多巴胺,有效地改善了动物模型的行为学症状。随后又将人胚胎多巴胺能神经元移植至 PD 患者,移植的细胞存活,并且具有一定的功能,能够整合到宿主脑组织中,患者的临床症状亦获得改善。但是,NIH 资助的临床双盲试验中,将人胚胎多巴胺神经元移植至 PD 患者却没有获得一致的结果,并且移植后的患者中,有一定比例的患者表现出明显的不良反应。目前,一项新的临床试验(TRANSEURO)正在多个研究中心和临床中心开展。除胚胎多巴胺能神经元外,胚胎干细胞(embryonic stem cell, ESC)和诱导多能干细胞(induced pluripotent stem cell, IPS)都为细胞移植提供了细胞来源,但是目前仅限于研究领域。

近年来,神经营养因子对退变神经元的保护或修复功能被用于 PD 的治疗研究中,目前研究最多的神经营养因子家族成员是神经胶质细胞源性的神经营养因子(glial cell line-derived neurotrophic factor, GDNF)、神经生长因子(neurturin, NRTN)和转化生长因子(growth differentiation factor, GDF5),但其临床推广存在局限性。主要原因是这些蛋白质不能通过血-脑屏障;其次,蛋白质的合成价格高;还需要脑内定位注射技术。另外,蛋白质的可溶性也存在一定的问题。由于直接注射入脑内的蛋白质不能由机体合成,随着时间的延长会逐渐耗竭,因此为了达到蛋白质长期存在的目的,可以借助基因治疗技术,向脑内进行基因治疗最有效的方式是使用病毒载体。在 PD 治疗中使用的病毒载体包括重组腺病毒(recombinant adenovirus, rAd)载体、重组腺相关病毒(recombinant adeno-associated virus, rAAV)载体、单纯疱疹病毒(herpes simplex virus, HSV)载体和慢病毒(lentivirus, LV)载体,以上载体是复制缺陷型病毒,在脑内不能进一步复制和传播,感染细胞后使细胞长期稳定地表达目的基因。但是,病毒载体会引起机体的免疫反应以及目的基因的长期表达对机体有无不良反应是在临床应用中不可忽视的两个问题。为了实现目的基因安全和稳定地表达,需要从病毒载体类型、治疗途径、病毒剂量、注射部位、启动子类型以及是否可调控等各个方面全面考虑。

由于 PD 的发病机制涉及许多方面,如线粒体功能障碍、钙调节异常、氧化应激激活、内质网应激激活、神经免疫激活、自噬异常、泛蛋白酶体降解异常及类朊病毒样传播等,靶向其发病机制中的各个环节,对于 PD 动物模型中多巴胺能神经元的退行性病变均有一定的治疗作用。

二、亨廷顿病

亨廷顿病(Huntington disease, HD)为一种较少见的常染色体显性单基因遗传性疾病。1842 年,由 Waters 首先述及,1872 年,由 Huntington 系统描述。HD 多在 40 余岁发病,常伴有纹状体及大脑皮质神经元变性。主要临床表现包括进行性不随意舞蹈样运动,伴有人格改变和进行性痴呆,发病后 15~20 年死亡。HD 致病基因是位于 4 号染色体短臂上的 Huntingtin(HTT)基因,*HTT* 基因 1 号外显子 DNA 序列中 CAG 重复序列增加。正常人群中这一重复序列的长度为 6~35 个,如果扩增超过 40 个,则会导致运动症状的出现。异常扩增的 CAG 序列编码 HTT 蛋白 N 端聚谷氨酰胺片段,从而引起 HTT 蛋白异常折叠并在细胞内聚集,进而损伤神经元功能。疾病早期,运动症状出现之前就会发生基底核萎缩;随着疾病进展,皮质、丘脑、下丘脑出现严重的神经元丢失,最终波及整个大脑。

HD 在许多方面表现恰与 PD 相反。PD 源于黑质神经元缺失造成纹状体内 DA 减少,而 HD 则是由于纹状体内 GABA 能和 ACh 能神经元变性、缺失,DA 能相对过剩。这可能是由于纹状体内向黑质致密部投射的 GABA 能神经元的变性,从而不能对黑质内向纹状体投射的 DA 能神经元造成抑制的结果。临床上给患者抗 DA 治疗或增强 ACh 和 GABA 的药物均可减轻舞蹈样运动。

尽管患 HD 时,多数纹状体神经元都被累及,但此病早期主要涉及间接通路中投射到外侧苍白球的 GABA 能神经元。间接通路活动减弱,减少了基底核对丘脑和脑干靶区的抑制,造成皮质运动区的兴奋性输出增加,从而引起不自主运动。到疾病后期,直接通路中投射到内侧苍白球的纹状体神经元也发生变性,直接通路活动减弱,进一步增强了基底核对丘脑-皮质神经元的抑制(类似PD的机制)。这可以解释在HD后期舞蹈症存在的同时也出现运动迟缓的原因。但由于直接通路和间接通路都经过内侧苍白球,这种解释未免缺乏逻辑。另一种解释为由于GABA能神经元丢失引起对黑质抑制的减弱,造成纹状体内DA能活性增高。此点与临床见到的口服左旋多巴可以增加HD患者的舞蹈症状一致。由于本病也使皮质神经元变性,故许多患者还表现有痴呆症状。

不同于其他神经系统退变性疾病,HD患者只与单基因突变有关。目前的干预手段大多以*HTT*基因的DNA或RNA为靶点,包括反义寡核苷酸(ASO)、小干扰RNA(siRNA或miRNA)、基因治疗(AAV RNAi)以及锌指蛋白或CRISPR等基因编辑技术。尽管降低突变的HTT蛋白水平在小鼠模型中显示出很好的治疗效果,在HD患者中的临床试验结果却不明朗。进一步调整给药方式以获得更有效的脑内富集,以及与其他靶点的联合治疗将有望为HD治疗带来曙光。已知HD有遗传因素,但有不少人认为这种有选择性地损伤某些神经元的疾病与兴奋性氨基酸受体,特别是NMDA(*N*-甲基-D-天门冬氨酸)谷氨酸受体的神经毒素有关。色氨酸的代谢产物可能就是内源性兴奋性毒素之一。

第五节　关于基底前脑结构的一些概念

在被称为无名质的区域内有3个大的功能解剖系统,即腹侧纹状体-苍白球系统、杏仁体延伸部及Meynert基底核(图12-3、图12-10)。这些系统的解剖学关系是近些年来人们极感兴趣的热点。目前,人们对此已有一些基本了解,并发现其与某些神经精神疾病有关。

一、位置和组成

(一)腹侧纹状体-苍白球系统

在通过前连合交叉部所做的人脑额状切片上,在前穿质区域内,可看到基底核伸向表面。此部包括腹侧纹状体(VS)和腹侧苍白球(VP),以往它们被称为无名质。

腹侧纹状体-苍白球系统主要从海马结构、基底外侧杏仁复合体和某些颞叶部分及前额皮质接受来自端脑的传入。

(二)杏仁体延伸部

20世纪初,曾有人认为位于前脑腹侧部的终纹床核(bed nucleus of stria terminalis, BST)就是沿终纹同颞叶的杏仁体相延续的结构。最近,阿根廷神经

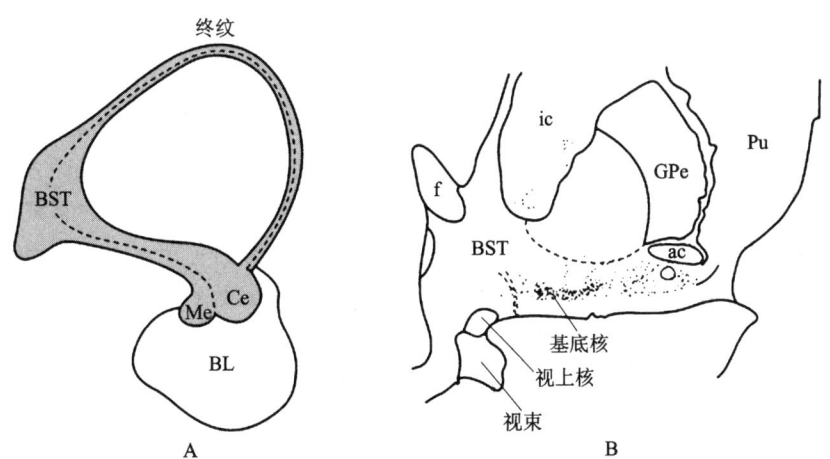

图12-10　杏仁体延伸部(A)和Meynert基底核(B)
(B的黑点代表胆碱酯酶阳性神经)
BL:基底外侧杏仁体　BST:终纹床核　Ce:杏仁体中央部　Me:杏仁体内侧部
f:穹窿　Pu:壳　GPe:外侧苍白球　ic:内囊　ac:前连合

解剖学家Jose de Olmos用银染方法发现在杏仁体的中央内侧部与终纹床核之间另有一个位于此连续部分腹侧的结构，此结构在腹侧纹状体-苍白球系统后面穿过无名质，将它与杏仁体沿终纹延续的结构统称为杏仁体延伸部（extended amygdala），形似围绕内囊的一个环形结构。但杏仁体延伸部并不包括杏仁复合体的基底外侧部分。

（三）Meynert基底核

此核在无名质内界线不清，含有大的胆碱能神经元。这些神经元投射到大脑皮质、杏仁体的基底外侧部分、基底核和丘脑（主要是丘脑网状核）。Meynert基底核内有胆碱能和非胆碱能细胞，与其他部位的类似细胞相延续或混存，有时也统称为大细胞基底前脑复合体。一般认为，此部大的胆碱能细胞是上行激活系统的整合部分，故与维持大脑皮质觉醒和学习记忆机制有关。近年来，人们认为Meynert基底核与阿尔茨海默病有关，病理学研究发现，此部在疾病状态下出现皮质胆碱能传入大量减少。

二、纤维联系

上述3个功能解剖系统各有不同的组织学、组织化学和纤维联系特点。

腹侧纹状体-苍白球系统主要接受来自杏仁基底外侧部、海马结构、某些前额及颞叶有关皮质区的传入，此点与纹状体背侧部接受其他新皮质传入的状况相当。腹侧纹状体-苍白球系统发出的传出投射经丘脑内侧背核到前额叶皮质和扣带回前部。同时，底丘脑核、黑质和中脑被盖也接受来自腹侧纹状体-苍白球系统的传入。

到杏仁体延伸部去的皮质投射大体与到腹侧纹状体-苍白球系统者相当，但杏仁体延伸部的传出却较广泛，投向下丘脑和脑干的有关神经内分泌、内脏活动和躯体运动等脑区。杏仁延伸部各部之间也由联络纤维互相联系，因此沿其内外轴分布的不同部分在功能上是相近的。

Meynert基底核是向大脑皮质投射的大细胞系统的一部分。这些细胞不仅投射到大脑皮质，也投射到杏仁体基底外侧部和丘脑网状核。投射到新皮质的神经元大多数是胆碱能的，而投射于海马结构、嗅皮质、杏仁体基底外侧部及某些颞叶和眶额皮质者则混有胆碱能、GABA能和肽能神经元。这些不属于新皮质的皮质区接受许多来自基底前脑发来的纤维，同时发出纤维到腹侧纹状体-苍白球系统和杏仁体延伸部。另外，某些位于腹侧苍白球内的向皮质投射的神经元由于其接受某些来自腹侧纹状体的输入而属于腹侧纹状体-苍白球系统中的整合部分。

在纹状体复合体和杏仁体延伸部之间的交界处，特别是在沿前连合后支的区域内，此两部分细胞混杂，由于此部含有某些神经肽或受体而独成一区。这些神经肽有的与精神分裂症发病有关（如升压素和胆囊收缩素），有的则与神经元变性的起因有关（如兴奋性氨基酸受体）。

[附] 关于纹状体边缘区

舒斯云等于1987年在大鼠脑纹状体尾内侧发现一个新区，此区由多层平行的梭形细胞构成，根据其位置命名为边缘区（marginal division）。边缘区内的神经活性物质（如P物质、强啡肽、胆囊收缩素、升压素、神经肽Y、生长抑素、5-羟色胺、多巴胺和氧化亚氮）及锌的含量均远较纹状体其他部位为高。用计算机三维立体重建技术证明，大鼠纹状体边缘区是一个扁盘状结构。边缘区的传入纤维来自丘脑后部外侧、中脑黑质外侧部、终纹床核及杏仁体，传出纤维投射到Meynert基底核及黑质等处。随后在猫、猴和人脑纹状体边缘也同样发现了类似的区域，证明边缘区是哺乳动物普遍存在的结构。功能研究发现，当损毁两侧边缘区后，用"Y"迷宫测定动物的学习记忆能力减退；用免疫组织化学及原位杂交法发现边缘区内含有大量P物质、5-羟色胺及与学习记忆有关的神经递质及其受体，这些递质和受体都参与纹状体内胆碱能神经元活性的调节，从而认为它们可影响边缘区的学习记忆功能。用反义核苷酸敲除边缘区中的P物质或5-羟色胺受体后，动物的学习记忆能力下降；用神经网络追踪和电镜技术证明边缘区和Meynert基底核有突触联系，损伤此联系后动物的学习记忆减退；用fos表达证实边缘区和Meynert基底核及海马、杏仁核等与学习记忆有关结构之间有功能联系，这些联系可能是边缘区学习记忆功能的结构基础；用免疫组织化学及原位杂交法证明边缘区含有脑边缘系统特有的标志分子——边缘系统相关膜蛋白及其 mRNA，边缘区是边缘系统的一个组成部分，与学习记忆有关；用膜片钳技术证明边缘区细胞内含有烟碱型乙酰胆碱受体(nAChR)，其离子通道特性与海马神经元的同类离子通道相似，提示边缘区的学习记忆功能可能和 nAChR 有关。后来的研究发现边缘区内 α_2 肾上腺素受体(Talley 等，1996)及血管紧张素和催产素结合点含量(Veinante 等，1997)远较纹状体其他区域高，但边缘区缺乏纹状体其他部位富含的 5′-核苷酸酶(Schoen 和 Graybiel，1993)。Chudler 等发现大鼠面部对伤害性刺激反应的神经细胞集中存在于纹状体边缘区内。

（高　艳）

新形态教材网　数字课程学习

📽 教学 PPT　　📄 参考文献

第十三章

大脑半球

端脑（telencephalon）又称为大脑，位于颅腔内，是脑的最高级部位和机体各种生命活动的最高调节器。端脑由胚胎时的前脑泡高度发育形成。在发育过程中，前脑泡两侧形成端脑，即左、右侧大脑半球（cerebral hemisphere），遮盖间脑和中脑，并把小脑推向后方。覆在大脑半球表面的灰质层，称为大脑皮质（cerebral cortex）。从发生上说，有部分古老、属于嗅觉性的大脑皮质称为嗅脑（rhinencephalon），其面积窄小；大部分较新、属非嗅性的大脑皮质称为新皮质（neocortex），越是高等动物新皮质所占面积越大，如人的大脑新皮质约占全部大脑皮质的96%。

皮质深部的白质又称为髓质，蕴藏在半球的白质内作为皮质下中枢的灰质团块称为基底核，大脑半球内的腔隙称为侧脑室（lateral ventricle）。

第一节 大脑半球的形态

一、端脑的外形和分叶

左、右大脑半球之间为纵行的大脑纵裂（cerebral longitudinal fissure），纵裂底面连接两半球宽厚的纤维束板，称为胼胝体（corpus callosum）。胼胝体嘴端弯向前下方连接于终板，终板构成第三脑室的前壁。胼胝体嘴和终板之间有断面呈圆形的横行纤维束，为前连合。胼胝体和穹窿之间的薄板为分隔两侧侧脑室的透明隔。大脑半球和小脑之间为大脑横裂（cerebral transverse fissure）。

大脑半球在颅内发育时，其表面积增加较颅骨快，因而形成起伏不平的外表，凹陷处形成大脑沟（cerebral sulci），沟与沟之间形成长短、大小不一的隆起部分称为脑回（cerebral gyri）。脑沟和脑回约在胚胎第5个月开始发生，出生后逐渐发育完成。

每侧半球分为上外侧面、内侧面和下面（底面）。上外侧面隆凸，内侧面平坦，两面以上缘为界；下面凹凸不平，与内侧面之间无明显分界，与上外侧面之间以下缘为界。半球内有3条恒定的沟，即外侧沟（lateral sulcus）、中央沟（central sulcus）和顶枕沟（parietooccipital sulcus）。

外侧沟起于半球下面，行向后上方，至上外侧面，再行向后上方，成为颞叶（temporal lobe）的上界。中央沟（central sulcus）起于半球上缘中点稍后方，斜向前下方，下端与外侧沟隔一脑回，上端延伸至半球内侧面。顶枕沟（parietooccipital sulcus）位于半球内侧面后部，自距状沟起，自下向上并略转至上外侧面。

每侧大脑半球分为5个脑叶，分别为额叶、顶叶、枕叶、颞叶及岛叶。在外侧沟上方和中央沟以前的部分为额叶（frontal lobe）；外侧沟以下的部分为颞叶（temporal lobe）；顶叶（parietal lobe）为外侧沟上方、中央沟后方、枕叶以前的部分；枕叶（occipital lobe）位于半球后部，其前界在内侧面为顶枕沟，在上外侧面的界限是顶枕沟至枕前切迹（在枕叶后端前方约4 cm处）的连线，将从此线的终点到外侧沟后端的连线作为顶叶、颞叶两叶的分界；岛叶（insular lobe）是一个特殊的脑叶，它不暴露于大脑半球的表面而被埋于外侧沟底部，呈三角形孤岛状，故也称为脑岛（insula），被额叶、顶叶、颞叶所掩盖。

二、大脑半球的主要沟回

(一) 大脑半球背外侧面的主要沟回

在大脑半球背外侧面,中央沟前方,有与之平行的中央前沟(precentral sulcus)。自中央前沟的额叶部分有上、下两条向前水平走行的沟,为额上沟(superior frontal sulcus)和额下沟(inferior frontal sulcus)。由上述三沟将额叶分成4个脑回:中央前回(precentral gyrus),居中央沟和中央前沟之间;额上回(superior frontal gyrus),居额上沟之上方,沿半球上缘并转至半球内侧面;额中回(middle frontal gyrus),居额上、下沟之间;额下回(inferior frontal gyrus),居额下沟和外侧沟之间。

顶叶在中央沟后方,有与之平行的中央后沟(postcentral sulcus),此沟与中央沟之间为中央后回(postcentral gyrus)。在中央后沟后方,有一条与半球上缘平行的顶内沟,其上、下皮质分别为顶上小叶(superior parietal lobule)和顶下小叶(inferior parietal lobule)。顶下小叶又分为包绕外侧沟后端的缘上回(supramarginal gyrus)和围绕颞上沟末端的角回(angular gyrus)。

颞叶在外侧沟的下方,有与之平行的颞上沟(superior temporal sulcus)和颞下沟(inferior temporal sulcus)。颞上沟的上方为颞上回(superior temporal gyrus),自颞上回转入外侧沟内有几条自上外向下内的短而横行的脑回,称为颞横回(transverse temporal gyrus)。颞上沟与颞下沟之间为颞中回(middle temporal gyrus)。颞下沟的下方为颞下回(inferior temporal gyrus)(图13-1)。

枕叶在外侧面的沟回多不恒定。

(二) 大脑半球内侧面和底面的主要沟回

在大脑半球的内侧面,自中央前、后回背外侧面延伸到内侧面的部分为中央旁小叶(paracentral lobule)。围绕胼胝体背面环行的胼胝体沟(callosal sulcus)绕过胼胝体的后端再向前下方移行于海马沟(hippocampal sulcus)。在胼胝体沟上方,有与之平行的扣带沟(cingulate sulcus),此沟末端转向背方,称为边缘支。扣带沟与胼胝体沟之间为扣带回(cingulate gyrus)。在中部有前后方向上略呈弓

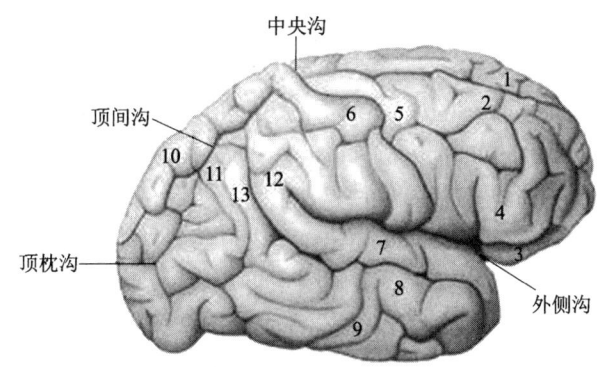

图13-1 大脑半球背外侧面的主要沟回
1. 额上回 2. 额中回 3. 眶回 4. 额下回 5. 中央前回 6. 中央后回 7. 颞上回 8. 颞中回 9. 颞下回 10. 顶上小叶 11. 顶下小叶 12. 缘上回 13. 角回

形的胼胝体。在胼胝体后下方,有呈弓形的距状沟(calcarine sulcus)向后至枕叶后端,此沟中部与顶枕沟相连。距状沟与顶枕沟之间称为楔回(cuneus),距状沟下方为舌回(lingual gyrus)(图13-2)。

此外,在半球的内侧面可见位于胼胝体周围和侧脑室下角底壁的一圈弧形结构,包括隔区(包括胼胝体下回和终板旁回)、扣带回、海马旁回、海马和齿状回等,加上岛叶前部、颞极共同构成边缘叶(limbic lobe)。边缘叶是根据进化和功能区分的,参与边缘叶的结构,有的属于上述5个脑叶的一部分(如海马旁回、海马和齿状回属于颞叶),有的则独立于上述5个脑叶之外(如扣带回)。

在大脑半球底面,颞叶下方有与半球下缘平行的枕颞沟(occipitotemporal sulcus),在此沟内侧并与之平行的为侧副沟(collateral sulcus),此沟在颞叶前部延续为嗅脑沟(rhinal sulcus)。侧副沟的内侧为海

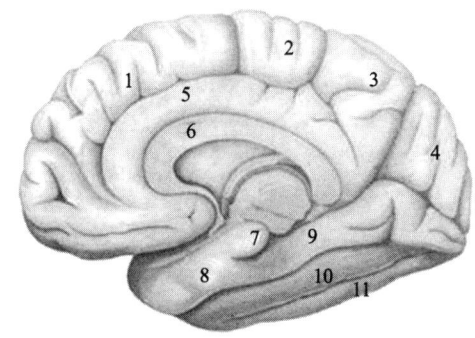

图13-2 大脑半球内侧面的主要沟回
1. 额上回 2. 中央旁小叶 3. 楔前叶 4. 楔叶 5. 扣带回 6. 胼胝体 7. 钩 8. 海马旁回 9. 舌回 10. 枕颞内侧回 11. 枕颞外侧回

马旁回(parahippocampal gyrus),此回的前端弯曲,称为钩(uncus)。侧副沟与枕颞沟间为枕颞内侧回(medial occipitotemporal gyrus),枕颞沟下方为枕颞外侧回(lateral occipitotemporal gyrus)。在海马旁回的内侧为海马沟,在沟的上方有呈锯齿状的窄条皮质,称为齿状回(dentate gyrus)。从内面看,在齿状回的外侧,一部分皮质卷入侧脑室下角底壁,形成一弓形隆起,称为海马(hippocampus),海马和齿状回构成海马结构(hippocampal formation)(图13-3)。

额叶的底面有较小且变异较多的眶沟(orbital sulcus)和眶回(orbital gyrus)。靠近中线处还有直行的嗅沟。

脑底面与嗅觉有关的部分统称为嗅脑(rhinencephalon),包括嗅脑露于脑底面的部分:额叶内纵行的嗅束(olfactory tract)、其前端膨大的嗅球(olfactory bulb)、向后扩大的嗅三角(olfactory trigone)、嗅三角与视束之间的前穿质(anterior perforated substance)和外侧嗅纹(lateral olfactory stria)等,前穿质内有许多小血管穿入脑实质内。嗅球伏于颅前窝筛骨筛板上面,嗅神经丝穿过筛孔终止于此。嗅球内神经细胞的轴突集合成嗅束,贴在额叶底面的嗅沟内。嗅束内含有小神经核团称为前嗅核。嗅束的后部续于嗅三角,嗅三角是与嗅束延续的位于内、外侧嗅纹之间的三角区,其后方为前穿质。前穿质的后内方是Broca斜角带。

岛叶表面形成几个长、短不同的岛回(insular gyri),包括后部一条长回,前部几条短回;周围以岛环状沟(circular sulcus of insula)与额叶、顶叶、颞叶等脑叶分界。此3个脑叶覆盖于岛叶表面的部分互相靠拢,总称为岛盖(operculum)(图13-4)。

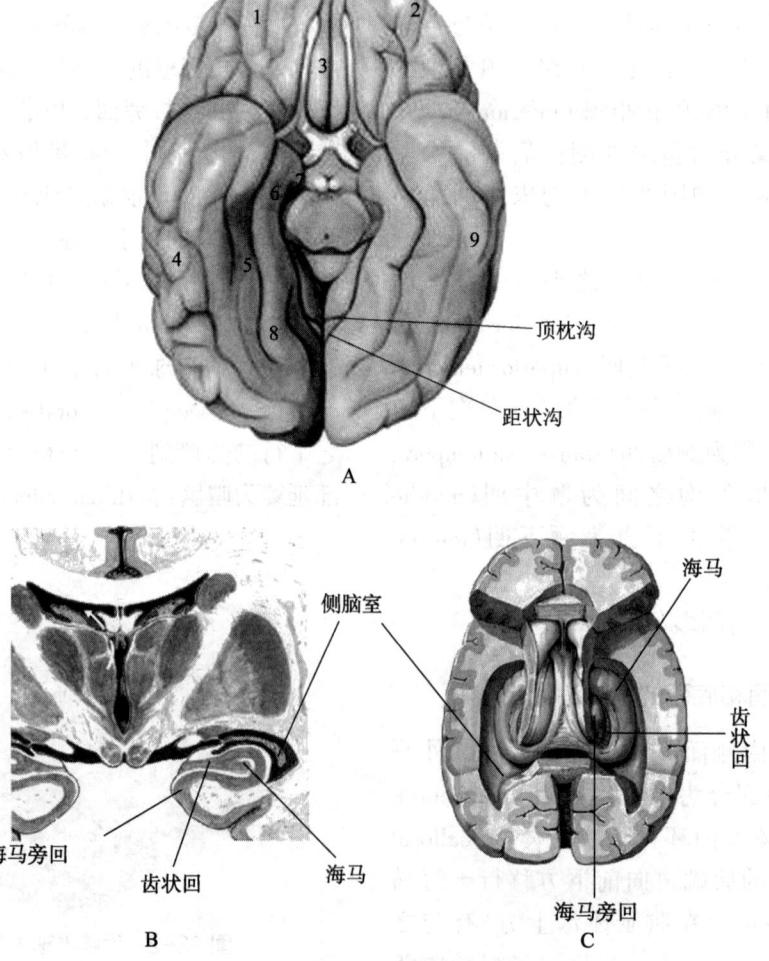

图 13-3 大脑半球底面的主要沟回
A. 底面观 B. 冠状切面后面观 C. 去除部分大脑皮质上面观
1. 眶回 2. 额叶 3. 直回 4. 颞下回 5. 枕颞外侧回 6. 海马旁回 7. 钩 8. 枕颞内侧回 9. 颞叶

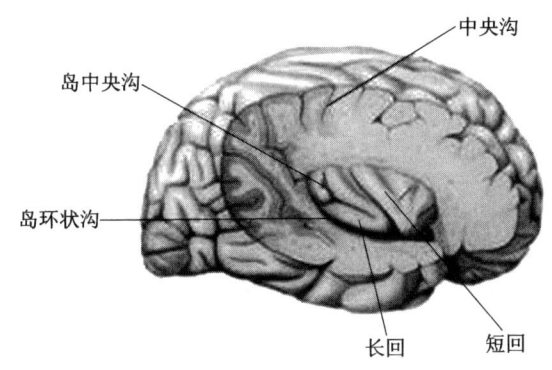

图 13-4 大脑的岛叶

第二节 大脑皮质

大脑皮质(cerebral cortex)是覆于端脑表面的灰质层,是脑的最重要部位和高级神经活动的物质基础。人类的大脑皮质高度发育,几乎占整个脑体积的 1/2,与脑和脊髓的许多结构有着广泛的联系。脑表的沟回起伏使大脑皮质的面积扩大,如将大脑皮质铺平展开,其面积可达 2 500 cm^2;大脑皮质高度卷曲,一半以上的大脑皮质隐藏于各沟、回的深部,仅有约 1/3 露于脑表面。大脑皮质各个部分的厚度不同,一般厚 2~4 mm,中央前回处最厚,在人类约 4.5 mm;距状沟处最薄,仅约 1.5 mm。在同一脑回的不同部位皮质的厚薄也不完全一致,一般脑回顶部厚于脑沟底部。

大脑皮质以板层和柱状构造为主要组织学特征,其内部构造非常复杂。根据组织构造不同,大脑皮质可分为同型皮质和异型皮质两类。同型皮质分为6层,而异型皮质则显示3~5层。从种系发生的角度看,异型皮质又可进一步分为形成海马结构的古皮质(原皮质)和形成嗅脑的旧皮质,而占大脑皮质绝大部分的同型皮质则是发生较晚的新皮质。

一、大脑皮质的构筑

大脑皮质由类型复杂的神经元和纵横交错的神经纤维组合而成,并含有大量的神经胶质和血管。在人类的大脑皮质,神经胶质多于神经元。对大脑皮质神经元总数的研究报告差别很大,有人估算为 10^{11} 个,也有人估算为 26 亿个。有关大脑皮质构筑的研究包括细胞构筑、纤维构筑、神经胶质构筑和血管构筑等。

(一) 大脑皮质的神经元

健康人的大脑皮质约有 200 亿个神经元,神经元类型多种多样(图 13-5)。

1. 锥体细胞(pyramidal cell) 其胞体呈锥形或三角形,直径为 15~80 μm。锥体尖朝向皮质表面,发出顶树突,垂直行向脑表面。顶树突只有一条,较粗,长短不一,多数到达皮质的最表层(分子层),沿途发出分支。锥体细胞的其他树突都发自胞体基底部,称为基树突。基树突较短,向水平方向延伸,终止于周围的神经毯形成各种形式的树突覆盖区。树突特别是它的分支上生有大量的棘,借之可大大地增加突触的数量。锥体细胞是 Golgi Ⅰ 型神经元,由胞体基底部发出的轴突下行参加白质,沿途发出多数轴突侧支,这些轴突分别成为固有的联络纤维、连合纤维或投射纤维。锥体细胞分布于除分子层以外的大脑皮质各层(图 13-6)。

在大脑半球额叶的中央前回,大脑皮质 Ⅴ 层最厚,主要由锥体细胞构成。此层的锥体细胞之间有

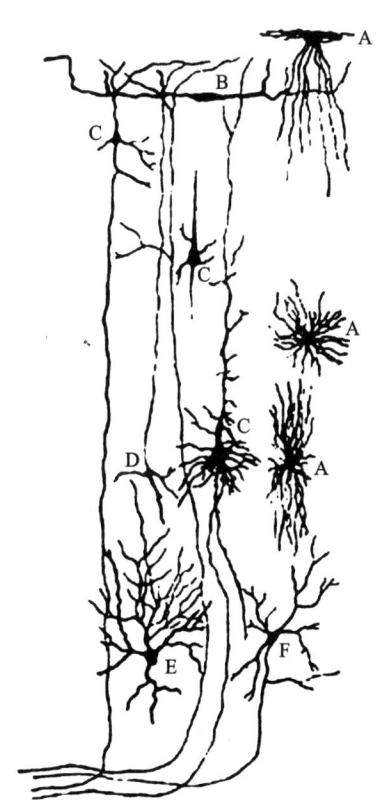

图 13-5 大脑皮质的多种神经元
A:神经胶质 B:水平细胞 C:锥体细胞
D:Martinotti 细胞 E:星形细胞 F:梭形细胞

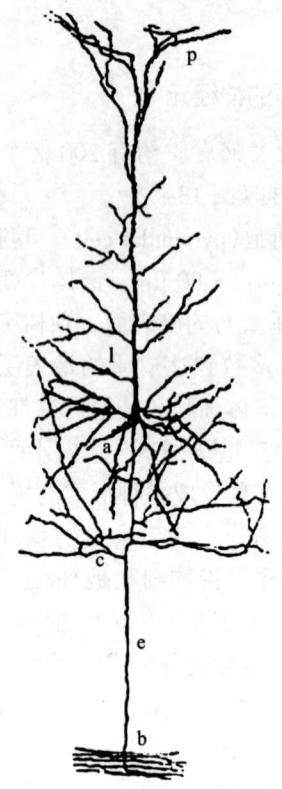

图13-6 大脑皮质的锥体细胞
a：基树突 b：大脑半球白质中轴突的延续 c：轴突的侧支
e：轴突 l：顶树突 p：接近皮质表面的树突终末分支

三五成群的巨锥体细胞（Betz细胞）分散存在，最大者胞体直径可达120μm，以中央旁小叶处者为最大。人的Betz细胞总数约34 000个，集中出现于大脑皮质第4区的下肢和上肢代表区。

2. 颗粒细胞（granule cell）或星形细胞（stellate cell） 是Golgi Ⅱ型细胞。胞体为圆形或三角形，发出数条树突向各个方向延伸；轴突短，一般只在胞体附近分支，也有的上行至分子层。此细胞分布于除分子层以外的大脑皮质各层。

3. 水平细胞（horizontal cell） 位于分子层，是小梭形细胞，由胞体两侧各发出一条树突，轴突也常发自树突，分为两支，与皮质表面平行延伸至一定距离，并与锥体细胞顶树突的分支形成突触。

4. Martinotti细胞 分布于大脑皮质分子层以外的各层（主要是Ⅵ层），胞体小，为多角形，树突甚短，构成局限性树突野；轴突较长，行向皮质表面，沿途发出侧支分布于皮质诸层，其终末分布于分子层。

5. 梭形细胞（fusiform cell） 或称多形细胞，主要见于皮质最深层。梭形细胞的长轴大体上与皮质表面垂直。由胞体两极发出树突，自胞体下极发出者在胞体所在层内分支终止，自上极发出者则伸向皮质表面。轴突发自胞体的中部或下部，行向白质。

（二）大脑皮质的分层

在Nissl染色切片上，大脑皮质神经元胞体的分布形成明显的分层，各层都有特点，不同区域大脑皮质的分层不完全相同。原皮质和旧皮质为3层结构，如海马可分为3个基本层：分子层、锥体细胞层和多形细胞层；海马与海马旁回之间有过渡区域，过渡区域逐渐变成4层、5层、6层。这一区域通常分为尖下托（prosubiculum）、下托（subiculum）、前下托（presubiculum）和旁下托（parasubiculum）4个带形区，其中前2个带形区归属海马，后两个带形区归属海马旁回。新皮质的6层结构是Ⅰ为分子层、Ⅱ为外颗粒层、Ⅲ为外锥体细胞层、Ⅳ为内颗粒层、Ⅴ为节细胞层（内锥体细胞层）和Ⅵ为多形细胞层（图13-7）。从比较胚胎学看，新皮质的六层结构由古皮质的三层分化而来，所以大脑新皮质也可分为粒上层（Ⅰ～Ⅲ层）、内粒层（Ⅳ层）和粒下层（Ⅴ、Ⅵ层）。粒上层发展最晚，在人脑最发达，接受和发出联络性纤维，实现皮质内联系。内粒层主要接受来自间脑的特异性传入投射纤维。粒下层则借传出的投射纤维联系皮质下结构，控制躯体和内脏运动功能。

1. 分子层（molecular layer） 主要是密集的神经纤维丛，有很少量的水平细胞。神经纤维丛由来自Ⅰ、Ⅲ、Ⅴ层锥体细胞的顶树突的末端分支、星形细胞的垂直轴突、Martinotti细胞的上行轴突、发自丘脑非特异性核的上行纤维以及联络或连合纤维的终支等构成，分子层约占全皮质厚度的10%。

2. 外颗粒层（external granular layer） 由多数颗粒细胞（星形细胞）和小型锥体细胞胞体组成，厚度约占皮质的9%。锥体细胞的顶树突伸至分子层，其轴突进入深部各层，有的可进入髓质，成为联络纤维。此层的纤维均系邻近深层细胞的树突或轴突以及本层细胞的树突或轴突。它与Ⅲ层之间有一层以水平方向走行的有髓纤维为主而构成的纤维层称为Kaes-Bechterew带。

3. 外锥体细胞层（external pyramidal layer） 主要由中等大小的锥体细胞组成，也混有颗粒细胞和Martinotti细胞。此层又可分为两个亚层，浅层的锥体细胞较小，深层的锥体细胞稍大。锥体细胞的轴突形成长的联络纤维和通过胼胝体至对侧的连合纤

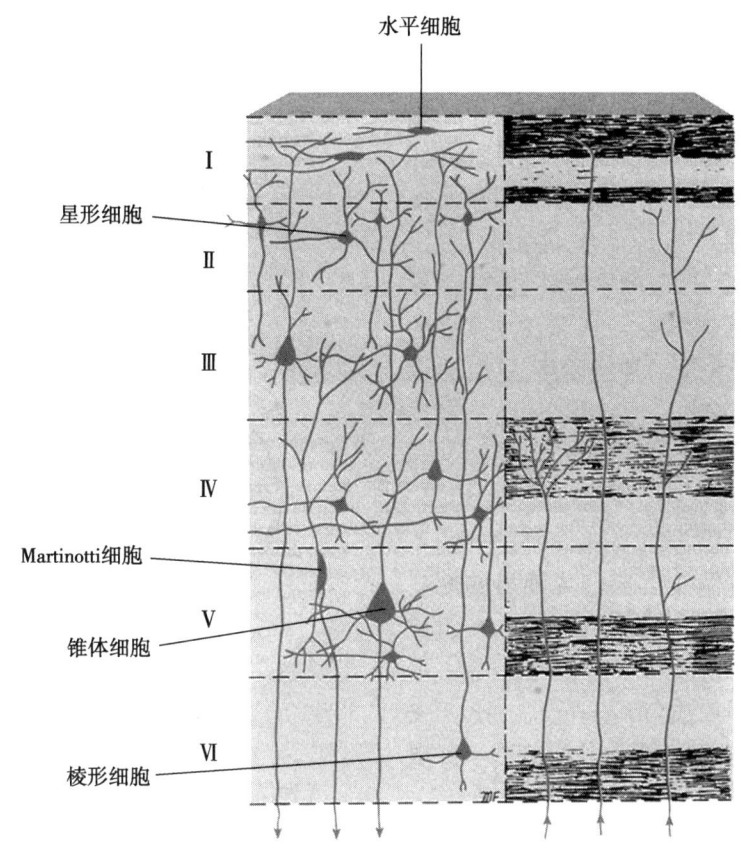

图 13-7　大脑皮质的分层以及细胞和纤维构筑

维。在很多区域,外锥体细胞层约占皮质全厚的 1/3。

在发生过程中,Ⅱ层和Ⅲ层是大脑皮质中最后分化的层,也是大脑皮质中发育最好的层。由于此两层发出的轴突不投射至脑干和脊髓,而与其他部位的大脑皮质联系,一般认为Ⅱ、Ⅲ层为连合层或接受层。

4. 内颗粒层(internal granular layer)　由多数星形细胞与少数锥体细胞以及水平走行的纤维构成。来自丘脑特异性核的纤维多数与此层的星形细胞形成突触,少数与第Ⅲ层深部的锥体细胞形成突触。此外,来自丘脑特异性核团的纤维与第Ⅴ层的大、中细胞的顶树突也在内颗粒层形成突触。内颗粒层在感觉区较厚,约占皮质全厚的 10%。

5. 节细胞层(内锥体细胞层,internal pyramidal layer)　主要由各种大小的锥体细胞、星形细胞与 Martinotti 细胞构成。Ⅴ层又可分为Ⅴa层和Ⅴb层。Ⅴa层主要由中、小型锥体细胞构成,皮质纹状纤维主要发自此层的小锥体细胞;Ⅴb层主要是大锥体细胞,其轴突组成投射纤维及连合纤维,这些下行性轴突发出侧支,有的止于Ⅴ或Ⅵ层,也有的上行止于浅层,称为返回侧支。此层的深部有浓密的水平纤维丛为 Baillarger 内带。Ⅴ层约占皮质全厚的 20%。

6. 多形细胞层(polymorphic layer)或梭形细胞层　主要由大小不等的梭形细胞及少量的颗粒细胞和 Martinotti 细胞构成。此层又可分为两个亚层,浅层的细胞大而密集,深层的细胞小而疏松。此层又可称为梭形细胞层,大梭形细胞的树突伸至分子层,小梭形细胞则止于Ⅳ层或本层内。因此,Ⅴ层和Ⅵ层中的许多锥体细胞和梭形细胞的树突直接和主要位于Ⅳ层中的感觉性丘脑皮质纤维的终末联系。梭形细胞的轴突组成皮质丘脑束的纤维进入髓质。多形细胞层约占皮质全厚的 20%。

大脑皮质又可分为传入层和传出层。传入层包括Ⅱ、Ⅲ、Ⅳ层,至大脑皮质的传入纤维主要分布于传入层。传入层只见于新皮质。传出层包括Ⅴ、Ⅵ层,大脑皮质发出的至皮质下诸结构的投射纤维大部分都起自Ⅴ、Ⅵ层。

(三)大脑皮质各层神经元的相互关系

大脑皮质各层内神经元的相互作用方式多种多

样,可概括为:①反馈,例如Ⅳ层的Martinotti细胞可由锥体细胞的轴突接受信息,再通过其本身的轴突与锥体细胞的树突形成突触;②同步,如Ⅰ层水平细胞的轴突可同时与多个锥体细胞的树突形成突触,产生同步效应;③汇聚,如Ⅳ层的颗粒细胞可同时接受传入和传出纤维的侧支,进行整合;④扩散,一根传入纤维可终止于Ⅱ、Ⅲ、Ⅳ层的不同神经细胞,导致信息的广泛传播;⑤局部回路,在大脑皮质众多的各类神经元之间存在着大量的神经回路,这是协调大脑活动的重要形态学基础。

二、大脑皮质的分型

大脑皮质可分为种系发生上出现较早的原皮质(archicortex),如形成海马和齿状回的皮质,组成嗅脑的旧皮质(paleocortex)和除两者之外的占据大脑皮质其余部分的新皮质(neocortex)。原、旧皮质都属3层型皮质,新皮质基本上分为6层。一般将6层型皮质称为同型皮质(homotypical cortex),而将6层结构形式不明显的区域称为异型皮质(heterotypical cortex)。此外,根据颗粒细胞和锥体细胞相对发达的特点,还可将大脑皮质归并为5个基本类型,即无颗粒型、颗粒型、额叶型、顶叶型和脑极型(图13-8)。

1. 无颗粒型 皮质厚,Ⅱ、Ⅳ层的颗粒细胞和小锥体细胞均少,排列疏松,因而Ⅱ、Ⅳ层极不明显,导致各层不易区别。而Ⅲ、Ⅴ层的锥体细胞发育良好,形体大,Ⅴ层较厚。其典型代表是中央前回。

2. 颗粒型或沙砾皮质 此型皮质最薄,主要由颗粒细胞(星形细胞)组成,这些细胞不仅分布于Ⅱ、Ⅳ层,在Ⅲ层也有大量分布,此型皮质锥体细胞减少,Ⅳ层厚于其他各层。其代表是距状沟周围皮质。

3. 额叶型 皮质较厚,6层结构明显可辨。Ⅲ层和Ⅴ层高度发达,Ⅳ层的颗粒细胞也易辨认。此型皮质见于额叶前部及顶叶、颞叶的某些区域。

4. 顶叶型 各层分界更为清楚。颗粒细胞高度发育,Ⅲ、Ⅴ层虽然较薄,但仍易辨认。此型见于顶下小叶、颞下回、梭状回及枕叶的前部。

5. 脑极型 6层划分虽然明确,但整个皮质的厚度较薄。此型见于额极和枕极附近。

以上5种类型中,无颗粒型和颗粒型皮质在胚胎发育过程中虽也经历过6层期,但至成人,6层已

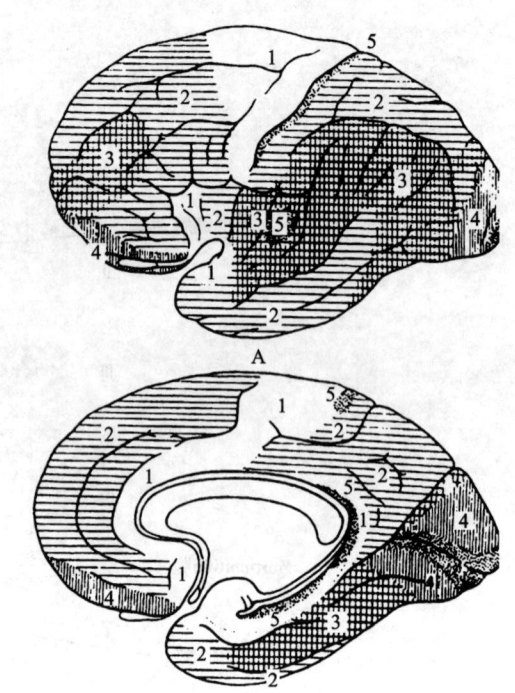

图13-8 大脑皮质结构的分型
A. 大脑半球外侧面 B. 大脑半球内侧面
1. 无颗粒型 2. 额叶型 3. 顶叶型 4. 脑极型 5. 颗粒型

不显著,属于异型皮质。额叶型、顶叶型和脑极型皮质,在成年人仍保持典型的6层,属于同型皮质。

无颗粒型皮质可以说是传出或运动性皮质,主要的传出纤维起自此型皮质区,特别是中央前回。颗粒型皮质则可看做是感觉性的,因为它见于接受特异性丘脑皮质投射纤维的皮质区。

三、大脑皮质的柱状结构

在Golgi染色标本上,大脑皮质有的区域垂直方向的结构模式较水平方向的结构模式特征更为显著。许多研究证明,大脑皮质的功能单位以柱状结构(columnar organization)的形式存在。这一单位是与脑表面垂直的圆柱状结构,跨越大脑皮质全层。有的学者认为整个大脑皮质是由这种细胞柱镶嵌组成的。

多数细胞柱的直径约300μm,每个柱由约2500个神经元组成。细胞柱的浅层(Ⅱ~Ⅳ层)为传入层和连合层,深层(Ⅴ、Ⅵ层)是传出层。Ⅰ层的致密神经纤维丛可能不属于细胞柱的结构(图13-9)。

各细胞柱之间无胶质分隔。因此,细胞柱是功能单位,不是形态学单位。当某一细胞柱处于活动

第二节 大脑皮质

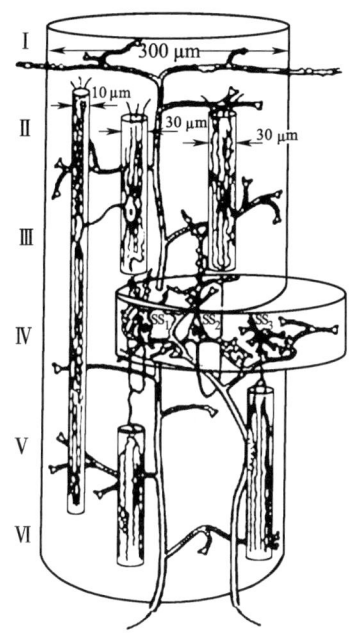

图 13-9 大脑皮质的柱状结构
SS₁：有棘星形细胞　　SS₂：星形锥体细胞
SS₃：小胶质细胞（胶质型无棘细胞）、其他类型多棘星形神经元

状态时，即可与周围受到抑制的细胞柱分开；但当该细胞柱终止活动时，则与周围的细胞群不能分开。这样就不应将细胞柱视为固定不变的结构，而是一个不断改变其构成模式的功能单位。大脑皮质可以形成新的细胞柱以适应急骤变化的功能要求。

四、大脑皮质的分区

虽然大脑皮质6层形式是新皮质结构的基本形式，但不同区域的皮质、各层的厚薄、纤维的疏密及细胞成分即各部的构筑（architecture）状态都不同。学者们依据皮质各部细胞构筑（细胞排列和类型）及纤维构筑（有髓纤维的配布模式）等，做出了人大脑皮质的构筑分区图，但不同作者所划分的分区数目差异很大。现在人们广为采用的是Brodmann分区，将皮质分为52区（图13-10、图13-11）。此外，随着大脑皮质的高度分化，机体的各基本功能系统，如运动、一般感觉、视觉和听觉等在大脑皮质都有各自的调控中心区域，即大脑皮质的功能定位（分区）。现在已知人类大脑皮质有感觉区（一般躯体感觉，视、听觉等）和运动区，还有参与语言功能的若干区域。上述特定皮质区域之外的大脑皮质，可统称为联络区。

五、大脑皮质的功能定位

大脑皮质是高级神经活动的物质基础。机体各种功能活动的最高中枢在大脑皮质上具有定位关系，不同的功能相对集中在某些特定的皮质区，从

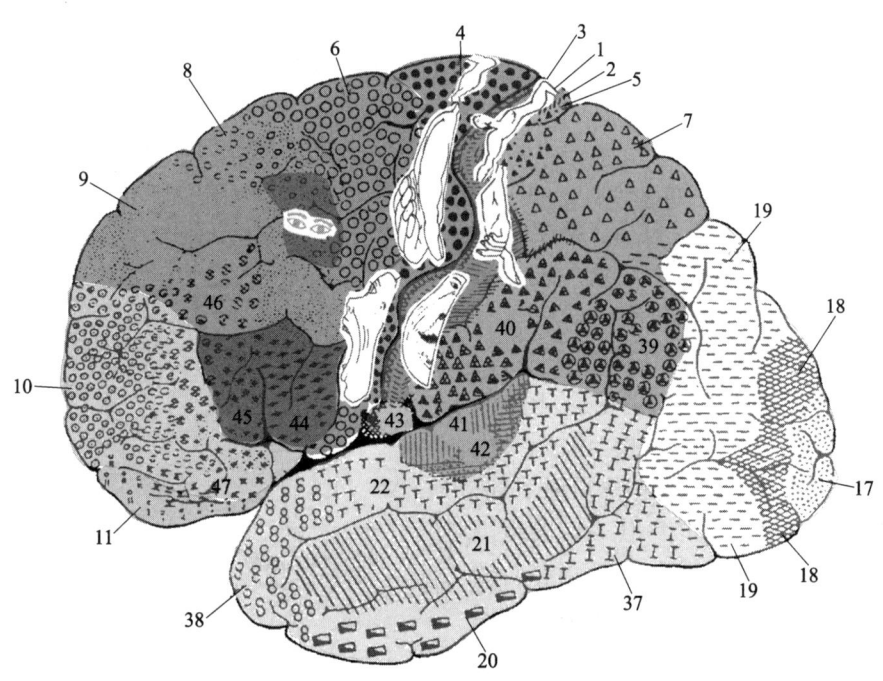

图 13-10 Brodmann 大脑皮质的功能分区（背外侧面）

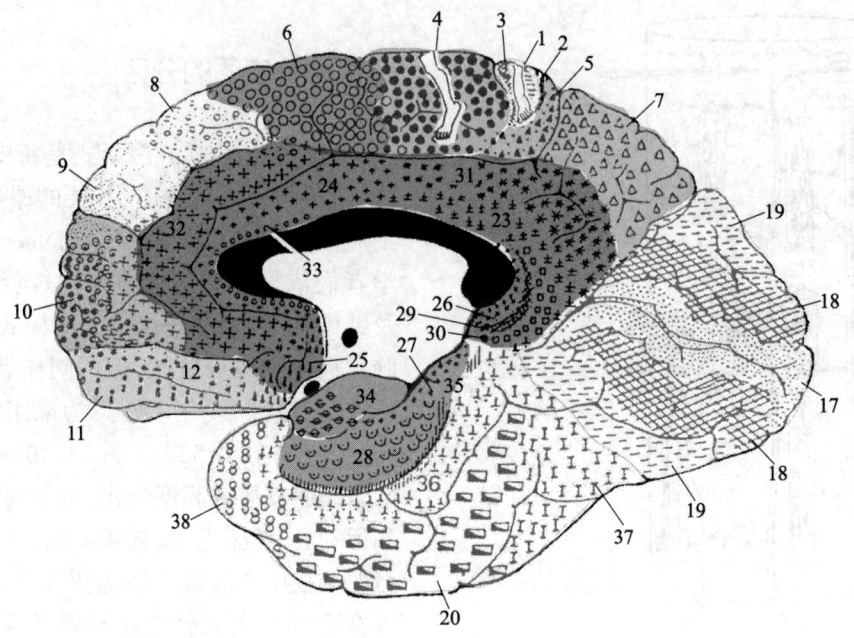

图 13-11 Brodmann 大脑皮质的功能分区（内侧面）

事对一定功能的分析综合,形成许多重要中枢。中枢是具有一定功能的大脑皮质区,是执行某种功能的核心部分。例如,中央前回主要管理全身骨骼肌运动,但也接受部分感觉冲动;中央后回主司全身躯体感觉,但刺激它也可产生少量运动,因此大脑皮质功能定位概念是相对的。在中枢周围的皮质,含联络神经元,其轴突、树突仅完成皮质内联系,它们不局限于某种功能,而是对各种信息进行加工、整合,完成更高级的神经、精神活动,称为联络区,联络区在高等动物显著增加。

（一）躯体感觉皮质

1. 第一躯体感觉区（primary somatosensory area）位于中央后回和中央旁小叶后部,包括3条狭窄的带状区（3区、1区、2区）,属于颗粒型皮质。接受来自丘脑腹后外侧核和腹后内侧核传来的对侧半身痛、温度、触、压以及位置和运动觉,并有精密的定位投射关系。身体各部在此区的投射特点是：①上下颠倒,但头部是正的；②左右交叉,下肢投至对侧旁中央小叶后部和中央后回上部,面部在中央后回下部,上肢在两者之间；③身体各部在该区代表区的范围大小也取决于该部感觉敏感程度,例如手指和唇的感受器最密,在感觉区的投射范围最大,而躯干和四肢近侧端则很小（图 13-12）。

一般认为3区的细胞柱对轻触觉冲动起反应, 1区对深部刺激起反应,2区接受来自关节囊感受器的冲动。传入冲动几乎不超越邻近细胞柱向侧方扩散,这就明显地增强了感觉的精密度,能正确地确定冲动产生的部位。中央后回损伤后,对机械刺激的辨别力减退,轻微触觉及手指和四肢的位置觉障碍,但痛觉和温度觉几乎不发生障碍。感觉恢复时,痛觉最先恢复,运动觉最后恢复。

2. 第二躯体感觉区 在人类还有第二躯体感觉区（Barton等,1993）,位于中央前回和中央后回下面的岛盖皮质（形成外侧沟的上壁）,与双侧躯体感觉（以对侧为主）有关。有人认为第一躯体感觉区主要掌管本体觉和辨别感觉（如估计重量、两点距离、物体光滑粗细等）,而痛觉信号主要传至第二躯体感觉

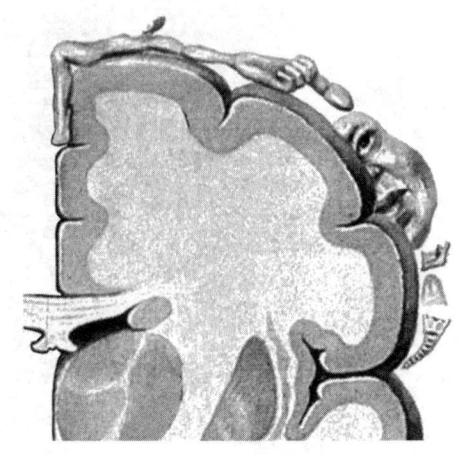

图 13-12 人体各部在躯体感觉中枢的定位

区。头面部在此区的最前部,骶区在最后部。

(二) 躯体运动皮质

1. 第一躯体运动区(primary somatomotor area)位于中央前回和中央旁小叶前部,包括 Brodmann 分区的 4 区和 6 区。Brodmann 4 区位于中央沟前壁和中央前沟之间的区域,上部较宽,下部逐渐变窄,转入半球内侧面涉及中央旁小叶的前部。4 区皮质厚度约 4 mm,其特点是锥体细胞多,缺乏颗粒细胞(为无颗粒型皮质)。皮质脊髓束中约有 30% 的纤维起于 4 区,但纤维都较细,其中由 Betz 巨锥体细胞发出的粗纤维仅占 3% 左右。

Brodmann 6 区位于 4 区的前方,包括中央前回前上部和额上回后上部。在大脑半球内侧面,6 区可达扣带沟。皮质脊髓束中约 28% 的纤维起自 6 区。电刺激 6 区可引起头和躯干转向对侧及四肢屈和伸等较复杂的运动。

第一躯体运动皮层对骨骼肌运动的管理有一定的局部定位关系,其特点为:①上下颠倒,但头部是正的。沿中央沟上端(中央旁小叶前部)向下刺激皮质,可从足趾至头面依次发生运动,因此,此区对人体各部运动的调控也呈"交叉倒置"的支配模式:中央前回最上部和中央旁小叶前部与下肢、会阴部运动有关,中部与躯干和上肢的运动有关,下部与面、舌、咽、喉的运动有关。②左右交叉,即一侧运动区支配对侧头面部、躯体及四肢的运动,但一些与联合运动有关的肌则受两侧运动区的支配,如眼球外肌、咽喉肌、咀嚼肌等。③身体各部在皮质代表区的范围大小与各部形体大小无关,而取决于功能运动的重要性和精细复杂程度,如代表拇指的皮质区面积几乎是大腿代表区的 10 倍(图 13-13)。该区接受中央后回、背侧丘脑腹前核、腹外侧核和腹后核的纤维,发出纤维组成锥体束,至脑干运动核和脊髓前角。支配对侧头面部、躯体及四肢的运动,身体不同部位在皮质代表区的范围大小与运动的精细复杂程度有关。

2. 第二躯体运动区 在人类还有第二躯体运动区,位于中央前回和中央后回下面的岛盖皮质,与对侧上、下肢运动有关。

3. 头、眼运动区 位于额中回后部(相当于 Brodmann 8 区的一部分),并向后方延至中央前回,向下与额下回相邻。刺激此区产生两眼同向偏斜运

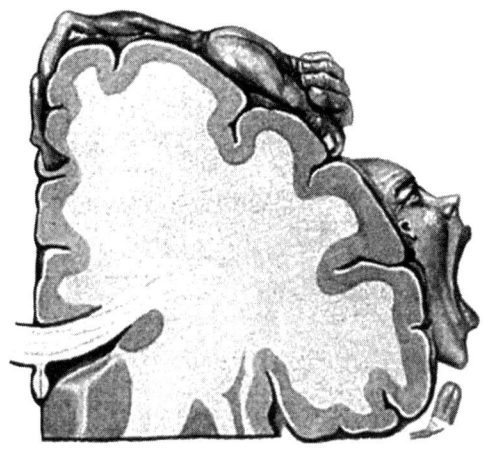

图 13-13 人体各部在躯体运动中枢的定位

动,同时头随之转向对侧。

4. 补充运动区 位于额叶内侧面中央旁小叶的前方。刺激此区引起肌收缩,一方面产生复杂的运动(对侧上肢上举、转头、转眼),另一方面又维持特定的姿势,同时伴有瞳孔散大,心跳加快。

(三) 视皮质(视觉中枢)

视皮质(visual cortex)是位于枕叶内侧面距状沟上下的皮质,即上方的楔叶下部和下方的舌回上部(Brodmann 17 区),此区皮质较薄,属于颗粒型皮质。因相当Ⅳ层处有来自外侧膝状体浓密的横行纤维,形成一条肉眼可见的白色细纹(称 Gennari 线),故又将此区称为纹状区。接受来自外侧膝状体发出的视辐射纤维,其在纹状区有明确的定位关系:距状沟上唇的视皮质接受视网膜上部经外侧膝状体内侧部的冲动;下唇的视皮质接受视网膜下部经外侧膝状体外侧部的冲动;距状沟后 1/3 上、下方接受黄斑区经外侧膝状体中央部来的冲动,占据视辐射中间的大部分。一侧视区接受双眼同侧半视网膜来的冲动,损伤一侧视区可引起双眼对侧视野偏盲,称为同向性偏盲。

纹状区为第一视觉区,其周围为视觉连合区(18区、19 区)。此区对于眼球运动、视觉印象的心理学解释、视觉印象与其他情报的整合是不可缺少的。

(四) 听皮质(听觉中枢)

听皮质(auditory cortex)位于大脑外侧沟深面的颞横回(41、42 区),属于颗粒型皮质。接受内侧膝状体来的听辐射纤维。每侧的听觉中枢都接受来自两

耳的冲动,但以对侧为主,因此,一侧听觉中枢受损,导致双耳听力下降,不致引起全聋,为不完全性耳聋。音调的代表区也有定位,来自蜗底部高音调冲动投射至感受区的后内侧部,来自蜗顶部的低音调冲动投射到感受区的前外侧部。41区为第一听觉区,42区、22区为听觉联合区。

(五) 平衡觉中枢

关于平衡觉中枢的位置存有争议,一般认为在颞上回前方的大脑皮质。

(六) 嗅觉中枢

嗅觉中枢位于在海马旁回钩的内侧部及其附近(梨状前区、杏仁周区等)。

(七) 味觉中枢

味觉中枢可能在额叶转入外侧沟内面的岛盖皮质和岛叶皮质前部。

(八) 内脏活动的皮质中枢

一般认为在边缘叶的皮质区可找到呼吸、血压、瞳孔、胃肠和膀胱等各种内脏活动的代表区。因此,有人认为边缘叶是内脏运动神经功能调节的高级中枢。

(九) 与语言功能有关的皮质区

人类大脑皮质与动物的本质区别是能进行思维和意识等高级活动,并进行语言的表达。由于语言功能是人类在社会生活发展过程中形成的,故与语言功能有关的皮质区只存在于人类大脑,也称为语言区(图13-14)。语言功能是指理解说出的话和写出的文字,并以说或写的方式来表达意见和思想。凡不是由视、听和肌肉障碍所引起的语言缺陷,都可称为失语症。

1. 运动性语言中枢(motor speech area) 在额下回后部(44、45区),又称为Broca区,因与说话功能有关,又称为说话中枢。如果此中枢受损,患者咽、喉、舌、唇肌并不瘫痪,虽能发音,却不能说出具有意义的句子,严重者仅能说出简单的文字,称为运动性失语症(motor aphasia)。也有人将此区称为前说话区。

2. 书写中枢(writing area) 位于额中回的后部(8区),紧靠中央前回的上肢代表区,特别是手的运动区。此区与书写文字有关,若受伤,虽然手的运动功能仍然保存,但写字、绘图等精细动作发生障碍,称为失写症(agraphia)。

3. 听觉性语言中枢(auditory speech area) 在颞上回后部(22区)和缘上回(40区),能调整自己的语言和听取、理解别人的语言,又称为听话中枢。此中枢受损后,患者虽能听到别人讲话,无听觉障碍,但不能理解别人讲话的意思,自己讲的话也同样不能理解,故不能正确回答问题和正常说话,称为听觉性失语症(auditory aphasia)。

4. 视觉性语言中枢(visual speech area) 位于顶下小叶的角回(39区),靠近视觉中枢,又称为阅读中枢。此中枢受损时,视觉虽无障碍,但不能理解文字符号的意义,不能阅读,称为失读症(alexia)。

研究表明,听觉性语言中枢和视觉性语言中枢之间没有明显界限,有学者将两者统称为后说话区(Wernicke区),该区包括颞上回、颞中回后部、缘上回及角回。Wernicke区的损伤,将产生严重的语言障碍,称为感觉性失语症(sensory aphasia),是听觉性失语症和失读症的统称。

此外,各语言中枢不是彼此孤立存在的,它们之间有着密切的联系,语言能力需要大脑皮质有关区

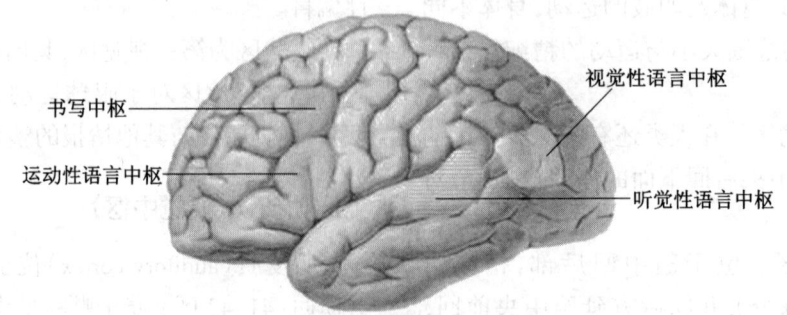

图13-14 左大脑半球与语言功能有关的皮质区

域的协调配合才能完成。例如，听到别人问话后用口语回答，其过程可能是：首先，听觉冲动传至听觉区，产生听觉。再由听觉区与Wernicke区联系，理解问话的意义。经过联络区的分析、综合，将信息传到运动性语言中枢，后者通过与头面部运动有关的皮质（中央前回下部）的联系，控制唇、舌、喉肌的运动而形成语言，回答问题。

除上述功能区外，大脑皮质广泛的联络区中，额叶的功能与躯体运动、发音、语言及高级思维活动有关，顶叶的功能与躯体感觉、味觉、语言等有关，枕叶与视觉信息的整合有关，颞叶与听觉、语言和记忆功能有关，边缘叶与内脏活动有关。

上述各语言中枢主要位于左侧大脑半球。从语言功能上看，左侧半球可视为优势半球，与语言、意识、数学分析等活动密切相关，该半球的损伤出现语言功能障碍。然而，并不能将右侧半球视为"非优势"或"不重要"。因为在长期的进化和发育过程中，大脑皮质的结构和功能都得到了高度的分化。左、右侧大脑半球的发育情况不完全相同，呈不对称性。现在已知右侧半球主要感知非语言信息、音乐、图形和时空概念，在对抽象形式、空间关系的认识以及绘画、音乐欣赏等方面较左侧半球具有优势。因此，左、右大脑半球各有优势，只是在功能上各有不同的特化，左侧大脑是主抽象思维的，右侧大脑是主形象思维的。这种特化的结果是使左、右两半球各司其职，语言功能互补、协调和配合完成各种高级神经精神活动。整个大脑与两个大脑半球，就好比一车的两轮，只有双轮同步运转车才能前行。也就是左、右两半球必须交叉并进，抽象思维与形象思维协调运作，人的大脑才能发挥其聪明才智。

第三节 大脑半球内部结构

大脑半球表层的灰质称为大脑皮质，表层下的白质称为髓质。蕴藏在白质深部的为基底核。端脑的内腔为侧脑室。

一、侧脑室

侧脑室（lateral ventricle）左右各一，为位于大脑半球内的腔隙，延伸至半球的各叶内，透明隔（septum pellucidum）将两侧侧脑室分隔。侧脑室分为4部：中央部（central part），位于顶叶内，是一狭窄的水平裂隙；前角（anterior horn），自室间孔水平向前，伸向额叶内，宽而短，在冠状切面上呈三角形；后角（posterior horn），伸入枕叶，长短不甚恒定；下角（inferior horn），最长，伸至颞叶内，几达海马旁回的钩处。侧脑室脉络丛位于中央部和下角，在室间孔处与第三脑室脉络丛相连，是产生脑脊液的主要部位，其产生的脑脊液经左、右室间孔（interventricular foramen）流向第三脑室。

位于嗅球与第三脑室之间的侧脑室外周称为室管膜下区，含有大量的神经前体细胞，它具有增殖能力，可定向增殖分化为神经元或胶质细胞。该区的神经前体细胞的作用目前仍不清楚，可能对神经再生或修复有积极意义。

二、基底核

基底核（basal nuclei）也称为基底神经节（basal ganglia），是埋藏在大脑半球白质中央底部的大的神经核簇，为重要的皮质下运动中枢。基底核包括纹状体和屏状核。

纹状体（corpus striatum）由尾状核和豆状核组成，其前端互相连接。尾状核（caudate nucleus）是由前向后弯曲的圆柱体，分为头、体、尾3部，位于丘脑背外侧，伸延于侧脑室前角、中央部和下角。豆状核（lentiform nucleus）位于岛叶深部，借内囊与内侧的尾状核和丘脑分开，此核在水平切面上呈三角形，并被两个白质的板层分隔成3部，外侧部最大称为壳（putamen），内侧两部分合称为苍白球（globus pallidus）。在种系发生上，尾状核及壳是较新的结构，合称为新纹状体。苍白球为较旧的结构，称为旧纹状体。

纹状体是锥体外系的重要组成部分，在调节躯体运动中起到重要的作用，近年来发现苍白球作为基底前脑的一部分参与机体的学习记忆功能。

屏状核（claustrum）位于岛叶皮质与豆状核之间。屏状核与豆状核之间的白质称为外囊，屏状核与岛叶皮质之间的白质称为最外囊。屏状核的功能尚不清楚。

基底核的构成及功能都较复杂，详见本书第十二章。

三、大脑半球间及其内部的纤维联系

大脑半球的髓质(白质)主要由大脑半球间及其内部的纤维联系构成,为一些联系皮质各部和皮质下结构的神经纤维充实于大脑皮质、基底核和侧脑室之间。在胼胝体上方的半球水平切面上,髓质在每侧半球形成一个半卵圆形区。在通过胼胝体的水平切面上,两侧的白质纤维互相连续。根据纤维束的联系、行程和功能,可分为3类。

(一)大脑半球间的纤维联系

连接左、右两侧大脑半球皮质相应区域的纤维称为连合纤维(commissural fiber)(连合系),包括胼胝体、前连合、穹窿连合和视上交叉等。连合纤维在两脑半球之间起传递信息的作用(图13-15)。

1. 胼胝体(corpus callosum)

(1)形态和分部 胼胝体为宽大的白质纤维板,是联系两侧半球的主要横行纤维,为最大的连合纤维,也是大脑白质中最大的纤维束。胼胝体位于大脑纵裂的底,由连接左、右半球的额、顶、枕、颞叶新皮质的横行纤维组成宽厚的板状,并构成侧脑室顶的大部分。在正中矢状切面上,胼胝体很厚。胼胝体上方由扣带回覆盖,两者间以胼胝体沟相隔。透明隔附着于其下面的前方。胼胝体的神经纤维呈放射状进入两侧半球的白质,再与皮质结构相联系(图13-16)。

在哺乳类,胼胝体发育的程度与新皮质的表面积和体积相一致。在人脑发育得最为完善。胼胝体在正中切面上为长约10 cm的弓形纤维板,由大量被横行切断的胼胝体纤维构成。前端距离额极约3 cm,后方距离枕极约6 cm。

在正中矢状面上,胼胝体前端呈钩形的纤维板,由前往后可分为嘴(rostrum)、膝(genu)、干(trunk)和压部(splenium)4部分。起自终板上端的嘴,位于胼胝体的前下部呈向下后的锥形缩窄。嘴向上迅速增

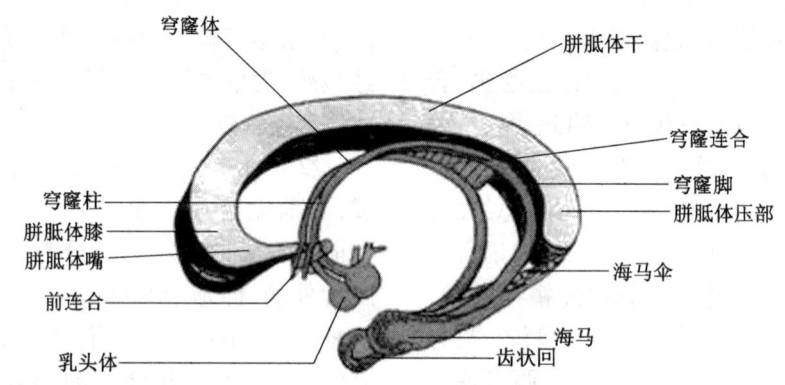

图13-15 大脑半球间的纤维结构和联系

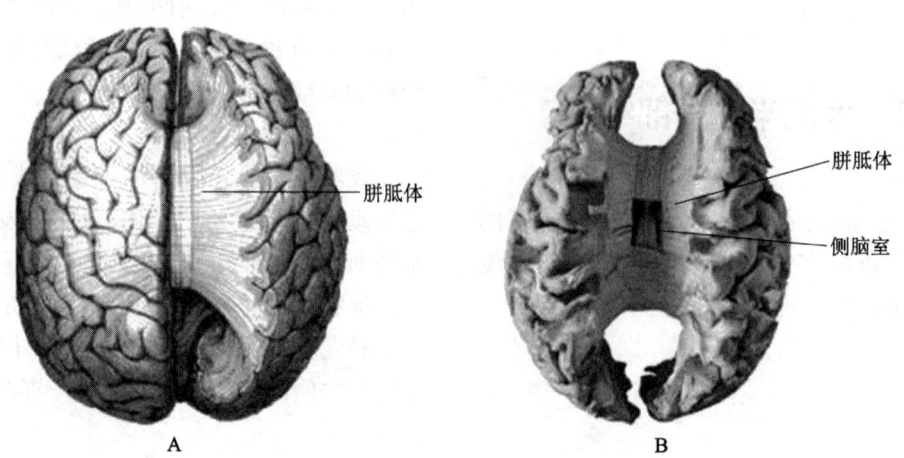

图13-16 胼胝体的形态结构
A. 上面观(显示胼胝体) B. 上面观(显示胼胝体和侧脑室)

厚为膝，即胼胝体前端，其为向前弯曲的纤维，纤维向两侧大脑半球伸展，连接左、右额叶前部，此处纤维称为额钳；膝的纤维绕透明隔的前方向前上，续为胼胝体干，干略呈向上弯曲的弓形，向后止于膨大的后端即压部。干的纤维连接两侧额叶后部和顶叶形成胼胝体辐射；连接两侧颞叶构成毯；行至压部的纤维呈弓形弯向后连接两侧颞叶和枕叶，称为枕钳，枕钳中含有连接两侧距状沟附近的视觉皮质的连合纤维。胼胝体干的上面被灰被（indusium griseum）覆盖，灰被内每侧含有2条纤维束，即内、外侧纵纹（medial and lateral longitudinal striae），向后，灰被通过小束回（gyrus fasciolaris）与齿状回和海马连接。

（2）纤维联系 在经胼胝体所作的水平切面上，可见其纤维向两半球内部前、后、左、右辐射，广泛联系额叶、顶叶、枕叶、颞叶。人类胼胝体大约有180万条纤维，猫的胼胝体大约每平方毫米有70万根纤维。胼胝体纤维将两侧半球新皮质的大部对应区域相互连接起来，胼胝体嘴和膝部是连接两侧半球额叶的纤维：嘴的纤维在侧脑室前角的深面连接两侧额叶的眶面；膝部的纤维连接两侧额叶的内、外侧面，即小钳（forceps minor）。干的大部分是连接两侧半球广泛的皮质区（主要为顶叶、颞叶）的纤维，其纤维向外与内囊的投射纤维交错；体的后部和压部则是连接两侧枕区的纤维。形成侧脑室后角的顶和下角的外侧壁的干和膝的纤维构成毯（tapetum）。其他的压部纤维呈弓形向后至枕叶，即大钳（forceps major），后者使后角的内侧壁隆起为后角球（bulb of posterior horn）。

（3）功能 生理学和心理学的研究表明，胼胝体的作用主要把位于两半球内的不同部分沟通起来，并连接成一个统一整体。由于它主要连接左、右侧大脑半球对称的皮质区域，因此，胼胝体可能在大脑半球间的信息传递中发挥作用，其他的功能还知之不多。有趣的是听区、视区、躯体感觉区与对侧相应区只有很少通过胼胝体的连合纤维。因为左、右侧半球的连合，主要通过胼胝体来执行，所以临床上，对于严重癫痫发作的患者可采取胼胝体切断术来防止癫痫放电由一侧半球传播到另一侧半球。

将信息由一侧大脑半球传导至另一侧，胼胝体是最基本的结构，它与识别的学习、感觉经历和记忆功能有关。在个别胼胝体发生缺失的人，可能没有确切的症状和体征出现，而后天性胼胝体受损的人，两侧半球分离，患者好像有两个分离的脑。"分裂脑"的患者在智力和行为方面并不出现明显的改变，功能基本完好，但由于信息不能在大脑半球之间传递，这些患者还是不能完成某些功能。例如，让患者闭上眼睛，把一个物体放在其右手时，由于右手的感觉信息能达到左半球，患者可以说出该物体的名字。然而，如果物体改放在左手，由于右半球没有左半球的语言存取记忆功能，患者则说不出该物体的名字。

各种不同功能在一侧或另一侧大脑半球专门化的程度可通过切断胼胝体纤维的方法来研究。美国神经科学家Sperry及其同事对实验性胼胝体切断的动物和做了胼胝体切断术治疗的患者进行了一系列重要的皮质功能的观察，结果发现两侧大脑半球在学习、记忆和思维功能上各自具有其独立的机制。如果胼胝体的纤维被破坏，这些机制在对侧半球就不具效应。Sperry因这些重要发现在1981年获得诺贝尔奖。

对脑卒中患者的研究发现，大脑前动脉梗死后胼胝体的纤维遭破坏，患者能够按照指令用右手进行运动，左手却不能。基于语言优势区在左半球，对这一现象的解释是：口头性指令只由患者的左半球理解，控制右手运动的神经机制也发生在左半球，因此患者用右手执行指令不成问题。但是，胼胝体的破坏阻断了相关信息从左半球向右侧运动皮质的传递，而右侧运动皮质的激活对于用左手进行运动是必需的。临床上将虽然不存在运动或感觉障碍，但不能执行有目的的运动，这种症状称为运动不能。

胼胝体的先天性缺陷是很少见的，一般只见于尸检，而在病史中却无记载。当胼胝体部分发育不良、病变或缺如时，一般并没有明显的症状。经影像学检查所发现的病例，通常是因癫痫及智力低下而就诊的患者，主要表现为精神症状、抽搐及瘫痪。根据脑损伤、胼胝体切除和对人类胼胝体研究的大量资料，这一强大的连合系统在两侧半球的信息传导（包括记忆）中具有重要的作用，在脑功能的不对称性中也具有重要的意义。

如胼胝体前1/3损害时，可产生失用症，由于左侧缘上回发出连合纤维经胼胝体前1/3支配右侧半球的缘上回，所以，左侧发生病变，可引起两侧肢体失用症。胼胝体中1/3损害时，可产生假性延髓性麻痹症状，由于经内囊至面部的下行运动纤维，以及自大脑皮质的下行运动纤维，均于此处经过；有时也可出现运动性共济失调。当胼胝体后 1/3 损害时，会出现言语与运动共济失调等症状，因为后 1/3 的纤维连接两侧视区和听区。

胼胝体肿瘤时，尤其是前部的肿瘤，患者主要表现为精神障碍，会出现注意力不集中、不持久、记忆力减退，易激怒等，并伴有偏瘫或四肢瘫。

2. 前连合（anterior commissure） 位于终板上方和穹窿柱前方，是指横过穹窿柱前方、包含于终板内的致密的有髓神经纤维束，主要连接两侧颞叶，有小部分联系两侧嗅球（图 13-15）。在终板内，前连合作为第三脑室前壁的一部分，在视交叉前上方 1.5～2.0 cm。前连合呈 X 形，由前、后两个弓形纤维束组成。在中间部纤维密集呈卵圆形，两侧向前、后分散，向前的纤维较小称为前连合前部（前束），此部在人类较小不发达，在前穿质和嗅束的两侧弯曲向前，纤维连接左、右嗅球；向后的纤维较粗大称为前连合后部（后束），向后外呈扇形散开进入颞叶前部，连接左、右海马旁回。有报道前连合的纤维有一部分是两侧不同中枢之间的交叉途径，与嗅觉有关。

在哺乳动物（包括灵长类）前连合纤维联系两侧相应的下列结构：①嗅球和前嗅核。②前穿质、嗅结节和 Broca 斜角带。③梨前皮质。④嗅区和海马旁回的相邻部分。⑤部分杏仁复合体。⑥终纹床核和伏隔核。⑦颞中回和颞下回前区等。

3. 穹窿连合（fornical commissure） 或称为海马连合，为位于两侧穹窿（fornix）之间联系两侧海马的横行纤维。

穹窿由海马至下丘脑乳头体的弓形传出纤维束组成，自胼胝体后部的下方伸出的一条白质带，弯向前，经室间孔前方进入下丘脑。该束纤维先在海马内侧缘集中形成海马伞，而后沿侧脑室下角底后行，再弯向上前，形成穹窿脚，穹窿脚在胼胝体压部的下方前行，左右侧逐渐互相靠近，汇合成为穹窿体，在汇合处有大量纤维左右交叉。在两侧穹窿脚之间形成一薄的三角形交叉纤维白质薄板层，其中一部分纤维越至对边，连接对侧的海马，称为穹窿连合，将两侧的海马和乳头体互相连接起来（图 13-17）。

左、右穹窿脚形成穹窿连合后，纤维前行形成穹窿体，体内的两束纤维在中线两侧平行向前行，达室间孔的前上方，左右分开下行，形成左、右穹窿柱，每侧的穹窿柱均有纤维在前连合的前方和后方下降。在穹窿和胼胝体之间的三角区为膜性的透明隔（septum pellucidum）。穹窿纤维绕前连合后部向下至同侧的乳头体，部分纤维构成海马丘脑束止于丘脑前核群、板内核等。经前连合前部纤维分散至隔区、视前外侧区、丘脑前核和乳头体核等处。

通常认为乳头体内侧核是穹窿的主要终止区。乳头体发出乳头丘脑束，终止于丘脑前核，丘脑前核发纤维投射至扣带回，扣带回纤维再投射至海马，从而形成海马 - 乳头体 - 丘脑前核 - 扣带回 - 海马的环路。

4. 视上交叉（supraoptic decussation） 位于视交叉的背侧，可分 3 部：①下丘脑前交叉，位置最靠前，可能联系双侧的下丘脑和底丘脑；②视上背交叉，为横行于视交叉背方的纤维，可能联系双侧的苍白球；③视上腹交叉，紧贴视交叉的背侧，与视纤维混杂，可能联系两侧的内侧膝状体。

（二）大脑半球内部的纤维联系

联系同一侧半球内部各叶间不同皮质区域的神

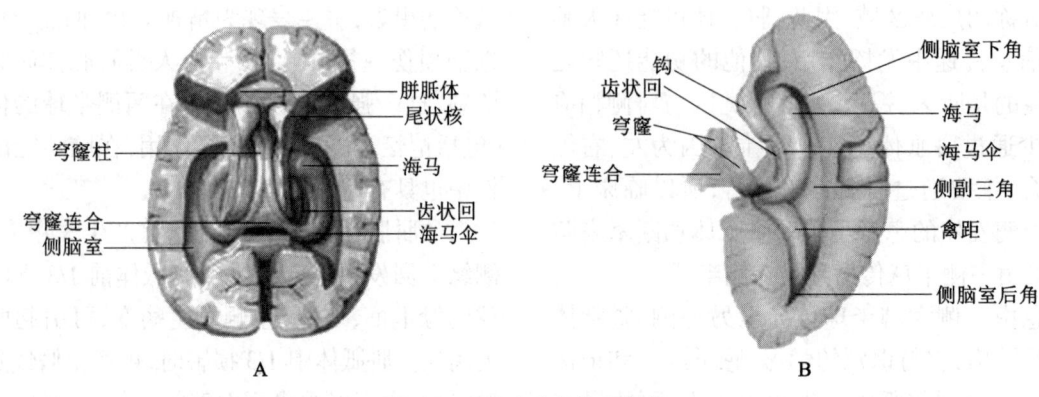

图 13-17　穹窿与海马结构
A. 去除部分大脑皮质后的上面观　B. 海马结构上面观

经纤维称为联络纤维(association fiber)(联络系)，包括连接相邻脑回的大量短纤维(弓状纤维)和连接本侧大脑半球各叶皮质的长纤维束，如扣带、钩束和上、下纵束等(图13-18、图13-19)。此类纤维在人类较发达，纤维数量最大。

1. 大脑半球内相邻脑回的纤维联系 联系大脑半球内相邻脑回的短纤维，数量多，位于皮质下，呈弓形弯过沟底行程，因此统称为弓状纤维。

2. 大脑半球内脑叶间的纤维联系 联络大脑半球内各叶之间皮质的较长的纤维束，称为长纤维。长纤维位于髓质的深部，多聚合成束，可在固定的脑组织用钝性解剖显示出来。

(1) 钩束(uncinate fasciculus) 呈钩状绕过外侧裂，连接额、颞两叶的前部(联系额叶的额中、下回，眶回与颞叶前部皮质的纤维)。钩束将额叶的运动性语言区和眶回与颞叶的前部相联系，该束以急剧转折绕过大脑外侧沟，靠近脑岛的前下部。

(2) 上纵束(superior longitudinal fasciculus) 位于豆状核与岛叶的上方，起自前额区，内囊的外侧；弓形向后，再绕过脑岛的后方向前，至枕叶弯曲向下

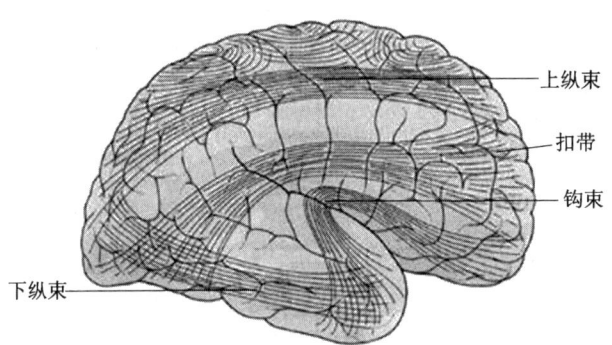

图13-18 大脑半球内相邻脑回、脑叶间的纤维联系
(背外侧面观)

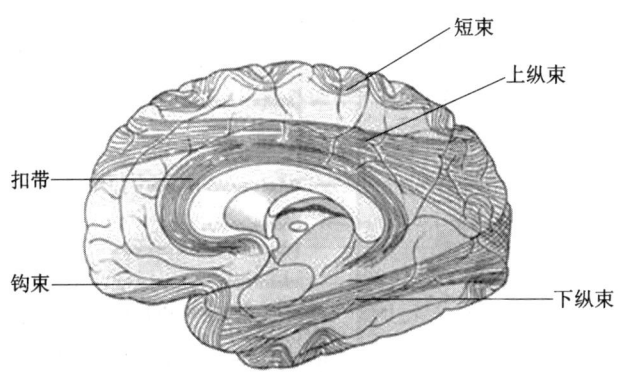

图13-19 大脑半球内相邻脑回、脑叶间的纤维联系
(内侧面观)

终止于颞叶。联系额叶、顶叶、枕叶、颞叶的纤维是联络纤维中最长者。沿途接受额叶、顶叶、枕叶、颞叶纤维，并发出纤维终止于上述各叶。

(3) 下纵束(inferior longitudinal fasciculus) 起自枕极附近(主要为18、19区)，纤维向前，沿侧脑室后角和下角的外侧壁前行，借视辐射隔开，终止于颞叶，联系枕叶和颞叶的纤维。

(4) 扣带(cingulum) 位于扣带回和海马旁回的深部，联系边缘叶各部的纤维，是大脑半球内侧面的主要联络纤维。它在胼胝体嘴的下方起自半球内侧面，沿胼胝体向后，在扣带回内行走，至半球下面进入海马旁回，再向下，分散于颞极附近邻近的颞叶皮质。

(5) 额枕束(fronto-occipital fasciculus) 起自额极，在上纵束的深面、尾状核的外侧向后，靠近侧脑室中央部，呈扇形终止于枕叶和颞叶。

上述各长纤维束均呈往返联系。

短联络纤维以一定的顺序将初级感觉区与相邻的皮质相连，这种联系一般都是双向的。与同一感觉相关的邻近皮质区称为单感觉联合区，如枕叶的18和19区。含有多个视觉功能区，每一个区与某一特定的视觉功能有关。

顶下小叶的角回(39区)是一个多感觉联合区，来自不同感觉区的传入冲动在此会聚。其他重要的多感觉联合区位于前额叶皮质和海马旁回。

联合区的联系具有等级序列的倾向，如躯体感觉皮质中的5区具有与运动前区发生联系的倾向。这种情况与运动区相似，即初级运动区与运动前区和辅助运动区相关，而运动前区则与前额叶皮质发生联系。

(三) 大脑皮质与皮质下各中枢间的纤维联系

大脑皮质与皮质下各中枢间的纤维联系指由联系于大脑皮质与皮质下各结构(如基底核、间脑、脑干和脊髓等)的上、下行纤维组成的投射纤维(projection fiber)(投射系)。投射纤维包括传出(下行纤维或称为皮质离心纤维)和传入(上行纤维或称为皮质向心纤维)两种纤维，与大脑皮质各部相联系的多数投射纤维在皮质下方呈放射状分布，在纹状体周围形成辐射冠(corona radiata)，向下与内囊相延续；根据辐射冠的纤维方向，可分为额部、顶部、枕部和颞部，这些上、下行纤维绝大多数都聚集经过内囊

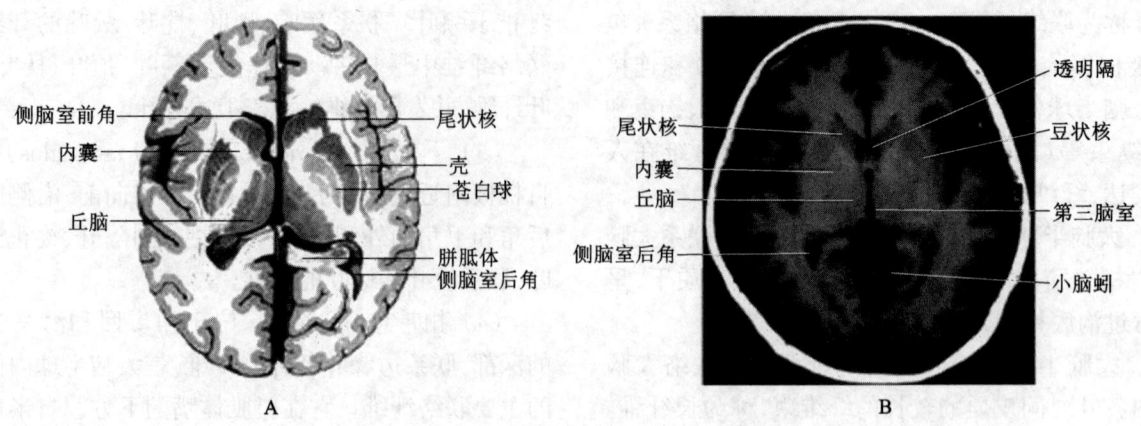

图 13-20　大脑半球的投射纤维
A. 横断面上面观　B. 横断面上面观（T1 加权 MRI）

（仅有嗅觉纤维不经过内囊）。

1. 内囊的位置及各部投射纤维　位于尾状核、背侧丘脑与豆状核之间的宽厚的白质纤维板层称为内囊（internal capsule）。在脑水平切面上，内囊是宽阔的白质带，凹向外侧，与豆状核向内侧的凸出一致，呈"＞＜"形，尖端朝向内侧（图 13-20）。

内囊由前向后可分为前肢（anterior limb，位于豆状核和尾状核头之间）、膝（genu，前肢与后肢转折处）和后肢（posterior limb，豆状核与背侧丘脑之间，含豆状核后部和豆状核下部）三部（图 13-21）。

（1）内囊前肢投射纤维　在豆状核的内侧，尾状核头的外侧，主要有额桥束和由丘脑内侧背核投射到前额叶的丘脑前辐射等。额桥束与脑桥核的神经元形成突触，丘脑前辐射联系丘脑前核、丘脑内侧核、下丘脑核、边缘结构与大脑额叶。

（2）内囊膝投射纤维　在水平切面上呈钝角，尖

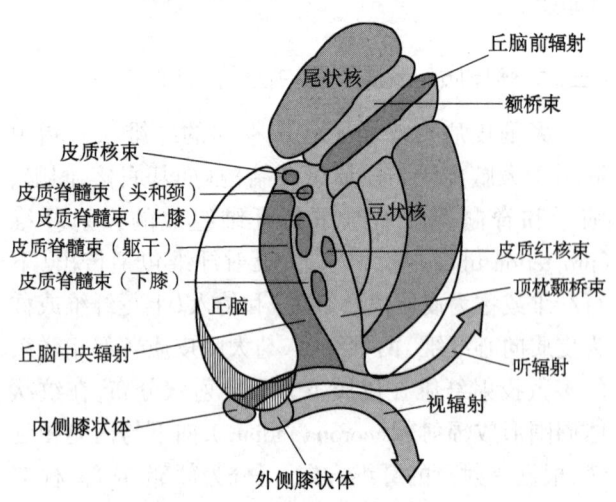

图 13-21　内囊各部的投射纤维束

向内侧，指向尾状核头与背侧丘脑之间，外侧的夹角邻接苍白球最凸处，通过此部的纤维主要有皮质核束，主要来自中央前回下 1/3（躯体运动区头面部代表区，4 区），止于同侧和对侧的脑干各脑神经躯体运动核。另外还有丘脑上辐射的前部纤维、皮质网状纤维等。

（3）内囊后肢投射纤维　在豆状核的内侧，丘脑的外侧，由于范围较广，按纤维的位置又可分为 3 部分：背侧丘脑与豆状核之间的部分纤维称为丘脑豆状核部；位于豆状核的后部和下部的纤维，分别称为豆状核后部（retrolentiform part）和豆状核下部（sublentiform part）。通过丘脑豆状核部的纤维有皮质脊髓束、皮质红核束、部分额桥束、皮质网状束等下行纤维束和上行的丘脑中央辐射。皮质脊髓束纤维由前向后分别与上肢、躯干、下肢的运动控制有关。最初认为这些纤维均位于后肢的前部，但近年对人类皮质脊髓束损伤的定位研究表明这些纤维在后肢的后部；皮质红核纤维由额叶至红核；部分额桥束纤维发自大脑皮质 4、6 区至脑桥核。

通过豆状核后部的纤维有下行的顶枕桥束、枕桥束、枕上丘束、枕顶盖束及上行的丘脑后辐射（视辐射、枕顶叶与丘脑枕之间的联系）。视辐射起自外侧膝状体，呈凸向上方的弓形，经侧脑室后角的外面（与侧脑室之间隔以毯）。

通过豆状核下部的纤维有下行的颞桥束、部分顶桥束纤维及上行的丘脑下辐射（包括听辐射）和联系丘脑与脑岛的少量纤维。听辐射自内侧膝状体至颞上回和颞横回（41、42 区）。

皮质 - 下丘脑联系、皮质 - 纹状体联系、皮质 -

网状结构联系等均为双向投射,但它们在内囊的位置尚不清楚。

总之,内囊后肢投射纤维的排列是:靠内侧的主要是上行传导束,由前向后依次为丘脑中央辐射、听辐射和视辐射;靠外侧的主要是下行传导束,即皮质脊髓束、皮质红核束、顶枕颞桥束以及由皮质投射到黑质和脑干网状结构的纤维。因此,当此处的锥体束受损时,往往伴随有锥体外系受损的症状。

2. 内囊损伤的解剖学基础　内囊为重要而致密的白质束,集聚了几乎所有出入大脑半球的上、下行纤维传导束,是投射纤维高度集中的区域,所以此处的病灶即使不大,也可能导致严重的后果。脑血管病常累及内囊,常见于脑动脉硬化、高血压的患者。内囊内较小的病变便会引起对侧身体的功能障碍,根据病变的位置和被损害的传导束而出现各种症状。例如,内囊膝部集中了皮质核束,此部损伤或营养此部中央支血管的破裂(称脑出血)或栓塞,主要可发生对侧面下部和舌的中枢瘫。当内囊损伤广泛时,可导致上、下行纤维所传信息受阻,患者可出现对侧偏身感觉丧失(contralateral hemianesthesia)(损伤丘脑中央辐射)、对侧偏瘫(contralateral hemiplegia)(包括对侧舌瘫和面瘫,损伤皮质脊髓束和皮质核束)和偏盲(两眼对侧同向偏盲 contralateral homonymous hemianopsia)(损伤视辐射),即临床所谓的"三偏综合征"(图 13-22)。

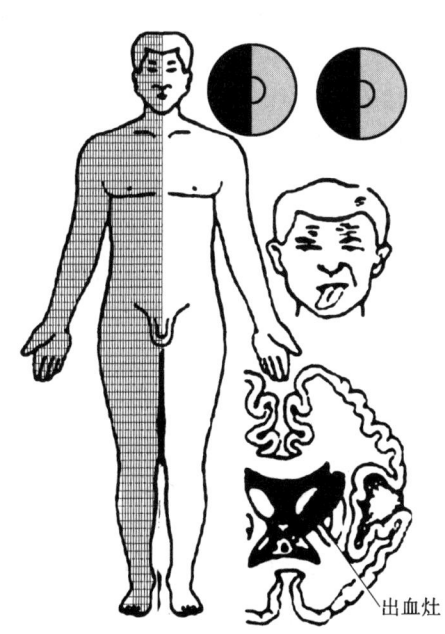

图 13-22　左侧内囊损伤致"三偏综合征"

第四节　边缘系统

边缘系统(limbic system)的概念是由边缘叶衍化而来的。由法国学者 Broca(1878年)首先观察到哺乳类脑的脑干周围,有一个弯曲的脑回组成一个边缘,并称之为边缘叶(limbic lobe),包括扣带回、海马回以及与嗅觉功能有关的皮质部位。随后,学者发现这些部位的活动涉及内脏器官的活动、情绪和行为及心境等功能;进一步的研究将边缘叶逐渐扩大,指在大脑半球的内侧面,扣带回和海马旁回等呈环形围绕胼胝体,以及和露于侧脑室下角内的海马和齿状回等共同组成边缘叶,它们都位于大脑半球的内侧边缘。后来,又把边缘叶与边缘叶皮质结构相似的区域(额叶眶回后部、岛叶前部和颞极),以及在功能和联系上较密切的一些皮质下结构(如隔核、杏仁核、下丘脑、上丘脑、丘脑前核及中脑被盖内侧区等)包括在一起,称为边缘系统(图 13-23)。其中,前者称为边缘前脑结构,后者称为边缘中脑结构。边缘系统与内脏活动、情绪和记忆等有关,故也称为内脏脑。上述结构多在本章及其他章节已提及,在此仅就隔区、杏仁体和海马结构做简要的叙述。

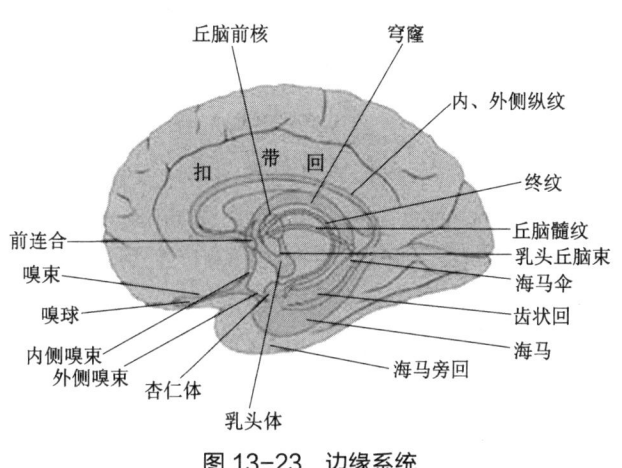

图 13-23　边缘系统

一、隔区与隔核

隔区(septal area)位于胼胝体嘴的下方,包括旁嗅区和胼胝体下回,在胼胝体下回的前外部深陷于沟内,称为前海马原基。人脑隔区可分为两部分,即透明隔和中隔。前者由神经胶质细胞和神经纤维组成，构成侧脑室前角的内侧壁；后者由神经元和神经纤维组成。

中隔区又可分为皮质部（胼胝体下回和旁嗅回）和皮质下部隔核。隔核是隔区的皮质下核团，可简单地分为外侧隔核、内侧隔核，有人将终纹床核（bed nucleus of stria terminalis）、Broca 斜角带核（nucleus of diagonal band）和前连合核也归于隔核的范围。

中隔区是多种纤维系统贯穿的区域，接受穹窿、终纹、前穿质、扣带回以及经前脑内侧束的中脑网状结构上行纤维，发出纤维投射到边缘系统各部皮质及脑干网状结构。因此，隔核被认为是各种冲动的整合中枢，是大脑边缘系统的主要部分之一，在海马与下丘脑以及缰核的联系中处于中心位置。中隔区的传入纤维主要来自海马，传出纤维主要至下丘脑及缰核等处。当刺激与损毁隔核时，可见动物愤怒反应、进食、性行为、生殖行为的改变。也有研究认为内侧隔核与学习、记忆关系密切。

中隔区与饮水有关，若动物的中隔区受损，则饮水量增加。此外，电刺激中隔区可引起一种幸福感和愉快的感情，有人将之称为奖赏中枢或快乐中枢。

二、杏仁体

杏仁体（amygdaloid body）又称为杏仁核或杏仁核簇（amygdaloid nuclear complex），位于侧脑室下角前端上方、海马旁回钩的深面、豆状核的腹侧；其吻侧邻接前穿质和梨状皮质，尾侧与尾状核尾相连。从细胞构筑学上，杏仁体可分为两个核群，即皮质内侧部（corticomedial part）和基底外侧部（basal lateral part）。在两者之间有一团细胞称为中央核。皮质内侧部又包括皮质杏仁核和内侧杏仁核；而基底外侧部在人类最大，分化最好，包括外侧杏仁核和基底杏仁核。

杏仁体的纤维联系广泛，与嗅脑、大脑新皮质、隔核、背侧丘脑和下丘脑等有丰富的纤维联系。它接受脑干[中脑中央灰质、中缝背核和 Tsai（蔡氏）腹侧被盖区、臂旁核、蓝斑核、孤束核及延髓腹外侧区等]、间脑（丘脑内侧背核、丘脑下部）及皮质（额叶眶回、顶、颞、枕叶某些区域）发出的纤维。杏仁体的传出纤维主要通过终纹和杏仁核腹侧传出纤维束止于中隔区、终纹床核、丘脑下部及大脑皮质等处。

杏仁体主要参与内脏及内分泌活动的调节、情绪活动。杏仁体虽接受大量嗅觉冲动，但它与嗅觉的感知却无密切关系。运动实验证明，刺激杏仁体时可因刺激的位置和强度不同而引起不同反应，主要表现为：①遏止反应，刺激杏仁体后自动进行的动作立即停止；②引起内脏及自主性反应，如呼吸频率、节律幅度的变化，血压的升高或降低，心率的增减；③情绪反应，如不安、发怒或安静；④内分泌反应，如乳腺分泌增加。

三、海马结构

海马结构（hippocampal formation）包括海马、齿状回、海马旁回和下托，属于古皮质。

海马（hippocampus）又称为 Ammon 角，暴露在侧脑室下角内，为一镰状的弓形结构。海马的吻侧形成几个横行的隆起，称为海马足（pes hippocampi）。海马行向胼胝体方向的部分逐渐变窄。沿海马内侧缘有一白色扁平的纤维束，称为海马伞（fimbria of hippocampus），它向后方续于穹窿。海马属于异型皮质，由多形层（polymorphic layer）、锥体细胞层（pyramidal layer）及分子层（molecular layer）3 层构成。海马结构皮质中最具有特征的是锥体细胞和篮细胞。整个海马的层次和结构比较一致，但根据细胞构筑的不同，一般将海马划分为 CA1、CA2、CA3、CA4 区。CA1 区和下托相接（图 13-24）。

由于颞叶的新皮质极度发展，海马结构被挤到侧脑室下角中。在海马结构的传入纤维中，一个重要的传入来源是海马旁回。海马结构的主要传出纤维是穹窿，其中多数纤维止于乳头体，也有到隔区的纤维。通过乳头丘脑束，乳头体与丘脑的前核建立往返联系，而丘脑前核又与扣带回有往返纤维联系，扣带回通过扣带又和海马旁回密切联系。因此，海马旁回→海马结构→乳头体→丘脑前核→扣带回→海马旁回形成环路，称海马环路，又称 Papez 环路。该环路与情感、学习和记忆等高级神经活动有关。

齿状回（dentate gyrus）位于海马及海马伞的内侧，为一长而窄的呈锯齿状隆起的结构。齿状回皮质也分为 3 层，从表面起为分子层、颗粒细胞层及多形细胞层。

下托（subiculum）是指位于海马与海马旁回之间的过渡区域，相当于海马旁回上部。海马旁回为 6 层，而海马和齿状回为 3 层。下托为两者之间的移行区，

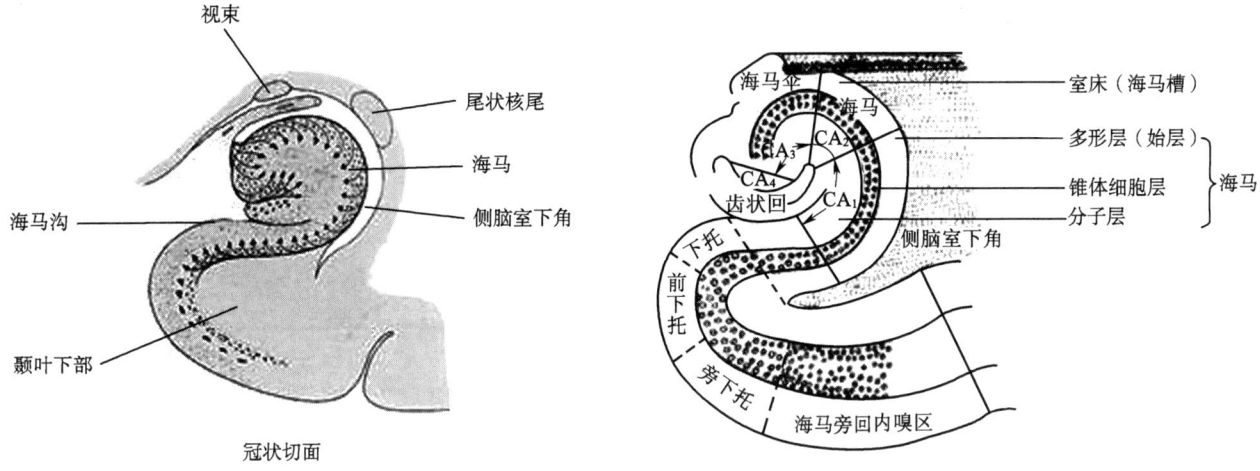

图 13-24　海马结构（冠状切面）

也分为3层，即分子层、锥体细胞层及多形细胞层。

海马结构的传入纤维有3类，即外来的传入纤维、连合纤维和内部的联络纤维。海马结构的传出纤维多数通过海马伞进入穹窿，然后再投射至中隔区、Broca斜角带核、终纹床核、伏隔核、丘脑前核及乳头体核等处。

四、边缘系统的功能

边缘系统的主要功能大致可归纳为三方面：①调节内脏活动和情绪活动。实验研究指出，边缘系统在进化上是脑的古老部分，通过下丘脑与脑干和脊髓相联系，调节内脏神经系统的活动；临床实践证明，通过外科手术截除扣带回来阻断边缘系统的部分神经通路，对治疗人的某些慢性压抑精神失常是有效的。电刺激海马、杏仁体和扣带回，在实验动物可发生广泛的内脏反应，例如呼吸、胃肠运动和分泌、竖毛、扩瞳等变化。而海马病变可诱发癫痫，引起嗅、视、听、触等方面的幻觉。②与个体保存（如寻食、防御等）和种族保存（如生殖行为）有关。这在维持个体生存和种族生存（延续后代）方面发挥重要的作用。切除两侧颞叶包括海马结构和杏仁核时，动物变得温顺驯良，正常情况可引起的恐惧和激怒的情绪反应不再出现，性活动增强，称Kluver Buoy综合征。③参与脑的记忆活动，特别是海马与学习记忆活动（特别是近期记忆）关系密切。临床试验证明，当两侧颞叶和海马被切除时，记忆明显缺损。边缘系统各部纤维联系的中断，包括乳头体的破坏，也能引起患者记忆方面的缺陷。

目前，对边缘系统的功能还只是初步的了解，有关边缘系统的许多问题还待进一步研究。

（黄俊庭　罗　涛）

新形态教材网　数字课程学习

📖 教学PPT　　📄 参考文献

第十四章 内脏神经系统

内脏神经系统(visceral nervous system)是神经系统的重要组成部分,也被称为自主神经系统(autonomic nervous system)或植物神经系统(vegetative nervous system)。后两种命名方式是基于调控维持基本生命部分(如内脏器官和心血管)的神经活动通常不受意识控制的特点,意指内脏神经系统的传出部分,该命名方式尽管不十分准确,但现今仍在使用。

内脏神经系统的主要功能是调控内脏器官、心血管系统和内分泌系统等的功能状态。如应激事件时,出现心率加速、血压升高、周围血管收缩、肾上腺激素分泌增加和痛觉感受下降等改变,这些非意识的自主反应有利于机体应对当前的紧急事件。适度的反应对个体有利,过度应激反应会给机体带来损害,导致精神疾病(如抑郁症、创伤后应激障碍)的发生。

与躯体神经系统类似,依照分布部位,内脏神经系统可分为中枢和周围两个部分。依据内含纤维的性质,区分为传入(感觉)和传出(运动)两个部分。内脏感觉神经元的胞体也位于脑神经节和脊神经节内,其周围突分布于内脏器官和心血管等处的感受器内,将相关信息(如血氧浓度、酸碱度、肠道和膀胱的内压和充盈度等)经过中枢突传递至中枢,一方面形成意识性感觉(如腹痛、尿意),另一方面整合各种信息后形成指令,通过传出神经调节相应器官的功能状态和产生相应的意识性行为。

考虑到学生学习的便宜性,将内脏神经系统与躯体神经系统划分在周围神经系统内描述,如下所示。也可将内脏神经系统单列出来,按解剖部位(中枢部和周围部)和功能(交感和副交感神经)进行分类。

周围神经系统　peripheral nervous system
　躯体神经系统　somatic nervous system
　　脊神经　spinal nerve
　　脑神经　cranial nerve
　内脏神经系统　visceral nervous system
　　内脏传入神经　visceral afferent nerve
　　内脏传出神经　visceral efferent nerve
　　　交感神经　sympathetic nerve
　　　副交感神经　parasympathetic nerve

第一节　内脏神经研究的历史演变

1802年,Bichat根据机体活动的复杂现象,提出了动物生命和有机体生命(organic life)的概念,认为动物的神经活动(躯体运动)是间断性的、受意识控制的可动可止的活动。而机体内部器官的活动代表有机体的生命体征,是一种不停顿的持续性活动。1857年,Reil提出了植物(vegetative)神经系统这一名词,将内脏和心血管活动与躯体随意性活动区别开来,该名称迄今仍为神经科学界所使用。

1889年,现代"自主神经"的创始人Langley和Dickinson提出了自主神经系统(autonomic nervous system)的名词。他们的研究集中在内脏、心血管的传出活动,发现了交感神经和副交感神经。事实上,他们提出的自主神经只限于内脏传出神经。但这些工作大大提升了对神经系统的认识,20世纪20年代经典神经递质(肾上腺素、乙酰胆碱)的发现就是从交感神经和迷走神经(副交感神经)开始的。

对于内脏传入神经的存在与否、其形态结构、每个脏器初级传入神经的通路(如中枢内的投射部位)等都曾是待解之谜。1976年,英国Gabella在他的著作 *Structure of the Autonomic Nervous System* 中专门写了关于内脏神经传入的问题,即"关于内脏神经和心血管的感觉支配方面的解剖学资料还很少,如感觉神经元胞体的具体位置、感觉神经末梢的构造和所含的神经活性物质等还处于推测阶段"。这个描述反映了当时对内脏传入神经的认识水平。

20 世纪 70 年代,以 HRP 跨越神经节追踪技术为代表的新追踪方法的问世,给内脏传入神经的形态学研究带来了革命性改变。目前几乎所有内脏器官(包括心脏)的初级传入神经通路,包括进入中枢的脊髓节段范围和在中枢内的投射部位等,均得到阐明。内脏神经中不仅含有传出神经也包含传入神经,两者共存于内脏神经的外周部。两者在中枢内的传入途径和联系十分复杂,目前的研究方法尚不能完全阐明。利用狂犬病毒特异跨突触感染特性建立的追踪手段,将病毒注射到特定的器官,可以依据动物存活时间推算脑内参与支配该器官功能的神经网络,这是一种新的尝试。该方法可明确一级和二级传出环路,由于更上级环路的复杂性带来的感染神经元数量的增多,对支配特定器官的三级及以上环路的判定仍存在困难。

第二节　内脏传入神经

躯体神经的组成成分因其支配的周围器官不同而存在差异,有的形成混合性神经(感觉和运动),有的只有传出或传入一种成分构成(运动性神经或感觉性神经)。总之,其功能性质明确,分支模式也比较规律。但支配内脏器官的周围神经中,除少数几条和中枢直接联系的神经干(如迷走神经、内脏大神经、盆神经)外,大多数呈弥散分布。其外周的分支不形成具有独立形态的神经,而是以神经丛的形式随血管分布于周围器官。神经丛内传出纤维和传入纤维混合存在,在肉眼上无法区别。

一、感受器

初级传入神经元的周围突末梢,根据其所接受刺激性质的不同而特化为不同的感受器。躯体初级传入感受器已述于本书的第三章第六节,而内脏初级传入神经元周围突末梢的感受器,迄今尚无明确的形态学记载。推测各种内脏和心血管都应有接受其特有刺激的感受器,如膀胱的主要功能是储存尿液,在充满时会产生充盈感,应有与之相应的感受器及传入神经。但膀胱同时还应有接受其他刺激而产生痛觉、触觉等的感受器。消化管道和泌尿生殖管道内分布有接受器官的膨满、蠕动等机械性刺激的感受器。消化管道某些部位的管壁上皮细胞间的游离末梢,可能感受这些器官内物质的酸碱度、葡萄糖浓度变化或某些生物活性物质的刺激;呼吸道的黏膜上皮和固有层的游离神经末梢对气体敏感(温度、气味等),受刺激时可诱发咳嗽反射等。近年来一个重大的进展是克隆和鉴定出感受机械力的 PIEZO 蛋白。PIEZO 蛋白可感受细胞的形变,细胞形变会引起 PIEZO 蛋白结构改变进而调控离子进出细胞,并导致细胞兴奋性的改变。这个发现为触觉形成、内耳声波信号转化为电信号等躯体感觉领域带来了重大突破。PIEZO 蛋白在胃肠道和泌尿系统的功能研究成为一个新的研究热点。

心血管系统管壁内感受血液中的 O_2、CO_2 和酸碱度改变的感受器称为化学感受器(chemoreceptor),分布于颈动脉窦附近的颈动脉体和主动脉体内。另外,还有感受血压变化的压力感受器(baroreceptor),存在于颈动脉窦和主动脉弓的管壁内。对颈动脉体和主动脉体的功能认识较深入和明确,但其感受器的形态和构造仍未被阐明。另外,脑干内分布有直接感受血液内 CO_2 和酸碱度改变的神经元,它们主要位于延髓腹侧和腹外侧靠近脑膜的区域,部分神经元的突起直接与较大的血管接触。这些神经元的功能之一是参与维持呼吸的节律性。

躯体初级传入神经的纤维粗细不等,细的游离终末不形成小体,中等和粗的神经纤维终末大多与周围结构形成有包囊或无包囊的感觉小体。而内脏初级传入纤维不论其性质如何,都为细纤维。因而推测内脏初级传入的感受器可能都和游离终末联系,但不同性质的感受器各有其特点。如何在形态学上分辨不同性质的游离终末,是神经科学中一个尚未解决的问题。

内脏感觉与躯体感觉存在巨大差别。躯体感觉定位准确,可以明确描述刺激的准确发生部位(如手指的疼痛部位)。而内脏感觉定位模糊,即使刺激发生在局部也不能描述具体器官,而是描述为大致部位的不适(如阑尾局部炎症描述为右下腹疼痛或不适)。另外,两者的感觉种类存在巨大差别,如躯体感受器对切割等机械性损伤非常敏感,而内脏感受器对此反应(如手术切开肠管)迟钝。空腔脏器对内在压力感觉敏感,肠梗阻时内压升高会引起剧烈的腹痛,而压力引起的躯体感觉常常是非伤害性的,如产生触压觉。腹腔器官对酸碱度改变(胰腺炎、肠道内容物漏出)尤其敏感,而躯体感受器常常对此没有反应。这些特点是长期进化中形成的,感受器的特化与各自的环境相适应。

二、内脏初级传入神经元

内脏初级传入神经元(visceral primary afferent neuron)和躯体初级感觉神经元的胞体均位于脊神经节(亦称为后根节,dorsal root ganglia)内,而通过第Ⅸ、Ⅹ、Ⅻ对脑神经入脑的内脏初级传入神经元的胞体则位于这些神经的神经节内(如迷走神经的下神经节)。

HRP跨越神经节追踪技术及荧光追踪技术,可将神经节中的躯体和内脏初级传入神经元的胞体分别标记出来。每个脊神经节中躯体初级传入神经元与内脏初级传入神经元数量之比约为9∶1(图14-1)。需要指出的是,少量初级感觉神经元的周围突,通过分支形式同时支配躯体和内脏结构,这一现象可能是部分内脏牵涉痛的神经学基础。通过HRP跨越神经节追踪技术可将初级传入神经元全程标记出来。内脏初级传入神经元都是小细胞或中小型细胞,它们的中枢突都是细纤维,和躯体初级传入神经元的各种粗细不同的纤维混杂在一起,共同构成脊神经后根。但进入中枢(脊髓)后,立即按性质重新排列。内脏初级传入神经元的细纤维经后根进入脊髓,位于后索的最外侧,即背外侧束(Lissauer's tract)内。

内脏初级传入神经元的周围支中,通过副交感神经途径传入者集中行走于迷走神经和盆神经内。而通过交感神经途径传入者除参加内脏大、小神经等成形的神经外,一般参与神经丛的构成,经交感链及其交通支到达脊神经节(图14-2)。

一个脏器的初级传入神经元可位于多个脊神经节内。同时,在脊神经节水平以其直接联系的节段为中心,背外侧索内的内脏初级传入纤维的中枢突,在颅、尾方向上各跨几个节段再投射到脊髓内。这种弥散的传入方式造成不同脏器的脊髓传入节段互相重叠。这一特点可能与内脏感觉性质模糊、定位

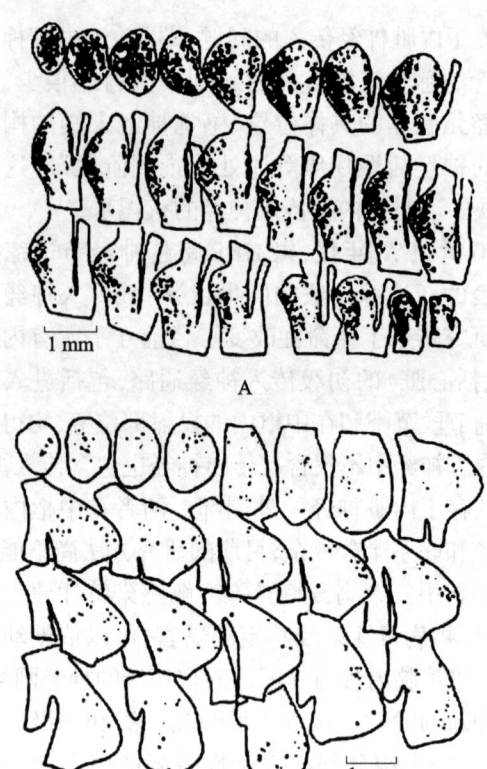

图14-1 脊神经节内的躯体初级传入神经元(A)和内脏初级传入神经元(B)的数量比较

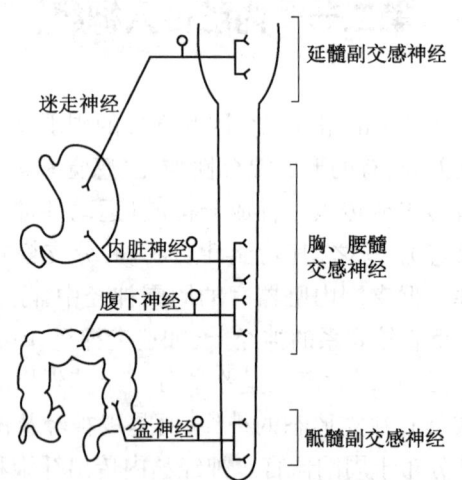

图14-2 交感神经和副交感神经的分布范围

不准确的特点有关(图14-3)。

三、内脏初级传入神经元的中枢投射部位

内脏初级传入神经元的周围支和内脏传出神经共存于外周神经中。内脏传出神经包括交感神经(胸、腰部)和副交感神经(腰、骶部)两部分,因而内

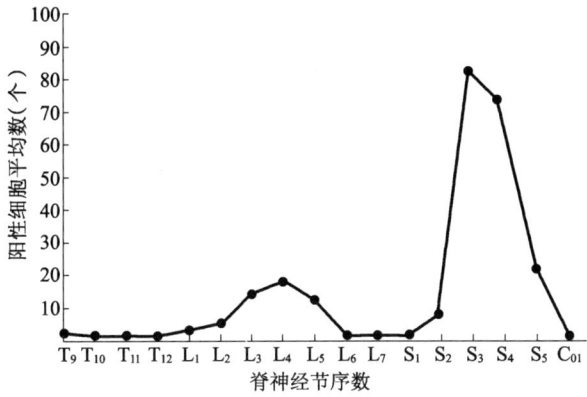

图 14-3　HRP 注入膀胱壁后，在脊神经节出现的阳性神经元的分布状况

脏初级传入神经有的随交感神经传入，有的随副交感神经传入。

延髓尾侧部的孤束核（nucleus of solitary tract）是接受第Ⅸ对脑神经（舌咽神经）和第Ⅹ对脑神经（迷走神经）初级传入的内脏感觉核团。颈、胸、腹腔器官的传入信息随这两对脑神经投射到孤束核。孤束核又可分为若干个亚核（图 14-4），且来自各脏器的传入纤维在此核内存在明确的定位投射。近年来，很多研究提示肠道菌群与多种精神疾病存在关联，而迷走神经和孤束核可能是中介这一效应的主要途径。

随交感途径传入的内脏初级传入神经元周围支支配的器官比较广泛，中枢支除集中形成内脏大、小神经等之外，其余均分散地进入脊髓。在脊髓灰质内这些初级传入神经元中枢支主要投射于中央管背外侧部的中间带灰质。需要指出的是，内脏大神经（交感性）和盆神经（副交感性）内的初级传入纤维除终止在脊髓灰质外，还有部分在后索内上行，最终终止在中继躯体本体觉的延髓后索核（薄束核和楔束核）内。关于这一投射的生理功能尚不十分清楚，推测与初级内脏和初级躯体感觉信息的中枢内汇聚有关。

盆腔器官的初级传入神经元的中枢支经盆神经进入脊髓后，主要向脊髓中央管背侧的骶髓后连合核（sacral dorsal commissural nucleus）投射。李继硕教授团队对此核团的位置、形态及细胞构筑等进行了较详细的研究，发现此核团在形状、构造及与外周的联系状况等方面都与孤束核相似，只是两者所处的位置和所联系的外周器官不同而已。因此，孤束核和骶髓后连合核是副交感神经初级传入神经元在中枢内投射的两个主要核团。孤束核集中接受经舌咽、迷走神经传递的来自颈、胸、腹腔器官初级传入的投射，而骶髓后连合核则通过盆神经接受盆腔器官初级传入的投射。此外，还发现随盆神经传入的初级传入神经元中枢支有一小部分投射于骶髓中间带外侧核。此处既分布有骶髓副交感节前神经元（sacral parasympathetic preganglionic neuron），还包含有中继盆腔器官初级传入信息的投射神经元，将其命名为骶髓内脏感觉核（sacral visceral sensory nucleus）。骶髓内脏感觉核内盆腔器官的第二级感觉神经元主要位于副交感节前神经元的背侧部，将盆腔器官感觉信息传递至脑干内脑桥的臂旁外侧核、中脑导水管周围灰质等处（参见本书第七章第三节）。这些发现改变了传统上认为脊髓灰质Ⅶ层只含内脏传出神经元的看法，证实Ⅶ层既含有内脏传出神经元，又有传递内脏感觉的二级神经元。

虽然内脏初级传入神经元的径路和中枢投射已基本被阐明，但它们在中枢内二级以上的传导通路却错综复杂，人们了解得甚少。一种观点认为，来自每一器官的信息可能都有自己特有的中枢内传递路径；一种器官又不只有一种性质的传入信息，不同性

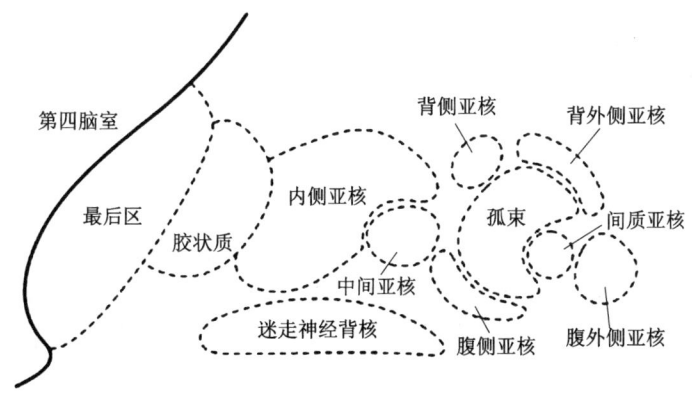

图 14-4　孤束及孤束核的亚核划分（冠状切面）

质信息的中枢内传递途径可能也不相同。然而，跨突触的病毒追踪研究显示，同一区域的内脏器官（如膀胱和直肠）的感觉传递的中枢内通路却具有惊人的相似性。对这一复杂问题的彻底阐明还需经过艰辛的历程。

四、内脏与躯体初级传入在脊髓内投射的区别

躯体初级传入和内脏初级传入在脊髓内投射的部位有很大差别。在此仅对几点最主要的差别对比说明如下。

1. 在脊神经节的标记研究证明，躯体初级传入神经神经元包含大、中、小3类神经元，而内脏初级传入神经元只为小型和中小型细胞。

2. 在脊神经节及后根内，两者的胞体和中枢支无规律地混在一起，无法从形态上将其区分。在进入脊髓后，后根内不同性质、不同直径的纤维立即互相分离，按性质重新排列。此时，躯体传入粗纤维及中等粗细的纤维位于后索（薄束和楔束）的内侧部和中央部，而细纤维在后索的外侧，即位于背外侧束的内侧部。相反，内脏初级传入纤维均为细纤维，集中分布在背外侧束的外侧部。

3. 最显著的差别是，躯体初级传入的细纤维（传递痛觉），从后根进入后直接进入脊髓后角的边缘层（Ⅰ层）和胶状质（Ⅱ层），并在此形成浓密的终末区域。胶状质被认为是初级躯体痛信号在中枢内的第一个整合区域，此处在持续痛信号影响下可发生突触可塑性改变，与痛觉敏化密切相关。但是，内脏初级传入纤维却与胶状质不发生任何联系。内脏初级传入都是细或较细的纤维，进入脊髓后经背外侧束和Ⅰ层，在脊髓后角内、外边界上向腹侧伸延，由此形成从脊髓后角外侧向腹侧投射的外侧通路（lateral collateral pathway），其最后终止在中间带外侧核（胸、腰段）以及骶髓内脏感觉核和骶髓副交感核（骶段）。沿后角内侧的投射形成内侧通路（medial collateral pathway），最后终止在中央管背侧的中间带灰质（胸腰段）和骶段的骶髓后连合核（参见第七章图7-7，图7-8）。

骶髓后连合核含有盆内脏神经传递通路的二级神经元，接受和中继盆腔内器官的各种初级传入信号，如膀胱和直肠的充盈感觉等。研究发现，骶髓后连合核和骶髓内脏感觉核的轴突主要上行投射至脑桥的两个核团：臂旁外侧核和位于脑桥被盖背外部的Barrington核。Barrington核又被称为脑桥排尿反射中枢（pontine micturition center），是非意识性排尿反射的高级反射中枢。至臂旁外侧核的投射主要与丘脑板内核团联系，推测参与膀胱充盈引起的觉醒过程。投射至Barrington核的上行投射构成脑桥排尿反射的脊髓内传入通路，即脑桥排尿反射的直接通路。Barrington核在接受膀胱充盈信息后，发出下行投射轴突支配调控膀胱逼尿肌活动的骶髓副交感核，从而完成排尿反射。脑桥排尿反射还存在中脑导水管中继的间接通路，即导水管周围灰质的腹外侧部接受膀胱的充盈信息，然后传递给Barrington核参加排尿反射的调控。

尽管对内脏感觉中枢内传导通路和调控环路的认识还比较肤浅，但目前在参与和调控脑桥排尿反射的神经环路领域已取得了较大的进展。支配Barrington核的皮质下区域主要有下丘脑视前内侧区、终纹床核和杏仁核等，皮质区域有扣带回前部和额下回等。这些区域在控制排尿过程中具有不同的作用，如视前内侧区在性活动时其神经元功能明显增强，在参与完成性行为的同时，对Barrington核神经元起抑制作用，这可能是保证在性行为发生时，防止排尿发生的神经学基础。额下回在排尿时活动增加，可能在动物和人类选择排尿的时机和场所时发挥最高决策作用。该脑区功能不足可能是老年性尿失禁的一个原因。

4. 躯体初级传入的粗纤维及中等直径的纤维进入脊髓后，粗纤维（本体觉）主要在后索内上升，投射于延髓背侧的后索核，参与内侧丘系的形成。同时，部分经后角内侧直接投射到前角，并与运动神经元直接形成突触联系，完成单突触的反射活动（如膝反射）。中等直径的躯体初级传入纤维（传递痛觉以外的浅感觉）也主要在后角内侧中间部由后索进入脊髓，终止于后角深层，还有一部分折向背侧进入胶状质。与此不同，内脏初级传入的细纤维只出现在前述的内、外侧通路及其终止区域。由此可见，感觉功能复杂的躯体初级传入神经元的轴突终末在脊髓灰质内分布范围比较广泛，而内脏初级传入在脊髓内主要局限于中间带的范围。

第三节 内脏传出神经

躯体运动为随意性的,通过调控全身横纹肌的收缩保证躯体在空间中移位和调整体姿。具体来讲,一个特定运动的完成依赖功能相反的两群肌(主动肌和拮抗肌)的密切协调。内脏的活动都是在器官原位不动的状态下,器官壁的肌层(平滑肌和心肌)有节奏地收缩和松弛,使它们产生持续不断有节奏的"蠕动"式活动。同时,内脏传出神经支配腺体的分泌,从而参与调控管腔内容物的物理性和化学性消化过程。与躯体运动系统类似,内脏传出神经由两个功能相反的系统组成,即交感性传出神经(交感神经,sympathetic nerve)和副交感性传出神经(副交感神经,parasympathetic nerve)。例如,交感系统活动增强可使心率加快、血压升高,而副交感系统则是相反的作用,两者协调一致从而使机体做出高效的适应性改变。

很多所谓的自主生命活动的完成需要躯体和内脏神经系统的密切配合才能完成。例如,膀胱充盈时,传入神经将这种刺激信号经盆神经传入骶髓后连合核,然后经二级传入神经元中继后将此信号传到三级神经元(如脑桥臂旁核、中脑导水管周围灰质、下丘脑等)。再向上的联系虽尚未发现,但肯定还有继续中继此信号的脑区(如丘脑板内核簇等),最后将之传递到大脑皮质产生尿意感觉。在排尿反射的起始过程中,首先是随意性的尿道外括约肌(横纹肌)开放,继之是非随意性的平滑肌性质的膀胱内括约肌开放和逼尿肌收缩,从而完成排尿过程。排尿活动是在意识性和反射性活动的密切协同下完成的。非意识性的排尿过程是以反射弧为基础的反射活动,但清醒动物在完成排尿过程时需要选择合适的场景。因此,随意(意识性)躯体神经系统与不随意(非意识性)的内脏神经系统的协调一致,是维持个体生存的基础。此外,强烈或突然出现的光线刺激,不仅可引起瞳孔缩小(内脏活动),同时可诱发闭眼、转头等条件反射性动作(躯体活动)而实现自身保护或逃避危险的目的。这些都提示内脏神经和躯体神经在结构上互相联系、功能上互相影响。

一、内脏传出神经的中枢

目前,无论是形态学还是生理学上都还没有整理出高级中枢(大脑皮质)调控内脏传出系统的神经通路。大脑边缘系又被称为"内脏脑",它的一些功能活动对内脏的影响是明确的,边缘系统应当是掌管内脏活动的皮质中枢。神经科学的教科书中,都把下丘脑定义为调控交感神经和副交感神经的皮质下中枢所在地,这是因为下丘脑的很多功能都和内脏活动有关,如睡眠、觉醒、饥饿、饱食、性功能和生物节律的调节等。

二、内脏传出神经周围部分的中枢内起源

交感和副交感两个系统在脑和脊髓内直接起源的部位不同。

交感神经起源于脊髓的胸腰段(胸1~12、腰1~3,有时可在颈8至腰4,有一个节段的变异)Ⅶ层以中间带外侧核和中间带内侧核为主的区域。此处的交感节前神经元胞体集聚形成交感神经核,它们发出的轴突,即交感节前纤维随脊神经前根出脊髓,进入交感链神经节或椎前神经节,在此处与节后神经元形成突触连结(图14-5)。

副交感神经起源于脑干内的几个内脏神经核团、骶髓2~4节段的中间带外侧部的骶髓副交感核和中间带中的一些散在的细胞。起源于脑干内的核团包括动眼神经副核(Edinger-Westphal nucleus,E-W核)、泪腺核、上泌涎核、下泌涎核、迷走神经背核及疑核,通过第Ⅲ、Ⅶ、Ⅸ、Ⅹ对脑神经出颅。其后分别在相应的神经节内与节后神经元形成突触连结,节后纤维分布于所支配的器官。起源于脊髓的副交感节前纤维构成盆神经,加入由盆腔内脏传入和传出神经共同组成的盆神经丛,与丛内盆神经节的节后神经元形成突触,节后纤维分布于所有的盆腔内脏。

内脏传出神经的上述起源部位,实际上是低级中枢的所在部位。

需要指出的是,与躯体神经系统中运动神经元直接支配骨骼肌不同,内脏传出神经外周部分不论是交感还是副交感系统都由节前神经元(preganglionic neuron)和节后神经元(postganglionic

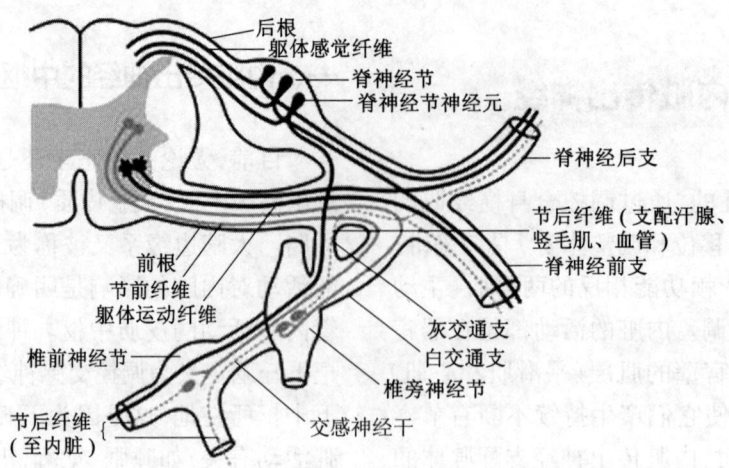

图 14-5　交感神经的节前神经元与节后神经元

neuron）两级神经元组成。两级神经元的交接处，有的在椎旁节和椎前节，有的存在于所支配脏器的近旁或管状脏器的管壁内。还可与管壁内的短轴突传入神经元以突触连结，形成局部反射回路。图 14-6 表示导致交感活动的各种反射弧的关系，也可证明内脏传出活动并非全是"自主"的。

三、内脏传出神经的周围部分

（一）交感性内脏传出神经（交感神经）

起源于胸 1 至腰 3 节段的交感性节前纤维是有髓纤维，肉眼呈白色，与前角运动神经元的轴突共同构成前根。出脊髓后再分离出来形成白交通支，连于相应节段的椎旁神经节（paravertebral ganglia）。椎旁神经节按顺序上下整齐地排列于脊柱椎骨椎体的两侧，各神经节以节间支相连形成左右各一条沿脊柱侧面上下走行的交感神经链（交感干，sympathetic trunk）。此干上抵颅底，下端在尾骨前面左右合并。此链上的神经节每侧却只有 22～25 个（常有变异），包括胸段 11～12 个，腰段 3～4 个，骶段 4～5 个，尾段两侧则合并成为 1 个（奇节）。特殊的是颈段只有 3 个神经节（颈上、中、下神经节），其中颈下神经节又称为颈胸神经节（cervicothoracic ganglion），常和胸 1 神经节合并形成星状神经节（stellate ganglion）（图 14-7）。

构成白交通支的节前纤维进入椎旁节后，有一部分和节内的节后神经元形成突触。节后神经元的轴突（节后纤维）为无髓或薄髓纤维，肉眼呈灰色，出神经节后形成灰交通支返回相应节段的脊神经，这些节后纤维随脊神经的分支行向全身皮肤（支配皮肤血管、汗腺及竖毛肌）。起自颈上神经节（superior cervical ganglion）的灰交通支连于第 1～4 颈神经，起自颈中神经节（middle cervical ganglion）者连于第 5～6 颈神经，起自星状神经节者连于第 7～8 颈神经和第 1 胸神经。胸部各交感链神经节的灰交通支连于肋间神经。腰、骶、尾节的灰交通支也都连于相应的腰、骶、尾丛的脊神经。

另一部分节前纤维在相应节段的交感链神经节内并不换神经元（不形成突触），而是通过神经节再

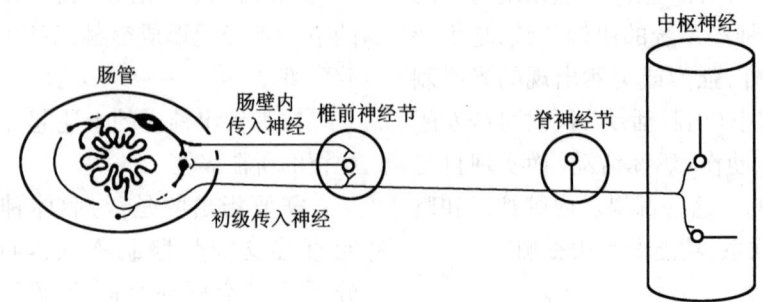

图 14-6　交感神经活动的反射回路

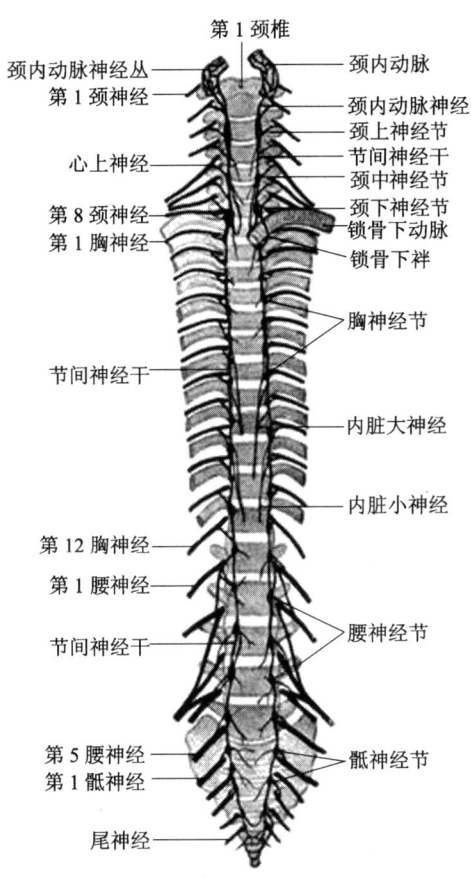

图 14-7 交感神经链（干）

上行或下行构成节间支，跨越若干节段再终止于颈部或骶尾部的交感链神经节。一般是胸上段的节前纤维行向上方到达颈上、中、下神经节，胸下段及腰段者行向下方到达骶尾节，在这些神经节处再与各节内的节后神经元形成突触。

最后一类节前纤维到达相应的椎旁节后并不进行中继而是由椎旁节穿出行向腹侧，到腹腔大血管附近或一直到所支配的器官附近，这些部位分布的神经节总称为椎前神经节（prevertebral ganglia），它们发出的节后纤维支配相关器官。比较特殊的是，部分穿过胸 5～9（10）椎旁节的节前纤维，与内脏传入纤维共同构成内脏大神经（greater splanchnic nerve），在胸段脊柱椎体前外侧面合成一干，穿过膈肌脚进入腹腔参加腹腔神经丛的构成，节前纤维与在此丛内的节后神经元形成突触，节后纤维再支配腹腔内脏器官。另外，由胸 10～11 节段交感链神经节穿出的节前纤维集中形成内脏小神经（lesser splanchnic nerve），同样穿过膈肌脚形成肾丛，支配腹后壁器官（肾、腹主动脉等）。还有腰内脏神经、骶内脏神经，都是短支加入相应的神经丛。

上述各种形式的交感性纤维在进入所支配的器官之前都形成内脏神经丛。这些神经丛不仅包括交感神经的外周部分，也包括副交感神经外周部分及内脏传入神经。但有一部分只随周围血管走行的交感神经，在血管周围形成血管神经丛，随血管的分支而分布。只支配血管的神经丛中，不包含副交感神经。换言之，血管只接受交感神经的单方支配。

因此，内脏神经周围部分进入所支配器官的方式基本一致，它们在支配器官大血管的起始部形成神经丛，然后伴随这些血管进入这些器官。在此扼要地列举一些主要内脏神经丛的名称和位置。

1. 颈内动脉[神经]丛 颈内动脉丛（internal carotid plexus）是自颈上神经节发出的节后纤维所形成的神经丛，围绕颈内动脉及其分支分布，有一小支在眶内形成睫状神经节交感干。

2. 心[神经]丛 心丛（cardiac plexus）为由交感链的颈上、中、下神经节分别发出心上、中、下神经与副交感性的迷走神经心支共同组成，分为浅、深两部。

3. 肺[神经]丛 肺丛（pulmonary plexus）由胸 2～5 交感链神经节发出的分支和迷走神经的支气管支组成，位于肺根的前后，沿支气管的分支与肺血管一起入肺。

4. 腹腔[神经]丛 腹腔丛（celiac plexus）由内脏大、小神经及迷走神经腹腔支组成，位于腹主动脉上段的前方及腹腔动脉、肠系膜上动脉根部的周围。由此丛发出的纤维随血管分支分布到各器官，分别形成肾丛、肾上腺丛、腹主动脉丛、肝丛、脾丛、胰丛、胃上丛、胃下丛和肠系膜上丛等（图 14-8）。

5. 肠系膜间[神经]丛 肠系膜间丛（intermesenteric plexus）为腹腔丛向下延伸到腹主动脉下段前面部分，与腰 1～2 交感干节发出的腰内脏神经汇合而成，沿肠系膜下动脉分支分布并形成生殖腺丛，有一部分纤维沿髂总动脉及其分支分布。

6. 腹下[神经]丛 上腹下丛（superior hypogastric plexus）位于第 5 腰椎椎体前面，由腹主动脉周围的神经丛的分支及腰 3～4 交感链神经节发出的腰内脏神经组成。此丛向下分为左、右两部。下腹下丛（inferior hypogastric plexus，盆神经丛）位于直肠前面及两侧，由左、右上腹下丛的延续和骶交感神经节发出的骶内脏神经（盆神经）的纤维组成。此丛沿髂内动脉的分支分布于直肠、膀胱、生殖器等盆腔器官。

交感神经的支配范围及作用，参见图 14-9。

第十四章 内脏神经系统

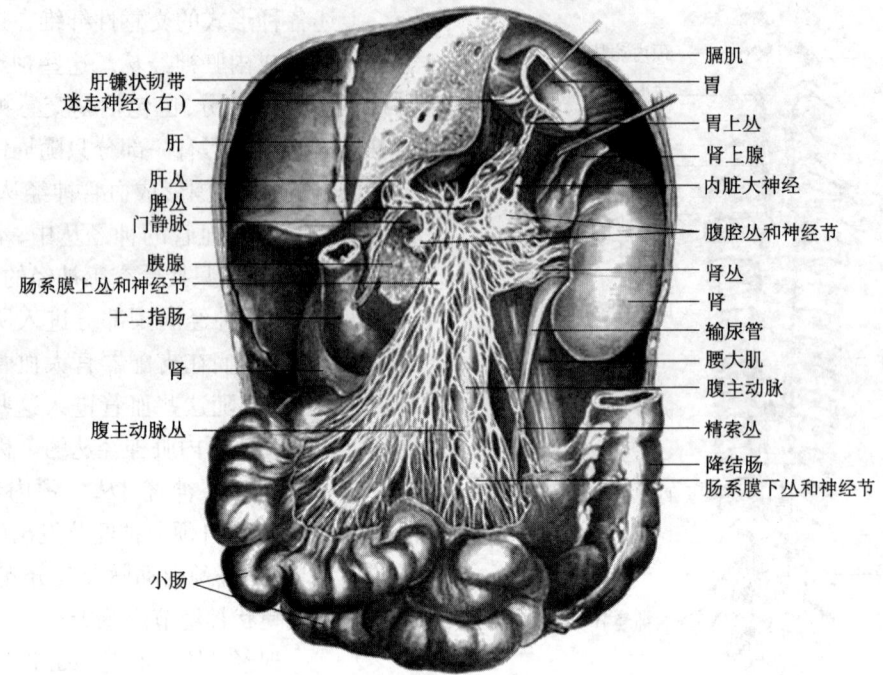

图 14-8 腹腔丛

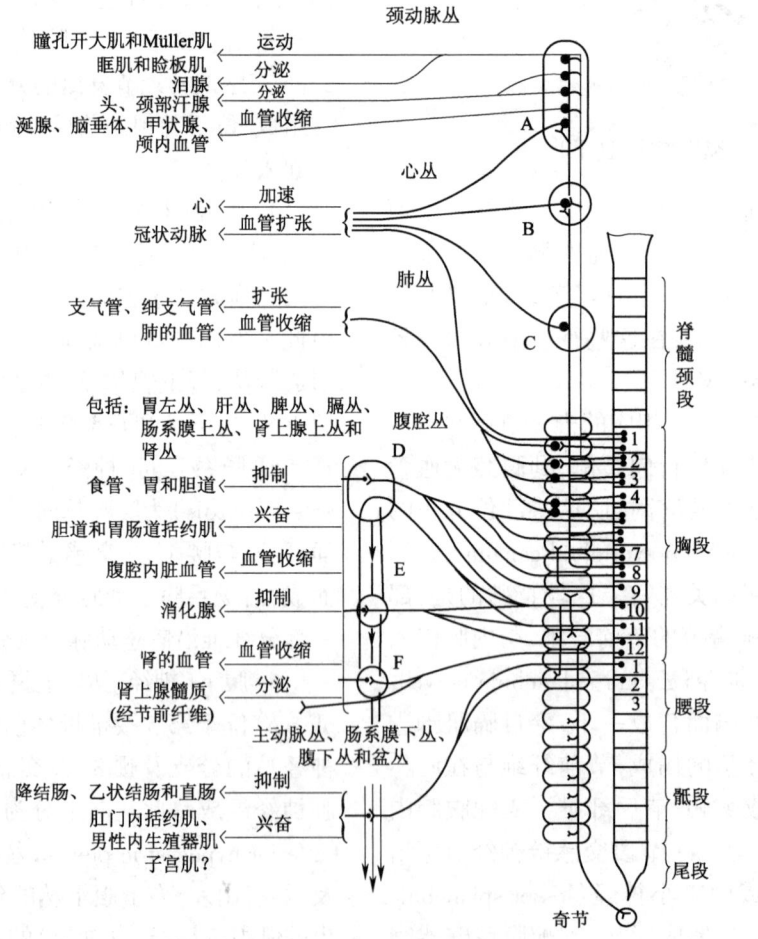

图 14-9 交感神经的支配范围及作用

A、B、C 分别表示颈上、中、下神经节，D、E、F 表示椎前神经节（D：腹腔丛神经节；E：肠系膜上丛神经节；F：肠系膜下丛神经节），1～12，1～3 等数字表示脊髓节段序数

(二) 副交感性内脏传出神经（副交感神经）

副交感神经的中枢内起始部位在脑内和骶髓的2~4节段，脑内起始部形成几个小核团。

1. 副交感神经脑部

（1）动眼神经副核（E-W核） 位于中脑动眼神经核的附近，为一些散在分布的细胞。它发出的节前纤维随动眼神经出颅进入眶内，在视神经眶内段后部的外侧、眼外直肌的内侧进入睫状神经节与节后神经元形成突触。睫状神经节不仅是节前和节后神经元形成突触的部位，同时其内还有感觉根、交感根的神经纤维通过。感觉根来自鼻睫状神经（三叉神经第一支眼神经的分支），交感根的纤维来自颈内动脉丛中的节后神经元。通过睫状节后，3种神经纤维进入眼球，副交感节后纤维支配虹膜的瞳孔括约肌及睫状肌，交感性节后纤维则支配虹膜的瞳孔开大肌。

（2）泪腺核，上、下泌涎核 是散在于脑桥、延髓上部网状结构内的一些副交感节前神经元，分为吻、尾两部分。

吻侧部分包括泪腺核（lacrimal nucleus）和上泌涎核（superior salivatory nucleus）。泪腺核发出的神经纤维随第Ⅶ对脑神经（面神经）的中间神经出颅，在破裂孔处和岩深神经合并形成翼管神经通过翼管进入蝶腭窝，在窝内连于蝶腭神经节。由此节发出的节后纤维经上颌神经及其分支支配泪腺和鼻腔、口腔黏膜的腺体。上泌涎核发出的节前纤维经中间神经、鼓索进入舌神经，然后又由舌神经分出，在颌下部与交感根、感觉根共同连于下颌下神经节，其节后纤维与交感性节后纤维共同支配舌下腺与下颌下腺。

尾侧部分为下泌涎核（inferior salivatory nucleus）。其节前纤维经第Ⅸ对脑神经（舌咽神经）的分支——鼓室神经、鼓室丛及岩小浅神经至耳神经节换神经元，节后纤维通过耳颞神经支配腮腺。

（3）迷走神经背核 在迷走神经内走行的副交感节前纤维起始于延髓背侧的迷走神经背核（dorsal nucleus of vagus nerve），构成第Ⅹ对脑神经（迷走神经）的传出成分。其分支在器官附近或空腔器官壁内与节后神经元形成突触，支配心、肺、肝、胰、肾及结肠左曲以上的消化管。HRP标记技术发现疑核（nucleus ambiguus）内也有一些神经元参与支配心脏和一部分消化管，这些应属于副交感成分。

2. 副交感神经骶部 节前纤维主要来自骶2~4节段中间带外侧部的骶髓副交感核，少量神经元来源于中间带内侧核或中间部，随相应节段的骶神经向外周分布。首先形成盆神经（pelvic nerve）与前述的交感神经部分一起组成盆丛，节后纤维在所支配的盆腔器官周围也形成神经丛而后支配各器官（膀胱、乙状结肠和直肠，男、女内生殖器官）。盆神经丛内的椎前神经节和器官壁内神经节都是节前、后纤维换神经元处。

副交感神经的支配范围及作用见图14-10。

(三) 交感神经和副交感神经的主要区别

1. 低级中枢的位置不同 交感的低级中枢位于胸腰段脊髓灰质的中间带外侧核内，而副交感的低级中枢分布在两个区域。一是脑干的一般内脏运动核（如动眼神经副核，泪腺核，上、下泌涎核，迷走神经背核），二是骶髓的中间带外侧核（骶髓副交感核）。

2. 节后神经元的位置不同 交感节后神经元位于椎前节和椎旁节内，而副交感的部分则位于器官旁或器官内。

3. 分布范围不同 绝大多数器官都接受交感和副交感神经的双重支配，但是副交感支配范围小于交感神经。一般认为，大部分血管、汗腺、竖毛肌和肾上腺髓质只接受交感的支配，这也是霍纳综合征（颈交感神经麻痹综合征）中面部潮红无汗的主要原因。颈部交感干受损出现的系列症状（病侧眼球轻微下陷、瞳孔缩小、上睑下垂、患侧面部潮红少汗）是交感神经功能缺失导致的。

4. 功能不同 交感和副交感神经对同一器官的作用是相互拮抗的关系，这取决于机体的工作状态。遇到应激事件时，交感神经活动增强，副交感受抑制。具体表现为心率加快、血压升高、瞳孔开大、汗腺分泌增加、消化系统活动下降。在紧张状态下，汗液分泌增加会导致皮肤导电性改变，这也是测谎仪的工作原理之一。在睡眠状态下，会出现相反的功能状态。交感和副交感神经的协调一致是在高级中枢（如下丘脑）的控制下进行的。

肠神经系统（enteric nervous system）：消化系统尤其是肠道，接受外界物理和化学刺激，完成食物搅拌、消化和吸收，并通过节律性蠕动将废弃物排出。

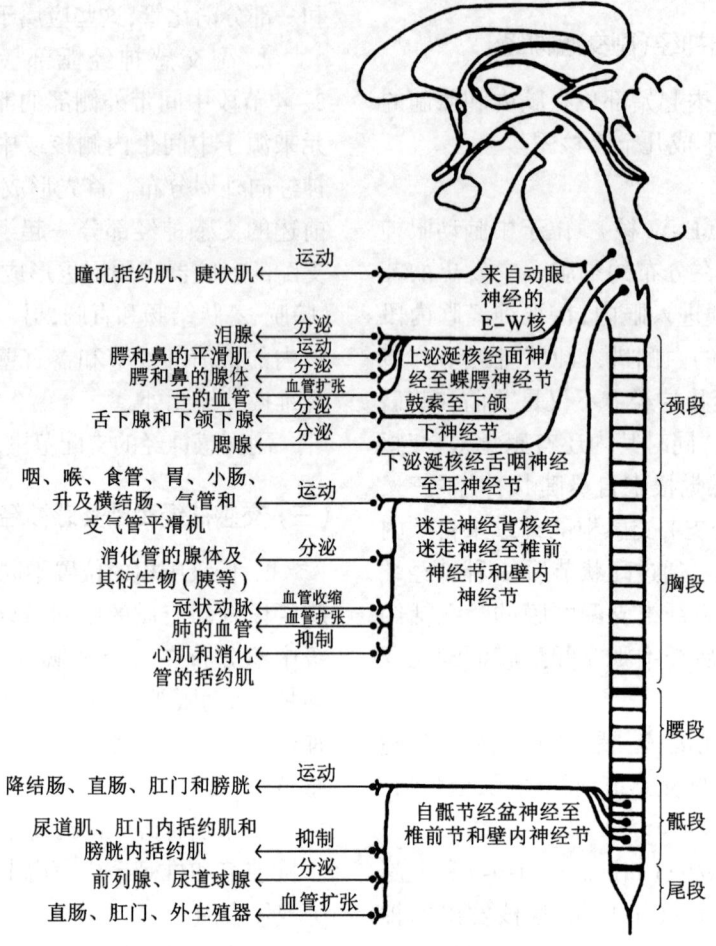

图 14-10 副交感神经的支配范围及作用

与其他内脏器官不同,其内部有由数量众多的神经元(不仅仅是节后神经元)组成的神经网络,称为肠道神经系统。它不仅协调邻近肠管的运动(舒张和收缩)实现肠管的蠕动,也要控制局部血流、调节黏膜的物质运输以及免疫和内分泌功能。因此,交感和副交感神经对肠道的传出支配是通过肠道神经系统实现的。包含有感觉神经元(位于黏膜下神经丛,感受肠道内容物的容量和成分)、运动神经元(主要在肌间神经丛)和发挥中介作用的中间神经元。为完成肠道的蠕动,还存在联系邻近肠管的神经丛(节)间的上行和下行投射神经元。

(丁玉强)

新形态教材网　数字课程学习

教学 PPT　　参考文献

第十五章

脑脊膜、脑血管、脑脊液循环及脑屏障

第一节 脑和脊髓的被膜

脑和脊髓的表面包有三层由结缔组织构成的被膜(硬膜、蛛网膜和软膜)。最外层为硬膜,最厚;软膜在最内层,紧附于脑和脊髓的表面;两者之间为半透明的蛛网膜。脑和脊髓的三层被膜于枕骨大孔边缘处互相移行。脑脊膜具有支持、保护和营养脑和脊髓的作用。

一、硬膜

硬膜(dura mater)包括硬脑膜和硬脊膜两部分,两者在枕骨大孔边缘处互相延续。硬膜坚韧而有光泽,为混有少量弹性纤维的结缔组织膜,内面衬以一层光滑的间皮。

(一) 硬脊膜

硬脊膜(spinal dura mater)最坚韧,上端附于枕骨大孔边缘并与硬脑膜相续,下端包绕脊髓终丝,末端附着于尾骨骨膜。硬脊膜在脊神经根穿出椎管处包绕脊神经根而延续为神经鞘。硬脊膜与椎管壁之间有纤维相连,特别是在椎管前壁处有较发达的韧带样结构连于脊柱后纵韧带。硬脊膜与椎管壁之间的空隙,称为硬膜外隙(extradural space),隙内充填以淋巴管、静脉丛和脂肪组织等,略呈负压(图15-1)。进行硬脊膜外麻醉时,药物即注入于此间隙内。由于在枕骨大孔周边处,硬脊膜与骨膜紧密相连,故硬膜外隙不与颅腔相通。

硬脊膜与蛛网膜之间生有潜在的腔隙,称为硬膜下隙(subdural space),上方与颅腔内的同名腔隙相通。

(二) 硬脑膜

硬脑膜(cerebral dura mater)甚为坚固,由内、外两层构成。内层较薄且光滑,内面衬有一层扁平上皮(间皮),外层实际上是颅骨内骨膜。两层除在硬脑膜静脉窦及内淋巴囊等处互相分离外,其余部分都紧密融合、难以分离。在颅顶部,硬脑膜外层与颅骨内面之间,除在骨缝处紧密连接外,其余部分都易分离,故颅部外伤发生硬膜外血肿时,常被局限在一块颅骨的范围内。硬脑膜外层在颅底内面和枕骨大孔边缘与颅骨骨质结合较为紧密。硬脑膜与蛛网膜之间也存在硬脑膜下隙。硬脑膜随脑神经穿出而延续为各神经的外膜。

1. **硬脑膜的片状结构** 硬脑膜的内层在某些部位向颅腔内反折成褶,形成双层膜的片状结构,伸入各脑部之间,对脑有固定和承托作用(图15-2)。

(1) 大脑镰(cerebral falx) 呈镰刀形,是位于颅顶正中矢状线上的一片硬脑膜隔板,伸入于两大脑半球之间的大脑纵裂内,下缘游离和胼胝体的背面接触。大脑镰的前端较窄附于筛骨鸡冠,向后逐渐变宽、后端最宽,附于上矢状沟边缘、枕内隆凸等处,后端的下缘与小脑幕上面在正中线上相接。

(2) 小脑幕(tentorium of cerebellum) 在水平方向,隔于两侧大脑半球枕叶与小脑上面之间。小脑幕外缘附着于两侧横沟的边缘、颞骨岩部上缘和蝶鞍后床突。其前缘内侧部游离形成幕切迹(tentorial incisure)。切迹两侧缘向前附着于鞍背,形成一环形的小脑幕裂孔,中脑恰由此孔通过。小脑幕将颅腔分隔为上大、下小两部,即幕上区和幕下区。

第十五章 脑脊膜、脑血管、脑脊液循环及脑屏障

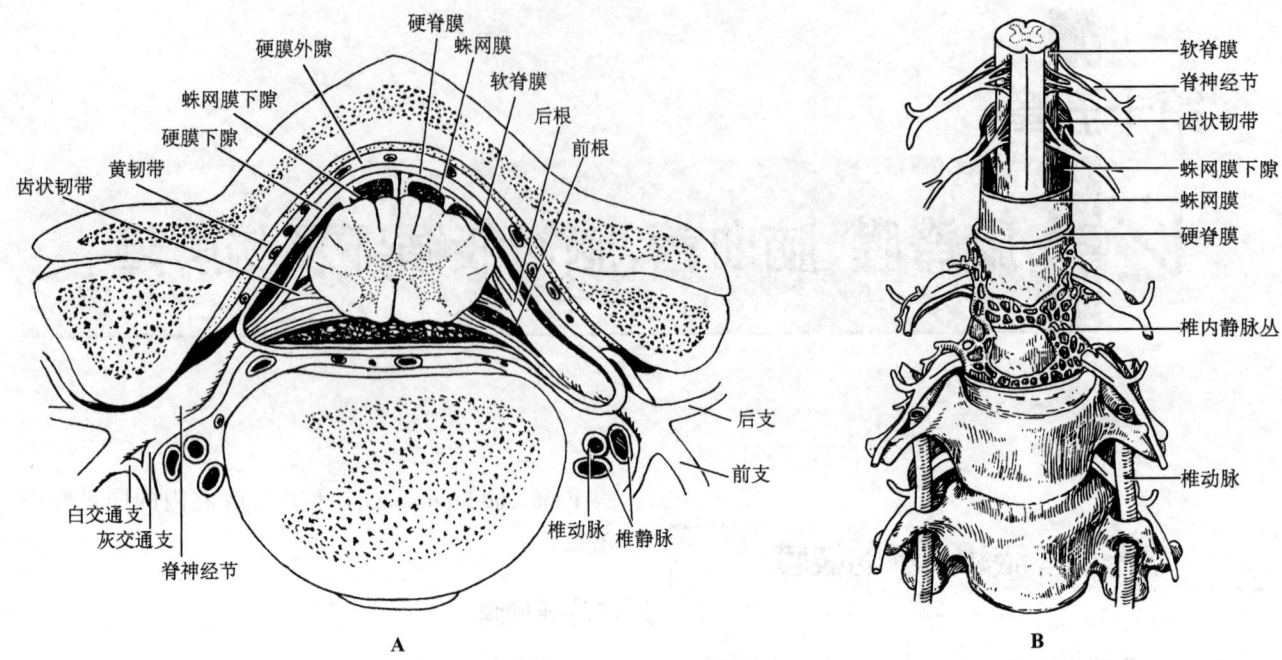

图 15-1 脊髓的被膜
A. 上面观　B. 前面观

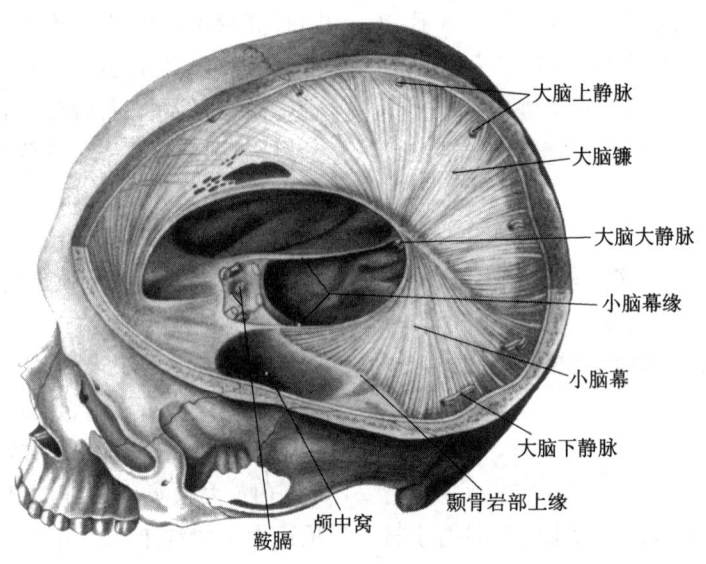

图 15-2 硬脑膜的立体观

(3) 小脑镰(cerebellar falx) 为自小脑幕下方正中,呈矢状位伸入小脑半球之间的短而低的三角形隔板,上端附于枕内隆凸,并连于小脑幕,后缘附于枕内嵴,下端到达枕骨大孔处。

(4) 鞍膈(diaphragma sellae) 为水平位的硬膜板,位于蝶鞍上方,连于鞍背上缘、后床突至鞍结节和前床突之间,构成垂体窝的顶。鞍膈的中部有一小孔,垂体柄和垂体的血管通过此孔。鞍膈与覆于垂体窝底的硬脑膜之间形成容纳脑垂体的腔隙。此腔隙实为硬脑膜外、内两层之间的空隙,同样的间隙还存在于颞骨岩部容纳三叉神经半月节的三叉神经腔(Meckel 腔)和位于颞骨岩部后面容纳内耳膜迷路内淋巴囊腔。

2. 硬脑膜静脉窦　在某些部位,硬脑膜内、外层分离形成管道,内面衬以一层血管内皮,形成一种特殊形式的血管,称为硬脑膜静脉窦(dural venous sinus)。硬脑膜静脉窦是一个密闭而互相连续的管系,主要接收脑静脉的回流并与颅外静脉交通。静

窦内无完整瓣膜，且管壁无平滑肌，也无外膜，故不能收缩。

(1) 上矢状窦(superior sagittal sinus)　不成对，位于大脑镰上缘内，相当于颅顶中线矢状沟处。此窦由前向后逐渐增大，横断面上呈三角形，前端起自盲孔，借通过此孔的导静脉与鼻腔的静脉相通；后端止于窦汇，并和左、右横窦相连。上矢状窦两侧壁向外方形成一些大小不等的突出部分，称为外侧陷窝(lateral lacuna)，又称血湖。两侧陷窝的数量不等，以3个为多见。上矢状窦接收两侧大脑上静脉(每侧有8~10条)汇入，并通过导静脉和板障静脉与顶枕部的头皮静脉相通。

(2) 下矢状窦(inferior sagittal sinus)　不成对，位于大脑镰下缘内，后部稍粗，于小脑幕的前缘处与大脑大静脉汇合形成直窦。

(3) 直窦(straight sinus)　也不成对，位于大脑镰与小脑幕结合部，其前端接收大脑大静脉和下矢状窦的汇入，后端在枕内隆凸处汇入窦汇或横窦。

(4) 枕窦(occipital sinus)　不成对，位于小脑镰后缘处，向下连于椎内静脉丛，向上注入窦汇。

(5) 窦汇(confluence of sinus)　由上矢状窦和直窦后端、枕窦上端与左、右横窦起始部汇合而成，恰位于枕内隆凸处。

(6) 横窦(transverse sinus)　成对，是粗大的硬脑膜静脉窦，位于小脑幕后缘附着处的横沟内，沿此沟弯行向前外下方，在颞骨岩部处续于乙状窦。横窦收纳来自上矢状窦、直窦、大脑大静脉、大脑下静脉、脑干静脉、岩上窦、若干导静脉和板障静脉的血液。

(7) 乙状窦(sigmoid sinus)　成对，是最粗大的静脉窦，位于颅底的乙状沟内，为横窦的延续，其前端在颅底的颈静脉孔处续于颈内静脉。

(8) 海绵窦(cavernous sinus)　成对，位于颅中窝蝶鞍两侧，为硬脑膜两层之间的不规则腔隙。此窦被许多覆以内皮的小纤维束分隔为许多互相交通的、形似海绵的小血窦，故称为海绵窦。两侧海绵窦借垂体前、后方的海绵间窦(intercavernous sinus)互相交通(合称为环状窦)。海绵窦前方可达眶上裂的内侧部，后方可至颞骨岩部的尖端，长约2cm。海绵窦内有颈内动脉、滑车神经、展神经和三叉神经第一支眼神经、第二支上颌神经等通过。

海绵窦主要接收来自大脑中静脉、额叶眶面的静脉和蝶顶窦的血液，并通过岩上窦、岩下窦汇入横窦。海绵窦通过下列途径与颅外静脉有广泛的吻合：①海绵窦→眼上静脉→内眦静脉→面(前)静脉。②海绵窦→眼下静脉→翼静脉丛。③海绵窦→卵圆孔、破裂孔和颈动脉管的导静脉→翼静脉丛。④海绵窦→基底静脉丛→椎内静脉丛。这些吻合在侧支循环方面有一定的意义，但颅内、外的吻合亦说明颅外感染可向颅内的海绵窦蔓延。

(9) 岩上窦(superior petrosal sinus)　位于颞骨岩部上缘的岩上沟内，其前内端始于海绵窦的后端，后外端注入横窦与乙状窦的交界处。

(10) 岩下窦(inferior petrosal sinus)　位于颞骨岩部后下缘的岩枕裂内，其前端连于海绵窦，后端于颈静脉孔处穿出颅外汇入颈内静脉。

(11) 蝶顶窦(sphenoparietal sinus)　位于蝶骨小翼后缘，较细小，行向内侧汇入海绵窦。

(12) 基底静脉丛(basilar venous plexus)　位于枕骨斜坡上，由数条静脉构成。此丛前上方与海绵窦相连，两侧与岩上、下窦联系，其后下方与枕骨大孔边缘静脉丛和椎内静脉丛交通(图15-3、图15-4)。

硬脑膜静脉窦均就近接收附近的脑静脉血回流。硬脑膜静脉窦系统内血液的流向如图15-5所示。

二、蛛网膜

蛛网膜(arachnoid mater)为薄而半透明的结缔组织膜，其浅面贴近硬膜内面，深面与软膜之间借结缔组织小梁互相连结。蛛网膜的内、外面及小梁表面都覆有一层间皮。蛛网膜与软膜之间的间隙称为蛛网膜下隙(subarachnoid space)，隙内充满脑脊液。脑和脊髓的蛛网膜在枕骨大孔处互相延续。

(一) 脊髓蛛网膜

脊髓蛛网膜(spinal arachnoid mater)包围在脊髓及神经根的周围，并续为脊神经外膜。脊髓蛛网膜下部在脊髓末端以下包裹着腰骶部脊神经根构成的马尾和终丝，脊髓和脊神经根皆浸于脑脊液中。由于成年人的脊髓末端位于第一腰椎下缘水平(出生时约为第3腰椎水平)，因此第1腰椎或第2腰椎以下的蛛网膜下隙扩大，称为终池(terminal cistern)。蛛网膜下隙向两侧随脊神经根延续形成脊神经周围间隙，至椎间孔附近，蛛网膜与软膜融合，此间隙消失。

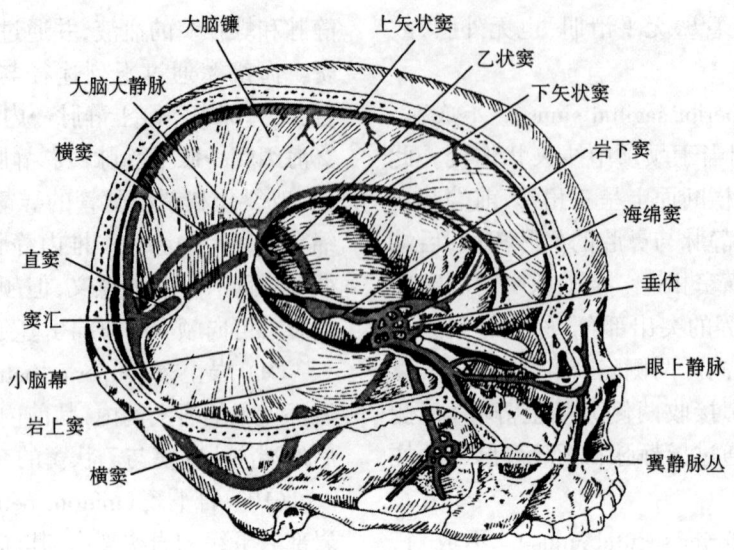

图 15-3　硬脑膜及静脉窦

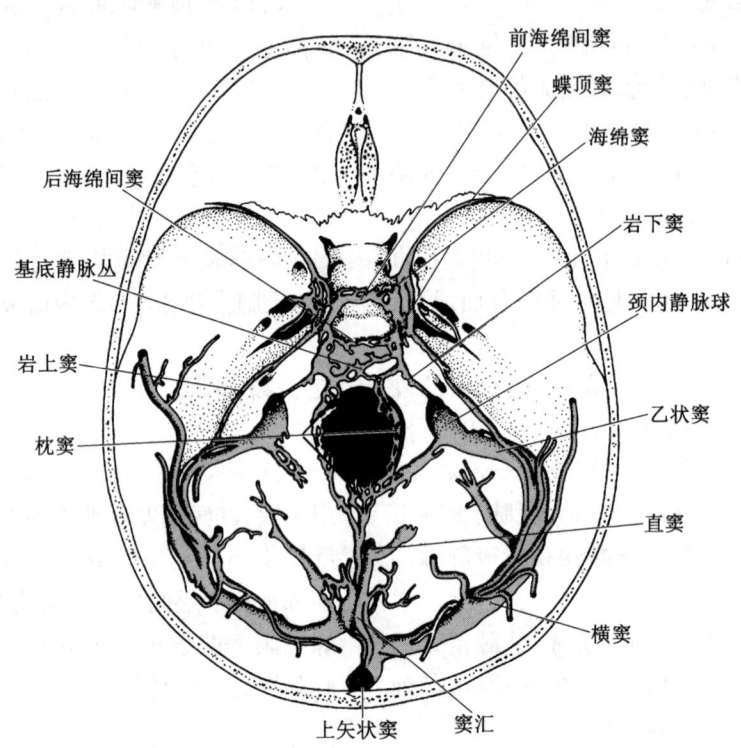

图 15-4　硬脑膜静脉窦

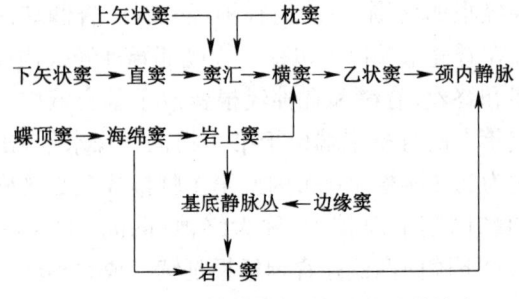

图 15-5　硬脑膜静脉窦系统内血液的流向

（二）脑蛛网膜

脑蛛网膜（cerebral arachnoid mater）包被于全脑的表面，仅在大脑纵裂和大脑半球枕叶和小脑之间的大脑横裂处，蛛网膜随大脑镰及小脑幕伸入裂内。此外，在脑神经进出脑的部位向外延伸一段距离。脑的蛛网膜下隙中存在着许多连接蛛网膜与软膜的结缔组织小梁，将蛛网膜下隙分成许多网眼状的腔隙。这些小梁结构对脑具有支持和固定作用,可防止脑在脑脊液中摆动。

脑蛛网膜在硬脑膜静脉窦附近,特别是在上矢状窦两侧形成许多突起突入硬脑膜静脉窦内或窦旁的外侧陷窝,称为蛛网膜粒(arachnoid granulation)。脑脊液通过蛛网膜粒渗入硬脑膜静脉窦(图 15-6)。蛛网膜粒在出生后 18 个月即已出现,到 3 岁左右大为发展。其数目和大小随年龄而增加。蛛网膜粒表面生有绒毛状突起,称为粒绒毛。绒毛表面覆有间皮,间皮细胞之间的间隙较大,通透性较强,有利于脑脊液向静脉血的回流。

蛛网膜和软膜之间的蛛网膜下隙一般较窄,但在脑底某些部位或较大的沟裂处,由于软脑膜深入于脑表面的沟、裂内,与表面的蛛网膜之间的蛛网膜下隙扩大,特别将之称为蛛网膜下池(subarachnoid cistern)(图 15-7)。

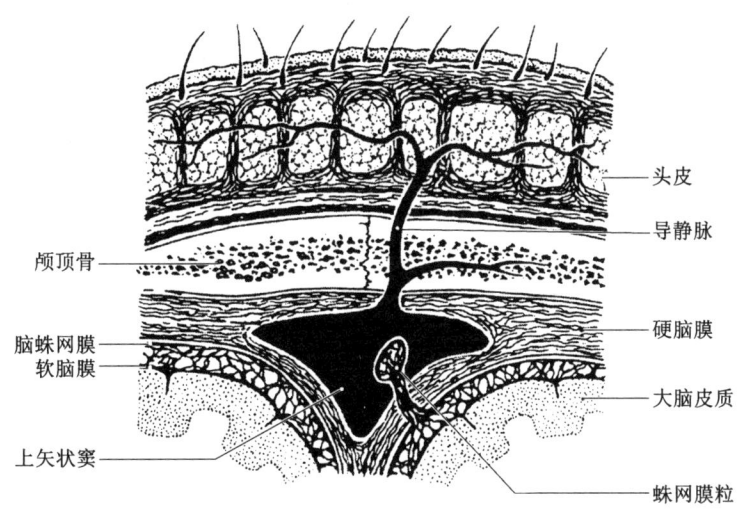

图 15-6 蛛网膜粒

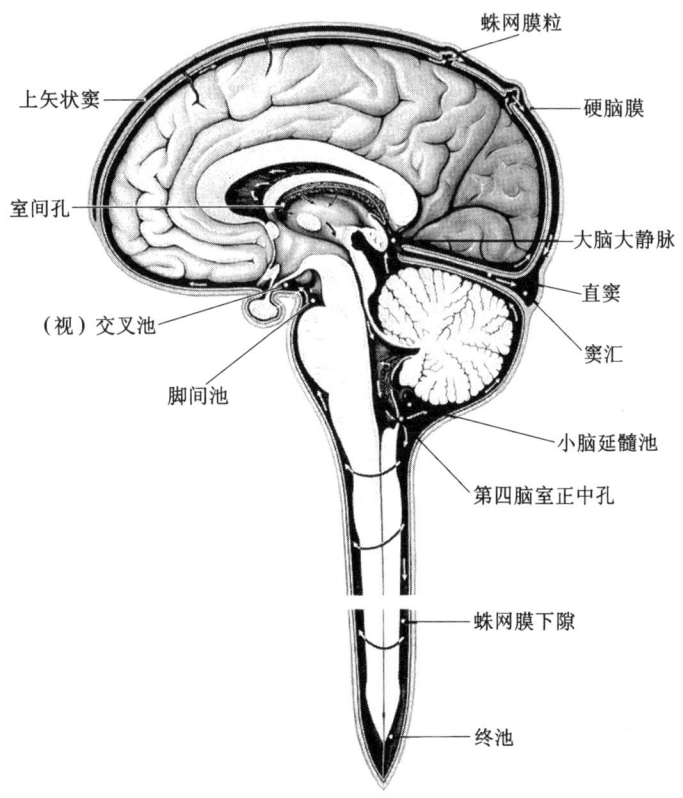

图 15-7 蛛网膜下池和脑脊液循环

（1）小脑延髓池（cerebellomedullary cistern，枕大池） 位于颅后窝，小脑与延髓背面之间，第四脑室的正中孔和外侧孔开口于此。临床上可经枕骨大孔进行小脑延髓池穿刺。

（2）桥池及桥池侧突 桥池（pontine cistern）位于脑桥腹侧面与鞍背和斜坡之间。基底动脉位于此池内。桥池向两旁伸入小脑脑桥三角的部分称为桥池侧突或小脑脑桥角池，桥池向后通入小脑延髓池，向前通入脚间池。

（3）脚间池（interpeduncular cistern） 位于脚间窝处。池内有大脑后动脉和动眼神经通过。

（4）（视）交叉池（chiasmatic cistern） 位于鞍结节和前床突附近。池的前界为视神经、视交叉和下丘脑，下界为鞍膈和鞍旁组织。向外侧通大脑外侧窝池，向后通脚间池。

（视）交叉池、脚间池和桥池合称为基底池。

（5）四叠体池（quadrigeminal cistern） 亦称为大脑大静脉池（cistern of great cerebral vein），位于四叠体背侧。四叠体池下界为四叠体和上髓帆，上界为胼胝体压部和小脑幕切迹后端，后界为小脑上蚓部。池内有松果体和大脑大静脉。

（6）环池（cistern ambiens） 为由中脑两侧的蛛网膜下池与脚间池、四叠体池相连而形成的环形池。

三、软膜

软膜（pia mater）是一层薄而富含血管的被膜，紧贴脑和脊髓表面并深入于沟、裂内，与脑和脊髓的实质不易分离。

（一）软脊膜

软脊膜（spinal pia mater）较厚，血管较少，在脊髓两侧脊神经前、后根之间形成上下排列的锯齿状的小皱襞，称为齿状韧带（denticulate ligament），有18~24对，齿尖向外跨过蛛网膜下隙附着于硬脊膜内面。齿状韧带不十分紧张，但有固定脊髓，防止其振荡和突然移位的作用。软脊膜在脊髓末端以下包被于终丝的表面，浸于脑脊液中。

（二）软脑膜

软脑膜（cerebral pia mater）较软脊膜薄，富含血管，在脑回表面软脑膜与蛛网膜相贴，但在沟、裂处软脑膜离开蛛网膜，伸入沟、裂深部。软脑膜在脑表面包绕血管形成血管鞘，如"袖套"状随血管向脑实质延伸一段距离，但并不紧包血管壁，两者之间有间隙，成为血管周隙。在脑室壁的特定部位，软脑膜及其所含的血管与室管膜上皮结合，形成脉络组织（tela choroidea），某些部位脉络组织的血管反复分支成丛，与其表面的软脑膜和室管膜上皮共同突入脑室腔内形成脉络丛（choroid plexus），脉络丛是产生脑脊液的主要结构。

第二节 中枢神经的血管

一、脑的动脉

脑由颈内动脉和椎动脉两个系统供血。颈内动脉供给大脑半球的前2/3、间脑吻侧2/3，椎动脉供应大脑半球的后1/3（包括颞叶的一部分和枕叶）、间脑尾侧1/3、小脑和脑干。两者都发出皮质支和中央支。皮质支供应端脑和小脑的皮质及浅层髓质，中央支供应间脑、基底核及内囊等。

脑的血液供应非常丰富，供给脑的血液量占心输出量的15%~17%，而脑的重量仅占体重的2%。脑的耗氧量占全身耗氧量的20%，说明脑较其他组织、器官需要更大的血液量。脑细胞对缺血、缺氧非常敏感，脑血流量中断5 s即可引起意识丧失，而中断5 min即可导致脑细胞的不可逆性损害，引起缺血区脑细胞的水肿或坏死。脑的血流量一般为每分钟50~55 mL/100 g脑，以脑重为1 400 g计算，青年人在安静状态下，全脑血流量达750 mL/min。

（一）颈内动脉

颈内动脉（internal carotid artery）起自颈总动脉，在颈部上升至颞骨岩部下面，进入颅底的颈动脉管。在颈动脉管内首先上行，继而转向前内侧，至破裂孔再上升，在鞍背外侧转向前方穿入海绵窦，在前床突内侧，颈内动脉又急转弯向后上方穿硬脑膜，进入蛛网膜下隙。在视交叉外侧分出大脑前、中动脉等终支。

颈内动脉全程可分为颈段、岩段、海绵窦段及大脑部四段，颈段称为颅外段，后三段合称颅内段。放射学对颈内动脉的分段更为详细，具体分段如下：

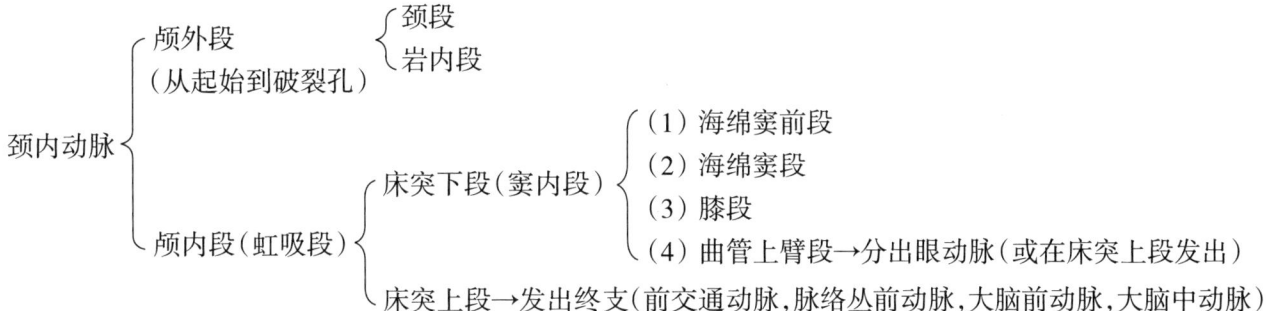

颅外段较直，颅内段又称为颈内动脉虹吸弯管或曲管，以前床突上缘为界分为床突上、下两段。其中床突上段的第2、3、4段，是构成颈内动脉虹吸段的主要部分，而且在形态上变异较多。

(二) 椎动脉

椎动脉（vertebral artery）自锁骨下动脉发出后上升，穿经第6到第1颈椎的横突孔后弯向后方，绕寰椎侧块之后转向前内方，穿寰枕后膜、硬脊膜及蛛网膜进入蛛网膜下隙。入颅腔后沿延髓的腹侧上行，至脑桥下缘，左、右椎动脉汇合成一条基底动脉（basilar artery），沿脑桥腹侧的基底动脉沟至脑桥上缘处分为左、右大脑后动脉。

椎动脉入颅前发出一些小支供给附近的肌、脊髓及硬脊膜；入颅后分支较多，如脊髓前动脉、脊髓后动脉、脑膜后动脉、延髓支和小脑下后动脉；合并成基底动脉后发出脑桥支、内耳（迷路）动脉、小脑下前动脉、小脑上动脉和大脑后动脉。

(三) 大脑动脉环及其分支与分布

在脑底部，由两侧大脑前动脉起始段、前交通动脉、两侧颈内动脉终末端、两侧后交通动脉和两侧大脑后动脉起始段互相连接构成一个不规则的六边形的动脉环，称为大脑动脉环（cerebral arterial circle）或称为 Willis 环，位于脚间池内，环绕着视交叉和脚间窝（图15-8、图15-9）。

大脑动脉环的形成为脑的供血建立了有效的侧支循环，可以调节颈内动脉系统和椎动脉系统之间的血流，保持两侧大脑半球的血液供应相对均衡。4条动脉的血液进入动脉环内混合较少，如来自颈内动脉的血液，几乎全部进入大脑前、中动脉，将造影剂注入颈内动脉时只有大脑前、中动脉显影。但是，

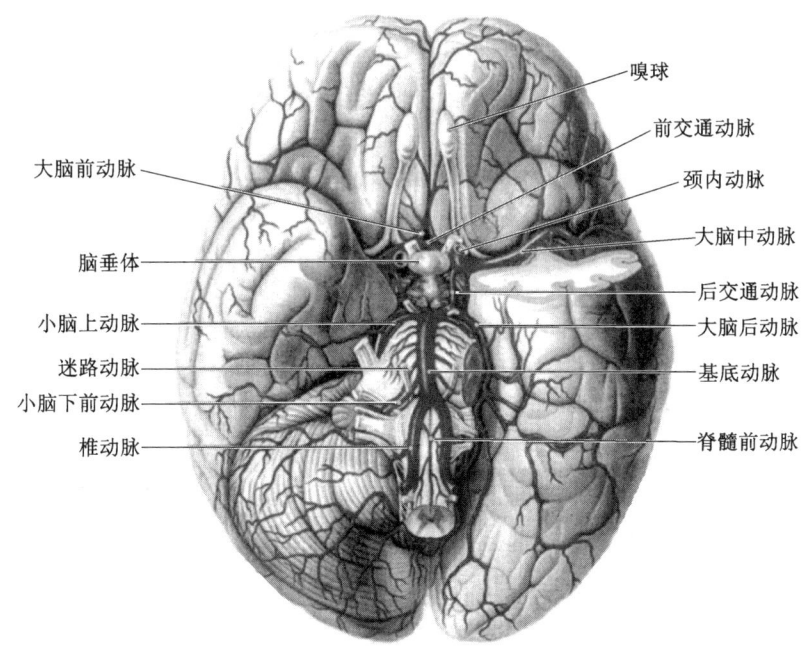

图 15-8　脑底的动脉

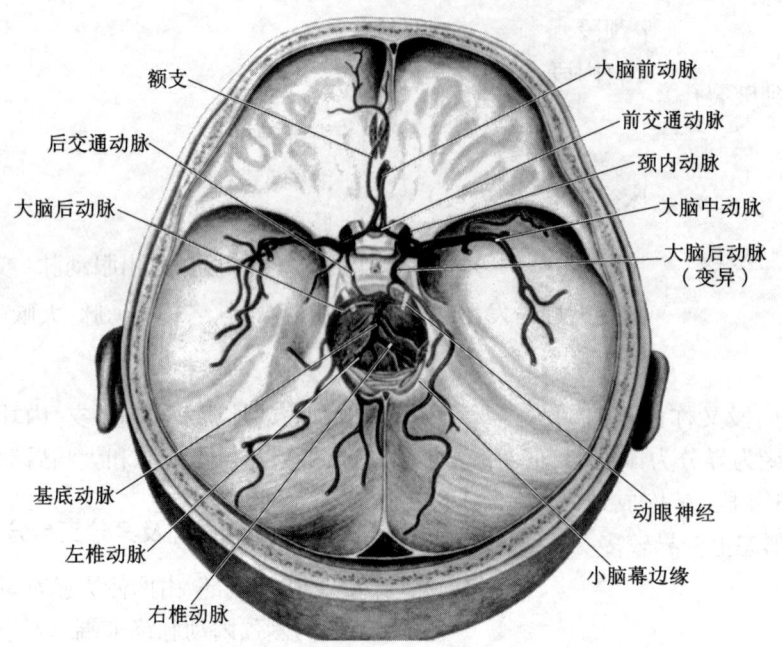

图 15-9 脑底动脉及主要分支

当动脉环的某一支阻塞或结扎颈内动脉时,则可通过侧支循环代偿而不出现缺血症状。据统计,大脑动脉环完全者仅占 53.8%,变异较多,如后交通动脉左右不对称或一侧缺如,前交通动脉缺如或粗大。在这些情况下,若大脑动脉环某一处动脉血流减少或障碍,则会发生严重的脑缺血。由大脑动脉环发出的主要分支如下:

1. 大脑前动脉(anterior cerebral artery) 为颈内动脉的终支之一,经视交叉上方,沿终板的前方转入大脑纵裂内,行于大脑半球内侧面。继而沿胼胝体吻前方,再绕胼胝体膝部,沿胼胝体沟行向后方到达顶枕沟之前。皮质支主要分布于额叶底部,半球内侧面及半球背外侧面的边缘部分。两侧大脑前动脉通过前交通动脉互相吻合(图 15-10)。大脑前动脉起始部发出一些细小的中央支穿入脑实质,供应豆状核、尾状核前部和内囊前肢。

2. 大脑中动脉(middle cerebral artery) 是颈内动脉的主要终支。向外方横跨前穿质再转向后上方进入大脑外侧沟,沿岛叶外侧面向上、向后发出数条分支。皮质支主要分布于大脑半球背外侧面中央部的大部分(躯体运动、感觉和语言中枢等区域)和岛叶,中央支垂直向上,进入脑实质,主要分布于基底核及内囊膝、后肢(图 15-11、图 15-12)。大脑中动脉粗大,占大脑半球血流量的 80%,其皮质支供应许

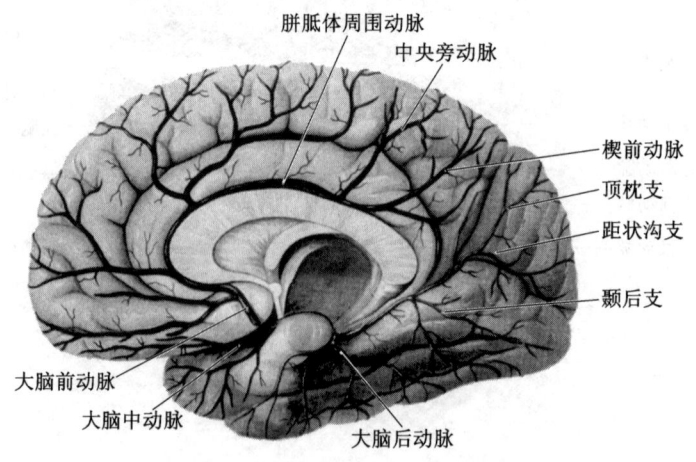

图 15-10 大脑前动脉及其主要分支

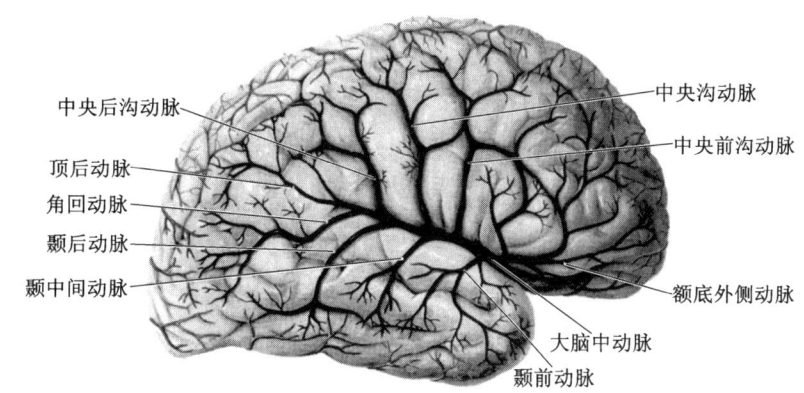

图 15-11 大脑中动脉及其分支

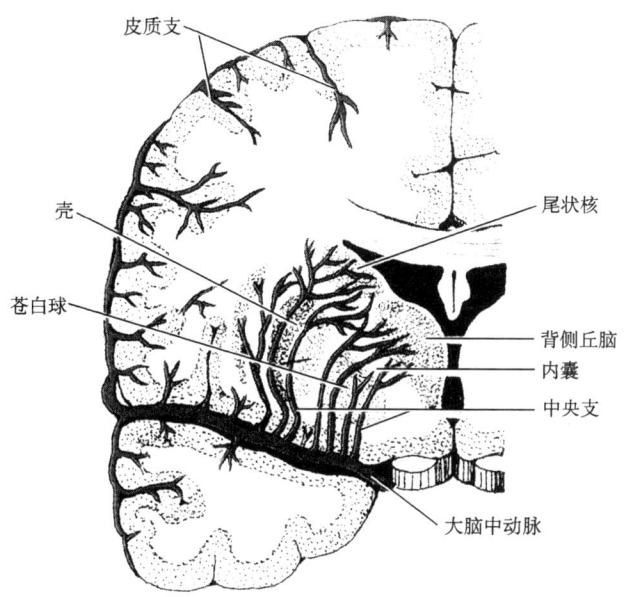

图 15-12 大脑中动脉的皮质支与中央支

多重要中枢，如躯体运动、躯体感觉和语言中枢，而中央支又供应内囊等处，一旦栓塞或破裂，都可产生严重的临床症状。

3. 大脑后动脉（posterior cerebral artery） 为基底动脉的终支。它和小脑上动脉平行地走向外侧，两者之间夹有动眼神经和滑车神经。大脑后动脉借后交通动脉与颈内动脉终端吻合，它的远侧段绕过大脑脚，在小脑幕上方、脑干与额叶之间后行，从海马回钩内侧一直伸延到胼胝体压部下方。其皮质支分布于颞叶底面和内侧面及枕叶，中央支供应丘脑枕，内、外侧膝状体和下丘脑等处。

（四）小脑的动脉

小脑由椎动脉系统供血，共有3对动脉。

1. 小脑上动脉（superior cerebellar artery） 起于基底动脉上段，绕过大脑脚至小脑上面。主要供给小脑上脚、小脑核和小脑半球上面。

2. 小脑下前动脉（anterior inferior cerebellar artery） 起自基底动脉下段。起始后向外、向后经展神经、面神经及位听神经的腹侧至小脑前下面，其分支与小脑下后动脉吻合，主要分布于小脑蚓锥体、蚓垂和小脑半球下面的前部及齿状核。由此动脉常发出迷路动脉，供给内耳。

3. 小脑下后动脉（posterior inferior cerebellar artery） 为椎动脉分支中最粗者。在相当橄榄体下缘水平起自椎动脉，向后到延髓背面绕过小脑扁桃内侧，继而行向后外方，分布于小脑绒球小结叶、下蚓、小脑半球下面的后部和小脑核一部分及延髓后外侧区。

（五）脑干的动脉

1. 中脑的动脉　主要来自大脑后动脉和小脑上动脉。

2. 脑桥的动脉　来自基底动脉发出的脑桥支。

3. 延髓的动脉　由脊髓前、后动脉发出的延髓支、椎动脉的延髓支、小脑下后动脉的延髓支等供应。

二、脑的静脉

脑内的静脉血分别就近注入各硬脑膜静脉窦，最后汇合到两侧横窦、乙状窦，流入颈内静脉。

（一）大脑半球和间脑的静脉

大脑的静脉多不与同名动脉伴行，而且静脉无瓣膜,分为浅静脉和深静脉两组。浅静脉引流皮质和皮质下的血液,深静脉引流白质、脉络丛、基底核和间脑等深部结构的血液。浅、深静脉之间有广泛的吻合。

1. 浅静脉组(图15-13)

(1) 大脑上静脉(superior cerebral vein) 有10余条,分为额叶静脉、中央沟静脉、顶叶静脉和枕叶静脉。它们收集大脑半球背外侧面上部和内侧面上部的静脉血,通过蛛网膜下隙,注入上矢状窦。

(2) 大脑中浅静脉(superficial middle cerebral vein) 又称为Sylvius浅静脉,有1~3条,引流大脑外侧沟附近包括部分岛叶的静脉血,与蝶顶窦汇合注入海绵窦。大脑中浅静脉与大脑上、下静脉有较多的吻合。

(3) 大脑下静脉(inferior cerebral vein) 一般为2~3条。引流颞叶和枕叶外侧面及下面的静脉血,汇入横窦或岩上窦。

2. 深静脉组(图5-14)

(1) 大脑内静脉(internal cerebral vein) 主要收集侧脑室周围的大脑半球髓质、基底核、侧脑室脉络丛及丘脑等处的静脉血。左、右大脑内静脉在第三脑室顶并列后行,到胼胝体压部下方、松果体上方处汇合成大脑大静脉。

(2) 大脑大静脉(great cerebral vein) 又称为Galen大静脉,为一短粗的静脉干,长仅1cm,管壁极薄,位于胼胝体压部的后下方,向后注入直窦。它主要收集大脑内静脉和基底静脉引流区的静脉血。

(3) 基底静脉(basal vein) 又称为Rosenthal静脉。其前端由大脑前静脉和大脑中深静脉(即Sylvius深静脉)合并而形成,在前穿质处,还接收来自基底核的纹状体静脉,向后向上绕过大脑脚和四叠体,多注入大脑大静脉,沿途收集脚间窝、间脑底部和海马回钩附近的血液。基底静脉是介于大脑浅、深静脉之间的一条重要吻合通道,它有时不注入大脑大静脉,而注入直窦、横窦或岩上窦。

(二) 小脑的静脉

小脑的静脉多不与同名动脉伴行,主要有:①小脑上静脉,收集小脑上面和小脑核的血液,注入大脑大静脉和横窦;②小脑下静脉,收集小脑下面的血液,注入岩上窦、枕窦或横窦;③小脑中央静脉,收集小脑上蚓前部的血液,注入大脑大静脉;④小脑下内静脉,收集小脑下蚓部和小脑半球内侧的血液,左右两支靠近中线并行,注入直窦或横窦。

(三) 脑干的静脉

延髓的静脉向下与脊髓静脉相续。静脉血入延髓外侧静脉,再入小脑上外静脉,最后多汇入岩上窦。脑桥和中脑腹侧面的静脉汇入基底静脉,而背侧面的静脉大部分汇入大脑大静脉。

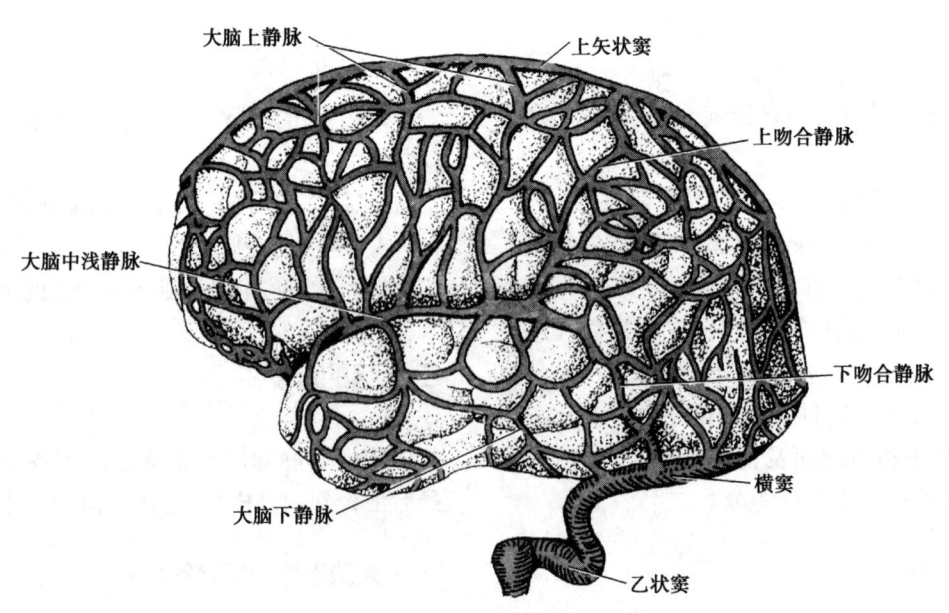

图15-13 大脑浅静脉

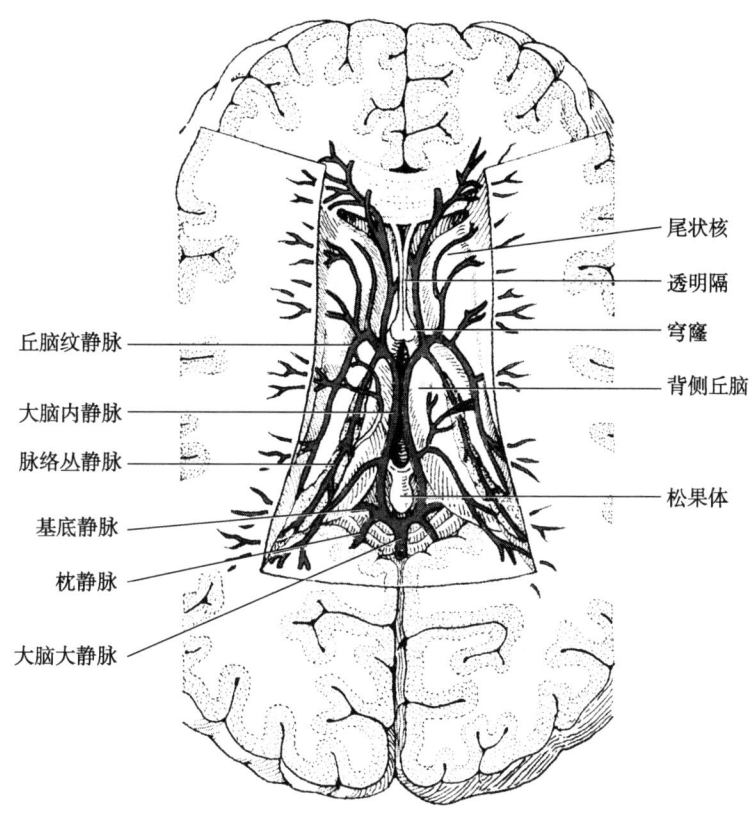

图 15-14 大脑深静脉

三、脊髓的血管

脊髓的血液供应丰富，实验研究表明，猫每 100 g 脊髓每分钟平均血流量为 19.28 mL，占静息时心输出量的 0.68%，可见脊髓代谢的活跃程度仅次于脑。

（一）脊髓的动脉

脊髓的动脉包括脊髓前、后动脉和节段性动脉。

1. 节段性动脉　成对的节段性动脉由上向下起自椎动脉、颈深动脉、颈升动脉、肋间后动脉、腰动脉、髂腰动脉和骶外侧动脉。这些动脉的分支伴随相应脊神经穿过椎间孔入椎管，成为根动脉。根动脉的数量较多，变异也较大。这些细小的根动脉分别沿相应的脊神经前、后根走行，分支分布于硬脊膜和软脊膜，分布于软脊膜者以细小分支相互吻合，构成软脊膜小动脉丛，其中环绕脊髓表面形成的环形吻合称为动脉冠，与脊髓前、后动脉吻合。还有少数根动脉直接穿入脊髓实质，称为髓动脉，营养脊髓。

2. 脊髓前动脉（anterior spinal artery）　在脑桥延髓沟稍下方起于椎动脉。左、右脊髓前动脉下降至锥体交叉处汇合成一条，在脊髓前正中裂中下降，沿途不断接收髓动脉的补充加强，向下延伸至脊髓圆锥以至终丝。脊髓前动脉除发出外侧支参与软膜小动脉丛外，还呈直角发出分支（中央动脉），经前正中裂穿入脊髓实质，分支分布于脊髓灰质前 3/4 及部分前索和侧索。

3. 脊髓后动脉（posterior spinal artery）　起自椎动脉或小脑下后动脉，绕至延髓后外侧，向下沿脊髓后根内侧迂曲下降，沿途接收髓动脉补充。脊髓后动脉除分支参与软脊膜小动脉丛外，尚有一些穿支进入脊髓，分布于脊髓后角大部分及部分后索（图 15-15）。

（二）脊髓的静脉

脊髓静脉的分布模式与动脉大致相似。脊髓实质的静脉血由沟静脉及一些周缘小支引流到脊髓表面的软膜静脉丛和纵行的 6 条静脉干，即脊髓前静脉、脊髓后静脉、两侧的脊髓前外侧静脉和脊髓后外侧静脉。6 条脊髓纵行静脉干蜿蜒迂曲，常呈丛状，最后沿前、后根导入椎内静脉丛，再经椎外静脉丛与节段性静脉和胸、腹、盆腔及其他静脉交通。因脊髓

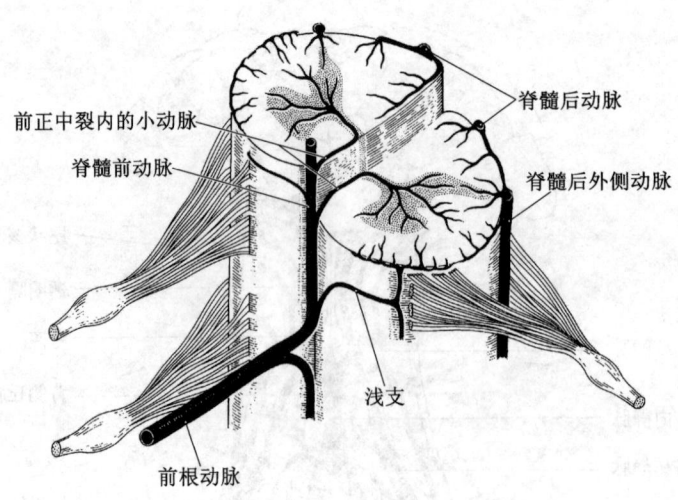

图 15-15　脊髓的动脉

纵行静脉干及椎内静脉丛与颅内静脉相连，形成一个连续而无瓣膜的静脉系，故胸、腹和盆腔的感染或肿瘤，有经椎内静脉丛转移至颅内的可能。

第三节　脑脊液及其循环

脑脊液（cerebrospinal fluid）为循环于脑室、脊髓中央管以及脑脊髓表面的蛛网膜下隙中的无色透明液体，总量约150 mL。其中，1/5在脑室系统内，约4/5在蛛网膜下隙内。脑脊液对中枢神经系统起缓冲、保护、运输代谢产物和调节颅内压等作用。

脑脊液为略呈碱性液体，相对密度约1.007，含有无机质离子，如HCO_3^-、K^+、Ca^{2+}和尿素。与血浆相比，脑脊液中的葡萄糖浓度低，Cl^-、Na^+和Mg^{2+}的含量较高，蛋白质含量极微。脑脊液中的蛋白质大部分为白蛋白，球蛋白含量<16%，在某些疾病状态下，球蛋白可增多。此外，脑脊液内还含有微量重金属、氨基酸、维生素、酶和cAMP等。脑脊液内含有很少量的细胞，为1~3个/mm^3，主要为单核细胞和淋巴细胞，还有少量的神经胶质细胞、类组织细胞和接触脑脊液神经元（cerebrospinal fluid-contacting neuron）。这3种细胞均为室管膜上（室腔内）细胞，其中接触脑脊液神经元数量最少，而功能却极为重要，在脑与脑脊液神经体液回路中起重要的调节作用。

脑脊液主要由脑室的脉络丛产生（由脉络丛上皮细胞分泌而成），少量由脑的毛细血管或从脑的细胞外液经过脑室的室管膜上皮渗出。

侧脑室的脉络丛是产生脑脊液的核心结构，脑脊液由此产生后，通过室间孔流入第三脑室，在此加入第三脑室脉络丛产生的脑脊液，经中脑导水管流入第四脑室，又加入第四脑室脉络丛产生的脑脊液。在此，通过第四脑室正中孔和外侧孔流入小脑延髓池和小脑脑桥三角池。此后，一部分脑脊液经桥池、脚间池和（视）交叉池等流入大脑半球表面的蛛网膜下隙；另一部分向脊髓蛛网膜下隙流动，然后再返回脑底诸池和脑表面蛛网膜下隙。脑脊液按此路径不停地产生和循环流动（图15-7）。

由于脑脊液压力高于静脉窦内血流的压力（高25~30 mmHg），所以脑脊液可经上矢状窦旁蛛网膜粒的绒毛不断地被吸收到上矢状窦内，回流入血液，这是脑脊液回流的主要途径。在正常状态下，蛛网膜绒毛突入硬脑膜静脉窦，可起到瓣膜作用，使脑脊液流入静脉窦而不再逆流。此外，小部分脑脊液还可为蛛网膜下隙的毛细血管、脑室的室管膜上皮、脊神经根的神经周围间隙及脑脊膜的淋巴管所吸收。

如在脑脊液循环途中发生阻塞，可导致脑积水和颅内压升高，进而使脑组织受压移位，甚至出现脑疝而危及生命。

第四节　脑　屏　障

中枢神经内的神经元周围微环境的化学和物理因素的变化直接影响神经元的功能。毛细血管的血液与脑组织之间以及脑脊液之间物质交换的调节，维持着脑内环境的恒定。一些物质在身体其他部位很容易从血液渗入到组织液，但在脑组织内则受限制,甚至不能渗入。这些起屏障作用的结构,总称为脑屏障(brain barrier)。脑屏障实质上是存在于中枢神经系统内毛细血管和神经组织间的一个调节界面,借以保证中枢神经内环境的稳定和平衡。

一般说来,血液中的水、葡萄糖、O_2、CO_2、氨基酸及脂溶性物质等容易透过脑屏障被转运到脑组织中,而青霉素等一些药物、胆盐、H^+、HCO_3^-及非脂溶性物质则不易通过脑屏障。

早在1885年,Ehrlich即曾描述过血-脑屏障的现象。但一般认为脑屏障的概念是由Goldman建立的。1913年,他报告了两个经典实验结果:一是向兔静脉内注入台盼蓝(trypan blue)后,全身组织都被蓝染,但脑除脉络丛外却未被染色,动物也无中毒症状;二是将台盼蓝注入兔的蛛网膜下隙,动物发生惊厥而死亡,脑组织呈深蓝色。因而认为有一道阻挡血液中染料进入脑组织内的屏障。但当时错误地将脑屏障定位在脉络丛。此后许多学者进行了大量实验和临床观察,推测很多物质之所以不能入脑,是由于存在一种保护性屏障,并称此种屏障为血-脑屏障。1933年,Walter发现向静脉注入的药物在血液、脑脊液和脑中的分布并不相同,显示有些药物由血入脑比由血入脑脊液更快,而另一些药物则相反。因而,研究者推断血液与脑之间的通透性屏障有3种,这种观点得到Friedman等(1934)的支持,并为后来大量研究结果所证实。这3种屏障分别是血-脑屏障、血-脑脊液屏障和脑脊液-脑屏障(图15-16)。

一、血-脑屏障

血-脑屏障(blood-brain barrier,BBB)由毛细血管内皮细胞、基膜及胶质膜等几种结构共同构成。

(一)毛细血管内皮细胞及细胞间连接

脑和脊髓的毛细血管内皮细胞间的连接方式、质膜结构及内含物等方面均与机体其他器官(如胃、肠、肾等)的毛细血管内皮细胞有显著区别。将两者进行比较即可理解血-脑屏障的特点。

(1)与一般的毛细血管内皮相比,脑脊髓的毛细血管内皮无孔,且内皮细胞之间以紧密连接的形式互相连接,因此,它在很大程度上限制了蛋白质分子和离子的自由转运(图15-17)。

(2)脑脊髓毛细血管内皮细胞内缺乏吞饮小泡,因而使高分子物质和低分子非电解化合物不能经内皮细胞主动转运。

(3)脑脊髓毛细血管内皮细胞含有单胺类降解灭活酶系及其他一些酶,可阻碍某些血源性单胺类物质通过血-脑屏障,例如单胺氧化酶可使进入细胞的多巴胺(DA)、去甲肾上腺素(NA)降解,发挥酶屏障的作用。

(4)一般的毛细血管内皮细胞含类似平滑肌肌

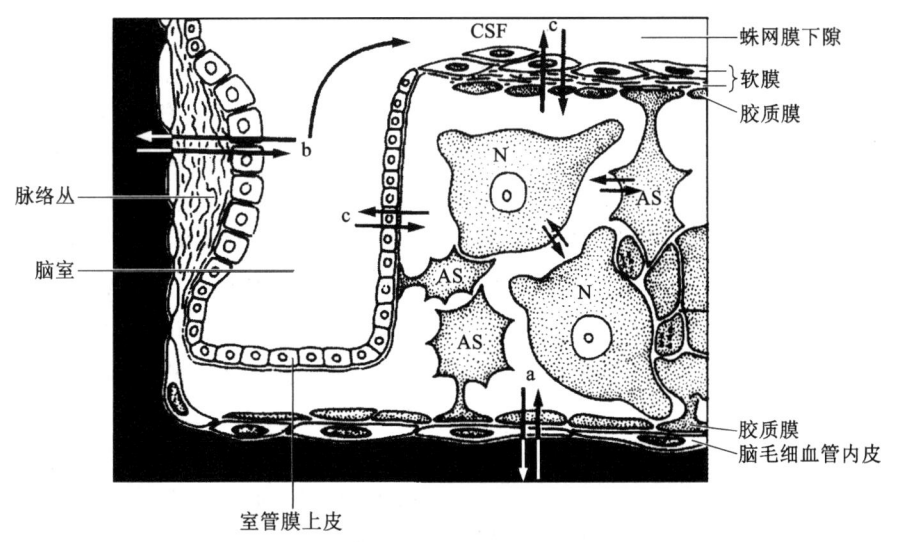

图15-16 脑屏障的构成
(黑色部分表示血液,双箭头为屏障部位)
a:血-脑屏障(BBB) b:血-脑脊液屏障(BCB) c:脑脊液-脑屏障(CBB)
N:神经元 AS:星形胶质细胞 CSF:脑脊液

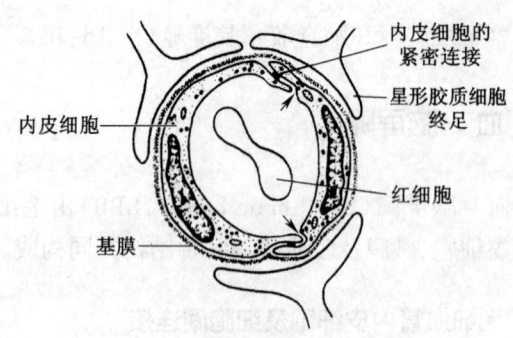

图 15-17 脑内的毛细血管
示内皮细胞的紧密连接

动蛋白的收缩蛋白,而脑脊髓毛细血管内皮细胞不含此收缩蛋白,所以对组胺的反应不是收缩,而是使脑脊髓毛细血管的通透性保持相对稳定,不受组胺、5-HT 及 NA 等活性物质的影响。

(5) 脑脊髓毛细血管内皮细胞还含多种分解酶,如 L-多巴脱羧酶、乳酸脱氢酶、胆碱酯酶等,这些酶能对特定药物发挥屏障作用,使药物在到达细胞外液之前失效。

(二) 基膜和周细胞

脑毛细血管内皮细胞与星形胶质细胞足板之间存在一层连续性的基膜,此膜由含大量有胶原特性的氨基酸和极少原纤维性物质构成。基膜起支持作用,也是血-脑屏障的第二道隔障。脑毛细血管的周细胞位于基膜内,通过物理接触和旁分泌信号与内皮细胞进行细胞通讯,监视和稳定内皮细胞的成熟过程。周细胞在血-脑屏障形成以及维持其选择透过性的功能上具有重要的作用。

(三) 胶质膜

在毛细血管基膜外周有一层胶质膜,它是由星形胶质细胞粗突起末端膨大的足板附着于基膜上而形成的一层致密而坚韧的薄膜,构成血-脑屏障的第三道隔障,对大分子物质具有一定的屏障作用。

二、血-脑脊液屏障

血液与脑脊液之间也存在着选择性地阻止某些物质进入脑脊液内的屏障,即血-脑脊液屏障(blood-cerebrospinal fluid barrier, BCB)。既往曾认为,脑脊液主要是由脉络丛产生的,因而设想血-脑脊液屏障主要位于脉络丛。有人提出血-脑脊液屏障由脉络丛的毛细血管内皮、基膜和脉络丛的上皮共同构成。但在电镜下所见到的脉络丛毛细血管的内皮细胞有窗孔,其基膜是断续的。Maltgard 将台盼蓝注入血液,发现它与血中蛋白质结合成为大分子复合物,这种复合物可透过脉络丛毛细血管内皮窗孔从血管扩散到脉络丛的间质内,但被脉络丛上皮细胞顶部之间的紧密连接阻挡而不能进入脑脊液,故认为血-脑脊液屏障是脉络丛上皮细胞的紧密连接。研究表明,脉络丛上皮细胞顶部的连接在光镜下为闭锁堤,而电镜下形成连接复合体。因此,研究者认为,脉络丛上皮细胞间的紧密连接是血-脑脊液屏障的主要结构基础。

三、脑脊液-脑屏障

在脑脊液与脑和脊髓组织之间也存在选择性阻止某些物质由脑脊液入脑的屏障,称为脑脊液-脑屏障(cerebrospinal fluid-brain barrier, CBB)。在脑室处的此屏障结构由室管膜上皮与其深面的基膜和室管膜下胶质膜组成。其中,室管膜上皮细胞的通透性、分泌功能和物质转运活动,对于脑脊液与神经组织间的物质交换有选择性的屏障作用。室管膜上皮细胞之间一般无紧密连接,大分子物质可通过。早些时期人们对位于蛛网膜下隙的软膜及其深面的胶质膜的屏障作用尚不明确。研究结果证实,将一些不易通过血-脑屏障的药物注入脑脊液,它们易通过胶质膜;另将台盼蓝注入蛛网膜下隙后,脑组织可迅即蓝染,并且脑脊液与脑细胞间液的成分十分接近,故脑脊液-脑屏障并不完整,脑脊液与脑的细胞外液之间可不断地进行物质交换。但是脑内代谢产物是如何扩散进入脑脊液的,之前的研究也不是很清楚。2012 年,美国 Maiken Nedergaard 教授团队研究发现脑实质内存在由星形胶质细胞血管终足与其所包裹的血管外膜之间的血管旁间隙构成的胶质淋巴系统(glymphatic system)。在该系统中,位于蛛网膜下隙的脑脊液沿着软膜动脉周围间隙进入脑实质深部,通过星形胶质细胞上的水通道蛋白-4(aquaporin-4, AQP4)与脑组织进行组织液的交换,同时驱动代谢产物和组织液进入静脉周围间隙,最终进入脑脊液循环。由于星形胶质细胞终足之间存在很大的间隙,使得包括淀粉样蛋白、突触核蛋白等代谢产物都可以随着脑脊液一起高效排出。胶质淋巴系统在中枢神经系统引流及免疫调控方面发挥重要的作用。

脑屏障在维持神经系统内环境的相对稳定方面很重要。神经细胞周围的各种物质成分保持适宜的浓度,神经细胞才能保持正常的活动。而这一环境的相对稳定又必须依靠脑屏障对血-脑间物质转运的高度选择性来维持。同时,由于脑屏障的存在,可以在一定程度上防止有害物质进入脑组织,对脑、脊髓起保护作用。

脑屏障的理论对于指导临床实践有重要的意义。临床上根据脑屏障的特点,在选用药物治疗脑部疾病时,必须考虑到药物透过脑屏障的能力,才能达到预期的疗效。利用某些药物来改变脑屏障的通透性,可以帮助另一些药物透过脑屏障进入脑组织而达到治疗的目的。胎儿的脑屏障尚未发育成熟,对脑的保护效能较差,故孕妇用药必须慎重。脑屏障的功能是随着脑的发育而逐渐完善起来的。幼儿的脑屏障效能较成年者差,这很可能成为小儿中枢神经系统疾病发病学的一个重要因素。此外,脑屏障因颅内病变而遭到破坏时,给予放射性核素,则放射性核素容易透过脑屏障进入脑组织并聚集于病变所在部位,通过扫描可发现病变部位的放射浓度增高,从而对颅内病变可做出定位诊断。

脑内有些小区域缺乏屏障。静脉注射台盼蓝后,脑内一些小区域(如松果体、下丘脑的正中隆起、垂体后叶和延髓的最后区)可被蓝染。这些无脑屏障脑区的神经元大多特化为神经分泌细胞,并与毛细血管直接接触。有些神经元的质膜上还存在受体,说明这些神经元可能与来自血液的化学递质直接作用。这些脑区的毛细血管也不具备上述脑屏障的结构特点。如毛细血管和血窦的内皮细胞质膜有窗孔(直径 70～80 nm);内皮细胞为缝隙连接;内皮细胞有丰富的吞饮小泡,表明其主动转运能力十分活跃;毛细血管的基膜与其外围的胶质膜间有较宽阔的血管周围间隙,此间隙又经胶质突终足间的缝隙与细胞外间隙交通。

(李　辉)

新形态教材网　数字课程学习

教学 PPT　　参考文献

第十六章

神经传导通路

中枢神经接受内、外环境的大量传入信息,除做出简单的反射应答外,有许多传入信息还上升到感知和意识阶段。神经传导通路是复杂反射弧的一部分,有上行(感觉)和下行(运动)之分,多半要涉及最高神经中枢大脑皮质。周围感受器接受内、外环境的各种刺激,并将其转变为神经冲动,沿着传入神经元传递至中枢神经系统,通过几次中继,最后到达大脑皮质或其他高位中枢者,称为上行传导通路(ascending pathway)或感觉传导通路(sensory pathway)。由大脑皮质或皮质下中枢发出纤维,直接或经过中继终止于脑干或脊髓运动神经元,再经周围神经传到效应器者,称为下行传导通路(descending pathway)或运动传导通路(motor pathway)。

第一节 感觉传导通路

人和动物的体表或组织内部存在一些专门感受机体内、外环境变化所形成的刺激的结构和装置,称为感受器或感觉器官。它们接收各种信息并传达到大脑,使人产生感觉和知觉,并形成对世界的认识。感受器实质上是一种换能装置,它能将接受到的各种不同刺激(不同形式的能量)转换成电能,以神经冲动的形式经传入神经纤维到达中枢神经系统。根据感受器所在的部位、接受刺激的来源等可将感受器分为3类:①外感受器,分布于皮肤、黏膜、视器和听器等处,感受外界环境的刺激,如触、压、切割、温度、光和声等物理刺激和化学刺激。②内感受器,分布于内脏和心血管等处,感受机体内在的物理和化学刺激,如渗透压、压力、温度、离子和化合物浓度等。③本体感受器,分布于肌、肌腱、关节和内耳的位觉器等处,感受机体运动和平衡变化时所产生的刺激。

感觉传导通路可分为本体感觉传导通路,痛觉、温度觉和触觉传导通路,视觉传导通路,听觉传导通路,平衡觉传导通路和内脏感觉传导通路等。

一、本体感觉传导通路

本体感觉是指肌、腱、关节等运动器官本身在不同状态(运动或静止)时产生的位置觉、运动觉和振动觉。因位置较深,又称为深部感觉。在本体感觉传导通路中,除传导深部感觉外,还传导皮肤的精细或辨别性触觉(感受器位于真皮层,如辨别两点距离和物体的纹理粗细等)。头面部的本体感觉传导通路还不清楚。躯干和四肢的本体感觉传导通路有两条,一条是传至大脑皮质,引起意识性感觉,称为意识性本体感觉传导通路;另一条是传至小脑,不产生意识性感觉,而是反射性调节躯干和四肢的肌张力和协调运动,以维持身体的姿势和平衡,称为非意识性本体感觉传导通路。

(一)躯干和四肢意识性本体感觉传导通路

1. 传导通路 由三级神经元组成(图16-1)。第一级神经元的胞体在脊神经节内,其周围突分布于肌、腱、关节等处深部感受器和皮肤的精细触压觉感受器,中枢突经脊神经后根的内侧部进入脊髓的后索,分为长的升支和短的降支。其中来自第5胸节以下的升支行走在后索的内侧,形成薄束;来自第4胸节以上的升支行走于后索的外侧,形成楔束。两束上行的升支分别终止于延髓的薄束核和楔束核。

第二级神经元的胞体在薄束核和楔束核内。此

第一节 感觉传导通路

置状态和运动方向及皮肤的两点距离(精细触觉)等,可出现闭目站立时身体倾斜、摇晃,易跌倒,同时精细触压觉和振动觉丧失。

(二) 躯干和四肢非意识性本体感觉传导通路

此传导通路是指传至小脑的本体感觉反射通路,由二级神经元组成(图16-2)。第一级神经元胞体位于脊神经节内,其周围突分布于肌、腱、关节等处的深部感受器,中枢突经脊神经后根的内侧部进入脊髓的后索分为上行支和下行支,其终支或侧支终止于 $C_8 \sim L_2$ 的胸核和腰骶膨大节段Ⅴ~Ⅶ层外侧部(第二级神经元)。由胸核发出的第二级纤维在同侧外侧索组成脊髓小脑后束,向上经小脑下脚进入旧小脑皮质;从腰骶膨大节段Ⅴ~Ⅶ层外侧部发出的第二级纤维,大部分纤维经白质前连合交叉到对侧的外侧索,小部分纤维至同侧的外侧索,组成对侧和同侧的脊髓小脑前束,向上经小脑上脚背方折回,止于旧小脑皮质。第二级神经元传导躯干(除颈部外)和下肢的本体感觉。

传导上肢和颈部的本体感觉至小脑的第二级神

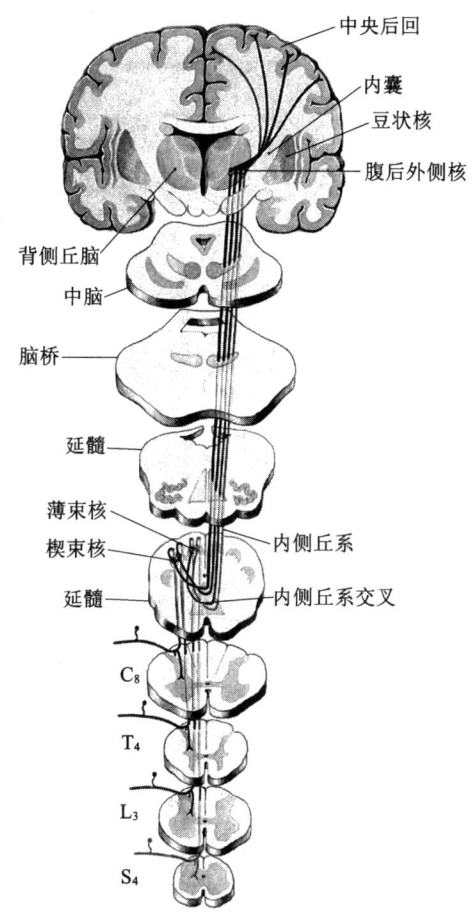

图 16-1 意识性本体感觉传导通路

两核发出的第二级纤维向前绕过中央灰质的腹侧,在中线上与对侧纤维交叉,称为内侧丘系交叉,交叉后的纤维在延髓中线两侧,锥体束的背方折向上行,改称为内侧丘系。内侧丘系在脑桥呈横位居被盖的前缘,在中脑被盖则居红核的外侧,再向上止于背侧丘脑的腹后外侧核。

第三级神经元的胞体在背侧丘脑的腹后外侧核,后者发出的第三级纤维经内囊后肢主要投射到中央后回的中、上部和中央旁小叶的后部,部分纤维投射到中央前回。

这条由三级神经元构成的传导通路,传导精细触压觉和运动感觉冲动可到达顶叶联合皮质,通过顶叶皮质的整合,成为两点辨别觉和本体感觉。

2. 伤后表现 此通路若在延髓内侧丘系交叉以上受损,则引起对侧躯体本体感觉和精细触压觉障碍;若在延髓丘系交叉以下(如脊髓后索)受损,则引起同侧躯体本体感觉和精细触压觉障碍。当出现本体感觉障碍时,患者不能确定相应肢体各关节的位

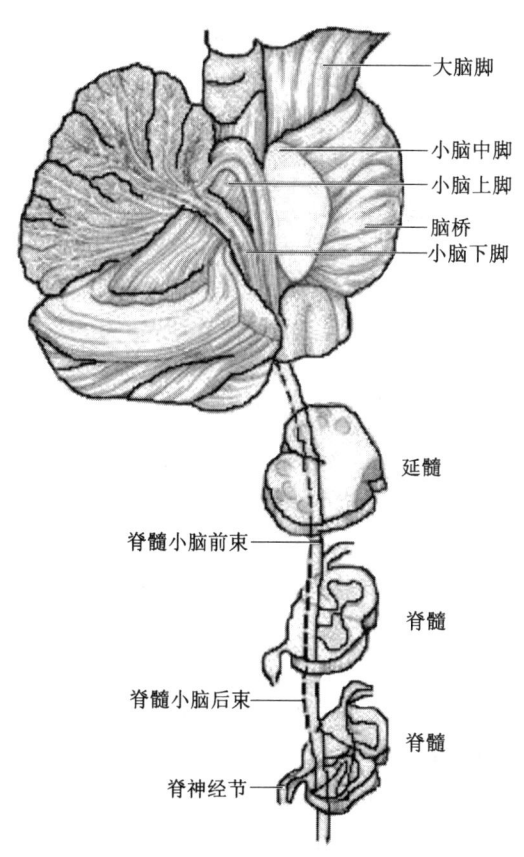

图 16-2 非意识性本体感觉传导通路

经元,在颈膨大Ⅴ～Ⅵ层和延髓的楔束副核,由这两处的神经元发出的第二级纤维经小脑下脚进入旧小脑皮质。

(三) 头面部意识性本体感觉传导通路

此通路主要经由三叉神经传导。三叉神经根内含有粗的本体感觉纤维,它传递来自咀嚼肌(翼外肌除外)中的肌梭以及牙齿和牙龈周围的压力感受器的本体感觉信息,这些纤维是三叉神经中脑核一级传入神经元的树突。其树突的分支起着轴突的作用,止于同侧的三叉神经运动核,完成牵张咀嚼肌闭颌的单突触反射弧。腱器官和关节感受器的本体感觉纤维起自三叉神经节内的神经元,这些神经元的轴突入脑以后主要止于三叉神经脑桥核。目前,三叉神经中脑核至丘脑和大脑皮质的途径仍不明确。有研究者认为中脑核的纤维经上髓帆和小脑上脚与小脑联系,三叉神经脑桥核大多数神经纤维经过三叉丘脑束(三叉丘系)交叉后终止于腹后内侧核,由此再发出轴突经内囊后肢投射到大脑皮质第一躯体感觉区和第二躯体感觉区。

二、痛觉、温度觉和粗略触觉传导通路(浅部感觉传导通路)

传导和加工引起意识性痛觉与温度信息的神经,在整个神经系统中位置相近,因此它们的通路总称为痛温觉通路。该通路由三级神经元组成,传递皮肤、口、鼻腔黏膜的痛觉、温度觉、触觉、压觉,可分为躯干、四肢和头面部两条传导通路。

(一) 躯干、四肢的痛温觉和粗略触觉传导通路

1. 传导通路　第一级神经元的胞体在脊神经节内,属中、小型假单极神经元,其纤维较细,具有薄髓或无髓。其周围突构成脊神经的感觉纤维,分布于躯干和四肢皮肤内的感受器;中枢突经后根进入脊髓。其中,传导痛觉、温度觉的纤维(细纤维)在后根外侧部进入脊髓的背外侧束(Lissauer束),上升1~3个节段后,终止于第二级神经元。传递粗略触觉的纤维(粗纤维)经后根内侧部进入脊髓后索,上升1~3个节段后,终止于第二级神经元。

第二级神经元的胞体主要位于脊髓后角Ⅰ、Ⅳ和Ⅴ层中,这些神经元发出第二级纤维经白质前连合向颅侧斜越一个节段,到对侧的外侧索和前索上行,组成脊髓丘脑束。一般来说,此束内传递痛觉、温度觉的纤维偏后方,位于外侧索部分称为脊髓丘脑侧束;而传递触觉的纤维位于前索部分,称为脊髓丘脑前束。脊髓丘脑束上升,经过延髓下橄榄核的背外侧,至脑桥和中脑居内侧丘系的外侧,再向上终止于背侧丘脑的腹后外侧核。

第三级神经元的胞体在背侧丘脑的腹后外侧核,由此核发出的第三级纤维(丘脑中央辐射)经内囊后肢,投射到中央后回中、上部和中央旁小叶的后部(图16-3)。

2. 伤后表现　若在脊髓损伤脊髓丘脑束,对侧伤面1~2节段以下痛觉、温度觉消失;若在脊髓以上损伤此通路,感觉障碍涉及整个对侧躯干和四肢。在脊髓内,脊髓丘脑束的纤维有明确的定位,即自外向内、由浅入深,依次排列着来自骶、腰、胸、颈部的纤维。因此,当髓内肿瘤压迫一侧脊髓丘脑束时,痛觉、温度觉障碍首先出现在身体对侧上半部,随着瘤

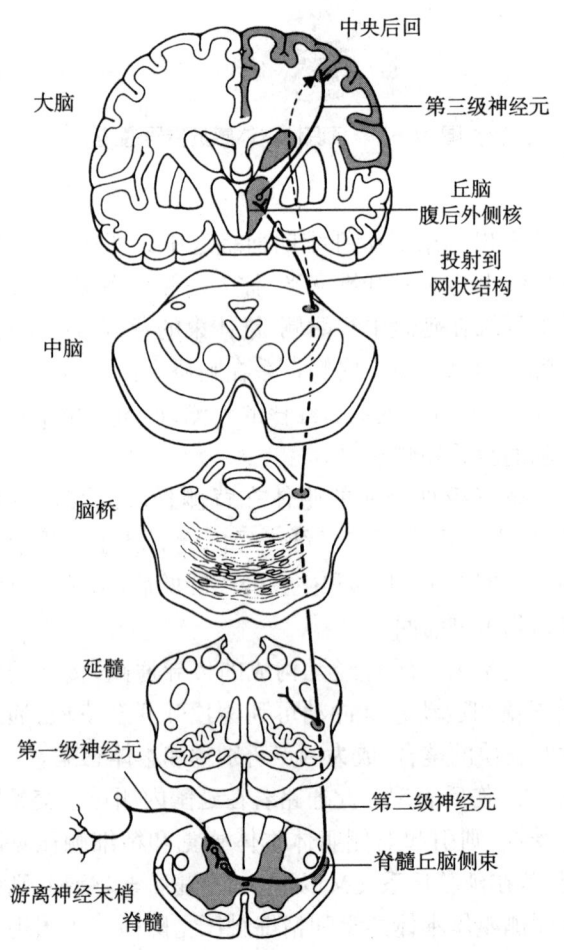

图16-3　躯干、四肢的痛温觉和粗略触觉传导通路

体的生长才逐渐波及下半身。若为一侧髓外肿瘤压迫，则情况相反，痛觉、温度觉障碍自对侧下半身起，逐渐向上扩延。如后索未损坏，则触觉无严重障碍。

(二) 头面部的痛觉、温度觉和触压觉传导通路

1. 传导通路　头面部的痛觉、温度觉、触觉由三叉神经(眼神经、上颌神经和下颌神经)传导，第一级神经元的胞体位于三叉神经节内(trigeminal ganglion)，其周围突分布于头面部皮肤以及口、鼻腔黏膜的各种感受器。中枢突经三叉神经根进入脑桥后即分成短的升支和长的降支，升支传导触压觉止于三叉神经脑桥核。降支组成三叉神经脊束，主要传递痛觉、温度觉，止于其内侧的三叉神经脊束核。

第二级神经元的胞体在三叉神经脊束核和脑桥核内，此两核发出的第二级纤维经交叉越过中线至对侧，组成三叉丘系，又称三叉丘脑束，伴随内侧丘系上升，止于背侧丘脑的腹后内侧核。

第三级神经元的胞体在背侧丘脑的腹后内侧核内，由此核发出的第三级纤维组成丘脑皮质束，经内囊后肢，投射到中央后回下 1/3(图 16-4)。

2. 伤后表现　在此通路中，若三叉丘系或以上的部分受损，患者表现为对侧头面部的痛觉、温度觉和触觉障碍，但触觉障碍不明显或逐渐恢复。若三叉丘系以下受损，则同侧头面部痛觉、温度觉和触觉发生障碍。

[附] 感觉传导路中断综合征

感觉缺失综合征，根据其感觉传导路受损的部位不同而有差异。图 16-5 显示了 10 个不同部位的病变，以字母标记的黑短杠表示(a~k)。

位置在 a 或 b：若支配上肢(a)或支配下肢(b)的感觉运动区皮质或皮质下发生病变，可使对侧发生肢体感觉异常(麻刺感、蚁走感等)和肢体麻木，远端最明显，也可出现局灶性感觉癫痫的感觉异常，因位于运动皮质，运动性癫痫并不少见。

位置在 c：若病变累及丘脑以下的全部感觉通路，则对侧半身所有感觉都完全消失。

位置在 d：如果除痛觉、温度觉外的感觉通路被损伤，则在对侧偏身(包括面部)出现感觉减退，但痛觉、温度觉则保持完整。

位置在 e：若病变在脑干内局限于三叉丘系和脊

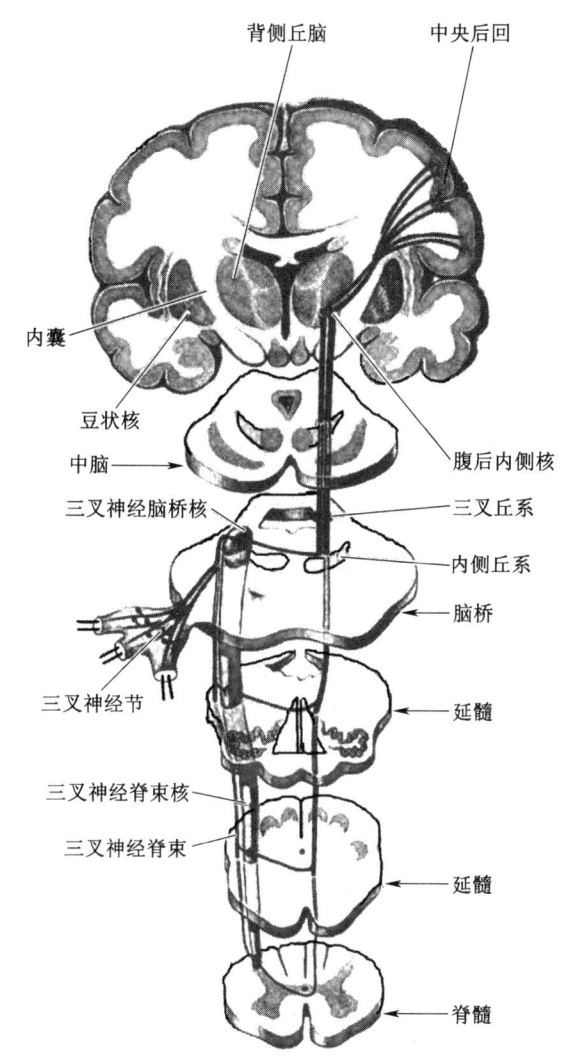

图 16-4　头面部的痛温觉和触压觉传导通路

髓丘脑侧束，则对侧偏身及面部痛觉、温度觉丧失，其他感觉不受损伤。

位置在 f：若病变累及内侧丘系和脊髓丘脑前束，则身体对侧除痛觉、温度觉外，其余各种感觉均消失。

位置在 g：损伤脊髓三叉神经脊束核及其束和脊髓丘脑侧束，将引起同侧面和对侧偏身的痛觉、温度觉丧失。

位置在 h：当损伤后索时，将引起位置觉、振动觉、辨别觉和其他感觉丧失并伴有同侧共济失调。

位置在 i：病变在后角，将引起同侧痛觉、温度觉丧失，其他所有感觉均完整。

位置在 k：损伤几个邻近的神经根时，将随即出现根性感觉异常和疼痛，身体相应皮节区也将出现各种感觉减退或丧失。如果支配臂和腿的神经根

膜；下半视野的物象，投射到上半视网膜。所以每眼的视野又可分为四等分，每四分之一视野叫象限视野，视网膜也相应分为四个象限。对一件物体产生意识性视觉要牵涉一连串的神经元，这些神经元依次位于视网膜、外侧膝状体和枕叶距状裂上、下的大脑皮质内。

（一）视觉传导通路

视觉传导通路由三级神经元组成。第一级神经元为视网膜的双极细胞，是中间神经元，有多种类型，其周围支与形成视觉感受器的视锥细胞和视杆细胞形成突触，视锥细胞和视杆细胞位于视网膜的最深层，也就是距光源最远的一层，此层为视网膜的感光部分；中枢支与神经节细胞形成突触。

第二级为神经节细胞。光对视网膜内的视锥细胞、视杆细胞的刺激产生神经冲动，此冲动传给双极细胞，后者再把冲动传给节细胞。节细胞的轴突在视网膜内走向视神经盘（又称为视盘或视神经乳头），由此穿出组成视神经。视神经贯穿巩膜处呈筛样板，即筛板。纤维集合，穿过筛板离开视网膜时披上髓鞘。在视神经内部，视神经纤维平均有百万根，集合成几百束，借结缔组织隔分开。视神经纤维的排列方式，反映了它们在视网膜中的起始部位。来自视网膜上半部的纤维，位于视神经的背侧部；来自视网膜下半部的纤维位于腹侧部，鼻侧纤维占内侧份，颞侧纤维归入外侧份；起自黄斑和中央凹区的纤维，开始居视神经的外侧缘，以后逐渐移至视神经的中心，于靠近视交叉时居视神经的内侧缘。

在视交叉（optic chiasma）处，视神经纤维进行部分交叉。一般而言，来自视网膜颞侧半的纤维不交叉，直接进入同侧视束，而来自视网膜鼻侧半的纤维交叉到对侧视束。其中来自鼻侧下象限的纤维，在视交叉前部横过中线并向前迂回到对侧视神经后部，然后急转向后加入对侧视束，这个向前迂回的部分称为前膝。来自鼻侧上象限的纤维进入视交叉后，先向后迂回到同侧视束的前部，然后急转向前内侧，并在视交叉后部横过中线，加入对侧视束，这个向后迂回的部分称为后膝。来自颞侧上象限的纤维，经视交叉的背内侧份，进入同侧视束；来自颞侧下象限的纤维，经视交叉的腹外侧，向后进入同侧视束（图16-6）。

由于视神经在视交叉中的重新排列，在每一侧

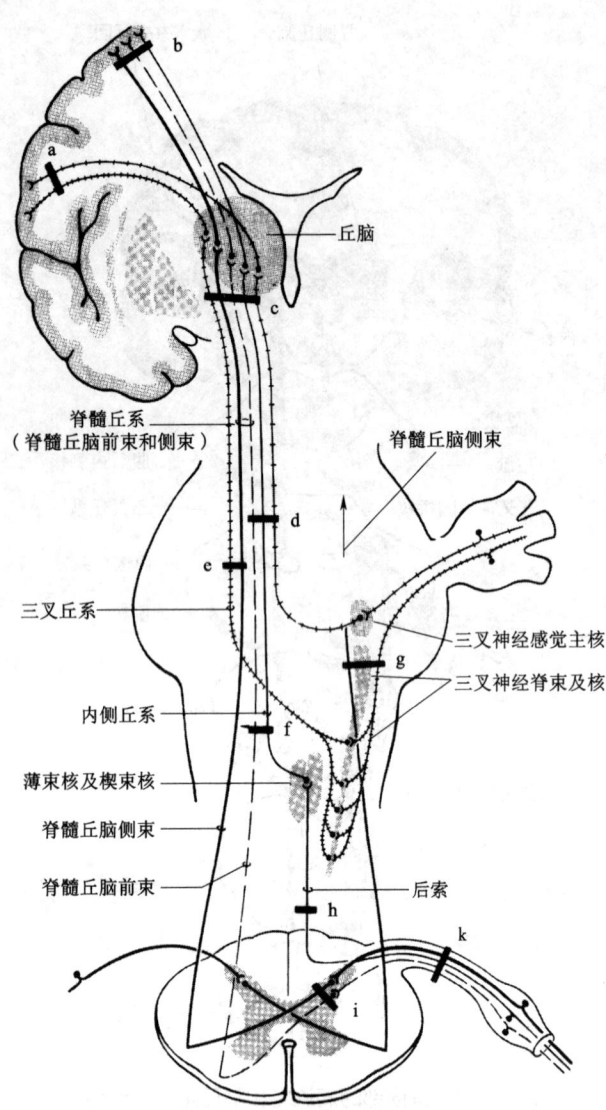

图16-5 感觉传导路不同部位的损伤

遭受损伤，将出现肌张力低下或无张力，反射消失，共济失调。

三、视觉传导通路和瞳孔对光反射通路

引起视觉的外周感受器官是眼睛，由含有感官细胞的视网膜和作为附属结构的折光系统等部分组成。

当眼球固定向前平视时，所能看到的空间范围叫视野。黄斑部所能感受的空间范围叫中心视野，黄斑以外视网膜所感受的空间范围叫周边视野。由于眼球屈光装置对光线的折射作用，鼻侧视野的物象，投射到颞侧半视网膜；颞侧视野的物象，投射到鼻侧半视网膜。上半视野的物象，投射到下半视网

第一节 感觉传导通路

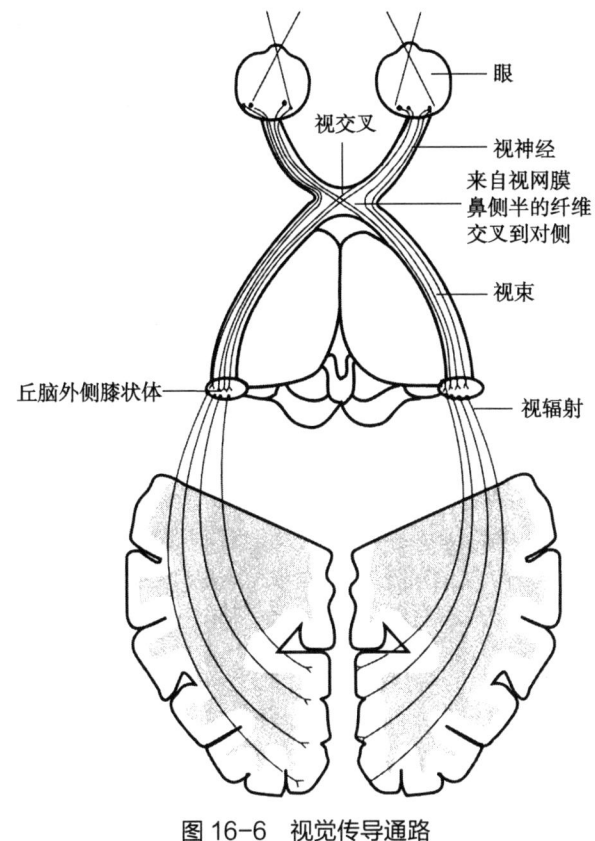

图 16-6 视觉传导通路

的视束（optic tract）内含有来自同侧眼球颞侧和对侧眼球鼻侧象限视网膜的纤维，虽然交叉和不交叉的纤维在外侧膝状体的终止位置不同，但这两部分的纤维在视束内紧密混合。视束的纤维排列为两视网膜上半部纤维初位于背内侧，然后直接移向腹内侧，下半部的纤维开始位于腹内侧，后移向腹外侧。黄斑纤维开始居外侧，之后随视束的长轴向内侧旋转，黄斑纤维逐渐向上方。视束内的纤维80%是粗纤维，终止于外侧膝状体的背核；其余的纤维主要为细纤维，止于顶盖前区和上丘。顶盖前区与瞳孔对光反射有关；上丘发出的纤维，形成顶盖脊髓束，此束与视、听觉反射有关。

第三级神经元的胞体在外侧膝状体内，外侧膝状体核分背核与腹核，背核的结构特点是成交替的细胞和纤维层。在具有双眼视觉并在视束内有大量交叉纤维的动物中，背核是分层的。视网膜的冲动在外侧膝状体不是简单的中继，可能是初步的整合。视束的纤维在外侧膝状体终止的排列顺序为黄斑部纤维止于外侧膝状体的中间背侧部，两侧视网膜上半部的纤维止于腹内侧部，下半部的纤维止于腹外侧部。

外侧膝状体发出轴突组成视辐射（optic radiation），经内囊后肢投射到大脑内侧面距状裂两侧的皮质（17区）。视辐射的上半纤维传导上半视网膜的冲动，而视辐射下半的纤维传导下半视网膜来的冲动（图16-6）。

视区的定位排列是来自同侧视网膜颞上纤维和对侧视网膜鼻上纤维终止于楔回的17区内，同侧视网膜颞下纤维和对侧视网膜鼻下纤维终止于舌回的17区。黄斑部纤维终止于距状裂的后部和枕极视皮质（图16-7）。

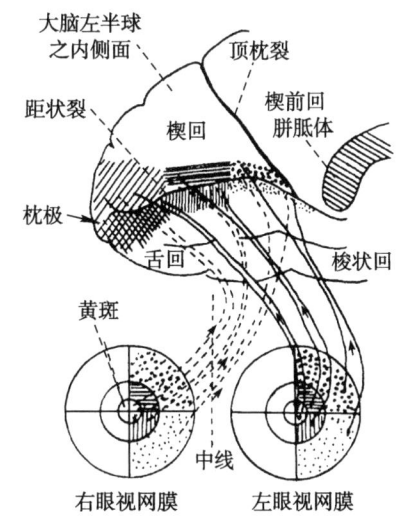

图 16-7 视网膜各部分投射到大脑皮质枕叶

（二）瞳孔对光反射通路

光照一侧瞳孔时，引起双侧瞳孔缩小的反应，称为瞳孔对光反射（pupillary light reflex）。直接受光刺激的眼所产生的反应，称为直接对光反射。未被光照射的眼所产生的反应，称为间接对光反射。

瞳孔对光反射由视神经和动眼神经的副交感纤维共同完成（图16-8）。瞳孔对光反射通路由视网膜起始，经视神经、视交叉和视束，再经上丘臂到达顶盖前区，此区是瞳孔对光反射通路的重要中枢（详见本书第八章第三节）。它发出的纤维经中脑导水管腹侧交叉或经后连合交叉，止于对侧的动眼神经副核（accessory nucleus of oculomotor nerve，又称Edinger-Westphal核，简称E-W核，即缩瞳核），部分纤维不经过交叉直接止于同侧动眼神经核。后者的纤维（节前纤维），经动眼神经到睫状神经节，在神经节内更换神经元后，发出的节后纤维支配瞳孔括约肌，引起双侧瞳孔缩小。若一侧视神经受损，由于反

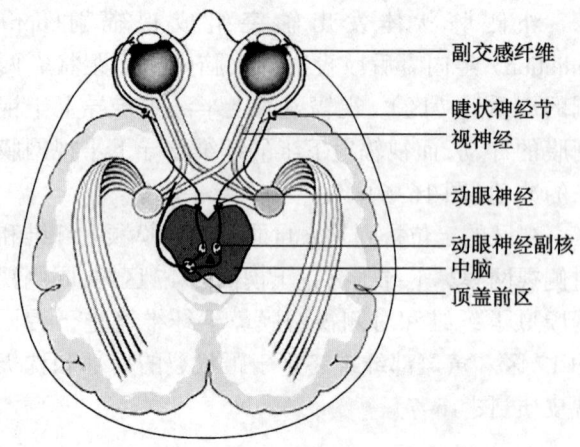

图 16-8 瞳孔对光反射通路

射通路的传入信息中断,光照患侧眼球时,两侧的瞳孔均不缩小。但当光照健侧眼球时,两侧的瞳孔都缩小,此现象称为患侧眼的直接对光反射消失,间接对光反射存在。一侧动眼神经受损时,由于反射通路的传出信息中断,故不论光照哪一侧眼球,患侧眼的瞳孔都不缩小,即患侧眼的直接和间接对光反射均消失,但健侧眼的直接和间接对光反射存在。

对光反射消失是颅脑或眼部一些疾病的重要信号,它与很多眼部的疾病有关。例如,在急性闭角型青光眼大发作时,由于肌肉麻痹,就会处于瞳孔散大状态,瞳孔对光反射也会消失;视神经的炎症反应也会出现这种情况;眼外伤也容易出现瞳孔散大,出现对光反射消失的现象;颅脑的缺血也容易出现这种情况。因此,以上患者应尽快去医院就诊,进行细致的眼底的检查,还有视神经管 CT 和颅脑的检查。

（三）视觉通路的临床损伤

视觉通路在脑内经过的路线是前后贯穿全脑的,不同部位和范围的损伤,可引起不同程度的视觉障碍及不同类型的视野缺损。如损伤视网膜一小区,则该眼的视野出现一个暗(盲)点,黄斑损伤产生中心盲点;损及一侧整个视网膜的血液供应,或损伤一侧视神经,则产生同侧视野全盲[图 16-9(1)],而且瞳孔直接对光反射消失,但间接对光反射存在,因正常眼的冲动可传导盲眼的反射弧;损伤视神经近视交叉部,可引起同侧眼全盲和对侧颞上象限偏盲,因为起自鼻侧视网膜的视神经纤维在进行交叉以前,已预先与颞侧的纤维分开。缺损可以是外周性的、中央性的或两者均有,在一侧视神经最远侧份内的病灶不仅可伤及该侧视神经的全部纤维,且可能损伤对侧视神经向前进入患侧视神经内的鼻侧交叉纤维,这就是为什么恰好在交叉前的损伤,将产生同侧眼的全盲以及对侧眼不同程度的颞侧视野偏盲之故;视交叉的病损较常见,如视交叉中间部交叉纤维受垂体瘤或丘脑瘤压迫,可产生双眼视野颞侧偏盲[图 16-9(2)];视交叉外侧部的不交叉纤维损伤时(如颈内动脉瘤压迫),则患侧眼的视野鼻侧偏盲[图

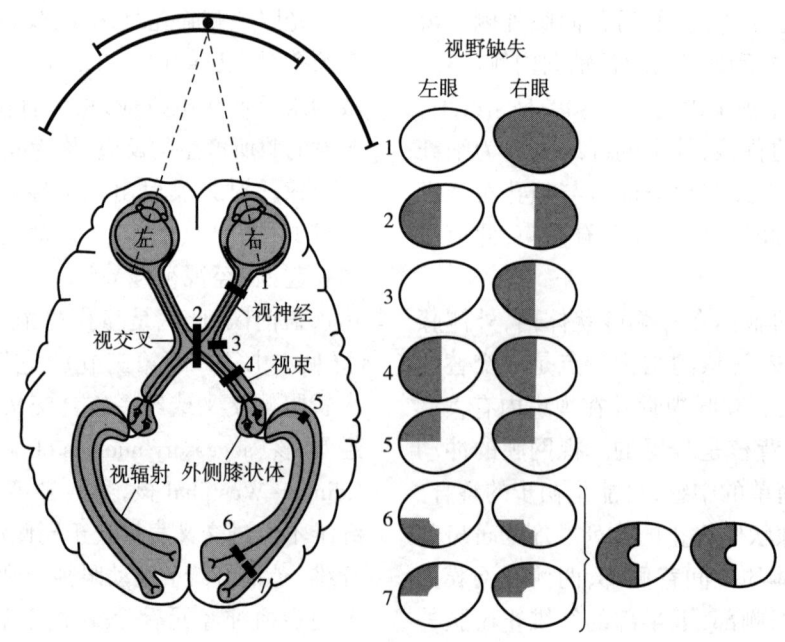

图 16-9 视觉通路的损伤

16-9(3)]；视束，视辐射及视区皮质的任何一部完全损伤时，都可引起双眼视野对侧同向性偏盲[如右侧受损时，右眼视野的鼻侧和左眼视野的颞侧偏盲，图16-9(4)]；部分视辐射受损出现象限盲，如视辐射下部受损，出现两眼对侧视野的同向上象限盲[图16-9(5)，(7)]，视辐射上部受损，出现两眼对侧视野的同向下象限盲[图16-9(6)]。

四、听觉传导通路

声波振动可使人感受为声音，人们能听到的声音，其频率为50～16 000 Hz，但多数人感到最好的辨别声音频率为2 000～5 000 Hz。声波的传递，通过外耳道使鼓膜振动，鼓膜通过中耳鼓室内的听小骨，把声波振动经前庭窗传至内耳的耳蜗外淋巴，外淋巴的振动压力波影响到蜗管的内淋巴流动，最后传到螺旋器和盖膜。螺旋器上约有30 000个毛细胞，由于螺旋器和盖膜的振动，使毛细胞感受到刺激而发生兴奋。声波刺激的效应，从毛细胞的基底传到蜗神经螺旋神经节内的双极神经元。

（一）听觉传导通路

听觉传导通路由四级神经元组成（图16-10）。第一级神经元为蜗螺旋神经节的双极细胞，其周围突分布于内耳螺旋器（Corti器），中枢突组成前庭蜗神经的蜗部，在延髓、脑桥交界处入脑，止于蜗神经腹侧核和背侧核。第二级神经元的胞体在蜗神经腹侧核和背侧核内，它们发出的纤维大部分在脑桥内形成斜方体并交叉至对侧，在上橄榄核外侧折向上行，称为外侧丘系。外侧丘系的纤维主要止于下丘，少数纤维直接终止于内侧膝状体。第三级神经元的胞体在下丘，发出纤维经下丘臂到达内侧膝状体。第四级神经元的胞体在内侧膝状体，发出纤维组成听辐射，经内囊后肢的豆状核下部，投射到大脑皮质的听觉中枢（颞横回）。听皮质接受听觉信息，经分析综合，产生听觉意识。

部分蜗神经腹、背侧核发出的纤维不交叉，进入同侧外侧丘系；也有部分外侧丘系纤维直接止于内侧膝状体；还有一些蜗神经核发出的纤维到达上橄榄核，后者发出的纤维加入同侧的外侧丘系。另外，下丘核的神经细胞也互有纤维联系。因此，听神经的冲动是双侧传导的。

（二）听觉下行通路

听觉系统中除上行通路外，还有下行通路。下行通路分两部分：①皮质-丘脑系统。听皮质的部分神经元轴突与同侧内侧膝状体神经元发生联系。后者为听觉系统的中转核，接收传入信息，向上传到听皮质，形成传入与传出环路。电刺激皮质听区可引起内侧膝状体细胞放电的抑制。②皮质-耳蜗系统。听皮质下行纤维下行达下丘核，更换神经元后的下行纤维小部分终止于耳蜗背核，大部分终止于上橄榄核。由该核发出的纤维，主要组成橄榄耳蜗束，支配耳蜗感受细胞。

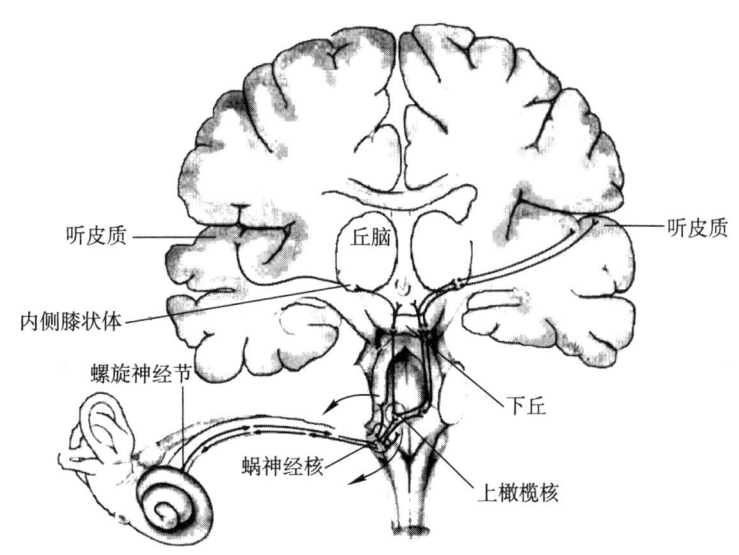

图16-10　听觉传导通路

听觉信息传入中枢后,一方面引起听觉,同时还能引起一些躯体运动性及自主性反应,称为耳蜗反射或声反射(acoustic reflex)。上橄榄核、外侧丘系核及下丘核等有侧支与脑干的脑神经运动核(面神经、三叉神经及展神经运动核)或脑干自主神经核发生联系。也有纤维经下行通路与脊髓前角细胞联系。强声刺激时引起瞬目、眼球外展、中耳肌收缩、手指血管收缩及皮肤电位变化等反应,都属于声(生理)反射。

(三) 听觉通路的临床损伤

耳蜗或蜗神经的完全损伤,导致同侧耳全聋。单侧耳全聋通常意味着神经的损害,如神经性耳聋。一侧上行听觉通路的损害,可伴有双侧听力的减退,但以对侧明显,这与上行通路主要是交叉纤维有关。中枢性听觉通路的损害,除非是双侧性的病变,否则一般不会引起耳聋。

螺旋器或蜗神经的刺激性病灶,可导致耳鸣,这种情况可发生于听神经瘤,如刺激性病灶继续发展,致使蜗神经完全中断,在耳鸣之后可继发神经性耳聋(进行性听力丧失)。蜗神经的纤维对链霉素和阿司匹林等药物敏感,它们的毒性作用之一是引起耳鸣、耳聋。

鼓膜和中耳听小骨的损伤,可导致部分性耳聋,这种中耳性耳聋(耳硬化的传导性耳聋)伴有对低音感觉部分丧失和听力范围轻度缩小的症状。如镫骨肌(面神经支配)和鼓膜张肌(三叉神经支配)瘫痪,可导致听觉过敏和低音过敏。

有人认为内侧膝状体在识别音调和声音的强度上具有重要的作用。破坏双侧听皮质后,这些功能仍存在。由于每侧半球听皮质接受双侧耳蜗来的纤维,因此破坏一侧听皮质,只能产生轻微的双侧听力障碍。

听力测试,主要检查听力损失程度,是一个主观数值,也就是不同频率声音你能听到最小声音的分贝数;还有气导和骨导检测可以判断耳聋性质,是神经性还是传导性还是混合性等,通过受检者对声刺激产生的反应来了解其听功能状态和听觉系统疾病。

五、平衡觉传导通路

前庭系统是人体平衡系统的重要组成部分,具有特殊的感受器,能够接受适宜的刺激,经前庭神经把刺激信息传入相应的脑干内的前庭神经核及小脑,经过与其他感觉信息(如视觉信息、其他本体感觉信息)的整合、加工等处理后,再经多条神经通路把这些信息传送到脑内更高层次的中枢,进行高层次的加工处理,甚至形成主观意识,或经一定的神经通路传送到运动神经核(如动眼神经核、脊髓前角运动核等),从而做出特异性和非特异性的功能反应。

平衡觉传导通路的终末感受器,包括三个壶腹嵴(分别位于三个半规管的壶腹内)、椭圆囊斑和球囊斑(位于前庭内)。三个半规管的方向相互垂直,代表三维空间,每个嵴和囊斑的感觉细胞(毛细胞),都具有75~100根的静纤毛和1根动纤毛。壶腹嵴毛细胞都插入一种胶状质块(终帽)内,终帽起减幅扭摆作用;每个毛细胞都有极性,即动纤毛在一侧,而所有静纤毛在另一侧,当纤毛弯向动纤毛的一侧时,毛细胞的反应为易化(神经活动的增强),弯向相反方向时则是抑制。同一个嵴的所有毛细胞,其极性的方向都相同。壶腹嵴对头部的角度运动,即非直线运动起反应,当头部作环转和旋转时,内淋巴便在半规管中流动,引起胶质块和纤毛弯向一侧,结果出现易化或抑制反应。球囊斑的长轴基本上是垂直位,而椭圆囊斑的长轴基本上是水平位。囊斑内毛细胞的纤毛比壶腹嵴内的纤毛短,其余方面都相似。每个毛细胞的静纤毛和动纤毛,均伸入含耳石的胶状质(耳石膜)中。毛细胞也都具有极性,球囊斑对垂直方向加速或减速的位移和重力起反应,而椭圆囊斑则对水平方向的位移和重力起反应。

前庭感受器的作用是管理头和躯体的空间定位,这些作用通过眼球的反射及调节头部位置和躯体运动的肌与关节来实现。因此,前庭神经及其中枢的联系是本体感觉系的基本部分。

传导平衡觉的第一级神经元是前庭神经节内的双极细胞,其周围突分布于内耳半规管的壶腹嵴、球囊斑和椭圆囊斑,中枢突组成前庭蜗神经的前庭根,在脑桥下部入脑,止于前庭神经核群。由前庭神经各核发出的第二级纤维向大脑皮质的投射路径尚不够清楚,可能是在背侧丘脑的腹后核换元,再投射到大脑皮质听区前方的颞上回(图16-11)。

前庭神经核与脑干内核团、脊髓前角和小脑的纤维联系有:①参与组成在第四脑室底中线两侧的内侧纵束,其中上行的纤维分别终止于动眼神经核、滑车神经核和展神经核,向下的纤维止于副神经核

第一节 感觉传导通路

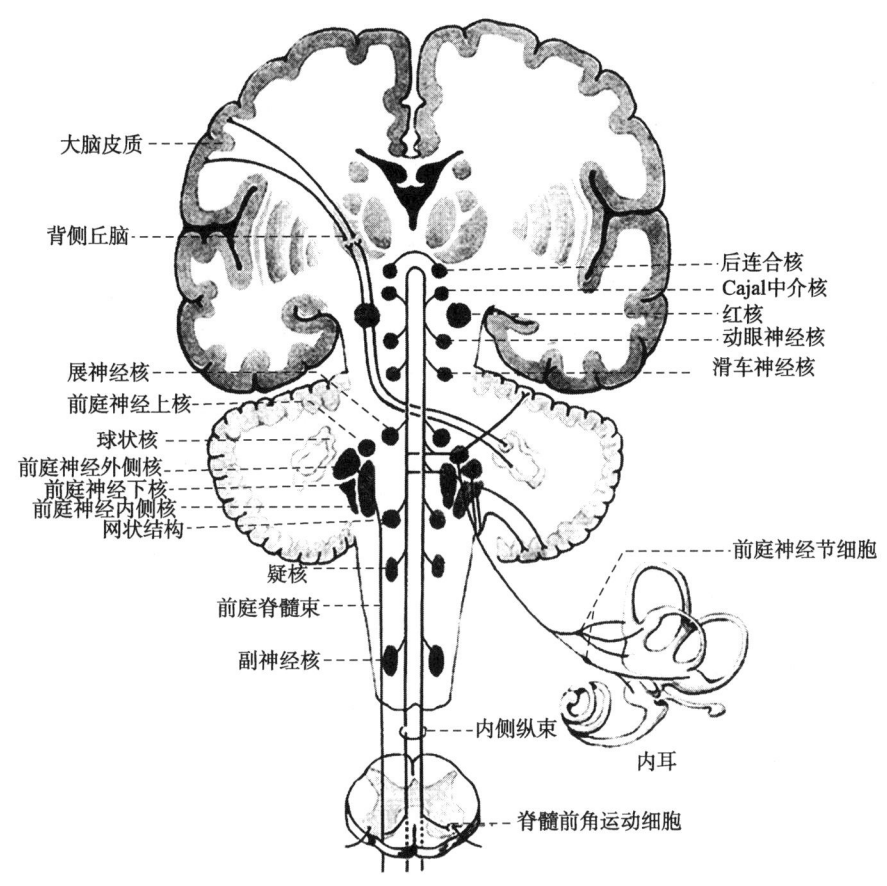

图 16-11 平衡觉传导通路

和颈髓前角运动神经元,完成转眼、转头的协调运动和眼球外肌的前庭反射(如眼球震颤)。②前庭外侧核还发出前庭脊髓束,终止于脊髓各段的前角,完成躯干、四肢姿势的反射调节。③发出纤维(有一部分是一级前庭纤维)经小脑下脚内侧入古小脑(绒球小结叶),再通过传出纤维控制前庭神经核和脑桥、延髓的网状结构,以维持身体的平衡。④还发出纤维到脑干的网状结构,与迷走神经背核及疑核联系,故当平衡器受刺激后,可引起眩晕、恶心、呕吐等平衡失调症状。

耳石症又名良性阵发性位置性眩晕(benign paroxysmal positional vertigo, BPPV),是常见的外周性前庭疾病,其特征为反复出现位置性眩晕或头晕,表现为当头部变位处于某一特定位置时,出现短暂旋转性眩晕或头晕,伴有特征性眼震。

耳石症为最常见的外周性眩晕疾病,男女发病比例为 1 : 1.5～1 : 2.0,发病年龄以 40 岁以上多见,且发病率随年龄增长而升高。

根据致病原因可分为:特发性良性阵发性位置性眩晕,继发性良性阵发性位置性眩晕。

根据受累半规管的位置可分为:后半规管良性阵发性位置性眩晕,外半规管良性阵发性位置性眩晕,前半规管良性阵发性位置性眩晕,多半规管良性阵发性位置性眩晕。

六、内脏感觉传导通路

内脏感觉传导路可分为一般内脏感觉传导通路和特殊内脏感觉传导通路,后者包括味觉传导通路和嗅觉传导通路。

(一)一般内脏感觉传导通路

一般内脏感觉传导通路传导内脏器官、心血管和腺体的感觉冲动。这些内脏器官具有丰富的感受器,它们感受来自各内脏器官内部的机械性、化学性等各种刺激,并将它们转变为神经冲动,经内脏传入纤维转到中枢,中枢根据来自内脏的感觉冲动,直接通过内脏运动神经或间接通过体液来调节各内脏器官和系统的活动。

内脏感觉神经元胞体位于脑、脊神经节内,为假单极神经元,其周围突是粗细不等的有髓纤维,随面、舌咽、迷走神经、交感神经及盆神经分布于内脏器官。其中枢突,一部分随面、舌咽、迷走神经进入延髓,组成孤束,陆续终止于孤束核下部;另一部分随交感神经及盆神经进入脊髓,终于脊髓后角。在中枢内,内脏感觉纤维借中间神经元与内脏和躯体运动神经元形成突触,通过脑干和脊髓完成各种内脏-内脏和内脏-躯体反射,如呕吐反射、眼心反射、急腹症时引起腹肌强直收缩、立毛反射、皮肤血管反射、排便和排尿反射及性反射等。

内脏感觉经面、舌咽、迷走传入的二级神经元,位于脑干孤束核,由孤束核发出交叉的孤束脊髓束,随网状脊髓束或固有束,终止于脊髓灰质。除构成内脏-内脏、内脏-躯体反射外,孤束核又发出上行纤维,可能在网状结构交换神经元后,经中脑被盖上行,终止于丘脑腹后内侧核、中线核、板内核和下丘脑。由丘脑发出纤维至额、顶叶皮质。由下丘脑发出的纤维投射到边缘系统皮质结构。

内脏感觉经交感神经及盆部副交感神经传入的二级神经元,位于脊髓后角或后连合核,除构成反射通路外,二级神经元的轴突可在同侧或对侧脊髓前外侧索上升,伴行于脊髓丘脑束上行到达丘脑腹后内侧核,然后投射到大脑皮质。

内脏痛觉传入纤维进脊髓后可由固有束上行,经多次中继,再经灰质后连合交叉到对侧脑干网状结构,在网状结构中继后上行到丘脑板内核与中线核。由丘脑发出的痛冲动,主要到达大脑边缘叶。盆部器官的传入冲动到达中央旁小叶。

(二) 味觉传导通路

味觉(gustation)的感受器是味蕾(taste bud),或称为味器(gustatory organ),主要分布于舌背部表面和边缘的菌状乳头及轮廓乳头,少数散在于软腭、会厌及咽等部上皮内。分布在人的舌部的味蕾平均为5 235个。每一个味蕾都由味觉细胞、支持细胞和基底细胞组成。味细胞顶端的味毛由味蕾表面的味孔伸出,是味觉感受的关键部位。

传导味觉的第一级神经元胞体分别位于面神经的膝神经节、舌咽神经的下(岩)神经节和迷走神经的下(结节)神经节,这些神经节细胞都是假单极神经元,其周围突分别分布于舌背面的前2/3、舌背面的轮廓乳头及口腔后部其他区域(大约占据舌背面后1/3)、舌和咽部其他部位处味蕾内的特殊味觉细胞(化学感受器),中枢突随各自脑神经进入延髓加入孤束,而与孤束核的神经元(二级神经元)形成突触,味觉冲动在该核的吻端中继。孤束核发出的二级味觉纤维(孤束丘脑纤维),大部分左右交叉,之后与内侧丘系伴行上行,止于丘脑腹后内侧核(第三级神经元)的内侧尖部。第三级神经元的轴突参加丘脑中央辐射,经内囊投射到大脑皮质中央后回的下端(43区)和岛叶皮质。该区位于大脑外侧裂中的中央后回最外侧,与躯体感觉的舌区紧密联系,甚至重叠(图16-12)。这个区域就是所谓大脑皮质的味觉中枢,是分析、综合味觉信息并感知味觉的最高级中枢。

味觉障碍常常由锌缺乏症、头部外伤、药的副作用或是精神压力等引起,常见于锌缺乏症。偏食人群易造成营养不良,女性大多由于不正常的减肥节食,使血液中的锌量减少引起味觉障碍。由于食欲减退,使得血液中的锌量进一步减少,又出现脂溢性皮炎、脱发和腹泻等症状。最好的预防措施是多吃含锌量多的食物,例如食用绿茶、抹茶、晒干的青鱼子、杏仁、柿子(贝)、小鱼等,经常摄取一定量的锌(1天约15 mg),就可以防患于未然。若注意饮食仍然患有味觉障碍,可能是上述药物的副作用或脑的

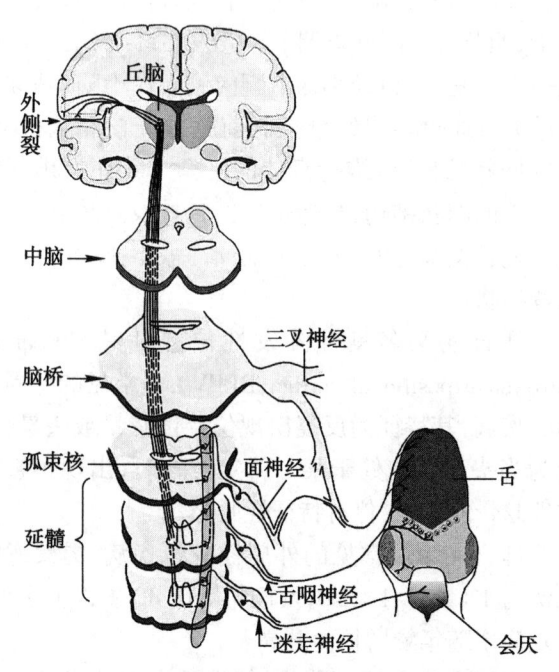

图16-12 味觉信息传入脑的通路

异常,应该及时去医院就诊,通过检查将味觉障碍的原因查明并治疗。

(三) 嗅觉传导通路

第一级神经元为鼻腔上部嗅黏膜内的嗅细胞,兼有感受嗅刺激和传导冲动的双重作用,属双极神经元,其周围突细长,伸到嗅黏膜上皮表面,末端膨大呈球状,称为嗅泡。从嗅泡发出数十根不动纤毛,称为嗅毛(olfactory cilium),嗅毛浸于上皮表面的嗅腺分泌物中,可接受有气味物质的刺激。嗅细胞的另一端发出嗅神经纤维(中枢突),若干条(约20条)神经纤维集中在一起形成嗅丝,即嗅神经,向上穿过筛板筛孔,终止于嗅球。嗅球位于颅腔内脑底面靠近鼻腔顶处。嗅球内的神经细胞为第二级神经元,发出纤维形成嗅束,向后延为嗅三角,自此主要经外侧嗅纹将嗅觉冲动传至颞叶海马旁回的钩及其附近的皮质而产生嗅觉(图16-13)。因两侧之间有较多纤维联系,中枢病变极少出现嗅觉丧失,但可出现幻嗅。

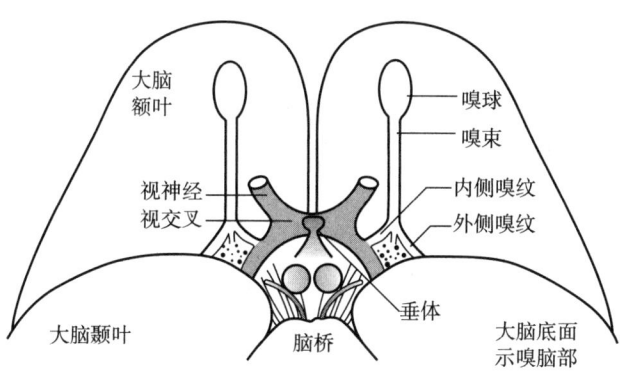

图16-13 嗅觉信息传入脑的通路

幻嗅是指患者闻到一些难以接受的气味,如腐败的尸体气味、化学物品烧焦味、浓烈刺鼻的药物气味以及体内发生的气味等,往往引起患者产生不愉快的情绪体验,常与其他幻觉和妄想结合在一起。如患者坚信他所闻到的气味是坏人故意放的,从而加强了迫害妄想,可表现为捏鼻动作或拒食,常见于精神分裂症。单一出现的幻嗅,需考虑大脑皮质颞叶癫痫或颞叶器质性损害。

第二节 运动传导通路

大脑皮质对躯体运动的调节通过锥体系和锥体外系下传的神经冲动来实现,两者在功能上互相协调、互相配合,共同完成人体各项复杂的随意运动。在种系发生上,锥体外系是较古老的部分,在鱼类已存在并管理着躯体运动,到了哺乳类,由于大脑皮质的高度发展和锥体系的出现,锥体外系则处于受大脑皮质控制之下的辅助地位。传统的观念认为,锥体系的功能是管理各种随意运动,特别是四肢远端肌,如手肌的精细运动。而锥体外系的功能主要是调节肌张力、协调各肌群的运动、维持和调整体态姿势、保持身体平衡和进行习惯性动作,也可执行一些粗大的随意运动。

一、锥体系

锥体系(pyramidal system)主要包括上、下两级运动神经元。上运动神经元的胞体位于中央前回和中央旁小叶前部的大锥体细胞(Betz细胞)及其他类型的锥体细胞。还有一些上运动神经元位于额叶、顶叶等区域的皮质内。这些细胞的轴突组成下行纤维束,因大部分纤维通过延髓锥体,故名为锥体束(pyramidal tract)。其中,下行至脊髓的纤维称为皮质脊髓束;沿途陆续离开锥体束,直接或间接止于脑神经运动核的纤维称为皮质脑干束或皮质核束。下运动神经元的胞体位于脑神经运动核和脊髓前角内,其轴突分别组成脑神经和脊神经的运动纤维,管理头面部和躯干、四肢的随意运动。

由于中央前回4区是躯体运动调节的主要区域,在4区灰质第Ⅴ层内有大锥体细胞(Betz细胞),其纤维下传是通过锥体束抵达下运动神经元的,因此过去曾认为锥体束纤维的组成仅来自4区的大锥体细胞。事实上,每一侧皮质4区大锥体细胞在人类总共约34 000个,而每一侧锥体束却含有直径大小不等的纤维总数达100万左右,其中直径较粗的(11~20 μm)有髓纤维占总数的2%~3%,可见锥体束纤维大部分来自较小的神经元。用电刺激延髓锥体产生逆行性神经冲动并记录皮质诱发电位的方法,证明锥体束不仅来自4区,还发自额叶的6、8区,顶叶的3、1、2区和5、7区,颞叶的22区和枕叶的19区等。

目前,研究者还发现80%~90%的上、下运动神经元之间还间隔有一个以上中间神经元(亦称为前运动神经元,premotor neuron)的接替,仅有

10%～20%的上、下运动神经元之间的联系是直接的,即属于单突触联系。这种上、下运动神经元之间的直接联系,与动物在进化过程中技巧活动能力的发展有关。猫和犬没有这种直接的单突触联系;棕熊的前掌指有一定灵巧性,已证明其锥体束有单突触联系;大多数灵长类的锥体束有单突触联系,而以人的单突触联系数量为最大。这种单突触联系可使α运动神经元产生兴奋性突触后电位,并使神经元发出冲动以发动肌收缩。

锥体束下传冲动也与脊髓前角γ运动神经元有联系,并可激活该运动神经元;但没有证据说明锥体束下传冲动发动运动是通过γ运动神经元环路。因此,锥体束可分别控制α运动神经元和γ运动神经元的活动,前者在于发动肌运动,后者在于调整肌梭的敏感性以配合运动,两者活动协同控制着肌的收缩。此外,锥体束下行纤维与脊髓中间神经元也有突触联系,从而改变脊髓拮抗肌运动神经元之间的对抗平衡,使肢体运动具有合适的强度,保持运动的协调性。

(一) 皮质脊髓束

皮质脊髓束(corticospinal tract)主要起自中央前回上2/3、中央旁小叶前部及中央后回、顶上小叶等皮质的锥体细胞。纤维在辐射冠中集聚下行,经内囊后肢的前部、大脑脚底中3/5的外侧部,达脑桥基底部,被横行的脑桥小脑纤维分割成若干小束,下降至延髓腹侧部,纤维又集聚成延髓锥体。在锥体下端,75%～90%的纤维交叉,形成锥体交叉,交叉后纤维到达对侧脊髓外侧索,称为皮质脊髓侧束,此束在下行过程中陆续发出侧支和终支,止于脊髓各节段同侧的灰质(可达骶节),支配四肢肌。在延髓内没有交叉的小部分纤维,则在同侧前索中下行,称为皮质脊髓前束,此束一般只达脊髓的颈节和上胸节,在下降过程中陆续分出侧支和终支,经白质前连合越过中线,终止于对侧的灰质,支配躯干和四肢骨骼肌的运动。皮质脊髓前束中有一部分纤维始终不交叉而终止于同侧脊髓灰质,支配躯干肌(图16-14)。

在皮质脊髓前束和侧束中,有始终不交叉而终止于同侧前角运动细胞的纤维,这些纤维通过前角运动细胞支配同侧躯干肌,因此躯干肌受双侧皮质脊髓束管理,故一侧的皮质脊髓束受损时,主要引起同侧肢体瘫痪,躯干肌的运动不受明显影响。皮质

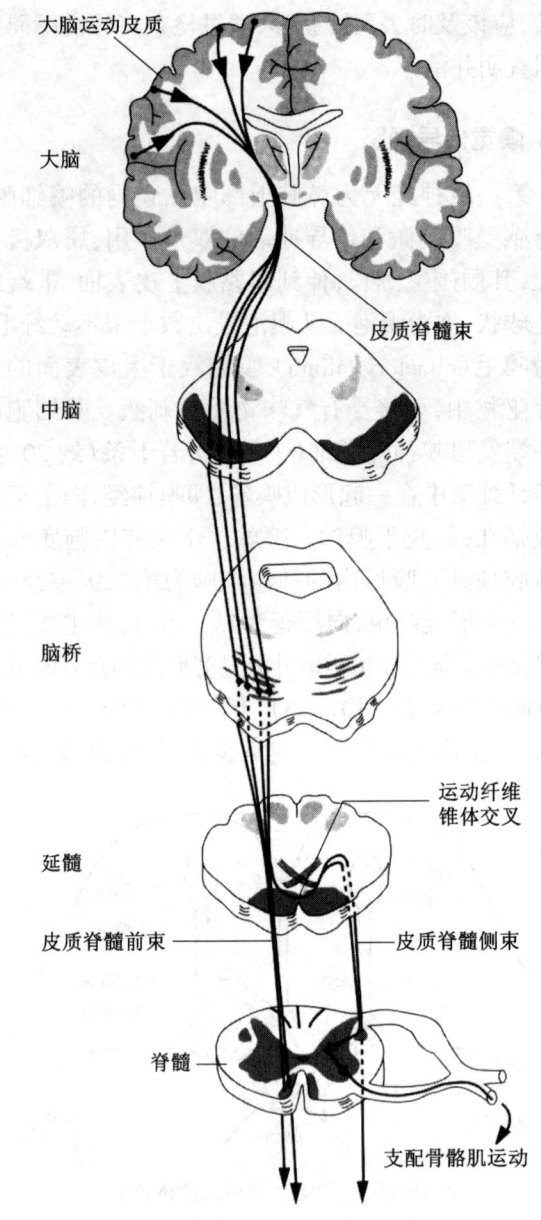

图16-14 皮质脊髓束

脊髓束在锥体交叉以上受损,出现对侧肢体瘫痪;而锥体交叉以下受损,则出现同侧瘫痪。实际上,皮质脊髓束只有10%～20%的纤维直接终止于前角细胞,大部分纤维经中间神经元与前角细胞建立联系。

(二) 皮质脑干束

皮质脑干束(corticobulbar tract)又称皮质核束(corticonuclear tract),主要起自中央前回下1/3、44区、8区和中央后回等皮质的锥体细胞。纤维束下行经内囊膝部,至大脑脚底中3/5的内侧部,即位于皮质脊髓束的内侧,由此向下,陆续分出纤维进入中脑被盖、脑桥和延髓,直接或经中继后大部分纤维终止

于双侧脑神经运动核(动眼神经核、滑车神经核、展神经核、三叉神经运动核、面神经运动核支配面上部肌的细胞群、疑核和副神经脊髓核),支配眼外肌、咀嚼肌、面上部表情肌、胸锁乳突肌、斜方肌和咽喉肌。小部分纤维完全交叉到对侧,终止于面神经运动核支配面下部肌的细胞群和舌下神经核,支配面下部表情肌和舌肌(图16-15)。因此,除支配面下部肌的面神经核和舌下神经核为单侧(对侧)支配外,其他脑神经运动核均接受双侧皮质核束的纤维。

如果一侧皮质脑干束损伤(上运动神经元受损,如损伤部位在中央前回下部或内囊膝部、大脑脚底和脑桥基底部),患者可出现对侧眼裂以下的面肌和对侧舌肌瘫痪症状,表现为病灶对侧鼻唇沟消失,口角低垂,脸歪向病灶侧,进食时食物停留于颊与牙龈之间,流涎,不能做鼓颊、露齿等动作,伸舌时舌尖偏向病灶对侧。此种瘫痪,因病损发生在脑神经核以上的上运动神经元,所以又称为核上瘫,瘫痪的肌不发生萎缩(图16-16)。其余的面肌、咀嚼肌和咽喉肌因能接受健侧的神经冲动,故不发生瘫痪。

下运动神经元(脑神经运动核及其轴突组成的脑神经运动纤维)损伤引起的瘫痪称核下瘫。一侧面神经下运动神经元受损的特点是损伤侧所有面肌瘫痪,表现为额横纹消失、眼不能闭、口角下垂、鼻唇沟消失等。一侧舌下神经下运动神经元受

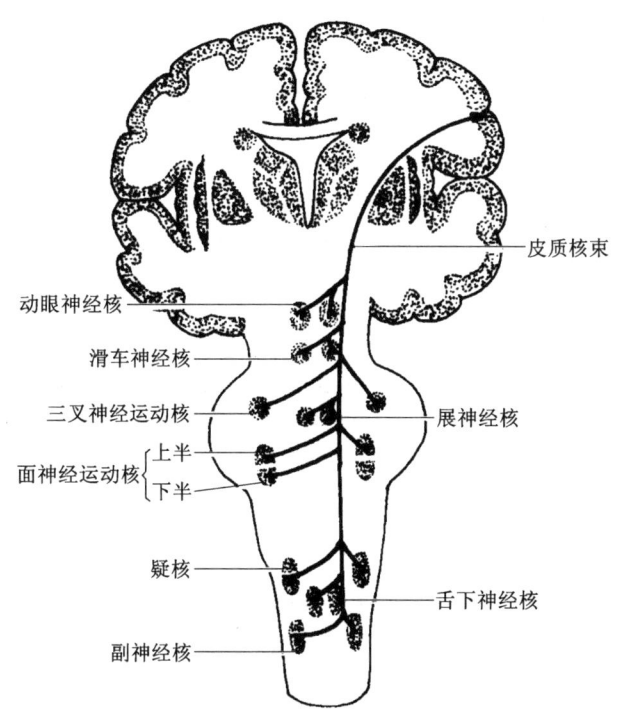

图16-15 皮质脑干束

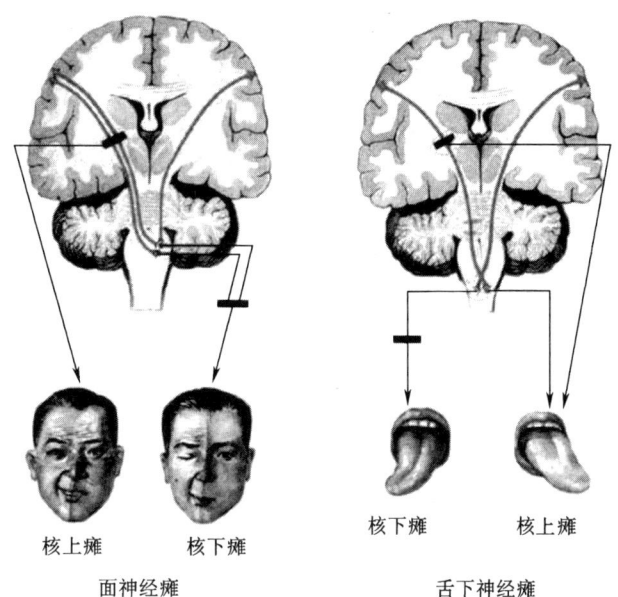

图16-16 面肌瘫痪和舌肌瘫痪

损,可致病灶侧全部舌肌瘫痪,表现为伸舌时舌尖偏向病灶侧(图16-16)。核下瘫时间长久时,则出现肌萎缩。

(三) 锥体系损伤

1. 按损伤部位分类 锥体系的任何部位损伤都可引起其支配区的随意运动障碍,即出现瘫痪。可分为两类。

(1) 上运动神经元损伤(核上瘫) 指脊髓前角细胞和脑神经运动核以上的锥体系损伤,即锥体细胞或其轴突(锥体束)受损,常表现为随意运动麻痹,肌张力增高,呈痉挛性瘫痪(硬瘫)。这是由于上运动神经元对下运动神经元的抑制被取消(脑神经核上瘫时肌张力增高不明显),但无肌萎缩(因未失去其直接神经支配)。肌电图显示神经传导正常,无失神经电位。此外,还有深反射亢进(因失去高级控制),浅反射(腹壁反射、提睾反射)减弱或消失,虽然具有节段性反射弧,但要依赖锥体束的完整性,故锥体束受损后,浅反射的阈值升高以至很难引出。同时,还出现病理反射(如Babinski征),这是锥体束受损的确实证据之一。2岁以下的婴儿,由于锥体束尚未发育好,可能出现这种反射。又如,成年人在深睡、全身麻醉、深度昏迷时,锥体束的功能暂时受到阻抑,也能见到这种反射。

另外,肌张力增高的特点是上肢的屈肌比伸肌肌张力高,下肢的伸肌比屈肌肌张力高。因此,做被

动运动检查肌张力时，伸直上肢及弯曲下肢所遇的阻力大，被动运动快时比被动运动慢时阻力大，这种情况称为折刀样肌张力增高或折刀样痉挛。

(2) 下运动神经元损伤（核下瘫） 指脑神经运动核和脊髓前角细胞以下的锥体系损伤，即脑神经运动核和脊髓前角细胞及它们的轴突（脑神经和脊神经）的损伤，表现为随意运动障碍，肌张力降低，呈弛缓性瘫痪，这是因为肌失去神经支配。由于神经营养障碍，还可导致肌逐渐萎缩。因为所有反射弧都中断，所以浅反射、深反射均消失，也无病理反射。

症状学的变化根据锥体束通路上病变的位置而有所不同，图16-17显示锥体束8个不同平面受累的情况，分别用字母 a 至 h 的黑杠标记表示。

2. 运动神经元病（motor neuron disease，MND） 患者最先表现为肌萎缩，最后在患者有意识的情况下因无力呼吸而死亡，所以这种患者也叫"渐冻人"。运动神经元病是以损害脊髓前角、脑桥延髓运动神经核和锥体束为主的一组慢性进行性变性疾病，属于罕见疾病，一般在中年发病，且男性多于女性。发达国家的患病率较高，亚太发达地区的发病率相对较低。临床以上运动神经元或（和）下运动神经元损害引起的瘫痪为主要表现，其中以合并受损者为最常见。运动神经元的受损表现为逐渐进展，主要包括肌萎缩侧索硬化（ALS，又被称为渐冻症）、进行性延髓麻痹、原发性侧索硬化和进行性肌萎缩。

(1) 肌萎缩侧索硬化 由于上运动神经元、下运动神经元均受损，最早表现为肌无力和肌萎缩，逐渐发展为肌肉僵硬，好像被冰冻，又被称为"渐冻症"。该病是最常见的运动神经元病，也称为典型运动神经元病。发病年龄多在30~60岁，多数患者在45岁以上发病，患者多死于呼吸肌麻痹或肺部感染。

(2) 进行性肌萎缩 由于下运动神经元损害，导致单手或双手的小肌肉萎缩，逐渐向两臂发展。该病发病年龄在20~50岁，多在30岁左右发病，略早于肌萎缩侧索硬化，男性较多。病程较慢，可达10年以上或更长。晚期会出现全身肌萎缩、无力，生活不能自理，常因呼吸肌无力、肺部感染而死亡。

(3) 进行性延髓麻痹 由于延髓运动神经元受损，患者会出现说话不清、声音嘶哑、吞咽困难等症状。发病年龄多在40岁或50岁以后。主要表现为进行性延髓肌肉麻痹。部分患者病程进展较快，多因呼吸肌麻痹或肺部感染而死亡。

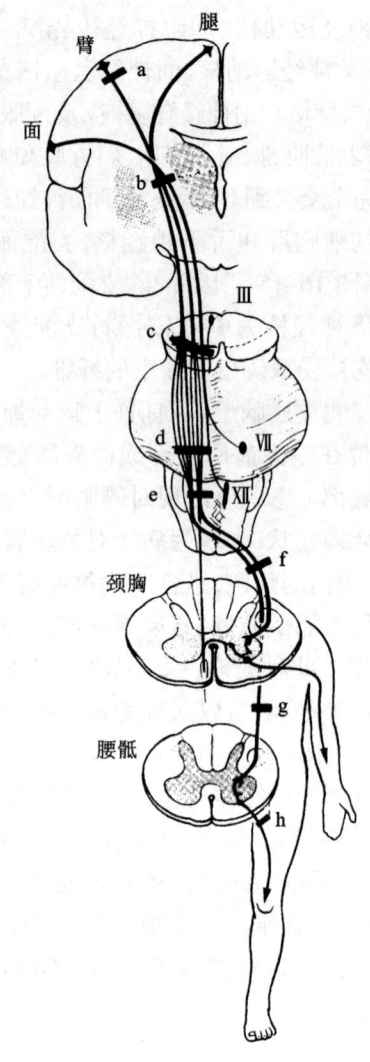

图 16-17　锥体束不同部位损伤

a. 皮质下病变（肿瘤、血肿、梗死等）：引起对侧手或上肢轻瘫，精细和技巧性的随意运动最常受累；为轻偏瘫但不是单瘫，这种轻瘫是几乎所有锥体外系纤维都受到保存之故；皮质4区的小病灶产生弛缓性轻偏瘫，并且经常伴有局灶性癫痫发作，确定发作的起始部位对诊断有重要的意义

b. 内囊病损：对侧痉挛性偏瘫，因为锥体束和锥体外系纤维互相靠近，故皮质脑干束也受累，引起对侧面瘫并可能出现舌下神经瘫，这是由于大多数脑神经运动核由双侧锥体束支配，有些为部分性，有些为完全性。当一个病变造成急性损害时将产生对侧瘫痪，首先是弛缓性，这是因为病损对周围神经元是一个休克样影响。由于锥体外系纤维亦受损，在几小时或几天后瘫痪则变为痉挛性

c. 大脑脚病损：结果是引起对侧痉挛性偏瘫，并可伴有同侧动眼神经瘫

d. 脑桥病损：结果是对侧或可能为双侧偏瘫。常常并不是所有锥体束纤维都受损害，因为下降向面神经核与舌下神经核的纤维位于较背侧，故面神经和舌下神经可免遭损害。另外，也可能有同侧展神经或三叉神经瘫痪

e. 锥体病损：引起对侧弛缓性轻偏瘫，而不是单瘫，因为只有

锥体束纤维受损,而锥体外系纤维由于位于延髓偏背侧,故仍然完整

f. 颈髓病损:病损累及锥体外侧束,如肌萎缩性侧索硬化或多发性硬化,可产生同侧痉挛性偏瘫,因为锥体束已经交叉。瘫痪之所以呈痉挛性,是由于与锥体束纤维混在一起的锥体外系纤维亦遭损害

g. 胸髓病损:由于疾病引起的锥体外侧束中断,如肌萎缩性侧索硬化或多发性硬化,导致同侧腿的痉挛性单瘫,双侧病损则引起截瘫

h. 前根病损:引起的瘫痪为同侧弛缓性,与周围神经或下运动神经元损害时的表现一样

(4) 原发性侧索硬化　由于病变累及锥体束,导致患者出现双下肢肌肉张力增加、僵硬感,行走时呈剪刀步态。本病在临床上罕见,多在中年以后发病,起病隐匿,病情进展慢,患者可生存较长时间。

运动神经元病的病因至今不明。虽经许多研究,提出过慢病毒感染、免疫功能异常、遗传因素、重金属中毒、营养代谢障碍及环境等因素致病的假设,均未被证实。

二、锥体外系

锥体系以外的与躯体运动有关的传导通路统称为锥体外系(extrapyramidal system)。锥体外系较锥体系复杂,涉及脑内许多结构,包括大脑皮质(主要是躯体运动区与躯体感觉区)、纹状体、背侧丘脑、底丘脑核、中脑顶盖、红核、黑质、脑桥核、前庭核、小脑和脑干网状结构等以及它们的纤维联系。从大脑皮质到脊髓前角运动神经元常需多次换元,在其传导通路中,尚有返回大脑皮质的反馈回路,以影响大脑皮质运动区的活动。

经典的锥体外系理论认为,皮质下的某些核团(尾核、壳核、苍白球、黑质、红核等)有下行通路控制脊髓的运动神经元活动,由于它们的通路在延髓锥体之外,因此称为锥体外系。有研究者曾认为这一系统与大脑皮质无关,但是后来发现这些核团不仅直接接受大脑皮质下行纤维的联系,而且接受锥体束下行纤维侧支的联系,同时还经过丘脑对大脑皮质有上行的纤维联系。为区别于经典的锥体外系概念,由大脑皮质下行并通过皮质下核团接替转而控制脊髓运动神经元的传导系统,称为皮质起源的锥体外系(cortically originating extrapyramidal system);由锥体束侧支进入皮质下核团转而控制脊髓运动神经元的传导系统,称为旁锥体系(parapyramidal system)。

锥体外系的皮质起源比较广泛,几乎包括全部大脑皮质,主要来源是额叶和顶叶的感觉区、运动区和运动辅助区。因此,皮质锥体系和锥体外系的起源是相互重叠的。皮质锥体外系的细胞一般属于中、小型锥体细胞,它们的轴突较短,离开大脑皮质后,终止于皮质下基底神经节、丘脑、脑桥和延髓的网状结构,通过一次以上神经元的接替,最后经网状脊髓束、顶盖脊髓束、红核脊髓束和前庭脊髓束下达脊髓,控制脊髓的运动神经元。

从种系发生的角度来看,锥体外系是较古老的结构,从鱼类开始出现。在鸟类中,它是控制全身运动的主要系统。但到了哺乳类,尤其是人类,由于大脑皮质和锥体系的高度发展,锥体外系逐渐处于从属地位。人类锥体外系的主要功能是调节肌张力、协调肌肉活动、维持体态姿势和习惯性动作(例如,走路时双臂自然协调地摆动)等。一方面,锥体系和锥体外系在运动功能上是互相不可分割的一个整体,只有在锥体外系使肌张力保持稳定协调的前提下,锥体系才能完成一些精确的随意运动,如写字、刺绣等。另一方面,锥体外系对锥体系也有一定的依赖性。例如,有些习惯性动作开始是由锥体系发动起来的,然后才处于锥体外系的管理之下。

锥体外系的通路有多条,下面仅简述新纹状体-苍白球系和皮质-脑桥-小脑系。

(一) 新纹状体-苍白球系

纹状体是控制运动的一个重要调节中枢,有着复杂的纤维联系,形成大、小多条环路,其中主要的环路有以下几个:

1. 皮质-纹状体-背侧丘脑-皮质环路　自大脑皮质发出至尾状核和壳的纤维,起源广泛,主要来自额叶和顶叶,有些就是锥体束的侧支。这些纤维经内囊进入新纹状体,后者发出的纤维主要止于苍白球。苍白球发出的纤维穿过内囊或绕过大脑脚底进入底丘脑,其中有许多纤维上行,止于背侧丘脑的腹外侧核和腹前核。自此两核发出的纤维投射到额叶皮质躯体运动区(图16-18)。这是一条影响发出锥体束的皮质躯体运动区活动的重要反馈环路。

2. 纹状体-黑质环路　自尾状核和壳发出的纤

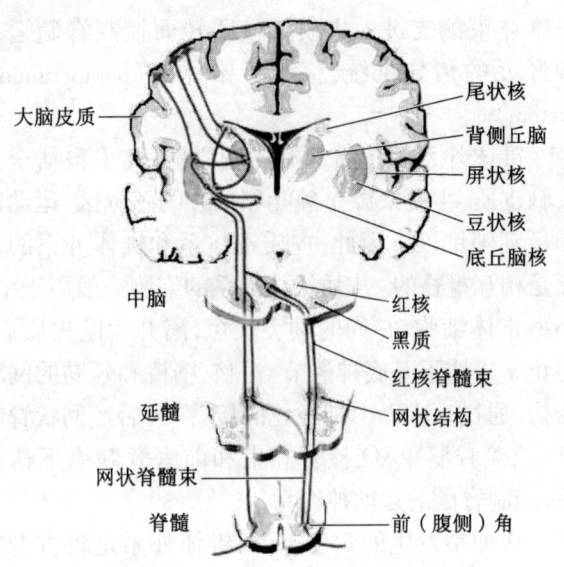

图 16-18　新纹状体 – 苍白球系

维穿过苍白球和内囊止于黑质，再由黑质发出纤维，经同一途径返回尾状核和壳（图 16-19）。黑质通过这条环路参与运动的调节。黑质细胞的变性使得纹状体内多巴胺水平下降，这是造成帕金森病（震颤麻痹）的主要原因。

3. 苍白球 – 底丘脑环路　自苍白球发出的纤维经内囊终于底丘脑核，后者发出的纤维经同一途径返回苍白球（图 16-19）。底丘脑核对苍白球有抑制性影响，一侧底丘脑核受损后，同侧苍白球不受抑制，患者的对侧身体可出现大幅度的抽搐运动。

除上述环路外，苍白球尚发出少量纤维至红核、中脑的网状结构，由红核发出的纤维，左右相互交叉后形成红核脊髓束；由网状结构发出的纤维，有一部分交叉至对侧，其余的走在同侧，组成网状脊髓束。红核脊髓束和网状脊髓束直接或间接终止于脊髓前角运动细胞，下达的神经冲动最后经脊神经到骨骼肌。

（二）皮质 – 脑桥 – 小脑系

小脑是调节运动的一个重要中枢，它接受大脑皮质广泛区域（包括躯体运动区）传来的信息，也接受来自全身的触觉和本体感觉及前庭器官传来的冲动。小脑皮质对这些联系信息进行整合后，通过小脑核和大量的传出纤维影响大脑皮质、脑干和脊髓的运动功能。在大脑皮质与小脑之间存在两条重要的环路，一条是闭式环路，另一条是开式环路（图 16-20）。

1. 闭式环路　大脑皮质躯体运动区→脑桥核、下橄榄核、外侧网状核→新小脑→背侧丘脑→大脑皮质躯体运动区。大脑皮质躯体运动区发出锥体束，在脑干下行过程中发出侧支至脑桥核、下橄榄核、外侧网状核等，由这些核所发出的苔藓纤维和攀缘纤维到达新小脑皮质，传入的信息经过整合后，小脑皮质通过齿状核和背侧丘脑的腹外侧核与腹后外侧核吻部，给大脑皮质躯体运动区反馈运动偏差的纠正信息。

2. 开式环路　大脑皮质的广大区域→脑桥核→新小脑→背侧丘脑→大脑皮质躯体运动区。自大脑额叶、顶叶、颞叶和枕叶皮质起始的纤维分别组成额

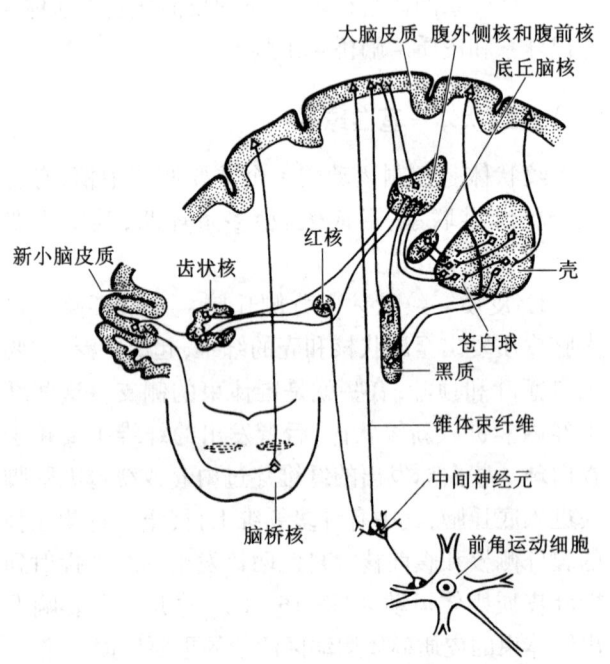

图 16-19　纹状体、小脑与有关核团的纤维联系

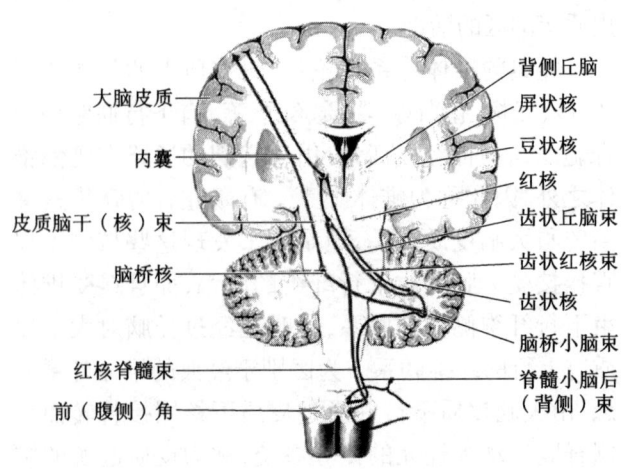

图 16-20　皮质 – 脑桥 – 小脑系

桥束和顶、枕、颞桥束，经内囊下行，通过大脑脚底内侧1/5和外侧1/5，至脑桥止于同侧脑桥核。由脑桥核发出的纤维越过中线，经对侧小脑中脚入小脑，主要止于新小脑皮质。小脑皮质由此接收大脑皮质正要发生或正在进行着的随意运动信息，对这些信息整合后，小脑皮质将冲动传至齿状核，由齿状核发出纤维经小脑上脚，左右侧纤维交叉后，上升止于背侧丘脑的腹外侧核和腹前核（这两个核也是苍白球和黑质纤维终止之处），由这两个核发出纤维投射到大脑额叶皮质躯体运动区。这个联系大、小脑皮质间的通路在人类最为发达。在计划、发动、执行和终止运动等方面，大脑皮质的广泛区域可分别作用于纹状体和小脑，而纹状体和小脑也能反馈地通过背侧丘脑的腹外侧核和腹前核，影响发出运动冲动的躯体运动皮质，使随意运动协调、精细和准确。

小脑还有下行通路影响下运动神经元的活动。旧小脑皮质的冲动传至球状核和栓状核，这两个核发出的纤维经小脑上脚交叉后，止于红核和网状结构，通过红核脊髓束和网状脊髓束下降至脊髓，再经中间神经元影响前角运动神经元的活动，以调节肌张力和维持体态姿势。古小脑和旧小脑皮质发出纤维的大部分经过顶核中继，主要通过小脑下脚的内侧，止于前庭神经核和脑桥、延髓的网状结构，由此发出的前庭脊髓束和网状脊髓束下行至脊髓，神经冲动通过中间神经元传至前角运动神经元，维持身体的平衡。

综上所述，锥体系和锥体外系均起源于大脑皮质，两者在皮质的起点上有着重叠。它们最后均终止于脑干和脊髓的运动神经元，锥体系比较直接地影响运动神经元，但锥体束也发出许多侧支，终止于锥体外系的皮质下结构，调节这些结构的活动。反之，锥体外系也能通过反馈回路影响和调节锥体系的活动。所以不宜过分强调锥体系和锥体外系的区分，实际上大脑皮质的运动功能是通过锥体系和锥体外系的协同活动来完成的。临床上，内囊或锥体束损伤时所出现的痉挛状态，大多是由于锥体外系的一些结构同时受损的结果。

（三）锥体外系损伤

锥体外系损伤的主要体征是肌张力改变和不自主运动。可分为两个不同的临床综合征，一个以运动过多伴肌张力减低为特征，由新纹状体病变引起；另一个以运动过少伴肌张力增高或僵直为特征，由黑质病变引起。锥体外系病变引起的肌张力增高的特点是，伸肌、屈肌均增高，被动运动检查时，向各方向的活动所遇的阻力是一致的，故称为"铅管样强直"；若感到的阻力是断续相间的，称为"齿轮样强直"。

1. 运动减少——肌张力增高综合征（hypokinesia-hypertonia syndrome） 此综合征临床上表现为帕金森病。该病的组织学改变是退行性病变，导致黑质内含黑色素的神经元以及与纹状体相连的多巴胺能神经元丧失。这种病多为双侧性，如果细胞的丧失是单侧的，临床体征则表现在对侧半身。

帕金森病的退变过程是遗传性的，但黑质内出现类似的神经元丧失也有其他原因。如果震颤麻痹是昏睡性脑炎的迟发后遗症，则称为脑炎后帕金森病。此综合征包括自主神经系统功能障碍，如唾液分泌过多、面部皮脂溢出、动眼危象及调节障碍。其他情况也可产生帕金森病，如脑动脉硬化、斑疹伤寒、脑梅毒、肿瘤或外伤引起的中脑原发性或继发性损伤，以及一氧化碳、锰、光气或其他物质中毒，长期服用吩噻嗪或利血平。帕金森病以三个基本体征为特点，即运动不能、僵直和震颤。

（1）运动不能（akinesia） 当出现运动不能时，患者的运动能力缓慢减退，所有的模仿运动和表达动作及其协同运动均逐渐消失。运动启动如开始行走时非常困难，患者起步的步距很短，且频率较快。一旦开始行走后，则难以立即停下来，因为对抗性的神经支配发生延迟，患者在停下来之前必须多走几步。模仿动作变得僵硬，面部表情如同戴上面具一样（表情过少，表情缺失），只有眼睛能转动。由于舌僵硬和颤动，部分患者说话变得单调，并伴有构音障碍。最后，整个身体呈僵硬的前屈位，所有运动均变得缓慢而不完整，患者避免任何不必要的运动，走路时上肢不摆动，模仿和个人的表情运动均消失。

（2）僵直（rigor） 与痉挛性肌张力增高相反，僵直是由于伸肌顽固对抗所有的被动运动引起的。肌肉不能松弛，被动运动时，可感到拮抗肌张力逐级减弱，而不是连续圆滑地减弱（齿轮样现象）。与痉挛情况相反，僵直时本体反射不增强，不出现病理反射，也没有轻瘫。

（3）震颤（tremor） 大多数患者有被动性震颤，如果没有，则称为无震颤型帕金森病。这种被动震颤的频率较慢，每秒 4~8 次，是主动肌和拮抗肌之间的一种节律性震颤（拮抗肌震颤）。与意向性震颤相反，拮抗肌震颤在意向性运动时停止。搓药丸样或数钱样动作是帕金森震颤的特征。

2. 运动过多——肌张力减低综合征（hyperkinesia-hypotonia syndrome） 此综合征由新纹状体受损引起，偶尔伴有苍白球、丘脑和大脑皮质的病变。此时，运动过多可能是下行至苍白球和黑质的新纹状体的抑制性神经元丧失所引起的。换言之，较高一级神经系统的指令丧失时，可引起下一较低级系统神经元的过度兴奋。运动过多有各种类型，包括手足徐动症、舞蹈症等。

（1）手足徐动症（athetosis） 可见于先天性疾病或继发于脑的各种疾病。病变主要累及双侧尾状核、壳核及下丘脑，会出现神经细胞变性、消失，神经胶质增生，有髓纤维束显著增加且分布不规则，呈束状或网状排列，髓鞘染色呈斑状，犹如大理石，称为"大理石样病变"。患者表现为迟缓和蠕动样的非随意运动，并有肢体远端过度伸张的倾向。另外，患者还有痉挛性主动肌和拮抗肌的肌张力增高，姿势和动作相当奇怪。自发出现的运动过多可使随意运动严重扭曲，可包括面部和舌的运动过多，造成伴有异常舌运动的怪相，还可出现痉挛性爆发笑和哭。本病可伴有对侧轻瘫。手足徐动也可为双侧性，称之为双侧手足徐动症，此时还常伴有痉挛性截瘫。患者的智力可保存完好。先天性手足徐动症通常为出生后即出现不自主运动，但亦可于生后数月症状才变明显者。发育迟缓，开始起坐、行走或说话的时间均延迟。不自主运动起初皆不明显，直至患儿能做随意运动时才能显著发觉。

（2）舞蹈症（chorea） 以发生在单一肌的快速、短暂的不随意性突发抽动为特征，表现为无目的的各种运动类型，有些与随意运动相似。这种运动最先累及肢体远端，其后是肢体近端。面部肌的不随意突发抽动可产生鬼脸。除运动过多外，肌张力降低也是舞蹈症的特征。

最为重要的是亨廷顿病，多见于中年人，属单基因常染色体显性遗传疾病。其脑变性部位广泛，尤以尾状核的萎缩明显，系一种罕见的特发性神经变性疾病。病理改变为大脑对称性萎缩，额叶和尾状核萎缩较明显。脑室系统明显扩大，尾状核严重萎缩，使侧脑室表面弧形突出部位出现凹陷。镜检多见额叶皮质神经细胞广泛脱失，且伴有神经胶质增生。尾核、豆状核和白质也有神经纤维脱失。临床主要表现为痴呆和舞蹈样动作。年轻发病者症状一般较重，以肌强直为主，中年发病者以舞蹈症状为主，60 岁以上发病者以意向性震颤为主。舞蹈样症状一般出现在智能障碍前。早期常为不规则的肌肉抽动，表现手指屈伸运动、点头、面肌抽动呈怪相。进一步发展为面、颈、肢体和躯干出现突然、无目的、强烈的不自主舞蹈样动作。其特点是快速无规律，有时突然地像手足徐动症一样缓慢而有节奏地运动。伴有发音不清与步态改变，也可以出现锥体外系症状，患者常用同方向的随意运动来伪饰。它属于一种肌张力减弱、运动功能增强的锥体外系综合征。异常运动日益增剧导致明显的扭转样动作与共济失调。舞蹈症状出现后智能障碍往往加重。

小舞蹈症或 Sydenham 舞蹈症，多见于 5~15 岁女童，表现为不自主、无规律的急速舞蹈动作，肌张力降低和精神障碍。青春期后发病率迅速下降，偶有成年妇女发病，主要为孕妇。小舞蹈症与风湿热关系密切，一般认为是风湿热中枢神经系统损害的表现。免疫学研究发现，小舞蹈症患者丘脑底核、尾状核等部位有抗链球菌 A 荚膜抗体沉积，证明小舞蹈症是链球菌 A 感染后由于抗原交叉反应而诱发的自身免疫病，即机体针对链球菌感染的免疫应答反应中产生的抗体，与某种未知基底节神经元抗原存在交叉反应，引起免疫炎性反应而致病。症状可以是全身性，也可以是一侧较重，主要累及面部和肢体远端。表现为挤眉、弄眼、撅嘴、吐舌、扮鬼脸，上肢各关节交替伸屈、内收，下肢步态颠簸，这些症状在精神紧张时加重，睡眠时消失。患者常有明显的肌张力降低和肌无力。当患儿举臂过头时，手掌旋前（旋前肌征）。有时肌无力可以是本病的突出征象，以致患儿在急性期不得不卧床。患儿常伴某些精神症状，如焦虑、抑郁、情绪不稳、激惹、注意力下降、偏执-强迫行为等。有时精神症状先于舞蹈症出现。

（穆瑞民）

新形态教材网　数字课程学习

📀 教学 PPT　　📄 参考文献

第十七章 神经电生理学

第一节 神经电生理学基本知识

一、神经元膜的结构及物质转运功能

神经元膜具有高度分化的分子构造和多种独特的生理功能。许多基本的生命过程,诸如跨膜物质的转运和能量转换,细胞发育和分化,以神经冲动的发生和扩布为基础的生物电现象,神经元对细胞外物质的识别、结合,以及神经元跨膜信号传递和代谢调控等生物活动过程,都和神经元膜密切相关。

(一)神经元膜的结构

与其他种类的细胞膜相同,神经元膜主要由脂质、蛋白质和糖类组成。其中,蛋白质占30%~40%,脂质占40%~50%,糖类仅占1%~5%。由于膜的种类不同,其物质的组成和比例也有很大的差异。通常膜的功能越复杂,蛋白质所占比例也越大;反之,则比例越低。

各种物质分子在膜中的排列和存在形式,是决定膜的基本生物学特性的关键因素。关于细胞膜结构的研究目前广为接受的是1972年Singer和Nicholson提出的液态镶嵌模型(fluid mosaic model)学说。该学说认为,膜的结构以液态的脂质双分子层为基本结构框架,不同结构和功能的蛋白质(受体、通道和泵等)镶嵌在其中,糖类、脂质和蛋白质结合后附着在膜的外表面。

1. 脂质双分子层 脂质在细胞膜呈双分子层排列是1925年Gorter和Grendel通过红细胞膜化学成分的测定和膜表面积的计算推测而来的。神经元膜厚50~80 Å(1 Å=1/10 nm),构成双分子层的脂质主要是磷脂。与其他脂质一样,磷脂也拥有非极性的碳氢长链。此外,磷脂还有一个极性的磷酸基团附在分子的一端。因此,磷脂有一个亲水性的"头"(含磷酸)和一个疏水性的非极性"尾"(含碳氢链)。两个脂质分子的疏水部分尾尾相接,亲水的两头朝向膜内和膜外的水相,这种稳定的排列有效地将神经元的细胞质和细胞外液分隔开来(图17-1)。

在正常体温条件下,神经元膜中脂质分子呈液态,因此膜具有某种程度的流动性。膜的这种流动性一般只允许脂质分子在同一分子层内做横向运动;而脂质分子在同一分子层做"掉头"运动,或由一侧脂质层移到另一侧脂质层,则意味着极性的磷酸酯基团一端需穿越膜内部的疏水部分,是颇不容易或需耗能的。

不同细胞或同一细胞膜结构中的不同部位,脂质的成分和含量各有不同,双分子层的内外两层所含的脂质也不相同。胞质面含有较高的磷脂酰乙醇胺,细胞外液面含有糖脂。总之,脂质的这种不对称

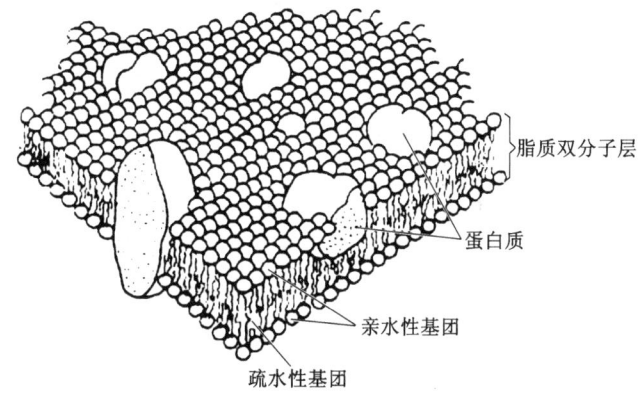

图17-1 膜的液态镶嵌模型

分布与膜蛋白的分布和功能活动、膜两层上的电荷分布数量及流动性变动等都密切相关。

2. 蛋白质　神经元膜蛋白质的种类和分布有别于其他细胞。有催化神经元内化学反应的酶,有保持神经元特殊形状的细胞骨架蛋白,有对神经递质敏感的受体蛋白,还有维持神经元膜静息电位和产生动作电位的离子通道和泵蛋白。这些蛋白质分子是以 α 螺旋(α-helic)或球形结构的形式分散镶嵌在膜的脂质双分子层中。膜蛋白质主要以两种形式与膜的脂质相结合:有些蛋白质以其肽链中带电的氨基酸或基团与两侧的脂质极性基团相互吸引,使蛋白质分子似是附着在膜的表面,称为表面膜蛋白(peripheral protein);有些蛋白质分子的肽链则可以一次或反复多次贯穿整个脂质双分子层,两端露出在膜的两侧,称为整合膜蛋白(integral membrane protein)。所有整合膜蛋白肽链都有一个或数个主要由 20~30 个疏水性氨基酸组成的片段。这些氨基酸由于所含基团之间的吸引而形成 α 螺旋,即此段肽链沿一条轴线盘旋,形成每圈约含 3.6 个氨基酸残基的螺旋,螺旋的长度大致相当于膜的厚度,因而推测这些疏水的 α 螺旋可能即为肽链贯穿膜的部分,它的疏水性正好同膜内疏水性烃基相吸引,相邻的 α 螺旋则以位于膜外侧和内侧的不同长度的直肽链连接。根据链中疏水性 α 螺旋的长度可以判断蛋白的跨膜次数。

由于脂质双分子层是液态的、镶嵌在脂质层的蛋白质是可移动的,蛋白质分子可以在膜脂分子间横向漂浮移位;不同细胞膜中的不同蛋白质分子的移动和所在位置,可以被精细地调控。

(二) 神经元膜的物质转运功能

由于带电离子的跨膜移动是神经元生物电活动的基础,所以,了解神经元膜的跨膜物质转运功能,是进一步认识神经元电活动机制的基础。由于神经元膜是由脂质双分子层构成的,因此允许脂溶性物质不同程度地通透。大多数物质分子或离子必须通过蛋白质或载体(carrier)的介导方可通过神经元膜。常见的跨膜物质转运形式可分为单纯扩散、易化扩散、主动转运及出胞与入胞式物质转运(图 17-2)。

1. 单纯扩散　物质通过神经元膜的脂质双分子层进行的物理学扩散,即物质本身依据其在膜两侧的浓度差,通过热运动原理从高浓度侧向低浓度侧进行的跨膜移动,称为单纯扩散(simple diffusion)。某一物质跨膜扩散的多少和扩散速度的快慢取决于膜两侧浓度差的大小和膜对该物质的通透性。膜通透性的大小与物质脂溶性、分子大小、带电状态以及其他因素造成的该物质通过膜的难易程度有关。人体体液中存在的脂溶性物质的数量并不多,因而靠单纯扩散方式进出细胞膜的物质也较少,比较肯定的是 O_2、CO_2、N_2、NO 等气体分子。

2. 易化扩散　很多物质虽不溶于脂质或溶解度甚小,如相对分子质量较大的水溶性物质和带电离子,通常需要在神经元膜上的一些特殊蛋白质分子的"协助"下由膜的高浓度侧向低浓度侧扩散,此现象称为易化扩散(facilitated diffusion)。易化扩散的特点是:物质分子或离子移动只能顺浓度差和电位差进行,并且依靠膜上一些具有特殊结构的蛋白质分子的功能活动完成它们的跨膜转运。葡萄糖和 Na^+、K^+、Ca^{2+} 等离子的跨膜转运都属于易化扩散。易

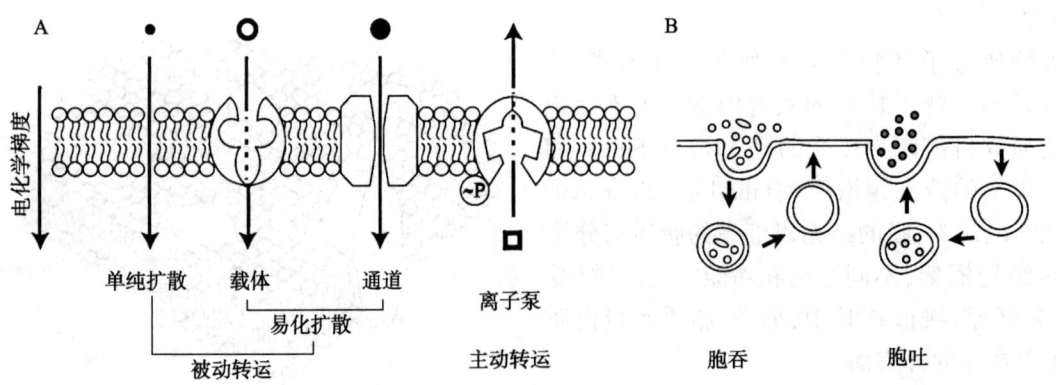

图 17-2　神经元膜的物质转运方式
A. 被动和主动转运方式　B. 出胞(胞吐)和入胞(胞吞)转运方式

化扩散又分为载体介导和通道介导两种。

（1）载体介导的易化扩散　此种易化扩散的特点是膜结构中具有可称为载体的蛋白质分子，它们有一个或数个能与某种被转运物质相结合的位点或结构域，当载体与被转运物质结合时，构象发生变化使被结合的底物从膜的一侧移向膜的另一侧。如该侧底物的浓度较低，底物即与载体分离，完成转运，载体也恢复了原有的构型，进行新一轮的转运，最后使膜两侧底物浓度相等。不同物质通过易化扩散进出细胞膜需要特殊的载体蛋白。载体介导的易化扩散具有如下特性：①结构特异性，即载体只能选择性地与具有特定化学结构的底物结合。如在同样浓度差的状态下，葡萄糖载体跨膜转运右旋葡萄糖的量远远超过左旋葡萄糖，木糖则几乎不能载运。②饱和性，即被转运物质在细胞膜两侧的浓度差在一定范围内增加，跨膜转运该物质的量也增加。但当浓度差超过一定的量时，跨膜转运不再增加。③竞争性抑制，即当某一载体对两种结构类似的物质都有转运能力时，两底物之间将发生竞争性抑制。其中，浓度较高和亲和力较大的物质转运量多，而浓度较低或亲和力小的物质转运量少。水溶性物质，如葡萄糖、氨基酸等常通过载体进行易化扩散。

（2）通道介导的易化扩散　这种扩散常与一些带电离子由膜的高浓度侧向膜的低浓度侧的快速移动有关。其特性有：①顺浓度差转运，即物质由膜的高浓度一侧向低浓度一侧转运。②离子选择性，即由于孔道的口径及内壁的带电状态不同，每种离子通道只允许一种或几种离子通过。如 K^+ 通道主要允许 K^+ 通过，其对 K^+ 的通透性比对 Na^+ 高 1 000 倍。③门控特性，如电压门控离子通道、化学门控离子通道、机械门控离子通道、水通道等。④产生跨膜离子电流，是神经电信号产生和传播的基础。

3. 主动转运（active transport）　系指细胞通过本身的某种耗能过程将某种物质的分子或离子由膜的低浓度侧移向高浓度侧的过程。前述的单纯扩散和易化扩散都属于被动转运，其特点是物质分子只能作顺浓度差的净移动，而它所通过的膜并未对该过程提供能量。主动转运与此不同，由于膜以某种方式提供了能量，物质分子或离子可以逆浓度或逆电 - 化学势差而移动。体内某种物质分子或离子由膜的低浓度侧向高浓度侧移动，结果是高浓度一侧该物质浓度进一步升高，而另一侧该物质越来越少，甚至可以全部被转运到另一侧。

细胞膜对 Na^+ 和 K^+ 的逆浓度转运即为典型的主动转运过程。以神经细胞为例，正常时膜内 K^+ 浓度为膜外的 20～30 倍，膜外的 Na^+ 浓度为膜内的 10～12 倍，这种明显的离子浓度差的形成和维持需依赖新陈代谢而进行，提示这是一种耗能的过程。这一主动转运过程是通过细胞膜上存在的钠泵（因其活动与钾离子转运偶联，又称钠 - 钾泵）来完成的。钠泵是镶嵌在膜的脂质双分子层中的一种特殊蛋白质，它除了具有对 Na^+ 和 K^+ 的转运功能，还具有 ATP 酶的活性，可以分解 ATP 使之释放能量，并能利用此能量进行 Na^+ 和 K^+ 的主动转运。因此，钠泵是一种 Na^+ 和 K^+ 依赖式 ATP 酶的蛋白质。钠泵是由 α 和 β 亚单位组成的二聚体蛋白质，肽链多次穿越脂质双分子层。α 亚单位的相对分子质量约为 100 000，转运 Na^+、K^+ 和促使 ATP 分解的功能主要由这一亚单位来完成；β 亚单位的相对分子质量约为 50 000，作用尚不清楚。钠泵转运 Na^+ 和 K^+ 的具体机制尚不清楚，但它的启动和活动强度与膜内出现较高的 Na^+ 和膜外出现较高的 K^+ 有关。钠泵活动时，它泵出 Na^+ 和泵入 K^+，这两个过程是同时进行或"偶联"在一起的；在生理状态下，每分解一个 ATP 分子，可能使 3 个 Na^+ 移出膜外，同时有 2 个 K^+ 移入膜内，这种化学定比关系在不同状况下也可以改变。研究表明，一般细胞大约把它代谢所获得能量的 20%～30% 用于维持钠泵的功能。

钠泵活动所产生的胞内高钾低钠状态，具有重要的生物学意义：①由钠泵活动造成的细胞内高 K^+，是许多代谢反应进行的必需条件。②维持细胞内正常的渗透压和 pH 等基本条件的相对稳定。③能够建立一种势能贮备。细胞由物质代谢所获得的能量，以化学能的形式贮存在 ATP 的高能磷酸键之中。当钠泵分解 ATP 时，此能量用于使离子做逆电 - 化学势的跨膜移动，此时能量又发生转换，即通过膜两侧具有高电 - 化学势的离子而以势能的形式贮存起来。也就是说，膜外高浓度的 Na^+ 有再进入膜内的趋势，膜内高浓度的 K^+ 则有再移出膜的趋势。④因为钠泵活动时电荷跨膜移动的不平衡，具有生电性，可直接影响神经元的膜电位。

4. 出胞与入胞式物质转运　细胞对一些大分子物质或固态、液态的物质团块，可通过出胞和入胞的形式进行转运。

（1）出胞 又称胞吐，是将胞内的大分子物质通过分泌囊泡的方式向胞外排出的过程。主要出现于细胞的分泌活动以及神经元轴突末梢将神经递质向突触间隙内释放的过程。细胞的各种蛋白性分泌物在粗面内质网进行生物合成，它们在由内质网向 Golgi 复合体的运输过程中，逐渐被一层膜性结构所包被，形成分泌囊泡，后者再逐渐移向特定部位的质膜内侧，准备分泌或暂时贮存。有些细胞的分泌过程是持续进行的，有些则有明显的间断性。分泌或一般的出胞过程的最后阶段是：囊泡向质膜内侧移动，囊泡膜和质膜在某点上接触并相互融合，继之，融合处出现裂口，将囊泡内容一次性地全部排出，然后囊泡膜变成细胞膜的组成部分，弥补排放所造成的膜的破损。大部分细胞的胞吐都是一种受调节的释放过程，即由膜外的特殊化学信号或膜两侧电位改变，引起局部膜中的 Ca^{2+} 通道开放，由内流的 Ca^{2+} 触发囊泡的移动、接触、融合和排放。

（2）入胞 又称胞吞，是将胞外的大分子物质团块（如侵入体内的细菌、病毒、异物或血浆中脂蛋白的颗粒，大分子营养物质等）运入胞内的膜运动过程。入胞过程首先是细胞外液中的某些物质与细胞膜接触，引起该处的质膜发生内陷，进而被包被，再出现膜结构的断离，最后异物连同包被它的质膜被整个吞入胞质中。

二、离子通道的基本特性及种类

神经元的信号活动取决于跨膜电位的迅速变化。在动作电位发生过程中，膜电位的变化速度可达 500 V/s。如此迅速的膜电位变化仅通过离子通道（ion channel）方可能实现。离子通道是一类跨膜的整合蛋白质，具有传导离子、识别与选择离子种类等重要特性。有一些离子通道总是处于开放状态，允许离子随时出入，不受有关外界信号控制，这些通道属于被动的非门控性通道；但大多数离子通道在电压、机械及化学信号刺激时方处于开放状态，属于主动的门控性通道。

神经和肌细胞的离子通道以特别快的速度（10^8/s）传导跨膜的离子，形成明显的离子流（ion current）。这些离子流引起膜电位的快速变化，最终产生动作电位。除离子流动的高速度外，离子通道仅能允许一些类型的离子通过，例如，静息时神经细胞的膜电位主要是由选择性通透 K^+ 的通道决定的。在动作电位时，选择性通透 Na^+ 的通道被激活。因此，决定神经信号活动多样性的关键是对离子有选择特异性的不同离子通道被激活。

参与神经信号活动的离子通道也是门控的，它们对于不同刺激选择性开放和关闭。离子通道可受电压、化学递质、机械压力和牵拉等的影响。根据调节离子通道条件的不同，离子通道可分为化学门控通道（chemically gated channel，如 ACh 通道）、电压门控通道（voltage gated channel，如 Na^+、K^+ 和 Ca^{2+} 等通道）和机械门控通道（mechanically gated channel，如 Piezo 通道）等。

（一）Na^+ 通道

电压门控 Na^+ 通道主要由一个较大的 α 亚单位组成，相对分子质量约为 260 000，有时还带有一个或两个相对分子质量较小的亚单位，分别称为 $β_1$ 和 $β_2$。其 α 亚单位由 1 800～2 000 个氨基酸组成，含有高于 50% 同源的 4 个重复的功能区。每个功能区含有 300 个氨基酸。S_1～S_6 等 6 个节段形成跨膜的 α 螺旋。4 个功能区由相对亲水的氨基酸序列连接，形成通道壁。$β_1$ 和 $β_2$ 亚单位因高度糖基化而位于细胞外表面。

Na^+ 通道具有关闭（close，静息）、开放（open，激活）和失活（inactivation）三种状态。去极化时，Na^+ 通道从关闭（静息）状态转变为开放（激活）状态，在很短时间内 Na^+ 通道即进入失活状态。一旦通道处于失活状态，连续去极化刺激也不能再激活。仅当膜复极化时，通道从失活状态返回静息的关闭状态，此时 Na^+ 通道方能再被去极化激活。

（二）K^+ 通道

利用分子生物学技术已从果蝇基因组分离出 cDNA 克隆，证明这种决定快 K^+ 通道（potassium channel）的多肽结构可在爪蟾卵母细胞中表达，并显示其所有生理学和药理学特性。这种多肽的相对分子质量约为 700 000，由 616 个氨基酸组成，具有 6 或 7 个跨膜节段，类似 Na^+ 通道 4 个功能区当中的一个。K^+ 通道的分布最为普遍，几乎存在于所有真核细胞中。K^+ 通道可分为电压门控 K^+ 通道（voltage gated K^+ channel）、内向整流 K^+ 通道（inward rectifier K^+ channel）和 Ca^{2+} 激活 K^+ 通道（calcium-activated

K$^+$ channel）三类。

1. 电压门控 K$^+$ 通道　包括延迟整流 K$^+$ 通道和"A"通道。延迟整流 K$^+$ 通道的特点是：动力学特征和电压依赖性符合 Hodgkin 和 Huxley 描述的 K$^+$ 电流，去极化激活的阈值较高。"A"通道则是一种去极化时相对快速开放的 K$^+$ 通道，产生暂时外向 K$^+$ 流。其主要特点为：激活快，电导随去极化增加，呈现明显的电压依赖性；失活快，失活时间常数 <100 ms；激活阈值低；对 4-AP 最敏感。上述两种电压门控 K$^+$ 通道均参与动作电位的复极化过程。

2. 内向整流 K$^+$ 通道　内向整流作用对心肌、骨骼肌、卵细胞以及脊椎和无脊椎动物神经元具有重要作用。其主要特征为：①超极化时通道电导增加，允许 K$^+$ 内流；②整流作用依赖胞外 K$^+$ 浓度，发生在 K$^+$ 平衡电位附近。它的作用主要是维持某些细胞静息时的膜电导，是神经递质和第二信使作用的靶部位。

3. Ca^{2+} 激活 K$^+$ 通道　这一类型的 K$^+$ 通道的开放和关闭依赖胞质内 Ca^{2+} 浓度。其特点是胞内微摩尔级或更低浓度的 Ca^{2+} 可激活此通道。根据通道电导大小可分为小电导 Ca^{2+} 依赖性 K$^+$ 通道（SK）和大电导依赖性 K$^+$ 通道（BK），主要参与动作电位后超极化，进而影响细胞的放电频率和形式。

（三）Ca^{2+} 通道

Ca^{2+} 通道（calcium channel）是糖蛋白或外侧糖基化的蛋白质，相对分子质量为 210 000。Ca^{2+} 通道普遍存在于各种组织中，是控制胞外 Ca^{2+} 跨膜内流的主要途径。其电导小，动力过程迅速、复杂、易变，通道电流不稳定。目前，研究者认为有 5 大类 Ca^{2+} 通道：电压依赖性 Ca^{2+} 通道（voltage-operated Ca^{2+} channel，VOC），受体活化 Ca^{2+} 通道，第二信使活化 Ca^{2+} 通道，机械活化 Ca^{2+} 通道，漏流 Ca^{2+} 通道。除漏流 Ca^{2+} 通道为静息 Ca^{2+} 通道外，其余 4 类都为兴奋性 Ca^{2+} 通道。其中，电压依赖性 Ca^{2+} 通道又可分为 L、N、T 3 种类型。L 型通道电导较大，衰减慢，持续活动时间长，需要较强的去极化方能激活。它普遍存在于心肌、骨骼肌、神经元、内分泌细胞等不同细胞中，功能上与兴奋收缩偶联及兴奋分泌偶联有密切关系。T 型通道的电导小、衰减快，弱的去极化电流即可将之激活，在心肌与神经元的起步点活动和重复发放中起着重要的作用。T 型通道也是一些静脉平滑肌电压依赖性 Ca^{2+} 内流的主要通道。N 型通道的电导大小与电压依赖性介于两者之间，需要强的去极化激活，但失活快。此通道常分布于神经组织中，可触发递质的释放。

三、膜静息电位

神经元的生物电活动是以神经元膜的半透膜性质、离子跨膜移动为基础的电学变化过程，因此神经元膜具备作为物理学电现象的基本特性。

（一）神经元膜的等效电路

神经元膜的基本结构是脂质双分子层，具有高电阻特性，不仅在物质结构上隔离细胞内外，还在电学上构成细胞内外的绝缘层；细胞内、外液均为盐溶液，是电的良导体。这样，在电学上就构成一个电容元件（膜电容）：细胞内、外液为两电极板，中间的神经元膜为绝缘层。在神经元膜的脂质双分子层上，又存在可允许离子通过的通道蛋白，在允许离子跨膜移动时表现为电的导体性质，在电学上构成一个电阻元件（膜电阻）：离子通道开放允许离子通过时，电阻低；离子通道关闭不允许离子通过时，电阻高。这样，对一个神经元进行细胞内记录时，一个电极在细胞内液，一个电极在细胞外液，电容和电阻成并联关系，这就是跨膜状态下神经元膜的等效电路（图 17-3）。

1. 膜电阻和膜电容　根据上述等效电路，给神经元膜施加刺激电流（I），此电流通过神经元膜的过程就相当于通过电容电阻并联电路，该电流引起稳态电压变化（ΔV_m）的大小是由电阻特性决定的。因此，按照欧姆定律可得：膜电阻 $R_m = \Delta V_m / I$。这样，即可通过给予已知强度的电流刺激记录稳态电位变化的方法检测膜电阻（membrane resistance）的大小，也称为输入阻抗（input resistance）。

在对神经元膜施加刺激电流时，该电流并不同步引起稳态电位变化。在维持相同刺激电流的情况下，膜电位是一个逐步增加到最大值的过程。相反，在撤去刺激电流时，膜电位也有一个逐渐恢复的过程。膜电位的这种变化过程，是由膜电容（membrane capacitance，C_m）特性决定的。膜电容的大小由膜的面积和厚度决定，膜越薄、面积越大，电容越大。给予刺激时，电容两极板间存在电位差，所以要对两极

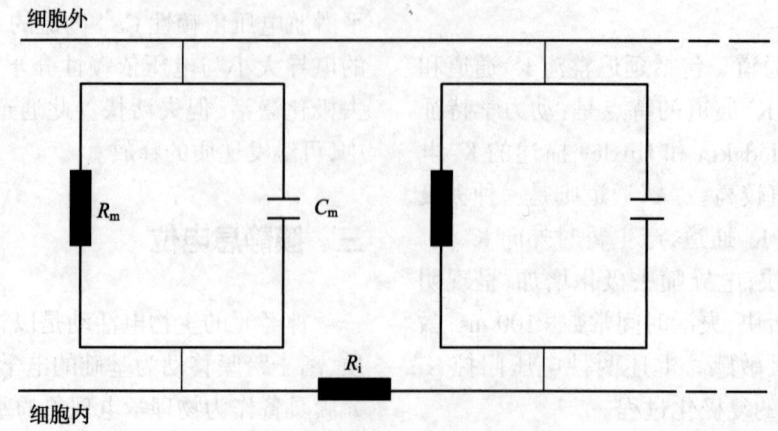

图 17-3 神经元膜等效电路
R_m:膜电阻,C_m:膜电容,R_i:轴浆内电阻

板进行充电,只有在两极板间充电达到刺激的电压水平,才有给予的刺激电流通过 R_m 产生的 ΔV_m 变化。反之,撤出刺激时,两极板将通过 R_m 放电,延迟膜电位恢复到静息水平。

2. 时间常数和空间常数 时间常数是指膜电压随时间而改变的过程。研究证明,无论是充电还是放电过程,瞬时膜电位(V_t)的变化都符合指数函数规律,即 $V_t = \Delta V_m(1 - e^{-t/\tau})$,其中,$\Delta V_m$ 为稳态值,t 为充电或放电时间,τ 是时间常数(time constant)。时间常数由膜电阻和膜电容决定:$\tau = R_m \times C_m$。时间常数越小,电信号的传导速度越快。神经元膜的 τ 值一般为 1~20 ms。

所谓空间常数,是度量电压的空间衰减,即标志电压依距离而衰减的程度。在上述电阻电容并联电路中(图 17-3),通常将神经纤维内液产生的电阻称为轴浆内电阻(R_i),它与膜电阻呈串联关系。因为轴浆内电阻的存在,在神经元膜的某一点注入刺激电流产生的局部电位,在空间上就有一个扩布的过程。由于 R_i 的存在会使其逐步衰减,在离刺激点不同距离(x)检测局部电位的幅度(图 17-4),即可发现各点检测的 V_x 值呈现指数衰减函数关系:$V_x = \Delta V_m e^{-x/\lambda}$。其中,$x$ 为距刺激点的距离,λ 为空间常数(space constant)。空间常数由膜电阻和轴浆内电阻决定:$\lambda = \sqrt{(R_m/R_i)}$,$R_m$ 越大,膜的绝缘性越高,扩布的距离越远;R_i 越大,轴浆内电导性越低,传布距离越短。因此,R_m 越大且 R_i 越小的神经纤维,其空间常数越大,传导距离越远。一般神经元膜的 λ 值为 0.1~1.0 mm。

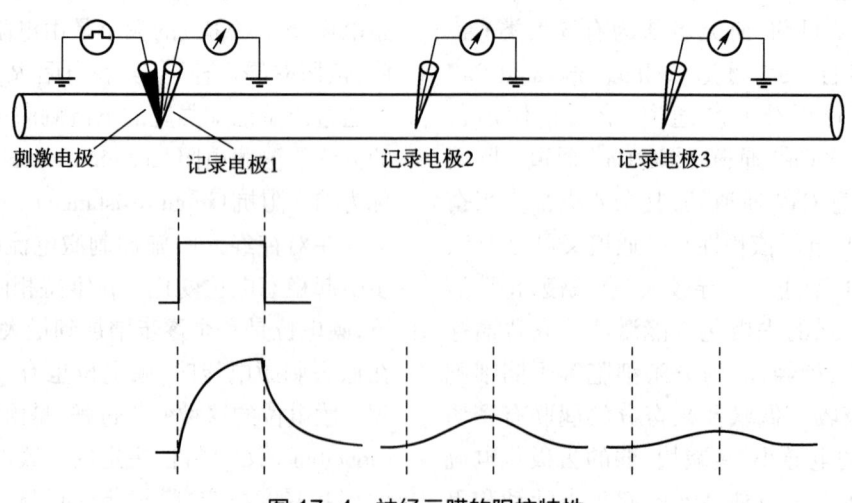

图 17-4 神经元膜的阻抗特性
距刺激电极不同距离的 3 个记录电极,随距离增大,记录到的局部电位幅度逐渐减小

(二) 离子的运动

神经元膜两侧的离子通过离子通道的运动受膜两侧的离子浓度差和电位差的影响。

1. 离子浓度差和扩散　溶解在水中的离子和分子处于不断运动状态，这种随机运动的结果使得溶液中的离子能够均匀分布，即离子从高浓度区域向低浓度区域的净移动，这种移动称为扩散。如一滴墨水滴入水溶液中发生的情况，墨水会在水溶液中均匀散开。这种扩散具有温度依赖性，溶液的温度越高，扩散得越快。

神经元膜的情况有些复杂，离子不能以单纯扩散的方式通过脂质双分子层，但易化扩散可推动离子流过膜上的离子通道。如图 17-5A 所示，将 NaCl 溶解于一侧溶液中，如果容器中间的隔膜有通透 Na^+ 和 Cl^- 的通道，Na^+ 和 Cl^- 就会跨膜从一侧移动到另一侧，直到两侧溶液中的 Na^+ 和 Cl^- 均匀分布。Na^+ 和 Cl^- 的移动是从高浓度侧向低浓度侧进行的，即离子是顺浓度梯度流动的。

2. 电位差　除顺浓度梯度扩散外，另一种驱使溶液中的离子净移动的力量是电场力，因为离子是带电荷的粒子。如图 17-5B 所示，当电池两极连接到含有 NaCl 的两侧溶液中，就会出现 Na^+ 朝向负极，Cl^- 朝向正极一侧的移动。电荷的移动即为电流 (I)，在这里，电流是沿 Na^+ 运动的方向（正电荷运动方向）。决定电流大小的因素有两个：电压 (V) 和电导 (g)。电压反映的是正极和负极之间的电荷差异，这个电压差（也称为电位差）越大，流过的电流越多。电导是推动电荷运动的相对能力，也就是电阻（电荷运动的相对阻力）的倒数。这样，电压、电导和电流之间的关系根据欧姆定律即为：$I = gV$。在图 17-5B 中，如果容器中间的隔膜上没有允许 Na^+ 和 Cl^- 通透的离子通道存在，膜电导为零，即使隔膜两侧的电位差再大，也不会有电流通过 ($I = 0 \times V = 0$)。同理，如果断开电池导线，膜两侧的电位差为零，即使膜上的离子通道再密集，膜电导再大，也不会有电流通过 ($I = g \times 0 = 0$)。

综上所述，驱使离子跨膜移动的条件包括：①膜上有对离子通透的通道。②存在跨膜的离子浓度差。③有跨膜电位差的存在。

(三) 膜静息电位产生的离子基础

神经元内和神经元间的信息是由电和化学信号传递的。电信号对于快速和远程信息的传递尤为重要。电信号如感受器电位、突触电位和动作电位，都是由于流入和流出细胞的瞬时电流变化而引起的。电流变化驱使跨膜电位远离静息电位。

流入和流出细胞的电流是由镶嵌在细胞膜上的离子通道控制的。膜的离子通道可分为门控和非门控两类。非门控通道（non-gated channel）常常总是处于开放状态，不易受到外在因素（如跨膜电位）的明显影响。这类通道对维持静息膜电位至关重要。门控通道（gated channel）则对各种刺激可出现开放或关闭。大多数门控通道在膜静息时是关闭的，可分别受膜电位变化、配体结合和膜的伸展等因素的调节而开放。

1. 静息膜电位来自静息膜两侧的电荷分隔　所有神经元膜的内、外侧表面都分别覆盖着一层正、负电荷云。静息时神经细胞膜外表面有多余正电荷（positive charge），膜内表面有多余的负电荷（negative charge）。电荷这样分隔的维持是由于离子不能自由通过膜的脂质双分子层。这种电荷的分布产生膜电位（membrane potential），即为膜内、外两侧的电位差。V_m、V_i 和 V_o 分别代表膜电位，胞内和胞外电位。

$$V_m = V_i - V_o \qquad (17-1)$$

静息时细胞的膜电位称为静息膜电位（resting

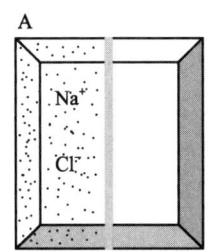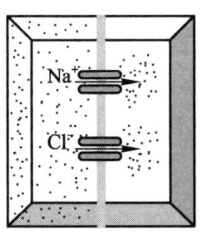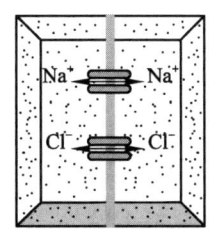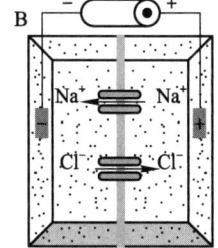

图 17-5　离子的运动
A. 离子的扩散　B. 电流跨膜流动

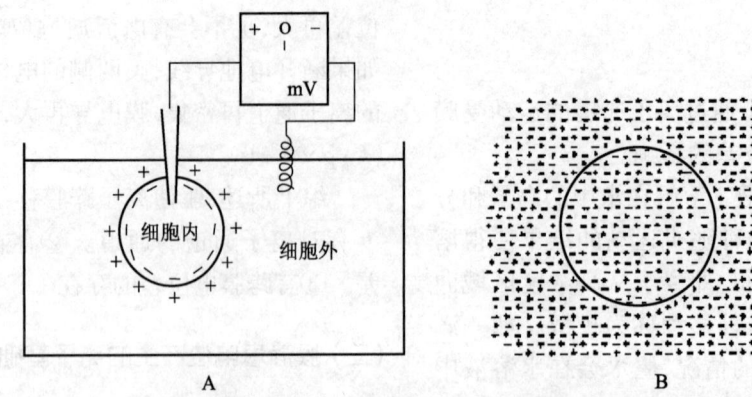

图 17-6 正、负电荷在细胞内外的分隔产生膜电位
A. 静息膜电位测量；B. 静息膜内外电荷分隔，静息时，细胞膜外多余的正电荷与膜内
多余的负电荷分别只占膜外、内离子总数的很小一部分

membrane potential, RMP)（图17-6）。大多数神经元静息膜电位是 −70～−60 mV，膜内负于膜外，所以膜电位一般表示为负值，如 −70 mV。所有电信号都是由于跨膜电荷流动变化引起静息膜电位的改变而造成的。

流入和流出细胞的电流是由带正电荷和带负电荷的离子（阳离子和阴离子）进出细胞膜上离子通道而引起的。电流流动方向通常取决于阳离子净移动的方向。因此，在离子溶液中，阳离子顺电流方向移动，阴离子则向相反方向移动。每当有流出和流入细胞的阳离子和阴离子的净移动时，静息膜两侧的电荷分隔即发生改变，进而改变细胞膜的极化（polarization）状态，即内负外正的稳定状态。电荷分隔的减少引起膜电位减少，即去极化（depolarization）。电荷分隔的增加引起膜电位增大，更偏于负电位，即超极化（hyperpolarization）。

2. 静息膜电位是由静息时离子通道决定的 早在1902年Bernstein即明确地提出"膜学说"，认为完全包围每一细胞的半透膜两侧存在电位，这种电位来自膜两侧离子（如 K^+）的浓度梯度以及膜对各种离子的不同通透性。当某些化学变动改变膜的离子通透性时，电位即发生变化。但在当时和以后相当长的一段时间内，还未出现测量单一神经细胞电活动的手段和有关技术，因此他的学说长期未能得到证实。直到20世纪40—50年代，Hodgkin和Huxley等利用枪乌贼巨大神经轴突和电生理技术，进行了一系列有意义的实验，不仅直接测量了静息膜电位，而且对经典膜学说关于静息膜电位产生机制的假设予以了证实。1949年，Hodgkin和Katz还应用Goldman-Hodgkin-Katz电压方程计算出膜电位差值。

$$E = \frac{RT}{F} \ln \frac{P_{Na}[Na^+]_o + P_K[K^+]_o + P_{Cl}[Cl^-]_i}{P_{Na}[Na^+]_i + P_K[K^+]_i + P_{Cl}[Cl^-]_o} \quad (17-2)$$

式中 R 是通用气体常数，F 是Faraday常数，T 是绝对温度。瞬时地改变膜外 Na^+、K^+、Cl^- 的浓度，在不影响膜内有关离子浓度的条件下，用细胞内微电极测定静息膜电位时发现，$[K^+]_o$ 对静息膜电位影响最大，$[Na^+]_o$ 和 $[Cl^-]_o$ 有少许影响。如假设静息时 $P_K:P_{Na}:P_{Cl}$ 为 1:0.04:0.45，所得的结果与该方程精确地符合。

已知所有正常生物细胞内的 K^+ 浓度都较多地超过胞外 K^+ 浓度，而细胞外 Na^+ 浓度却超过胞内 Na^+ 浓度很多，这是钠泵活动的结果。在这种状况下，K^+ 必然呈现向膜外扩散的趋势，而 Na^+ 则有向膜内扩散的趋势。静息时，细胞膜上离子通道主要对 K^+ 有通透性。随着 K^+ 的移出，而膜内带负电荷的蛋白质大分子不能随之移出细胞，于是出现膜内变负而膜外变正的状态。K^+ 的这种外向扩散并不能无限制地进行，这是因为移到膜外的 K^+ 所造成的外正内负的电场力，将对 K^+ 的继续外移起阻碍作用，而且 K^+ 移出得愈多，这种阻碍也会愈大。一旦促使 K^+ 外移的膜两侧 K^+ 浓度势能差同已移出 K^+ 造成阻碍 K^+ 外移的电势能差相等，即膜两侧的电化学势代数和为零时，将不会再有 K^+ 跨膜净移动（图17-7）。

这时的电位称为 K^+ 平衡电位（equilibrium potential，E_K），它的数值可根据物理化学上著名的Nernst公式算出：

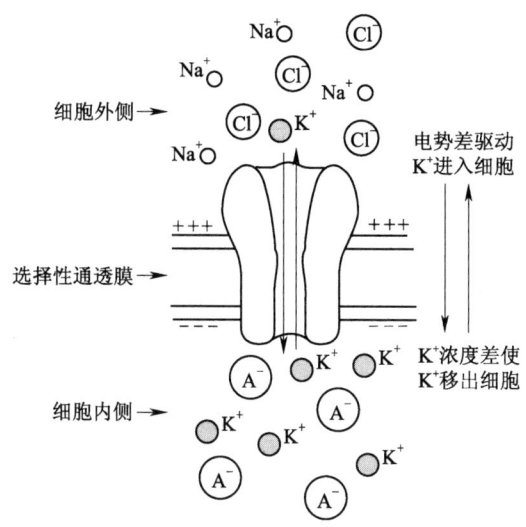

图 17-7 膜静息时 K^+ 移动状态

K^+ 连续外流导致膜外多余正电荷和膜内多余负电荷形成的电势阻碍 K^+ 的进一步外流,电驱动力和化学驱动力最终达到平衡

$$E_K = \frac{RT}{ZF} \cdot \ln \frac{[K^+]_o}{[K^+]_i} \quad (17-3)$$

如将有关数值代入,室温以27℃计算,则式(17-3)可简化为:

$$E_K = 59.5 \lg \frac{[K^+]_o}{[K^+]_i} (mV) \quad (17-4)$$

计算出枪乌贼巨大神经元轴突和骨骼肌细胞的 E_K 值分别为 -87 mV 和 -90 mV,与实际测得的静息膜电位 -77 mV 和 -85 mV 接近。因此,大多数细胞静息电位的产生,是正常细胞的细胞内液 K^+ 浓度高,而膜在静息时又主要对 K^+ 有通透性的结果。至于静息电位数值为何略小于理论上的 E_K 值,一般认为是膜在静息时对 Na^+ 和其他离子也有极小通透性的缘故。

3. K^+、Na^+ 的被动扩散与钠泵的主动活动平衡　为了维持静息膜电位的稳定,膜两侧对电荷分隔必须恒定。正电荷的流出须由正电荷的流入来平衡。一旦这两方面的通量不相等,膜两侧的电荷分隔将发生连续变动,膜电位也因而发生相应的变动。因此,静息状态的细胞,流出细胞的 K^+ 运动须由流入细胞的 Na^+ 来平衡。尽管这种稳定的离子流入与流出可相互抵消,但不能长时间不断地保持,因为膜内的 K^+ 将耗竭、Na^+ 将增多,离子梯度将逐渐下降,膜电位因而降低。

这种离子梯度的耗损可被钠泵阻止。钠泵不断地主动泵出 Na^+ 和泵入 K^+。静息时,钠泵主动泵出、泵入的 Na^+、K^+ 通量与被动扩散通量相平衡,以至各离子的净通量为零。钠泵本身是一个大的跨膜蛋白质,具有 Na^+、K^+ 和 ATP 的催化结合位点。Na^+ 和 ATP 的结合位点存在于细胞内侧,K^+ 的结合位点在细胞外侧。钠泵可以是电中性的,也可以是生电性的。

四、动作电位

可兴奋组织受到有效刺激时,迅速发生的可向远处传播的膜电位变化称为动作电位(action potential, AP)。不同细胞的动作电位波形虽有很大变化,但均以一个极其迅速的去极化(depolarization)和缓慢的复极化(repolarization)为特征。动作电位的另一特征是电位的极性在锋电位顶端倒转,细胞内由静息时的负电位变为正电位,这一过程称为超射(overshoot)。动作电位上升支中零位线以上的部分,称为超射值。但是,由刺激所引起的这种膜内外电位的倒转只是暂时的,很快即可出现膜内电位的下降,由正值的减小发展到膜内出现刺激前原有的负电位状态,这构成了动作电位曲线的下降支。由此可见,动作电位实际上是膜受刺激后在原有静息电位基础上发生的一次膜两侧电位的快速而可逆的倒转和复原。在神经纤维中,它一般在 0.5~2.0 ms 的时间内完成,这使它在描记的图形上表现为一次短促而尖锐的脉冲样变化,因而人们常把这种构成动作电位主要部分的脉冲样变化,称为锋电位(spike potential)。在锋电位下降支最后恢复到静息电位水平以前,膜两侧电位还要经历一些微小而较缓慢的波动,称为后电位,一般是先有一段持续 5~30 ms 的后去极化电位(after depolarization potential),再出现一段延续更长的后超极化电位(after hyperpolarization potential),如图17-8 所示。动作电位的幅度为静息膜电位加超射部分的绝对值。动作电位从它的产生区域开始不衰减地扩布至整个神经元。

(一)动作电位的形成

1938年,Cole 和 Curtis 首先在枪乌贼的巨大神经元轴突上记录到动作电位,发现动作电位期间细胞膜的离子电导明显增大。这一发现表明动作电位是通过膜上通道的离子运动增加的结果(图17-9)。

10年后 Hodgkin 和 Katz 提出"钠学说",用以解

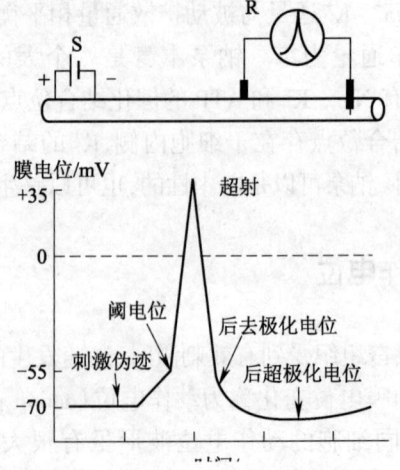

图 17-8 测量单一神经纤维静息电位和动作电位的实验

R 表示记录仪器，S 是一个电刺激器。当测量电极中的一个微电极刺入轴突内部时，可发现膜内持续处于较膜外低 70 mV 的负电位状态。当神经受到一次短促的外加刺激时，膜内电位快速上升到 +35 mV 的水平，经 0.5～1.0 ms 后再逐渐恢复到刺激前的状态

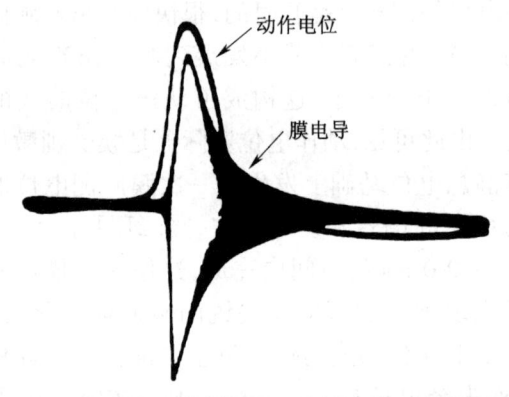

图 17-9 枪乌贼巨大轴突动作电位和离子电导的记录

1938 年 Cole 和 Curtis 在示波器上记录到枪乌贼巨大轴突动作电位的经典图形，同时记录到膜电导的净增加

释动作电位发生机制。设想动作电位上升阶段是由于膜受到刺激时出现膜对 Na^+ 通透性的暂时性增加。由于细胞外高 Na^+，而且膜内处于静息电位时维持的负电位也对 Na^+ 的内流起吸引作用，于是 Na^+ 迅速内流。其结果是造成膜内负电位的迅速消失，而且由于膜外 Na^+ 的浓度势能较高，Na^+ 在膜内负电位减小到零电位时仍可继续内移，直到内移的 Na^+ 在膜内形成的正电位足以阻止 Na^+ 的净移入时为止。这时膜内所具有的电位值，理论上应相当于 Na^+ 平衡电位值（E_{Na}）。按照 Nernst 公式计算，枪乌贼巨轴突 E_{Na} 值为 +49 mV，与实验测得超射值 +35 mV 较为接近。动作电位的下降阶段是由于随着膜对 Na^+ 通透性下降，伴随出现对 K^+ 通透性的增加；K^+ 外流增多，抵消了 Na^+ 内流所形成的去极化，直至恢复到静息时的接近 K^+ 的平衡电位状态。

Hodgkin 与 Katz 还用蔗糖、葡萄糖和氯化胆碱代替细胞外液中 NaCl 的方法进一步肯定了"钠学说"。当细胞外 Na^+ 被替代后，可以记录到动作电位的超射值和整个动作电位的幅度均逐渐减小，其程度同用 Nernst 公式算出的预期值基本一致。

[附] 电压钳实验——阐明动作电位的离子机制

动作电位的发生是由于膜受刺激时对 Na^+、K^+ 的通透性发生有选择且时间上也有先后的改变。因此，为了对动作电位期间膜的通透性进行直接测量和动态记录，Hodgkin 等设计和进行了著名的电压钳（voltage clamp）实验。电压钳是一种用电学方法控制膜电位水平，同时记录跨膜离子电流强度改变的实验。电压钳实验的基本原理如图 17-10 所示。这一实验装置中有两个细胞内微电极，一个是用以测量和监测膜电位的电压电极，另一个是用以将一定的电流输入胞内的电流电极。电压电极连到电压放大器上，再在示波器上显示。此电极测得电位值经放大后同时输给一个反馈放大器（A_{FB}），它可将测得的膜内电压和由实验者预先设定的来自一个电压源的保持电压值进行比较，如果两者有差值，A_{FB} 即可通过电流电极向膜内输出相应强度和方向的电流。这一输出电流的改变恰好足以补偿因跨膜离子电流而引起跨膜电位的变动，于是膜电位固定在设定的数值上，而在电流放大器上测得跨膜离子电流的变化，反映了膜通透性（membrane permeability），即膜电导（membrane conductance）的变化。

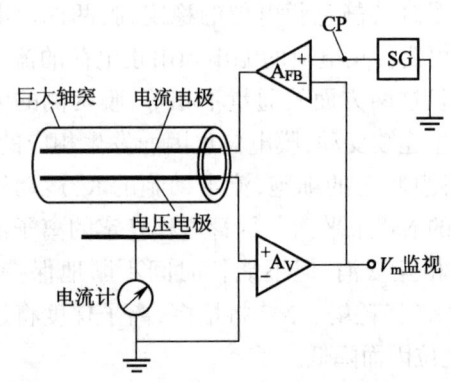

图 17-10 电压钳实验装置

A_{FB}：反馈放大器；A_V：电压放大器；CP：指令电压；V_m：膜电位

根据电压钳实验的结果,当膜电位固定在去极化水平时,可以出现一个早期的快速发生及消失的内向电流和一个缓慢发生的外向电流。前者相当于Na^+流,后者相当于K^+流(图17-11)。根据I_{Na}和I_K两条电流曲线,即可以计算出同这两者相对应的Na^+电导(G_{Na})和K^+电导(G_K)曲线(图17-12)。

其特点是:G_{Na}和G_K都是电压依赖性的,只能被跨膜电位的去极化所激活,G_{Na}激活出现较早,是动作电位上升阶段出现的基础,而G_K激活出现缓慢,是动作电位复极到静息膜电位水平的基础;G_{Na}有失活状态而G_K无此特性,即Na^+通道的开放具有时间依赖性。

$$G_{Na} = I_{Na}/(E-E_{Na})$$
$$G_K = I_K/(E-E_K) \qquad (17-5)$$

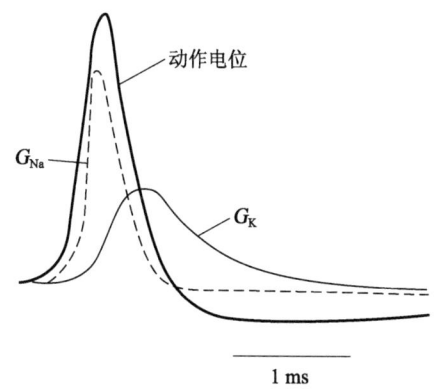

图 17-12　离子电导变化与电位变化的关系

根据电压钳实验中测得的G_{Na}和G_K的变化过程,可以算出在膜电位不进行人为固定时,相应的Na^+和K^+电流在膜电容上引起的电位变化(实线),其形状正同在标本上记录到的动作电位的波形一致

总之,动作电位的产生决定于电压门控的Na^+、K^+通道的先后开放。当去极化使足够的Na^+通道开放时,Na^+进入细胞并使膜进一步去极化,启动Na^+通道再生式开放,产生锋电位。随之去极化使Na^+通道失活并且使更多的K^+通道开放时,膜复极化,细胞膜恢复到原来的极化状态。

(二) 引起动作电位的条件

动作电位的发生必须有一个去极化刺激,因为膜上的Na^+通道开放是由膜电位减小所引起的。在神经纤维上放置一对刺激电极,在阳极下面的膜区膜电位增大(超极化),阴极下面的膜区则发生膜电位减小(去极化)。电流引起的这种膜电位改变称为电紧张(electrotonus)(图17-13)。电紧张是电流通过膜时给膜带来的电学变化,而不是膜对电流的生理学反应。直流电阳极和阴极下膜区的膜电位变化分别称为阳极电紧张(positive electrode electronous)和阴极电紧张(negative electrode electronous)。动作电位的发生总是以阴性电紧张为基础的。

1. **阈电位**　当去极化刺激达到一定程度,使膜电位去极化到某一临界值时,即可引起可兴奋细胞的动作电位,这个临界膜电位称为阈电位(threshold potential)。引起动作电位的最小刺激强度则称为阈强度或阈值(threshold)。去极化达到阈电位水平时,膜对G_{Na}突然增大,引起更多的Na^+内流。Na^+内流使膜去极化,而膜的去极化又增加Na^+通透性,形成再生循环过程,最终产生动作电位的上升支。在静

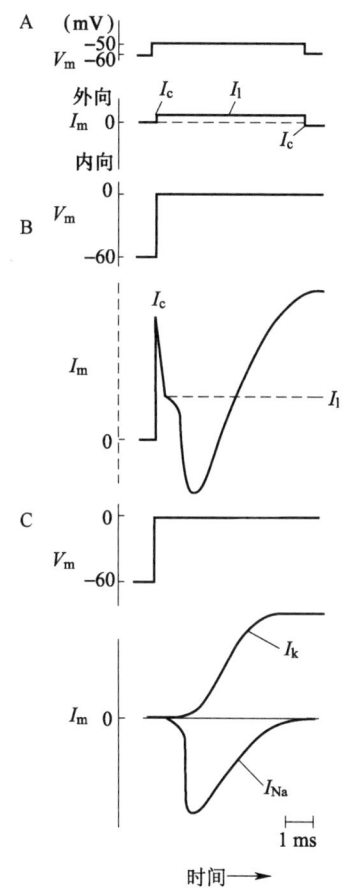

图 17-11　枪乌贼巨大轴突电压钳实验结果

A. 膜微小去极化所引起的电容电流(I_c)和漏电流(I_l)　B. 膜加大去极化引起的大的电容电流(I_c)和漏电流(I_l),以及由于电压门控的Na^+通道和K^+通道开放引起的内向Na^+电流和外向K^+电流　C. 轴突分别浸浴于含河鲀毒素(TTX,阻断Na^+电流)和四乙基胺(TEA,阻断K^+电流)的溶液中,记录到内向电流(I_{Na})和外向电流(I_K)(减除I_c和I_l)

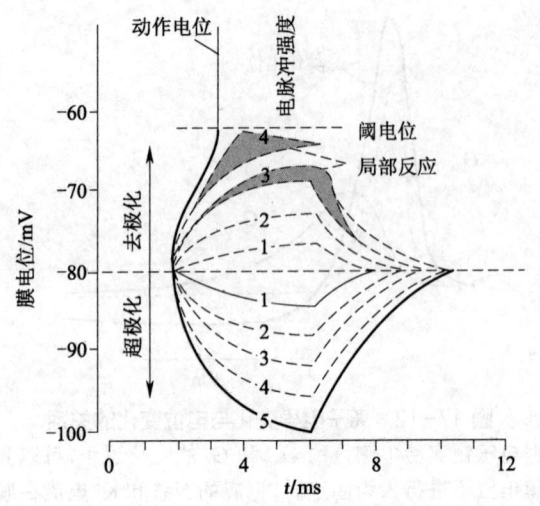

图 17-13 电紧张、局部反应与动作电位

电脉冲的强度分别为 1,2,3,4,5 的电脉冲(持续 4 ms)在超极化方向(阳极)引起有规律地增大的电紧张电位。在去极化方向(阴极)电紧张电位 1 和 2 的过程和超极化方向相应的电位适呈镜像。强度为 3 和 4 的电脉冲在引起的阴极电紧张电位超过 −70 mV 以后便超过相应的阳极电紧张,其超出的大小见曲线下的阴影面积,这一部分即为局部反应。强度为 5 的电脉冲引起的去极化(阴极电紧张 + 局部反应)超过阈电位,并引起动作电位

息膜电位、阈电位和峰电位的上升支,都存在 Na^+ 内流和 K^+ 外流的平衡关系,即 G_{Na} 和 G_K 的对比关系。在静息膜电位状态下,$G_K \gg G_{Na}$,K^+ 外流 $\gg Na^+$ 内流,膜电位主要由 E_K 决定;在电紧张状态下,G_{Na} 增大,Na^+ 内流增多,但此时 G_K 仍然大于 G_{Na},K^+ 外流大于 Na^+ 内流;阈电位可以看做是 $G_{Na} = G_K$ 的临界点,此时 Na^+ 内流 $= K^+$ 外流,只要有进一步的去极化作用,即可进一步增大 G_{Na},并爆发峰电位;在峰电位上升支,$G_{Na} > G_K$,Na^+ 内流 $\gg K^+$ 外流,引起快速去极化并进入再生循环过程。

动作电位一旦发生,其幅度便达到最大值,不因刺激强度大小而改变,仅取决于静息膜电位大小和膜内外 Na^+ 的浓度差,呈现"全或无"(all or none)现象。引起动作电位不但要求刺激达到一定强度,而且要求刺激强度的变率足够大。所谓强度变率就是单位时间内电流的变化数值($\Delta V/\Delta t$)。此外,如果刺激作用时间太短,也不能引起神经发生兴奋。

2. 局部兴奋　阈下刺激(subthreshold stimulus)作用于可兴奋细胞,也能引起该细胞膜上所含 Na^+ 通道的少量开放,于是少量内流的 Na^+ 和刺激造成的去极化叠加起来,在受刺激的膜局部出现一个较小的去极化反应,称为局部反应(local response)或局部兴奋(图 17-13)。局部兴奋有以下特点:①非"全或无",可随阈下刺激的增大而增大。②不能在膜上做远距离的传播,随距离加大而迅速减小以至消失,以电紧张性扩布。③可以叠加,局部兴奋的叠加可以发生在连续接受数个阈下刺激的膜的某一点,发生时间性总和;也可以出现在同一细胞的不同部位,发生兴奋的空间总和。轴突始端的轴丘是产生动作电位的起始部位。

Eccles 及其同事在猫脊髓运动神经元的研究中发现,各种引发动作电位的因素,包括轴突的逆行刺激、突触传递的顺行刺激、胞体电刺激等,只要使膜去极化约 10 mV 即可在这些运动神经元的轴突始段触发动作电位,然后再逆行到胞体和树突进而引起整个神经元的动作电位爆发。一般认为,树突和胞体仅有少许电压门控 Na^+ 通道,而轴突始段的 Na^+ 通道分布密度较高。2009 年,舒友生实验室对该问题的进一步研究显示,皮质锥体神经元的动作电位爆发与 Na^+ 通道的亚型有关,高阈值的 Nav1.2 通道聚集在轴突始段的近端,低阈值的 Nav1.6 通道聚集在轴突始段的远端,远端的 Nav1.6 促进动作电位的爆发,而近端的 Nav1.2 通道则促进动作电位向胞体和树突的反向传播。

(三) 动作电位时相与兴奋性的关系

在发生动作电位的过程中,兴奋性发生规律性的变化,依次出现下述各时相(图 17-14)。

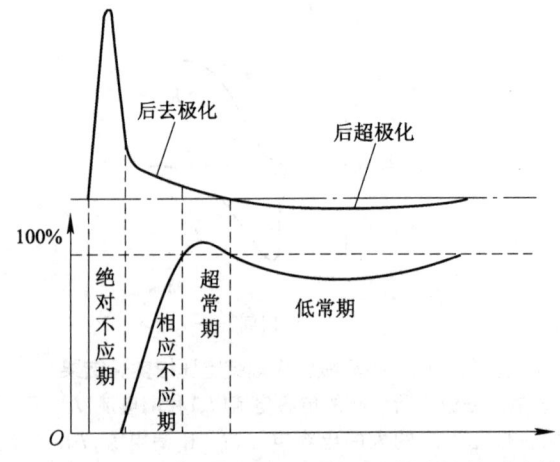

图 17-14　动作电位的组成及其与兴奋性周期的对应关系

静息时的兴奋性为 100%,在动作电位时,兴奋性为零,即绝对不应期;在后去极化的前期为相对不应期,后期为超常期;在后超极化时为低常期

1. 绝对不应期　在发生兴奋时及兴奋后很短暂的一段时间内，兴奋部位对继之而来的刺激，不论其刺激强度如何，都不再发生兴奋。这一极短的时间称为绝对不应期（absolute refractory period）。根据离子学说，在这段时间内 Na^+ 通道处于（激活后的）暂时失活状态，在膜电位变得足够负，使这些通道去失活之前，不可能再发生进一步的 Na^+ 内流。这不仅解释了为什么锋电位不能叠加，也限制了产生锋电位的最高频率。

2. 相对不应期　此期兴奋性逐渐恢复，但对原来的阈刺激仍不能发生反应，必须用较原来更强一些的刺激方能引起反应，称为相对不应期（relative refractory period）。根据离子学说，此期 Na^+ 通道逐渐从失活状态恢复。

3. 超常期（supranormal period）　兴奋性高于正常，用低于原来阈强度的刺激即可引起兴奋。此期，Na^+ 通道已从失活状态恢复，膜电位又处在去极化状态，所以兴奋性稍高于正常。

4. 低常期（subnormal period）　组织的兴奋性低于正常，需用高于原来阈刺激的强度方能引起兴奋。此期，膜电位处于超极化状态，兴奋性稍低于正常。

（四）动作电位的传导

1. 局部电流学说　当可兴奋细胞的某一膜区发生兴奋产生动作电位时，该处出现膜两侧电位的暂时性倒转，由静息时的内负、外正变为内正、外负，而邻近的未兴奋膜区仍为外正、内负。这样兴奋部位和未兴奋部位之间就存在电位差，进而形成局部电流回路，产生局部电流（local-circuit current）。这一局部电流的方向是膜外由未兴奋区流向已兴奋区，膜内由已兴奋区流向未兴奋区。局部电流的作用是刺激静息部位的膜去极化（相当于局部电位），当去极化达到阈电位的水平时，即可大量激活该处的 Na^+ 通道而产生新的动作电位。依此类推，动作电位便从产生处传导到同一神经元的其他部位，这样的过程在膜表面持续进行，即表现为兴奋在整个细胞的传导（图 17-15）。这一机制被称为局部电流学说。

2. 动作电位的传导速度　取决于神经元膜的被动电学特性，如膜的时间常数（$\tau_m = R_m C_m$）越短，意味着已产生的动作电位可以更快地使邻近静息部位去极化到阈电位水平，产生新的动作电位，所以传导速度就越快；一方面，膜的空间常数 $[\lambda = (R_m/R_i)^{1/2}]$

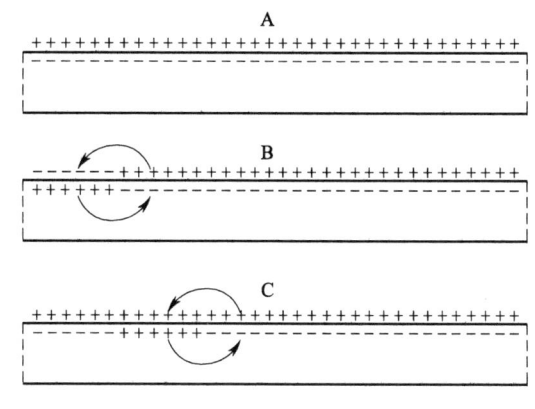

图 17-15　神经纤维传导机制
（弯箭头表示膜内外局部电流的流动方向，下方直箭头表示冲动传导方向）
A. 静息时　B. 发生兴奋后　C. 传导过程中

越长，去极化电流就会相应地自兴奋区向前扩布更远的距离，传导速度也越快；另一方面，空间常数与纤维直径的平方根呈正比，所以粗的纤维比细的纤维传导速度快。

脊椎动物进化出有髓神经纤维用于增大动作电位的传导速度。髓鞘由多层施万细胞膜（外周）和少突胶质细胞（中枢）包绕形成。髓鞘并不是沿着整个轴突连续不断地延伸，而是在被称为郎飞结处周期性地中断，暴露出轴突的膜。髓鞘主要成分的脂质不导电或不允许带电离子通过，而髓鞘中断的郎飞结处则电流易于通过，而且该处分布有高密度的电压门控 Na^+ 通道，使细胞更容易兴奋。因而有髓神经纤维的兴奋是"局部电流"由一个郎飞结跳跃到下一个郎飞结，称为跳跃式传导（saltatory conduction）（图 17-16）。跳跃式传导时的传导速度，显然较无髓纤维或一般细胞的传导速度快得多，而且由于跳跃式传导时的单位长度内每传导一次兴奋所涉及的跨膜离子运动的总数要少得多，因此它还是一种"节能"的传导方式。

3. 神经纤维的类型与动作电位的传导速度　根据神经纤维的传导速度、锋电位的时程、后电位的有无及长短等各项特征，有人将哺乳动物的周围神经纤维分为 A、B、C 3 类。A 类为有髓神经纤维，又可按其波形出现的先后分为 4 个亚类，即 A_α、A_β、A_γ 及 A_δ，其中传入神经中的 A_γ 亚类，据原作者后来的更正，认为不应专门列为一类。但习惯上对于传出纤维仍可用 A_γ 的名称。C 类是无髓

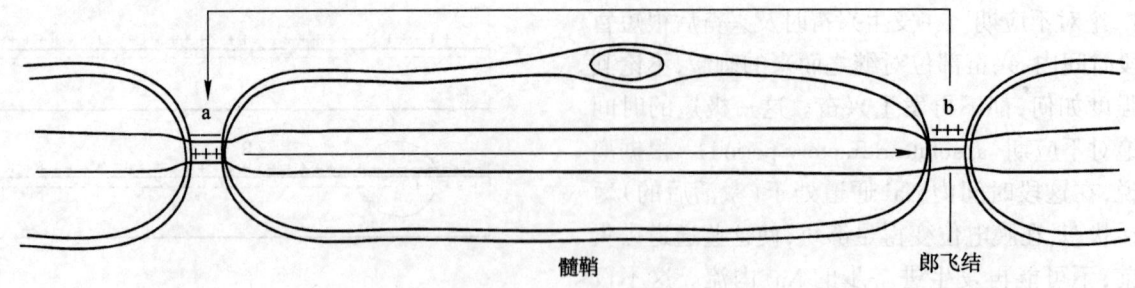

图 17-16 跳跃式传导
a:已兴奋的郎飞结,b:未兴奋的郎飞结,箭头表示局部电流

纤维。B 类为有髓的交感节前纤维,它的传导速度虽与 A_δ 接近,但因其锋电位及后电位均与 A_δ 不同,所以将之单列为一类(表 17-1)。

表 17-1 神经纤维的分类(据 Erlanger 和 Gasser)

纤维种类	功能举例	平均纤维直径(μm)	平均传导速度(m/s)
A_α	初级肌梭传入纤维 支配骨骼肌的运动性纤维	15	100(70~120)
A_β	皮肤的触觉和压觉传入纤维	8	50(30~70)
A_γ	支配肌梭的运动性纤维	5	20(15~30)
A_δ	皮肤的温度觉与痛觉传入纤维	<3	15(12~30)
B	交感节前纤维	3	7(3~15)
C	皮肤痛觉传入纤维 交感节后纤维	1	1(0.5~2)

另有一种分类,是根据传入纤维的粗细而分为 Ⅰ、Ⅱ、Ⅲ、Ⅳ 4 类。其中 Ⅰ、Ⅱ、Ⅲ 类分别相当于 A_α、A_β 和 A_δ,Ⅳ 类相当于 C 类纤维(表 17-2)。

表 17-2 神经纤维的分类(据 Lloyd 和 Hunt)

纤维种类	功能举例	平均纤维直径(μm)	平均传导速度(m/s)
Ⅰ	初级肌梭传入纤维 腱器官传入纤维	13	75(70~120)
Ⅱ	皮肤的机械感受器	9	55(25~70)
Ⅲ	肌深部压力感受器	3	11(10~25)
Ⅳ	无髓鞘痛觉纤维	1	1

五、突触传递和突触电位

神经元产生的电信号通过两种方式在神经网络中传播,上文中讲到的动作电位在同一神经元上的传播常称为传导(conduction);动作电位在不同神经元之间,或者神经元与效应细胞之间的传播常称为传递(transmission)。神经电信号在神经元之间或神经元与效应细胞(如肌肉、腺体)之间传递的主要方式是突触传递。

突触是神经元间信息传递的特化结构。突触不仅指两个神经元之间的功能性接触,也包括神经元与效应细胞之间的接触点。除了一个神经元的轴突与另一个神经元的树突或胞体形成轴-树和轴-体突触,神经元间的任何部位皆可相互形成突触。高等动物大多数突触的传递过程是化学性的,可能涉及一种以上的信息传递物质,少数突触可以通过单纯的电流扩布实现神经成分之间的信息传递。

(一) 化学突触传递

化学突触传递(chemical synaptic transmission)就是通常所说的经典突触传递,即将到达突触前成分的动作电位转变为贮存在突触前分泌囊泡的化学分子的释放,后者再通过突触间隙作用于突触后膜,最后转变为该处膜的电变化,完成信息的跨细胞传递(参见本书第三章图 3-23)。

关于化学突触传递存在的确切证据,来自德国科学家 Otto Loewi 在奥地利的研究工作。1921 年,他做了著名的离体蛙心灌流实验:电刺激支配蛙心脏的迷走神经使蛙心跳减慢后,随即将该蛙心灌流液转移到另一个离体蛙心,可对另一个蛙心跳动也产生明显抑制作用,提示刺激迷走神经能够引起某种化学物质的释放,该化学物质可以模拟神经抑制的效应,引起蛙心跳减慢。Loewi 将这种化学物质称为迷走素(vagusstoff),随后,该物质被证明是乙酰胆碱。1929 年,Dale 成功分离并鉴定出乙酰胆碱的化学结构,使其成为第一个被发现的神经递质。因此,Loewi 和 Dale 共享了 1936 年的诺贝尔生理学或医学奖。

由轴突输出的动作电位在其末梢激活电压敏感性 Ca^{2+} 通道,导致细胞外的 Ca^{2+} 进入末梢内。神经末梢 Ca^{2+} 浓度迅速升高,这种瞬时的 Ca^{2+} 脉冲信号触发锚定在突触活性区的可释放囊泡与突触前膜融合并释放神经递质。神经递质就其对突触后神经元的作用,可被分为兴奋性和抑制性递质。相应地,在突触后神经元引起兴奋性突触后电位(excitatory postsynaptic potential,EPSP)和抑制性突触后电位(inhibitory postsynaptic potential,IPSP)。EPSP 的表现形式是突触后膜神经元的部分去极化,一般认为它是由于兴奋性递质与突触后膜相结合,提高了膜对 Na^+ 和 K^+ 两者的通透性而产生的。IPSP 的电变化是神经细胞膜的超极化,它的发生是由于抑制性递质与突触后膜相结合,提高了该膜对 K^+ 和 Cl^- 或对 Cl^- 的通透性(图 17-17)。由于突触后膜的超极化,使它更不容易被去极化至阈电位,即不易被兴奋,因此具有抑制效应。在中枢神经系统,每一个神经元都接受数以千计的突触前神经末梢与之形成突触联系,这些突触传递有兴奋性的,也有抑制性的。因此,最终导致中枢突触后神经元是兴奋还是抑制,是否产生动作电位,取决于这些突触电位在性质、空间和时间上的相互作用,这种相互作用过程称为突触整合。就 EPSP 来说,如果活动的兴奋性突触数目少,则 EPSP 仅为一局部电位,不引起突触后神经元的冲动发放;如果同时有多个 EPSP,则这些局部电位可以总和起来,如果总和的局部电位达到一定的幅度,使膜电位的变化达到突触后神经元的阈电位,就可以引起突触后神经元发放冲动(图 17-18)。在神经元的不同部位同时有几个 EPSP 发生而导致神经元兴奋的过程称为空间总和;在同一空间但时间上先后不同的 EPSP 的作用总和起来导致突触后神经元兴奋的放电过程,则称为时间总和。这个原理也适用于抑制性突触信号的整合。

(二)电突触传递

除了化学突触,还存在一种简单的、进化上比较古老的电突触形式。它允许离子流从一个细胞直接传递到另一个。电突触(electrical synapse)的结构基础是缝隙连接(gap junction),是两个神经元膜紧密接触的部位。电镜下电突触呈现桥状结构,两个神经元之间有约 2 nm 的缝隙。每一个桥状结构实际上是贯穿膜内外的大分子蛋白质,称为连接蛋白(connexon),它是由 6 个亚单位形成的六角形通道(参见本书第三章图 3-24)。两侧神经元膜上这种结构跨过细胞外间隙相互对接,即可构成一条能沟通两侧细胞胞质成分的细胞间通道。带电离子和相对分子质量小于 1 000 或分子直径小于 1.5 nm 的化学物质可以通过这些通道而传递信息。这种信息的传递一般是双向的。连接部位的神经元膜并未增厚,其旁轴浆内无突触小泡存在,因此这种连接部位的信息传递是一种电传递,与化学突触传递完全不同。电突触传递是极快的,一个突触前神经元的动作电位能够使突触后神经元几乎在同时产生动作电位。在低等无脊椎动物,电突触非常普遍,存在于感觉和运动神经元之间,可以使动物在面临危险时迅速逃避。在哺乳动物中枢神经系统的一些特定位置也有电突触的存在,其功能可能是促进不同神经元产生同步性放电。在哺乳动物大脑皮质发育早期,兴奋性神经元之间也存在着大量的电突触。2012 年禹永

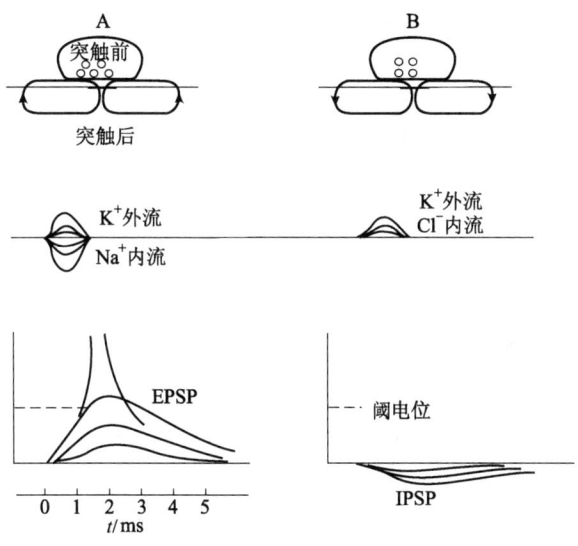

图 17-17 EPSP 和 IPSP 作用

上图:突触前和突触后末梢,用箭头示意突触后膜净正电荷流动方向为去极化(A)和超极化(B) 中图:离子电流流动的时程(两种离子流出入同时进行) 下图:典型 EPSP 和 IPSP 突触后电位的记录

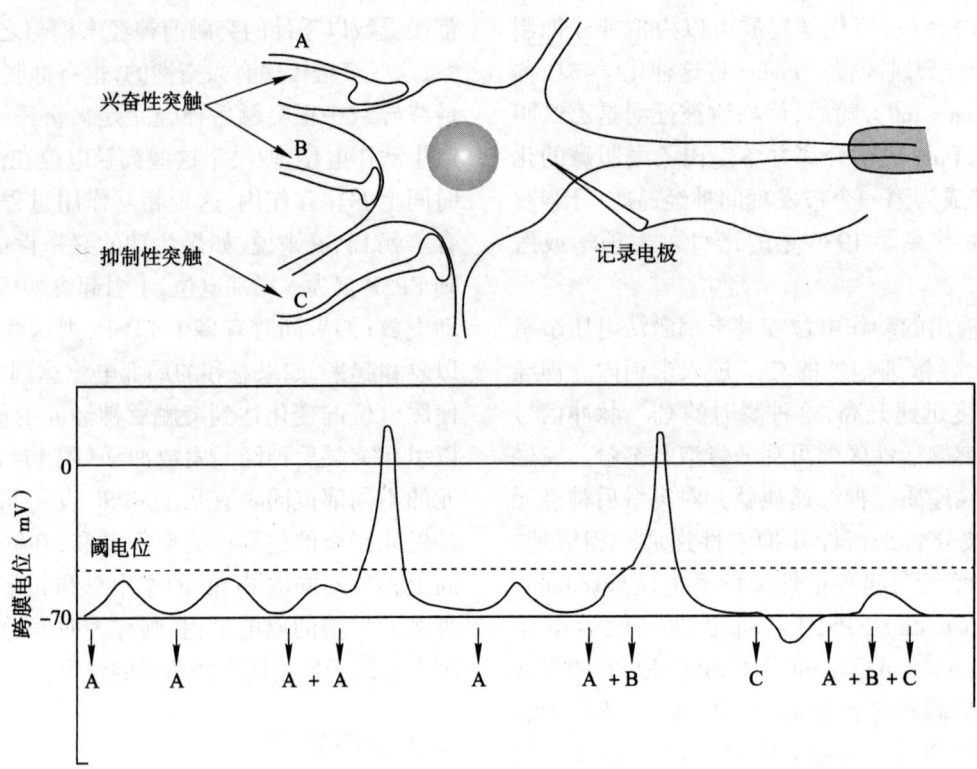

图 17-18 突触整合
A. 兴奋性突触和抑制性突触的模式图　B. 突触电位在时间和空间的总和

春和他的同事们研究发现,随着大脑皮质不断发育,兴奋性神经元之间的电突触联系逐渐消失,取而代之的是化学突触。这项研究首次揭示了电突触和化学突触之间的因果联系,在大脑皮质发育过程中,如果没有早期的电突触就不会形成化学突触。

(三) 非突触性化学传递

化学突触的突触前神经元释放的化学递质只能作用于特定的靶部位,但也有一些突触不具备这样的特殊结构,因而它们释放的化学物质的作用部位并不确定和局限。这类信息传递方式称为"非定向突触传递"(non-directional synaptic transmission)。最初发现于肾上腺素能神经元,这些神经元的轴突末梢有许多分支,在分支上有大量念珠状膨体(varicosity)。膨体内含有大量小泡,是递质释放部位(图 17-19)。一个神经元的轴突末梢可以具有 30 000 个膨体,因此一个神经元具有大量的递质释放部位。但是膨体并不与效应细胞形成典型的突触联系,而是处于效应细胞附近。当神经冲动抵达膨体时,递质从膨体被释放、通过弥散作用到效应细胞膜的受体,使效应细胞发生反应。

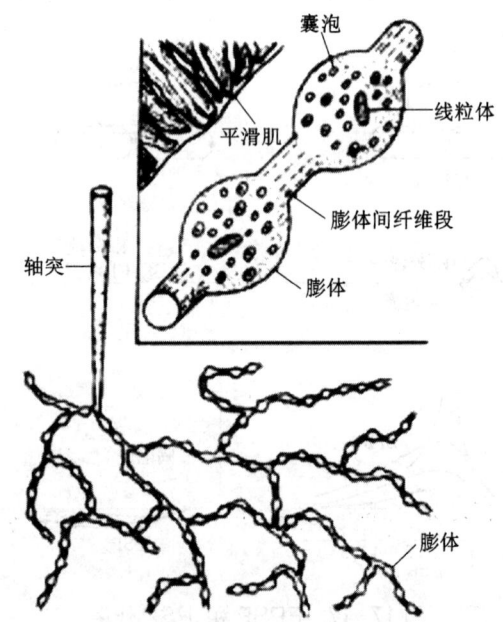

图 17-19 外周自主神经纤维形成的非定向突触
(图上部是膨体放大后的状况)

第二节 神经电生理学常用的研究方法

神经元之间通过电活动进行神经信息传导与加工，因此在不同层次上记录和分析神经元电活动的电生理学方法是认识和研究神经系统活动规律最重要的手段之一。目前，主要的电生理学方法有细胞外记录、细胞内记录、膜片钳技术、脑电图和诱发电位等。

一、细胞外记录

细胞外记录（extracellular recording）是将记录电极安放在神经组织的表面或其附近来记录神经组织的电活动的记录方法。由于兴奋部位的神经元产生去极化而不活动的部位处于静息状态，因而在容积导体中的两部位间电位不同，电流从一点流向另一点。此时放置于细胞表面的电极即可记录出两者之间所产生的电位差。细胞外记录参考电极放置的位置会影响最终记录的电位差大小和电位形态，因此这种方法在神经科学研究领域主要用于检测神经动作电位产生的部位、时间和放电序列的频率与模式，一般不用于判定动作电位的幅度和波形。

（一）单个神经细胞电活动的记录

玻璃微电极和金属微电极都可用于单个细胞外记录。经过清洁处理的毛细玻璃管用微电极拉制仪制成玻璃微电极。尖端直径可达 0.5 μm 左右。微电极电阻在 5~20 MΩ 是可用的。实验时，向微电极充灌盐溶液以保证电极的导电性。一般用 2 mol/L KCl 溶液作为微电极的充灌液比较合适。也可用 2% 滂胺天蓝、0.5 mol/L 醋酸钠溶液（pH 7.7）作为充灌液，它的优点是在记录电位后，通以阴性电流 2~10 μA/min，可将滂胺天蓝泳出而标记电极尖端位置。此外，以钢、钨、铟等金属作为原料制备的金属微电极也广泛用于神经细胞外记录，其中钨丝金属微电极较为常用。用于单个神经元细胞外记录的微电极尖端阻抗较大，需要与之相匹配的微电极放大器。

（二）神经干电活动的记录

神经干上记录的是多条神经纤维同步活动叠加的复合动作电位。记录电极多采用铂金丝和银丝双极电极将神经干悬挂，记录电极和悬挂的神经干需浸入温热的液状石蜡中，以防止神经干燥和减少电极间短路。刺激电极距离记录电极宜大于 3 cm，以减小刺激伪迹的干扰。神经干动作电位有以下特征：① 不同神经干或不同类型纤维（如 A 和 C 类）的复合动作电位有相应的波形和宽度，其电位幅度在一定范围内随刺激强度的增强而增高。② 不同类型神经纤维的复合动作电位有各自明确的潜伏期，且因重复刺激恒定出现。③ 在神经干上施加局部麻醉药可使电位幅度减小或消失。

（三）神经纤维电活动的记录

在单个神经纤维记录动作电位可通过分离神经细束，再将分离的神经细束悬挂在双极铂金丝电极上进行记录。分离细束的直径因检测纤维类型而异，A 类纤维的细束直径为 20~50 μm，C 类纤维则小于 20 μm，分离细束的长度约 500 μm。记录时可通过测量刺激诱导放电的潜伏期算出神经传导速度从而确定所记录纤维的类型，如神经传导速度小于 2 m/s 的被认为是 C 类纤维。

（四）在体多通道记录技术

清醒动物在体神经元单位放电多通道记录（multiple channel single-unit recording in awake freely-moving animals）技术，简称为多通道记录，是在清醒动物脑内利用细胞外记录法同步记录同一脑区的多个神经元或不同脑区大量神经元活动的新兴技术。该技术可以实时监测某种行为状态下神经元活动的变化，为研究神经元集群活动提供可能性。

多通道记录使用金属或硅晶微电极组成阵列，预先埋置在动物的目标脑区。手术恢复后，动物可在清醒状态下接受各种刺激或完成行为任务，并同步记录各脑区的神经元活动。通过分析神经元的放电模式不仅能研究脑对外部刺激的编码机制，还可分析不同脑区的神经元放电在时间和空间上的联系。细胞外记录到的电位值一般较小，为几个微伏到几百微伏，极易被噪声掩盖，因此在体多通道记录时，为得到较好的信号，从电极制作、手术埋植到外界信号干扰的控制都非常关键。

完整的多通道记录系统的硬件设备包括微电极阵列及其接口、神经信号数字化与分检系统和动物行为控制与记录系统。该技术自创立以来,已经在感觉、运动、情绪、认知等领域的研究中获得了广泛的应用。它不仅揭示了脑内同步放电链的精确放电序列的存在,还揭示了感觉编码、运动控制和学习记忆等过程中的一些重要信息,尤其是和近年来发展成熟的光遗传学和化学遗传学技术结合,极大地促进了神经科学研究的发展。

二、细胞内记录

细胞内记录(intracellular recording)是将微电极插入细胞内,记录单个细胞在行为活动或环境影响下细胞膜电位变化的电生理学技术。它可以准确地测量膜电位、兴奋性突触后电位、抑制性突触后电位及动作电位。欲成功而且持久地进行细胞内记录,必须解决好下列两个问题:一是稳定问题,干扰稳定记录的因素主要来自机械振动;二是制备合格的微电极,以免对细胞造成严重损伤。

(一) 细胞内记录用的微电极

细胞内记录所用的微电极通常用硬质玻璃管拉制,其尖端直径一般不超过 $0.5~\mu m$,其中充以 3 mol/L KCl 溶液,电阻 $50\sim100~M\Omega$。也可用 2 mol/L 醋酸钾溶液或枸橼酸钾溶液和 0.6 mol/L K_2SO_4 溶液充灌微玻管。为了克服微电极记录的信号衰减和失真,需采用高输入阻抗和电容补偿的微电极放大器。

(二) 细胞内记录的电位

细胞内微电极记录可以准确测出膜电位的绝对值,其值可以高达 100 mV 以上。还可如同细胞外记录法,获得单位放电频率的变化及刺激引起单位放电频率变化的潜伏期。此外,细胞内记录法还能得到神经元的动作电位值、膜电阻、动作电位上升速度、动作电位下降速度、动作电位时程及突触后电位等多项电位指标。同时,还可向记录电极中充灌染料(如辣根过氧化物酶和 biocytin 等),在记录结束后注入所记录的细胞内,以观察该细胞的形态特征或投射部位。

三、膜片钳技术

1976 年,Neher 和 Sakmann 建立了膜片钳(patch clamp)技术。这是一种以记录通过离子通道的离子电流来反映细胞膜上单一(或多个)离子通道活动的技术。膜片钳技术可以从分子水平研究细胞膜离子通道的"开启"和"关闭",从而对通道的电导及其动力学特性、药理学特性,以及通道的调节机制开展深入研究;膜片钳技术和钙成像技术的联合应用可以测定单一活细胞的细胞内钙浓度;与光遗传技术的联合应用可以监测到神经元激活或抑制后的电生理特性。此外,膜片钳技术可以精确地监测与细胞分泌相关的微小膜电容变化,是一种研究细胞分泌机制的电生理学新方法。

近些年膜片钳技术逐渐发展,记录对象不仅限于细胞膜,还包括一些细胞器膜,如线粒体膜、内质网和溶酶体膜;记录的神经元标本制备也各有不同,如急性分离的神经元、培养的神经元、神经组织薄片。

(一) 膜片钳技术的原理

离子通道是细胞内部与外环境的联系通道,是神经、肌肉和其他组织细胞兴奋性和生物电的基础。膜片钳技术是将玻璃微电极和只含 1~3 个离子通道、面积为几个平方微米(μm^2)范围的细胞膜通过负压进行吸引封接。由于电极尖端与细胞膜的高阻抗封接,使电极尖端所吸引的小片细胞膜与其周围在电学上分隔,因此膜片上通道开放所产生的电流可流进玻璃微电极,在此基础上固定电压再对此膜片上离子通道的离子电流($\times 10^{-9}$ A)进行监测记录(图 17-20)。膜片钳放大器是具有高增益、低噪声的电流-电压转换器。电极尖端与膜之间可达 $10~G\Omega$ 的紧密封接,这样可大大提高膜片钳技术的可靠性和灵敏性。膜片钳技术主要包括细胞吸附式(attached patch)、内面向外式(inside-out)、外面向外式(outside-out)和全细胞式(whole cell recording)4 种方式(图 17-21)。

(二) 膜片钳所需的微电极

膜片钳技术的核心是可以记录单一离子通道的电流,因而需用微电极形成高阻抗的封接。为了成功地封接细胞膜需两方面的保证因素:一是干净的细胞膜表面,二是合格的电极。电极以选用软质的苏打玻璃比较合适。通常电极采用二步拉制工艺,使微电极尖端直径达到 $1\sim5~\mu m$,充灌电极内液时阻抗值为 $1\sim5~M\Omega$。为了降低背景噪声,可将硅酮树

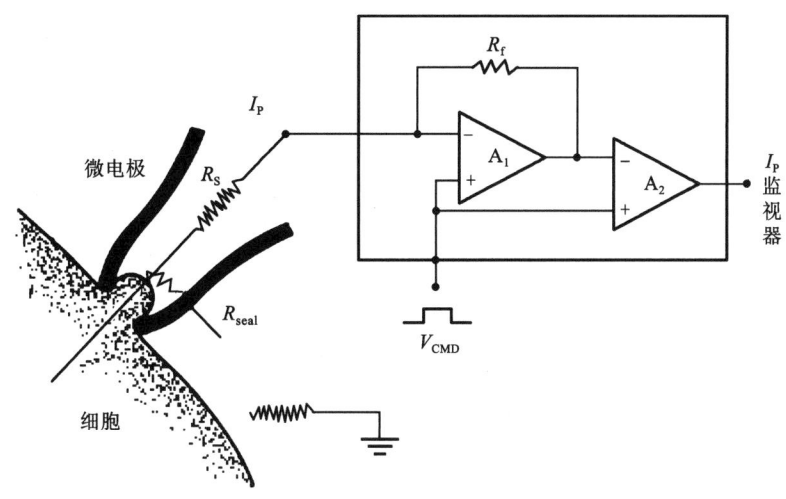

图 17-20　膜片钳技术的原理

R_s 是与膜片阻抗相串联的局部串联电阻（或称为入路阻抗），R_{seal} 是封接阻抗。R_s 通常为 1～5 MΩ，如果 R_{seal} 高达 10 GΩ（10^{10} Ω）以上时，$I_p/I = R_{seal}/(R_s+R_{seal})-1$。此 I_p 可作为在 I～V 转换器（线框内）内的高阻抗负反馈电阻（R_f）的电压下降而被检测出。实际上，这时效应管运算放大器（A_1）的输出中包括膜电阻成分，这部分将在通过第二级场效应管运算放大器（A_2）时被减掉

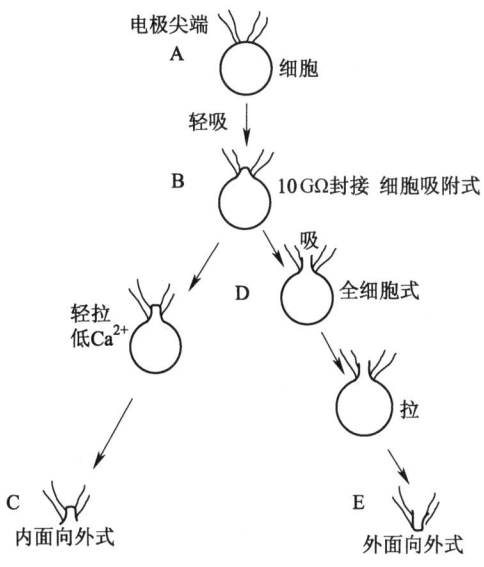

图 17-21　膜片钳记录模式

A. 电极与细胞膜接触　B. 轻吸造成 1 GΩ 封接，可以进行细胞吸附式记录　C. 轻拉可以造成内面向外式　D. 吸破电极尖端内膜形成全细胞式　E. 由全细胞式再经轻拉形成外面向外式

脂涂于电极尖端，加热抛光使电极尖端平滑，并烧去过多的硅酮树脂薄层，从而有利于和细胞膜紧密封接，而且封接更易保持稳定。

（三）分离细胞膜片钳技术

分离细胞膜片钳技术是从神经组织中急性分离提取神经元或在培养液中短暂培养后分离细胞的膜片钳技术。该技术具有实验操作较容易，实验耗时短的优点。记录急性分离的神经细胞时，选择形状规则，无空泡和颗粒，细胞膜光滑、无毛刺感，色泽发亮、周围有光晕，有立体感的细胞。将玻璃微电极逐渐靠近细胞表面，当电极尖端在细胞表面压出浅凹陷，且电极电阻有轻度增加时，迅速给予负压吸引，同时钳制电压在 -70 mV 附近，当电阻迅速增长至数百兆欧，停止负压吸引后，电阻值仍然继续增长达千兆欧以上，即封接完成，再施加一点负压进行破膜。封接过程中有以下三点需要注意：

1. 补偿液接电位　液接电位（liquid junction potential）是指两种溶液界面的电位差。因电极内、外液离子成分不同，在电极入水后完成封接前，电极内液相对于外液的电位通常是负值，可通过 offset 输入相反的电压调节电极电位到 0 mV。在全细胞式形成后，细胞内液和电极内液达到扩散平衡，液接电位不再存在，此时放大器显示的膜电位其实是补偿后的电位，所以，应加上液接电位才是细胞的实际膜电位。

2. 封接过程中的电阻变化　电极入水后，仪器测得的电阻是玻璃电极电阻，即微管电阻（R_p）。封接电阻是指电极尖端与细胞膜之间的连接电阻，当成功封接时，封接电阻可达兆欧级。若封接电阻小于 1 GΩ，可视为封接失败。封接形成后，再施加负

压吸引破膜便形成全细胞式,此时的电极和细胞形成串联电路,仪器可分别显示膜电阻(R_m)和串联电阻(R_s)。串联电阻包括R_p,吸入电极尖端的膜片和部分胞质电阻的总和为R_p的2~5倍。

3. 漏电流　封接完成后,由于膜片和外液有良好的绝缘性,所以基本没有漏电流。但在破膜后,细胞膜与玻璃电极之间的封口有所松动,管内与周围外液有漏电流形成。漏电流会影响电压钳位下对电流的测量,一般选择漏电流小于100 pA的细胞作为进一步实验的标本。培养原代神经元膜片钳技术可以将单一脑区或其他神经组织分离提取神经元进行培养,实现长时程监测,还可根据实验需求改变培养环境,如给予冷热刺激、光刺激,添加生长因子等。此外,长时程培养的神经元可形成稳定的细胞连接,在一定程度上模拟在体环境中神经元之间的突触联系。

(四) 脑薄片膜片钳技术

随着脑薄片膜片钳技术的建立,人们开始对中枢内突触特有的传递功能及其可塑性机制进行研究。脑薄片膜片钳技术与分散细胞膜片钳技术相比,优点是组织薄片中的细胞更接近在体的原本环境,保持了神经元之间的突触联系。此方式可分为在显微镜直视下进行膜片钳记录的薄片法和非直视下进行的盲膜片钳法(blind patch clamp technique)。

1. 脑薄片组织切片膜片钳记录法　为了制备好的脑薄片组织切片,应供给充足的氧,并且为了降低氧的需要量必须使组织保持在低温状态。幼龄动物对氧的需要量低,容易制成较好的薄片。应选用优质的切片机制备组织薄片,切片厚度一般为120~200 μm。将细胞外液从尖端为10 μm的微玻管尖部向切片局部吹出以清除细胞周围的组织。微玻管的最适大小应根据胞体直径而定。理想的细胞状态是其表面平滑且有光泽。将加有下压的微玻管轻轻抵至细胞膜表面时,如果细胞膜出现"酒窝"样现象则巨欧姆阻抗封接可成功。对出现"麻子"样颗粒的细胞或萎缩、膨胀的细胞最好将之淘汰。利用细胞可以在直视的条件下,除去状态不佳的细胞是薄组织切片法的优点之一。此方法适用于:①对荧光素标记的细胞进行记录。②双重膜片钳法。③细胞内注入染料。

2. 盲膜片钳法　在看不到靶细胞的状态下进行全细胞或单一离子通道记录是盲膜片钳法的最大特点。与薄片组织切片标本制作法相似,切片厚度为400~500 μm,微电极电阻为4~8 MΩ。一般的膜片钳法在成功地获得细胞之前,向微电极施加的正压较低,而盲膜片钳法则需施以较强的正压。此法的特点:①能够使用较厚的标本,因而可减少细胞损伤,更好地保存突触结构;②不仅可以在靠近组织切片表面的细胞,而且可以对距表面100 μm深处的细胞进行记录;③可以避免吹打清除时树突断裂等损伤的发生;④视野大,有足够的操作范围,实验操作比较容易。这种方法更适于研究细胞间的突触联系。

(五) 在体膜片钳技术

在体膜片钳技术是一种在动物麻醉或清醒甚至自由活动状态下的膜片钳记录技术,在体膜片钳技术的建立实现了在完整真实的神经系统中监测神经元活动。利用在体膜片钳技术可以监测外界刺激在整体情况下对神经元的影响,结合光遗传技术还可以研究脑区之间的功能连接。此方式可分为盲法的在体膜片钳记录和可视法的在体膜片钳记录。

传统在体膜片钳技术采用盲法记录,盲法与盲膜片钳记录一样,在看不到目标细胞的情况下进行记录。前期的准备有动物的麻醉,动物体征监测,包括二氧化碳潮气量、血压和心率等,动物的头部固定,解剖和神经组织暴露。电极深入时应保持较大的正压,使得电极尖端不会发生堵塞。记录前的封接可分为电流钳和电压钳两种模式,电压钳模式下细胞处于超极化状态更利于封接;电流钳下电极和细胞膜阻抗变化较大,易判断封接状态。电极封接后,给予负压或膜片钳放大器电击进行破膜。之后对细胞膜电容和串联电阻进行补偿即可进行记录。此法的特点:①电极能够探入深层脑区组织进行记录;②工作距离较长,电极操作不受限制。

近些年在体膜片钳技术结合双光子技术,通过基因操作和荧光染料的办法在动物脑内目标神经元中构建特异表达的荧光标志,实现了神经元的可视化,可以在看到神经元的条件下进行对特定神经元亚群的膜片钳记录。可视法的在体膜片钳前期准备和记录过程与盲法总体一致。此法的特点:①神经元贴附、封接和破膜可视化,使得记录成功率大大地提高;②双光子成像使得可以实时监测目标神经元的形态变化;③可以对神经元的树突进行记录。

四、脑电图和诱发电位

脑电图（electroencephalogram，EEG）是指在人的头皮表面安置电极，记录大脑整体电活动的电生理记录方法。由于其无创性和记录的简易性已成为临床诊断和神经科学基础研究中广泛应用的神经电信号记录方法。奥地利精神病学家Hans Berger于1924年第一次记录下人类的脑电活动，并于1929年发表论文描述了人类EEG。严格来讲，人们通常所说的EEG特指从大脑皮质记录到的综合电位。研究者普遍认为EEG由大脑皮质锥体神经元兴奋产生的突触后电位在细胞外总和形成。因此，EEG的幅度和频率等特征与脑内群体神经元的细胞结构和环路特征以及细胞外电场密切相关，这也是EEG用于临床诊断和研究的基础。

记录EEG比较简单，电极通过导电膏粘在头皮表面以保证低阻抗连接，一组电极被固定在头部的标准位置，并与一组放大器和记录装置相连。在选定的电极对之间可测量振幅约为几十微伏的微小电压波动，通过选择合适的电极对，就可以测量脑的前、后、左、右不同区域的活动。典型的EEG是一组同步记录的曲线，反映相应电极对之间的电压变化。

EEG的节律主要有5种：γ节律，最快，大于30 Hz，β节律，次之，为13～30 Hz，显示皮质处于兴奋状态；α节律，为8～13 Hz，与安静的觉醒状态有关；θ节律，为4～8 Hz，在睡眠时出现；δ节律，最慢，小于4 Hz，是深度睡眠的特征。

诱发电位（evoked potential，EP）又称为事件相关电位（event related potential，ERP），是指中枢神经系统对感觉刺激的直接电反应，与EEG产生的基础是一样的，都是突触后电位总和的结果。所不同的是，EEG是外界环境安静情况下记录的大脑自发电活动，而ERP是由某种外界刺激诱发的脑电活动。与EEG相比，ERP的幅值更小，但由于ERP存在固定的刺激因素和潜伏期，人们可以通过平均叠加技术将ERP从背景EEG中提取出来。临床上应用听觉诱发电位、视觉诱发电位和躯体感觉诱发电位，从相关波形变化判定该感觉系统传导途径中特定部位的功能改变。

（张玉秋　张　玲）

新形态教材网　数字课程学习

　教学PPT　　　参考文献

第十八章

神经内分泌学

经典的神经学和内分泌学已有上百年的历史,而它们之间的边缘学科——神经内分泌学(neuroendocrinology),则是一门年轻但发展极其迅速的学科,是当代神经科学的一个重要分支。其理论体系及研究成果已经极大地深化了人们对临床相关疾病的认识,提高了对神经内分泌系统疾病的诊治水平。

第一节 神经内分泌学概述

一、神经内分泌学的诞生和发展

神经内分泌学是研究神经系统和内分泌系统之间关系的学科,诞生于20世纪60年代后期,其发展经历了几个重要的阶段。

(一)神经系统和内分泌系统是机体的两大调节系统

以往人们认为神经系统和内分泌系统是互无联系、相互独立的两个调节系统,因为不论从形态上(神经元有突起,通过突触联系构成复杂的神经网络;内分泌细胞是腺上皮细胞,有分泌颗粒)、生理功能上(神经细胞通过神经冲动传递信息,内分泌细胞通过激素释放入体液产生作用)还是作用特点上(神经系统反应迅速,定位明确、局限而短暂;内分泌系统反应较慢,但作用广泛而持久),两个系统都有非常显著的差别。

但许多迹象表明神经系统和内分泌系统间存在着密切联系,如神经系统受刺激能引起内分泌腺活动的改变,内分泌功能的异常也会影响神经系统的功能,因此,人们开始探索两个系统间的关系。由于垂体通过垂体柄与下丘脑相连,下丘脑与中枢神经的其他部位存在广泛的和双向的联系,而腺垂体则调节机体主要的内分泌腺(甲状腺、肾上腺和性腺)及机体的生长活动,人们很自然地开始关注下丘脑和垂体(特别是腺垂体)间的解剖和功能联系。

(二)中枢神经系统对垂体功能有调节作用及腺垂体与下丘脑间的特殊血管联系

各种神经性刺激(如视觉刺激、温度刺激和触觉刺激等)和精神性刺激均可引起腺垂体功能的改变,如季节性繁殖动物的内分泌生殖活动与日照时间长度相关,过度企盼妊娠引起的假孕现象等。早期实验也证明,刺激下丘脑的某些区域会影响生物体垂体功能和内分泌系统功能状态的变化。以上证据说明中枢神经系统对垂体功能具有调节作用。

研究者试图找到下丘脑与腺垂体的直接神经联系但未能成功,因此两者间的特殊血管联系开始受到关注。1930年,Popa等发现下丘脑-垂体门静脉系统,Harris等设计了新的垂体柄切断实验,发现垂体柄切断后腺垂体的功能与门脉血管的再生程度成正比。如果阻断门脉血管的再生,垂体和其他内分泌腺的活动会发生明显改变。Nikitovitch和Everett等设计的垂体移植实验发现,将垂体移植到机体的其他部位,垂体虽可存活但会失去其分泌功能;如将此垂体再移植回原位,则其功能会有一定的恢复;如移植到脑内的其他部位,垂体功能则不能恢复。这些实验证明,下丘脑和腺垂体之间可以通过特殊的门脉系统发生功能联系,下丘脑可能通过释放某些激素或因子经垂体门脉系统来调控腺垂体激素的分泌。

(三) 神经分泌现象的发现

1928年,德国科学家Scharrer在硬骨鱼下丘脑神经元胞质中观察到分泌颗粒,指出某些神经元可能有内分泌功能,最先提出神经内分泌的概念,其后这一发现在多种无脊椎动物及哺乳动物中都得到证实。在临床方面,Cushing首先描绘了尿崩症,并认为尿崩症与垂体柄受损有关。后来,Bargman用Gomori染色法发现下丘脑-垂体束中含有丰富的分泌颗粒;切断垂体柄后,切口近端部Gomori染色阳性颗粒大量堆积而切口远端部颗粒减少,同时动物会出现典型的尿崩症症状。这一实验结果有力地证明,神经垂体激素是由下丘脑神经细胞合成和分泌的,神经细胞也有内分泌功能(神经内分泌,neuroendocrine)。

(四) 神经体液学说的提出

综合前人的研究成果,英国学者Harris提出了下丘脑调节腺垂体功能的神经体液学说,认为机体的各种神经性传入最终作用于下丘脑的具有神经分泌功能的神经元,这些神经元将神经冲动的传入转变为神经内分泌激素的输出,它们分泌的可调节腺垂体功能的激素,通过正中隆起处的神经末梢释放进入垂体门脉血管,通过垂体门脉血液的运输到达腺垂体,调节腺垂体的功能活动。这一假说第一次将神经系统和内分泌系统有机地结合起来,是神经内分泌学发展史中的又一里程碑,具有划时代的重大意义。

(五) 神经内分泌学的形成和发展

根据Harris的理论,许多实验室自20世纪50年代开始投身于寻找及鉴定下丘脑促垂体因子的研究中。美国的Guillemin和Schally等经过近20年艰苦卓绝的工作,在20世纪60年代末分离纯化了第一个下丘脑促垂体因子——促甲状腺激素释放激素(TRH),并阐明了其结构。下丘脑激素的发现,完全验证了Harris的理论,这些发现标志着神经内分泌学的形成和成熟。为此,Guillemin和Schally与发明放射免疫测定法的Yalow共同分享了1977年诺贝尔生理学或医学奖。

自神经内分泌学诞生以来,这一新学科发展迅速,一系列下丘脑调节因子相继被发现和鉴定,它们在下丘脑的分布和功能逐渐被阐明,研究人员开始人工合成大量下丘脑调节因子用于科研和临床,对临床医学领域也有重要的推动作用。随着分子生物学的飞跃发展和分子生物学技术的广泛应用,从20世纪80年代开始,神经内分泌激素及其受体的基因被逐步阐明,对激素与受体结合后的胞内信息传导途径也有了深入的认识。

二、神经内分泌学的研究范畴

神经内分泌学主要研究神经系统与内分泌系统之间的相互作用及其相互渗透关系,其核心内容是探索神经元的内分泌功能和探讨周围器官产生的内分泌激素对神经系统的影响。

根据神经内分泌学的研究对象和内容,其研究范畴大致如下:

1. 神经元的内分泌功能及其调控方面 ①下丘脑神经内分泌核团的结构、功能及上位中枢对它们的调控。②下丘脑-腺垂体-靶腺轴的调控及其生理和病理意义。③下丘脑-神经垂体系统与外周靶组织的研究。④有关松果体、视交叉上核与生物节律的研究。⑤脑内其他区域及脊髓与神经内分泌有关区域的研究。

2. 内分泌组织和腺体的神经支配及其功能意义 近年来,鞠躬等发现多种哺乳动物(包括人类)的垂体前叶有肽能神经纤维的分布,这一成果已得到国际学术界的认可。业已发现甲状腺、肾上腺皮质和性腺等均有可观的神经纤维分布。

3. 周围器官内分泌激素对中枢神经系统结构和功能的影响 如甲状腺激素、性激素、肾上腺糖皮质激素及胰岛素等对脑内核团或神经元的作用。

4. 特殊状况下的神经内分泌 包括衰老、睡眠、应激及特殊情况下(如环境低氧、微重力环境、冷环境等)神经内分泌功能的变化。

5. 神经内分泌系统与免疫系统间的多重往返联系 此范畴在近年得到蓬勃发展,已形成神经免疫内分泌学专门分支。

6. 临床神经内分泌学的研究 一些神经内分泌疾病(如尿崩症等)的机制和治疗的研究。

第二节 下丘脑与神经内分泌

下丘脑(hypothalamus)或称为丘脑下部,属于间脑一部分,但与间脑另一部分——丘脑在功能上完全不同。人类的下丘脑重量仅约 4 g,不足全脑重量的 1%,但结构复杂、联系广泛,向上与中枢神经的其他部位存在广泛的和双向的联系,向下则与垂体存在解剖和功能上的密切联系。下丘脑在维持人体自身稳定中起关键作用,可调节包括水电解质平衡、摄食、生殖、体温、内分泌及免疫反应等基本活动。其中下丘脑对内分泌的调节主要通过下丘脑-神经垂体系统和下丘脑-腺垂体-靶腺(肾上腺、甲状腺和性腺)轴来完成。因此下丘脑-垂体系统是联系中枢神经系统和内分泌系统的重要枢纽。

一、下丘脑分区及主要神经内分泌核团

下丘脑由前向后分为视前区、下丘脑前区、下丘脑中区(结节区,tuberal region)和下丘脑后区(乳头体区,mammillary region)。在人类,视前区和下丘脑前区不能截然划分,故将两者合称为视上部。各个分区内的主要核团名称见表 18-1。

表 18-1 大鼠下丘脑的分区及核团布局

分区	核团名称
视前区	视前内侧核、视前室周核
下丘脑前区	室周核、视交叉上核、下丘脑前核、视上核、室旁核、内侧视交叉后核
下丘脑中区	弓状核、腹内侧核、背内侧核、穹窿周核、正中隆起
下丘脑后区	弓状核、结节乳头体核、乳头体前核、丘脑后核、乳头体上核

(一)下丘脑前区的神经内分泌核团

下丘脑前区的内侧有重要的神经内分泌核团,包括室周核、视交叉上核、视上核和室旁核等。

1. 室周核(periventricular nucleus) 核内含合成生长抑素(somatostatin,SS)的神经元,这些神经元兴奋可释放 SS,调节垂体前叶生长激素(growth hormone,GH)的合成和释放。

2. 视交叉上核(suprachiasmatic nucleus) 通过视网膜-下丘脑通路接受视网膜神经节细胞的投射。此核被视为生物钟,可调控机体活动的基本节律。

3. 视上核(supraoptic nucleus) 核内神经元均为大细胞神经元,可合成催产素(oxytocin,OXT)和血管升压素(vasopressin,VP;又称抗利尿激素,antidiuretic hormone,ADH),其中合成 OXT 的神经元主要分布在视上核的背侧部,而 VP 神经元则集中存在于腹侧部。

4. 室旁核(paraventricular nucleus) 可分为大细胞部和小细胞部。大细胞神经元合成 VP 或 OXT,其中 VP 神经元主要分布于大细胞部的后外侧,OXT 神经元则见于前内侧。小细胞神经元合成促肾上腺皮质激素释放激素(corticotropin releasing hormone,CRH)或促甲状腺素释放激素(thyrotropin releasing hormone,TRH)。

视上核及室旁核的大细胞神经元发出纤维投射到正中隆起的内层,并沿漏斗柄进入垂体后叶,这一神经通路称为下丘脑-神经垂体束。室周核的 SS 神经元和室旁核的小细胞神经元发出纤维投射到正中隆起的外层,其释放的激素经正中隆起-下丘脑-垂体门脉系统转运调节腺垂体活动。

(二)下丘脑中区(结节区)的神经内分泌核团

下丘脑中区的主要神经内分泌核团包括弓状核和正中隆起。

1. 弓状核(arcuate nucleus) 位于第三脑室底的两侧,主要是小细胞神经元,可合成促生长激素释放激素(growth hormone releasing hormone,GHRH)和 β-内啡肽。还有一些细胞为多巴胺能细胞,这些细胞发出纤维抵达正中隆起的外层。

2. 正中隆起(median eminence) 位于下丘脑内侧基底部,主要由神经纤维及丰富的血管组成,在构造上可由背侧向腹侧划分为内层和外层(图 18-1),内层有 20 000 ~ 25 000 条神经纤维投射到垂体后叶,形成下丘脑-神经垂体束,纤维以肽能神经纤维为主(释放神经垂体激素 OXT 和 VP)。外层有 4 万 ~ 5 万条轴突,纤维来源复杂,包括室旁核小细胞部的肽能神经元[合成 TRH、CRH、血管活性肠肽(VIP)、血管紧张素Ⅱ(ATⅡ)、胆囊收缩素(CCK)等],室周核的 SS 神经元、下丘脑外侧区的促黄体生成素释放

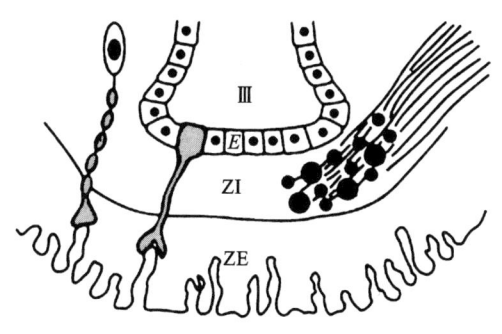

图 18-1 正中隆起的结构
Ⅲ：第三脑室　ZI：正中隆起内层　ZE：正中隆起外层

激素（LHRH）神经元以及起源于弓状核、腹内侧核的神经元（合成 GHRH、阿黑皮素原、P 物质及多巴胺等）发出的投射纤维。下丘脑神经分泌的激素可经终止于正中隆起外层的神经元轴突释放并转运入垂体门脉系统，流向腺垂体，调节腺垂体及靶腺的活动。因此，正中隆起是中枢神经与垂体及其内分泌体系间信息交流的最后驿站。

（三）下丘脑后区（乳头体区）的神经内分泌核团

下丘脑后区（乳头体区）的主要神经内分泌核团包括乳头体前核、结节乳头体核、乳头体上核及丘脑后核。

乳头体前核分为腹侧和背侧，腹侧乳头体前核较小，其前端与腹内侧核及弓状核接壤。背侧乳头体前核在腹内侧核的尾端。结节乳头体核分为 3 个小细胞亚核及 1 个大细胞亚核，脑内的组胺能神经元主要位于此核。乳头体上核位于乳头体背侧，发出纤维投射到齿状回及内侧隔核。丘脑后核为下丘脑后部（乳头体部）的一个相当大的区域，接受来自嗅结节、隔核、海马及下丘脑内一些核团的联系。

二、下丘脑的信息联系通路

下丘脑的体积虽小，但它与其本身的各区域和核团之间、与脑内其他部位之间和与外周器官之间均存在广泛而复杂的联系。

（一）下丘脑内部的纤维联系

下丘脑内各区域和核团间存在丰富的纤维联系，核团内部也有各种形式的突触存在。一是同种性质神经元间的突触联系；二是在同一核团内不同性质神经元之间也有突触联系。同一核团内神经细胞间的联系可能与细胞功能状态的同步化或相互协调有关。另外，一些神经元还可发出回返侧支，支配同一核团内的神经细胞，这种突触连接可能是负反馈中超短反馈的结构基础。

（二）下丘脑的信息传入通路

下丘脑的神经性传入通路包括皮质－下丘脑通路、由边缘系统（包括海马、杏仁、隔区）向下丘脑的投射通路、由脑干和网状激活系统来的输入及通过脊髓上行的自主神经传入束的输入。另外，从视网膜的神经节细胞也发出投射到达下丘脑的视交叉上核。即下丘脑与脑内的全部结构几乎都有潜在的联系（在这方面它可被称为一个"节点"）。从外周传入下丘脑核团的初级传入纤维常以单突触形式传递信息，而边缘系统的结构（如海马、杏仁核及嗅球等）则以多突触形式与下丘脑核团发生联系。

下丘脑也可借助体液性传入通路感受中枢及外周的传入信息。下丘脑内的终纹血管器和正中隆起均属于血－脑屏障外器官，这两个部位的毛细血管内皮是有窗型的，内皮的基膜通透性高。因此，血液性质及成分的变化可影响下丘脑的功能。另外，第三脑室的室管膜细胞也具有一定的通透性，脑脊液中也存在一些神经肽及生物活性物质，而且室管膜上皮特化的伸长细胞（tanycyte）可促进脑脊液与下丘脑核团间的信息交流。

（三）下丘脑的信息传出通路

下丘脑既能接受来自中枢神经系统其他区域的投射，也会发出纤维与中枢神经系统的其他部位以突触的形式形成双向性联系。下丘脑下行投射纤维源于多个核团，如下丘脑的室旁核小细胞部和下丘脑外侧区，这些纤维终止于低位脑干，参与调控内脏神经功能，所涉及的核团主要有迷走神经背核、疑核内侧部及孤束核等。一部分纤维继续下行到达脊髓的中间带和侧柱，影响交感和副交感神经的功能活动。

下丘脑还通过对垂体功能的调控间接影响全身各系统的功能，其作用是通过下丘脑－神经垂体系统和下丘脑－腺垂体系统来完成的（详见本章第三节），其结构基础即正中隆起－下丘脑－垂体门脉系统。

三、下丘脑的主要功能

下丘脑的结构复杂,有众多核团,和边缘系统的各种结构毗邻,与中枢神经系统其他区域有广泛和双向的联系,又与重要的内分泌腺体垂体有结构和功能上的重要联系,这些结构上的特点提示下丘脑的功能十分广泛而重要。下丘脑参与调控机体的能量代谢,调节水与电解质平衡,调控及协调生殖、生长、发育、应激反应、睡眠与觉醒、体温及免疫等生理功能或过程,表明下丘脑的中心功能是维持机体内环境的稳定以维持个体生存,并参与调控生殖过程以维持种族延续。

下丘脑被认为是机体的重要整合中枢,其作用具有下列几个特点:①下丘脑通过直接或间接的信息传入感受机体内部环境条件的变化;②下丘脑与其支配的效应器官(如垂体前叶)及其外周靶器官共同形成轴系;③下丘脑的靶器官或靶腺常通过负反馈形式使内环境稳定于预设的调定点(set point)水平;④下丘脑还可通过正反馈联系加速一些重要的生理事件的完成或实现;⑤下丘脑的各种调控功能有明显的时间因素或时相成分;⑥下丘脑对一些生理过程的调控是反射性的。

(一) 对垂体功能的调控

对垂体功能的调控是下丘脑作用最突出和研究最多的方面。下丘脑通过下丘脑-神经垂体束直接和神经垂体联系。这些神经束的纤维终末释放 VP 及 OXT 进入血液,分别调节水电解质平衡及子宫收缩和泌乳。从下丘脑弓状核、室旁核、视前核及室周核发出的纤维终末抵达正中隆起的外层,兴奋时向血管周围间隙释放下丘脑调节肽,经由下丘脑-垂体门脉系统运输到腺垂体,分别调控相应的垂体激素分泌,进而影响外周组织及器官的功能活动(详见本章第三节)。

(二) 对自主神经系统功能的中枢整合

目前研究表明下丘脑是调控自主神经系统功能的中枢所在,刺激下丘脑能产生自主神经反应,而下丘脑的功能都与内脏活动密切相关。下丘脑向脑干及脊髓内脏神经中枢核团的投射是其中枢整合的结构基础。另外,下丘脑还直接或经中继支配内脏神经的低级中枢。实验表明,副交感神经控制区主要在下丘脑的前部和内侧区以及灰结节,刺激这些部位可引起迷走神经及盆神经中副交感成分的活动,表现为心动减缓、外周血管扩张、消化道管壁及盆腔器官管壁张力增加、运动增强等。下丘脑外侧区和后部与交感神经的功能密切相关。这些区域受刺激时,出现外周交感神经功能亢进,如瞳孔散大、竖毛肌直立、心率加快、血压升高、呼吸加深加快、胃肠及盆腔脏器功能受抑制等表现。下丘脑后部受破坏时,可引起昏睡、异常睡眠及因躯体和内脏活动减弱而导致的体温降低。

(三) 对体温的调节

下丘脑视前区内有对温度敏感的神经元,可对血液的温度变化产生应答,以整合与产热和散热过程有关的生理及行为反应。体温的调控与机体的睡眠-觉醒及昼夜节律等也有密切关系,下丘脑视前区内一些神经元对温热刺激及睡眠的开始均产生放电反应,体温也有明显的昼夜节律变化。另外,下丘脑视前区内的终板血管器是血-脑屏障外位器官,循环血液中的细胞因子,如白细胞介素和肿瘤坏死因子(TNF)可作用于此部位或其邻近细胞而产生"发热",这是下丘脑感受机体内环境(感染/炎症)状态并动员机体做出相应反应的途径。

(四) 对睡眠和觉醒及昼夜节律的调节

睡眠的发生与调控是脑的特有功能,涉及全身各个方面的变化。大量事实表明,下丘脑内一些核团或区域参与调控睡眠与觉醒。早期研究发现,损毁视前区可引起大鼠失眠,而电刺激该区或向此部位注射 5-HT 或前列腺素 D_2 可引起慢波睡眠。与此相反,毁损下丘脑尾侧部可引起嗜睡。

昼夜节律是人和动物最重要的生物节律。下丘脑的视交叉上核在昼夜节律中起重要作用。将动物双侧视交叉上核损毁后,原有的一些昼夜节律性活动会消失。视交叉上核可通过视网膜-视交叉上核束与视觉相联系,切断视交叉上核束,视交叉上核就不能感受外界环境光暗变化,昼夜节律不再与外界环境光暗变化同步。

(五) 对免疫功能的调控

下丘脑主要通过下丘脑-垂体-肾上腺皮质轴

调控免疫应答活动,也可通过对外周内脏神经的调控而改变机体的免疫功能状态。同时,免疫状态的变动又可通过不同途径影响下丘脑的功能(详见本书第十九章)。

(六) 对体液平衡的调控

下丘脑室旁核、视上核、内侧视前核及终板血管器等部位的神经元对脱水所致的高渗状态敏感,对血液容量的变化也可做出反应,表现为细胞放电及代谢活动增强。另外,间脑的穹窿下器(subfornical organ)是血-脑屏障外位器官,对高渗刺激也可产生应答。这些核团的神经元与脑干的最后区、孤束核、臂旁核及去甲肾上腺素能细胞群均有信息联络,共同整合外周的刺激信号,并引发相应的适应性变化。下丘脑在调节机体体液平衡中的作用至关重要,一方面表现为视上核、室旁核及散在的大细胞副核等发出下丘脑-神经垂体束释放 VP 和 OXT,前者可减少肾对水的排泄,相应地增加血容量,从而可对抗脱水所引发的高渗状态;另一方面,下丘脑的终板血管器、间脑的穹窿下器及脑干的孤束核均参与渴觉的产生,由此可驱动个体的觅水及饮水行为,从而削弱始发的高渗刺激。但目前关于渴觉的产生机制尚不完全清楚。

(七) 对摄食的调控

进食是一个复杂的过程,涉及多个脑区的功能。早期研究认为下丘脑有饥饿中枢及饱食中枢,近年认为,下丘脑的主要作用是整合各种神经性及体液性的传入信息,综合调控内脏传出神经低级中枢对内脏的支配。进食后,消化道的内脏感觉神经兴奋,向上传到脑干的最后区及孤束核,在这些部位的神经元中继后,再将信息上传至下丘脑,相关的核团有室旁核、弓状核、腹内侧核及视交叉上核,其中腹内侧核神经元参与能量代谢的动态平衡维持,并可能与摄食有关,且可调节胰岛素的分泌。弓状核含有神经肽 Y(NPY),NPY 可在实验条件下促进摄食。弓状核内的 NPY 纤维也投向室旁核,而室旁核向脑干的内脏神经核团(包括孤束核)及脊髓有直接投射,该核是下丘脑核团中主要的下行控制纤维起始区。另外,OXT 作为室旁核合成的激素,可减少大鼠的摄食行为。由此可见,下丘脑对摄食的调控是双向性和整合性的。

(八) 对生殖功能的调控

下丘脑结构和功能的完整及其与垂体间的联系是生殖过程得以正常进行的必要前提。下丘脑通过下丘脑-腺垂体-性腺轴调节性腺的生长发育和功能,控制两性生殖细胞的成熟和分裂,下丘脑视前区较广泛的区域合成的促性腺激素释放激素(gonadotropin releasing hormone,GnRH)可通过垂体门脉系统作用于垂体前叶的促性腺激素细胞,刺激释放卵泡刺激素(follicle stimulating hormone,FSH)及黄体生成素(luteinizing hormone,LH),两者可协同或以不同的方式调节生殖细胞的成熟及两性生殖系统的功能。另外,下丘脑还参与性行为的始动与实施,下丘脑的内侧视前核与雄性性行为有关,而腹内侧核则与雌性性行为方式的产生关系密切。

(九) 对学习与记忆的影响

关于下丘脑与学习和记忆关系的研究主要集中在各种下丘脑产生的神经肽或神经激素对学习和记忆的影响。弓状核内产生的阿黑皮素原(POMC)神经元向杏仁核、终纹床核、蓝斑核、导水管周围灰质等边缘系统及脑干的核团发出投射,所释放的 POMC 活性产物包括促肾上腺皮质激素(ACTH)、黑色素细胞刺激素(MSH)及 β-内啡肽,它们对学习和记忆有不同程度和不同性质的影响。ACTH 与 α-MSH 在一定条件下可促进动物的主动和被动的逃避反应,表现为加速识记过程和延迟反应的消退。由下丘脑的室旁核及视上核合成的神经垂体激素对学习与记忆的过程有较长期的影响。其中,VP 可有效加速学习过程,延缓记忆的消退,促进记忆信息的提取。与此相悖的是,OXT 却加速记忆消退、减弱识记反应和记忆过程。对此领域的研究尚有待进一步加强,但上述事实已充分地说明下丘脑不但调控各种与生命攸关的低级活动,也对大脑的各种高级皮质功能具有重要的调制作用。

(十) 对行为和情绪反应的调节

情绪是人类和动物对环境刺激所表达的一种特殊的心理体验和某种固定形式的躯体行为,表现形式包括恐惧、焦虑、发怒、平静、愉快、痛苦、悲哀和惊讶等,同时伴有自主神经系统和内分泌系统活动的改变。情绪行为受下丘脑和边缘系统调节,电刺激动物下丘脑近中线两旁的腹内侧区（防御反应区）动物出现防御性行为，电刺激下丘脑外侧区动物出现攻击、厮杀行为，电刺激下丘脑背侧区则出现逃避行为。杏仁核的基底外侧腹核和中央核是恐惧形成的重要部位，伏隔核位于前脑皮质下的前部，具有诱导积极情绪的作用。对愉快和痛苦相关中枢部位的研究，最早是在1956年Olds等人采用埋藏电极刺激大鼠大脑"唤醒系统"时偶然发现的，后来人们常利用自我刺激方法来确定情绪活动的中枢部位。刺激下丘脑到中脑被盖的近中线部分可以引起动物的自我满足和愉快，有人把动物反复进行自我刺激的脑区称为奖赏系统。刺激下丘脑后外侧部、中脑的背侧和内嗅皮质，动物感到厌恶和痛苦，表现回避反应，这部分脑区称为惩罚系统。奖赏和惩罚系统是激发或抑制某些行为的动机。此外，后天学习和社会因素也可以影响情绪反应。

第三节 下丘脑－垂体功能单位和神经内分泌

神经内分泌学主要研究神经系统与内分泌系统之间的相互作用及其渗透关系。在机体内存在4个重要的神经内分泌转换站：下丘脑－腺垂体－靶腺轴、下丘脑－神经垂体、交感－肾上腺髓质和交感－松果体。其中，下丘脑与垂体间的功能联系是神经内分泌学诞生的基础，也是神经内分泌学的核心内容。

一、下丘脑－垂体功能单位

在结构和功能上，下丘脑和垂体的联系非常密切，可将它们看成是一个下丘脑－垂体功能单位（hypothalamus-hypophysis unit）（图18-2）。位于下丘脑的视上核与室旁核的大细胞肽能神经元的轴突延伸终止于神经垂体，将其合成的VP和OXT经轴浆运输至神经垂体储存和释放，构成下丘脑－神经垂体系统（hypothalamo-neurohypophysis system）；位于下丘脑内侧基底部的促垂体区（正中隆起、弓状核、室旁核、视前区、腹内侧核等核团）的小细胞肽能神经元合成和分泌下丘脑调节肽，其轴突末梢终止于正中隆起，与垂体门脉系统的第一级毛细血管接触，

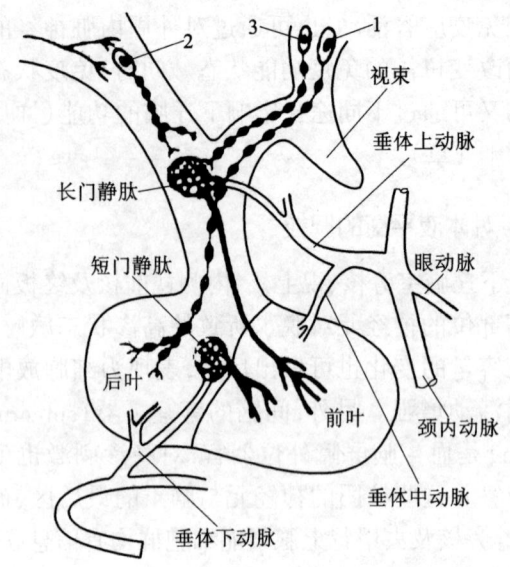

图18-2 下丘脑－垂体功能单位

神经元1代表室旁核或视上核的神经内分泌大细胞，发出下丘脑－神经垂体束，直接到达垂体后叶；神经元2和3代表促垂体区的神经内分泌小细胞，发出的神经元中止于正中隆起的门脉毛细血管

可将合成的激素释放入门脉系统，由垂体门脉系统运送到腺垂体，调节腺垂体激素的合成和释放，构成下丘脑－腺垂体系统（hypothalamo-adenohypophysis system）。下丘脑的神经元既保留了神经细胞典型特性和功能，又能分泌激素，称为神经内分泌细胞。它们可将中枢神经系统接收的神经信息转变为激素（体液）信息，以下丘脑为枢纽，把神经调节和体液调节有机地联系起来。

二、下丘脑调节肽

（一）下丘脑调节肽的种类和作用

下丘脑可分泌7种调节垂体前叶激素分泌的激素，包括生长激素释放激素、生长激素释放抑制激素（又称为生长抑素）、催乳素释放因子、催乳素释放抑制因子、促甲状腺激素释放激素、促肾上腺皮质激素释放激素、促性腺激素释放激素，它们的主要功能是控制6种腺垂体激素的合成和分泌（表18-2）。下丘脑还分泌两种调节垂体中间叶黑色素细胞刺激激素分泌的激素，分别为黑色素细胞刺激激素释放因子和黑色素细胞刺激激素释放抑制因子。

1. 生长激素释放激素（growth hormone releasing

表18-2 下丘脑分泌的调节肽、相应的垂体前叶激素和靶腺激素

下丘脑调节肽	垂体激素	靶腺激素
生长激素释放激素（GHRH）	生长激素（GH）	
生长抑素（SS）	生长激素（GH）	
催乳素释放因子（PRF）	催乳素（PRL）	
催乳素释放抑制因子（PIF）	催乳素（PRL）	
促甲状腺激素释放激素（TRH）	促甲状腺激素（TSH）	甲状腺激素
促肾上腺皮质激素释放激素（CRH）	促肾上腺皮质激素（ACTH）	糖皮质激素
促性腺激素释放激素（GnRH）	卵泡刺激素（FSH） 黄体生成素（LH）	性激素

hormone，GHRH）和生长抑素（somatostatin，SS） 由弓状核和腹内侧核神经元合成的GHRH是一种含有44个氨基酸的多肽。GHRH与垂体前叶生长激素细胞上的GHRH受体结合后，活化腺苷酸环化酶，增加细胞内cAMP和Ca^{2+}从而促进GH的分泌。GHRH呈脉冲式释放，因而GH也呈脉冲式释放。GHRH不仅刺激GH的释放，还可以促进GH的基因转录、腺垂体细胞的增生和分化。

SS是从116个氨基酸的大分子肽裂解而来的十四肽，其分泌神经元主要分布于室周核与弓状核。它既抑制垂体GH的基础分泌，也抑制多种刺激引起的GH分泌。SS的抑制作用特异性不高，它对垂体前叶其他激素的分泌也有不同程度的抑制作用。此外，SS还存在于几乎所有种属动物的胃肠道及大多数种属的胰腺D细胞、唾液腺、人的甲状旁腺、甲状腺、肾上腺、前列腺、胎盘和肾等，抑制胰岛素、胰高血糖素、促胰液素的分泌，抑制胃、小肠和胰腺外分泌腺的分泌功能，发挥SS对胰腺和胃肠道功能的调节作用。

2. 催乳素释放因子（prolactin releasing factor，PRF）和催乳素释放抑制因子（prolactin release inhibiting factor，PIF） 这两种激素的化学结构尚不十分清楚。目前认为PRF为多肽，PIF可能就是多巴胺。虽然下丘脑对催乳素的分泌有抑制和促进作用，但平时以抑制作用为主。

3. 促甲状腺激素释放激素（thyrotropin releasing hormone，TRH） 是最早提纯鉴定的下丘脑调节肽，1968年Gullemin实验室首次从30万头羊的下丘脑中成功分离出促甲状腺激素释放激素，并于一年后确定其结构为三肽，主要由室旁核细胞合成。TRH神经元呈脉冲式释放。TRH与垂体前叶的TSH细胞上的TRH受体结合后，通过增加细胞内Ca^{2+}而引起TSH的释放。同时，给予TRH还可引起腺垂体PRL的释放。

4. 促肾上腺皮质激素释放激素（corticotropin releasing hormone，CRH） 是由室旁核小细胞神经元合成的41肽，其分泌呈昼夜节律，这种节律来源于下丘脑的视交叉上核（suprachiasmatic nucleus，SCN）。CRH与垂体前叶的促肾上腺皮质细胞膜CRH受体结合，使细胞内cAMP水平升高，促进ACTH的合成和释放。

5. 促性腺激素释放激素（gonadotropin releasing hormone，GnRH） 是第二个被分离鉴定的下丘脑调节肽，最初的研究发现下丘脑GnRH可促进腺垂体促性腺激素细胞分泌LH，故命名为LHRH，后来进一步研究证明，LHRH除促进LH分泌外，还可以刺激FSH的释放。GnRH由10个氨基酸构成，来自视前区、弓状核和结节区。GnRH神经元也呈脉冲式释放，调节垂体前叶卵泡刺激素和黄体生成素的合成和释放而控制生殖功能。另外，GnRH对脑内多种神经元具有兴奋和抑制两种效应，参与多种行为的启动或调节。在睾酮（雄性）或雌激素（雌性）存在的条件下，GnRH是性行为的重要介导者。

（二）下丘脑调节肽的分泌调节

大多数下丘脑调节肽的分泌活动受神经调节和激素的反馈调节这两种机制的控制。下丘脑可接受外周神经和感觉传入神经的信息，如机体在受到应激的刺激时，可通过神经机制而使下丘脑CRH分泌增加，后者通过促进垂体ACTH的释放，使肾上腺皮

质分泌糖皮质激素增加。许多神经递质(如多巴胺、去甲肾上腺素、5-羟色胺等)都可调节下丘脑调节肽的分泌。

下丘脑调节肽调节腺垂体及靶腺激素的合成和分泌,而它们分泌的激素可以反馈作用于下丘脑,调节下丘脑相关激素的合成和分泌。

三、垂体

(一) 垂体的位置和形态

垂体(hypophysis,pituitary gland)位于下丘脑的下方,向上借漏斗柄与下丘脑的漏斗相续。人的垂体呈椭圆的豌豆形,重量在 0.4～0.9 g。

垂体由前叶、中间叶和后叶3个部分组成。前叶(anterior lobe)最大,由腺细胞构成,约占脑垂体总体积的3/4;中间叶(intermediate lobe)极不发达,仅有少量细胞;后叶(posterior lobe)通过漏斗柄和漏斗相续,是下丘脑的直接延续,由神经纤维和胶质样细胞构成。根据结构和功能特征,一般又将垂体分为腺垂体(adenohypophysis)和神经垂体(neurohypophysis)。腺垂体包括前叶、中间叶和覆于垂体柄上的结节部,神经垂体包括后叶、垂体柄和正中隆起。也有人将垂体划分为远侧部(pars distalis)、结节部(pars tuberalis)、中间部(pars intermedia)和神经部(pars nervosa)。以上3种命名的关系见表18-3。

表 18-3 垂体组成部分的划分

根据结构与来源	根据位置与结构	根据前后位置
腺垂体	远侧部	垂体前叶
	结节部	
	中间部	垂体中间叶
神经垂体	神经部	垂体后叶
		垂体柄
		正中隆起

从发生上来看,垂体有两个来源。神经垂体由胚胎期从间脑底部向腹侧的突起发展而成,至成体仍保持与下丘脑的直接神经联系;腺垂体则是由胚胎原始口腔顶部向上凸出的Rathke囊形成,至成体Rathke囊与原始口腔上皮相连的部位逐步变细并闭合、消失,与神经垂体相接触共同形成垂体。

(二) 垂体的血管

正中隆起、弓状核及垂体都由垂体动脉支配。垂体动脉来源于颈内动脉,包括垂体上、中、下动脉。垂体上动脉(superior hypophysial artery)支配下丘脑及正中隆起,形成丰富的第一级毛细血管,毛细血管汇合成数条长的"门静脉(portal vein)",沿垂体柄下行进入垂体前叶并再度分支成第二级毛细血管,与腺细胞间的血窦延续。正中隆起处的毛细血管为有窗内皮,通透性较强且不形成血-脑屏障,因此正中隆起属于血-脑屏障外位器官。正中隆起处神经纤维末梢所含的神经激素、神经肽及神经递质被释放后,极易进入门脉系统,血液由下丘脑-正中隆起流向垂体。因此,下丘脑多个核团产生的调控垂体前叶功能的激素或神经肽即可借此途径到达垂体前叶。垂体下动脉(inferior hypophysial artery)支配垂体后叶,后叶的毛细血管也形成几支短小的门静脉,到达垂体前叶。因此垂体前叶既接受"长门静脉"的血液供应,也接受来自垂体后叶的"短门静脉"的血液供应。这一系统即为著名的下丘脑-垂体门脉系统,借助此系统得以实现下丘脑激素对垂体前叶激素分泌的控制。垂体门脉系统是较为精细和经济的调控渠道,因为在门脉血液中下丘脑各种激素的浓度较外周血流中高出数倍,因此,少量释放的激素在此局部的血管床内即可达到较高的浓度。垂体前叶的血液供应 70%～90% 来自"长门静脉",10%～30% 来自"短门静脉"(图18-3)。

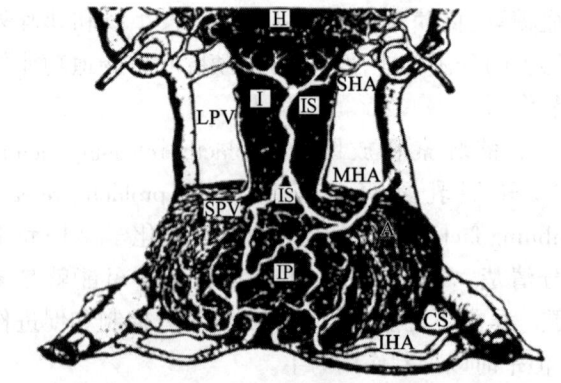

图 18-3 垂体的血液供应及垂体门脉系统

A:腺垂体　CS:海绵窦　H:下丘脑　I:漏斗　IHA:垂体下动脉
IP:漏斗突　IS:漏斗柄　LPV:长门静脉　MHA:垂体中动脉
SHA:垂体上动脉　SPV:短门静脉

(三)腺垂体的激素和功能

腺垂体存在5种内分泌细胞，主要分泌6种与生长、发育、代谢、生殖等有关的激素：催乳素细胞(lactotroph)分泌催乳素(prolactin,PRL)，生长激素细胞(somatotroph)分泌生长激素(growth hormone,GH)，促甲状腺激素细胞(thyrotroph)分泌促甲状腺激素(thyroid stimulating hormone,TSH)，促性腺细胞(gonadotroph)分泌黄体生成素(luteinizing hormone,LH)和卵泡刺激素(follicle stimulating hormone,FSH)，促肾上腺皮质细胞(corticotroph)分泌促肾上腺皮质激素(adrenocor ticotropic hormone,ACTH)。另外，腺垂体还有滤泡星形细胞(folliculo-stellate cell,FSC)，其标志成分为S-100蛋白。

GH的作用主要是促进生长，最显著作用是促进骨骼的线性增长或纵向生长，同时也刺激机体软骨、肌肉等许多其他器官及组织的增大，促进细胞分裂增殖和蛋白质合成，加快骨骼和肌肉的生长发育。这些作用主要是由肝生成的胰岛素样生长因子-1(insulin-like growth factor-1,IGF-1)所介导的。幼年缺乏GH可导致侏儒症。在长骨骨骺骨化前后，GH分泌增多可分别引起巨人症及肢端肥大症。GH可以促进蛋白质合成，促进脂肪分解，升高血糖。另外，GH还参与应激反应，与机体的免疫功能关系密切。

PRL作用于乳腺组织，参与始动及维持泌乳反应。由于多巴胺可抑制PRL的分泌，因此给予多巴胺受体激动剂可中止泌乳反应。PRL还可作用于下丘脑，调节多巴胺的代谢，并影响促性腺激素的分泌，过高的PRL可抑制卵巢功能。PRL还参与应激反应，对实验动物的免疫功能也有重要的调制作用，可促进细胞免疫和体液免疫。

ACTH可刺激肾上腺皮质细胞合成和分泌皮质类固醇激素，并能促进肾上腺皮质细胞的增殖，增加肾上腺血流量，因此ACTH的长期作用可引起肾上腺皮质增厚。ACTH能够调节免疫系统中大多数类型细胞的功能，一方面通过刺激糖皮质激素的分泌而间接引起免疫抑制，另一方面通过其受体直接作用于免疫细胞，调节免疫细胞的功能。另外，ACTH在中枢具有多种生理功能，包括学习记忆、动机行为、体温调节、心血管功能调节、神经损伤修复与再生以及抗阿片功能等。

TSH对碘代谢的各个阶段均有刺激作用，可增加甲状腺体积及其血液供应，促进甲状腺生长，促进甲状腺激素合成和释放。TSH也具有调节免疫的作用，可刺激鼠类脾淋巴细胞的增殖能力及自然杀伤细胞的活性。

在女性体内，FSH主要促进卵泡的生长、发育和成熟，并与LH协同促使卵泡分泌雌激素；LH的主要作用为引起卵巢排卵和黄体生成，并使之分泌雌激素和孕激素。女性排卵前血流中的LH浓度出现高峰可导致卵泡破裂及黄体生成。在男性体内，FSH和LH分别促进精子成熟和睾丸间质细胞分泌雄激素。

人类垂体中间叶基本退化；动物垂体中间叶存在促黑色素细胞(melanotroph)，分泌黑色素细胞刺激激素(melanophore stimulating hormone,MSH)，主要作用于黑色素细胞，促进酪氨酸转化为黑色素，促进黑色素的形成，使皮肤和毛发的颜色加深。另外，中间叶还有数量较多的滤泡星形细胞。

(四)神经垂体的激素和功能

神经垂体由神经纤维、轴突终末及垂体细胞构成，垂体细胞的性质属于胶质细胞。神经末梢中有两种激素，分别为血管升压素(VP)和催产素(OXT)。当室旁核和视上核神经元兴奋时，神经冲动到达神经末梢，引起Ca^{2+}内流，促使激素与载体蛋白释放入血。VP可促进肾远曲小管及集合管上皮细胞对水的通透及重吸收，产生抗利尿效应。较大剂量的VP还可促进血管收缩而升高血压，在某些特殊情况下(如失血、失水、血容量减少等)发挥重要的作用。OXT一方面可促进子宫收缩，另一方面可刺激乳腺的肌上皮细胞收缩，促进乳汁排出，即射乳反射。

四、下丘脑-腺垂体-靶腺轴

腺垂体的激素中TSH、ACTH、FSH和LH都有明确的靶腺。而腺垂体激素又受下丘脑调节肽的调控，因此，常将这下丘脑、腺垂体与靶腺三者之间的联系以"轴"加以概括，即下丘脑-腺垂体-性腺轴(hypothalamic-pituitary-gonadal axis,HPG轴)、下丘脑-腺垂体-甲状腺轴(hypothalamic-pituitary-thyroid axis,HPT轴)及下丘脑-腺垂体-肾上腺轴(hypothalamic-pituitary-adrenal axis,HPA轴)。这些靶腺激素的分泌受下丘脑和垂体激素的控制，而靶腺

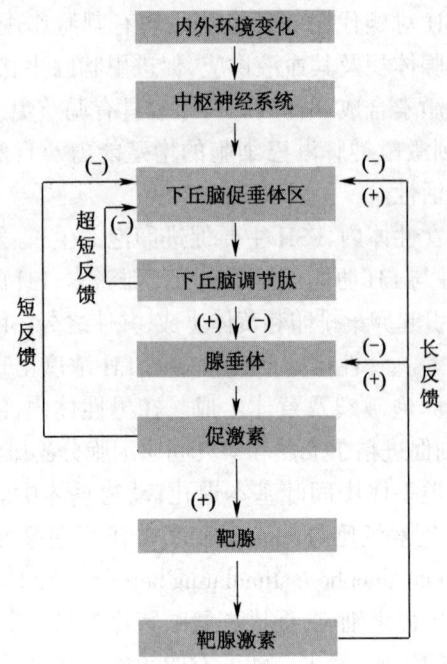

图18-4　下丘脑-腺垂体-靶腺轴

分泌的激素可以反馈作用于下丘脑或垂体，调节下丘脑和垂体相关激素的合成和分泌，形成一种体液-体液式反射，维持激素分泌的平衡状态和内环境的稳定（图18-4）。

自20世纪50年代以来，下丘脑、垂体和终末器官（如肾上腺、甲状腺和性腺）之间的系统水平相互作用已广为人知，分子生物学和信息技术知识的进步为其在分子水平上的研究提供了巨大扩展，伴随着分子遗传学、表观遗传学、表观基因组学及光遗传学和药物遗传学的发展，人们对基因调控、转录、翻译和翻译后调控有了新的认识，既促进了神经内分泌学的发展，也有助于指导治疗神经内分泌相关疾病的药物开发。

第四节　松果体和神经内分泌

公元200年，古希腊的解剖学家Galen发现，在大脑的中心部位有一个豌豆粒大小、红褐色呈圆锥形且形如松球的小器官，称为松果体。松果体（pineal body, epiphysis cerebri）或称为松果腺（pineal gland），是一个重要的神经内分泌器官，其作用十分广泛，对机体的生殖系统、内分泌系统、生物节律、免疫系统、中枢神经系统和体温等都有调节作用。

一、松果体的位置和形态

松果体位于间脑背上方的上丘脑部，以柄部连于第三脑室顶，与其下方的中脑水管之间由较薄的板层相隔，在人脑的位置接近中央部位。形似松果，重100～150 mg。松果体的解剖特征具有明显的种属差异。在啮齿类动物如大鼠，松果体的位置较为浅表，与颅骨内面接近，甚至可与脑膜相连。在低等动物如鱼类及两栖类，松果体还具有颅外部分，有晶体样结构及具有感光功能的细胞，例如蛙的松果体细胞与其视锥细胞在功能上极为相似，可以感受光刺激，称为第三只眼。哺乳动物的松果体细胞不能直接感受光刺激，只能分泌激素（图18-5）。

松果体起源于神经外胚层第三脑室的室管膜细胞，由此向上增殖突出演化而成。随着胚胎的发育，松果体由囊状转变成滤泡状，松果体细胞不断增生，最后形成实质性内分泌器官。松果体由大量的松果体细胞、少量的星形胶质细胞及一些间质细胞组成。其中，松果体细胞呈球形，核较大而圆，细胞有数个末端膨大的足突，这些足突紧邻丰富的有窗毛细血管。从青春期开始，松果体细胞产生钙质沉淀，其成分为羟磷灰石和磷酸钙等，其钙化特征是观察大脑影像的重要标志。

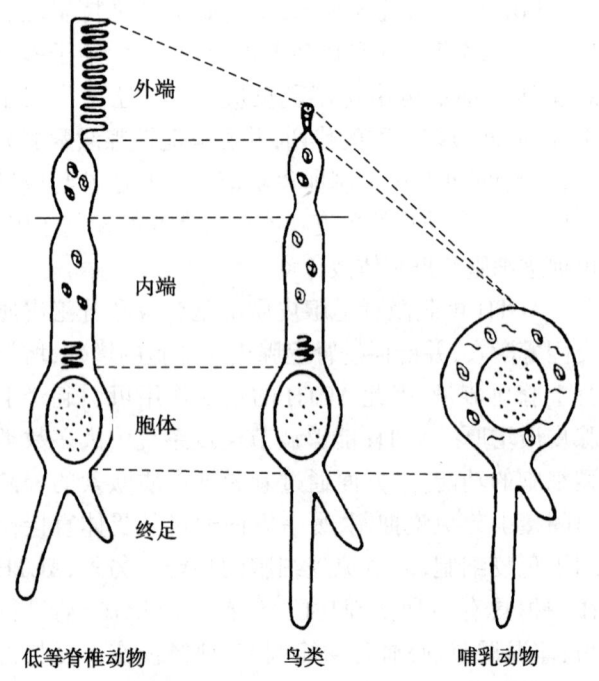

图18-5　低等脊椎动物、鸟类及哺乳动物松果体细胞的差异

二、松果体的血液供应

松果体的血液供应极为丰富,来自邻近的脉络丛的血管。由于松果体的血管床无血-脑屏障的结构特征,因此松果体和正中隆起、终纹血管器、穹窿下器及第四脑室附近的最后区等均属于室周器官,是血-脑屏障外的脑区,外周血液中成分及理化性质变化较易影响这些部位。室周器官可视为脑的门户,可感受外周信息。

三、松果体的神经支配

支配松果体的神经主要是由双侧的颈上神经节发出的沿动脉走行的交感神经节后纤维(释放 NE)。NE 能纤维的活动可促进褪黑激素的合成和释放。松果体细胞可将神经输入(交感神经元释放的 NE)转换为激素输出(褪黑激素),因此也是一种神经内分泌转换器。

低等脊椎动物的松果体细胞可直接感受光照的刺激,故又称为"光感受性细胞";在高等哺乳动物,松果体内已无感光细胞,不能直接感受光刺激,但松果体细胞的活动仍然与光照有间接且十分密切的联系。松果体对光刺激的反应是通过视网膜到松果体的神经通路完成的。支配松果体的神经纤维可接受视网膜传入的光信号神经冲动,通过 NE 作用调节松果体的激素释放,当动物处于黑暗时,支配松果体的交感神经元活动明显增强,褪黑激素的释放也明显增多。光的信息从视网膜传递到松果体至少有两条通路,一是经视神经到视交叉,然后交叉形成下附属视束;另一条是直接从视网膜到达视交叉上核。这两条通路均通过许多另外的神经元和突触将信息传到交感神经系统的颈上神经节,进而支配松果体。外界光照借此途径影响松果体的功能状态。例如,视网膜接受光线刺激后发出神经冲动,到达下丘脑的视交叉上核(SCN),发出的投射纤维在下丘脑外侧区走行,最后经下行通路抵达颈段脊髓的中间带外侧核柱,由此发出的纤维到达交感神经颈上节(图 18-6)。

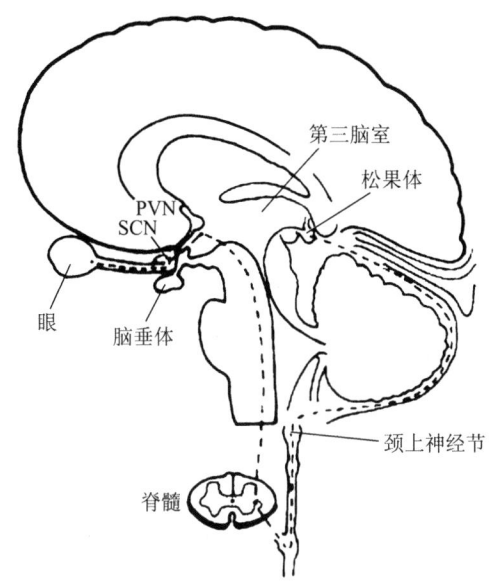

图 18-6 人眼与松果体之间的神经联系途径

视网膜接受光照刺激,神经冲动经视神经传至下丘脑的视交叉上核(SCN),后者再与室旁核(PVN)相连,PVN 发出的纤维经内侧纵束和网状结构下行到达脊髓颈部的中间带外侧核柱,再经颈上神经节支配松果体,调节褪黑激素的合成和分泌

四、松果体激素——褪黑激素

松果体可产生多种生物活性物质,其中最早发现且目前最为重要的是褪黑激素(melatonin),此外,还包括 5-HT、5-甲氧色胺等其他化合物。在人类中,松果体是产生褪黑激素的主要部位,其次是视网膜、淋巴细胞、骨髓、胃肠道和胸腺。

(一)褪黑激素的合成、分泌及影响因素

褪黑激素的化学成分为 5-甲氧吲哚乙酸(*N*-acetyl-5-methoxytryptamine),可使蛙类皮肤颗粒细胞中的黑色素颗粒发生积聚,使皮肤变白,故称为褪黑激素。褪黑激素的前体是色氨酸,在松果体细胞中色氨酸经过酶促羟化和脱羧反应生成 5-HT,然后在 *N*-乙酰转移酶(合成褪黑激素的限速酶)、羟吲哚甲基转换酶(合成褪黑激素的关键酶)催化下生成褪黑激素。褪黑激素是脂溶性激素,在松果体细胞中合成后不能贮存而立即释放。

褪黑激素的合成和分泌主要受光照调节,血中褪黑激素水平有明显的昼夜节律变化,夜间分泌水平远高于白昼。与此相一致的,夜间与褪黑激素合成相关的酶活性较高,而褪黑激素前体的含量降低。光照刺激通过由视网膜起始的神经通路的传递,最

终到达交感神经节后纤维,抑制 NE 的释放,进而抑制褪黑激素的合成。另外,褪黑激素与生殖周期有关,因此女性血中的褪黑激素水平与月经周期同步,具有月节律变化。而季节性繁殖的动物,其褪黑激素的水平则具有季节节律性变化。

除光照外,褪黑激素的分泌与年龄和性成熟有关。人类在生后第 9~12 周方出现褪黑激素的分泌节律,在 1~5 岁幼儿,褪黑激素的总产量增加,其血中褪黑激素水平在夜间达到高峰;青春期时,该激素在血中的水平明显下降,其后在整个成年期,褪黑激素维持于相对稳定的水平。到 45~65 岁,褪黑激素的夜间分泌减少,65 岁以后其分泌量大为下降(图 18-7)。

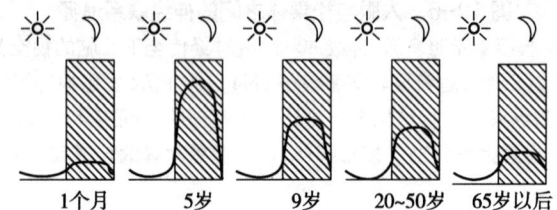

图 18-7　褪黑激素的合成和分泌与光照周期和年龄相关

伤害性刺激也可改变褪黑激素的分泌,如束缚动物或低血糖状态都可导致褪黑激素分泌增多,生理应激(如运动)和病理应激(如溃疡性结肠炎)褪黑激素升高,提示褪黑激素是一种应激激素,在机体抗应激过程中可能起一定作用。此外,食物、运动和性激素水平等均可影响褪黑激素的合成和释放。

(二)褪黑激素在神经内分泌系统中的作用

1. **褪黑激素与生殖**　人类最早认识到的褪黑激素作用就是对性腺的内分泌影响。1898 年,德国医生 Otto Heubner 发现一个男孩性早熟,并伴有松果体肿瘤,由此开始了松果体功能的科学探讨。1912 年,Foa 对 3~5 周的小鸡行松果腺摘除实验,发现小鸡提前生长,催促早熟。在兔、狗和猫的松果腺摘除实验均得到类似的结果,切除松果体后,动物体内的垂体促性腺激素水平显著增高,提示松果体可能是与生殖功能密切相关的一种腺体。随后的实验证实,将松果腺提取物注入多种动物体内,均出现生殖器官萎缩、第二性征减弱和发育迟缓,说明松果体确实是一种内分泌腺,而且其分泌的物质最显著的生理作用是抑制生殖功能。故褪黑激素的主要生理功能表现在对生殖系统功能的影响,它可调节动物的青春期发育,延缓未成年动物的性成熟,控制促性腺激素的合成和分泌,降低促性腺激素诱发的排卵反应等,也可使性腺及附性器官萎缩。实验表明,褪黑激素对生殖系统的作用主要在下丘脑 - 腺垂体 - 性腺轴上,其中下丘脑(特别是结节部)是褪黑激素作用的主要部位和靶组织。另外,研究已证实在乳腺、子宫、卵巢等生殖器官也存在着褪黑激素的高亲和力受体,褪黑激素可通过其受体直接作用于生殖系统。

2. **褪黑激素与中枢神经系统**　褪黑激素对中枢神经系统影响广泛,具有镇静、镇痛、催眠、抗惊厥及调整生物节律等多种作用。褪黑激素可以调整生物钟及生物节律,并促进睡眠。跨时区飞行时,褪黑激素分泌失调,给予褪黑激素有利于改善疲倦及失眠等时差症状。褪黑激素在慢性失眠和睡眠障碍中的作用已明确,被认为是一种生理性睡眠诱导剂和镇静剂。

一定剂量的褪黑激素具有抑制细胞增殖和组织生长的效应,有人认为褪黑激素具有抗衰老效应。

3. **其他**　有研究者发现,褪黑激素具有强大的抗自由基作用,褪黑激素的许多生理功能都与抗氧化有关,这可能是褪黑激素最重要的生物学活性。褪黑激素还表现出多种其他功能,包括免疫调节、生殖、催眠、抑制肿瘤、情绪、行为、疼痛和生物钟等。人们发现,褪黑激素产生不足或受体表达减弱与许多疾病有关,例如肥胖、乳腺癌、神经功能紊乱、糖尿病、高血压、前列腺癌、自身免疫病、情绪障碍和移植免疫等。褪黑激素在疼痛相关疾病中有潜在的镇痛作用。由于褪黑激素的副作用很少,安全剂量范围较大,因此它有较大的潜在临床应用价值。

褪黑激素通过与其受体结合而发挥作用。褪黑激素受体有两型:高亲和性的 ML1 受体和低亲和性的 ML2 受体。现已证实,ML1 受体是 7 次跨膜的 G 蛋白偶联受体,又分为 a、b、c 三种亚型,即 mel1a、mel1b、mel1C。哺乳动物仅发现 mel1a(MT1)和 mel1b(MT2)两种亚型,其中 mel1a 的表达主要见于视交叉上核及脑垂体结节区,mel1b 主要表达于视网膜和海马区。此外,褪黑激素受体还在体内多种组织分布,包括肾上腺、心血管、肺、肾、小肠、皮肤及淋巴细胞等,这可能是褪黑激素作用广泛的原因。另外,褪黑激素作为脂溶性激素还可以核受体家族中孤受体 RZR/ROR 为核受体,介导褪黑激素核内信号转导作用。在过去的一个世纪里，人们对褪黑激素在治疗各种疾病如炎症、胃肠道疾病、癌症、情绪障碍等方面的应用越来越感兴趣。为了预防和治疗各种疾病，外源性褪黑激素已被用于许多临床试验，几种褪黑激素激动剂已被合成并广泛应用于疾病治疗。

第五节 应激和神经内分泌

应激（stress）在物理学上指应变力，即物体受外界压力变形时产生的对抗变形的相互作用力。后来将其引入生物学领域，指机体在受到各种强烈因素（即应激源）刺激时所出现的以交感神经兴奋-肾上腺髓质儿茶酚胺分泌增多和垂体-肾上腺皮质分泌增多为主的一系列神经内分泌反应，以及由此而引起的各种功能和代谢的改变，以适应强烈刺激，提高机体抗病的能力。Selye 以下丘脑-腺垂体-肾上腺皮质轴为主的应激学说与早期 Cannon 所提出的以交感-肾上腺髓质系统为主的应急概念相得益彰，成为神经内分泌学的重要理论。时至今日，对应激的研究仍是此学科的核心内容之一。

一、应激的概念

1914 年，美国生理学家 Cannon 研究器官在紧急状况下的"应急"反应，发现动物在遇到强烈刺激时，出现交感神经兴奋，肾上腺素和去甲肾上腺素分泌增加，将引起应急反应的刺激视为一种扰乱"稳态"的力量。1936 年，加拿大学者 Hans Selye 在研究性激素时发现，各种有毒的或不纯的激素制剂和其他强烈刺激，诸如过冷、感染、外伤和出血等伤害性刺激，都会引起小鼠的肾上腺、胸腺、淋巴系统和胃肠道的相似的变化，导致动物出现胸腺萎缩、血中白细胞数量减少、胃黏膜出血及溃疡，并伴有肾上腺皮质肥大，即各种疾病或有害刺激导致相同的、涉及全身的生理生化反应。据此他提出了应激（stress）概念，将此词引入生物学领域。Selye 认为，应激是由多种伤害性刺激引发的，由肾上腺皮质介导的针对各种（体内外环境的）需求而做出的非特异性应答反应，这些反应统称为应激反应。这种生理反应与刺激物的性质无关，被称为"一般适应综合征"（general adaptation syndrome），它是机体对有害刺激所做出防御反应的普遍形式。Chrousos 把应激定义为"危及内环境稳定的机体状态"。机体可通过复杂的生理及行为调适过程重建内环境稳定状态。20 世纪 70 年代，Mason 和 Frankenhauser 发现应激反应不仅和应激源质量有关，还和机体对应激源的认知和评价密切相关，进一步扩展了应激的概念。

二、应激分类和应激反应

各种引发应激反应的刺激、破坏或影响机体内稳态的各种内外环境因素都可构成应激源（stressor）。应激源根据其性质可分为 5 类，切割伤、挤压伤等创伤属于机械性应激源，高温、冷冻、噪声和电离辐射等属于物理性应激源，毒物和麻醉药等构成化学性应激源，而细菌及病毒感染和毒蛇咬伤等为生物性应激源，新奇环境、考试、离异、丧偶和亲人过世等社会事件构成心理性/社会性应激源。对应激刺激的感受途径大致可分为两类：其一为经躯体及内脏的传入神经向下丘脑、边缘系统及高级皮质等中枢结构传递信息；其二为经血液或其他体液运输途径将刺激信号传入与应激有关的中枢结构，例如血液的性质、成分、激素及细胞因子或药物的浓度等信息可借助外周感受器、室周器官（无血-脑屏障）或通过血-脑屏障传递至中枢结构。

根据应激因素出现的缓急、病理过程的长短和机体反应的程度，可将应激分为急性应激和慢性应激。急性应激是指机体受到突然刺激发生的应激。慢性应激指机体长期而持久的紧张状态。慢性应激常被人们忽视，一些貌似健康者，可因体内存在某种慢性疾病、慢性功能紊乱而存在长期的慢性应激反应。根据应激源的不同，亦可分为生理性应激和病理性应激。生理性应激指机体适应外界刺激，并维持机体的生理平衡。在日常生活中，几乎每个人都会遇到某些应激源的作用，只要这种作用不是过分强烈，作用的时间也不是过分持久，那么所引起的应激将有利于动员机体身心，以便更好地完成必须完成的任务或者更好地避开可能要发生的危险。这种应激，显然对机体是有利的，因而有人称之为良性应激。如果应激源的作用过于强烈和（或）过于持久，会导致机体出现一系列功能、代谢紊乱和结构损伤，超过机体负荷的限度，破坏内环境的稳定性，甚至引发疾病。这类应激在上述情况下可能引起病理变化，故有人称之为病理性应激，也称劣性应激。

应激源所诱发的应激反应又可分为躯体性应激反应（somatic stress response）和心理性应激反应（psychological stress response），但一般状态下常是二者兼有。各种应激源引发的应激反应表现形式有一定差异，但应激刺激达到一定程度后，所诱发的应激反应却极其相似。典型的应激反应涉及行为及躯体性变化，表现为具有适应意义的非特异性反应，如机体处于警觉状态，易激怒，反应敏捷，认知能力增强，注意力提高，有欣快感、沮丧感或恐惧感，躯体的痛阈提高和深部体温上升，交感神经活动增强而副交感神经活动减弱（表现为消化及泌尿生殖系统活动受抑制，心血管活动增强，心搏加快、加强，心脏射血量加大，动脉血压上升，呼吸频率加快、呼吸加深），中间代谢反应亢进、糖原异生和糖利用加强，脂肪水解加速，肝解毒作用增强及免疫功能受抑制等。这些反应的核心是促进机体的血液供应及能量物质的重新分配，保证重要器官包括脑、心、肺和肌肉供血充分及能量充足，使机体投入打或逃（fight or flight）的生存考验，对伤害性刺激做出及时的应答反应。因此，应激反应在适当强度内可动员机体的非特异适应系统，增强机体的适应能力，提高机体的生存能力；而反应过强或持续时间过长则可能引起机体出现一系列功能代谢紊乱和结构损伤，导致内环境失去平衡。

三、应激反应的中枢结构及环路

（一）应激反应的中枢

应激系统的中枢包括下丘脑室旁核小细胞部的 CRH 神经元、AVP 神经元、延髓臂旁核及巨细胞旁核的 CRH 神经元及蓝斑核（LC）与相邻部位的去甲肾上腺素（NE）能神经元构成的 LC/NE 体系等。此外，边缘系统的杏仁核、终纹床核、海马、额前区皮质及外侧隔区等都参与一些应激反应的中枢过程。

在复杂的应激系统中，CRH 神经元是极关键的，表现在：①CRH 神经元通过启动下丘脑 - 腺垂体 - 肾上腺皮质轴（HRA 轴），引起广泛的中枢和外周效应；②CRH 神经元的纤维支配 LC/NE，而 LC/NE 体系及终纹床核、杏仁核、海马也直接或间接地发出投射纤维抵达 CRH 神经元；③CRH 的受体在脑内广泛分布，包括应激系统的其他中枢结构，特别是在边缘系统和新皮质部位；④脑室内注射 CRH 可引起典型的应激行为，激活下丘脑 - 腺垂体 - 肾上腺皮质轴系和交感 - 肾上腺髓质系统，CRH 可引发所有典型的应激反应。

在应激反应中，VP 的合成和分泌明显增加，它也是重要的与应激有关的激素。VP 与 CRH 有重要的协同作用，可大大地增强 CRH 引起的 ACTH 释放反应。

另外，5-HT、ACh 和神经肽 Y（NPY）等可强化 CRH 及 LC/NE 系统的活动，而 GABA、内源性阿片肽和糖皮质激素等则可引起抑制性效应。

（二）与应激反应有关的其他中枢结构

1. 促进应激反应的结构或区域　①脑干儿茶酚胺能神经元向上影响室旁核，向下则启动交感 - 肾上腺髓质系统。②杏仁核簇中的中央杏仁核、内侧杏仁核及皮质杏仁核在接受应激刺激时，可引发行为及心血管反应。这些核群对不同的应激源反应不同。③终纹床核是海马、杏仁核、下丘脑及脑干之间联系的通路。

2. 制约应激反应的结构或区域　①室旁核神经元可接受 HPA 轴终产物糖皮质激素的反馈抑制。另外，还存在抑制性局部神经回路，制约室旁核神经元的活动。②海马中有较多的糖皮质激素受体，因此糖皮质激素对海马的作用较强。当海马损毁或受到刺激时，HPA 轴的活动，特别是 CRH 和 VP 的 mRNA 水平分别呈现上升和下降改变。③前额叶皮质及外侧隔区对应激反应也有抑制性影响。这些部位毁损后，束缚引起的急性应激反应中 HPA 轴活动大为加强。

（三）应激传入信息的传递

Herman 与 Cullinan 在 1997 年提出将应激反应分为两大类的假说。

第一类为信息再处理性应激。如束缚、条件性恐惧刺激及暴露于新奇环境等应激刺激。这类信息传递到脑内，需经前额叶皮质、海马及杏仁核等部位进行加工处理，然后启动应激反应，其特点为：①多重信息处理加工过程。②应激刺激并不直接危及生存。③应激信息可与个体既往经历和记忆信息进行比较。

第二类为系统性应激。应激源包括缺氧、乙醚麻醉和心血管功能障碍等。所诱发的应激反应是信息经由内脏神经途径传导到室旁核,且这些应激源多为危及生命的,因此应激信息不需经过边缘系统的再加工,以保证机体迅速对这些危急情况做出反应。

四、应激的神经内分泌反应

应激反应的主要神经内分泌改变是由下丘脑-腺垂体-肾上腺皮质轴(HPA轴)和蓝斑-去甲肾上腺素能神经元(LC-NE)/交感-肾上腺髓质系统的功能活动造成的,可涉及全身,是应激系统的核心环节。例如,对心血管系统及呼吸系统的刺激性作用,对消化系统、泌尿生殖系统等功能的抑制,并削弱免疫系统的功能。

(一)下丘脑-腺垂体-肾上腺皮质轴(HPA轴)

HPA轴是应激反应的核心体系,在应激反应中,HPA轴激活,CRH、ACTH和肾上腺皮质激素水平升高。

1. 下丘脑CRH的释放、运输和作用 下丘脑受大脑各部的控制,包括来自边缘系统和脑干网状结构传入信息的影响。来自边缘系统杏仁核的纤维调节情绪应激反应,如愤怒、恐惧、忧虑等应激源均通过此通道显著地增加ACTH分泌。而创伤、剧烈温度变化等应激源,则可通过外感受器传入冲动,引起脑干网状结构的上行激动系统兴奋,从而引起下丘脑兴奋,激发ACTH释放。室旁核的CRH神经元接受兴奋性刺激后,CRH可以钙依赖方式释放入下丘脑正中隆起经垂体门脉系统运送到垂体前叶,与ACTH细胞的CRH受体结合,促进ACTH合成和分泌。

2. 腺垂体ACTH的作用 ACTH经体循环抵达肾上腺皮质球状带细胞,与细胞膜上的受体MC-2结合,经Gs蛋白偶联,激活cAMP-PKA信号转导通路,促使胆固醇转化成皮质醇或皮质酮等糖皮质激素,后者以脂溶性方式弥散释放。

3. 肾上腺皮质激素的作用 皮质醇(人和家兔)与皮质酮(啮齿类动物)经血液运输抵达全身各部位而发挥其强大的多种生物作用,包括抑制免疫功能、减轻炎症及过敏反应、对心血管系统的允许作用、对

第五节 应激和神经内分泌

能量动员的作用等。另外,糖皮质激素还可作用于垂体ACTH细胞及下丘脑,发挥负反馈调节作用,以防止应激反应的过度发展。

(二)蓝斑-去甲肾上腺素能神经元(LC-NE)/交感-肾上腺髓质系统

应激时该系统的外周效应主要表现为血浆肾上腺素、去甲肾上腺素浓度迅速升高。

肾上腺髓质主要由嗜铬细胞构成,主要合成并释放肾上腺素(E),其次是去甲肾上腺素(NE)和多巴胺(DA)。支配嗜铬细胞功能活动的是来自脊髓胸段的交感神经节前纤维,为胆碱能纤维,两者共同构成交感-肾上腺髓质系统。与交感神经有联系的中枢结构包括延髓的中缝大核和网状结构、脑桥及下丘脑(特别是室旁核)。应激反应时,除交感神经兴奋引起全身释放去甲肾上腺素外,肾上腺髓质嗜铬细胞也被激活,肾上腺素快速释放入血,伴有小部分去甲肾上腺素。

蓝斑是LC-NE轴的中枢位点,其中去甲肾上腺素能神经元的上行纤维主要投射至杏仁复合体、海马、边缘皮质及新皮质,是应激时情绪变化、学习记忆及行为改变的结构基础。肾上腺素能神经元的下行纤维主要分布于脊髓侧角,调节交感神经张力及肾上腺髓质中儿茶酚胺的分泌。

交感-肾上腺髓质系统兴奋主要参与调控机体对应激的急性反应,肾上腺素和去甲肾上腺素通过血液循环作用于全身,促使机体紧急动员,介导一系列的代谢和心血管代偿机制,例如促进内脏血管收缩、血压及血糖升高、促进血流重分配和抑制消化道的活动,以克服应激源对机体的危害或对内环境的扰乱作用,从而提高机体的生存能力。

交感-肾上腺髓质系统在不同的条件下功能不同。冷暴露时,交感系统或交感-肾上腺髓质系统都受到强烈兴奋,参与维持体温和能量供应。当禁食和饥饿时,交感神经系统总体功能受抑制或状态低下,但肾上腺髓质受到刺激,其反应程度较严重低血糖为轻。在循环衰竭、低氧等其他影响内环境平衡甚至危及生命的状态下,交感-肾上腺髓质系统的活动具有重要意义。手术切除交感-肾上腺髓质系统则动物在应急或应激条件下极易死亡。

HPA轴和交感-肾上腺髓质系统在功能上相互联系、相互作用,共同调节应激反应。HPA轴的激活

引起CRH水平升高,CRH可以增强蓝斑-去甲肾上腺素能神经元的活性;而蓝斑的去甲肾上腺素能神经元释放去甲肾上腺素后,通过刺激下丘脑室旁核神经元上的α肾上腺素受体而使CRH释放增多,从而启动下丘脑-垂体-肾上腺皮质轴的活化。

五、应激反应的中枢效应

近年来,应激的中枢效应有较多的研究和突破性成果,集中体现于应激对高级中枢结构及神经系统高级功能活动的影响,以及慢性应激与精神心理疾病的关系。

(一) 应激与海马的关系

海马是重要的边缘系统结构,参与学习与记忆过程,调控机体的自主神经活动,在协调、控制应激反应的发生和发展中也有重要的作用。同时,海马结构还易受创伤、衰老过程及持续性应激等伤害。海马的这些特点与其结构和功能的可塑性有关。

海马神经元表达许多激素及神经递质的受体,包括Ⅰ型(盐皮质激素型)和Ⅱ型(糖皮质激素型)肾上腺皮质激素受体,以糖皮质激素为主的应激激素对海马的效应,即由这些受体所介导。

急性应激刺激可减弱海马齿状核颗粒细胞的正常发生。由于齿状核与杏仁核之间存在着密切联系,因此有人推测,这一现象与应激引发的恐惧性记忆或情绪有关。

短期应激性刺激能引起海马CA_3区锥体神经元树突发生萎缩,特别是在表层及树突顶端尤为明显,这种变化可能与空间及短时记忆能力的受损有关。长期应激刺激可促进海马的衰老指征,表现为CA_1区锥体神经元的兴奋性改变,海马锥体神经元数量下降。另外,在衰老的海马组织,应激刺激终止后,由糖皮质激素浓度升高所引发的兴奋性氨基酸释放反应仍不停止,由此以钙依赖的方式导致神经元的伤害及死亡。

应激刺激或给予糖皮质激素可引起海马神经元的兴奋性发生可逆的和双向性变化,并改变LTP的时程,从而影响认知功能。

一些临床观察表明,老年人的识记功能有明显的个体差异,且差异的程度与海马的体积密切相关。当HPA轴持续活动达3~4年,则引起明显的空间及阶段性记忆能力下降,且在最严重的HPA轴功能紊乱个体,其海马体积减小程度最为明显。另外,大屠杀的幸存者、库欣综合征(Cushing syndrome)、复发性抑郁症、创伤后应激障碍(posttraumatic stress disorder, PTSD)、精神分裂症、阿尔茨海默病的亚临床期等患者都出现不同程度的海马萎缩,这提示应激因素特别是应激引起的糖皮质激素浓度持续升高是海马萎缩的主要因素。

(二) 应激与下丘脑的关系

1. **应激与下丘脑POMC神经元的功能** 应激刺激可促进下丘脑弓状核POMC神经元的活动,后者通过向室旁核(PVN)及LC-NE系统的投射而达到对应激反应的抑制。此外,POMC神经元的投射纤维可在脊髓及后脑水平引起镇痛效应,而投射到间脑-皮质-边缘系统环路的POMC神经纤维与欣快感觉及依赖性的产生有密切关系。POMC神经元的上述作用系由POMC降解产物ACTH及β-内啡肽等介导实现的。

2. **应激与体温调节** 应激时,室旁核和LC-NE系统的活动都可提高机体深部体温。向脑室内微量注射CRH或NE即可升高体温。在免疫性应激条件下,脂多糖(LPS)或细胞因子的作用可引起发热反应。

3. **应激与摄食** 多种应激刺激都可引起食欲缺乏、摄食减少。已知CRH可导致厌食,而神经肽Y(NPY)既可提高食欲促进摄食,又能促进CRH的释放,并同时抑制LC-NE系统的活动,从而提高外周副交感神经活动,有利于食物消化和能量贮存。另外,糖皮质激素能促进NPY的释放,并反馈抑制CRH和LC-NE系统的活动。这些事实表明应激与摄食的关系较为复杂。

4. **应激与下丘脑-垂体轴** 应激可降低下丘脑-垂体-性腺轴(HPG)的活动。这一作用起因于CRH和糖皮质激素在下丘脑和腺垂体水平对促性腺激素释放激素(GnRH)及黄体生成素(LH)/卵泡刺激素(FSH)释放的抑制效应。糖皮质激素还可在性腺水平抑制性激素的产生。在实际生活中,慢性应激可见于受高强度训练的运动员、芭蕾舞演员及神经性厌食症个体,男性表现为血浆中促性腺激素和睾酮的水平降低,而女性则可能出现闭经。

急性应激可提高生长激素(GH)的分泌水平,但长期应激刺激可抑制个体生长,其原因为HPA轴功能亢进,引起 GH 及胰岛素样生长因子 I(IGF-1)的分泌减少。

长期应激可削弱下丘脑-垂体-甲状腺轴(HPT)的活动,这与能量的保存有关。

概而言之,急性应激反应有助于机体应对紧急状态,动员机体的贮备力量,提高机体的耐受力,从而维持个体生存。与此同时,机体生殖活动及消化功能等均受到相应的抑制。这些都体现了机体高度发展和完善的调适能力。然而,过强或过长的应激反应对机体则有各种伤害性效应。目前,人们已经发现一系列临床综合征或疾病与应激反应关系密切,如训练过度、营养不良、糖尿病、胃肠功能紊乱、甲状腺功能亢进、Cushing 综合征、抑郁症及强迫症等,其共同特征是不同形式的 HPA 轴功能亢进;而 HPA 轴功能低下也出现在一系列临床症候群,如季节性抑郁症、慢性疲劳综合征、经前期紧张综合征等。

应激是机体的一种防御机制,没有应激反应,机体将无法适应随时变动的环境。但过度的应激反应,超出机体的适应能力或反应异常,则造成内环境紊乱,诱发应激相关疾病的发生或已有疾病的发展、恶化。上述事实说明,应激系统及应激反应具有利弊两重性,应激作为多种重大疾病的重要病因或诱因已经确认,在许多疾病的发生发展上都起着重要的作用,应激医学这门学科也应运而生,因此,干预应激系统及应激反应对应激相关疾病的预防和治疗具有重要意义。

(裴建明　刘亚莉)

新形态教材网　数字课程学习

📼 教学 PPT　　📄 参考文献

第十九章

神经-免疫-内分泌网络

神经系统、免疫系统和内分泌系统是参与维护机体内环境平衡的三大系统,在机体的生理和病理过程中发挥极为重要的作用。整体及细胞和分子水平的研究都表明,神经、内分泌和免疫系统既能作为独立的调节系统发挥自身的独特功能,它们之间又存在着复杂而密切的相互作用,这些相互作用共同参与维持生物体内环境的平衡和稳态。免疫系统通过免疫调质(细胞因子)及其受体影响神经和内分泌系统的功能状态,神经系统通过神经递质及其受体调节内分泌系统和免疫系统的功能状态,而内分泌系统则通过激素及其受体控制神经系统和免疫系统的活动。这三个系统之间不仅存在很多回路,而且彼此之间进行着直接的双向交流(图19-1)。近年来人们总结出神经、内分泌、免疫系统之间发生联系的主要结构和成分及相互之间的关系(Deckx et al., 2013)(图19-2)。一旦上述三个系统的平衡失调,就会导致疾病的发生。1977年,Besedovsky和Sorkin提出的"神经-内分泌-免疫网络"(neuro-endocrine-immune network, NEI network)学说(Besedovsky and Sorkin, 1977),成为医学生物学中的一个重大理论课题和许多科学工作者热衷研究的焦点。越来越多的基础和临床研究证明了这一学说的正确性,并且已经成为当今科

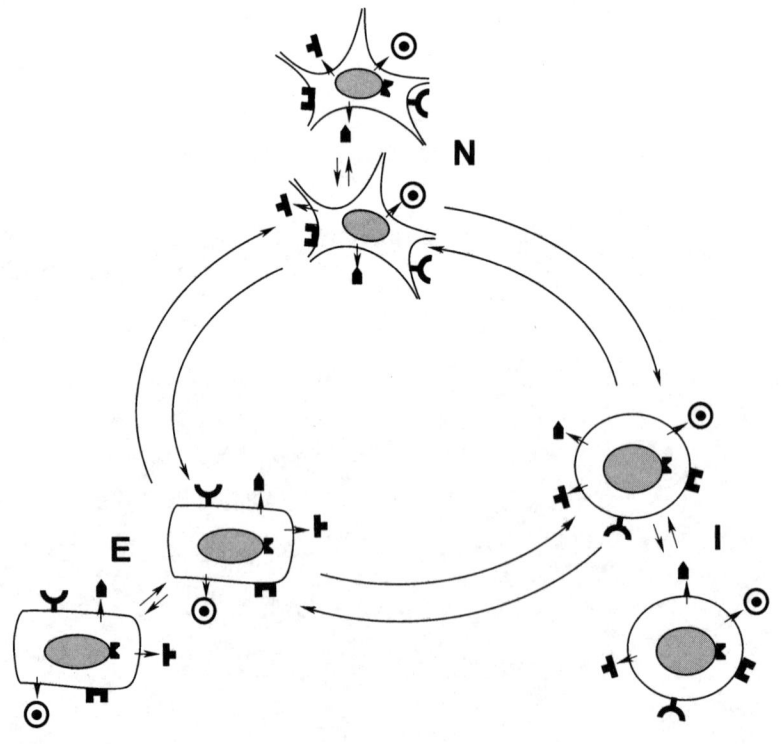

图19-1 神经-免疫-内分泌网络

N:神经细胞　I:免疫细胞　E:内分泌细胞　⊙,Y:神经递质及其受体　▬,Ε:免疫调质及其受体　▲,Κ:内分泌激素及其受体

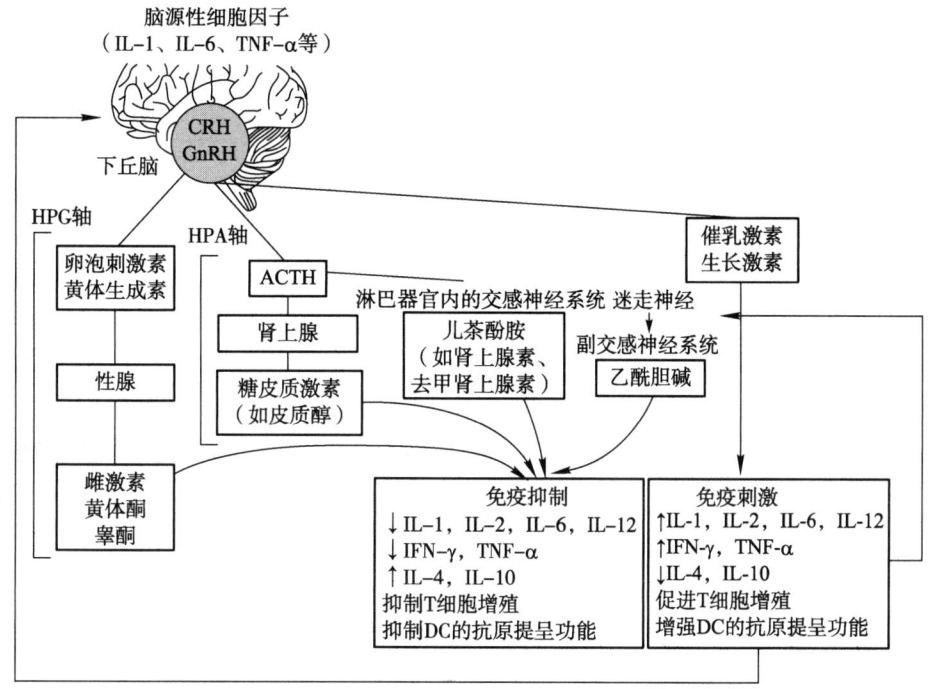

图 19-2 神经－免疫－内分泌系统之间发生联系的主要结构和成分及相互关系

↑：表达上调　↓：表达下调　IL：白细胞介素　TNF：肿瘤坏死因子　CRH：促肾上腺皮质激素释放激素
GnRH：促性腺激素释放激素　HPG 轴：下丘脑－垂体－性腺轴　HPA 轴：下丘脑－垂体－肾上腺轴
ACTH：促肾上腺皮质激素　IFN：干扰素　DC：树突状细胞

学研究领域新的"生长点"。用免疫细胞化学三重标记技术证明，与免疫、神经、内分泌相关的三种物质可共存于同一神经细胞，从而将免疫－神经－内分泌网络学说由整体水平深入细胞水平（朱长庚，1999）。精神和心理活动是神经系统的高级功能，而精神和心理疾病患者在内分泌和免疫系统也会出现明显变化，因此在 20 世纪晚期心理神经免疫学（psychoneuroimmunology，PNI）成为一门探索人类心身健康奥秘的新型交叉学科，研究心理因素（脑和行为）如何通过神经、内分、免疫系统转换为可以影响健康的生理状态的机制（Savino and Guaraldi，2017）。最近的研究表明，慢性应激可能通过激活下丘脑－垂体－肾上腺轴（HPA 轴）和交感－肾上腺髓质轴来影响免疫系统，进而影响炎症、自身免疫和感染应答。此外，研究也揭示了肠道菌群如何通过神经－免疫途径影响大脑功能和行为，这一发现对于理解精神障碍和神经发育疾病的病理生理具有重要的意义（Caputi et al.，2021；Menees et al.，2022；Petra et al.，2015）。本章以神经－免疫－内分泌网络为主题，就三大系统之间的联系与相互调节作用进行介绍。

第一节　神经－免疫调节

神经系统和免疫系统在探测环境中的危险和保护组织免受伤害的过程中，进化产生出复杂多样的互补性机制（Sebastien Talbot，2016）。神经系统能够迅速地处理信息并协调复杂的防御反应，免疫系统则能够通过调动特定的免疫细胞来消除威胁。这两个系统在组织损伤和感染过程中能够紧密协作，共同去恢复局部和系统反应的平衡。它们通过细胞因子、生长因子和神经肽等共同拥有的物质进行交流沟通，相互影响，进而协调一致（图 19-3）。

一、神经系统对免疫系统的调节

中枢神经系统通过激素和神经回路，参与调节外周的天然免疫反应。在整体水平上，由感染或创伤诱发的神经内分泌系统介导的应激反应广泛地抑制天然免疫反应。交感和副交感神经系统同时也能感受局部的损伤和感染，通过胆碱能和肾上腺素能

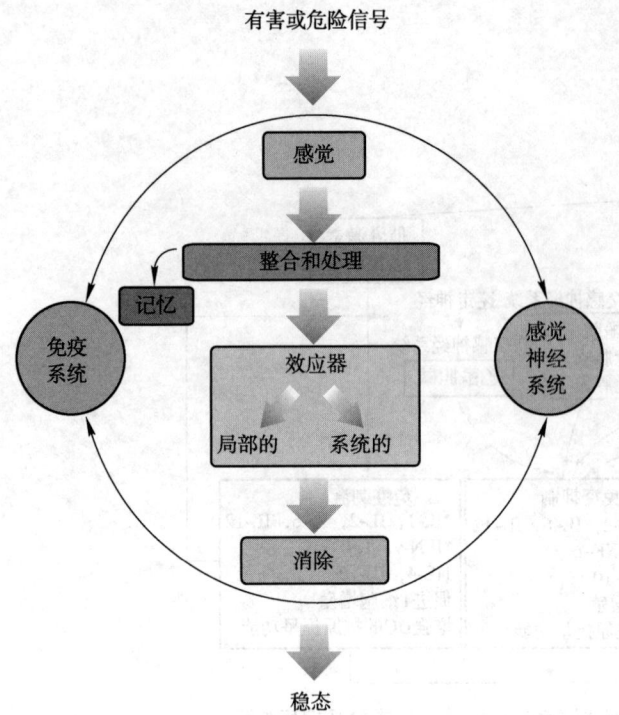

图19-3 神经系统和免疫系统相互作用的模式

抗炎通路,反射性地调节免疫反应。值得注意的是,控制外周免疫活动的主要神经内分泌激素和神经递质也能控制多种神经系统细胞的功能,不仅对免疫刺激能做出反应,对应激和情绪改变也能做出反应,这对机体适应环境特别重要(Tian,2012)。

(一) 免疫器官的神经支配

研究表明,淋巴器官接受交感神经、副交感神经和肽能神经支配(Procaccini et al.,2014)(图19-4),然而也有证据表明淋巴结和骨髓受到位于背根神经节内的感觉神经元的支配(Nance and Sanders,2007)。交感神经通过肾上腺素能神经通路释放神经递质去甲肾上腺素(NE)调节免疫系统,交感神经化学切除使小鼠脾的中性粒细胞和腹膜的巨噬细胞数目增加。交感神经系统对天然免疫和获得性免疫均有调节作用,天然免疫细胞既表达 α 肾上腺素受体亚型,也表达 β 肾上腺素受体亚型,除了鼠科动物外,T 细胞和 B 细胞只表达 β_2 肾上腺素受体(Nance and Sanders,2007)。放射性配体和基因表达研究表明,人和啮齿动物的 T 细胞和巨噬细胞存在乙酰胆碱(ACh)的 M 型和 N 型受体。释放 ACh 的副交感神经可抑制急性炎症,被称为"胆碱能抗炎通路"(cholinergic anti-inflammatory pathway),这

是迷走神经的一种新的传出功能(Czura CJ et al.,2003)。其机制是通过与巨噬细胞上含 α_7 亚单位的 AChN 型受体相互作用,导致细胞失活和细胞因子表达抑制。Czura CJ 等后来的研究又发现了 N 型受体的 α_7 亚单位还可以调控肿瘤坏死因子(TNF)的释放(Parrish WR,2008)。迷走神经广泛地参与损伤和炎症信号向中枢的传入,也影响调节免疫细胞的功能活动(图19-5)(Sundman and Olofsson,2014)。脾接受 NE、ACh 和神经肽 Y(NPY)能神经纤维的支配。脾的 NPY 能神经纤维分布至血管周围和淋巴细胞附近。在脾内还可见到酪氨酸羟化酶(tyrosine hydroxylase,TH)阳性神经末梢与淋巴细胞形成突触样接触。Cano 等(Cano et al.,2001)使用一种伪狂犬病毒(pseudorabies virus,PRV)研究脾的神经分布,这种病毒可以被跨突触逆行运输,他们追踪到整个胸段脊髓的交感神经节前神经元。所有的淋巴器官和组织都接受含多巴胺 β- 羟化酶(dopamine β hydroxylase,DBH)和(或)TH 及各种肽类的神经纤维的支配。在胸腺上皮细胞上有 ACh 受体,在白细胞上有神经肽的受体。切除脾神经或用 6- 羟基多巴胺(6-hydroxydopamine,6-OHDA)损毁交感神经后,动物对绵羊红细胞的免疫反应增强,血中抗体浓度增高。切除支配淋巴结的自颈上神经节发出的 NE 能神经纤维,导致下颌下腺内的淋巴细胞变性。含血管活性肠肽(vasoactive intestinal peptide,VIP)的神经纤维存在于初级和次级淋巴器官(Ganea,1996)。有研究发现,来源于颈上神经节的神经纤维末梢在颈部淋巴结内直接发生联系的只有 S100 阳性(S100$^+$)细胞,而且神经递质如去甲肾上腺素、血管活性肠肽(VIP)、神经肽 Y 在支配 S100$^+$ 细胞的交感神经节后纤维末梢共表达,这表明 S100$^+$ 细胞在淋巴器官内发挥神经 - 免疫联系作用,对神经细胞传递信号到免疫细胞起重要作用(Huang,2013)。Bulloch 提出(Bulloch,1988),胸腺的神经支配在胚胎期已经形成,是来自中枢的内脏神经核团(如迷走神经核簇和舌咽神经核簇的疑核)及颈段脊髓前角,从而为免疫系统的神经支配提供了重要的形态学基础。20 年后,另一组神经解剖学研究团队(Trotter RN et al.,2007)也报道了胸腺腺体的神经分布情况。他们使用 PRV 来研究分布于胸腺腺体的神经,除了验证了此前报道(Nance et al.,1987)的胸腺完全不含有迷走神经传入的结果,还确认了传入胸腺的神

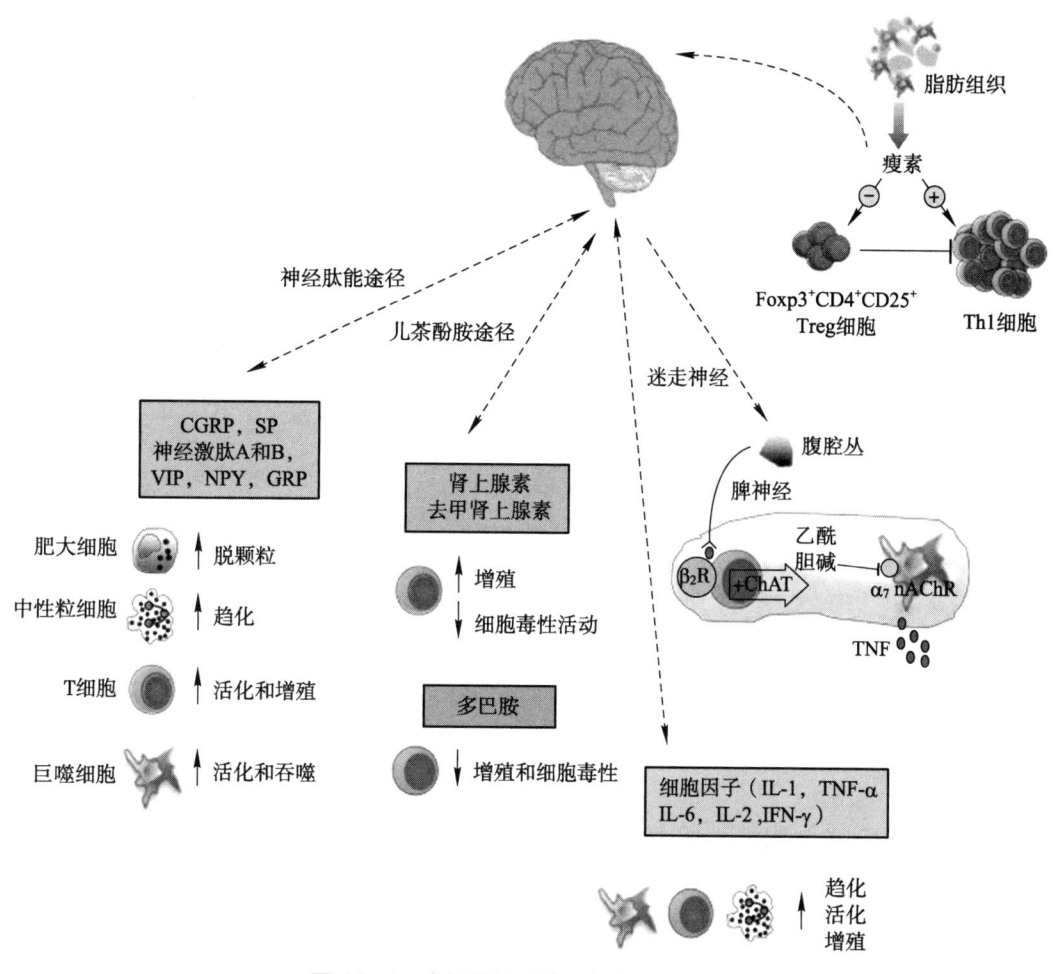

图 19-4 中枢神经系统和免疫系统的联系

↑:增强　↓:减弱　CGRP:降钙素基因相关肽　SP:P 物质　VIP:血管活性肠肽　NPY:神经肽 Y　GRP:胃泌素释放肽　IL:白细胞介素　TNF:肿瘤坏死因子　IFN:干扰素　β_2R:β_2 受体　ChAT:胆碱乙酰转移酶　α_7 nAChR:N 型乙酰胆碱受体的 α_7 亚单位

经是来自中枢的交感神经。从交感神经节后神经元注入跨神经元运输的病毒,可以追踪到位于胸髓 $T_1 \sim T_7$ 节段的中间外侧细胞柱的交感神经节前的神经元。随着时间的推移,跨神经元运输的 PRV 甚至追踪到了脊髓的中间神经元,以及位于延髓、脑桥和下丘脑的交感运动神经元。以上结果说明,交感神经系统通过直接的神经支配调节胸腺的免疫功能。神经元合成和分泌的多巴胺(DA)参与胸腺实质化和淋巴细胞成熟的最后阶段,而神经肽 Y(NPY)、血管活性肠肽(VIP)、P 物质(substance P,SP)、降钙素基因相关肽(calcitonin gene-related peptide,CGPR)、神经降压素(neurotensin,NT)等参与免疫过程的调节,它们在胸腺中也有发现(Mignini,2014)。免疫器官的神经支配不仅表现在神经调节或控制免疫器官的活动,而且表现在免疫系统的信息依靠神经系统来传导。文献报道,腹腔内注射 IL-1β 或细菌脂多糖可诱导下丘脑室旁核小细胞合成垂体腺苷酸环化酶激活多肽(pituitary-adenylate-cyclase-activating polypeptide,PACAP),但若切除迷走神经腹腔段,则这种作用消失。这是免疫物质的刺激不能经损毁的迷走神经传向中枢所致。Scholzen 等报道(1998),支配皮肤并与表皮和真皮接触的感觉神经释放的神经肽可直接调节角化细胞、朗格汉斯细胞、肥大细胞、真皮微血管的内皮细胞和浸润的免疫细胞。这些肽包括 SP、神经激肽(neurokinin,NK)、CGRP、VIP 和生长抑素,它们在皮肤细胞上的受体和特异性肽酶(如中性内肽酶、血管紧张素转换酶)决定对靶细胞的最终生物效应,实现在生理和病理情况下对皮肤和免疫细胞的增殖、细胞因子的产生、抗原提呈等功能的调节。与神经细胞相同,人的 T 细胞上高水平地表

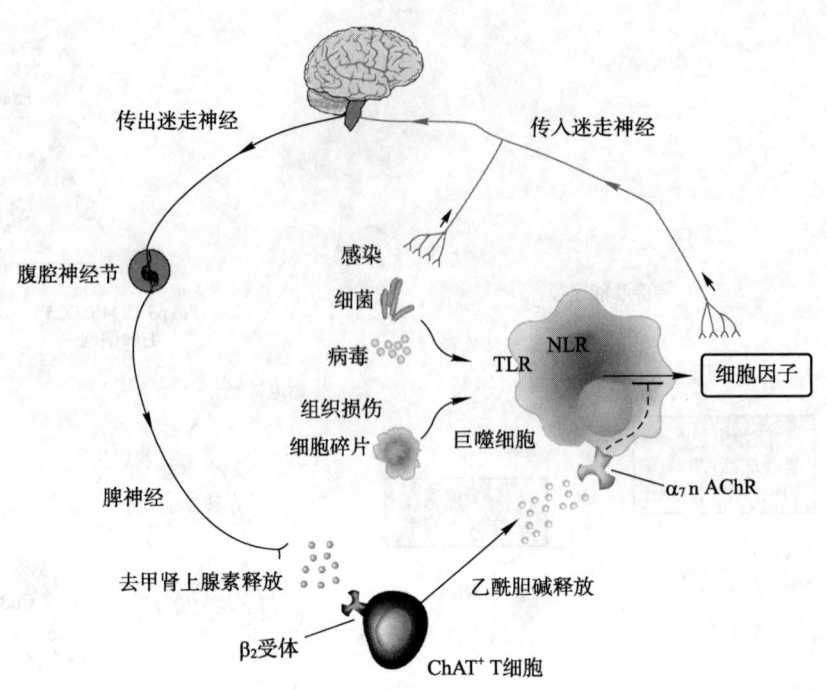

图 19-5 迷走神经参与的炎症反射
TLR：Toll 样受体　NLR：NOD 样受体　ChAT：胆碱乙酰转移酶

达 AMPA 受体亚型 GluA3，T 细胞的外膜上还表达多巴胺（DA）受体亚型 D2 和 D3（Levite et al.，2001）。通过这些受体的信号可调节 T 细胞的功能，如增殖和分泌细胞因子。总之，神经系统通过直接的神经纤维分布以及神经递质和肽的释放与免疫系统紧密相连。例如，迷走神经通过其抗炎作用影响免疫反应，被称为"迷走神经反射"。近年来的研究还发现，在淋巴结和脾等免疫器官中存在着广泛的交感和副交感神经纤维网。这些神经纤维能够调节淋巴细胞的迁移、增殖和功能，从而影响免疫应答。此外，科研人员正在探索利用电刺激神经，特别是迷走神经，来治疗炎症和自身免疫病的可能性。

下丘脑是免疫反应的神经体液调节中枢。电损毁下丘脑前部，脾、胸腺和淋巴结中的淋巴细胞数目减少，血清抗体浓度降低。一般认为，下丘脑前部为免疫促进区，后部为免疫抑制区。有研究报道（Kim et al. 2015），在炎症早期内侧基底下丘脑能感知 TNF 含量升高，然后由交感神经支配白色脂肪组织引起脂肪分解，产生的长链脂肪酸（如棕榈酸或亚油酸），导致脂肪组织和脾中的 T 细胞和 B 细胞的数量升高。

在小脑与下丘脑之间存在直接的双向联系——"小脑 - 下丘脑投射"或"下丘脑 - 小脑投射"（Zhu et al.，2004），小脑通过此投射影响淋巴细胞的功能。用海人酸损毁顶核使刀豆蛋白 A（canavalin A，Con-A）所致的淋巴细胞增殖升高，但损毁前庭小脑则引起血源性细胞因子分泌的抑制，并降低血中白细胞的含量和对绵羊红细胞抗体的滴度。

大脑左半球和右半球损伤对免疫功能的不同作用说明了左利者阅读困难和自身免疫病的发病率高的原因，同时也说明了心理因素对免疫功能的影响。通过对神经递质（如多巴胺和去甲肾上腺素）的研究也表明，在神经系统和免疫系统活动最广泛的神经递质，在调节情绪的大脑区域的分布也最为密集，因此可以推断，情绪可以通过一条直接的通道影响免疫系统。

此外，条件反射也能对免疫功能进行调节（包括细胞免疫和体液免疫），如将抗原注入豚鼠腹腔并与条件刺激相结合，可使腹腔渗出液中多形核细胞增加。当条件反射建立后，单独给予条件刺激也可引起腹腔渗出液中多形核细胞增加。若以口服糖水为条件刺激、以静脉注射环磷酰胺为非条件刺激，建立条件反射后，仅口服糖水即可引起抗体滴度明显下降。

免疫器官神经支配的最新研究表明，神经系统通过直接和间接的途径调节免疫反应。神经元释放神经递质，如乙酰胆碱和去甲肾上腺素，直接影响免疫细胞的功能和活性。此外，免疫细胞表面也表达有神经受体,接受神经信号的调控。神经系统还通过调节淋巴器官结构、调控免疫细胞的迁移和活性,以及产生神经调节性的抗炎分子,对免疫系统发挥重要的作用。这种互动关系被认为是免疫调节的关键机制之一,对于理解免疫与神经系统之间的相互作用具有重要的意义(Pinho-Ribeiro FA, et al., 2019)。

(二)神经组织合成免疫调质

表 19-1 显示部分脑区对免疫反应的影响。

表 19-1 损毁(L)或刺激(S)部分脑区对免疫反应的影响

脑区	L/S	免疫反应
AH	L(大鼠)	胸腺萎缩,脾的白髓和浆细胞减少,淋巴结的淋巴细胞耗竭,抗体生成减少,预防和控制肿瘤生长的能力降低,对致死的过敏性反应降低,减弱 NK 细胞毒性,抑制淋巴细胞的母细胞化,加速肿瘤生长
AH	L(豚鼠)	淋巴细胞增殖
AH	L(小鼠)	减少 T 细胞数目
AH	S(猫)	粒细胞增多,淋巴细胞减少,增加 CD62L 在 $CD4^+$ 和 $CD8^+$ T 细胞表面的表达
ARC	L(小鼠)	减弱脾的 NK 细胞毒性,减少大颗粒淋巴细胞的数目
PVN	L(大鼠)	减弱应激引起的血液和脾的增殖反应,减少血液白细胞的数目和中性粒细胞的吞噬活性,提高细胞媒介的免疫功能
MH	L(小鼠)	减弱脾的 NK 细胞毒性,减少大颗粒淋巴细胞的数目
MH	L(大鼠)	胸腺的重量和细胞数减少
VMH	S(大鼠)	减少脾细胞增殖,血液和脾 NK 细胞毒性减弱,大颗粒淋巴细胞的数目减少
VMH	S(猫)	粒细胞增多,淋巴细胞(包括 $CD4^+$ 和 $CD8^+$ T 细胞)减少
VEST	L(大鼠)	骨髓和胸腺的细胞因子减少,血液的白细胞数目减少,中性粒细胞的髓过氧化物酶反应和绵羊红细胞抗体滴度降低
FAST	L(大鼠)	提高 Con-A 引起的淋巴细胞增殖
VPAG	S(大鼠)	导致吗啡媒介的纳曲酮敏感的脾 NK 细胞毒性
DPAG	S(大鼠)	血中 NK 细胞毒性降低
LH	L(大鼠)	抗病毒能力降低,血中 NK 细胞毒性双向改变(降低—升高—再降低),晚期大颗粒淋巴细胞数目减少,因凋亡导致脾重量和脾细胞减少
LH	S(大鼠)	体液免疫反应增强,脾的大颗粒淋巴细胞及 NK 细胞毒性增加
VTA	S(大鼠)	体液免疫反应增强,牛血清白蛋白的皮肤过敏反应增强
AM	L(大鼠)	胸腺细胞和脾细胞数目增加,提高 Con-A 引起的淋巴细胞增殖
HIP	L(大鼠)	增强对卵白蛋白的抗体反应
HIP	L(小鼠)	导致 $CD4^+$ T 细胞和 B 细胞防止因损害引起的神经变性过程
HIP	S(大鼠)	增加中性粒细胞的数目和吞噬指数,减少淋巴细胞的数目
SEP	L(大鼠)	降低对卵白蛋白的抗体反应,在雌性动物增加 NK 细胞毒性,减少淋巴细胞的数目
BNST	L(大鼠)	抑制血中 NK 细胞毒性
NESO	L(小鼠)	降低脾的 NK 细胞毒性
NESO	L(大鼠)	降低对绵羊红细胞的免疫反应
COX	L(小鼠)	左半球损伤导致 NK 细胞毒性及 T 细胞的数目和功能降低,右半球损伤导致 T 细胞的功能增强
COX	S(大鼠)	刺激左半球导致循环中的 T 细胞水平升高,刺激右半球无影响

AH:视前区和前部下丘脑 ARC:弓状核 PVN:室旁核 MH:内侧下丘脑 VMH:下丘脑腹内侧核 VEST:前庭小脑 FAST:小脑顶核 VPAG:腹侧中脑水管周围灰质 DPAG:背侧中脑水管周围灰质 LH:下丘脑外侧区 VTA:腹侧被盖区 AM:杏仁复合体 HIP:海马 SEP:隔区 BNST:终纹床核 MESO:中脑边缘多巴胺能通路 COX:大脑皮质

脑室内给予内毒素引起脑脊液内IL-1的出现，但若静脉内给予内毒素则无此现象，说明IL-1是在内毒素的刺激下由脑组织产生和释放的。同理，在慢性病患者和慢性脑脊髓炎的豚鼠的脑脊液内均可检测到IL-1。这对传统观念是一种挑战。传统观念认为，神经细胞只能产生神经递质。现在的研究表明，神经细胞和胶质细胞都能合成和释放免疫调质。脑内的神经细胞、胶质细胞、巨噬细胞，甚至脑血管内皮细胞都能在对刺激发生反应时合成IL-1。IL-1β阳性神经元胞体见于人下丘脑弓状核、室旁核、腹内侧核、视上核、下丘脑外侧区和后区、穹窿下器和正中隆起，还见于中央杏仁核、终纹床核、丘脑中线核、中脑水管周围灰质、蓝斑、臂旁核和孤束核（Nemeth and Quan，2021）。IL-1样免疫反应也见于周围神经（Hewett et al.，2012）。上述事实提示，神经递质与免疫调质共存于同一神经细胞，意味着神经递质与免疫调质之间的相互作用和影响。此外，神经细胞还能合成TNF-α、IFN-γ、血小板活化因子（platelet activating factor，PAF）、转化生长因子（transforming growth factor，TGF）等免疫调质。星形胶质细胞能合成TNF、IFN和胸腺素（thymosin），小胶质细胞能产生IL-1和神经生长因子（nerve growth factor，NGF），巨噬细胞也能产生胸腺素。

由表19-2（Sternberg，1997）可见，胶质细胞在神经-免疫调节中占有重要地位。其中，小胶质细胞是细胞因子的主要产生部位，也是细胞因子作用的主要靶区，被称为中枢神经系统的传感器，它们能被很小的病理事件迅速激活（这可能与其独特的内向整流K^+通道有关）。激活的小胶质细胞是中枢神经系统的巨噬细胞，形成一个免疫警报的巨噬细胞网络，实现免疫监视和控制。小胶质细胞产生的细胞因子TNF-α在脱髓鞘时引起神经损伤。

神经元和胶质细胞能够合成和释放免疫调质，如神经肽、神经递质和神经介质，以调节免疫反应。这些分子直接影响免疫细胞的功能、增殖和迁移，同时也在炎症和免疫调节中发挥关键作用。神经组织的活动还可通过影响免疫细胞的代谢状态，调控免疫应答。这一相互作用为神经-免疫系统的交互调控提供了新的认识，对于深化对免疫与神经系统相互联系的理解具有重要价值（Chiu and von Hehn，2013；Ransohoff RM，2016）。

表19-2 神经细胞和胶质细胞能够合成的细胞因子（C）及其受体（R）

细胞因子	神经细胞	星形胶质细胞	少突胶质细胞	小胶质细胞
IL-1	C/R	C/R	C/R	C/R
IL-2	C/R		R	R
IL-3	C/R	C/R	R	R
IL-4				
IL-5		C		
IL-6		C/R	R	C/R
IL-7		R	R	R
IL-8	R			R
IL-9				
IL-10		C/R		C/R
TNF-α	R	C/R		C/R
IFN-γ		C/R		R
TGF-β		C/R	C/R	
GM-CSF	R	C/R	R	R
M-CSF		C	R	C/R

（三）神经活性物质对免疫功能的影响

许多神经活性物质被证明具有调节免疫功能的作用。它们的作用都是通过免疫系统细胞上的特异性受体实现的（表19-3）。已经证实具有上述作用的物质有：①经典递质，如肾上腺素、NE、5-羟色胺（5-HT）、ACh、多巴胺DA。②肽类物质，如血管紧张素（vasopressin，VP）、催产素（oxytocin，OT）、内啡肽、脑啡肽、SS、SP、胆囊收缩素（cholecystokinin，CCK）、VIP、神经紧张素（NT）、促肾上腺皮质激素（ACTH）、促甲状腺激素、促性腺激素、黑色素细胞刺激素（MSH）、CGRP、胰岛素、神经生长因子、铃蟾肽等。③其他，如组胺（histamine）、大麻素（cannabinoid）。它们的具体作用举例如下：已知IL-17能够保护宿主组织免受真菌和细菌损害。研究（Kashem et al，2015）表明，受感染时，皮肤中伤害感受器阳性神经元释放CGRP激活树突状细胞，后者释放IL-23，进一步激活γδT细胞使其释放IL-17；CGRP还能调节巨噬细胞、肥大细胞以及一些其他的免疫和宿主防御细胞的活动（Assas BM et al.，2014）；肾上腺素、NE和5-HT抑制免疫反应，DA和ACh刺激免疫反应。ACTH

表 19-3 神经细胞因子、神经内分泌因子对天然免疫系统组成部分的作用

因子	Toll 样受体	DC	巨噬细胞	NK	固有细胞因子(IL-1,IL-6,IL-12,TNF)	趋化因子(CCL2和CXCL8)	趋化因子受体
GC	+	−	−	−	−	−	ND
NE	ND	ND	−	−	−	+	ND
NPY	ND	ND	−	ND	−	ND	ND
ACh	ND	ND	−	ND	−	+	ND
CRH	ND	ND	ND	+	+	ND	ND
CGRP	ND	−	ND	+	+	+	ND
P 物质	ND	ND	ND	ND	+	+	ND
α-MSH	−	ND	ND	ND	−	+	ND
阿片类物质	ND	ND	ND	ND	ND	+	−
VIP	−	ND	−	−	−	−	ND
雌激素	ND	−	ND	ND	ND	ND	ND
孕酮	ND	+	ND	ND	ND	−	ND

−:示抑制作用　+:示激活作用　α-MSH:α-黑色素细胞刺激素　CCL:CC-趋化因子配体　CGRP:降钙素基因相关肽　CRH:促肾上腺皮质激素释放激素　CXCL:CXC-趋化因子配体　VIP:血管活性肠肽　ND:未检测

可调节 B 细胞增殖和抗体产生及 T 细胞和巨噬细胞的功能。VIP 激活淋巴细胞的 cAMP,促进其生理效应。NT 增强单核细胞的吞噬能力并促进肥大细胞释放组胺。SP 能促进 T 细胞增殖,并刺激单核细胞的趋化性和其他白细胞的功能,还可促进单核细胞释放 IL-1、TNF 和 IL-6,在感染和宿主防御的炎症、过敏和抗菌中起作用。α-MSH 抑制 IL-1 和 TNF-α 引起的生物效应(如发热),也可抑制 IL-1 引起的中性粒细胞增加。大麻素能由神经元合成释放,其 1 型受体(cannabinoid receptor 1, CB1)在中枢神经系统内主要表达在神经元轴突及轴突末梢,而其 2 型受体(cannabinoid receptor 2, CB2)在免疫系统(脾、扁桃体、胸腺、单核细胞、巨噬细胞、T 细胞、B 细胞)和中枢神经系统(小胶质细胞)有高表达,能调节免疫细胞的活动,包括神经炎症中的关键事件(Haugh, 2016)。值得注意的是,上述神经活性物质有一部分是由免疫系统的细胞产生的(如 ACTH、铃蟾肽、MSH 在巨噬细胞和淋巴细胞内合成,VP 在肥大细胞内合成,内啡肽在淋巴细胞内合成)。微环境的差异对免疫细胞的形态和功能分化有决定性影响,肠道内固有膜层的巨噬细胞主要为促炎型,而肌层的巨噬细胞主要为组织保护型。研究表明,支配肌层的外来交感神经纤维末梢释放的 NE 作用于肌层巨噬细胞,能使其迅速活化起到关键作用(Gabanyi, 2016)。因此,神经系统对免疫系统的影响是多方面的。

总之,神经活性物质对免疫功能具有广泛而重要的调控作用。神经递质如乙酰胆碱和去甲肾上腺素通过神经元 - 免疫细胞相互作用,直接调节免疫细胞的活性和功能。神经肽如 P 物质和神经生长因子也在炎症和免疫调控中发挥关键作用。此外,神经活性物质通过影响免疫细胞的迁移、增殖和分化,调控免疫应答的时空动态。这些发现深化了对神经与免疫系统相互调控的理解,为开发新型神经调控免疫功能的治疗策略提供了理论基础(Tracey, 2009; Pavlov & Tracey, 2012)。

二、免疫系统对神经系统的影响

免疫系统能探测异物(如病原、肿瘤、过敏原)的入侵,具有强烈的敏感性和特异性。它能发出信号并动员机体(包括中枢神经系统)对这些异常情况做出反应,因此有人认为免疫系统可以看做是特殊的感觉器官(Blalock, 2007)。免疫系统还能有力地调节神经系统的功能。免疫系统对神经系统的作用能影响多种脑功能,如神经重构、突触可塑性、神经递

质释放等。

（一）免疫系统对神经系统的调节途径

1. 通过产生免疫调质（immunoregulator），如淋巴细胞产生淋巴因子、单核巨噬细胞产生单核因子，它们均为肽类物质，以自分泌（autocrine）、旁分泌（paracrine）或内分泌（endocrine）方式发挥调节作用（图19-6）。其中，自分泌是指作用于产生免疫调质的细胞自身的分泌形式；旁分泌是指作用于产生免疫调质细胞邻近的细胞的分泌形式；内分泌是指免疫细胞产生的免疫调质通过循环系统作用于远距离靶点的分泌形式，例如，IL-1可通过血－脑屏障进入中枢神经系统，并且能够作用于中枢神经系统的多种细胞（An Y et al，2011）。再如，直接把炎症细胞因子如 IL-1、IL-6和 TNF-α 注射到脑内，可以引起发热，延长慢波睡眠时间，激活下丘脑－垂体－肾上腺（HPA）轴，减少食物和水的摄入量，减少自发活动，在免疫应激过程中还可以引起类似本属于中枢神经系统控制的呕吐症状。

2. 免疫系统的细胞可产生神经活性物质，如淋巴细胞可合成促肾上腺皮质激素（ACTH）和生长抑素（SS），巨噬细胞可产生铃蟾肽（bombesin，BN），肥大细胞可释放血管活性肠多肽（VIP）。

3. 神经细胞上存在免疫调质的受体，如 IL-1 受体密集分布于大脑皮质、海马、小脑和下丘脑，IL-2 受体存在于交感神经元等。

4. 淋巴细胞可通过血－脑屏障，在中枢神经系统内起免疫监视作用。其机制是激活的T细胞首先通过黏附分子附着在血管内皮上，然后通过内皮糖苷酶降解基膜，使紧密连接开放，T细胞被动地穿过内皮细胞（Wekerle et al.，1986）。

5. 免疫器官和（或）免疫组织产生的细胞因子可以通过血－脑屏障和迷走神经进入脑内（Gaillard，1998），从而对脑内神经递质的合成、分泌和神经回路的功能状态产生影响（图19-7；Miller and Raison，2016）。

6. 近来研究发现趋化因子 CXCL12 不仅由免疫细胞（如胶质细胞）产生，神经元也可以产生，不仅如此，其受体 CXCR4 和 CXCR7 被发现在脑内也广泛表达。CXCL12 不仅在脑发育阶段的重塑过程中具有重要作用，而且在脑的正常和病理过程中对脑的功能也有重要的作用（Alice Guyon，2014）。

总之，免疫细胞通过分泌细胞因子直接调节神经元的兴奋性和突触传递，进而影响神经元的功能和活性。此外，免疫系统通过调控神经递质代谢、神经元发生和突触可塑性，对神经网络的形成和功能具有重要的影响（Kipnis，2016）。

（二）免疫系统对神经系统的作用

现在发现，曾经被视为有免疫豁免特权的中枢神经系统是免疫活性细胞的汇聚地，而且能与免疫系统交流，免疫系统能直接作用于中枢神经系统（图19-8）。在中枢神经系统内，包括运动神经元、感觉神经元、星形胶质细胞、少突胶质细胞和小胶质细胞等都能对T细胞和巨噬细胞产生的细胞因子发生反应，如通过产生促炎和抗炎细胞因子和趋化因子、抗原提呈、吞噬清除细胞碎片，胶质细胞展示了对生理和病理刺激的免疫反应。这些神经炎症信号能减少神经损伤，成为中枢神经稳态的关键因素，持续炎症和自身抗原介导的免疫活动能诱导神经炎症的正反馈循环最终导致胶质细胞和神经元坏死，而持续炎症成为几乎所有的神经退行性疾病（如帕金森病、阿尔茨海默病）的病理成分，也是精神紊乱病理（抑郁症、孤独症、精神分裂症、注意力缺失／紊乱）的研究焦点（Kraneveld，2014；Crowley，2016）。

1. 影响神经元的活动状态　除了经典的神经

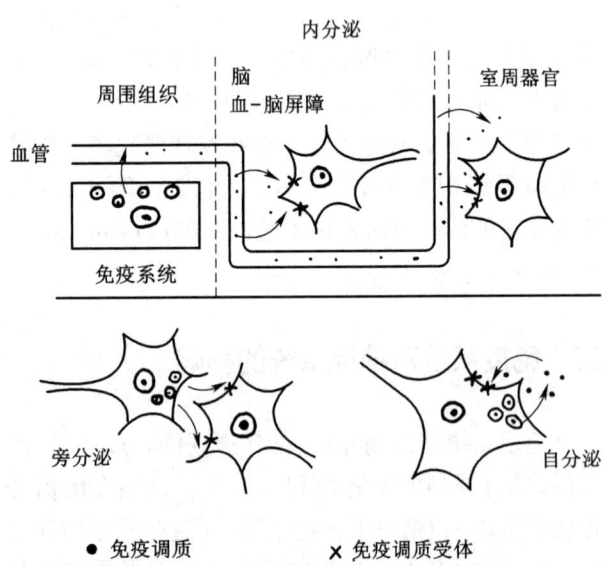

图19-6　免疫调质的作用方式

可以通过自分泌（作用于免疫细胞自身）、旁分泌（作用于附近细胞）或内分泌（作用于远距离靶点）方式对神经和免疫系统进行调节

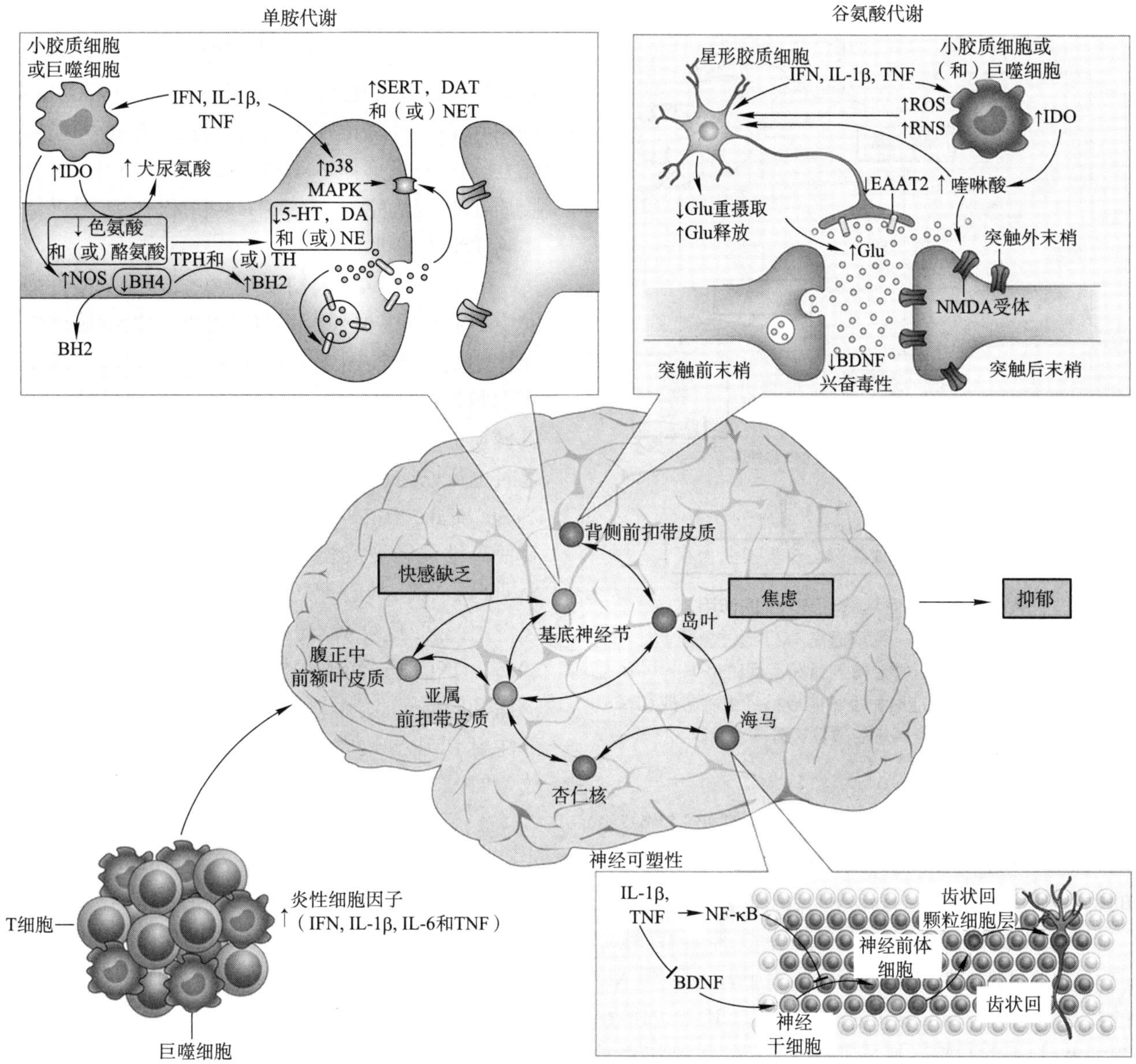

第一节 神经-免疫调节

图 19-7 免疫系统的细胞因子在脑内作用影响情绪及精神

IFN:干扰素　TNF:肿瘤坏死因子　IL:白细胞介素　DA:多巴胺　5-HT:5-羟色胺　NE:去甲肾上腺素　BH4:四氢生物蝶呤　BH2:二氢生物蝶呤　NMDA:N-甲基-D-天门冬氨酸　ROS:活性氧　RNS:活性氮　BDNF:脑源性神经营养因子　MAPK:丝裂原激活的蛋白激酶　NF:核因子　TH:酪氨酸羟化酶　TPH:色氨酸羟化酶　IDO:吲哚胺-2,3-二氧化酶　NOS:氧化亚氮合成酶　EAAT2:兴奋性氨基酸转运体 2　DAT:多巴胺转运体　NET:去甲肾上腺素转运体　SERT:5-羟色胺转运体

递质，中枢神经系统内的小胶质细胞、星形胶质细胞和外周侵入的细胞（如 T 细胞）所释放的免疫调质也能显著影响神经元的兴奋性。将 IL-2 注入第三脑室，5~10 min 可导致睡眠，但若注入纹状体，由于抑制单侧的黑质-纹状体 DA 通路，会引起姿势改变。将微量 IL-2 注入大鼠第三脑室引起下丘脑腹内侧核神经元放电频率减少，视上核和室旁核神经元的生物电活动增强，抗利尿激素分泌增多，借此可以解释 IL-2 能用来治疗癌症时的水钠潴留（Bindont et al., 1987）。将大剂量 IL-2 注入第三脑室还可引起癫痫样表现。肿瘤坏死因子-α（TNF-α）可增强大多数海马和皮质神经元的活动。TNF-α 和 IL-1β 在中枢神经系统会导致昏睡、多梦、高热、厌食。通过释放嗜酸性颗粒蛋白、前列腺素 2（prostaglandin E2，PGE$_2$）、半胱氨酰白三烯（cysteinyl leukotriene，cys-LT）或神经肽，嗜酸性粒细胞或 Th2 细胞能直接增强

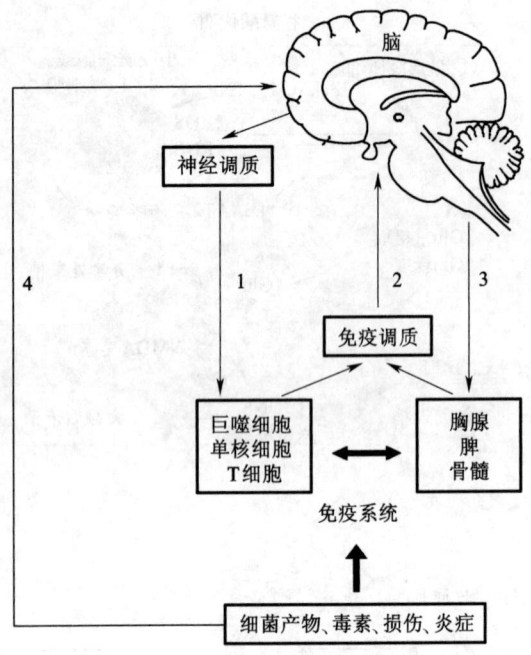

图 19-8 免疫系统与脑之间的作用

1. 通过神经调质的神经－免疫通路　2. 通过免疫调质的免疫－神经通路　3. 通过神经解剖通路实现免疫调节　4. 细菌产物、毒素、损伤、炎症时免疫细胞或神经细胞合成和释放免疫调质的激发因素

神经元敏感性；肥大细胞浸润可能是呼吸道感觉超敏的原因或症候，因而持续的免疫超敏能引起持续的感觉神经元敏感化（Song WJ, 2015）。

2. 调节神经细胞合成和释放神经活性物质　IL-1 可特异性地刺激下丘脑去甲肾上腺素（NE）的释放和代谢（Kabiersch et al., 1988）。IL-1、IL-6、TNF 和干扰素（INF）都能刺激下丘脑合成和释放促肾上腺皮质激素释放激素（corticotropin releasing hormone, CRF）（Wiedermann, 1989）。IL-2 抑制乙酰胆碱（ACh）的释放，而 INF-α 则刺激神经元胆碱乙酰化酶的表达。

3. 影响自主神经功能　IL-1 和 TNF 由于特异性地抑制下丘脑内侧区的葡萄糖敏感神经元而抑制摄食（Plata-Salamán et al., 1988）。IL-1 和 TNF 还可通过激活下丘脑的前列腺素引起发热（Mota and Madden, 2022）。

4. 影响生长和分化　IL-6 能使 P12 细胞（preo-chromocytoma, 嗜铬细胞瘤细胞）分化为神经细胞（Sato et al., 1988），还可使星形细胞分泌神经生长因子（NGF）。IL-1 直接参与脑的胶质增生。TNF 和转化生长因子（TGF）通过促进胶质细胞的生长和增殖，影响神经细胞的发育和分化（Michelucci et al., 2016）。

5. 介导神经毒性和神经保护作用　TNF-α 可引起少突胶质细胞死亡和脱髓鞘（Selmaj and Raine, 1988）。INF 可防止因去 NGF 和创伤时的神经细胞死亡。IL-6 能抑制 NMDA 的毒性。IFN-γ 可使小胶质细胞变为活化状态，TGF-β_1 和 IL-4 则可下调小胶质细胞的神经毒作用。

6. 参与痛觉　人们发现，在病理性及慢性痛的发生机制中，中枢神经系统内免疫活性细胞间的相互作用是关键性因素。近年来，研究者还发现小胶质细胞参与雄性小鼠机械痛的形成，而雌性小鼠对机械痛的感知是依赖淋巴细胞的，但当淋巴细胞缺乏时也可以通过小胶质细胞依赖的方式形成机械痛（Sorge et al., 2015）。天然免疫活动在中枢敏感化以及使急性痛转变为慢性状态中起到关键作用；炎性介质也具有精神心理效应，对与痛相关的情绪产生起作用；然而免疫系统也有抗炎和止痛效应（Verma, 2015）。INF 通过影响中枢阿片类物质的功能而参与镇痛和吗啡的抑制作用（Nakamura et al., 1988）。局部注射 IL-1 导致痛觉过敏并伴有 SP 和 CGRP 的释放增加。

7. 诱导和介导基因表达　血小板激活因子（PAF）能诱导神经元的基因表达（Allan and Bazan, 1989）。TGF 抑制胶质细胞内髓磷脂碱性蛋白的表达。正常时，中枢神经系统只能表达很低水平的主要组织相容性复合物（MHC）抗原，MHC Ⅰ类和 MHC Ⅱ类分子主要存在于小胶质细胞，但在 INF-γ 和 TNF-α 存在的情况下，神经元和少突胶质细胞可表达 MHC Ⅰ类抗原，星形细胞和脉络丛细胞可表达 MHC Ⅰ类和 MHC Ⅱ类抗原而成为抗原提呈细胞（APC），参与免疫反应。因此，中枢神经系统并不像传统观念所认为的是"免疫豁免器官"（immunologically privileged organ）。

8. 影响高级神经活动　IL-1 增强 GABA 的抑制作用是通过增加 Cl^- 电导和减少 Ca^{2+} 的内流实现的（例如在海马），而以上两者均导致长时程增强（LTP）的抑制，海马神经元 LTP 的抑制可导致记忆缺失（Tancredi et al., 1989）。IL-1、IL-6、TNF 和皮质酮均影响海马的 LTP 记忆的突触模式。能抑制 LTP 的还有 TNF-α、TGF-β 和 IFN-γ，但其机制各不相同。Zhang 等报道（1998），切除胸腺后动物的学习和记忆能力降低。临床观察表明，阿尔茨海默病患者除有认知功能障碍外,还伴有免疫反应异常。目前还发现,外周炎症和免疫激活及其所引起的中枢神经系统内的胶质细胞活化和线粒体损伤是一些神经疾病患者出现严重难治愈的疲劳和失能现象的重要原因(Morris, 2015)。一些精神疾病,如重度抑郁症(major depressive disorder, MDD)及双相障碍(bipolar disorder, BD),患者脑内免疫细胞释放神经活性细胞因子发生明显的改变,特别是白介素,如IL-1β、IL-6和TNF-α(Bhattacharya, 2016)。

9. 母体免疫影响后代神经系统　人们已经认识到神经-免疫相互作用对成年个体的正常和病理条件下的神经系统功能起重要的作用,而越来越多的证据表明神经-免疫相互作用在个体出生前就起到关键作用,特别表现在孕育期。这种相互作用会影响后代出生后的神经行为学疾病风险(Jasoni, 2015)。以小鼠为模型,发现怀孕中期实验性自身免疫性脑脊髓炎(experimental autoimmune encephalomyelitis, EAE)引起的母体免疫活动显著增加了雄性后代的抑郁和焦虑样行为的发生率,而这种母体免疫变化还导致雄性后代EAE临床症状的早期发生,以及增加雄性和雌性后代中这种疾病的严重性;母体疾病的严重程度与后代的焦虑/抑郁样行为以及皮质酮或TNF-α的增高程度也呈正相关(Majidi-Zolbanin, 2015)。

总之,免疫系统对神经系统的调控涉及多个层面,包括免疫细胞、炎症反应、细胞因子和神经递质等因素。首先,免疫细胞在神经系统中发挥关键作用。小胶质细胞是中枢神经系统中的免疫细胞,它们参与神经元的支持、调控突触功能以及清除神经元周围的废弃物质。此外,外周免疫细胞也能够穿越血-脑屏障,影响中枢神经系统的免疫状态。其次,炎症反应在神经免疫调节中扮演关键角色。免疫系统的激活可导致炎症反应,进而对神经元的功能产生影响。慢性炎症与多种神经系统疾病,如帕金森病和阿尔茨海默病等密切相关。细胞因子是免疫系统与神经系统之间的信号传递介质。例如,IL-1β和TNF-α等免疫细胞产生的细胞因子可以直接影响神经元的兴奋性和突触传递,从而调节神经网络的活动。最后,神经递质与免疫系统之间存在相互调控。神经递质,如去甲肾上腺素和多巴胺,可以调节免疫细胞的功能。反过来,免疫细胞产生的细胞因子也能够影响神经递质的合成和释放(Ransohoff and Brown, 2012; Kipnis, 2018; Deczkowska and Schwartz, 2018; Filiano et al., 2017)。这种免疫-神经相互作用在正常生理状态和疾病条件下均发挥作用,为理解免疫与神经系统协同调控的机制提供了新的认识。

第二节　神经-内分泌调节

神经系统和内分泌系统是动物和人体内较早发现的两大系统,它们共同担负着神经体液调节的功能。这两个系统既可独立地发挥调节作用,也存在着密切的相互关系。下丘脑就是一个典型的例证,该处神经元释放的某些物质既是神经递质又是内分泌激素(故称神经激素),说明神经递质和内分泌激素可共存于同一细胞。Tirrier等(1991)用原位杂交方法发现大鼠垂体前叶细胞(除促生长激素细胞外)中有VP mRNA。Devaskar等(1994)确定在兔脑的儿茶酚胺神经元内含有胰岛素mRNA,进一步说明了神经与内分泌之间的密切关系。此外,少突胶质细胞可合成类固醇激素(Garcia-Segura et al., 1996),为神经与内分泌之间的密切关系提供了新的例证。

一、神经系统对内分泌系统的调节

一般来说,神经系统控制内分泌系统的活动,除了交感神经支配肾上腺髓质、下丘脑通过正中隆起的垂体门脉系统控制垂体前叶等人所熟知的情况外,研究还发现神经纤维可与内分泌腺细胞密切接触,甚至建立突触联系。例如,Westlund(1983)报道,在大鼠垂体前叶内5-HT和SS免疫反应阳性神经纤维呈串珠状分布至一定区域,并位于生长激素(GH)细胞和甲状腺激素(thyroid hormone, TH)细胞近旁(免疫双标法显示),说明垂体前叶接受肽能和胺能神经支配。Ma等(Ma et al., 1997)证明垂体前叶接受肽能神经的突触调控。还有学者报道,在肾上腺内,NPY神经纤维与皮质和髓质细胞形成突触(Kuramoto et al., 1986)。Lee等(Lee et al., 2018)证明儿茶酚胺能神经能调控下丘脑室旁核神经元释放CRF和使垂体前叶细胞分泌ACTH,前者是通过α_1肾上腺素受体介导的,后者是通过β肾上腺素受体实现的。用 1～100 nmol/L 的 NE 培养金鱼的垂体细胞，通过 α_1 肾上腺素受体刺激促性腺激素的释放。

二、内分泌系统对神经系统的影响

长期以来，人们在神经控制内分泌方面做了许多工作，但在内分泌调节神经活动方面却知之甚少。直至 1979 年，Oppenheimer 等才报道，甲状腺素通过其核受体激发神经细胞的基因转录，影响神经细胞的蛋白质合成和功能，如促进细胞增殖、合成微管相关蛋白和微管素、促进突起生长、髓鞘形成和突触发生等（Oppenheimer et al., 1979）。早在 1941 年，Selye 就指出某些类固醇激素有麻醉作用（Selye, 1941）。半个多世纪以来，对类固醇激素的研究有了很大的进展，许多研究表明类固醇对脑功能有重要的调整作用。在 HPA 轴中，类固醇（如糖皮质激素）是一种反馈调节剂，抑制下丘脑 CRF 和垂体前叶 ACTH 的分泌。类固醇激素的受体广泛分布于脑的神经细胞内，类固醇弥散地通过细胞膜与细胞内的特异性受体相结合，然后进入核内，作用于 DNA 上的位点，调节基因的转录和表达。海马是糖皮质激素作用的主要靶区，糖皮质激素就是通过海马抑制 HPA 轴的。给予新生大鼠糖皮质激素可抑制神经元和神经胶质细胞的增生，使细胞分化延迟（尤其是树突生长、髓鞘形成和突触发生）。糖皮质激素还可以诱导儿茶酚胺合成酶系（如酪氨酸羟化酶，多巴胺 β 羟化酶和苯乙醇胺氮位甲基转移酶）在神经元和胶质细胞内的表达；诱导谷氨酰胺合成酶在星形胶质细胞的表达和甘油-3-磷酸脱氢酶在少突胶质细胞的表达；肾上腺皮质类固醇激素可加强兴奋性氨基酸（如谷氨酸）的神经毒作用和激活 NMDA 受体，以及通过调节 $GABA_A$ 受体影响 GABA 神经元的生理效应。甲状腺素能使星形胶质细胞的蛋白质合成和胶质原纤维酸性蛋白表达增加。雌激素可刺激成年雌性海马齿状回形成新的神经元，使神经元的数目增加。脂肪细胞来源的瘦素（leptin），不仅能向中枢传递机体营养和代谢状态的信号，参与摄食和代谢调节，还能作用于神经细胞，影响神经元和神经系统的发育（Procaccini, 2014）。内分泌对神经系统的作用还表现在神经系统的性别差异方面。在雄性动物出生前，睾酮可在芳香化酶（aromatase）的作用下转化为雌二醇（E_2），E_2-受体复合物进入神经细胞核内调控基因转录，使脑的结构和功能雄性化。睾酮主要存在于成年雄性动物下丘脑，而雌二醇则主要存在于雌性动物下丘脑。在脊髓腰段有球海绵体核，该核发出的纤维支配球海绵体肌和肛提肌。雄性成年大鼠该核内运动神经元的数量为雌性的 3 倍。阉割的大鼠则该核内运动神经元死亡的数目增加，并导致会阴部肌萎缩。在性激素的作用下，脑的解剖学也存在性别差异。如雄性脑重量大于雌性，雄性下丘脑的视前内侧核神经元的大小和数量均大于雌性。除了对神经系统发育和解剖学方面的影响，性激素对神经系统的活动也有着潜在影响，如两性在个性、思维和行为方式上的差异。

内分泌系统通过激素与神经系统紧密相连，该系统通过下丘脑-垂体轴（如 HPA 轴）等结构整合内分泌和神经信号，协调身体对内外环境的响应。近年来，研究揭示了一些激素如何精细调控神经系统功能，包括情绪、认知及神经保护等方面。

1. 应激激素与情绪调节　皮质醇是 HPA 轴在应激情况下分泌的主要激素，影响情绪和认知功能。长期应激可导致皮质醇水平持续升高，这与焦虑和抑郁等情绪障碍的发生有关（McEwen, 2017）。

2. 性激素与脑功能　性激素如雌激素和睾酮对大脑结构和功能有重要的影响。例如，雌激素在神经保护、神经元生长和突触可塑性方面发挥作用，并与阿尔茨海默病等神经退行性疾病的风险相关（McEwen and Milner, 2017）。

3. 胰岛素与认知　胰岛素不仅调节血糖水平，也对大脑功能有影响。研究表明，胰岛素抵抗与认知下降相关，并可能增加患阿尔茨海默病的风险（Kellar and Craft, 2020）。

4. 甲状腺激素与神经发育　甲状腺激素对神经发育至关重要，其不足可导致认知功能受损和发育迟缓。最新研究强调了甲状腺激素在大脑成熟和轴突生长中的角色，以及它们对成年大脑可塑性的潜在影响（Bárez-López and Guadaño-Ferraz, 2017）。

5. 肠脑轴　肠道微生物通过产生可以影响大脑功能的代谢产物（如短链脂肪酸）与神经系统相连。最新研究表明，肠道微生物群可能通过影响激素水平来参与情绪和认知功能的调节（Cryan et al., 2019）。

随着研究的不断深入，神经内分泌学领域不断展现出新的分子机制和治疗潜力。未来，针对神经内分泌系统的干预可能成为治疗神经系统疾病的新途径。

第三节 免疫-内分泌调节

一、免疫系统对内分泌系统的影响

免疫系统对内分泌系统的影响主要是通过下丘脑-腺垂体-肾上腺皮质轴(HPA轴)实现的。IL-1可直接刺激下丘脑室旁核引起CRF释放，CRF再作用于垂体前叶，导致ACTH释放增加，后者再促使肾上腺皮质释放皮质酮。IL-1还可促进促甲状腺素释放激素(TRH)、GH、促黄体生成素(LH)等垂体前叶激素的合成和释放。在下丘脑中，IL-1β影响CRH和精氨酸血管升压素(arginine vasopressin, AVP)的合成、分泌；在垂体中，IL-1β与促甲状腺激素(TSH)共存于促甲状腺亚区，这提示它可能具有垂体旁分泌因子的作用。能影响内分泌功能的免疫调质还有：TNF，促进垂体前叶释放催乳素(PRL)和下丘脑释放CRF；IFN-α，促使肾上腺皮质释放氢化可的松。胸腺兼具免疫和内分泌的功能，其上皮细胞分泌的胸腺素除具有免疫调节功能外，还能刺激垂体释放ACTH、LH和LHRH，此即"垂体-胸腺轴"的反馈回路(Goya et al., 1999)。神经内分泌系统的细胞也拥有免疫系统分泌细胞因子的受体，而神经内分泌系统也可能是这些细胞因子(特别是IL-1、IL-6)的来源之一。细胞因子包括IL-1、IL-2、IL-6、IFN-γ、TNF对下丘脑-垂体轴的活动有着深层影响(Turnbull and Rivier, 1995)。

免疫系统影响内分泌功能的另一途径是免疫系统的细胞在受刺激时能产生内分泌激素。例如，人的淋巴细胞在受感染刺激18~24h后可呈ACTH免疫反应阳性。在小鼠脾的单核细胞内有β-内啡肽和ACTH阳性反应产物。淋巴细胞在受到刺激时还能产生促甲状腺激素和促性腺激素(Tishevskaya et al., 2017)。最近的文献发现，循环系统中的巨噬细胞扮演着联系免疫系统和神经内分泌系统的古老而保守的桥梁的角色(Malagoli et al., 2017)，主要是因为巨噬细胞及其他的免疫细胞与神经细胞有共同的受体、相同的信号分子及同样的信号通路。

二、内分泌系统对免疫系统的调节

内分泌系统对免疫系统的调节也是通过两条途径实现的，即内分泌激素直接作用于免疫系统和内分泌细胞产生免疫调质。例如，血清中的皮质类固醇含量升高可抑制IL-1和TNF的合成和释放，这种抑制可能与用皮质醇治疗时的免疫抑制有关。此外，ACTH能直接作用于免疫系统的细胞，抑制小鼠脾细胞产生IFN和对抗原的反应，还可促进人B细胞的生长和分化。β-内啡肽可刺激单核细胞的趋化性，使自然杀伤细胞(NK细胞)的活性升高。HPA轴被激活的最终产物——糖皮质激素是内分泌与免疫之间相互作用的关键媒介，具有重要的免疫抑制作用，其对免疫的抑制作用可通过抑制IL-1的生成来实现。糖皮质激素还可以抑制IL-2的产生，其对单核细胞和巨噬细胞的抑制作用是通过对细胞的直接作用和间接抑制淋巴因子的分泌实现的。糖皮质激素通过胸腺细胞的类固醇受体可破坏DNA的完整性而导致胸腺细胞死亡(Seale and Comptom, 1986)。糖皮质激素对天然免疫系统的作用及其对细胞的存活和损伤的精细平衡至关重要，可最终导致损伤或损伤后修复(Bellavance and Rivest, 2012)。图19-9(Sternberg, 2006)展示了糖皮质激素对免疫细胞的作用和效应。在中枢神经系统，糖皮质激素通过影响和调节免疫细胞的活动可以发挥神经保护作用(图19-10; Bellavance and Rivest, 2012)。胸腺产生的内分泌物质——体液因子(humoral factor)能促进T细胞的增殖和分化。动物模型的研究表明，一些肽类和非肽类的激素调节胸腺细胞的增殖、分化、迁移、死亡，如生长激素和催乳素能增强胸腺细胞的增殖和迁移；一些激素(如生长激素和促性腺激素释放激素-1)也被用来治疗免疫缺陷疾病(如HIV感染)相关的胸腺萎缩(Savino, 2016)。GH能调节胸腺、脾、淋巴结的淋巴细胞的迁移能力(Smaniotto, 2010)。

上述激素的作用通过受体实现，已证明淋巴细胞有胰岛素、GH、雌激素受体，胸腺细胞有类固醇受体。人的淋巴细胞有特异性的β-内啡肽受体。单核和巨噬细胞有糖皮质激素受体。

陆续有报道表明内分泌细胞也产生免疫调质，或激素本身可以作为免疫调质。已知垂体前叶细胞

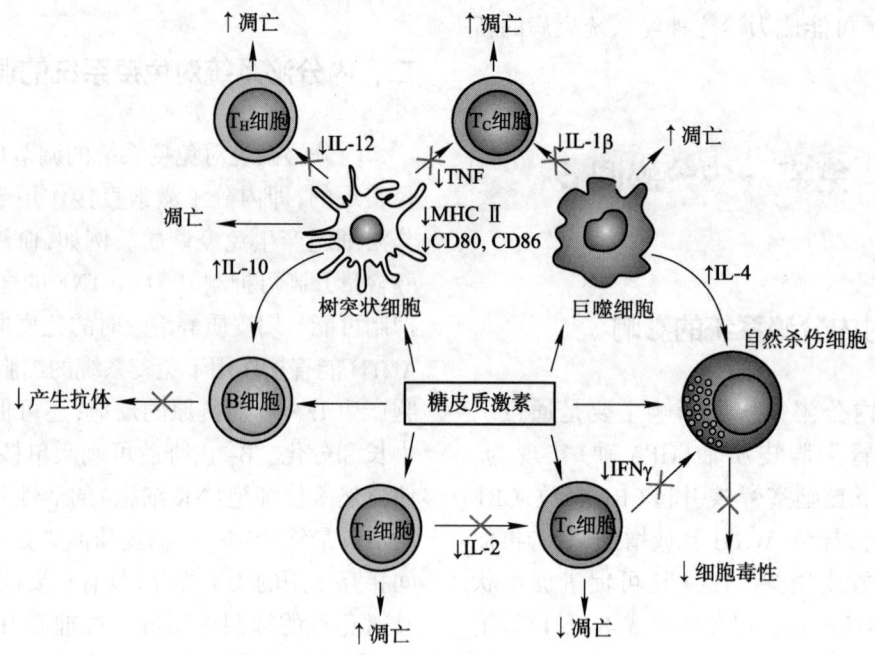

图 19-9　糖皮质激素对免疫细胞的作用
↑:增强或表达上调　↓:减弱或表达下调　IL:白细胞介素　TNF:肿瘤坏死因子
MHC:主要组织相容性抗原复合物　IFN:干扰素

能合成 IL-6,肾上腺嗜铬细胞能合成 IL-1,人的促皮质腺瘤和鼠的垂体细胞可分泌 IL-2。瘦素还参与调节 T 细胞的活动,控制免疫的自身耐受性,因此也被视作一种免疫调质,其在免疫方面和临床治疗方面的潜在作用受到广泛关注(Procaccini,2014)。

淋巴细胞内的黄体生成素释放激素(LHRH)已被克隆,LHRH 的受体也存在于淋巴细胞。以上结果提示淋巴细胞参与脑-垂体-淋巴-性腺轴(brain-pituitary-lymphoid-gonadal axis)的构成。同理,睾酮有免疫抑制作用,雌激素在低剂量时有刺激免疫的作用,高剂量时则有抑制免疫的作用,孕激素为强免疫抑制剂。这些作用与性腺类固醇调节依赖胸腺的免疫功能以及雌激素和孕激素作用于单核细胞有关,具有重要的临床意义。一些自动免疫/炎症疾病在雌性中发生率是雄性中的 2~10 倍(如风湿病),而神经内分泌因子可能在一些疾病发生的性别差异中起主要作用(Butts and Sternberg,2004)。例如,红斑狼疮较多见于女性,雌激素促进此病的发生。性激素能调节过氧化物酶增殖激活受体(peroxidase proliferation-activated receptor,PPAR)的表达进而调节痛觉相关细胞因子的表达,使得参与痛觉形成的免疫细胞存在性别差异:PPARα 激动剂能逆转雄性小鼠的诱发触痛,而在雌性或阉割的雄性小鼠中不能;PPARγ 激动剂能逆转雌性小鼠的诱发触痛,而在雄性或睾酮处理过的雌性小鼠中不能(Sorge,2015)。月经可加重特发性血小板减少性紫癜的病情。Marchetti(1998)报道,在胸腺内 LHRH 起免疫调节剂的作用,导致性依赖的免疫反应变化(如月经周期、妊娠)。在孕期,母体的细胞免疫会受到短期抑制以防止对胎儿的排斥,而同时母体需要保持足够的宿主防御机制来对抗感染,这种免疫功能的变化可能依靠母体的内分泌系统来调节。研究发现妊娠会使雌性大鼠腹膜巨噬细胞及一氧化氮(NO)增多,NK 细胞的 CD161 表达减少,同时血浆皮质酮水平会显著升高(Brazão,2015)。在分娩以后,LHRH 仍对婴儿的免疫功能有调节作用,因为 LHRH 存在于母亲的乳腺内,可通过乳汁进行免疫调节。LHRH 受体 mRNA 表达于淋巴细胞中,而由其合成的肽可作为一种免疫反应的调节者在脑-垂体-淋巴-性腺轴中起作用。在青春期,性激素和肾上腺类固醇通过引起胸腺细胞的广泛凋亡导致胸腺退化。

松果体分泌的褪黑素(MLT)与细胞因子之间存在双向反馈调节机制:MLT 可刺激 TH-1 淋巴细胞释放 IL-2 和树突状细胞释放 IL-12,而 IL-2 和 IL-12 又反过来抑制 MLT 的释放。松果体与细胞因子的另一反馈机制则是 TNF-α 刺激松果体释放

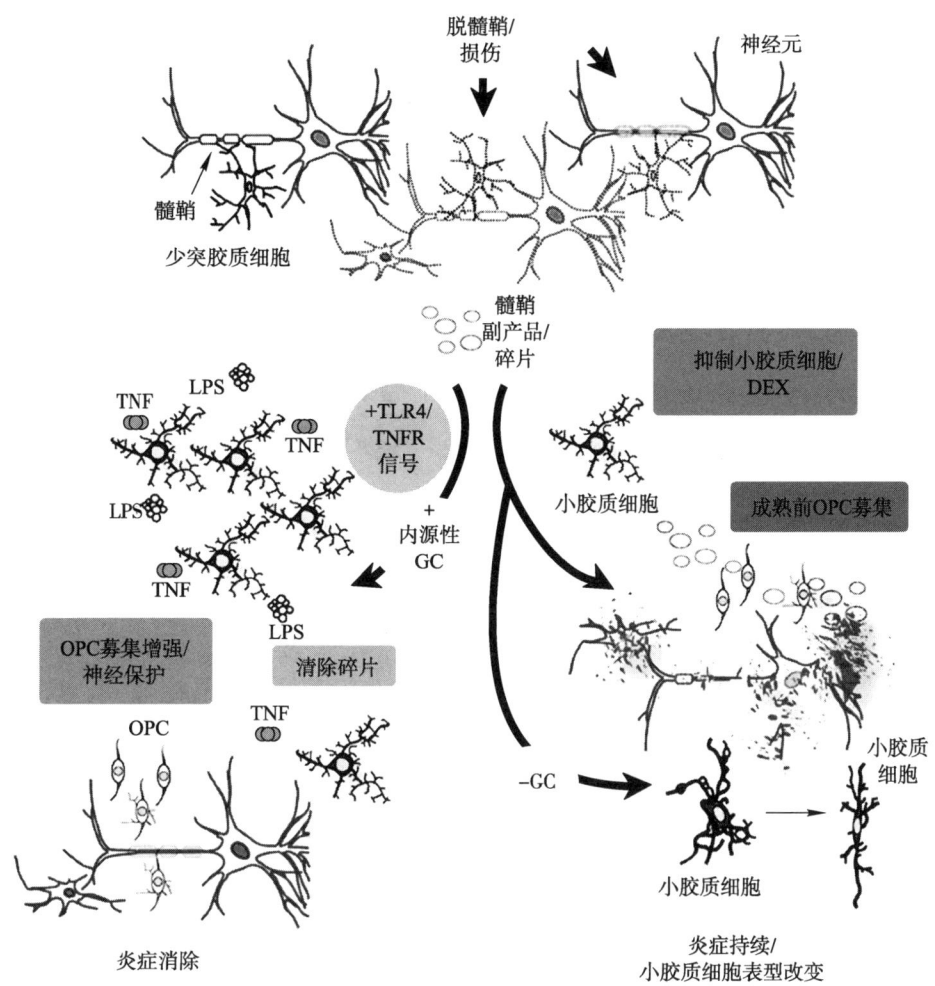

图 19-10 糖皮质激素的神经保护作用
GC：糖皮质激素　OPC：少突胶质细胞前体细胞　DEX：地塞米松

MLT，MLT 又反过来抑制 TNF-α 的产生。上述反馈的意义在于维持细胞免疫的作用，这可以用来解释 MLT 的抗肿瘤恶病质作用。光周期（日照长短）的季节性变化影响动物褪黑素的分泌，而褪黑素直接和间接地控制免疫功能的季节性变化，其他一些内分泌因子，如糖皮质激素、催乳素、甲状腺素和性激素也参与免疫功能的季节性变化调节（Weil et al.，2015）。

第四节　神经 - 免疫 - 内分泌网络的临床意义

神经 - 免疫 - 内分泌网络不仅存在于整个生物有机体，而且广泛分布在动物和人体的各个系统、器官和细胞。Roosterman 等报道，皮肤就可看作是一个神经 - 免疫 - 内分泌网络的器官（图 19-11；Roosterman et al，2006）。因为皮肤内存在大量的传入和自主神经纤维，它们释放神经递质（如 ACh 和肽类物质）与皮肤组织（包括肥大细胞）的内分泌物质（如 MSH 和 ACTH）和免疫细胞因子之间建立神经 - 免疫 - 内分泌网络，通过相应的特异性受体，调节皮肤细胞的生长、色素的产生、炎症、过敏、瘙痒、疼痛、创伤愈合和疾病过程（如红斑性狼疮）等。对这一网络的进一步研究将为严重的皮肤疾病的治疗提供新策略。白癜风由皮肤的黑素细胞功能消失引起，而精神因素与白癜风的发病密切相关，大多数患者在起病或皮损发展阶段有精神创伤、过度紧张、情绪低落或沮丧。外周神经纤维末梢释放的神经肽（如 NPY、SP）和 CRH 参与影响黑色素细胞的功能和生存率，这种现象加深了人们对白癜风病理的理解，也

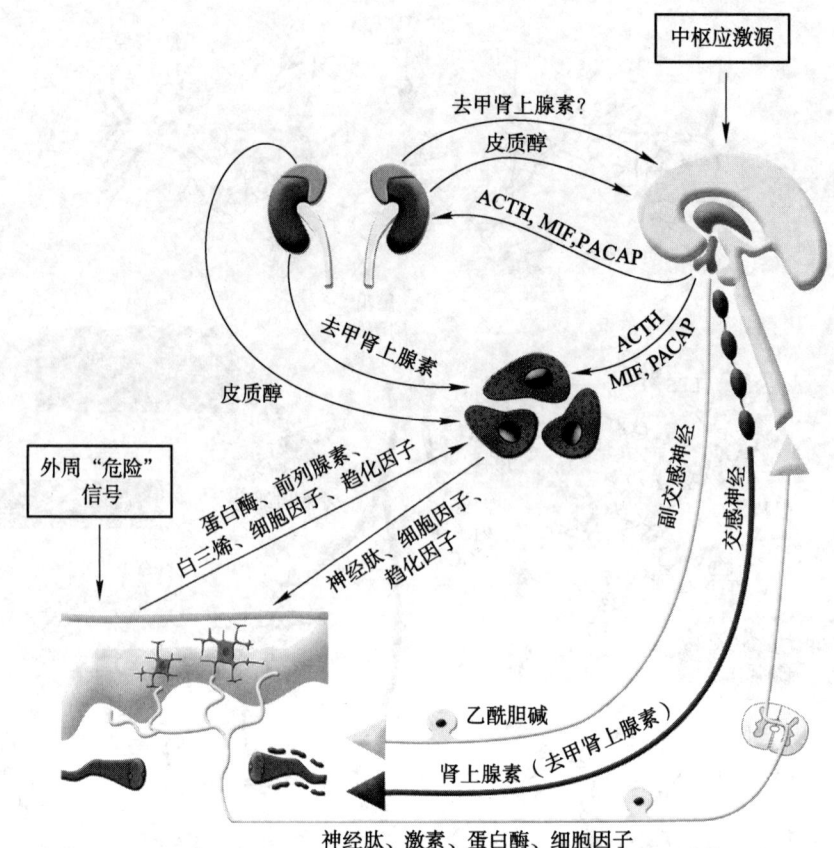

图19-11 皮肤参与神经-免疫-内分泌网络活动
PACAP：垂体腺苷酸环化酶激活肽　MIF：巨噬细胞游走抑制因子　ACTH：促肾上腺皮质激素

提出了新的治疗入手点（Lotti，2014）。在临床方面，神经-免疫-内分泌网络还与许多疾病的发病机制、临床表现和防治策略有关，本节代表性地介绍如下。

一、癫痫

癫痫是一种以阵发性神经元同步放电为特征的临床综合征。Rogers 等（1994）用谷氨酸受体亚单位3（GluA3）对兔进行免疫时，发现可诱导与人类拉斯马森综合征（Rasmussen syndrome，RS）相似的癫痫发作和脑的病理改变。Levite 和 Hart（2002）报道，某些类型的癫痫是自身免疫介导的疾病，因为这些患者对 AMPA 受体的 GluA3 亚型或谷氨酸/GluN2A 受体的抗体水平升高。抗 GluA3 抗体存在于血-脑屏障的两侧，抗 GluA3 抗体能激活 GluA3，引起离子电流，其作用类似谷氨酸的协同剂，可杀死神经细胞。癫痫时的免疫变化还有脑组织中 IL-1、TNF 等细胞因子及其受体水平升高，外周血中淋巴细胞表达双抗原DR^+CD8^+和DR^+CD4^+的细胞比例升高等。此外，癫痫还引起神经和内分泌异常：兴奋性神经递质增多，抑制性神经递质减少；星形胶质细胞和小胶质细胞增生；糖皮质激素对兴奋性神经递质有抑制作用，并被用于癫痫的治疗；雌激素促进癫痫发作，孕激素则有抑制癫痫的作用；癫痫时 NMDA 受体和 AMPA 受体被激活，Ca^{2+}通道开放，胞内Ca^{2+}浓度升高；癫痫相关基因和立早基因（c-fos 等）的表达增强。朱长庚等（2002）运用多种手段对癫痫发病机制进行了较系统、全面的研究，根据大量实验结果，作者认为癫痫发病与神经-免疫-内分泌网络调节失衡有关，以神经因素为主，免疫和内分泌因素分别在受体、信使和基因水平进行干扰。其信号转导途径可能是：致痫因素→兴奋性神经酪氨酸激酶（tyrosine kinase，TK）增加→与相应的受体（如 NMDA 受体或 AMPA 受体）结合或使膜电荷移动→离子通道开放→Ca^{2+}内流→细胞内游离钙增加→引起膜电位变化或作用于其他第二信使（如 cAMP）→激活第三信使（如转录因子 Fos、NF-κB）→与核内的 DNA 反应元件结合→启动下游基因→调节有关物质（包括神经递质）

mRNA 的转录和蛋白质合成→兴奋性神经递质和活性物质释放→作用于其他神经细胞→众多的离子通道开放→异常同步放电→癫痫状态发生。免疫因素干扰的机制可能是：细胞因子与受体结合→作用于谷氨酸（Glu）→通过前列腺素使 cAMP 升高→激活蛋白激酶 A（PKA）→调节基因表达。内分泌激素干扰的机制可能是：类固醇激素进入细胞内→与胞质或核内的受体结合→作用于 DNA 反应元件→调节下游基因表达。

二、阿尔茨海默病

众所周知，阿尔茨海默病（Alzheimer disease，AD）是一种神经退行性疾病，其病变主要累及中枢神经系统的基底前脑。由于神经细胞变性死亡，导致严重的神经精神紊乱和认知障碍。其病理学特征是神经系统内的神经原纤维缠结和淀粉样蛋白斑块沉积。在神经变性过程中，由 β- 淀粉样蛋白 42（Aβ42）激发的神经炎症起着核心作用，这种炎症是由 Aβ 激活的小胶质细胞和星形胶质细胞、白细胞介素和细胞因子及相关的信号通路所驱动的，故也受到免疫和内分泌因素的影响。Nishiyama（2001）报道，免疫功能紊乱（胸腺切除）引起的神经 - 免疫 - 内分泌网络调节失衡可导致 AD 患者的学习、记忆和认知功能障碍。在患者的血液循环中可检测到 β- 淀粉样蛋白抗体和 tau 蛋白抗体（Rosenmann et al.，2006）。文献还报道，促黄体激素因为能调节 β- 淀粉样蛋白前体（amyloid protein precursor，APP）的代谢和 Aβ 的沉积而与 AD 的神经变性过程有关。AD 患者认知能力降低与葡萄糖利用和能量代谢障碍有关，而后者是受胰岛素和胰岛素样生长因子（IGF-1）调节的，因此，给予葡萄糖或胰岛素可以改善认知状态。研究表明，AD 患者胰岛素和胰岛素样生长因子 -1 及其受体的水平降低并与病程的进展一致。脑内褪黑素水平升高导致有毒性的 Aβ40 和 Aβ42 水平降低。近年来，学者们继续研究如何用针对 Aβ 的抗体或疫苗提高其治疗和预防 AD 的效果并减少和消除其不良反应（Lemere，2006）。

2023 年 1 月 7 日，用以治疗 AD 的药物 lecanemab（仑卡奈单抗）获美国食品和药物管理局（FDA）批准，lecanemab 的获批代表了 AD 治疗领域的一大进展，这是首款靶向 β- 淀粉样蛋白且由加速批准转为传统批准的阿尔茨海默病药物，也是 20 年来首款获得 FDA 完全批准的 AD 新药。此后不久，中国国家药品监督管理局（NMPA）也批准了卫材（Eisai）递交的 1 类新药 lecanemab 注射液的上市申请，用于治疗确认淀粉样蛋白病理的 AD 相关轻度认知功能障碍（MCI）和轻度 AD 痴呆。Lecanemab 为人源性抗 Aβ 抗体，能与 AD 患者大脑中异常堆积的物质——Aβ 寡聚体结合，促进患者大脑中 β- 淀粉样蛋白的清除，从而改变疾病病理，缓解疾病进展。

三、帕金森病

帕金森病（Parkinson disease，PD）是除 AD 外的第二种常见的神经退行性疾病，其特征是黑质和纹状体内的多巴胺进行性减少，目前用左旋多巴进行对症治疗，以恢复脑组织中 DA 的含量。线粒体损伤和多巴胺代谢所致的氧化应激和自由基在 PD 的神经变性中起着关键作用。这种自由基的产生和氧化应激是星形胶质细胞和小胶质细胞所介导的。褪黑素具有强力的抗氧化作用并在配合治疗上取得了良好的效果。动物实验研究表明，内源性的糖皮质激素通过星形胶质细胞和小胶质细胞上的受体使这些胶质细胞不在 MPTP 的毒性下产生 NO，从而对黑质 - 纹状体的多巴胺神经元起保护作用。雌激素也有同样的作用（Morale et al.，2006）。雌激素还被认为可影响 DA 的合成、代谢和转运。对人脑组织的研究表明，在 PD 患者的黑质内存在 $CD6^+T$ 淋巴细胞，而且，人类白细胞抗原（human leukocyte antigen，HLA）免疫反应阳性的小胶质细胞增多，在 DA 神经元上有 IgG 的结合位点，Lewy 小体被 IgG 强标记（Orr et al，2005），证明免疫机制参与 PD 的发病过程。免疫反应可在本病的开始和发展过程中起作用，最终导致细胞死亡；也可以是对神经元损伤的继发反应。已经有学者利用治疗性免疫在小鼠的 PD 模型取得了保护 DA 神经元的效果（Benner et al.，2004），即将共聚物 -1（copolymer-1）免疫细胞适应性转移至 MPTP 的受体（小鼠），结果 T 细胞聚集于黑质致密部，小胶质细胞的激活受到抑制，星形胶质细胞源性神经营养因子的表达增加，这种免疫策略使黑质 - 纹状体神经元能对抗 MPTP 所致的神经变性，可能有助于 PD 的治疗。

四、感染性疾病

在急性发热性疾病，免疫细胞因子启动急性期反应，肝产生急性期蛋白，骨髓功能活跃，淋巴细胞代谢增强，特异性免疫反应被抑制。在慢性炎性疾病、风湿病，下丘脑-垂体-肾上腺轴的功能减弱。在系统性红斑狼疮，催乳素水平升高。在严重的炎性疾病，性激素和甲状腺激素水平下降。在变态反应和哮喘、风湿性关节炎和胃肠道炎症时神经调节减弱（Anismann et al.，1996）。Rev等（2007）的研究表明，在肺结核时，细胞因子（IFN-γ、IL-6和IL-10）作用于垂体、肾上腺、性腺和甲状腺，故上述细胞因子水平升高，伴有去氢表雄甾酮、睾酮水平降低，生长激素、雌激素、催乳素和甲状腺素水平升高。在急性和慢性炎症，促肾上腺皮质激素释放激素（CRH）存在于浸润到组织的炎性细胞（巨噬细胞、淋巴细胞、多形核细胞）的胞质内，与肾上腺皮质激素在中枢起抑制作用不同，CRH在外周的作用是促进炎症的进程（Mastorakos et al.，2006）。Bombardieri等（2007）报道，阻断IL-1β可预防和改善模型动物自身免疫和慢性炎症过程，保存靶组织的功能。在气道的炎症过程中，由感觉神经释放的神经肽（SP、神经激肽、CGRP、VIP）可通过局部反射参与哮喘和慢性阻塞性肺疾病的发病过程（Groneberg et al.，2004）。来自三叉神经的鼻的感觉神经释放的神经递质可通过轴突反射参与鼻的炎性反应，并影响呼吸、心率、血压（Hernandez and Hummel，2023）。神经和免疫两个系统之一的持续失调可能导致慢性咳嗽超敏，因为持续的免疫超敏能引起持续的感觉神经元敏感化（Song WJ et al.，2015）。

五、心血管疾病

心血管系统接受交感和副交感神经支配已是不争的事实，然而，免疫和内分泌与心血管疾病的关系则是人们研究的新课题。Damas等（2003）报道，动脉粥样硬化的发生与免疫机制有关，该病存在自身免疫机制，热休克蛋白（heat shock protein，HSP）、氧化的低密度脂蛋白（oxidized low density lipoprotein，oxLDL）和β_2糖蛋白（β_2 glycoprotein 1，β_2GP1）为自身抗原。动脉粥样硬化患者HSP抗体和oxLDL抗体水平升高，而β_2GP1自身抗体的水平则与动脉粥样硬化的发病率有关（Mandel et al.，2005）。在冠心病心绞痛患者的血浆中IL-7的水平明显升高，升高的IL-7是由被炎症激活的血小板释放的，而IL-7又使单核细胞释放的细胞因子增加。因此，血小板被认为是一种免疫细胞，是炎症与心血管疾病之间的桥梁（von Hundelshausen and Weber，2007）。在慢性心力衰竭时，TNF-α与神经内分泌因素相互作用，影响疾病的进程和预后，其中心钠素是重要指标。内源性雌激素对心血管疾病有保护作用，故冠心病在男性多于女性，而且在女性冠心病的严重程度与内源性雌激素作用的时间长短呈负相关（Saltiki et al.，2006）。在脑卒中伴有感染时，血中白细胞、淋巴细胞和IL-10等细胞因子升高，使病情恶化。Li等（2007）报道，在小鼠心肌炎时，由于IL-4抑制金属蛋白酶可改善心肌的功能。在Dahl盐敏感大鼠，免疫抑制剂吗替麦考酚酯（mycophenolate mofetil）（抑制T细胞和B细胞）可降低因给盐所致的高血压和肾损害（Mattson et al.，2006）。用三种方法诱导大鼠血管内皮功能障碍，发现5-HT、T_4、肾素、血管紧张素Ⅱ、TNF-α、IFN-γ、皮质酮、ACTH、肾上腺素有不同程度的变化（Li，2014），这表明神经-免疫-内分泌网络的调节作用与血管内皮功能也密切相关。

六、肿瘤

大量文献记载肿瘤与免疫有密切关系。Kanazawa等（2007）报道，IL-6可直接影响头颈部鳞状上皮癌细胞的增殖和浸润。这些肿瘤细胞株（HEp-2，HSC-2，HSC-4，SAS）都表达IL-6受体，HEp-2、HSC-2和HSC-4还能产生IL-6。IL-6抑制HSC-2和HSC-4的增殖但增强其浸润，IL-6受体抗体则消除IL-6的上述作用。调节性T细胞（regulatory T cell）有防止自身免疫的作用，也能抑制对肿瘤抗原的免疫反应。一些新的药物被用来进一步改善癌症（如黑色素瘤）的免疫治疗（Riker et al.，2007）。在人的胃肠道神经内分泌肿瘤细胞表面有生长抑素受体，可用生长抑素类似物和干扰素进行治疗（Arnold，2007）。在人的多种肿瘤（如乳腺癌、肾上腺癌、肾细胞癌、卵巢癌）细胞有神经肽Y受体Y1和Y2的表达，这些受体可被肿瘤内神经纤维释放的内源性NPY或肿瘤细胞自身释放的NPY所激活，并介导NPY对肿瘤细胞增殖和血液供应的影响（Korner and Reubi，2007）。肿瘤还常累及周围神经系统，包括运动神经、感觉性神经节、脊神经根、神经丛和脑神经。在人的中枢神经系统，干细胞相关的中间丝——巢蛋白（nestin）表达于胚脑的室旁区、胶质瘤和异常神经细胞系（displastic neuronal lineage）的高或低恶性度肿瘤（Rani et al.，2006）。

七、周围神经损伤

研究表明（Cattin et al.，2015），外周神经被切断后，损伤局部的低氧环境能够被巨噬细胞感知，后者进而分泌血管内皮生长因子A（vascular endothelial growth factor A, VEGF-A），优先促进局部血管再生，吸引施万细胞迁移过来，形成支架，引导神经再生。

八、消化道疾病

消化道内富含免疫细胞和内分泌细胞，消化道同时受其内在神经系统（壁内神经丛和肌间神经丛）和外来神经（交感和副交感神经）支配，因此神经-免疫-内分泌网络的活动对消化道的生理功能和相关疾病有重要意义。目前研究者认为，发生肠道功能紊乱（如肠易激综合征，IBS）时脑和肠道之间的信号交流会出现紊乱。肠易激综合征的加剧与社会心理及感染相关的周期性压力相关。和压力相关的精神紊乱，如焦虑和抑郁容易导致IBS发生。研究发现在IBS患者中神经内分泌信号，如促皮质激素释放因子（corticotropin-releasing factor）改变，而这些发生变化的细胞因子和黏膜免疫细胞等因素对神经信号也有直接影响（Buckley et al.，2014）。图19-12展示了目前已知的与肠功能紊乱相关的神经-免疫-内分泌网络。

九、抑郁症等精神疾病

社会心理压力会导致抑郁、焦虑和免疫系统变化。抑郁的发生与机体应对长期压力的免疫反应有

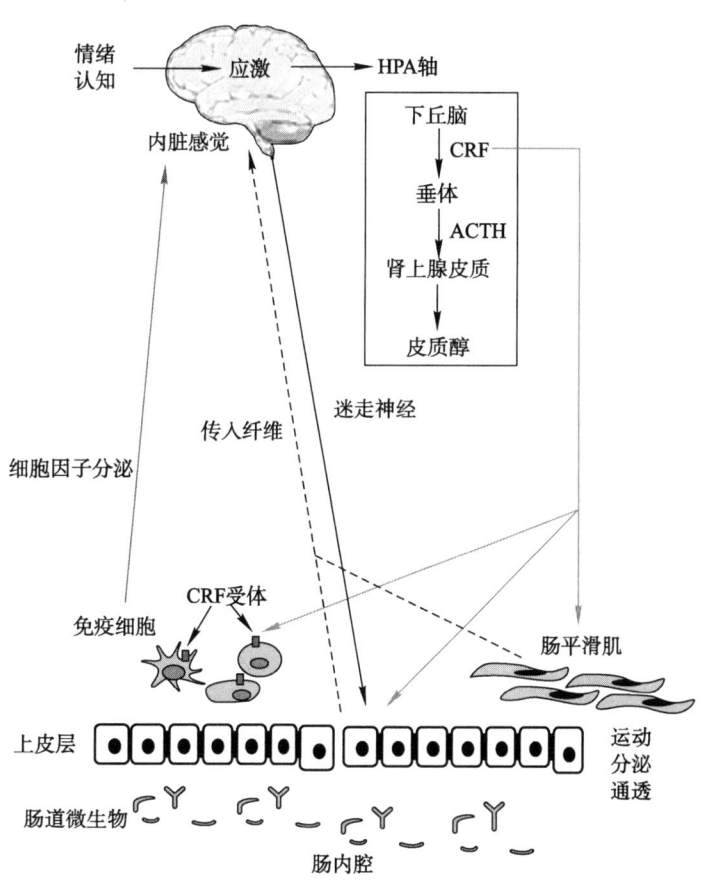

图19-12 肠功能紊乱相关的神经-免疫-内分泌网络
CRF：促肾上腺皮质激素释放因子　ACTH：促肾上腺皮质激素

关。长期压力消极地影响神经、内分泌、免疫系统的功能,减少脑源性神经营养因子含量,皮质醇和促炎细胞因子的浓度逐渐升高,导致神经损伤和突触重塑过程,最终可造成不可逆转的认知功能障碍和永久性残疾(Ogłodek,2014)。目前,诊断抑郁的唯一依据就是患者的行为特征。FDA批准可行的治疗抑郁患者的方法对于30%~50%的患者却是无效的(Hodes et al.,2015),究其原因,被认为是缺乏对其特异性的病理生理机制的了解与针对性治疗。目前,在动物抑郁模型中探明的相关细胞因子见表19-4(Krishnan V,2008)。

持久炎症成为几乎所有的神经退行性疾病的病理因素,也是精神紊乱病理的研究焦点。因此,在干预和治疗一些中枢神经紊乱时,人们对用药物方法控制持久性炎症颇感兴趣。大量证据表明,GABA能与免疫过程和信号紧密联系,炎症能诱导中枢神经系统中GABA能神经递质系统改变,而GABA能信号对神经炎症过程有交互影响。因此GABA能神经递质系统可能会成为调节神经炎症的重要治疗策略(Crowley,2016)。劳拉西泮(lorazepam)和氯硫西泮(clonazepam)作为抗焦虑的镇静剂,一向都认为其作用机制是增强GABA能作用,而在针对小鼠的重复社交失败(repeated social defeat,RSD)应激模型的研究中发现,除了减轻抑郁和焦虑,劳拉西泮和氯硫西泮还能降低下丘脑中CRH的mRNA和血浆中皮质酮的表达,阻断应激诱导的血浆中IL-6升高的过程,阻止应激诱导的巨噬细胞进入中枢神经系统,减轻神经炎症信号,而对应激诱导的骨髓细胞生成增强、抑制单核细胞和粒细胞进入循环也产生影响;劳拉西泮还抑制RSD之后脾大和脾促炎细胞因子的产生(Ramirez,2016)。这进一步表明在社会心理异常和精神类疾病中免疫系统和内分泌系统也在发生一些重大的变化,而预防和治疗这些症状和疾病不仅要针对神经系统,还要针对内分泌系统和免疫系统进行综合考虑。

由于免疫细胞及其所释放的信号在重度抑郁症(major depressive disorder,MDD)及双相障碍(bipolar disorder,BD)病理中发挥重要的作用,人们提出新的抗抑郁及镇静策略。细胞因子信号能通过ATP门控的离子通道P2X7来影响神经-胶质的相互作用,脑中以P2X7为靶标的配体或拮抗剂或许能成为抗抑郁或镇静的新药(Bhattacharya,2016)。天然免疫受体TLR4(Toll-like receptor 4)广泛表达于多种免疫细胞,参与外周和中枢免疫反应,还能影响色氨酸能神经传递及干扰神经内分泌,参与MDD的病理变化,可能成为药物干预MDD的潜在新靶标(Ogłodek,2014)。

十、生物电治疗

鉴于神经-免疫-内分泌网络对疾病的发生发展和治疗起到复杂精细的作用,人们对生物电子医学(bioelectronic medicine)很感兴趣,设想在神经系统相应的部位给予适当的电脉冲刺激来调节免疫系统的功能,以期达到治疗疾病或缓解病痛的目的。迷走神经的活动能调节免疫细胞的功能活动,减轻实验性休克和自身免疫病;另有研究报道,电刺激迷走神经能改善人的类风湿关节炎炎症,迷走神经刺

表19-4 动物模型中与抑郁症有关的细胞因子

动物模型	行为	细胞因子(外周)
轻度慢性应激	↑快感缺乏,↑新环境进食延迟,↑睡眠障碍,↑僵固(强迫游泳实验,悬尾实验),↓性欲,↓位置偏爱,↓体重	↑IL-1β,↑IL-6,↑TNF-α
学习	↓主动回避,↓性欲,↓体重	↑IL1α,↑IL-1β,↑IL-6,↑TNF-α
无助	↑睡眠障碍	↑IL-3,↑IL-10,↑IL-13,↑IL-17A,↑IL-5,↑GM-CSF,↑G-CSF,↑INF-γ,↑KC,↑RANTES,↑IL-2,↑MIP-1α,↑MIP-1β
重复社交	↑快感缺乏,↑睡眠障碍,↑胰岛素	↑IL-1β,↑IL-6,↑IL-10,↑KC
挫败应激	感觉迟钝,↑可卡因条件性位置偏爱,↓探索焦虑,↓性欲,↓体重	↑MCP1,↑IL-7,↑VEGF

激法治疗临床其他炎症性疾病如克罗恩病也被人们尝试（Sundman and Olofsson，2014）。

随着近年来科学研究的深入，神经-免疫-内分泌网络的概念已经从理论走向临床应用，揭示了机体各系统之间相互调节与通信的复杂性。神经系统、免疫系统和内分泌系统之间的交互作用对于维护机体的稳态和应对各种压力至关重要。神经-免疫相互作用表明，神经系统可以通过神经递质、神经肽和神经调节因子直接影响免疫细胞的功能。同时，免疫系统通过细胞因子等介质影响中枢神经系统，参与调节情绪、认知功能及行为。炎症性细胞因子在抑郁症和其他精神疾病的发病机制中扮演着重要的角色。内分泌系统与神经系统紧密相连，通过激素如皮质醇参与应对压力的反应。应激激素可以调节免疫细胞的分布和功能，从而影响免疫应答。在心理健康领域，理解神经-免疫相互作用可以帮助我们更好地理解和治疗抑郁症等疾病（Zefferino et al.，2021）。因此，未来的临床实践需要综合考虑神经、免疫和内分泌系统的相互作用，采取多学科交叉的治疗方法。此外，还需继续研究这些相互作用的分子机制，以发展出新的治疗策略。

（施　静　裴　磊）

新形态教材网　数字课程学习

▶ 教学 PPT　　📄 参考文献

第二十章 神经药理学基础

第一节 神经递质

神经元之间、感受器与神经元之间以及神经元与效应器之间的信息交流主要通过化学的方式传递。实现这一传递的结构基础是突触,完成这一信息传递过程的物质载体是神经递质(neurotransmitter)。神经递质可将来自一个神经元的信号传递至另一个神经元,或者肌、腺体等靶器官。神经化学传递是神经系统最重要、最基本的功能,许多影响神经系统功能的药物或化学物质都通过改变神经化学传递过程而改变神经系统的功能。

一、神经递质的基本概念

(一)神经递质的定义

神经递质是指从神经末梢释放,能与邻近结构内特定的受体相互作用,进而引起靶细胞产生兴奋或抑制效应的化学物质。

(二)构成神经递质的基本条件

并不是所有从神经末梢释放的物质都可以称为神经递质,将一种化学物质定义为神经递质必须具备一些特定的条件(参见本书第六章第三节)。

(三)神经递质的分类

根据化学性质的不同,常见的神经递质可以分小分子神经递质和神经肽类递质两大类。小分子神经递质包括胆碱类、生物胺类、氨基酸类和嘌呤类等(表20-1);神经肽类递质依其来源可分为下丘脑释放激素类(hypothalamic-releasing hormone)、神经垂体激素类(neurohypophyseal hormone)、垂体肽类(pituitary peptide)、胃肠道肽类(gastrointestinal peptide),以及心房尿钠肽、血管紧张素Ⅱ、缓激肽、神经肽Y等(表20-2)。这些神经肽可作为激素作用于中枢神经系统以外的器官,也可调控神经内分泌。当这些神经肽释放至神经元附近时则可发挥神经递质作用。

肽类神经递质种类繁多,根据不同神经肽的氨基酸序列,或者编码神经肽基因序列的相似性,又可将神经肽归类分为若干家族,例如阿片肽家族、神经垂体激素家族、速激肽家族、促胰液素家族、胰岛素家族、生长抑素家族(somatostatin)和胃泌素家族等(表20-3)。

表20-1 小分子神经递质的分类

分类	中文名	英文名
胆碱类	乙酰胆碱	Acetylcholine
生物胺类	去甲肾上腺素	Norepinephrine
	肾上腺素	Epinephrine
	多巴胺	Dopamine
	5-羟色胺/血清素	Serotonin
	组胺	Histamine
氨基酸类	γ-氨基丁酸	γ-aminobutyric acid
	天冬氨酸	Aspartate
	谷氨酸	Glutamate
	甘氨酸	Glycine
嘌呤类	腺苷	Adenosine
	腺苷三磷酸	Adenosine triphosphate
	腺苷二磷酸	Adenosine diphosphate
	腺苷一磷酸	Adenosine monophosphate

表20-2 神经肽按产生部位分类

分类	中文名	英文名
下丘脑释放激素类	促甲状腺激素释放激素	Thyrotropin-releasing hormone
	促性腺激素释放激素	Gonadotropin-releasing hormone
	生长抑素	Somatostatin
	促肾上腺皮质激素释放激素	Corticotropin-releasing hormone
	生长激素释放激素	Growth hormone-releasing hormone
	促食欲素	Orexin
神经垂体激素类	血管升压素	Vasopressin
	催产素	Oxytocin
垂体肽类	促肾上腺皮质激素	Adrenocorticotropic hormone
	β-内啡肽	β-endorphin
	促黑素细胞刺激素	α-melanocyte-stimulating hormone
	催乳素	Prolactin
	黄体生成素	Luteinizing hormone
	生长激素	Growth hormone
	促甲状腺激素	Thyrotropin
	垂体腺苷酸环化酶激活多肽	Pituitary adenylyl cyclase activating polypeptide, PACAP
胃肠道肽类	血管活性肠肽	Vasoactive intestinal polypeptide
	胆囊收缩素	Cholecystokinin
	胃泌素	Gastrin
	P物质	Substance P
	神经降压素	Neurotensin
	甲硫氨酸脑啡肽	Methionine-enkephalin
	亮氨酸脑啡肽	Leucine-enkephalin
	胰岛素	Insulin
	胰高血糖素	Glucagon
	促胰液素	Secretin
	生长抑素	Somatostatin
	促甲状腺激素释放激素	Thyrotropin-releasing hormone
	胃动素	Motilin
其他	心房钠尿肽	Atrial natriuretic peptide
	血管紧张素Ⅱ	Angiotensin Ⅱ
	降钙素	Calcitonin
	神经肽Y	Neuropeptide Y
	甘丙肽	Galanin
	K物质	Substance K
	降钙素基因相关肽	Calcitonin generated peptide
	缓激肽	Bradykinin
	黑素浓集激素	Melanin concentrating hormone
	褪黑素	Melatonin

表20-3 神经肽按家族分类

家族	中文名	英文名
阿片肽家族	鸦片皮质素	Opiocortin
	脑啡肽	Enkephalin
	强啡肽	Dynorphin
	β-内啡肽	β-endorphin
	孤啡肽	Orphanin-FQ
	内吗啡肽	Endomorphin
	促黑素	Melanocortin
神经垂体激素家族	血管升压素	Vasopressin
	催产素	Oxytocin
速激肽家族	P物质	Substance P
	K物质	Substance K
	泡蛙肽	Physalaemin
	肛褶蛙肽	Kassinin
	耳腺蛙肽	Uperolein
	章鱼唾腺精	Eledoisin
	铃蟾肽	Bombesin
促胰液素家族	促胰液素	Secretin
	胰高血糖素	Glucagon
	血管活性肠肽	Vasoactive intestinal polypeptide
	抑胃肽	Gastric inhibitory peptide
	生长激素释放因子	Growth hormone releasing factor
胰岛素家族	胰岛素	Insulin
	胰岛素样生长因子	Insulin-like growth factor
生长抑素家族	生长抑素	Somatostatin
	胰多肽	Pancreatic polypeptide
胃泌素家族	胃泌素	Gastrin
	胆囊收缩素	Cholecystokinin

此外,神经系统内还存在多种其他传递信息的化学物质,包括NO、CO、花生四烯酸和D-丝氨酸等。这些物质的化学性质、生物合成、贮存方式与作用机制等方面与小分子神经递质和肽类神经递质不同,因而又将这类传递神经信息的物质称为非典型神经递质。

(四)神经信息化学传递的步骤

神经传递(neurotransmission)不同于神经传导(nerve conduction)。前者指神经冲动跨越突触的过程,后者则指神经冲动沿轴突传导的过程。在神经传递过程中,突触前的电信号在突触处转变为由神经递质介导的化学信号,再由化学信号引发下一级神经元或效应器产生新的电信号。神经传递不仅为维持正常神经功能所必需,而且具有十分重要的药理学意义。除局部麻醉药外,其他药物几乎不能影响神经的传导过程,但有不少药物可增强或抑制神经传递过程,从而影响神经的功能。

一个正常的神经传递过程,应当包括以下步骤:

1. 神经末梢去极化 动作电位沿神经纤维传导到达神经末梢,引起突触前膜去极化,使电压门控的 N 型 Ca^{2+} 通道开放, Ca^{2+} 内流。

2. 神经末梢释放神经递质 小分子神经递质大多数在轴突末梢合成并贮存于突触囊泡中。肽类神经递质大多数在神经元的胞体处合成,贮存于大致密核心囊泡,然后沿轴突转运到神经末梢。在静息状态下,仅有持续、缓慢、单个量子的神经递质释放。当动作电位到达神经末梢后,末梢部位的细胞膜去极化,可释放库中部分囊泡向突触前膜的"活性区"(active zone)"泊靠"(docking),囊泡在活性区部分与突触前膜"融合"(fusion),从而使囊泡中所含的神经递质释放至突触间隙中。释放后的囊泡通过胞饮作用重新被回收至突触前,再次充填神经递质,并再包装恢复至起始状态。如此反复而形成突触囊泡循环(图 20-1)。

3. 神经递质与突触后受体结合引发突触后电位 由突触前神经末梢释放的神经递质在突触间隙中扩散并与突触后膜上的相应受体结合,导致受体构型发生变化,引起突触后膜对离子的通透性增加。通常有三种离子的通透性发生变化:①阳离子(主要为 Na^+,偶尔为 Ca^{2+})进入胞内的通透性增加,导致突触后膜发生局部去极化电位,例如兴奋性突触后电位(EPSP)。②选择性地增加阴离子(Cl^-)进入胞内的通透性,导致突触后膜超极化,产生抑制性突触后电位(IPSP)。③ K^+ 向胞外的通透性增加,导致突触后膜稳定或超极化,产生 IPSP(图 20-2)。

4. 引发突触后效应 一旦 EPSP 达到一定阈值,便可在突触后神经元或肌细胞上引发可扩布的动作电位。在骨骼肌或平滑肌细胞,EPSP 可以引起自发性去极化速率增加,增强肌肉张力;在腺细胞,则可导致腺体分泌增加;在心肌,可以增强心肌收缩力。IPSP 主要存在于神经元之间,在肌细胞中则不是主要的电位变化形式。

5. 神经递质效应的中止 主要有两种方式。首先,神经递质可以从受体上解离,并通过扩散离开突触间隙,或者被突触前神经末梢或其他细胞通过重摄取机制回收。其次,神经递质可以被特定的酶降解为非活性产物,这一过程称为酶解作用。部分降解产物被突触前末梢重摄取后,可以作为神经递质合成的原料再次利用。

(五)小分子神经递质与肽类神经递质的区别

小分子神经递质与肽类神经递质在合成、贮存、释放等方面存在不同。小分子神经递质主要在轴突神经末梢中合成,神经活性肽主要在内质网中进行合成与加工,故只能在胞体部位合成。小分子神经递质主要贮存于神经元轴突末梢的突触囊泡(synaptic vesicle)中;合成好的神经肽主要贮存于神经元致密核心大囊泡(large dense-core vesicle)中,该

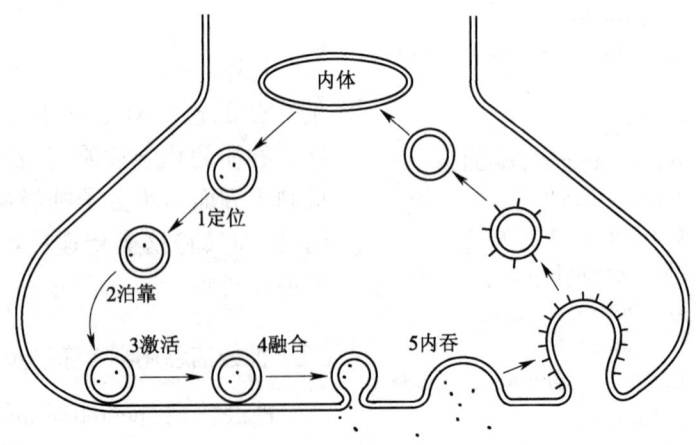

图 20-1 突触囊泡循环

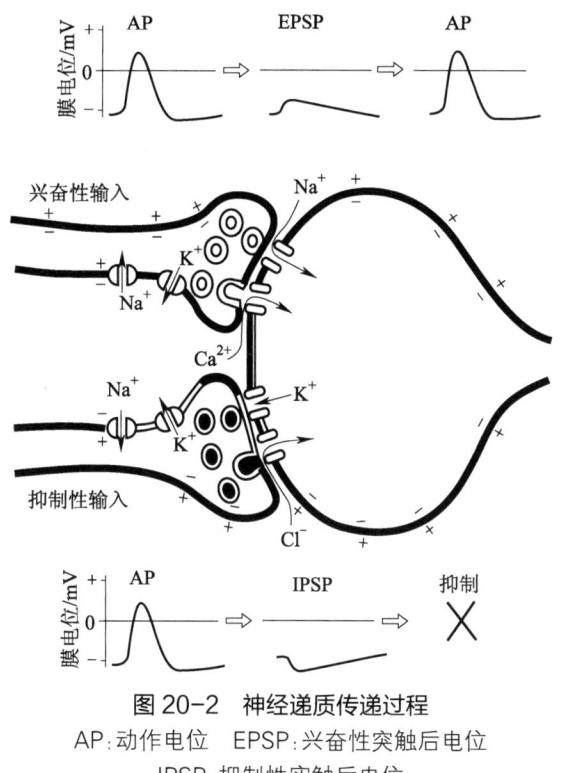

图 20-2 神经递质传递过程
AP:动作电位 EPSP:兴奋性突触后电位
IPSP:抑制性突触后电位

囊泡与非神经细胞内的分泌颗粒相似。突触囊泡首先在细胞体的反面高尔基网（trans-Golgi network）中形成前体囊泡，然后前体囊泡经轴突转运至神经末梢，继而与突触前膜融合，融合后的前体囊泡以内吞方式在内体（endosome）处加工为成熟的突触囊泡，供贮存与释放神经递质用。神经肽首先在内质网中加工，然后在内质网中形成含有这些蛋白质的转运囊泡，并将其转运至顺面高尔基网（cis-Golgi network）的膜层上，继而进入反面高尔基网，在此蛋白质被分选到不同的囊泡中。分泌囊泡一旦形成，大部分会聚集在胞质中形成储备囊泡库，等到细胞受刺激时便可分泌。

与突触囊泡相比较，致密核心大囊泡缺少在突触前膜活性区释放所需的某些蛋白质，因而不需从突触活性区释放。致密核心大囊泡仅能完成一次性释放，不可重复使用，因此需要新生成的囊泡不断从胞质经轴突输送至神经末梢进行补充。此外，神经肽一旦释放不能被再摄取，需要不断合成新神经肽进行补充。突触囊泡与致密核心大囊泡的释放均依赖细胞内 Ca^{2+} 浓度的增加，但是两者对钙依赖的方式不同。突触囊泡主要依赖位于突触活性区域的电压依赖性 Ca^{2+} 通道的开放，触发快速囊泡释放；致密核心大囊泡则主要依赖突触活性区域外 Ca^{2+} 通道的开放，其释放过程缓慢，释放可以在轴突的任意部位发生。

（六）递质共存

不同的神经递质能够共存于同一个囊泡中，其共存方式包括小分子神经递质共存，小分子神经递质与神经肽共存，以及神经肽共存等方式，其中比较多见的是一种小分子神经递质与一种或多种神经肽共存。递质共存现象普遍存在于人和动物的中枢神经和外周神经系统，例如，乙酰胆碱与血管活性肠肽共存，乙酰胆碱与降钙素基因相关肽共存，去甲肾上腺素与脑啡肽共存，去甲肾上腺素与组胺共存，去甲肾上腺素与 ATP 共存，谷氨酸与多巴胺共存等。递质共存的生理和病理意义尚不清楚，共存递质释放和调控的规律也未完全阐明。多种神经递质共存可以使神经传递和调节的形式多样化，释放出的几种信息物质可以互相补充、互相协调、互相制约，使神经系统活动的调节更加精确和完善，以适应复杂的神经功能活动的需要。

二、神经递质释放与调控的分子机制

神经递质释放是一个涉及多种蛋白质参与的复杂过程，包括突触囊泡的泊靠、融合、触发、再循环和再装配等步骤。

（一）突触囊泡泊靠和融合的分子机制

囊泡中的神经递质以囊泡为单位进行释放，当神经元兴奋时，囊泡与神经元细胞膜融合，囊泡内所有的递质全部释放出来，一个囊泡又称为一个量子，这种释放形式也称为量子释放。一组称为可溶性 NSF 附着蛋白受体（soluble N-ethylmaleimide sensitive factor attachment protein receptor, SNARE）的蛋白质参与介导囊泡释放递质的过程。组成 SNARE 复合体的蛋白质包括：①定位于囊泡上的小突触小泡蛋白（synaptobrevin），其羧基端插入囊泡膜，肽链大部分伸入胞质中；②突触融合蛋白（syntaxin），其羧基端插入突触前膜；③突触小体相关蛋白（synaptosomal-associated protein 25, SNAP-25），其位于肽链中段半胱氨酸残基与十六烷酰基形成共价连接，并通过后者的侧链锚定在突触前膜的胞质侧。

当突触前膜去极化时，Ca^{2+}内流，位于囊泡上的突触结合蛋白（synaptotagmin）感受到Ca^{2+}浓度的增加，并促使小突触小泡蛋白与突触融合蛋白和突触小体相关蛋白完全结合，形成稳定的SNARE复合体，囊泡泊靠于突触前膜。之后，SNARE复合体驱动囊泡膜与突触前膜融合，导致胞吐，将神经递质释放到突触间隙。融合后，N-乙基马来酰亚胺敏感因子（NSF）和α-可溶性NSF附着蛋白（α-SNAP）解聚SNARE复合体，使这些蛋白质能够回收并用于下一轮的囊泡融合（图20-3）。

（二）神经递质释放的调控

某些药物和毒素可作用于神经末梢，改变神经递质的释放，进而改变所支配器官的功能。其中的一些药物通过影响神经递质的释放用以某些疾病的诊断与治疗。

1. 增加神经递质释放

（1）钾离子通道阻断剂　如四乙基胺（tetraethyl ammonium）、4-氨基嘧啶（4-aminopyridine）和胍（guanidine）可增加神经递质的释放。这些药物可以使动作电位时间延长，延长Ca^{2+}内流入神经末梢的时间，胞质内游离Ca^{2+}浓度增高，促使递质释放量增加。胍已被临床上用于治疗肌无力综合征（Eaton-Lambert病），该病主要因运动神经的乙酰胆碱（ACh）释放减少所致。

（2）强直后增强可以增加神经递质释放，在一个短暂的强直刺激之后再向神经施以单个刺激，可引起神经递质释放量增加。这是由于强直刺激时，Ca^{2+}流入细胞的速度加快，细胞内游离Ca^{2+}增高，导致神经递质释放增加。

2. 抑制神经递质释放

（1）肉毒毒素（botulinum toxin）　能够与胆碱能神经末梢突触前膜的SNARE复合体结合，降解其组成蛋白，阻断ACh释放，由于胆碱能神经传递障碍，可导致呼吸肌麻痹而造成死亡。

（2）增加细胞外液中Mg^{2+}浓度　可阻断神经末梢去极化时Ca^{2+}的内流，进而减少递质释放。

（3）黑寡妇蜘蛛（black widow spider）的毒液　可引起ACh的释放，最终耗竭神经末梢内的ACh。

三、神经递质的生物合成与代谢

（一）乙酰胆碱

1. 乙酰胆碱的生物合成　乙酰胆碱（ACh）在胆碱能神经末梢中合成，该反应只需一步即可完成，即胆碱和乙酰辅酶A在胆碱乙酰转移酶的催化下，生成ACh和辅酶A。合成后的ACh随即被转运至囊泡中贮存，每个囊泡中大约贮存10 000个ACh分子。

胆碱能神经的胞质中存在乙酰辅酶A，神经元自身不能合成胆碱。合成ACh所需的胆碱主要有两个来源：①自血浆中摄取至神经末梢内；②由含有胆碱的物质代谢而产生，例如ACh和磷脂酰胆碱。由代谢所产生的胆碱非常迅速地被一种高亲和性摄取机制摄入神经末梢。在中枢神经系统，来源于代谢的胆碱尤为重要，因为血浆中的胆碱不能通过血-脑屏障。通常中枢神经系统内胆碱高亲和性摄取系统并未饱和，因此，胆碱供给的多少成为中枢神经系统内ACh合成的限速环节。

2. 乙酰胆碱的代谢　释放至突触间隙中的ACh

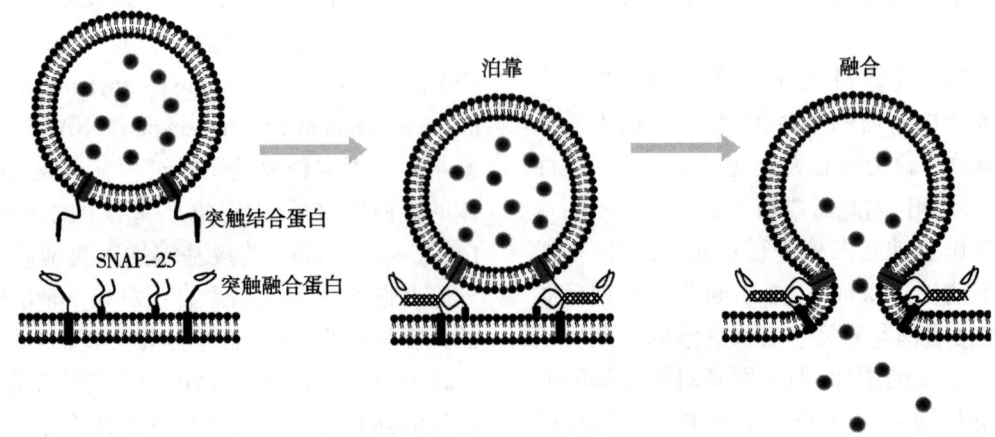

图20-3　SNARE蛋白参与介导递质释放

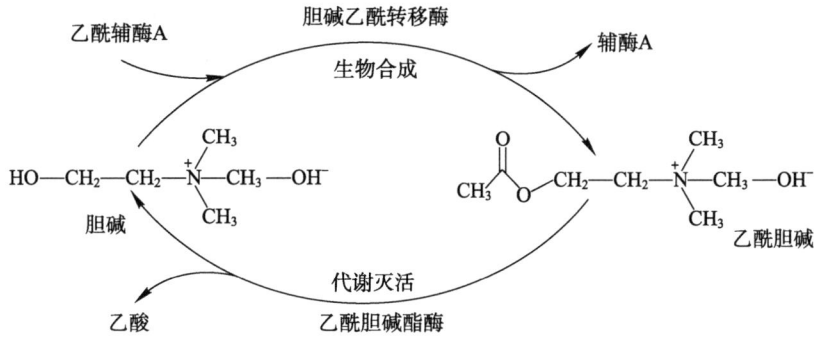

图 20-4 乙酰胆碱的生物合成与代谢

迅速被位于突触后膜处的乙酰胆碱酯酶水解为乙酸和胆碱，乙酸被细胞内的酶系统进一步氧化，最终进入三羧酸循环；胆碱则通过高亲和性主动转运机制转运至神经末梢内，用于再合成 ACh（图 20-4）。

（二）儿茶酚胺类神经递质

儿茶酚胺（CA）是指多巴胺（DA）、去甲肾上腺素（NE）、肾上腺素（E）等含儿茶酚结构的物质，它们广泛存在于外周和中枢神经系统内。NE 是经典的交感神经节后神经元的神经递质，DA 是 NE 的前体，在中枢神经系统内 DA 作为神经递质在几条重要通路上发挥作用。E 是 NE 甲基化后的产物。

1. **儿茶酚胺的生物合成**　合成 CA 的原料是 L-酪氨酸。L-酪氨酸由肾上腺素能神经元主动转运至胞质内，然后由胞质内的酪氨酸羟化酶（TH）催化，将 L-酪氨酸转变为 L-多巴，这一环节是 CA 合成过程中的限速环节。TH 的活化需要有四氢蝶啶、辅助因子、氧和铁离子的存在。L-多巴继续在胞质内受到多巴脱羧酶的催化而转化为多巴胺（DA），生成后的 DA 被主动摄取进入贮存囊泡，然后在多巴胺 β-羟化酶催化下生成 NE（图 20-5）。在肾上腺髓质细胞内，NE 则在苯乙醇胺-N-甲基转移酶催化下生成 E。

2. **去甲肾上腺素的贮存**　合成后的 NE 主要贮存在颗粒囊泡中，在颗粒囊泡中 NE 与腺苷三磷酸（ATP）以 4：1 的比例组成复合物而贮存。囊泡中的 NE 至少存在于两种不同的代谢池中。代谢一池中的 NE 代谢速度快，主要发挥神经递质的功能；代谢二池中的 NE 代谢速度慢，生理功能不明。囊泡膜上存在有主动转运系统，该转运系统可以逆 200 倍浓度差向囊泡内转运 NE，维持囊泡内外 NE 的梯度。这一转运系统可以被利血平阻断。

3. **去甲肾上腺素的释放与代谢**　当动作电位到达肾上腺素能神经末梢时，NE 以胞吐的形式释放至突触间隙中。被释放的 NE 约有 80% 被突触前膜重摄取至胞质，继而再被位于囊泡膜上的主动转运系统摄回囊泡内贮存，仅有一小部分扩散进入循环。

参与 NE 代谢转化的酶主要有单胺氧化酶

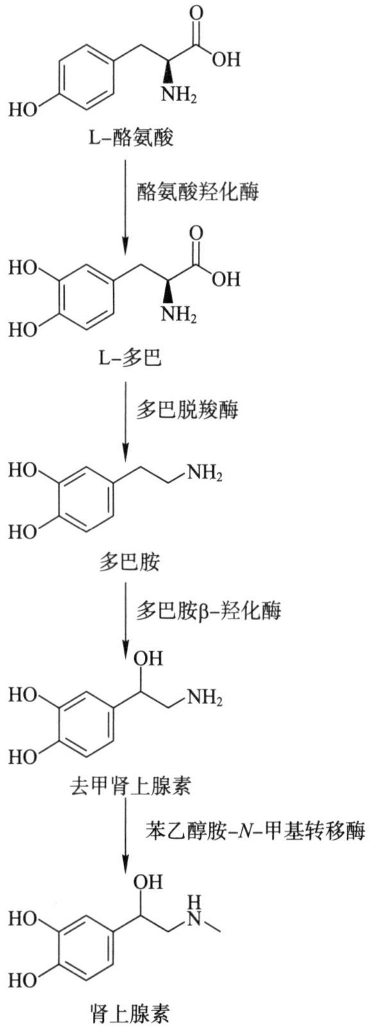

图 20-5 儿茶酚胺的生物合成

（MAO）和儿茶酚邻位甲基移换酶（COMT），这两种酶均广泛分布于全身各处。MAO分布于线粒体外膜，可催化NE氧化性脱胺，生成3,4-二羟苯基羟乙醛（3,4-dihydroxyphenyl glycolaldehyde，DOPGAL），后者或被还原为3,4-二羟苯基乙二醇（3,4-dihydroxyphenylethyl glycol，DHPG），或被氧化为3,4-二羟基苯乙醇酸（3,4-dihydroxy mandelic acid，DOMA）。DHPG和DOMA分别由COMT催化生成代谢终产物3-甲氧基-4-羟基苯乙二醇（3-methoxy-4-hydroxyphenylglycol，MHPG）和香草基扁桃酸（vanillylmandelic acid，VMA）。COMT分布于几乎所有细胞和突触间隙处，将NE甲基化为间甲去甲肾上腺素，然后再相继在MAO和醛还原酶（aldehyde reductase）或醛脱氢酶作用下，转化为最终排泄产物（图20-6）。由于分布的不同，MAO主要负责代谢神经末梢胞质中的NE，COMT则主要代谢突触间隙及非神经元内的NE。

（三）5-羟色胺

5-羟色胺能神经元主要分布于脑干的中缝大核、中缝背核、中缝隐核、中缝苍白核、中缝脑桥核、中缝上核、线形上核、线形中核，以及低位脑干的网质区。5-羟色胺能神经元轴突组成的上行纤维投射至大脑皮质、新纹状体、杏仁核、中隔和黑质，下行纤维加入脊髓背外侧索，构成脑干下行抑制通路。

合成5-羟色胺的原料为色氨酸。在5-羟色胺能神经元末梢内，色氨酸经色氨酸羟化酶催化首先生成5-羟色氨酸，后者再经5-羟色氨酸脱羧酶催

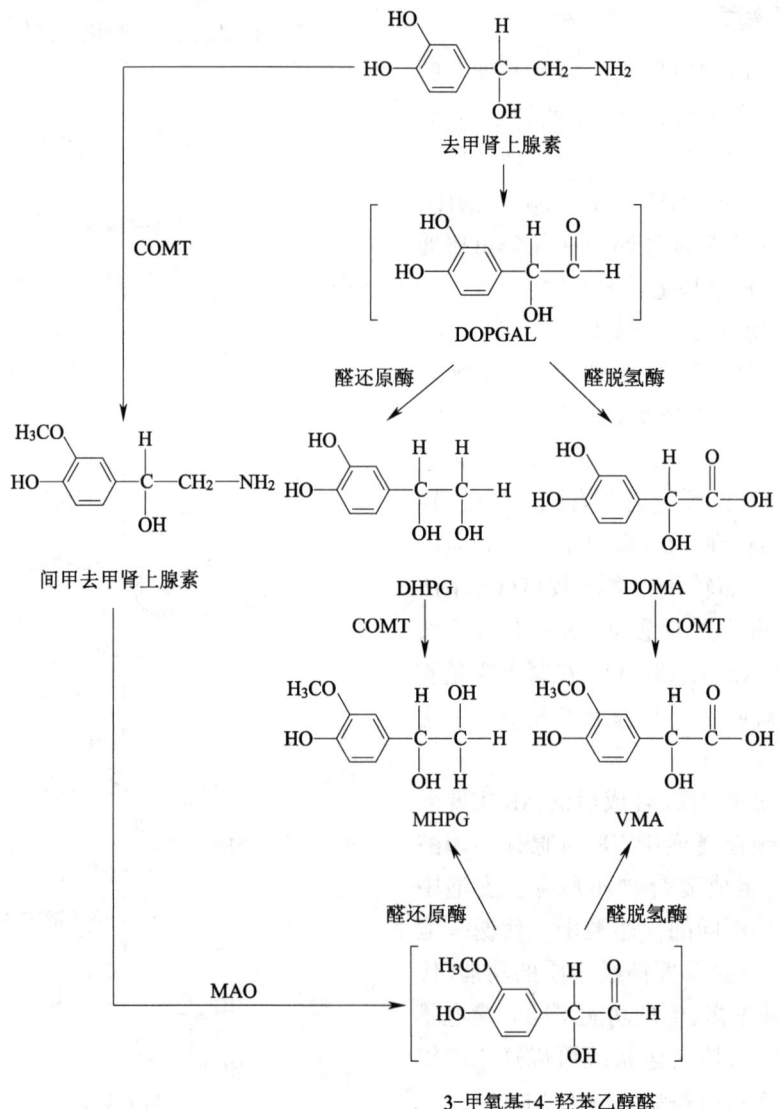

图20-6 去甲肾上腺素的代谢

化成5-羟色胺,色氨酸羟化酶是合成5-羟色胺的限速环节。合成的5-羟色胺贮存于突触囊泡中,释放后被突触前膜5-羟色胺转运体摄取,大部分重新贮存于突触囊泡,小部分被线粒体表面的单胺氧化酶代谢为5-羟吲哚乙醛,后者在醛脱氢酶作用下生成5-羟吲哚乙酸(图20-7)。

(四)组胺

在中枢神经系统,组胺能神经元的胞体集中分布于下丘脑后部的结节乳头核内,其纤维几乎到达中枢神经系统的所有部分,包括大脑皮质和脊髓。在所有哺乳动物的脑中,大脑皮质、杏仁核、黑质及纹状体都接受中等或高密度的组胺能神经元投射。在外周交感神经末梢内,也发现组胺与去甲肾上腺素共存。

神经元内的组氨酸在组氨酸脱羧酶的催化下直接生成组胺,并贮存于囊泡中。组胺释放后通过酶解的方式灭活,先由组胺 N-甲基转移酶催化生成 N-甲基组胺,再在单胺氧化酶催化下生成 N-甲基咪唑乙醛,其在醛脱氢酶作用下生成 N-甲基咪唑乙酸(图20-8)。目前尚未在神经细胞上发现组胺的转运体。

(五)兴奋性氨基酸递质

在中枢神经系统内,谷氨酸(Glu)和天冬氨酸(Asp)是两种最重要的兴奋性氨基酸递质,它们分布浓度较高,并呈现钙依赖性的释放过程,两种递质通过作用于各自相应的受体而发挥兴奋中枢神经元的作用。在许多神经通路的末梢部位存在着这两种递质的高亲和性摄取系统。

Glu 和 Asp 属非必需氨基酸,它们不能透过血-脑屏障,因此脑内的 Glu 和 Asp 并不来自循环,而是来自葡萄糖和其他前体物质的合成。参与 Glu 和

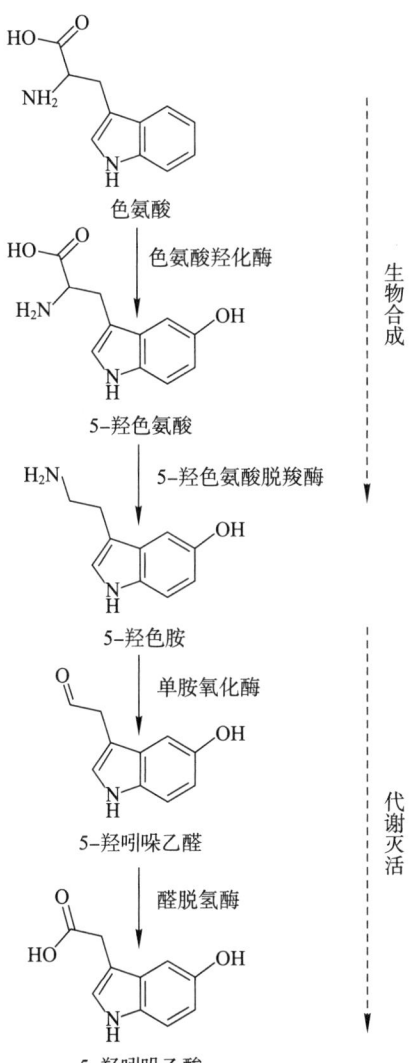

图20-7　5-羟色胺的合成与代谢

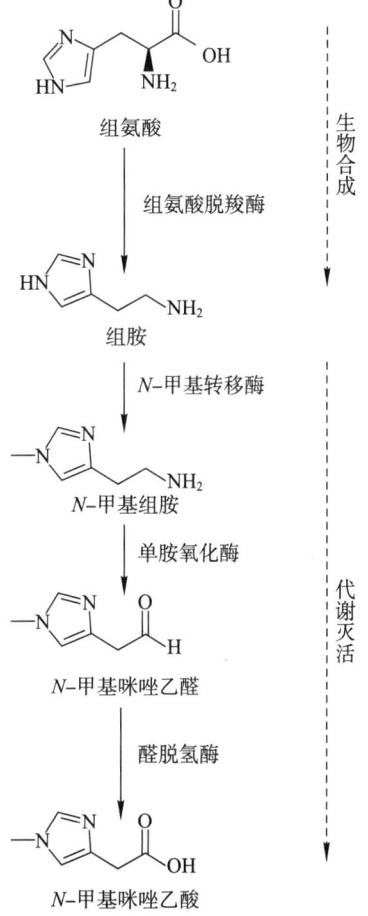

图20-8　组胺的合成与代谢

Asp 合成与代谢的酶存在于神经元和神经胶质细胞。Glu 与 Asp 的合成在很大程度上依赖神经末梢与神经胶质细胞的相互作用。Glu 由神经末梢释放后，绝大部分被神经胶质细胞所摄取，然后再在其中转化为谷氨酰胺（Gln），Gln 再循环转运至神经末梢，在线粒体中转化为 Glu，从而补充神经末梢中的 Glu（图 20-9）。神经末梢的囊泡能通过 Mg^{2+}-ATP 依赖的主动摄取机制，摄取并聚积 Glu。囊泡中 Glu 的浓度大约为 20 mmol/L。Asp 的摄取贮存机制仍不清楚。

（六）抑制性氨基酸递质

中枢神经系统内的抑制性氨基酸递质主要有两种，即 γ-氨基丁酸（GABA）和甘氨酸（Gly）。两者在中枢神经系统内的分布区域与兴奋性氨基酸递质类似，但其作用与兴奋性氨基酸相反。当 GABA 和 Gly 分别激动各自的受体时，可以使受体调控的 Cl^- 通道开放，引发 Cl^- 内向电流，导致神经细胞超极化，进而产生神经细胞的抑制效应。

GABA 和 Gly 在化学结构方面属于完全不同的两类物质，因而其代谢路径也各不相同。来自三羧酸循环的谷氨酸是合成 GABA 的前体物质，在谷氨酸脱羧酶催化下，谷氨酸脱去一个羧基生成 GABA。神经细胞内的 Gly 经由磷酸化和非磷酸化两条路径合成。核素示踪显示磷酸化路径是脑内 Gly 的主要合成路径。该合成路径起始于糖代谢产物 D-3-磷酸甘油。D-3-磷酸甘油依次经脱氢、转氨基和脱磷酸后生成丝氨酸，后者再经脱羟甲基作用最终生成 Gly。非磷酸化路径主要经丙酮酸→D-甘油酸→羟基丙酮酸→丝氨酸，最后生成 Gly（图 20-10）。非磷酸化路径的重要性尚不清楚。

GABA 和 Gly 自神经末梢释放后，主要被位于神经末梢或神经胶质细胞上的转运系统摄取，进而终止其效应。摄入细胞内的 GABA 在 GABA 转氨酶的作用下，生成琥珀酸半醛，后者再被氧化为琥珀酸而进入三羧酸循环。Gly 的代谢途径尚不十分清楚。

（七）神经肽递质

自从在脊椎动物神经分泌细胞内发现肽类物质后，即提出了肽能神经元的概念。最初认为肽能神经元是指下丘脑向脑垂体后叶投射，能释放抗利尿激素（ADH）和催产素（OXT）的一类神经元。随后发现肽能神经元在神经系统中的分布甚为广泛，中枢神经系统中存在很多具有生物活性的神经肽。

1. **神经肽的合成**　神经肽的合成需要经过 DNA 的转录和蛋白质的翻译，其合成过程分为早期、中期和晚期三个阶段。早期为神经肽前体分子合成阶段，由核糖体合成无活性的前神经肽原，其 N 端序列携带 15~30 个氨基酸残基的信号肽序列，能够引导前神经肽原由核糖体进入内质网，并在内质网中切除信号肽序列，生成前神经肽，后者再转运至高尔基复合体进行加糖、硫酸化或磷酸化修饰。中期为蛋白质水解阶段，发生在高尔基复合体和囊泡内，主要由蛋白水解酶对前神经肽进行加工处理。晚期为加工修饰阶段，发生在囊泡内，主要由各种酶类对前神经肽进行剪切修饰，最终生成具有活性的神经肽。同一个前体可以加工生成多种神经肽，虽属同一家族，但其各自功能不同。

2. **神经肽的释放**　贮存于致密核心大囊泡内的神经肽不需要在神经末梢突触前膜的活性区域释放，可以在神经元的胞体、树突、轴突等部位释放。神经肽的释放是一个钙依赖的过程，通常需要高频刺激引发胞内 Ca^{2+} 浓度持续升高，进而触发释放。

3. **神经肽的灭活**　释放出的神经肽主要经酶降解而失活，有两类酶参与神经肽的降解，它们是羧基肽酶（carboxypeptidase）和氨基肽酶（aminopeptidase），这两种酶又可分为若干亚类。羧基肽酶要求底物在 C 端具有带电荷的羧基，其中一种羧基肽酶自 C 端

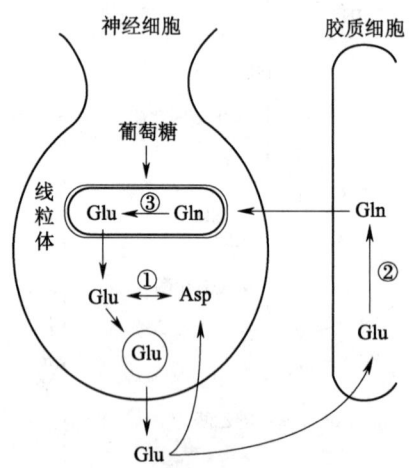

图 20-9　谷氨酸在突触部位的代谢

新合成的谷氨酸储存于神经末梢囊泡内。谷氨酸释放至突出间隙后，它可以被胶质细胞摄取，并在胶质细胞内转化为谷氨酰胺，后者再转运入神经末梢内参与谷氨酸的合成

Gln:谷氨酰胺　　Glu:谷氨酸　　Asp:天冬氨酸　　①天冬氨酸转氨酶　②谷氨酰胺合成酶　③谷氨酰胺酶

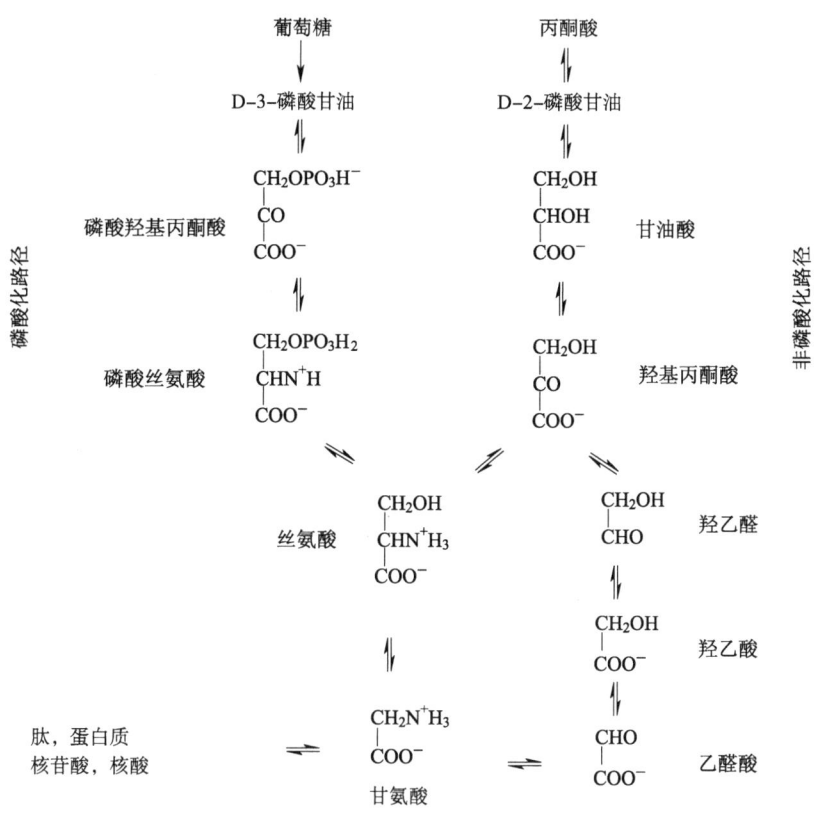

图 20-10 甘氨酸的生物合成

第一个肽键处开始水解神经肽;另一种羧基肽酶从 C 端第二和第三个氨基酸之间水解肽键,产生二肽。氨基肽酶也有两种水解肽键的方式,即从 N 端第一个肽键处水解肽键或在第二和第三个氨基酸之间水解肽键产生二肽(图 20-11)。

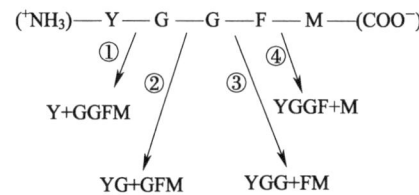

图 20-11 细胞外神经肽水解示意图
①氨基肽酶 ②二肽基肽酶 ③二肽基羧肽酶 ④羧基肽酶

第二节 神经递质受体

一、受体的基本概念

John Newport Langley 和 Paul Ehrlich 是受体研究领域的开拓者。早在 19 世纪末 20 世纪初,Langley 在研究箭毒和烟碱对骨骼肌作用时发现,无论在有神经支配的还是运动神经被切断而变性的骨骼肌上,箭毒均能阻断烟碱引起的肌肉收缩效应,但是箭毒不能阻断直接刺激肌肉所引起的收缩,据此他认为烟碱和箭毒可能通过与位于肌肉部位的某种成分相结合发挥作用。他将这种物质称为"接受物质"(receptive substance),这也是受体最早的雏形概念。随后,Ehrlich 根据抗体对抗原具有高度特异性提出了受体(receptor)的概念,并根据化疗药物选择性作用于锥虫相应部位的现象,提出了与"锁与钥匙"相类似的配体与受体作用模型假说。20 世纪 30 年代,Clark、Gaddum 和 Schild 等采用定量药理学与功能研究相结合的方法,逐步提出并完善了受体理论。受体学说的理论对于药理学、免疫学、生物化学、微生物学、神经生物学等领域的研究产生了重要影响,并成为解释药物作用机制的重要理论基石。近年来,随着分子克隆、蛋白质技术等的发展,使受体分子的分离纯化成为可能,极大地推进了对受体作用本质和细胞内受体信息传递机制的研究。由于受体是参与介导机体各种生理和病理过程的重要分子,因而也是药物作用的主要靶标,以受体为靶标的新药研究是新药研发的重要方向。

(一) 受体的定义

受体是一类存在于细胞膜或细胞内的,能与细胞外专一信号分子结合进而激活细胞内一系列生物化学反应,使细胞产生相应效应的特殊蛋白质。这一概念中包括三个相互关联的功能,即识别与结合、信号转导和产生生物效应。具有与受体选择性结合能力的物质称为配体(ligand)。配体与受体结合后引发机体特定组织结构产生生物效应,这些特定的结构称为效应器(effector)。与受体结合后能够产生生物效应的配体称为激动剂(agonist);能与受体结合,本身不产生作用,但是因占据受体而拮抗激动剂效应的配体称为拮抗剂(antagonist)。

(二) 受体的基本特性

1. **饱和性** 是指受体有限的结合能力。存在于细胞膜或细胞内的受体数目是一定的,因此配体与受体结合的剂量效应曲线具有饱和性。当配体浓度逐步增加时,它与受体的特异性结合也会逐步增加,当配体的浓度升高到一定程度时,绝大多数受体都会与配体结合,继续增加配体浓度时,未被配体占据的受体数目有限,配体与受体结合而成的复合物的升高也会受限。配体与受体结合所产生的生物效应也具有饱和性。受体的饱和性可以通过精确的实验进行测定,作用于同一受体的配体之间存在竞争现象。

2. **特异性** 受体具有特异性识别配体的功能,受体识别配体的基础是受体蛋白内部的立体构象,特异性的配体与其受体结合有严格的构型和构象要求,只有存在严格构型和构象的配体分子才能选择性地与其受体结合。各种受体的识别能力是不同的,受体的识别能力强,受体的特异性就好。与同一受体结合的配体的化学结构非常相似,与受体结合后产生的效应也相似,但是不同光学异构体的配体可能引起完全不同的效应。

3. **可逆性** 配体与受体的结合反应是可逆的,当体系中配体的浓度降低时,形成的复合物就会解离,重新成为游离的配体和受体。受体的可逆性是受体对周围环境快速和正确反应的基础。由于受体的可逆性特性,不同配体作用于同一受体时存在特异的相互置换现象。

4. **灵敏性** 受体只需与很低浓度的配体结合就能产生显著的生物效应,表明受体与配体结合具有很高的亲和力。评价受体亲和力大小的指标是受体的解离平衡常数 K_d 值,K_d 值越小则亲和力越大。受体与配体相互作用的 K_d 值一般在 $10^{-12} \sim 10^{-8}$ mol/L。受体亲和力的大小与配体相关,同一受体与不同配体结合时可表现出不同的亲和力。

5. **靶组织专一性** 在许多系统,只有特殊类型的细胞对一种特定信号起反应,因为只有这些细胞存在相应的受体。一般靶细胞受体的密度比非靶细胞高得多。在中枢神经系统,某些受体的分布常呈现区域特征。

6. **多样性** 同一受体可以广泛分布到不同的细胞产生不同的效应,同一受体还存在多个亚型,它们分别介导不同的效应。受生理、病理和药物作用的影响,受体的数目、亚型等经常处于动态变化之中。

(三) 受体的调节

配体与受体相互作用,除引发一系列生物效应外,其受体自身也受到来自配体、生理和病理等因素的调节,这些因素可以影响受体的数目和亲和力,导致受体敏感性降低或增加。

1. **受体失敏和增敏** 受体与配体相互作用一段时间后,受体对配体的敏感性和反应性降低的现象称为失敏(desensitization)。失敏可以是受体数目的减少,也可以是受体与配体亲和力降低所致。受体数目减少的调节又称为向下调节(down-regulation)。失敏性调节通常具有剂量依赖性、时间依赖性和可逆性等特点。失敏如果由激活该受体的配体所诱导,则称为同源失敏(homologous desensitization),例如支气管哮喘患者长期使用 β 肾上腺素受体激动剂后,支气管平滑肌部位的 $β_2$ 受体密度降低,舒张支气管平滑肌的作用减弱。当某种激动剂与相应的受体作用一段时间后,不仅使其本身与特异性结合受体的反应性降低,还使同一细胞上其他受体对各自激动剂的反应性减弱,该现象称为异种失敏(heterologous desensitization),例如 β 肾上腺素受体可以被甲状腺素、糖皮质激素等调节,GABA 受体可被苯二氮䓬受体调节等。

当受体与配体作用一段时间后,受体的数目或亲和力增加的现象称为受体增敏(receptor hypersensitization),如果是受体数目的增加,又称为受体的上调（up-regulation）。例如，长期使用β肾上腺素受体拮抗剂，可以诱导β肾上腺素受体上调，突然停止使用β肾上腺素受体拮抗剂可以使β肾上腺素受体介导的效应增强。增敏可分为同源增敏和异源增敏。

2. 受体调节的机制

（1）受体的磷酸化 受体磷酸化在调控受体功能方面发挥重要的作用。它可发生在与激动剂作用后数秒至数分钟间，是一种共价修饰，通过在受体上添加磷酸基团来改变受体的构象和功能。通过该机制，细胞能够响应外部刺激并将其转化为内部的生物化学反应。当外部信号分子（配体）与细胞膜上的受体结合时，受体发生构象变化而激活。激活的受体通过其内在的激酶活性或与其他激酶相互作用，导致自身或其他受体特定位点的磷酸化。磷酸化的受体还能与其他信号蛋白相互作用，形成信号转导复合物，从而将信号从细胞膜传递到细胞核或其他细胞器。最终，这些信号转导途径导致细胞内的基因表达、代谢或细胞行为的改变，从而响应外部刺激。

当配体持续作用于其对应受体时，受体还可能发生同源和异源失敏现象。同源失敏主要由G蛋白偶联受体激酶（GRK）和抑制蛋白（arrestin）参与介导，当配体与受体结合后激活G蛋白，后者释放出的β和γ亚基将GRK锚定在膜上，使与配体结合的受体发生磷酸化，磷酸化后的受体对抑制蛋白的亲和力增强并与之结合，进而阻断受体与G蛋白的偶联，进而影响下游信号转导复合物的形成，导致同源失敏。异源失敏主要由蛋白激酶A（PKA）和蛋白激酶C（PKC）参与介导，两者不仅使与配体结合的受体磷酸化，还可引起同一细胞上其他受体与G蛋白脱偶联，使细胞内信号转导减弱而失敏。

（2）受体内化（internalization） 有些受体与配体结合后可以通过内吞作用转移到细胞内，部分内化的受体在溶酶体内被降解，一部分滞留在细胞内被隔离，使之不能再循环到细胞膜上发挥作用。

（3）细胞脂质层的变化 定位于细胞膜上的受体镶嵌于细胞膜的脂质双分子层中，膜磷脂在维持膜的流动性和受体蛋白的活性中发挥重要的作用。例如，质膜内磷脂酰乙醇胺被甲基化转变为磷脂酰胆碱后，可增加质膜的流动性，使隐蔽的受体去屏蔽，导致暴露于膜表面的受体数量增多。

（4）其他机制 受体数目的变化受基因表达的调节。例如，糖皮质激素可以影响多种受体的表达；长期使用β肾上腺素受体拮抗剂，可以诱导β肾上腺素受体表达的上调；某些遗传性疾病可以表现为受体表达的异常，如亨廷顿病患者尾状核与壳中GABA受体、M-ACh受体和谷氨酸受体明显减少，而苍白球与黑质中GABA受体却增加。

二、配体与受体相互作用的学说

受体与配体之间相互作用，进而引发效应的内在规律遵循质量作用定律的基本原理，如何定量描述受体与配体结合进而诱导产生生物效应之间的关系，有各种不同的学说进行阐述，其中最重要、应用最广泛的是Clark提出的占领学说。

（一）占领学说

占领学说（occupation theory）的理论要点包括：①受体与配体之间的相互作用是可逆的。②生物效应与被配体占领受体的数目成正比，结合与效应之间呈线性关系，当全部受体被占领时，就会产生最大效应。③配体以游离和与受体结合的两种状态存在，与受体结合的配体只占总配体的极小部分，当反应达到平衡时，游离配体浓度近似于总配体浓度。根据上述条件，受体与配体结合的反应动力学可表达为：

$$R + L \longleftrightarrow RL \longrightarrow E \quad (20-1)$$

R为受体，L为配体，RL为受体配体复合物，E（effector）指产生的生物效应。根据质量作用定律，反应达到平衡时，则有：

$$K_d = \frac{[R][L]}{[RL]} \quad (20-2)$$

K_d是平衡解离常数，因为受体总数$[R_T] = [R] + [LR]$，$[R] = [R_T] - [LR]$，将其代入上式，经推导可得到方程：

$$\frac{[RL]}{[R_T]} = \frac{[L]}{K_d + [L]} \quad (20-3)$$

由于只有RL这种特异性结合（B）方能发挥效应（E），故本式可改写为：

$$\frac{B}{B_{max}} = \frac{E}{E_{max}} = \frac{[RL]}{[R_T]} = \frac{[L]}{K_d + [L]} \quad (20-4)$$

由上式可见，当$[L] = 0$时，特异性结合B为0，效应E也为0；当$[L] \gg K_d$时，$B/B_{max} = 100\%$，达到最大效应E_{max}，即效能（efficacy）；当$B/B_{max} = 50\%$时，

即 EC_{50}（$E/E_{max} = 50\%$ 的配体浓度），$K_d = [L]$，因此，K_d 表示 R 与 L 的亲和力，单位为摩尔每升（mol/L）。

被占领的受体和配体之间的关系，可以在不同的坐标系内用图解法表示。如将受体动力学基本公式 $K_d = [L][R] / [LR]$ 加以推导变化，可将 S 形量效曲线转变为直线，使之能够较方便和准确地计算出受体的数目、亲和力等受体动力学参数。为了便于作图表达将 [RL] 作 B，将 [L] 作 F。

1. 直接作图　以 B 对 F 作图（图 20-12A）。此种作图法过于简单，能说明的问题有限，不便计算受体动力学参数，通常对此图的数据进行进一步处理后，得到以下的受体动力学图。

2. 半对数作图　以 lgF 为横坐标，以 B 为纵坐标作图，可得对称 S 形曲线图（图 20-12B）。该曲线相对最大结合量 50% 水平的位置，即为受体的 lgK_d 值，反映受体的亲和力。

3. Scatchard 作图　将 $[R] = [R_T] - [LR]$ 代入式 20-4 导出 $[LR]/[L] = ([R_T] - [LR])/K_d$。以 B/F 为纵坐标，以 F 为横坐标作图，可得一斜率为 $-1/K_d$ 的直线（图 20-12C）。当 $[LR] = [R_T]$ 时，该直线与横坐标的截距为 $[R_T]$，反映受体最大结合量。

4. 双倒数作图　同样将 $[R] = [R_T] - [LR]$ 代入式 20-4 可得 $1/[LR] = K_D/[L][R_T] + 1/[R_T]$。以 $1/B$ 为纵坐标，$1/F$ 为横坐标作图，可得到斜率为 $K_d/[R_T]$ 的直线（图 20-12D）。该直线与纵坐标的交叉点为 $1/[R_T]$，$1/B_{max}$。

（二）速率学说

Paton 于 1961 年提出速率学说。该学说认为药物引起的效应并不与受体被占领的数目成正比，而是与单位时间内药物与受体接触的次数成正比。药物作用是药物分子与受体之间结合速率和解离速率的函数，每次结合成为诱发生物效应的一个"量子"。对于激动剂而言，结合和解离的速率都很快，这使得它们能够在短时间内多次与受体结合和解离，可以在单位时间内产生若干次"量子"。拮抗剂则结合速率快，解离速率慢，从而减少了受体与配体相互作用的机会，产生的刺激"量子"少。

（三）二态模型学说

二态模型学说（two-state model theory）认为受体的构型分为活化状态（R*）和失活状态（R），R* 与 R 处于动态平衡，可以互相转变。激动剂与 R* 状态的受体亲和力大，结合后产生效应；拮抗剂与 R 状态的受体亲和力大，结合后不产生效应。当激动剂与拮抗剂同时存在时，两者竞争受体，其效应取决于 R*-

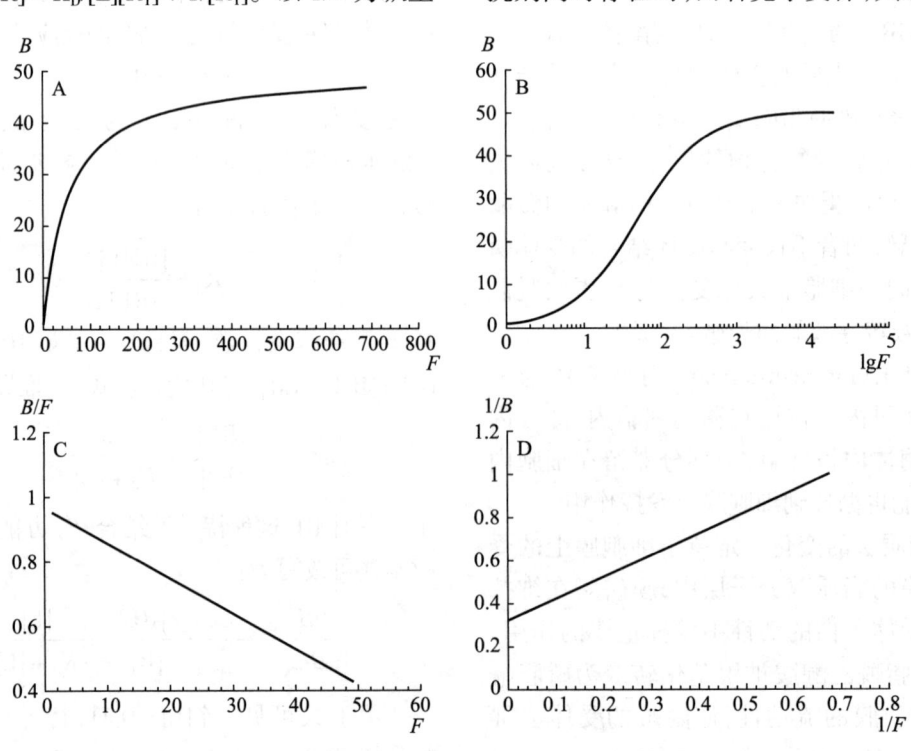

图 20-12　受体与配体结合动力学
A. 直接作图　B. 半对数作图　C. Scatchard 作图　D. 双倒数作图

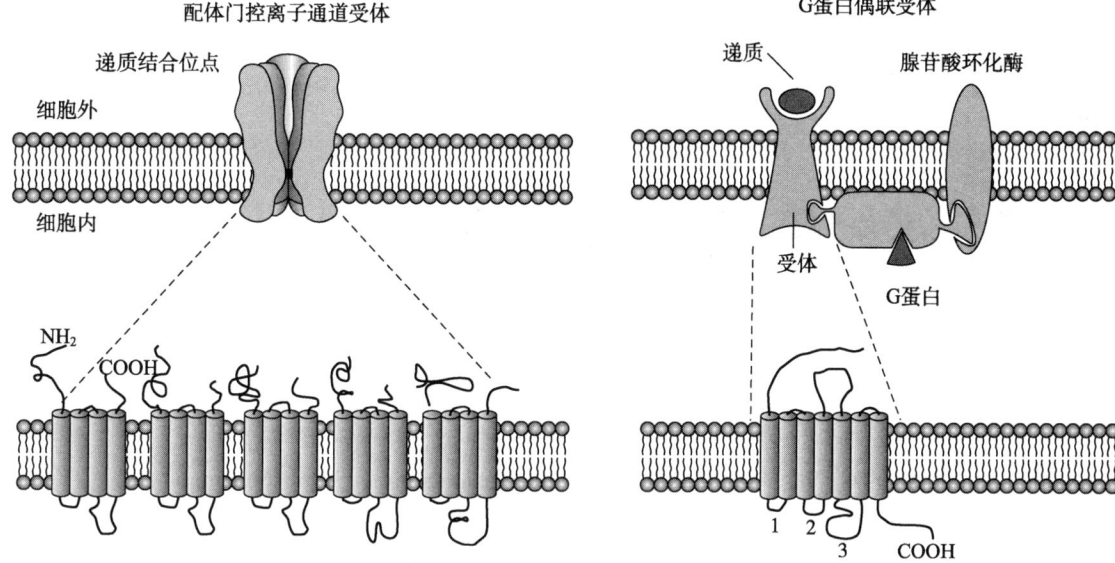

图 20-13 配体门控离子通道受体与 G 蛋白偶联受体结构

激动剂复合物与 R-拮抗剂复合物的比例。例如,R-拮抗剂复合物较多时,激动剂的作用被减弱。

三、受体的分类

根据受体的结构、功能和定位,可将受体分为四大类,即配体门控离子通道受体、G 蛋白偶联受体、酪氨酸激酶活性受体和细胞内受体。这里主要介绍与神经递质密切相关的配体门控离子通道受体和 G 蛋白偶联受体。另外,国际药理学联盟(IUPHAR)提出对受体采用类(class)、亚类(subclass)、型(type)、亚型(subtype)四级分类方法,以替代目前各种不一致的受体分类方法,该分类方法和受体的详细信息可在 IUPHAR 官方网站中查询。

(一) 配体门控离子通道受体

这类受体存在于可兴奋细胞膜上,通常是由 4~6 个亚基组成的寡聚体蛋白,形成穿透细胞膜的离子通道,每一个亚基都是一个反复多次跨细胞膜的蛋白质(图 20-13)。神经递质与受体结合改变通道蛋白的构象,导致离子通道的关闭或开启,离子流动引起细胞膜去极化或超极化,从而引起细胞兴奋或抑制。其跨膜信号转导无须中间步骤,反应快,一般只需几毫秒。属于此类受体的有烟碱型乙酰胆碱受体(nAChR)、γ-氨基丁酸受体(GABAR)、甘氨酸受体、谷氨酸/天冬氨酸受体、5-羟色胺受体和 ATP 受体等。

(二) G 蛋白偶联受体

G 蛋白偶联受体是一大类与细胞内鸟苷酸结合蛋白(guanine nucleotide binding regulatory protein, G 蛋白)偶联的膜蛋白受体,这类受体的共同点是其立体结构中都有 7 个跨膜 α 螺旋,且其肽链的 C 端及连接第 5 和第 6 个跨膜螺旋的胞内环(第 3 个胞内环)上都有 G 蛋白的结合位点(图 20-13)。当受体与配体结合后,通过与不同种类 G 蛋白偶联,触发下游不同的信号通路,引发不同的生物效应。G 蛋白是由 α、β、γ 三种亚单位组成的三聚体,静息状态时与 GDP 结合,当受体与配体结合被激活时,GDP-αβγ 复合物在 Mg^{2+} 参与下,结合的 GDP 与细胞质中的 GTP 交换,GTP-α 与 βγ 亚单位分离并参与下一步的信号传递过程,最终引起生物效应,同时配体与受体分离。α 亚单位本身具有 GTP 酶活性,促使 GTP 水解为 GDP,再与 βγ 亚单位形成 G 蛋白三聚体恢复原来的静息状态。去甲肾上腺素、多巴胺、5-羟色胺、乙酰胆碱等神经递质均作用于相应的 G 蛋白偶联受体发挥作用。

(陈 涛)

新形态教材网　数字课程学习

教学 PPT　　参考文献

第二十一章

神经传递中的信号转导机制

神经系统结构和功能的复杂性体现在神经元与神经元之间、神经元与非神经元之间复杂的相互联系和作用。除了通过经典神经递质完成精确的突触传递，神经元还受到各种神经调质、激素、生长因子、细胞因子、细胞外基质成分等信号分子的作用和调节。这些细胞外的信号分子特异性地与细胞膜上或细胞内的受体（receptor）结合，通过胞内逐级信号转导，使特定的反应系统产生应答，改变靶细胞的功能或结构。细胞外的信号分子被称为第一信使（first messenger），与靶细胞的特异性受体结合；受体是位于细胞膜或细胞内的蛋白质分子，二者结合后受体活化并引发细胞内一系列信号转导过程。胞内信号转导（intracellular signal transduction）是指发生在细胞内的、多种靶分子参与的级联反应和信号传递过程，在这些过程中产生的细胞质内的信号分子，被称为第二信使（second messenger）。通过信号转导，胞外刺激信号得以放大，并影响细胞的广泛生理过程。细胞外信号转导的最后一站通常是转录因子，促进基因转录和蛋白质合成，调控基因表达，从而使神经元结构和功能产生长时程改变，以便有效应对外界刺激。

第一节 受 体

受体通常是指与内源性信号分子或外源性药物分子特异性结合并产生效应的蛋白质分子。与受体特定位点结合并激活受体功能的信号分子统称为配体（ligand），如神经递质、神经调质、激素、生长因子等。受体识别并结合配体即细胞外第一信使，将信号加工转换传入细胞内，此过程称为跨膜信号转导（transmembrane signal transduction）。因此，受体是跨膜信号转导过程的中转站或分子传感器，配体-受体结合是信号转导的首要条件。

根据亚细胞定位可以将受体分为膜受体和细胞内受体两大类。经典神经递质、神经调质、含氮类激素、生长因子、细胞因子等配体的受体都是膜受体。基于跨膜信号转导机制的不同，膜受体一般可分为离子型受体、代谢型受体/G蛋白偶联受体、酶联受体等3种类型（图21-1A、B、C）。亲脂性小分子如类固醇类激素、维生素D等配体的受体常位于细胞内或细胞核（图21-1D）。

一、离子型受体

离子型受体（ionotropic receptor）也称配体门控离子通道受体（ligand-gated ion channel receptor）。此类受体本身即为离子通道，无须其他细胞内信使分子，与配体结合后直接改变通道开关状态，介导快速的信号传递，通常可在几毫秒内完成信号转导（图21-1A）。其分子结构的共同特征是数目和种类各异的亚基以寡聚体形式环绕形成嵌入细胞膜内的阳离子或阴离子通道，通过这些离子通道的开闭，促使细胞内外离子的流动（表21-1）。经典神经递质调节突触后神经元活性常通过此类受体，如N-乙酰胆碱受体、谷氨酸受体（AMPA、NMDA和Kainate型）和γ-氨基丁酸A型（$GABA_A$）受体等。根据受体对离子的选择性，可分为阳离子通道和阴离子通道两类，此选择性与各亚基靠近通道出入口处的氨基酸残基所带电荷密切相关。阳离子通道（如N-乙酰胆碱受体-Na^+通道）入口处的氨基酸多带负电荷；反之，阴离子通道（$GABA_A$受体-Cl^-通道）入口处的氨基酸

第一节 受 体

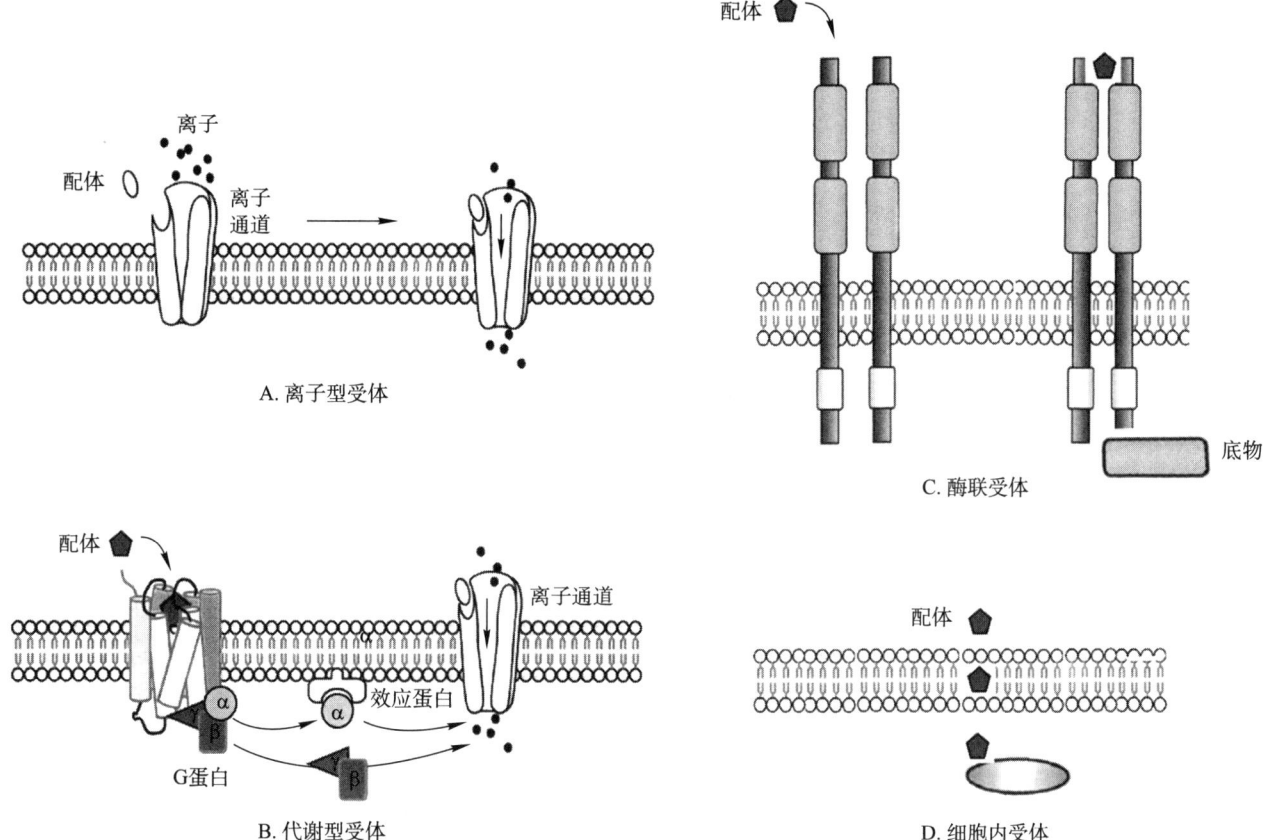

图 21-1 受体的四种类型

表 21-1 常见离子通道受体的不同亚型及其组成

递质	谷氨酸			γ-氨基丁酸（GABA）	甘氨酸	乙酰胆碱 N型-ACh	5-羟色胺（5-HT）	嘌呤类 ATP-P2X
	AMPA	NMDA	Kainate					
受体亚型	GluR1	NR1	GluR5	α(1~7)	$α_1$	α(2~9)	$5-HT_3$	P2X1
	GluR2	NR2A	GluR6	β(1~4)	$α_2$	β(1~4)		P2X2
	GluR3	NR2B	GluR7	γ(1~4)	$α_3$	γ		P2X3
	GluR4	NR2C	KA1	δ	$α_4$	δ		P2X4
		NR2D	KA2	ε	β			P2X5
		NR3A		ρ(1~3)				P2X6
		NR3B						P2X7

则多带正电荷。

除细胞外的第一信使外，一些细胞内的信使分子如1,4,5-三磷酸肌醇（IP_3）等第二信使，其受体位于细胞内的各种膜结构上，也属于配体门控离子通道，其激活可引起内质网Ca^{2+}库的释放，提高胞质中Ca^{2+}浓度。IP_3受体本质上与细胞膜上的离子通道一样。同样在细胞内作用于离子通道的还有环核苷酸类对视网膜光感受器内和嗅神经元内质膜离子通道的激活，环腺苷酸类同样属于第二信使分子。无论信使分子在细胞外还是在细胞内，皆是配体直接作用于离子通道，无须经过细胞内可扩散分子的介导，因而信号转导速度快。

神经系统已知的配体门控离子通道大约有13种类型（表21-2），除$GABA_A$受体和甘氨酸受体为阴离子（Cl^-）通道外，其余均为阳离子（Na^+、K^+、Ca^{2+}、Mg^{2+}）通道。通常，在静止状态时离子通道是关闭的，

表21-2 神经组织中常见的配体门控离子通道

配体门控离子通道	配体（细胞外）	主要通透离子
$GABA_A$ 受体	GABA	Cl^-
甘氨酸受体	甘氨酸	Cl^-
肌型 N-乙酰胆碱受体	乙酰胆碱	Na^+、K^+、Ca^{2+}
神经型 N-乙酰胆碱受体		
AMPA、KA 受体	谷氨酸	Na^+、K^+
NMDA 受体		Na^+、K^+、Ca^{2+}
$5-HT_3$ 受体	5-羟色胺	Na^+、K^+
P2X 受体	ATP	Na^+、K^+、Ca^{2+}
cGMP 受体（感光细胞中）	cGMP	Na^+、K^+
cAMP, cGMP 受体（嗅神经中）	cAMP, cGMP	Na^+、K^+
ATP 敏感性钾通道	ATP	K^+
IP3 受体	IP_3	Ca^{2+}
Ryanodine 受体	Ca^{2+}	Ca^{2+}

当配体与受体上特定位点结合，受体被激活后离子通道开启；但也有配体与受体结合使离子通道关闭者（表21-2中 ATP 使 K^+ 离子通道关闭）。

经典神经递质门控的离子通道可划分为三大亚族。乙酰胆碱受体、GABA、甘氨酸和5-羟色胺等门控的离子通道属于同一亚族，由5个亚基构成，每个亚基包含4个跨膜螺旋（图21-2A）。谷氨酸门控的离子通道属于第二个亚族，包含4个亚基，每个亚基有3个跨膜螺旋（图21-2B）。ATP 作神经递质时门控的离子通道包含3个亚基，每个只有2个跨膜螺旋，属于第三个亚族（图21-2C）。下面以最为常见的 N-乙酰胆碱受体、$GABA_A$ 受体和谷氨酸受体为例，进一步介绍配体门控离子通道。

1. N-乙酰胆碱受体　乙酰胆碱（acetylcholine, ACh）作为神经递质作用于不同细胞可产生不同的效应，其原因是效应细胞膜受体的差异。神经药理学根据乙酰胆碱受体（AChR）各自的特异性激动剂将其划分为2类，烟碱型受体（nicotinic AChR, N-AChR 受体）和毒蕈碱型受体（muscarinic AChR, M-AChR）。前者为离子型受体，是一种配体门控离子通道；后者为代谢型受体，属 G 蛋白偶联受体。外周神经系统中 N-AChR 主要分布于自主神经（交感/副交感）节的节后神经元及骨骼肌的运动终板，M-AChR 主要分布于胆碱能自主神经节后纤维支配的效应器官（心肌、平滑肌、腺体等）。中枢神经系统中两种类型的受体均存在。

N-乙酰胆碱受体是一种五聚体跨膜糖蛋白。其亚基有 α、β、γ、δ 4 种类型，肌纤维型 N-乙酰胆碱受体的亚基组成为 $α_2βγδ$（图21-3），神经元型 N-乙

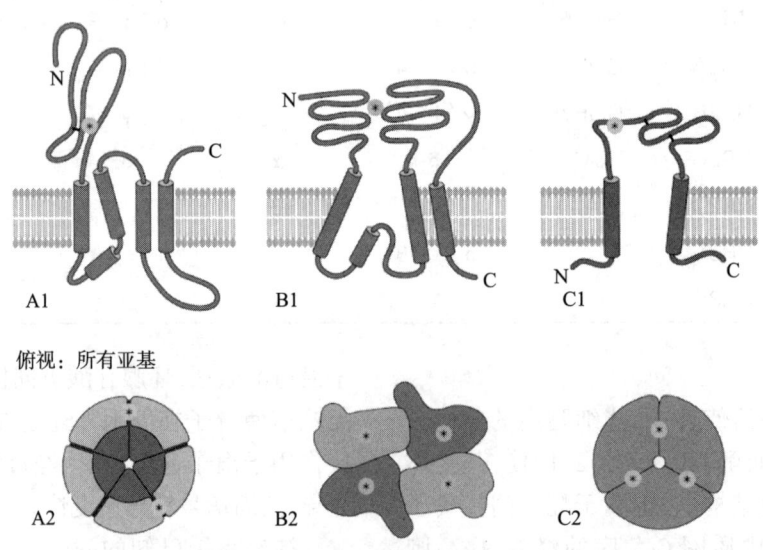

图 21-2　离子通道受体的三大亚族

A1-A2：离子通道型乙酰胆碱受体、离子通道型 GABA 受体、甘氨酸受体、5-羟色胺受体的亚基穿膜4次，5个亚基共同组成有2个结合位点的功能性受体；B1-B2：离子通道型谷氨酸受体有4个亚基及4个结合位点，每一亚基穿膜3次；C1-C2：离子通道型 P2X 受体含有3个亚基，每一亚基穿膜2次且有1个 ATP 结合位点。星号代表配体

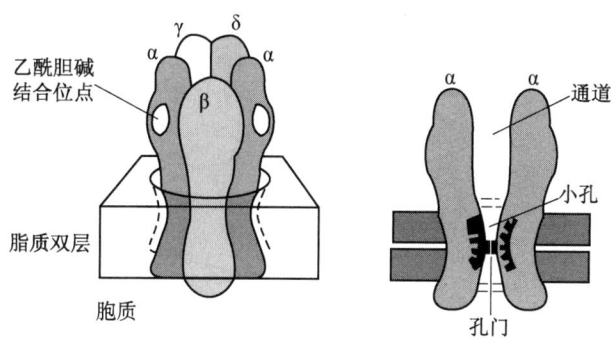

图 21-3 肌纤维型 N-乙酰胆碱受体的结构

N-乙酰胆碱受体的 5 个亚基形成跨膜离子孔道。孔道内外两侧含负电荷氨基酸残基保证只允许阳离子通过。两个乙酰胆碱的结合位点位于 α-γ 和 α-δ 两对亚基的交界处,当乙酰胆碱与其受体结合时,α 亚基旋转变构而使孔门打开

酰胆碱受体的亚基组成为 $α_2β_3$。5 个亚基均含 4 个跨膜结构域(TM1~TM4),所有亚基的 TM2 结构域共同构成离子通道。当乙酰胆碱受体处于关闭状态时,这些跨膜结构域构成疏水屏障,阻止离子出入。乙酰胆碱与其受体结合诱导两个 α 亚基旋转,改变 TM2 结构域的构象,离子通道打开,允许阳离子通过,导致细胞外的 Na^+ 内流,细胞内的 K^+ 外流。两种离子都是顺浓度差流动,但是内流的 Na^+ 多于外流的 K^+,结果呈现 Na^+ 的净内流,使膜去极化。

2. $GABA_A$ 受体 神经递质 γ-氨基丁酸(GABA)在代谢上来源于谷氨酸的脱羧反应,但谷氨酸属兴奋性神经递质,而 GABA 则属抑制性神经递质。按药理学分类可将 GABA 受体分为 $GABA_A$ 受体和 $GABA_B$ 受体两类,分别属于离子型受体和代谢型受体。

$GABA_A$ 受体类似 N-乙酰胆碱受体,由 5 个亚基组成,其中 2 个 α 亚基,2 个 β 亚基,1 个 γ 亚基。每个亚基都具有由不同基因编码的数个异构体,且 γ 亚基有时会被其他如 δ 和 ε 亚基取代(表 21-1)。各亚基也都含 4 个跨膜结构域(TM1~TM4),5 种亚基的 1 个或多个 TM 参与构成 Cl^- 通道;GABA 的结合位点主要在 β 亚基上。$GABA_A$ 受体主要分布于中枢神经元和外周交感神经元突触后膜,GABA 与之结合则引起突触后膜 Cl^- 通道开放,介导突触后抑制效应。

值得注意的是,GABA 在神经元发育过程中并不起抑制作用。很多发育中的神经元由于未知原因表达大量的 Cl^- 交换蛋白,因而胞内 Cl^- 浓度偏高。

而在胞内 Cl^- 达到一定浓度后,$GABA_A$ 受体开放会使 Cl^- 外流而不是内流,从而使膜电位去极化,并可能达到动作电位爆发阈值而产生动作电位。在这种情况下,GABA 就成了兴奋性神经递质。

3. 谷氨酸受体(AMPA、NMDA 和 Kainate 型) 中枢神经系统中的主要兴奋性神经递质是谷氨酸。根据受体各自特异性的激动剂和拮抗剂,谷氨酸受体目前被分为 5 种类型,即 NMDA 型受体、AMPA 型受体、Kainate(KA)型受体、L-AP4 型受体和 ACPD 型受体。前三种类型为离子型受体,其中 AMPA 型受体和 KA 型受体又合称为非 NMDA 受体;后两种类型为代谢型受体,属 G 蛋白偶联受体。

NMDA 型受体在哺乳动物脑内主要分布于大脑皮质、海马、纹状体、隔区、杏仁核、下丘脑和小脑扁桃等部位,主要存在于突触后膜。当 NMDA 受体激活通道开放时,Na^+、K^+、Ca^{2+} 通透性增加,Na^+、Ca^{2+} 内流,K^+ 外流,引起突触后膜去极化,同时 Ca^{2+} 内流和细胞内 Ca^{2+} 浓度增加会激活细胞内一系列 Ca^{2+} 依赖的生化过程。NMDA 型受体的作用特点包括:①不仅对递质敏感而且对电压也敏感;②需要甘氨酸作辅激动剂(co-agonist);③慢动力学,产生慢时程兴奋性突触后电位;④受生理水平的 Mg^{2+} 的阻滞。

非 NMDA 受体与 NMDA 受体的主要区别是对膜电位改变不敏感,受体通道开放时主要通透 Na^+ 和 K^+,多数对 Ca^{2+} 不通透。非 NMDA 受体(如 AMPA 型受体)与 NMDA 型受体平行毗邻分布,二者协同激活突触后神经元。即突触前释放谷氨酸,激活突触后膜非 NMDA 受体产生兴奋性突触后电位;当去极化到一定程度,NMDA 受体通道的 Mg^{2+} 阻滞作用被解除,NMDA 通道开放。因此,只存在 NMDA 受体的突触被称为沉默突触。

所有的离子型谷氨酸受体都由 4 个亚基构成,每个亚基包含 7 个模块区域:1 个 N 端区域,1 个配体结合区域,1 个由 3 个跨膜结构域(TM1、TM3 和 TM4)和一个孔环(M2)组成的跨膜区域,以及 1 个 C 端区域(图 21-4)。不同离子型受体所含亚基各不相同,详见表 21-1。

4. 配体门控离子通道与电压门控离子通道的协同作用 配体门控离子通道的激活在神经冲动引起靶器官生理效应中不是孤立的事件,它与电压门控离子通道起着协同作用,例如,神经冲动引起肌收缩虽然是一个简单的应答反应,但涉及 5 套

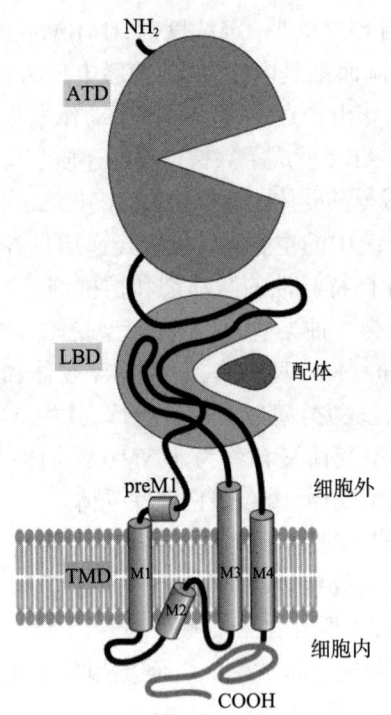

图 21-4 谷氨酸离子型受体

谷氨酸受体的每个亚基都含有 1 个 N 端区域（ATD）、配体结合区域（LBD）、跨膜区域（TMD）和胞内 C 端区域。从 N 端到 C 端标有 M1 到 M4 的 4 个圆柱体代表穿膜螺旋（M1、M3 和 M4）或环结构（M2）

不同离子通道的循序激活（图 21-5），总共历时不过几毫秒。

二、代谢型受体

第二类膜受体本身不是离子通道，需要通过胞内信号通路产生中间代谢产物，如环腺苷酸类等第二信使发挥作用，因此称为代谢型受体（图 21-1B）。此类受体都属于 G 蛋白偶联受体（G-protein-coupled receptor，GPCR）超家族，其信号转导涉及一种异三聚体鸟嘌呤核苷酸（GTP）结合蛋白［三聚体 GTP 结合蛋白（trimeric GTP-binding protein），简称 G 蛋白］。GPCR 是目前已发现种类最多的受体，由 1 条含 7 个跨膜结构域及 1 个 G 蛋白识别序列的肽链形成；被激活后与 G 蛋白相互作用，或通过 G 蛋白直接调节细胞膜上的离子通道，或通过某些酶产生胞内第二信使激活下游信号通路，使得细胞内发生级联放大效应（这些被调控的离子通道和酶被称为效应器）（图 21-6）。因此此类受体的作用时间比离子型受体

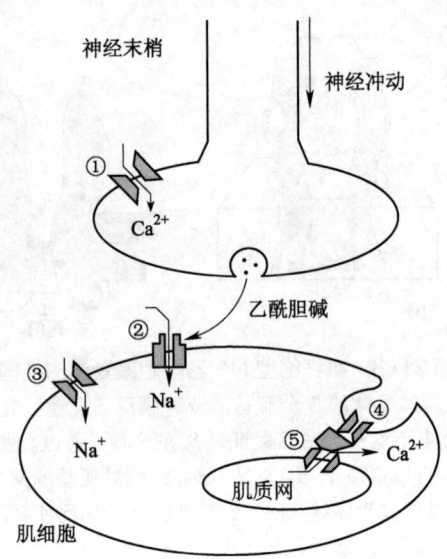

图 21-5 神经肌肉接头处的离子通道

①电压门控 Ca^{2+} 通道：神经冲动抵达神经末梢使膜去极化，短暂打开电压门控 Ca^{2+} 通道。由于细胞外 Ca^{2+} 浓度较细胞内高 1 000 倍以上，Ca^{2+} 内流入神经末梢，轴浆内 Ca^{2+} 的猛增引起末梢释放乙酰胆碱至突触间隙

②N- 乙酰胆碱受体阳离子通道：乙酰胆碱结合肌细胞膜上的乙酰胆碱受体，短暂打开离子通道，Na^+ 内流，局部膜去极化

③电压门控 Na^+ 通道：肌细胞膜的局部去极化打开电压门控 Na^+ 通道，使更多的 Na^+ 内流，进一步使膜去极化，再打开邻近的电压门控 Na^+ 通道，导致同样的膜电导改变并沿膜扩散，终至质膜全面去极化

④~⑤电压门控 Ca^{2+} 通道和 Ca^{2+} 释放通道（雷诺定受体）：全面去极化使肌细胞横小管电压门控 Ca^{2+} 通道激活，后者又导致与之毗邻的肌质网 Ca^{2+} 释放通道（雷诺定受体）的短暂开放，Ca^{2+} 从肌质网释放到胞液。胞液 Ca^{2+} 浓度的猛增，引发肌肉收缩

长，属慢作用受体，其效应潜伏期可以是几十毫秒至几秒，作用持续时间长。

GPCR 遍布机体的各个器官组织，其配体的种类包括生物胺、蛋白激素、多肽激素、肠多肽、花生四烯酸系列的活性物质、光、嗅觉因子等，在神经传导、对外界刺激的感应以及很多其他生理过程的调控中起重要作用。许多临床药物以 GPCR 为作用靶点，进一步证明了其在人体生理和健康中的作用。常见的 GPCR 有 M- 乙酰胆碱受体、代谢型谷氨酸受体、$GABA_B$ 受体等。除甘氨酸外，几乎所有小分子神经递质如儿茶酚胺、5- 羟色胺的受体，以及神经肽类受体均属此类（表 21-3）。

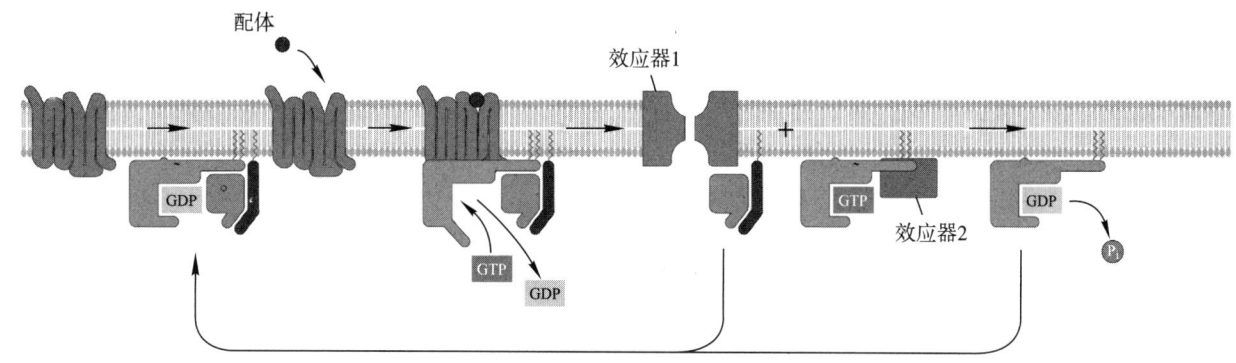

图 21-6 G 蛋白偶联受体的信号级联放大

G 蛋白偶联受体（GPCR）由 1 条含 7 个跨膜结构域及 1 个 G 蛋白识别序列的肽链形成，与配体结合诱发受体构象变化，然后与 G 蛋白 –GTP 结合。GTP 结合形态的 G_α 亚基脱离，将 $G_{\beta\gamma}$ 释放，触发各自的效应器转导并放大信号。效应器 1 是与 $G_{\beta\gamma}$ 结合的离子通道，效应器 2 是与 G_α–GTP 结合的酶。之后 G_α 自身的 GTP 酶活性将 G_α–GTP 转化为 G_α–GDP。最后 G_α–GDP 重新与 $G_{\beta\gamma}$ 结合，重新形成静息状态的 G 蛋白

表 21-3 神经组织中常见的 G 蛋白偶联受体及其亚型

递质	受体	受体亚型
谷氨酸	Ⅰ类	mGluR1、mGluR5
	Ⅱ类	mGluR2、mGluR3
	Ⅲ类	mGluR4、mGluR6、mGluR7、mGluR8
γ-氨基丁酸	$GABA_BR$	GABABR1、GABABR2
多巴胺		D1、D2、D3、D4、D5
（去甲）肾上腺素		α_1、α_2、β_1、β_2、β_3
组胺		H1、H2、H3、H4
5-羟色胺		$5-HT_1$、$5-HT_2$、$5-HT_4$、$5-HT_5$、$5-HT_6$、$5-HT_7$
嘌呤类	P1 型	A_1、A_{2A}、A_{2B}、A_3
	P2 型	P2Y1、P2Y2、P2Y4、P2Y6、P2Y11、P2Y12、P2Y13、P2Y14
乙酰胆碱	M 型	M1、M2、M3、M4、M5
阿片肽		μ、δ、κ
大麻素		CB1、CB2

三、酶联受体

第三类膜受体称为酶联受体（enzyme-linked receptor），指本身具有蛋白激酶或环化酶活性的跨膜蛋白受体，或不具备酶活性但偶联蛋白激酶的跨膜蛋白受体（图 21-1C）。介导某些肽类激素、神经营养因子和细胞因子的信号转导，效应器包括离子通道、G 蛋白、蛋白激酶及磷脂酶 C 等。这一体系的特点是可产生快速反应，也可通过调节基因表达对细胞发挥长时效作用。有人认为酶联受体同属于代谢型受体。酶联受体常以单体形式存在，以二聚体形式发挥作用，亚基只含 1 个跨膜结构域；受体的胞外结构域（N 端）含配体结合位点，胞质结构域含有激酶活性区或激酶结合区。常见的酶联受体有酪氨酸激酶受体、结合酪氨酸蛋白激酶受体、丝氨酸/苏氨酸激酶受体及鸟苷酸环化酶受体等。这类受体的配体均为多肽，包括各种激素、生长因子、细胞因子和神经肽等。

下面以生长因子受体中的 Trk 受体为例进一步介绍酶联受体。

生长因子受体属于酪氨酸激酶受体（receptor tyrosine kinase，RTK），包含一个跨膜结构域，胞内结构域具有酪氨酸激酶活性，胞外段的结构则各不相同，决定受体与配体结合的特异性。根据配体的不同可以将生长因子受体进一步分为神经生长因子受体、表皮生长因子受体、血小板源性生长因子受体、成纤维细胞生长因子受体等。

神经生长因子家族的主要成员为神经生长因子（nerve growth factor，NGF）、脑源性神经营养因子（brain-derived neurotrophic factor，BDNF）、神经营养素-3（neurotrophin-3，NT-3）、神经营养素 4/5（NT-4/5）。这些因子最具有代表性的受体为高亲和力的原肌球蛋白激酶受体（tropomyosin receptor kinase，Trk）。Trk 家族包括 TrkA（主要结合 NGF）、TrkB（主

要结合 BDNF、NT-4/5）和 TrkC（相对特异地结合 NT-3），各亚型受体还有同工异构体。TrkA 相对分子质量为 140×10^3，TrkB 及 TrkC 相对分子质量均为 145×10^3。TrkA 受体分布在感觉、交感神经元及少量脑内神经元上，TrkB 和 TrkC 受体则表达于大多数神经元中。

所有的 Trk 受体都是 I 型跨膜蛋白质，分子中包括 1 个信号肽（signal peptide，SP），2 个半胱氨酸聚集区（cysteine cluster，CC）CC I 和 CC II，1 个富含亮氨酸基序（leucine rich motif，LRM），2 个 C2 型免疫球蛋白样基序（immunoglobulin-like C2-type motifs）Ig I 和 Ig II，1 个跨膜区，以及 1 个胞内酪氨酸激酶结构域（图 21-7）。

神经生长因子与 Trk 受体结合，首先引发受体二聚化，该作用可能是配体结合后引起受体胞外部分的构型改变所致；其次，受体分子自身的酪氨酸磷酸化，具备了对底物磷酸化的能力；最后，磷酸化效应器的酪氨酸残基，从而改变效应器的活性。酪氨酸激酶受体下游信号转导通过多种蛋白激酶的级联激活，引发相应的生物学效应，如激活蛋白激酶 C、Ras/MAPK、PI3K 等细胞内信号通路，最终实现其生理作用。因此，Trk 受体信号通路促进神经前体细胞的增殖、分化和存活，抑制凋亡；同时，在调节神经可塑性中起重要的作用。

四、细胞内受体

神经元与胶质细胞内也存在大量的受体，其配体多为脂溶性小分子，主要包括类固醇类激素、维生素等。配体进入胞内与位于胞内的受体结合形成复合物，主要通过转位进入细胞核产生转录调节活性（图 21-1D）。这类受体是一类配体依赖的转录调节因子，又称核受体（nuclear receptor）。它们属于同一受体超家族，人类的核受体家族包含 48 个成员，例如 FXR、PPAR、RXR 等。核受体还可能与胞质蛋白相互作用发挥转录因子之外的功能，如通过产生第二信使启动下游信号通路发挥非基因表达的生理作用。

近年来发现有位于细胞内膜性成分上的 G 蛋白偶联受体可被类固醇类激素激活，通过第二信使发挥较快速的生理调节作用。如雌激素膜性受体 GPR30，可被分类为 G 蛋白偶联受体，也可被称为细胞内受体。

第二节 G 蛋 白

G 蛋白全称为 GTP 结合蛋白，其活性受 GTP 调控，属于 GTP 酶类中的一个大家族。G 蛋白在跨膜信号转导中的地位十分重要。在一些情况下，受体与配体结合后可直接激活效应器从而使信号产生相应的生理效应；但在真核细胞中，很多受体没有直接偶联效应器，需要通过质膜上中介分子的转导，G 蛋白正是这类转导分子。从进化上看，通过 G 蛋白的中介，信号在得以放大的同时，信号转导更为灵活多样。

不管是 GPCR 还是酶联受体，受体和效应器之间均可通过 G 蛋白进行信号转导。总的来说，G 蛋白可以分为两大类：一类是由 α、β、γ 亚基组成的三聚体 G 蛋白，也是通常所说的 G 蛋白；另一类是单聚体 G 蛋白，相当于三聚体 G 蛋白的 α 亚基，又称小 G 蛋白。

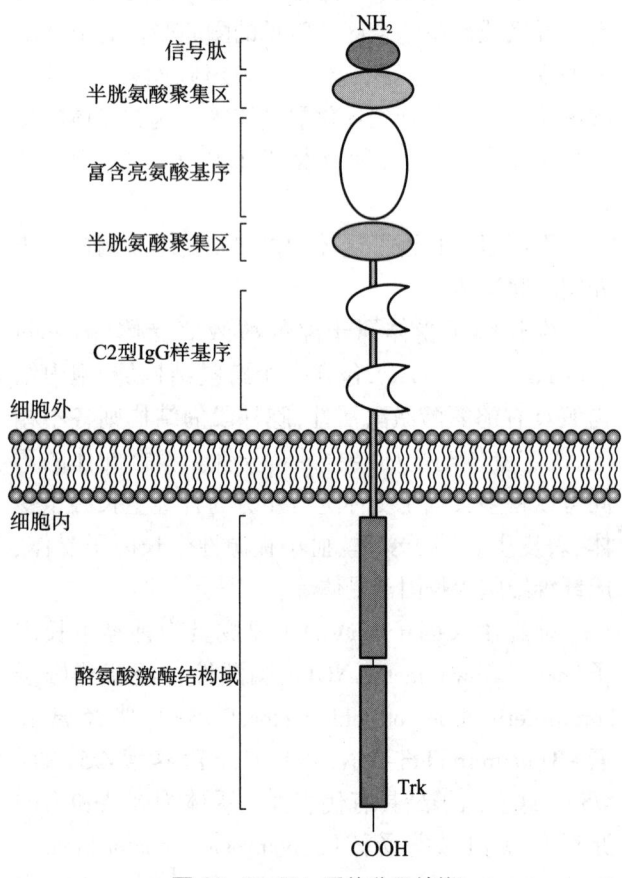

图 21-7 Trk 受体分子结构

一、三聚体 G 蛋白

这类 G 蛋白种类繁多,由 α、β、γ 三种亚基组成异源三聚体(heterotrimer)锚定在细胞膜上。在哺乳动物中已发现有 21 种 α 亚基(39 000~52 000),5 种 β 亚基(35 000)和 12 种 γ 亚基(6 000~8 000)。α 亚基具有特异的 GTP 结合位点,有 GTP 酶活性,不同 G 蛋白在结构和功能上的差别主要体现在 α 亚基。β 和 γ 亚基通常组成紧密的异源二聚体发挥作用,βγ 复合体可调节 α 亚基的活性,自身也有特有的功能。

G 蛋白定位于细胞膜内侧,目前认为是通过 γ 亚基的异戊二烯化(isoprenylation)和某些 α 亚基的十四烷酰基化(myristoylation)达成的。这些脂质修饰使 G 蛋白锚定于细胞膜,同时还增强了 α 亚基与 βγ 复合体的亲和力。

在静息状态下,G 蛋白的 3 个亚基呈聚合状态,此时 α 亚基与 GDP 结合,没有活性;当配体与受体结合后作用于 G 蛋白时,引起 α 亚基释放 GDP 并与 GTP 结合,使异源三聚体解离为活化的 α-GTP 亚基和 βγ 复合体;α-GTP 亚基可激活下游效应器,在此过程中 α 亚基水解 GTP 转变成 α-GDP,之后再与 βγ 复合体形成 G 蛋白三聚体(图 21-8)。

1. **三聚体 G 蛋白的分类** 根据 α 亚基的结构和功能特性,异源三聚体 G 蛋白可分为 4 个主要家族:G_s、G_i、G_q 和 G_{12}。G_s(s 代表 stimulation)和 G_i(i 代表 inhibition)分别代表激活型和抑制型的 G 蛋白,即它们各自的 α 亚基分别对效应器(腺苷酸环化酶)起激活和抑制作用。每个主要家族又有许多不同类型的成员,α 亚基的多样化实现了 G 蛋白对多种功能的调节。四类 G 蛋白家族及其代表性成员见表 21-4。

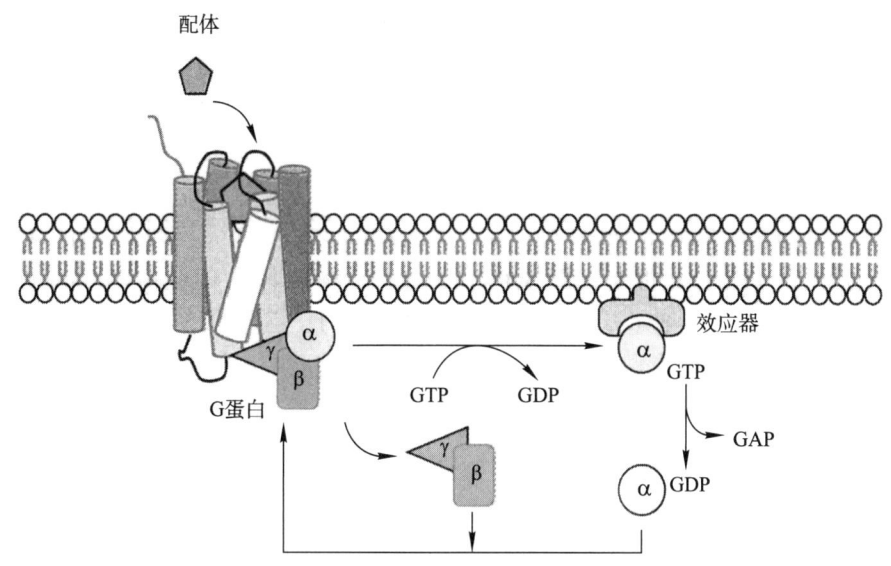

图 21-8 三聚体 G 蛋白的活化与失活循环

表 21-4 G 蛋白的主要家族

家族	α 亚基	效应器	对细菌毒素修饰的反应
G_s	$α_s$	激活腺苷酸环化酶,激活 Ca^{2+} 通道	被霍乱毒素(CTX)激活
	$α_{olf}$	激活嗅上皮感觉神经元的腺苷酸环化酶	被 CTX 激活
G_i	$α_i$	抑制腺苷酸环化酶,激活 K^+ 通道	被百日咳毒素(PTX)抑制
	$α_o$	激活 K^+ 通道,灭活 Ca^{2+} 通道,激活磷脂酶 C-β	被 PTX 抑制
	$α_t$	激活 cGMP 磷酸二酯酶	被 CTX 激活、PTX 抑制
G_q	$α_q$	激活磷脂酶 C-β,p63RhoGEF	均无影响
G_{12}	$α_{12}$	p115RhoGEF, LARG, PDZ-RhoGEF	均无影响

α亚基的共性同样十分明显：都具有特异的GTP结合位点，有GTP酶活性，都能被细菌毒素催化，发生ADP-核苷化(ADP-ribosylation)。不同的G蛋白可被不同的细菌毒素催化。例如，霍乱毒素能催化辅酶Ⅰ分子，使ADP-核糖基转移到某些G蛋白α亚基的精氨酸残基上；百日咳毒素则可使某些近羧端具有特定半胱氨酸残基的α亚基ADP-核糖基化。经霍乱毒素修饰的α亚基丧失了GTP酶活性，使它可持续保持与GTP结合的活化状态；而经百日咳毒素修饰的α亚基则可阻止受体介导的G蛋白的激活。细菌毒素已经成为研究G蛋白、区分α亚基的有力工具。

2. 三聚体G蛋白的功能　G蛋白被受体激活后可调节效应器的功能，这些效应器包括环化酶、蛋白激酶、磷脂酶和离子通道等。效应器与细胞内第二信使（环核苷酸、三磷酸肌醇等）的生成或降解有关，之后第二信使将信号继续向下游传递（第二信使内容详见本章第三节）。

（1）G蛋白对腺苷酸环化酶的调节　腺苷酸环化酶(adenylate cyclase, AC)是催化ATP生成环腺苷酸(cAMP)的酶，广泛分布于所有动物细胞的质膜内侧。很多激素或递质的受体通过调节细胞膜上的AC活性产生效应。有两类G蛋白将受体与AC偶联起来：介导激活作用的G_s和介导抑制作用的G_i。G_s与G_i的区别主要在α亚基，β、γ亚基基本相同；由于G_i的含量常比G_s高5~10倍，推测从激活G_i解离出来的βγ复合体可能通过中和G_s的α亚基起抑制作用；同时有研究发现βγ复合体也参与对AC的直接调节。

神经系统中某些神经递质与其特异受体相结合，这些受体又特异地激活各自不同的G蛋白，影响AC的活性，调节细胞内cAMP的水平，从而产生不同的生理反应。例如，β肾上腺素受体、多巴胺D_1受体等可激活G_s，从而增强AC活性；而$α_2$肾上腺素能受体、M_2-乙酰胆碱受体、5-羟色胺受体、脑啡肽受体等则通过激活G_i抑制AC活性，所有这些受体都是通过激活G蛋白而间接影响AC活性的（图21-9）。

（2）G蛋白对cGMP-磷酸二酯酶的调节　cGMP是环鸟苷酸，同cAMP一样属于第二信使。视网膜光感受器视杆细胞通过视紫红质(rhodopsin)辨别微弱的光线，其细胞膜的电兴奋状态受细胞内cGMP浓度的调节。在黑暗中，视杆细胞内cGMP浓度较高，促使细胞膜上的Na^+通道开放，产生暗电流；光照使视紫红质被激活，进而降低细胞内的cGMP浓度，关闭Na^+通道，使细胞膜逐步处于超级化状态。

cGMP-磷酸二酯酶(cGMP-PDE)的作用是催化cGMP水解，生成5′-GMP，降低细胞内cGMP的水平。该酶的活性受到G蛋白的调节，调节cGMP-PDE的G蛋白即为G_t，又称转导素(transducin)。G_t、cGMP-PDE及与G_t偶联的受体（光受体，即视紫红质）均存在于视网膜中，光受体接受光子的刺激而激活，激活的光受体能使大量的G_t活化，后者的α亚基结合并活化cGMP-PDE。光受体极为敏感，完全暗适应的视杆细胞只需吸收一个光子即可关闭数百个Na^+通道，并产生约1 mV的超极化。

（3）G蛋白对磷脂酶的调节　多种递质和激素的受体都与膜上磷脂酰肌醇特异的磷脂酶C(phospholipase C, PLC)偶联，调节其活性，从而影响甘油二酯(DAG)和三磷酸肌醇(IP_3)等第二信使物质的产生。IP_3和DAG则分别调节胞质中Ca^{2+}浓度和PKC活性，影响多种细胞功能。PLC有多种异型(isoforms)，都为单一多肽链的酶，按分子大小和一级结构可大致分为β、γ、δ、ε 4类。脑内的PLC有PLCβ和PLCγ两大类型，二者的激活机制不同，前者通过受体偶联的G_q蛋白，后者则通过酪氨酸激酶受体。G_q的α亚基和βγ复合体都有激活PLCβ的作用，它们把胞质中的PLCβ募集到质膜上，一方面使其易与膜磷脂底物接触，另一方面也使酶蛋白构象发生改变而激活（图21-9）。

磷脂酶A2(phospholipase A2, PLA2)类似PLC，但与PLC水解作用点不同，水解磷脂产生花生四烯酸，花生四烯酸的代谢产物可作为第二信使发挥作用（图21-10）。G蛋白的βγ复合体可以激活PLA2，产生一系列生理效应。

（4）通过G蛋白偶联受体激酶调节受体的活性　G蛋白偶联受体激酶(G protein-coupled receptor kinases, GRK)是一类蛋白激酶，底物是某些特定的受体。受体激酶被激活后，其底物受体的特定部位发生磷酸化，使受体不再激活其偶联的G蛋白（相当于解偶联），结果也就不能再激活G蛋白偶联的效应器。这一过程阻断了受体的跨膜信号转导，从而实现受体的脱敏。

一些受体激酶是G蛋白的效应器，如β肾上腺

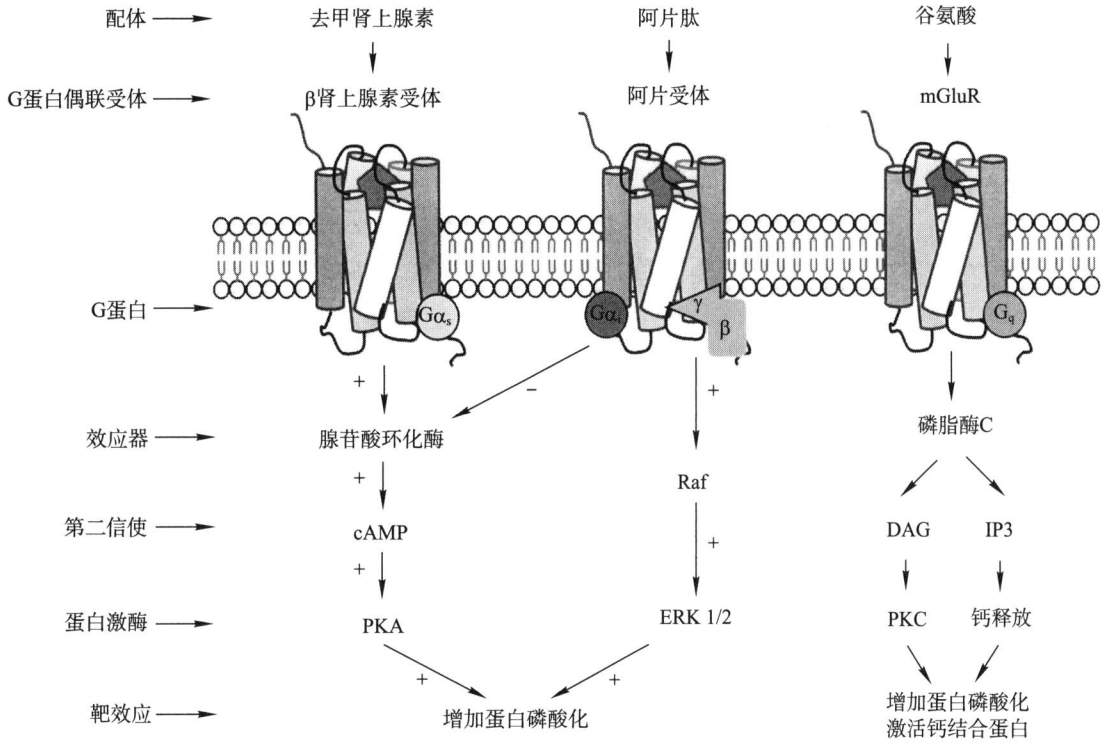

图 21-9 G 蛋白偶联受体的信号转导通路

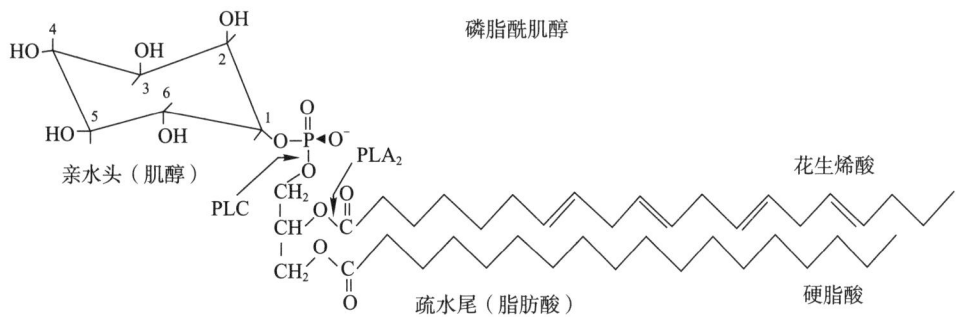

图 21-10 两种磷脂酶作用于磷脂酰肌醇的不同部位

素受体激酶（adrenergic receptor kinase，ARK）、视紫红质激酶等，可使相应的 GPCR 失去活性。

（5）βγ 复合体对 Raf/MAPK（ERK）的调节　βγ 复合体通过激活 Ras、Raf、丝裂原活化蛋白激酶（mitogen activated protein kinase，MAPK）或肌醇磷脂 -3 激酶（PI$_3$K），将 G 蛋白介导的 GPCR 跨膜信号转导通路和酪氨酸激酶受体介导的信号转导通路有机地联系在一起（图 21-9）（蛋白激酶内容详见本章第四节）。

（6）G 蛋白对离子通道的调节　以上所述 G 蛋白的功能都涉及酶活性的变化，进而影响细胞内第二信使的水平来发挥调节细胞的功能。此外，多种神经递质可通过 G 蛋白直接或间接调节细胞膜上离子通道的功能，包括 K^+ 通道和 Ca^{2+} 通道等，改变细胞膜的离子通透性或膜电位。

G 蛋白对离子通道的直接调节作用，即 G 蛋白与受体结合后，直接与离子通道相互作用，开放或关闭通道，不需要细胞内第二信使或蛋白激酶的参与。例如，心脏 M- 乙酰胆碱受体导致的超极化是 G 蛋白直接开放 K^+ 通道的结果。有些 K^+ 通道是由 G 蛋白的 α 亚基激活的，而内向整流 K^+ 通道（GIRK）的活化主要由 βγ 复合体介导。近年的研究表明，$G_{i/o}$ 也与 GIRK 结合，α 亚基与 βγ 复合体共同调节门控通道。G 蛋白对离子通道的间接调节作用，是受体通过 G 蛋白活化效应器,产生第二信使信号通路调控离子通道的通透性,如对某些 Ca^{2+} 通道的间接调节。

二、小 G 蛋白

细胞内还存在另外一类单体 G 蛋白,可以与 GDP 或 GTP 结合,具有 GTP 酶活性;只有一个亚基,分子质量小(20 000~30 000),由此被称为小 G 蛋白。小 G 蛋白有胞质游离与膜结合两种形式,不与受体偶联。哺乳动物细胞中存在 70 多个小 G 蛋白,根据结构和功能可以分为几个家族,包括 Ras、Rho、Rab 和 Arf 等家族。这些蛋白参与多种细胞功能,例如 Ras 蛋白调节细胞增殖分化、Rab 蛋白调节细胞的囊泡运输、Ran 蛋白调节核蛋白进入细胞核、Rho 蛋白参与调控细胞骨架等。小 G 蛋白是执行这些细胞功能的信号通路中最基本的控制元件,因而被称为信号转导的分子开关。例如,酪氨酸激酶受体可以使 Ras 蛋白激活,通过 Ras/Raf/MAPK 信号通路介导跨膜信息的传递(详见本章第四节蛋白激酶相关内容)。

小 G 蛋白活性的调节与三聚体 G 蛋白不同,是通过两类分子介导的:鸟苷酸交换因子(guanosine-exchange factor,GEF),用 GTP 取代 GDP 激活小 G 蛋白;GTP 酶激活蛋白(GTPase-activating protein,GAP),催化小 G 蛋白将 GTP 水解为 GDP,此时小 G 蛋白是失活状态(图 21-11)。受体偶联的三聚体 G 蛋白的活性也受 GAP 调节,其 GAP 称为 G 蛋白信号传递调节蛋白(regulator of G protein signaling,RGS),可激活 G 蛋白内在的 GTP 酶活性,促使 G 蛋白由 GTP 结合向 GDP 结合形式转化,从而加速 G 蛋白的失活。

第三节　第二信使

细胞内信号转导机制最先是在研究肾上腺素作用的过程中被阐明的。肾上腺素对糖原有分解效应,1958 年 Southerland 及其团队发现其作用是通过产生环腺苷酸(cAMP)而完成的,因此提出激素是把化学信息带到细胞表面的第一信使,cAMP 则是细胞内部接力传递信息的第二信使,激发细胞内一系列化学变化并产生生理效应。Southerland 的"第二信使假说"被许多研究者相继证实,在细胞信号转导中具有普遍意义。

从分子层面看,细胞信息传递是一系列蛋白结构和功能改变引发的级联放大反应。胞外信号经受体传递信息到细胞内,之后出现逐级瀑布式的酶促放大反应,迅速将信号转导到特定的靶系统。第二信使的产生是信号级联放大反应过程中重要的一环。后来其他的第二信使不断被发现,它们多为不位于能量代谢途径中心的小分子,其在细胞内的浓度和分布可被迅速改变,包括 cGMP、IP_3、DAG、Ca^{2+}等。所有这些第二信使分子在神经组织中都存在(表 21-5)。胞外信号通过基本的信号转导通路:胞外信号 – 受体 – G 蛋白 – 效应器 – 第二信使 – 蛋白激酶/蛋白磷酸酶,最终使多种靶蛋白磷酸化或去磷酸化,产生相应的生理效应。受体、G 蛋白及其效应

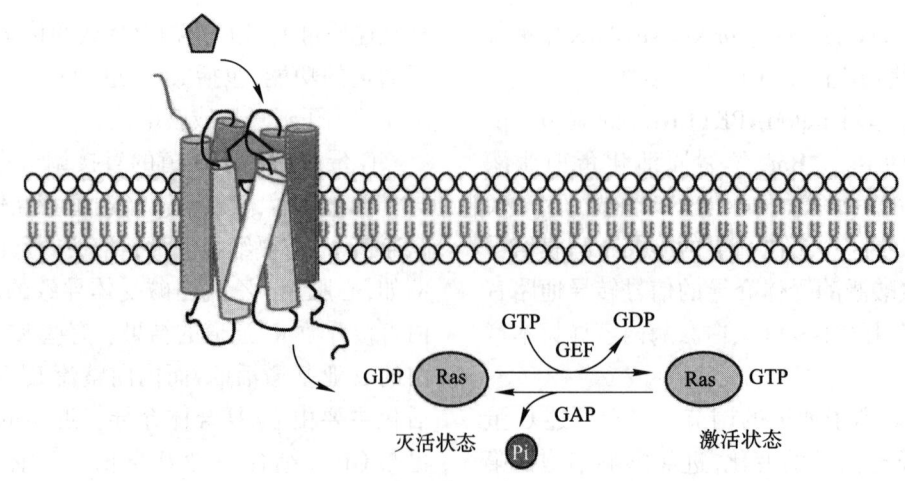

图 21-11　小 G 蛋白(以 Ras 为例)的活化与失活循环

表 21-5　神经组织中常见的第二信使

第二信使	来源	靶分子	降解途径
cAMP	腺苷酸环化酶作用于 ATP	蛋白激酶 A 环核苷门控离子通道	cAMP 磷酸二酯酶
cGMP	鸟苷酸环化酶作用于 GTP	蛋白激酶 G 环核苷门控离子通道	cGMP 磷酸二酯酶
Ca^{2+}	质膜 　电压门控 Ca^{2+} 通道 　配体门控 Ca^{2+} 通道 内质网膜 　IP_3 受体 　Ryanodine 受体	钙调蛋白激酶 蛋白磷酸酶 离子通道 突触囊泡标记蛋白 其他钙结合蛋白	质膜: 　Na^+/Ca^{2+} 交换转运体 　Ca^{2+} 泵 内质网膜: 　Ca^{2+} 泵 线粒体
IP_3	磷脂酶 C 作用于 PIP_2	内质网膜上 IP_3 受体	磷脂酶
DAG	磷脂酶 C 作用于 PIP_2	蛋白激酶 C	多种酶
NO	一氧化氮合酶作用于精氨酸	鸟苷酸环化酶	自发氧化

器等内容已经分别在本章第一节和第二节阐述，本节将详细阐述第二信使内容，第四节将阐述蛋白激酶和蛋白磷酸酶。

一、环核苷酸

1. cAMP　3′,5′-环一磷酸腺苷 (adenosine cyclic 3′,5′-monophosphate, cAMP) 由腺苷酸环化酶 (adenylyl cyclase, AC) 催化 ATP 而产生，性质不稳定，易被细胞内的磷酸二酯酶 (phosphodiesterase, PDE) 水解成为 5′-AMP (图 21-12)。因此，细胞内 cAMP 的水平由腺苷酸环化酶和磷酸二酯酶的活性共同决定。大部分神经递质及其受体通过激活不同亚型的 G 蛋白 (G_s 或 G_i)，增强或抑制腺苷酸环化酶的活性，调节细胞内 cAMP 浓度。如肾上腺素受体就是通过 G_s 蛋白激活腺苷酸环化酶，进而使胞内

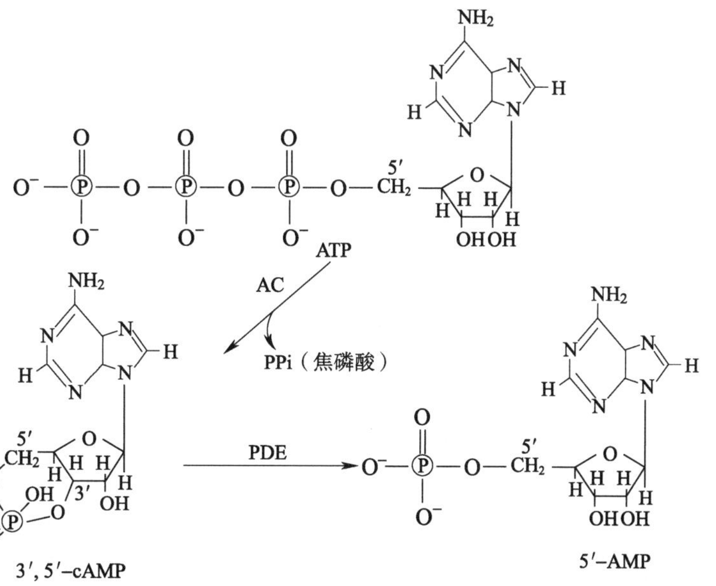

图 21-12　cAMP 的生成与降解

的 cAMP 浓度升高。

cAMP 的作用通常由蛋白激酶 A(protein kinase A,PKA)介导,因此 PKA 又被称为 cAMP 依赖性蛋白激酶。cAMP 激活 PKA,进而引起多种靶蛋白磷酸化,包括离子通道、受体、细胞骨架蛋白与核转录因子等,从而调控细胞的多个生理过程。PKA 为异源四聚体,含 2 个调节亚基 R 和 2 个催化亚基 C,cAMP 可与调节亚基 R 结合,激活并释放催化亚基 C,促使靶蛋白磷酸化(图 21-13)。

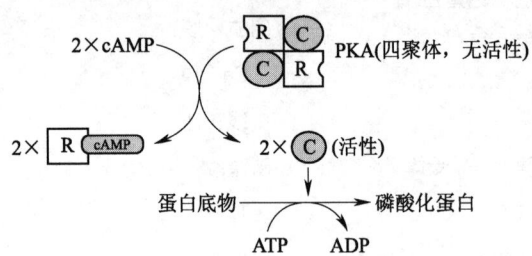

图 21-13 cAMP 对蛋白激酶 A 的激活
C:催化亚基　R:调节亚基

cAMP 还可以在不依赖于 PKA 的情况下,直接调节离子通道发挥作用。例如,鼻腔内感觉神经元上的气味受体属于 GPCR,活化后通过 G 蛋白使腺苷酸环化酶激活,致使细胞内 cAMP 浓度升高,直接开放质膜上的环核苷酸门控阳离子通道,导致膜去极化产生神经冲动。

2. cGMP　$3',5'$-环一磷酸鸟苷(guanosine $3',5'$-cyclic phosphate,cGMP)的生成和降解与 cAMP 类似,由鸟苷酸环化酶(guanylyl cyclase,GC)催化 GTP 产生,并通过 cGMP 特异的磷酸二酯酶水解成为 $5'$-GMP。鸟苷酸环化酶存在可溶型和膜结合型两种形式。可溶型鸟苷酸环化酶位于胞质内,受一氧化氮的激活。膜结合型鸟苷酸环化酶位于细胞膜上,或直接作为多肽类激素,如利钠肽等的受体;或存在于嗅觉上皮细胞、视网膜感光细胞中作为非激素类受体,直接或间接感知外部化学信号及光信号等。

cGMP 的作用主要通过蛋白激酶 G(protein kinase G,PKG)介导,PKG 也被称为 cGMP 依赖性蛋白激酶。cGMP 还可直接调节离子通道发挥作用,如开放视网膜感光细胞膜上的 cGMP 门控 Na^+ 通道,导致膜去极化产生神经冲动,调控视觉信号的转导。另外,可溶型鸟苷酸环化酶是一氧化氮(NO)的受体,气体第二信使 NO 的作用主要是通过 cGMP 实现的。

二、膜磷脂代谢产物

除环核苷酸外,细胞内许多效应广泛的第二信使是膜磷脂代谢产物。其中,位于膜脂双分子层内层的 4,5-二磷酸磷脂酰肌醇(PIP_2)是非常重要的前体分子,水解产生第二信使三磷酸肌醇(IP_3)和甘油二酯(DAG),或被磷酸化后生成第二信使 3,4,5-三磷酸磷脂酰肌醇(phosphatidylinositol 3,4,5-triphosphate,PIP_3)。其他磷脂也能产生第二信使,如生长因子能刺激磷脂酰胆碱(phosphatidylcholine)水解,产生 DAG;鞘磷脂(sphingomyelin)裂解,产生神经酰胺(ceramide),调节许多蛋白激酶和磷酸酶,从而影响细胞增殖和存活。

1. IP_3 和 DAG　神经递质、激素和生长因子与细胞膜上特异性受体结合后,激活磷脂酶 C(phospholipase C,PLC)将 PIP_2 水解成 IP_3 和 DAG(图 21-14)。哺乳动物中主要存在两类 PLC:PLCβ 的激活由 G 蛋白偶联受体介导,PLCγ 的激活由酪氨酸蛋白激酶受体介导。

IP_3 为水溶性分子,在细胞内扩散作用于内质网上的 Ca^{2+} 通道,此通道蛋白即为 IP_3 的特异性受体。该受体被激活后开放,使内质网中的 Ca^{2+} 释放至胞质,进而导致胞内 Ca^{2+} 浓度升高(图 21-14,图 21-15)。Ca^{2+} 作为非常重要的第二信使,进一步激活蛋白激酶等效应器,介导细胞的生物学效应(详见本节第三部分)。

DAG 为脂溶性分子,仍留在质膜上,特异性地激活 PKC,使效应蛋白磷酸化而发挥作用(图 21-14)。目前研究者认为,IP_3/Ca^{2+} 和 DAG 两个信号通路共同激活 PKC。因此,IP_3 和 DAG 相伴而生,作为第二信使构成两条独立的信号通路,两条通路既可单独作用又可协同作用。IP_3 和 DAG 在相应酶的作用下水解,作用终止,重新进入磷脂酰肌醇循环。

2. PIP_3　PIP_2 不仅是第二信使 DAG 和 IP_3 的来源,同时也是另一个第二信使通路的起点,其被磷脂酰肌醇-3 激酶(PI3K)磷酸化生成 PIP_3(图 21-16)。与 PLC 类似,PI3K 也有两种,一种可被 G 蛋白偶联受体激活,另一种可被酪氨酸蛋白激酶受体激活。其产物 PIP_3 的一个关键靶蛋白是丝氨酸/苏氨

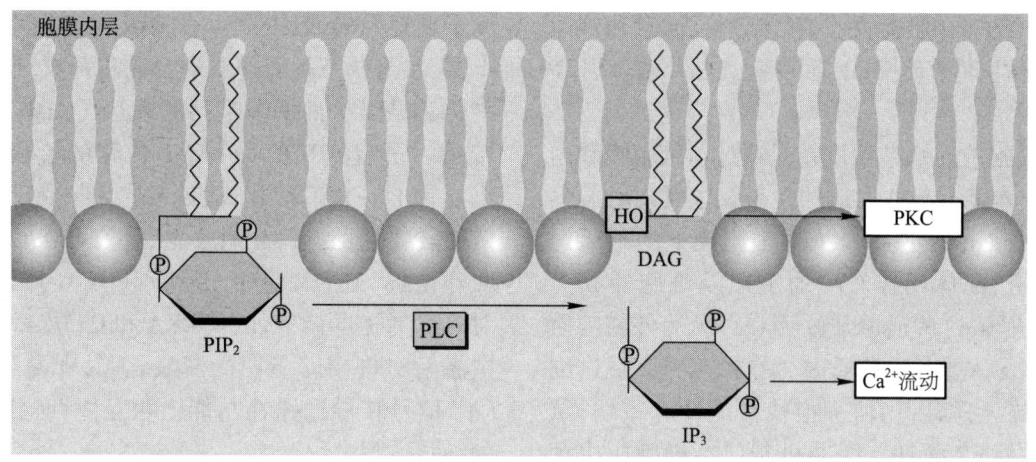

图 21-14　PIP₂ 的水解
磷脂酶 C（PLC）催化 PIP₂ 生成 DAG 和 IP₃，DAG 激活 PKC 家族，IP₃ 促进 Ca²⁺ 的流动

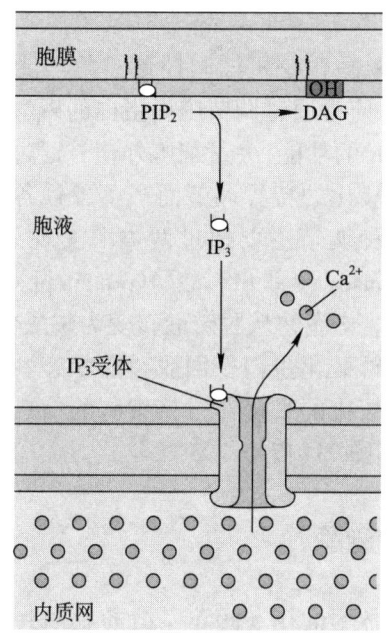

图 21-15　IP₃ 促进 Ca²⁺ 流动
IP₃ 与内质网膜上配体门控 Ca²⁺ 通道受体结合，
通道开放，内质网中的 Ca²⁺ 外流

酸蛋白激酶 Akt，对于细胞存活相关的信号转导十分重要。

三、Ca²⁺

Ca²⁺ 广泛参与体内多种生理过程，是神经元内最重要的第二信使。Ca²⁺ 分布具有细胞内外不均衡的特点，即胞外浓度高，可达几个 mmol/L 水平；胞质内游离 Ca²⁺ 的浓度低，只有 0.05～0.1 μmol/L；同时

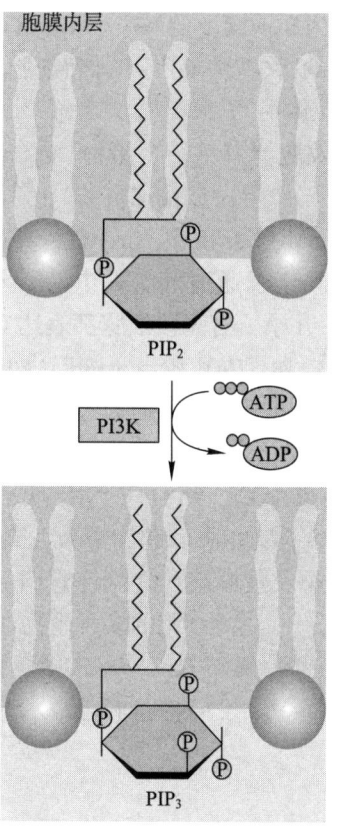

图 21-16　PI3K 的功能
PI3K 使肌醇的 3 个位点磷酸化，把 PIP₂ 转变为 PIP₃

内质网和线粒体具有聚集 Ca²⁺ 的能力，其内部 Ca²⁺ 浓度类似胞外 Ca²⁺ 浓度，被称为细胞的钙库，是胞质内 Ca²⁺ 水平升高的源头之一。正是基于胞质内极低的游离 Ca²⁺ 浓度，Ca²⁺ 成为十分灵敏的信号物质。细胞膜或细胞内钙库的 Ca²⁺ 通道开启，即可引起胞质内 Ca²⁺ 浓度的急剧升高，引发一系列连锁反应和

生理效应。已知在肌肉收缩、腺体分泌、激素和神经递质释放等生理活动中，都存在胞质 Ca^{2+} 浓度升高的激发过程。

维持细胞内外 Ca^{2+} 浓度差是通过对细胞膜和内质网/线粒体膜上 Ca^{2+} 通道的复杂调控实现的。升高胞质内 Ca^{2+} 浓度主要是依靠细胞膜上的电压门控 Ca^{2+} 通道、配体门控 Ca^{2+} 通道以及细胞器膜上的 Ca^{2+} 通道等，这些通道开放后 Ca^{2+} 从胞外或内质网/线粒体流入胞质。胞质内 Ca^{2+} 浓度升高促进胞内信号转导，随后钙信号很快被缓冲和减弱，该现象被称为 Ca^{2+} 缓冲。缓冲机制包括细胞质中钙结合蛋白如钙调蛋白（calmodulin，CaM）、小白蛋白（parvalbumin）等与 Ca^{2+} 的结合，钙结合蛋白的缓冲能力是有限的，最终胞质内 Ca^{2+} 浓度降低是通过位于细胞膜和内质网膜上的 Ca^{2+} 泵和 Na^+/Ca^{2+} 交换转运体来完成的，快速将 Ca^{2+} 外排到细胞外或存储于内质网/线粒体中。

Ca^{2+} 的效应器有钙结合蛋白、受 Ca^{2+} 调节的酶或蛋白质等。如蛋白激酶 C（PKC）、钙调蛋白依赖蛋白激酶（CaMK）Ⅰ和Ⅱ、cAMP 特异磷酸二酯酶（cAMP-PDE）、离子通道等。其中，钙调蛋白（CaM）研究的最多，几乎所有真核细胞都表达 CaM，在神经组织中含量较高。CaM 相当于细胞内 Ca^{2+} 的受体，Ca^{2+} 的第二信使功能大多是通过 CaM 实现的，Ca^{2+} 浓度的微小变化即能引起 CaM 活性的改变。CaM 分子内部有 4 个 Ca^{2+} 结合位点，与 Ca^{2+} 结合形成 Ca^{2+}/CaM 复合体，此时 CaM 构象发生改变被激活，可与多种酶类及蛋白结合并修饰它们的活性，进而调节下游靶分子，引发细胞的多种生物学效应。

许多蛋白激酶可被 Ca^{2+}/CaM 激活，如 CaMK，CaMK 活化后磷酸化多种蛋白质底物，包括代谢酶、离子通道及转录因子等。CaMK 在神经系统中表达丰富，参与调节神经递质的合成和释放，还可通过磷酸化转录因子而调节基因的表达。CaMK 磷酸化的转录因子有 CREB，而 cAMP 依赖的蛋白激酶 PKA 也能使 CREB 磷酸化，表明 Ca^{2+} 和 cAMP 两种第二信使转导通路之间出现交会；还有 Ca^{2+}/CaM 对腺苷酸环化酶（AC）和磷酸二酯酶（PDE）的调节、cAMP 对 Ca^{2+} 通道的调节，以及 PKA 和 Ca^{2+}/CaM 依赖的蛋白激酶对许多靶蛋白的磷酸化等，皆说明 cAMP 和 Ca^{2+} 信号转导通路在功能上相互协调，共同调节多种细胞生理过程。

第四节 蛋白激酶和蛋白磷酸酶

蛋白磷酸化是机体调控蛋白质功能的重要方式，第二信使常通过调节胞内蛋白的磷酸化状态而影响神经元的功能，大量细胞外信号通过对靶细胞中蛋白磷酸化的特异调节而产生各种各样的细胞效应。这种调节主要通过两类酶实现：蛋白激酶（protein kinases）和蛋白磷酸酶（protein phosphatase），蛋白激酶催化底物从脱磷酸转变为磷酸化，蛋白磷酸酶则使磷酸化蛋白变回脱磷酸状态。蛋白磷酸化和脱磷酸化的平衡对维持细胞的信息传递起重要的作用（图 21-17）。

一、蛋白激酶

蛋白激酶催化 ATP 的 γ 磷酸基团转移至相应底物氨基酸残基的羟基部位上，根据其磷酸化的氨基酸残基种类分为 2 类：①丝/苏氨酸蛋白激酶，使

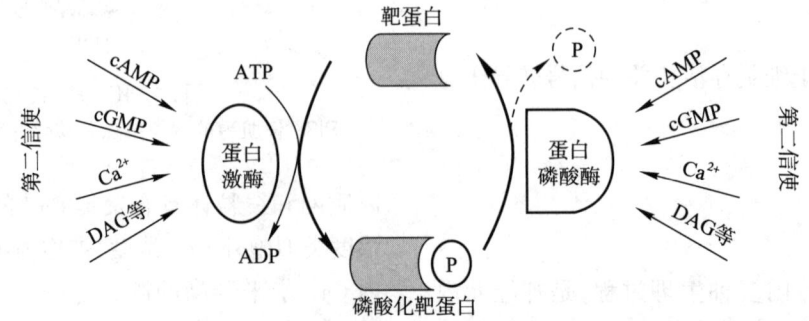

图 21-17 第二信使的靶分子是蛋白激酶和蛋白磷酸酶
第二信使调节蛋白激酶和蛋白磷酸酶的活性。蛋白激酶将 ATP 上的磷酸基团转移到底物蛋白的丝/苏氨酸或酪氨酸残基上，这种磷酸化可逆性地改变蛋白质的结构和功能，而蛋白磷酸酶则可去除磷酸基团

底物蛋白的丝氨酸或苏氨酸残基发生磷酸化；②酪氨酸蛋白激酶（protein tyrosine kinase, PTK），使底物蛋白的酪氨酸残基发生磷酸化。其中，一部分蛋白激酶可直接被第二信使激活，之后产生级联放大反应；另一部分则不能直接被第二信使激活，需要其他蛋白激酶的调节。可直接被第二信使激活的蛋白激酶，常以其激活物命名，如 cAMP 依赖的蛋白激酶 A、cGMP 依赖的蛋白激酶 G、Ca^{2+}/CaM 依赖的蛋白激酶 CaMK 等（表 21-6）。

1. cAMP 和 cGMP 依赖的蛋白激酶 A 和 G

（1）蛋白激酶 A（protein kinase A, PKA）结构和激活过程详见本章第三节（图 21-13）。PKA 在神经组织中分布广泛，底物蛋白种类繁多，可使许多蛋白的丝/苏氨酸残基磷酸化。如 PKA 可使 N-乙酰胆碱受体磷酸化，影响其离子通透性，即打开在静息膜电位时关闭的离子通道，产生类似配体（ACh）直接作用于该离子通道的效应。PKA 还可使质膜 Ca^{2+} 通道磷酸化而开放，并使线粒体膜的钙泵磷酸化失活，结果导致胞质内 Ca^{2+} 浓度升高。

（2）蛋白激酶 G（protein kinase G, PKG）有两个相同的亚基，每个亚基上都具有 cGMP 结合位点和催化单位。与 cGMP 结合后 PKG 被激活，但和 PKA 不同的是，该过程不伴亚基的游离。PKG 在脑中的分布及底物的特异性极其有限。受 PKG 催化的底物有 cAMP 特异的 PDE、Ca^{2+}-ATP 酶等。

2. Ca^{2+} 和钙调蛋白依赖的蛋白激酶 如第三节内容所述，Ca^{2+}/CaM 复合体可调控蛋白质的磷酸化和脱磷酸化。Ca^{2+}/CaM 依赖的蛋白激酶（Ca^{2+} and calmodulin-dependent kinase, CaMK）家族中，在神经元内表达量最高的是 CaMK-Ⅱ。CaMK-Ⅱ是多功能的丝/苏氨酸蛋白激酶，在中枢神经系统中有 α 和 β 两种类型，各自含有调节亚基和催化亚基。类似于 PKA 的激活，Ca^{2+}/CaM 复合体使 CaMK-Ⅱ 的催化亚基暴露出来，从而磷酸化多种底物蛋白。CaMK-Ⅱ 在调节神经元可塑性过程中起关键作用，通过磷酸化谷氨酸 AMPA 受体 GluR1 亚基，提高该受体的活性，增强兴奋性突触传递，是学习记忆过程的分子基础。另一种 Ca^{2+}/CaM 依赖的蛋白激酶 CaMK-Ⅳ 主要分布于神经元的细胞核内，参与调节神经元的基因表达，与 CaMK-Ⅱ 分布和功能不同。

3. 蛋白激酶 C（protein kinase C, PKC）是由 Ca^{2+} 与 DAG 两种第二信使共同激活的蛋白激酶，含有一个调节活性的疏水结构域和一个催化活性的亲水结构域，位于一条连续的多肽链上。PKC 的调节结构域有 DAG、磷脂和 Ca^{2+} 的结合部位（图 21-18）。根据 PKC 被激活的模式，其家族可以分为三类亚型、经典 PKC 亚型，被磷脂、DAG 和 Ca^{2+} 激活；新型 PKC 亚型，被磷脂和 DAG 激活；非典型 PKC 亚型，仅被磷脂激活。PKC 具有广泛的底物特异性，可引起多种蛋白的丝氨酸或苏氨酸残基磷酸化，对细胞内的多种功能进行调控。PKC 可通过磷酸化调节多种谷氨酸受体和离子通道的功能。PKC 还能激活 MAPK 信号转导通路的各级蛋白激酶，如细胞外信号调节激酶（ERK），致使转录因子发生磷酸化，调节基因表达，促进细胞增殖。

表 21-6 神经组织中常见的蛋白激酶

分类	丝/苏氨酸蛋白激酶	酪氨酸蛋白激酶
第二信使直接激活	cAMP 依赖性蛋白激酶（PKA）	
	cGMP 依赖性蛋白激酶（PKG）	
	Ca^{2+}/钙调蛋白依赖性蛋白激酶（CaMK）	
	蛋白激酶 C（PKC）	
第二信使不能直接激活	丝裂原活化蛋白激酶（MAP 激酶，MAPK）	酪氨酸蛋白激酶（PTK）
	细胞外信号调控激酶（ERK）	Src 激酶
	Jun N 端激酶（JNK）、p38	
	MAP 激酶调控激酶	
	ERK 激酶（MEK）	
	MAPK 激酶、MEK 激酶（MEKK）	

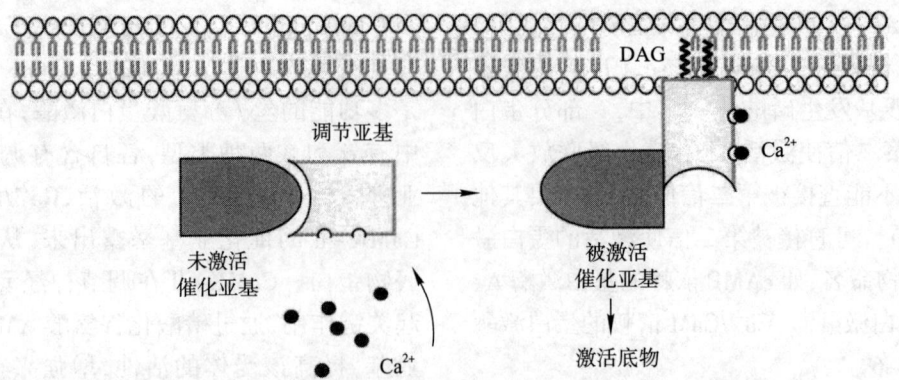

图 21-18　DAG、Ca^{2+} 和磷脂对蛋白激酶 C（PKC）活性的调控

PKC 含有催化亚基和调节亚基，催化亚基负责转移磷酸基团到底物蛋白，调节亚基存在自身抑制区域，因此这些催化亚基一般处于被抑制状态。当第二信使（Ca^{2+}、DAG、磷脂等）和调节亚基结合后，覆盖于催化亚基上的自身抑制区被移走，PKC 被激活

4. 有丝分裂原激活的蛋白激酶（mitogen-activated protein kinases, MAPK）是不能直接被第二信使激活的丝/苏氨酸蛋白激酶，在正常情况下处于非激活状态，可以被其他激酶磷酸化而激活。生长因子、胰岛素等信号分子都属于有丝分裂原，因此 MAPK 可被各种生长因子及其他胞外信号分子激活，并以 MAPK 为中心组成十分复杂的信号转导通路。该信号转导通路是一条由多级蛋白激酶组成、逐级传递胞外刺激信号的分子通路。组成通路的多级蛋白激酶在进化上高度保守，在所有真核细胞的信号转导过程中发挥重要的作用。在较高等的真核生物，包括线虫、果蝇、蛙类和哺乳类动物，MAPK 相关信号转导通路对细胞的生长和分化发挥普遍的调控作用。

MAPK 家族由多种蛋白激酶组成，主要有三类成员：细胞外信号调节的激酶（extracellular signal-regulated kinase, ERK）、p38 和 JNK（c-Jun N-terminal kinase）。这三类 MAPK 代表三条独立的信号通路（表 21-7）。多种胞外信号可通过鸟苷酸交换因子激活小 G 蛋白，小 G 蛋白的靶分子是丝/苏氨酸蛋白激酶，而此类激酶作为 MAPK 激酶的激酶（MAPKKK），经其效应器 MAPK 激酶（MAPKK，又称 MEK）可进一步激活 MAPK。MEK 是一种具有双重氨基酸特异性的蛋白激酶，可使 MAPK 上的苏氨酸和酪氨酸残基都发生磷酸化，能激活许多 MAPK 家族成员。MAPK 一旦被激活，会使许多靶蛋白磷酸化，包括离子通道、细胞骨架相关蛋白、受体酪氨酸激酶、鸟苷酸交换因子和多种转录因子等。

表 21-7　MAPK 家族的信号转导通路

激动剂		ERK 通路	p38 通路	JNK 通路
交换因子			Sos, RasGRP	
GTP- 结合蛋白		Ras		Rac/Cdc42
		↓		↓
蛋白激酶	MAPKKK	Raf	Ask1/TAK	Ask
		↓	↓	↓
	MAPKK	MEK1,2	MEK3,6	MEK4,7
		↓	↓	↓
	MAPK	ERK1,2	P38	JNK
		↓	↓	↓
转录因子		ELK-1	ATF-2	c-Jun
		CREB	CREB	ATF-2

ERK 家族是哺乳动物中研究得最深入的一种 MAPK，Ras-Raf-MEK-ERK 是研究最清楚的一条 MAPK 通路。MAPK 通路的激活是由蛋白磷酸化来实现的，因此中枢神经系统内磷酸化的 ERK（pERK）的表达能在很大程度上反映神经元的活动情况，可作为神经元活性的标志物。

5. 酪氨酸蛋白激酶（protein tyrosine kinase，PTK） 属于非受体类酪氨酸激酶，不能直接被第二信使激活。中枢神经系统中含有较高水平的 PTK，对神经元的生长、存活和分化具有重要的调控作用。目前已经发现的胞质 PTK 有 9 个家族，其中 Src 激酶是结构功能了解得最为清楚的一个。Src 激酶对突触的可塑性变化具有重要的调控作用，如磷酸化谷氨酸 NMDA 受体的 NR2B 亚基，提高该受体的活性和突触传递的效率。通过这一分子机制，Src 激酶参与调控学习记忆和痛觉敏化。

二、蛋白磷酸酶

蛋白激酶在细胞内并非孤立地发挥功能，蛋白质的磷酸化可被蛋白磷酸酶催化的脱磷酸反应快速反转，进而终止第二信使的作用。与蛋白激酶一样，蛋白磷酸酶按脱磷酸的氨基酸残基也可分为丝/苏氨酸蛋白磷酸酶和酪氨酸蛋白磷酸酶两大类。丝/苏氨酸蛋白磷酸酶主要有 4 种，包括 PP1、PP2A、PP2B 和 PP2C，除 PP2B（钙神经素，calcineurin）的底物范围较为狭窄外，其余 3 种的底物都较广泛。与蛋白激酶相比，蛋白磷酸酶对底物的特异性较低，其底物也包括多种蛋白激酶（PKA、PKC、CaMK-Ⅱ、CaMK-Ⅳ、ERK 等）。在神经组织中所有这些蛋白磷酸酶均已被检出，脑中 PP2A 和 PP2B 的含量高于其他组织。

与蛋白激酶一样，蛋白磷酸酶的活性也受到严格调控。在脑组织中存在磷酸酶抑制物 -1 和磷酸酶抑制物 -2，与蛋白磷酸酶结合后抑制其活性。磷酸酶抑制物 -1 只有被 PKA 磷酸化后才表现出活性，因此胞内 cAMP 含量升高不仅可以激活 PKA，同时可通过活化磷酸酶抑制物 -1 抑制 PP1。PP1 的底物特异性较低，可使多种底物蛋白脱磷酸化，参与众多生理功能，如 PP1 可使 CaMK-Ⅱ 脱磷酸化而失活。

第五节 细胞核内的信号转导

胞外信号激活受体后，常通过第二信使作用于蛋白激酶，进而磷酸化底物蛋白，最终促进合成新的 mRNA 和蛋白质，使神经元功能产生长时程变化。该过程中基因表达是由转录因子激活的，因此转录因子通常是跨膜信号转导的最后一站。通过转录产生新蛋白的过程根据时间可以分为两类，一类为即早期基因（immediate early gene，IEG）的表达，如 c-fos 基因的表达仅需要数十分钟；另一类为延迟反应基因（late response gene，LRG）的表达，属于一般的新蛋白合成，它们的表达需要数小时至几十小时。无论是即早期基因还是延迟反应基因，这种转录引起的反应比离子移动或磷酸化引起的反应慢得多（差几个数量级）。在长达数小时的过程里缓慢诱导转录和新蛋白合成，编码如生长因子、递质合成酶、突触囊泡蛋白、离子通道和结构蛋白等，直接影响神经元的生理病理过程。在某些情况下，这种基因反应可永久改变一个神经元。

细胞核内的转录因子可分为三类。第一类是预先存在于核内的蛋白质，被蛋白激酶磷酸化后直接发生转录激活作用，如 cAMP 反应元件结合蛋白（cAMP response element-binding protein，CREB）。第二类是配体激活的转录因子，如类固醇类激素的核受体，与激素结合后发生构象改变而被激活（详情见第一节的相关部分）。第三类是在受刺激后能迅速表达然后被磷酸化并进入核内激活转录的蛋白质，如 c-Fos、Jun 等，这一类主要是即早基因，被称为第三信使。下面将重点讨论第一类转录因子 CREB 和第三类即早基因 c-fos 在信号转导中调控基因表达的作用。

一、CREB

CREB 几乎存在于所有神经细胞中，是一个广谱的转录因子。CREB 以同型二聚体或异型二聚体的形式结合在 DNA 的 cAMP 反应元件（cAMP response element，CRE）上。同源序列元件 TGACGTCA 是 CREB 结合部位，其中 CGTCA 是必需的。CREB 是一个大的蛋白家族，与其相近的有激活转录因子

（activating transcription factors, ATF）和 CRE 调节子（CRE modulators, CREM）等。

在没有刺激的情况下，CREB 处于非磷酸化状态。在其磷酸化激活过程中，CREB 残基 Ser133 的磷酸化是触发 CREB 转录活性的关键。有以下多条信号转导通路参与 CREB 磷酸化：①神经递质通过 GPCR 激活 AC 产生第二信使 cAMP，cAMP 激活 PKA，PKA 进入细胞核磷酸化激活 CREB；抑制 AC 的神经递质则引起相反的级联反应，抑制 CREB 的磷酸化。②当胞内 Ca^{2+} 浓度增加时，第二信使 Ca^{2+} 激活 CaMKIV，该激酶分布于细胞核内，使 CREB 第 133 位丝氨酸磷酸化。③生长因子通过 ras-raf-MEK 途径，激活 ERK，促使 ERK 转位至核内，磷酸化并激活 CRE 激酶 RSK，进而磷酸化 CREB Ser133。重要的是，cAMP 和 Ca^{2+} 浓度升高及 PKA 同样可激活 ERK 通路（图 21-19）。

CREB Ser133 磷酸化也受蛋白磷酸酶 PP1 和 PP2B 的调节。在海马神经元，PP1 催化 Ser133 磷酸化的 CREB 脱磷酸化。PP2B 通过 PP1 抑制性亚基脱磷酸化，加速 PP1 通路的作用。因此，短暂刺激使 CREB 激酶通路和磷酸酶通路均激活，其基因表达量的变化并不明显。长时程刺激通过产生氧自由基抑制 PP2B，使磷酸酶通路失活，从而使核内 CREB 产生持久的磷酸化，方能引起基因表达变化。综上所述，CREB 通过 PKA 途径、ras 途径、钙调途径、去磷酸化等多种信号转导途径，综合调节靶基因的转录。

CREB 诱导基因转录还需要 CREB 结合蛋白 CBP（CREB binding protein）共同参与。神经元的多种基因表达受 CREB 调控，这些基因的启动子区含有 CRE 元件。这些基因包括即早期基因 c-fos 和 zif-268，神经营养因子 BDNF 及其受体 TrkB 基因，合成儿茶酚胺神经递质的关键酶酪氨酸羟化酶（tyrosine hydroxylase, TH）基因，调控神经元凋亡的 Bcl-2 基因及多种神经肽基因。因此，CREB 不仅可调节神经元的生长和存活，还可调节神经元的长时程可塑性变化，例如神经活性依赖的突触形成、学习和记忆、药物成瘾和慢性疼痛。

二、即早期基因 c-fos

在正常情况下，即早期基因 c-fos 基础表达很低，一般难以检测，经刺激诱导表达，成熟蛋白质一经合成就进入核内，在胞质内也很难检测到。已经发现的即早期基因有 c-fos、c-jun、egr 和 myc 家族等，其中 Fos 和 Jun 是首先被鉴定的核内第三信使，也是目前研究得比较清楚的转录因子。

Fos 和 Jun 都属于碱性亮氨酸拉链（basic-zipper, bZip）蛋白，都含一个碱性区和与之相邻的亮氨酸拉链区。二者可形成异源二聚体，与它们结合的 DNA 启动子区特殊位点称为 AP-1 位点。作为神经元的核内第三信使，AP-1 调节的神经系统靶基因包括强啡肽和神经降压素、酪氨酸羟化酶、神经生长因子和升压素等。这些基因又被称为延迟反应基因。

在 c-fos 基因的启动子区，有三个特别的调节序列，分别称为 sis 诱导元件（sis-inducible element, SIE）、血清反应元件（serum-responsive element, SRE）和前面第一部分提到的 CRE/CaRE cAMP/Ca^{2+} 反应元件。c-fos 基因又被称为原癌基因，是一类广泛存在于原核细胞和真核细胞基因组内的高度保守基因，由于它们可被反转录病毒转导后变成有致癌活性的病毒癌基因而得名。不同的刺激通过不同的信号转导通路作用于不同的调节序列而诱导 Fos 的表达，各种第二信使通路（cAMP、Ca^{2+}、DAG-PKC 等）的激活均可引起 Fos 表达（图 21-19）。c-fos 已被作为神经系统研究基因调控的一个典范，是神经

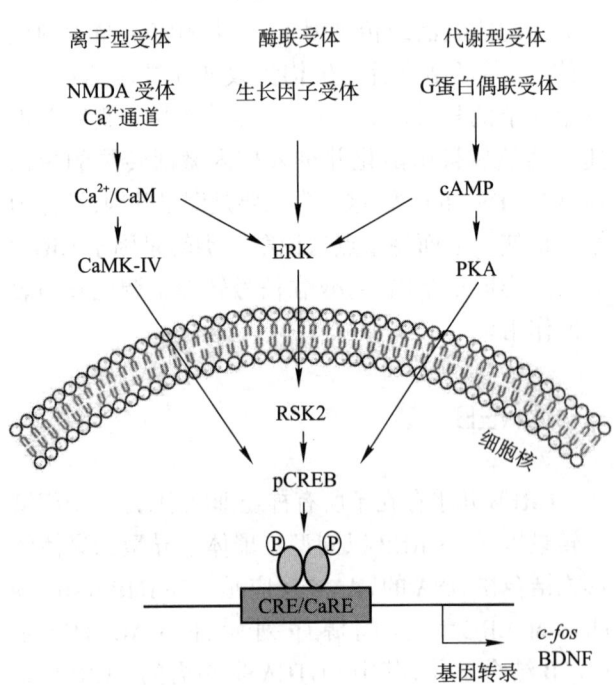

图 21-19 多条信号通路通过转录因子 CREB 调节基因表达

科学领域研究最广泛的基因。Fos 蛋白的表达也已被作为显示神经元活动和神经功能通路的常用标志物。

（张淑鑫　齐建国）

新形态教材网　数字课程学习

教学 PPT　　参考文献

第二十二章 常用的分子生物学基本方法

分子生物学是在分子水平研究和解释生命现象的一门新兴学科。神经科学研究中运用的分子生物学方法已越来越多，其被广泛应用于神经系统发生、发育、分化和功能调节等生理及病理过程的研究中。现将一些常用的技术介绍如下，以有助于初学者对分子神经生物学内容的理解。

第一节 核酸分子杂交技术

核酸分子杂交简称为分子杂交，其基于两条同源单链核酸在一定条件下发生碱基配对形成双链的原理，通过将标记的已知核酸片段作为探针，与待测样本核酸进行杂交反应，观察样本核酸中相应的基因。其既可以发生在 DNA 和 DNA 之间、RNA 和 RNA 之间，也可以发生在 DNA 和 RNA 之间。具有灵敏度高、特异性强等特点，在分子克隆、基因诊断及核酸序列分析等核酸研究的具体操作中扮演着重要的角色。核酸分子杂交可按作用环境大致分为固相杂交和液相杂交两种类型。固相杂交是指将参加反应的一条核酸链先固定在固体支持物上，另一条链游离于液体中；液相杂交是指参加反应的两条链都游离于液体中。虽然根据不同的实验目的可采用不同的杂交方法，但其基本步骤均有相似之处。下面仅介绍几种常用的固相核酸杂交法。

一、斑点/狭缝杂交

斑点杂交（dot hybridization）是指将待测样品直接点在膜上，烘烤固定后再与探针进行杂交。若采用狭缝点样器加样后杂交，则称为狭缝杂交（slot hybridization）。有时还可将整个细胞点样到膜上，经 NaOH 处理，使 DNA 暴露、变性和固定，再按常规方法进行杂交，该方法由于细胞直接在膜上溶解，DNA 含量比常用的提取法高，可用于筛选大量标本，但因 DNA 的纯度不够，可产生高本底。斑点杂交主要用于分析细胞基因拷贝数的变化和基因转录水平的变化，还可用于鉴定阳性重组克隆、检测病原性微生物和生物制品中的核酸污染状况。

二、Southern 印迹杂交

Southern 印迹杂交（Southern blotting）是将样本 DNA 用限制性内切酶消化后，经琼脂糖凝胶电泳分离各酶解片段，再转移至膜上与探针杂交（图 22-1）。其主要用于研究 DNA 图谱、基因重排、变异以及基因的限制性片段长度多态性（restriction fragment length polymorphism，RFLP）分析，也广泛用于疾病的诊断。

三、Northern 印迹杂交

Northern 印迹杂交（Northern blotting）是提取细胞或组织总 RNA 或 mRNA，经变性和分离，转移到膜上进行杂交的方法。DNA 印迹技术由 Southern 于 1975 年建立，称为 Southern 印迹技术，RNA 印迹技术正好与之对应，故称为 Northern 印迹。其主要用于观测各种基因转录产物的大小和转录水平的变化。

四、原位杂交

原位杂交（*in situ* hybridization）指不改变样本核

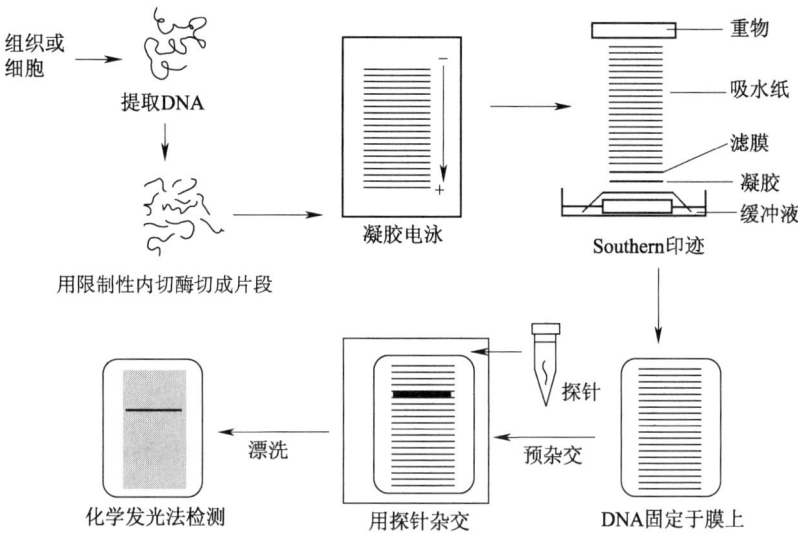

图 22-1 Southern 印迹杂交流程图

酸所在位置（即原位）而直接与探针杂交的方法。狭义的原位杂交即指组织细胞的原位杂交,即将组织或细胞固定于载玻片,经适当处理,使细胞通透性增加,探针进入细胞内与 DNA 或 RNA 杂交。其可用于观察某些基因在组织细胞中的表达状况（RNA 原位杂交）和基因的染色体定位（DNA 原位杂交）。

在神经科学研究中原位杂交具有特殊意义,其可弥补常用的免疫组织化学的不足。因为免疫组织化学是应用特异性抗体显示某种抗原在神经组织的分布及其变化而作为基因表达的定位检测。抗原是基因表达的最终产物（蛋白质）,其在胞体合成后,往往被运输到神经元轴突远端,因此,免疫组织化学所显示的抗原部位并非抗原合成的真正部位。再者,蛋白质或多肽的更新远比 mRNA 慢,所以原位杂交不仅能真实反映蛋白质的合成部位而且可以显示基因活动的迅速变化,其灵敏度和分辨率可达单个细胞水平。

第二节 蛋白质免疫印迹分析技术

与 DNA 的 Southern 印迹杂交一样,蛋白质的免疫印迹技术又被称为 Western 印迹分析（Western blotting）,是分子生物学中检测目的蛋白质的重要手段。其是利用电泳技术把各组分分离,并将其转移到另一固相支持体,之后以特异性抗体作为探针通过抗原抗体反应,实现对蛋白的定性或半定量分析。

为保证 Western 印迹分析的可靠性,一般应设以下对照:①内参对照。②含有已知靶抗原的阳性对照。

Western 印迹分析不像免疫沉淀法必须对靶蛋白进行放射性标记,但也可以达到标准固相放射免疫分析的水平。Western 印迹分析的蛋白质为变性状态,不会发生蛋白质的溶解、聚集和与其他蛋白质的共沉淀等,所以 Western 印迹分析应用广泛,已成为分子神经生物学研究的常规方法。其可用于检测神经组织中特异性蛋白质的表达、神经系统发育过程中神经活性物质或受体蛋白的变化,检测体外翻译、蛋白质纯化、抗原决定簇,还可进行组织间表达差异的筛选和单克隆筛选等。

第三节 免疫组织化学技术

免疫组织化学技术（immunohistochemistry）或免疫细胞化学技术（immunocytochemistry）是应用免疫学基本原理即抗原-抗体反应,提取组织或细胞中的蛋白成分作为抗原,与动物免疫后获得的特异性抗体结合,通过化学反应使标记抗体的显色剂（荧光素、酶、金属离子、同位素）显色来确定组织细胞内抗原（多肽和蛋白质）,对其进行定位、定性及相对定量的研究。

免疫组织化学技术可分为免疫荧光法、免疫酶法、免疫铁蛋白法、免疫金法及放射免疫自显影法等。其中免疫酶法是目前免疫组织化学研究中最常用的技术，其基本原理是以酶标记的抗体与蛋白质作用，然后加入酶的底物，生成有色的不溶性产物或具有一定电子密度的颗粒，通过光镜或电镜，对细胞或组织内的相应抗原进行定位或定性研究。详见第六章第三节。

第四节　聚合酶链反应技术

聚合酶链反应（polymerase chain reaction，PCR）又称为体外基因扩增。顾名思义，其是利用DNA聚合酶在引物存在下催化DNA合成的特点，通过变性-退火-延伸的三步一个周期（或称为循环），反复进行的一种连锁反应，其可使两引物5′端限定的DNA片段呈指数性扩增（图22-2）。经过25～30个循环后，理论上可使基因扩增10^9倍以上，实际上一般可达10^6～10^7倍。因此，PCR是一种极为有效地获取或放大特异性基因片段的重要手段。此方法问世后，已迅速普及和被广泛应用。

一、普通PCR

扩增的特异性依赖两条寡核苷酸引物，它们各自互补于模板DNA双链的3′端。每一个反应周期包括3个步骤：①DNA热变性，即加热使模板DNA的双链解离；②引物退火，即降低温度，让两引物分别结合到模板DNA两条链的3′端；③引物延伸，即在DNA聚合酶催化下，引物沿模板DNA链由5′端向3′端延伸。新合成的DNA链在变性解离后又可作为模板与另一引物退火，并在DNA聚合酶催化下再合成新DNA链。如此反复进行上述3个步骤，即可使目的DNA片段呈指数性扩增。被扩增的DNA片段的长度由两引物限定，即为两引物5′端之间所夹的一段DNA序列。

二、反转录PCR

反转录PCR（reverse transcription，RT-PCR）又称为逆转录PCR。其原理是：提取组织或细胞中的总RNA，以其中的mRNA作为模板，采用Oligo(dT)或随机引物利用反转录酶反转录成cDNA，该技术将RNA的反转录（RT）和cDNA的聚合酶链反应（PCR）相结合。RT-PCR技术灵敏而且用途广泛，可用于检测细胞（或）组织中基因表达量的变化和直接克隆目的基因的cDNA序列等。

以cDNA为模板进行PCR扩增，检测目的基因的表达量变化。RT-PCR提高了RNA检测的灵敏性，可以检测一些极为微量的RNA样品。该技术主要用于：分析基因的转录产物、获取目的基因、合成cDNA探针、构建RNA高效转录系统。

三、实时荧光定量PCR

传统意义的PCR只能对样本进行定性分析和半定量分析，不能对起始模板进行定量分析，而近年来发展的实时定量PCR（real-time PCR）通过C_t值和标准曲线确定起始模板量，实现了PCR从定性到定量的飞跃，以其特异性强、灵敏度高、重复性好、定量准确、速度快、全封闭反应等优点成为分子生物学研究中的重要工具。

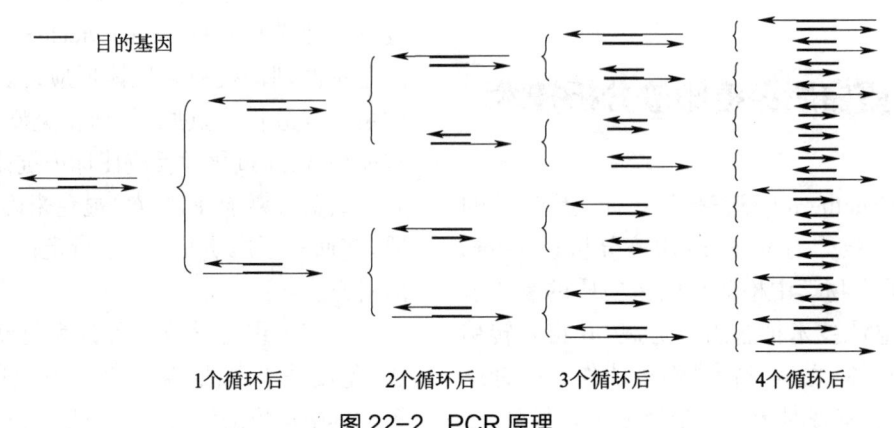

图22-2　PCR原理

四、单细胞 PCR 技术

单细胞 PCR 技术创立于 1991 年,随着时间发展,其技术不断完善,在神经生物学、胚胎发育、免疫学等领域都有进一步发展。单细胞 PCR 是使用一个或多个细胞为样品,提取总 RNA,反转录成 cDNA,通过使用实时荧光定量 PCR 技术,检测目的基因的表达量变化。该技术可以精确地检测单个细胞中目的基因的表达量变化。

PCR 技术自出现以来,已得到了广泛的应用。同时研究者对 PCR 技术本身的优化进行了大量的探索,现已形成一系列的适用于不同目的的衍生技术,主要有:重组 PCR(recombinant PCR)、原位 PCR(in situ PCR)、不对称 PCR(asymmetric PCR)、锚定 PCR(anchored PCR)、反向 PCR(inverse PCR)、着色互补 PCR(color complementation PCR)等。

PCR 技术已广泛应用于生物学研究领域,在分子神经生物学中可根据需要解决不同的问题,例如,基因克隆、DNA 测序、分析突变、基因重组、基因定量、鉴定与调控蛋白质结合的 DNA 序列、转座子插入位点的绘图、检测基因的修饰、构建克隆或表达载体、检测某基因的内切酶多态性等。PCR 技术还可以协助诊断神经系统疾病。在发现新基因、构建遗传图谱等方面亦发挥重要的作用。

第五节 基因芯片技术

生物芯片是指将大量探针分子固定于支持物上后与标记的样品分子进行杂交,通过检测每个探针分子的杂交信号强度进而获取样品分子的数量和序列信息的技术。按照芯片上固化的生物材料的不同,可以将生物芯片划分为基因芯片、蛋白质芯片、细胞芯片和组织芯片。生物芯片技术与传统的仪器检测方法相比具有高通量、微型化、自动化、成本低、防污染等特点。

目前,最成功的生物芯片形式是以基因序列为分析对象的"微阵列(microarray)",也被称为基因芯片(gene chip)、DNA 芯片(DNA chip)(图 22-3)。按照载体上点的 DNA 种类的不同,基因芯片可分为寡核苷酸和 cDNA 两种芯片。按照基因芯片的用途可分为表达谱芯片、诊断芯片、指纹图谱芯片、测序芯片、毒理芯片等等。早在 20 世纪 80 年代,Bains 等就将短的 DNA 片段固定到支持物上,借助杂交方式进行序列测定。但基因芯片从实验室走向工业化却是直接得益于探针固相原位合成技术和照相平版印刷技术的有机结合以及激光共聚焦显微技术的引入。这使得合成、固定高密度的数以万计的探针分子切实可行,而且借助激光共聚焦显微扫描技术可以对杂交信号进行实时、灵敏、准确的检测和分析。正如电子管电路向晶体管电路和集成电路发展时所经历的那样,核酸杂交技术的集成化也已经和正在使分子生物学技术发生一场革命。

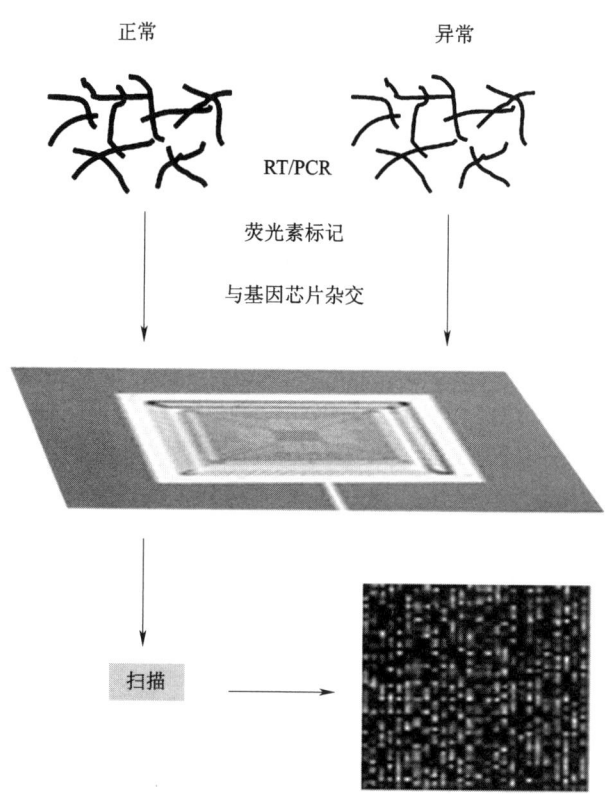

图 22-3 基因芯片技术原理

基因芯片技术由于同时将大量探针固定于支持物上,所以可以一次性对样品大量序列进行检测和分析,从而克服了传统核酸印迹杂交(Southern blotting 和 Northern blotting 等)技术操作繁杂、自动化程度低、操作序列数量少、检测效率低等不足。通过设计不同的探针阵列、使用特定的分析方法可使该技术具有多种不同的应用价值,如基因表达分析(分析基因表达时空特征、基因差异表达检测、发现新基因、大规模 DNA 测序等)、基因型、基因突变和多态性分析、疾病的诊断等。

第六节　基因重组技术

随着分子生物学的发展，20 世纪 70 年代诞生了重组 DNA 技术（recombinant DNA technique）。该技术的基本原理是通过某些分子操作，将分离纯化或人工合成的 DNA（目的基因）插入预定的载体 DNA 中，构建重组体，并以重组体转化或转染宿主细胞（细菌或其他细胞），通过筛选获得含有该目的基因的活宿主细胞，再使之繁殖和扩增，直至表达出目的基因所编码的多肽。此过程类似一个连续的和复杂的工程，故将 DNA 重组技术亦称为基因工程（genetic engineering），或称为基因克隆（gene cloning）、分子克隆（molecular cloning）。

基因工程根据宿主细胞性质的不同，分为真核基因工程与原核基因工程两大类。真核基因工程是以真核细胞为表达宿主，而原核基因工程则是以原核细胞为表达宿主。大肠埃希菌（E. coli）作为外源基因的表达宿主，遗传背景清楚，技术操作简单，研究周期短，培养条件简单，因此备受重视。主要步骤为：①构建 DNA 重组体；② DNA 重组体的扩增和表达；③外源基因表达产物的分离纯化，即生物工程后处理，主要涉及产物（多肽、蛋白质）的分离和纯化。基因工程的主要目的是按意图生产基因产物，此外还有制取某些 DNA 片段和 DNA 探针，用于基因诊断和治疗，以及通过插入、替代等方法改造基因，探讨基因的结构和功能。

DNA 重组技术及基因工程被认为是 20 世纪生物学的一项最伟大的成就，也是当今新的产业革命的主要组成部分，其意义和前景尤为远大。此项技术在农业、工业、制药业以及对人类某些疾病的研究等方面已取得了令人瞩目的成果。随着基因工程技术的发展应运而生的基因工程工业，已制造出许多有用的蛋白质，如胰岛素、干扰素、白细胞介素 2、生长激素、乙肝疫苗等在一些国家已应用于临床。

近年来，DNA 重组技术亦被越来越多地应用于对神经系统的研究。脑特异基因的表达与脑的功能密切相关，利用分子克隆技术对这一类基因的表达进行研究，探寻、分离、克隆与脑的分化、发育及功能相关的基因，不仅有利于深化神经科学理论的研究，且对在分子水平上阐明多种神经、精神疾病的发病机制，以及对这些疾病进一步的诊断和治疗都有极大的促进作用。目前对一些神经系统遗传疾病、神经变性疾病、神经系统肿瘤等已逐步开展了基因诊断、基因治疗等方面的研究。相信随着基因工程研究的不断前进，这场医学界、生物界的深刻革命将在解决人类面临的诸多难题中继续发挥重大的作用。

第七节　转基因动物技术

现代科学的发展使得许多原来明确定义的学科越来越趋向于综合化，跨学科技术的应用使得许多古老的学科焕发出勃勃生机，神经科学也不例外。目前的最新趋势就是以转基因技术为代表的分子生物学技术在神经科学的应用。基因克隆、测序、基因表达及基因表达调控等分子生物学研究方法的日臻成熟，为转基因这一新技术的产生奠定了基础。20 世纪 80 年代初胚胎干细胞的分离和体外培养的成功，以及 1987 年完整的 ES 细胞基因敲除小鼠模型的建立，开启了转基因动物技术的新时代。目前转基因技术已广泛应用到神经科学领域，给这一领域注入了新的活力。

一、转基因技术原理

（一）转基因

转基因（transgene）即外源基因导入（knock-in）基因组。用核内显微注射（microinjection）及电穿孔（electroporation）方法将一个包含目的基因的载体导入培养细胞，通常是具有多向分化能力的胚胎干细胞（embryonic stem cell，ES）。目的基因常常在多位点随机整合，然后和内源基因一起表达，这就构建了转基因细胞。

（二）敲除

敲除（knock-out）即灭活（inactivated）内源基因（生物体细胞内固有的基因）。设计目的载体的一部分与欲敲除的目的基因同源，另一部分包含用于阳性/阴性选择的基因（如药物抗性基因 neo^r 等）。将目的载体经显微注射导入培养的 ES 细胞，通过同源重组，目的载体或者与目的基因整合，或者替代目的基因，其结果是目的基因不再编码其功能产物，这就构建了基因敲除细胞。

经过以上早期处理后，将基因改变的培养 ES 细胞显微注射到假孕母鼠子宫的囊胚里，ES 细胞具有多向分化能力，分化出的胚胎细胞继续分化发育产生 F_1 代嵌合体（chimera），F_1 代交配可以获得 F_2 代，按孟德尔遗传规律，F_2 代中有突变纯合体（homogenous，KO）-/-（25%）、野生型（wild type，WT）+/+（25%）和杂合体（heterogeneous，HET）+/-（50%），可以按一些特征来筛选（通常是利用皮毛的颜色）突变纯合体，这些突变纯合体就可以用于包括疼痛在内的神经科学领域的各种研究。转基因技术的流程见图22-4。

二、转基因技术的发展

由于传统转基因技术特别是基因敲除时部分纯合子小鼠很难活到成年，目前已发展了许多先进技术，如"条件（conditional）"或"诱导（inducible）"敲除。

（一）条件性基因敲除

条件性基因敲除可将某个基因的修饰限制于小鼠某些特定类型的细胞或发育的某一特定阶段。其实际上是在常规基因敲除的基础上，利用重组酶 Cre 介导的位点特异性重组技术，使对小鼠基因组的修饰范围和时间处于可控状态。Cre 的表达特异性决定靶基因的修饰特异性，而 Cre 的表达水平影响靶基因在该种组织细胞中进行修饰的效率。因此，只要控制 Cre 的表达特异性和表达水平就可实现对小鼠中靶基因修饰的特异性和程度。

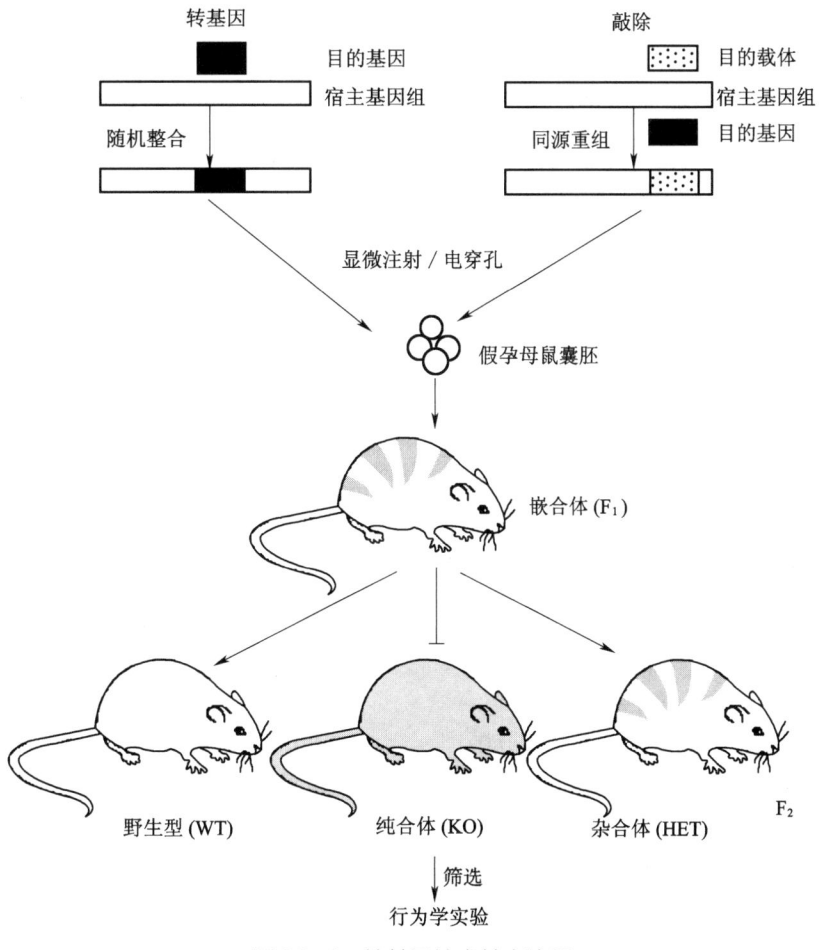

图 22-4 转基因技术基本流程

（二）诱导性基因敲除

诱导性基因敲除利用控制 Cre 表达的启动子活性或所表达的 Cre 酶活性具有可诱导的特点，通过对诱导剂给予时间的控制或利用 Cre 的基因表达系统的宿主特异性和移植时间的可控性，在 loxP 动物的一定发育阶段和一定组织细胞中实现对目的基因修饰的时空特异性调节。

（三）Cre/loxp 系统

Cre-loxp 是一种位点特异的基因重组技术，广泛应用于特异位点的基因敲除、基因插入、基因翻转和基因易位，在真核生物和原核生物中均有广泛应用。

Cre（causes recombination）蛋白是一种位点特异性重组酶，是 1981 年从 P1 噬菌体中发现的，属于 λ Int 酶超基因家族。其不仅具有催化活性，而且与限制酶相似，能识别特异的 DNA 序列，即 loxp 位点，使两个 loxp 位点间的基因序列被删除或发生重组。Cre 的基因一般通过基因克隆手段连接于特异启动子下游或调节基因周围来控制其表达。Loxp（locus of X-over P1）位点是位于 P1 噬菌体中的 34 bp 序列，由两个 13 bp 的反向回文序列和 8 bp 的中间间隔序列共同组成，间隔序列决定 loxp 的方向。loxp 位点一般应用同源重组的方法，引入体外培养细胞的待剔除目标基因片段两侧。其序列如下所示：

<u>ATAACTTCGTATA</u>　<u>GCATACAT</u>　<u>TATACGAAGTTAT</u>
　　13 bp　　　　　8 bp　　　　　13bp

当基因组内存在两个 loxp 位点时，若有 Cre 重组酶出现，就会诱导两个 loxp 位点间的序列发生重组或删除。首先，Cre 重组酶结合到两个 13 bp 的回文序列，形成二聚体，然后这个二聚体和另外一个 loxp 位点上的二聚体结合，形成四聚体。loxp 位点是有方向的，形成四聚体的两个 loxp 位点是平行的，随后被 Cre 重组酶识别并切除。loxp 位点的方向决定重组的结果。

Cre-loxp 系统具有高效性、特异性、应用范围广和可由二型启动子表达等优点。经过现代基因工程方法对 Cre 和 loxp 元件的改造，实现了更加丰富的条件性重组策略。Cre-loxp 系统可更精细地操作基因，减少了转基因后的一些不良反应（如死胎或动物出生后不久即死亡）。

（四）CRISPR/Cas9 技术

CRISPR/Cas9 是目前最前沿且最有效的基因组编辑方法，该技术获得 2020 年诺贝尔化学奖。CRISPR 是指成簇规律间隔短回文重复序列（clustered regularly interspaced short palindromic repeats），是原核生物的一种获得性免疫系统，用于抵抗存在于噬菌体或质粒的外源遗传元件的入侵。其原理核心是使原核生物能够识别与噬菌体或其他入侵者相匹配的基因序列，并利用专门的酶将这些序列作为破坏目标，这些专门的酶称为 CRISPR 相关蛋白 Cas（CRISPR associated proteins）。根据 CRISPR/Cas9 系统的特性，科学家将其改造成目前最高效的基因组编辑工具。

根据 Cas 蛋白的功能，可将其分为三型，即Ⅰ型、Ⅱ型和Ⅲ型，其中，Ⅱ型 CRISPR/Cas9 系统是目前应用最多的。

以Ⅱ型 CRISPR/Cas9 系统为例，介绍该系统的工作原理：由重复序列及间隔序列（spacer）组成的 CRISPR 座位经转录产生 CRISPR-RNA（crRNA）前体（pre-crRNA）和 tracrRNA（*trans*-encoded crRNA）；tracrRNA 与 pre-crRNA 的重复序列区互补配对，产生局部双链 RNA（dsRNA）；RNase Ⅲ 识别并切割 dsRNA，产生向导 crRNA（guide crRNA, gcrRNA）；宿主细胞表达的 Cas9 核酸酶与 gcrRNA 结合，形成 Cas9-crRNA 复合物；当含有相同间隔序列的噬菌体或质粒再次入侵时，Cas9-crRNA 复合物与入侵 DNA 上的原间隔序列（protospacer）互补配对，形成由 protospacer/crRNA 组成的 R-环双链结构，Cas9 识别并切割 R-环，从而在入侵者的基因组上产生切口。Cas9 切割的靶序列下游有一个紧邻原间隔序列基序（protospacer-adjacent motif，PAM），可能对于 Cas9 寻找靶序列有一定作用。CRISPR/Cas9 系统是一种细菌防御病毒和质粒攻击的获得性免疫机制，目前已经被开发成一种应用最广泛的高效率且低脱靶率的基因组编辑（genome editing）技术。

作为新一代的基因编辑技术，CRISPR/Cas9 技术在基因功能研究、模式动物构建、基因治疗等方面具有广阔的应用前景。目前，CRISPR/Cas9 技术已广泛应用于生命科学研究的诸多领域，将继续对生命科学研究、基因治疗、生物产业、伦理等方面产生广泛而深刻的影响。

三、转基因技术在神经科学中的应用

由于转基因技术的强大功能,该方面的研究被授予 2007 年诺贝尔生理学或医学奖。目前,转基因技术在神经科学领域与行为学等方法联合开展了许多研究,主要集中在疼痛的神经递质受体方面。主要包括:神经营养因子/受体、疼痛和痛敏的外周介质、阿片类物质/受体、非阿片类神经递质/受体和胞内信号转导分子五大类。

但转基因技术并不是完美无缺的,基因敲除后的效应可能是敲除基因编码蛋白本身缺失引起的,也可能是基因敲除后对其他基因调控的结果,或是其他基因的代偿作用。因此,在实验设计时不仅要观察敲除目的基因的效应,还要观察与目的基因相关基因敲除的效应。同时,还要在小鼠上进行复杂精细的行为学研究,并结合其他补充方法(如药理学方法),这样才会使我们在神经科学领域的研究更加深入。

第八节　RNA 干扰技术

RNA 干扰(RNA interference,RNAi)是在研究秀丽新小杆线虫反义 RNA(antisense RNA)的过程中发现的,是由 siRNA 介导的同源 RNA 降解过程。由于 RNA 干扰在分子生物学研究中的重要作用,相关研究被授予 2006 年诺贝尔生理学或医学奖。

RNA 干扰是由双链 RNA 诱发的基因沉默现象,是转录后基因沉默(post-transcriptional gene silencing,PTGS)的一种方式。RNA 干扰通过 siRNA 介导的特异性高效抑制基因表达途径,由 siRNA 介导识别并靶向切割同源性目的 mRNA,使该 mRNA 发生降解从而导致基因表达沉默。

其具体机制如下:双链 RNA 进入细胞后,在 Dicer 酶的作用下被裂解成 siRNA,而另一方面双链 RNA 还能在 RNA 依赖的 RNA 聚合酶(RNA-directed RNA polymerase,RdRP)的作用下自身扩增,再被 Dicer 酶裂解成 siRNA。随后,siRNA 与 RNA 诱导沉默复合体(RNA-induced silencing complex,RISC)结合并解旋成单链,RISC 被活化后,活化型 RISC 在单链的 siRNA 引导下,序列特异性地结合在目的 mRNA 上并切断目的 mRNA,引发目的 mRNA 的特异性降解(图 22-5)。在真核生物当中,还存在另外一种小分子 RNA(microRNA)也能引起转录后基因沉默。microRNA 大多 20~22 nt 长,前体具有类似发夹状的茎环结构。microRNA 产生于该茎环结构的双链区,其特点与 siRNA 相似。

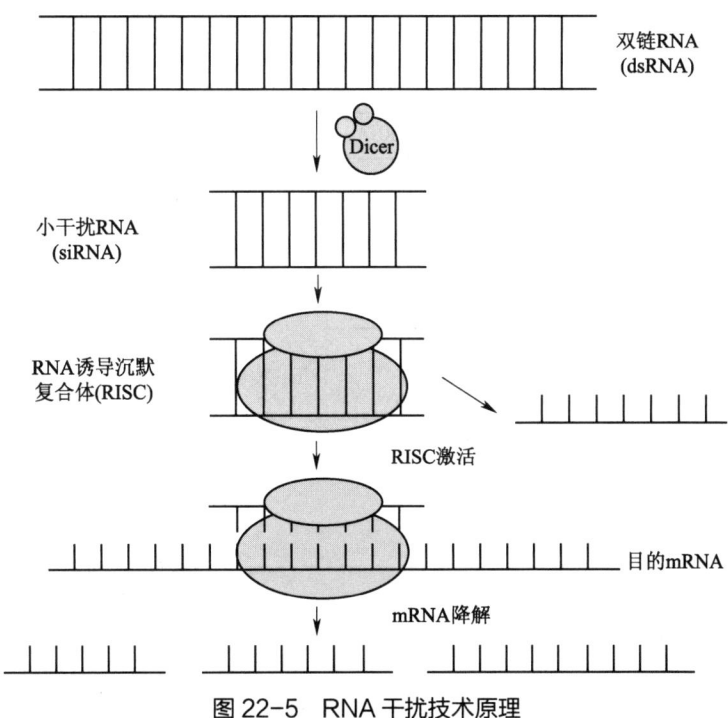

图 22-5　RNA 干扰技术原理

RNA干扰造成的基因沉默也是基因敲除的一种,与传统的基于同源重组的基因敲除相比,具有以下优点:如操作比同源重组法更加简便,周期大大缩短;可在体外培养的细胞中利用RNA干扰技术研究可致死性基因的功能等。由于RNA干扰可高效特异地阻断基因表达,其已成为研究信号转导通路和基因功能的有效工具,也为基因治疗提供了新策略。随着研究的不断深入,RNA干扰的机制正在被逐步阐明,而同时作为功能基因组研究领域的有力工具,RNA干扰也越来越为人们所重视。

第九节 反义核酸技术

分子生物学中的术语"正义(sense)"指的是与mRNA序列一致,而"反义(antisense)"指的是与mRNA序列互补。所以,反义核酸即指与mRNA序列互补的核糖核酸(RNA)或寡聚脱氧核苷酸(oligodeoxynucleotide,ODN),习惯上统称"反义"。反义RNA一般由构建的目的基因的反向表达载体转染细胞后,在细胞内转录产生;反义ODN则用DNA自动合成仪按预定的核苷酸序列合成。由于反义核酸能与特定的核苷酸序列杂交形成稳定的双链结构,从而高度特异地抑制单个基因的表达,已成为分子生物学研究的有力工具。显然,反义核酸的这一特性具有非常诱人的应用前景,尤其在药物设计方面,人们可以用人工合成的反义ODN特异性抑制病原微生物基因的表达,也可用以抑制癌基因的表达。然而,反义核酸最常用且卓有成效的应用,还是作为一种研究手段以探讨新基因的功能。

反义核酸能高度特异性地抑制基因的表达,但它并非灭活基因,因而区别于基因敲除(knock out),有人将其称为基因knock down。至于它如何抑制基因表达,可能存在多方面的作用机制(图22-6)。就反义ODN而言,如果与之杂交的是mRNA,则它犹如一张"封条"使该mRNA不能被翻译,从而阻断基因的表达;如果它"瞄准"的是初级转录物的剪接位点,则妨碍mRNA的加工成熟,同样阻断基因的表达。它与mRNA形成的杂交链还能激活核糖核酸酶H,使mRNA降解。如果人工合成的ODN能与双链DNA结合,形成三链,则可抑制基因转录,从而在DNA水平阻断基因的转录,此时该ODN不再是"反义",而是antigene,又称为TFP(三链形成ODN)。还有人发现,反义RNA与mRNA所形成的RNA双

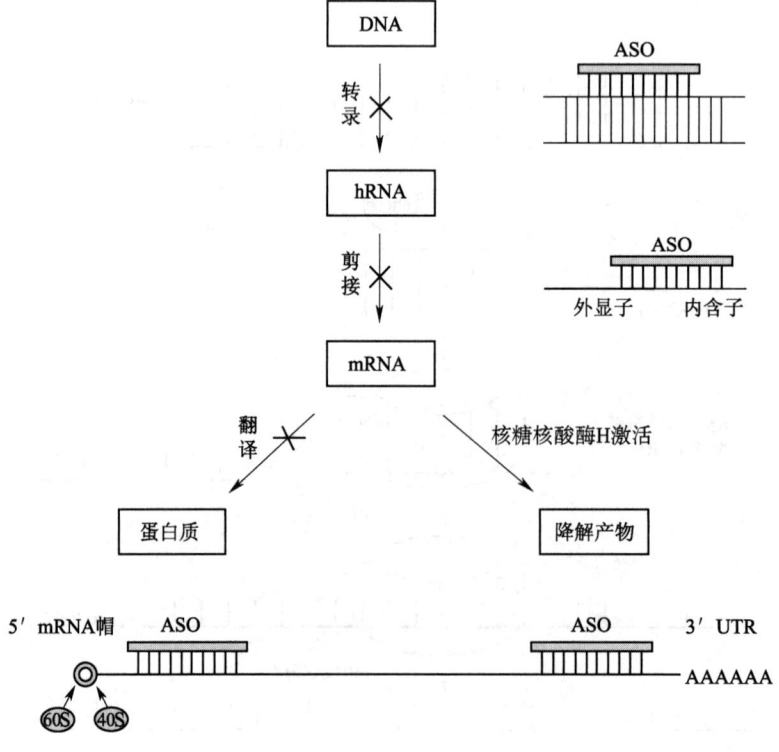

图22-6 反义核酸的作用原理

链能够激活细胞内的双链 RNA 依赖性蛋白激酶（dsRNA-dependent protein kinase, DDPK），引发某种信号转导作用。由此看来，反义核酸的作用机制并不简单，然而反义核酸能够起到的作用要比它如何起作用更吸引人。

第十节 化学遗传技术

化学遗传学是对一些生物大分子实行改造，使其能和先前无法识别的小分子进行相互作用的过程。与分子遗传学一样，由于其可控的、可逆的（以随时加入或除去化合物，从而启动或中断反应）特性，已经在信号转导、药物开发、功能基因组学等方面的研究中得到了广泛的应用。

其中特定药物激活的受体（designer receptors exclusively activated by designer drugs, DREADD）技术已成为应用最广泛的化学遗传学技术。叠氮平-N-氧化物（clozapine-N-oxide, CNO）激活 DREADD，然后选择性作用于不同的 GPCR 级联反应，包括激活 G_q、G_i。G_q-DREADD 即 hM3Dq，改造自人毒蕈碱型乙酰胆碱受体（the human muscarinic acetylcholine receptor, mAChRS）亚型 M3（hM3）。在正常生理状况下，hM3 和乙酰胆碱结合，然后和 G_q 类 G 蛋白偶联受体耦合，作用于磷脂酶 C、肌醇三磷酸和胞内 Ca^{2+} 这一信号通路。但是两个关键位点 Y3.33C 和 A5.46 突变后，hM3 受体不能和乙酰胆碱耦合，但是会和浓度 nmol/L 级别的 CNO 结合，激活神经元活动。

Y3.33C 和 A5.46 在不同的人毒蕈碱型乙酰胆碱受体亚型中是保守的，因此同样可以突变 M2 和 M4 mAChRs 上的 Y3.33C 和 A5.46 位点，产生 G_i-DREADD，激活 G_i 调节的信号通路，抑制神经递质的释放，从而达到抑制神经元的放电活动。

第十一节 光遗传技术

光遗传（optogenetic）技术结合了光学及遗传学的技术，通过一类光敏感的离子通道蛋白在兴奋细胞（如神经元细胞）膜上的表达，实现毫秒级的神经元兴奋性调节。该技术能在活体动物，甚至是自由运动的动物脑内，精准地控制特定种类神经元的活动。在空间上的精确度则能达到单个细胞级别。

早在 1973 年，微生物学家便发现细菌视紫质光照之后会成为离子转运蛋白，1977 年发现嗜盐菌视紫红质（halorhodopsin, NpHR）也是离子转运蛋白，黄光照射后会将 Cl^- 泵入细胞，2002 年发现光敏感通道（channel rhodopsin），蓝光照射之后会将阳离子泵入细胞。2005 年 9 月，斯坦福大学的 Karl Deisseroth 实验室在 Nature neuroscience 上发表文章称，第一次将 channel rhodopsin-2（ChR2）表达在神经元里，发现可以用蓝光精确地控制神经元的活动，而光遗传学（optogenetics）一词也随之出现，随后发现 bacteriorhodosin 与 halorhodopsin 也都能在神经元表达，准确调控神经元的活动，但是并不会对神经元产生毒素作用。此后，光遗传学成为研究神经元在大脑中作用的不可或缺的工具。

光遗传技术的基本原理是首先给神经元转入膜通道蛋白，如 ChR2 或 NpHR。对于 ChR2 来说，当有 470 nm 的蓝色激光照射时，这些通道蛋白的通道打开，允许阳离子大量内流，产生动作电位。对于 NpHR 来说，当有 580 nm 的黄色激光照射时，这些通道蛋白的通道被打开，允许 Cl^- 通过，使神经元一直处于静息电位，即让神经元保持静息状态。

目前，这项技术在神经科学领域应用非常广泛，未来可能会应用于多种神经和精神疾病的治疗，如帕金森病、阿尔茨海默病、脊髓损伤、精神分裂症等（表 22-1）。

表 22-1 两种通道蛋白的应用

分类	常见组成	作用
激活神经元的通道蛋白	ChR2（H134R）	ChR2 的突变体，将第 134 个氨基酸由组氨酸突变为精氨酸，该蛋白质可以产生更大的光电流，使通道开关速度比野生的 ChR2 慢一半。该突变体是运用最广的一种类型
	ChR2（E123T/T159C）	ChR2 的突变体，更大的光电流和更快的动力学变化

续表

分类	常见组成	作用
抑制神经元的通道蛋白	ChETA	ChR2 的突变体,使得神经元在激光刺激下可以发放 200 Hz 的锋电位,而野生型 ChR2 通道蛋白只能达到 40 Hz
	C1V1	有 ChR1 和团藻发现的 VChR1 组合的通道蛋白,在红色激光刺激下打开通道
	eNpHR3.0	在 590 nm 激光照射下会将 Cl^- 运入神经元内,而抑制神经元活动。eNpHR3.0 能够实现在神经元细胞膜上的高量聚集
	Arch/ArchT	在 566 nm 激光照射下激活质子泵,使神经元超级化,抑制神经元活动
	Mac	蓝色激光激活的质子泵,能够将带正电的质子从神经元内移到细胞外环境中使神经元保持超极化状态,从而保证神经元处于静息状态

(王亚云)

新形态教材网　数字课程学习

　教学 PPT　　　参考文献

主要参考书目

[1] 蔡文琴. 发育神经生物学 [M]. 北京：科学出版社, 2018.

[2] 崔益群. 奈特人体神经解剖彩色图谱 [M]. 北京：人民卫生出版社, 2006.

[3] 丁文龙, 刘学政. 系统解剖学 [M]. 9版. 北京：人民卫生出版社, 2018.

[4] Susan Standring. 格氏解剖学 [M]. 41版. 丁自海, 刘树伟, 译. 济南：山东科学技术出版社, 2017.

[5] 高树海, 夏玉军, 朱德璋. 实用临床神经解剖学 [M]. 北京：人民军医出版社, 2006.

[6] 韩济生. 神经科学 [M]. 4版. 北京：北京大学出版社, 2022.

[7] 蒋文华. 神经解剖学 [M]. 上海：复旦大学出版社, 2011.

[8] 鞠躬, 万选才, 董新文. 神经解剖学方法 [M]. 北京：人民卫生出版社, 1985.

[9] 李继硕. 初级传入中枢联系的形态学基础 [M]. 上海：上海科技教育出版社, 1997.

[10] 李云庆. 神经科学基础实验指南 [M]. 西安：第四军医大学出版社, 2012.

[11] 李云庆. 神经科学基础 [M]. 3版. 北京：高等教育出版社, 2017.

[12] 李云庆. 神经形态学图谱 [M]. 北京：科学出版社, 2023.

[13] 李云庆. 神经解剖学 [M]. 3版. 北京：人民卫生出版社, 2024.

[14] 李云庆. 人脑图谱 [M]. 4版. 郑州：河南科技出版社, 2020.

[15] 李云庆, 吕国蔚. 简明神经生物学实验技术手册 [M]. 北京：人民卫生出版社, 2017.

[16] 阿兰·R. 克罗斯曼, 大卫·尼瑞. 神经解剖学彩色图解教程 [M]. 5版. 李云庆, 王亚云, 译. 天津：天津科技翻译出版有限公司, 2018.

[17] 哈尔·布鲁门菲尔德. 临床神经解剖学 [M]. 2版. 李云庆, 汪昕, 赵钢, 等译. 天津：天津科技翻译出版有限公司, 2020.

[18] 李振平, 刘树伟. 临床中枢神经解剖学 [M]. 2版. 北京：科学出版社, 2009.

[19] Peter Duus, Mathias Bahr, Michael Frotscher, et al. Duns 神经系统疾病定位诊断学 [M]. 8版. 刘宗惠, 徐霓霓, 译. 北京：海洋出版社, 2006.

[20] 鲁友明, 胡志安. 生理学 [M]. 北京：科学出版社, 2021.

[21] 马存根. 实用神经解剖学与定位诊断 [M]. 北京：中国科学技术出版社, 2001.

[22] 芮德源, 朱雨岚, 陈立杰. 临床神经解剖学 [M]. 2版. 北京：人民卫生出版社, 2015.

[23] 孙凤艳. 医学神经生物学 [M]. 上海：复旦大学出版社, 2016.

[24] 孙红梅, 申国明. 神经解剖学 [M]. 2版. 北京：中国中医药出版社, 2023.

[25] 万选才, 杨天祝, 徐承焘. 现代神经生物学 [M]. 北京：北京医科大学协和医科大学联合出版社, 1999.

[26] Stephen G. Waxman. 临床神经解剖学 [M]. 29版. 王维治, 王化冰, 译. 北京：人民卫生出版社, 2021.

[27] 武胜昔, 邝芳. 神经生物学 [M]. 2版. 西安：第四军医大学出版社, 2023.

[28] 谢启文. 现代神经内分泌学 [M]. 上海：上海医科大学出版社, 1999.

[29] 熊鹰, 齐建国. 神经生物学 [M]. 北京：科学出版社, 2013.

[30] 姚志彬. 临床神经解剖学 [M]. 广州：世界图书出版公司, 2001.

[31] Stephen G. Waxman. 临床神经解剖学 [M]. 28版. 张刚利, 吉宏明, 陈胜利, 译. 南京：江苏科学技术出版社, 2019.

[32] 张守信, 陈菊仙, 张雅芳, 等. 应用神经解剖学 [M]. 北京：人民卫生出版社, 2010.

[33] 朱长庚. 神经解剖学[M]. 2版. 北京：人民卫生出版社, 2009.

[34] Carpenter M B, Sutin J. Neuroanatomy[M]. 8th ed. Baltimore: Williams & Wilkins, 1983.

[35] Crossman A R, Neary D. Neuroanatomy: An Illustrated Colour Text[M]. 5th ed. London: Elsevier, 2019.

[36] Donkelaar H J. Clinical Neuroanatomy: Brain Circuitry and Its Disorders[M]. 2nd ed. Cham: Springer Nature; 2020.

[37] Fix J D. Neuroanatomy[M]. 3rd ed. Baltimore: Lippincott Williams, 2002.

[38] Gould D J. Lippincott's Pocket Neuroanatomy[M]. Baltimore: Lippincott Williams & Wilkins, 2013.

[39] Gould D J, Brueckner-Collins J K. High-Yield. Neuroanatomy[M]. 5th ed. Baltimore: Lippincott Williams & Wilkins, 2016.

[40] Gray E G. Fine Structure of the Nervous System[M]. 2nd ed. Suite: CRC Press Taylor & Francis Group, 2011.

[41] Haines D E. Fundamental Neuroanatomy[M]. New York: Churchill Livingston Inc, 1997.

[42] Haines D E. Neuroanatomy[M]. 7th ed. Baltimore: Lippincott Williams & Wilkins, 2008.

[43] Kandal ER, Koester JD, Mack S H, et al. Principles of Neural Science[M]. 6th ed. London: McGraw-Hill Medical, 2021.

[44] Kettenmann H, Ransom B R. Neuroglia[M]. 3rd ed. New York: Oxford University Press, 2013.

[45] Luo L. Principles of Neurobiology[M]. 2nd ed. New York: Garland Science, 2020.

[46] Williams P L. Gray's Anatomy[M]. 42th ed. New York: Churchill Livingstone, 2020.

[47] Savino W, Guaraldi F. Endocrine Immunology[M]. Basel: S.Karger AG, 2017.

[48] Singh V. Clinical Neuroanatomy[M]. 3rd ed. New York: Elsevier, 2017.

[49] Smith C U M. Elements of Molecular Neurobiology[M]. 3rd ed. Chichester: John Wiley & Sons, 2002.

[50] Squire L R, Bloom F E, McConnell S K, et al. Fundamental Neuroscience[M]. 2nd ed. San Diego: Academic Press, 2003.

郑重声明

高等教育出版社依法对本书享有专有出版权。任何未经许可的复制、销售行为均违反《中华人民共和国著作权法》，其行为人将承担相应的民事责任和行政责任；构成犯罪的，将被依法追究刑事责任。为了维护市场秩序，保护读者的合法权益，避免读者误用盗版书造成不良后果，我社将配合行政执法部门和司法机关对违法犯罪的单位和个人进行严厉打击。社会各界人士如发现上述侵权行为，希望及时举报，我社将奖励举报有功人员。

反盗版举报电话　　（010）58581999　58582371
反盗版举报邮箱　　dd@hep.com.cn
通信地址　　北京市西城区德外大街4号　高等教育出版社知识产权与法律事务部
邮政编码　　100120

读者意见反馈

为收集对教材的意见建议，进一步完善教材编写并做好服务工作，读者可将对本教材的意见建议通过如下渠道反馈至我社。

咨询电话　　400-810-0598
反馈邮箱　　gjdzfwb@pub.hep.cn
通信地址　　北京市朝阳区惠新东街4号富盛大厦1座　高等教育出版社总编辑办公室
邮政编码　　100029

防伪查询说明

用户购书后刮开封底防伪涂层，使用手机微信等软件扫描二维码，会跳转至防伪查询网页，获得所购图书详细信息。

防伪客服电话　　（010）58582300